高等院校计算机应用系列教材

U0655950

Access 2016数据库 应用教程(第2版)

彭毅弘　程　丽　主　编

刘永芬　李盼盼　副主编

清华大学出版社

北　京

内 容 简 介

本书以Microsoft Access 2016为平台，系统讲解数据库技术的核心概念与应用方法。本书共11章，内容涵盖数据管理的核心思想、数据库的工程化设计方法、数据表与查询、SQL、窗体与报表、宏与VBA编程、数据库访问技术及数据库安全等内容。本书通过综合案例"大学生创新创业项目管理系统"，帮助读者将理论与实践结合，掌握数据库设计与开发的完整流程。此外，本书配套的《Access 2016数据库应用教程实验指导(第2版)》(ISBN 978-7302-69597-4)，提供了丰富案例与练习题，旨在助力读者巩固知识、提升技能。

本书内容翔实，可操作性强，可作为高等院校数据库课程的教材，也可供高校教学人员、计算机等级考试备考人员及数据库技术人员参考，是掌握数据库技术、提升数据分析能力的重要学习资源。

图书在版编目(CIP)数据

Access 2016数据库应用教程 / 彭毅弘，程丽主编.
2版. -- 北京 : 清华大学出版社, 2025. 7. -- (高等院校计算机应用系列教材). -- ISBN 978-7-302-69596-7

Ⅰ. TP311.132.3

中国国家版本馆CIP数据核字第20257TP442号

责任编辑：王　定
封面设计：周晓亮
版式设计：思创景点
责任校对：成凤进
责任印制：沈　露

出版发行：清华大学出版社
　　　　　网　　　址：https://www.tup.com.cn，https://www.wqxuetang.com
　　　　　地　　　址：北京清华大学学研大厦A座　　　　　邮　　编：100084
　　　　　社　总　机：010-83470000　　　　　邮　　购：010-62786544
　　　　　投稿与读者服务：010-62776969，c-service@tup.tsinghua.edu.cn
　　　　　质　量　反　馈：010-62772015，zhiliang@tup.tsinghua.edu.cn
印　装　者：三河市龙大印装有限公司
经　　销：全国新华书店
开　　本：185mm×260mm　　　印　　张：18.75　　　字　　数：480千字
版　　次：2022年7月第1版　　2025年7月第2版　　印　　次：2025年7月第1次印刷
定　　价：69.80元

产品编号：110880-01

在人工智能日益渗透我们日常生活的今天，数据已成为驱动社会进步与产业升级的关键要素。通过有效的管理和分析，数据能够揭示隐藏的模式、预测未来的趋势，为人类社会带来前所未有的洞察力和创新力。面对呈指数级增长的数据量，高效地收集、存储、组织、分析和利用数据，已成为众多企业赢得竞争的关键。数据库技术作为数据管理的基石，在人工智能时代焕发出新的活力。掌握数据库技术，不仅是适应数字化社会的必备技能，更是提升数据分析水平、增强职业竞争力的重要途径。

本书以Microsoft Access 2016为平台，系统讲解数据库技术的核心概念和应用方法。通过学习本书，您将掌握：

- **数据管理的核心思想**(第1章)： 从数据管理的本质出发，理解数据模型、关系数据库等核心概念，为数据库技术的应用与实践奠定理论基础。
- **数据库的工程化设计方法**(第2章)： 学习如何运用工程化的思维和方法，设计出结构合理、易于维护的数据库，以满足不同应用场景的需求。
- **数据的组织、查询与可视化技能**(第3、4、5、6章)： 掌握表、查询、SQL、窗体和报表工具的使用方法，能够高效地组织、检索、分析和呈现数据，挖掘数据背后的价值。
- **数据处理自动化技术**(第7、8、9章)：通过宏、VBA编程和数据库访问技术，实现数据处理流程的自动化与定制化，提升工作效率。
- **数据库安全与访问控制**(第10章)：了解数据库安全的重要性，学习如何设置用户权限、加密数据，保障数据的安全性和完整性。

本书最后(第11章)通过一个综合案例"大学生创新创业项目管理系统"，帮助读者将所学知识融会贯通，体验数据库技术在实际项目中的应用。

为满足读者伴学实践与巩固知识的需要，本书配套的《Access 2016数据库应用教程实验指导(第2版)》(ISBN 978-7-302-69597-4)，提供了丰富的实验案例和自测练习题，帮助读者通过实践深入理解数据库原理，掌握实际操作开发技能。

本书由彭毅弘、程丽主编，刘永芬、李盼盼副主编。彭毅弘负责整体策划、大纲制定和统稿。福建农林大学金山学院计电教研室老师和专家对本书提出了很多宝贵意见，在此向他们表示衷心感谢。同时，感谢清华大学出版社在本书出版过程中给予的大力支持。限于编者水平，书中难免存在疏漏或不妥之处，敬请读者和同行批评指正。

　　本书提供教学大纲、电子教案、教学课件、数据库文件、思考与练习参考答案等资源，读者可扫下方二维码获取。此外，本书还配有教学视频、拓展阅读等教学资源，读者可扫相应章节二维码欣赏学习。

　　教学大纲　　　　电子教案　　　　教学课件　　　　数据库文件　　　思考与练习
　　　　　　　　　　　　　　　　　　　　　　　　　　　　　　　　　　　参考答案

编　者
2025 年 3 月

目录

C O N T E N T S

第 1 章

数据的管理

今天，数据正以前所未有的力量重塑着我们的世界。想象一下，从清晨醒来那一刻起，智能闹钟便依据你的睡眠周期温柔地唤醒你，咖啡机已根据你的偏好煮好了香浓的咖啡，而这一切，都是数据在幕后默默施展的魔法。数据，这个形态多样的宝藏，可以是数字、文字、图像或声音，但其真正的价值并不在于它的外在形式，而在于我们如何收集、分析、利用这些数据来做出明智决策、优化流程，进而创造前所未有的价值。正如石油是工业时代的血液，数据已成为数字时代的核心驱动力，它让机器更智能，让生活更便捷，让商业更精准。

本章将讲述数据管理技术、数据库系统、数据模型和关系数据库的基础理论知识，为后面各章的学习打下基础。

⬇ 学习目标

- 理解数据和信息的概念与区别
- 了解数据库系统的概念、组成和特点
- 理解数据模型的概念
- 掌握 E-R 图的绘制方法
- 理解关系数据库的术语、运算和规则

🔽 知识结构

本章知识结构如图1-1所示。

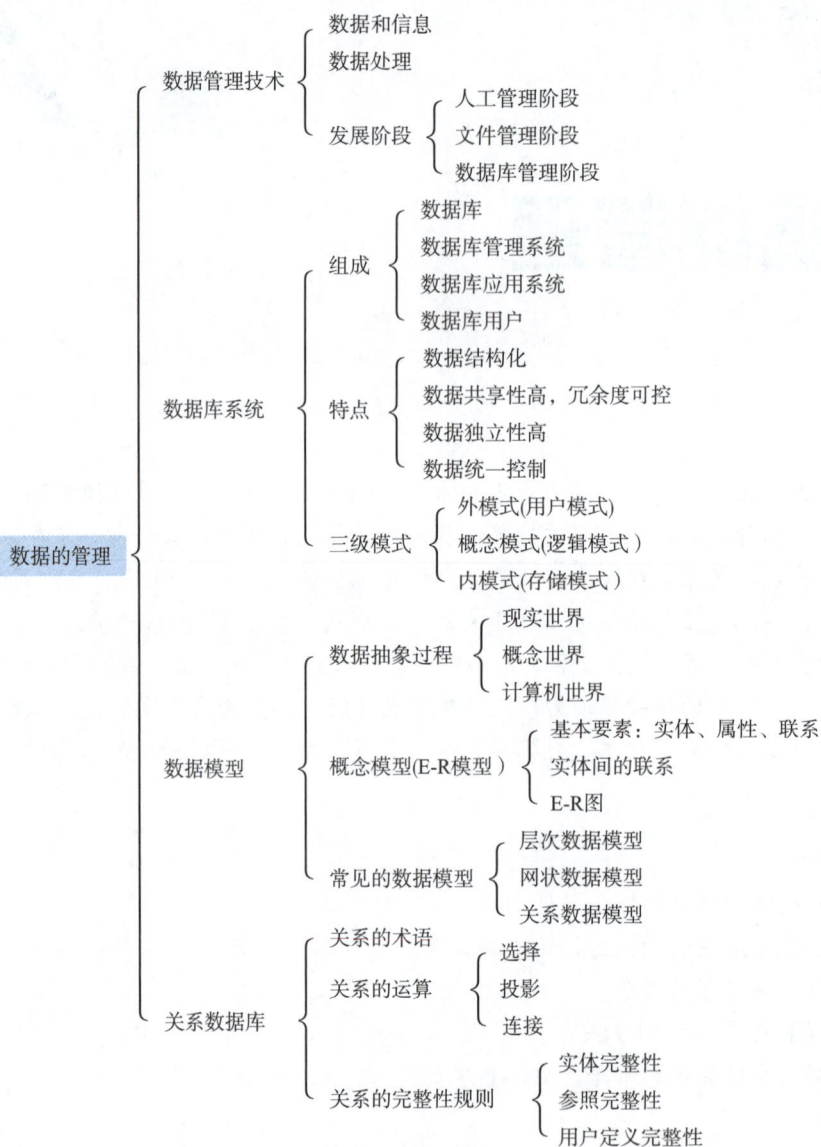

数据的管理
- 数据管理技术
  - 数据和信息
  - 数据处理
  - 发展阶段
    - 人工管理阶段
    - 文件管理阶段
    - 数据库管理阶段
- 数据库系统
  - 组成
    - 数据库
    - 数据库管理系统
    - 数据库应用系统
    - 数据库用户
  - 特点
    - 数据结构化
    - 数据共享性高，冗余度可控
    - 数据独立性高
    - 数据统一控制
  - 三级模式
    - 外模式(用户模式)
    - 概念模式(逻辑模式)
    - 内模式(存储模式)
- 数据模型
  - 数据抽象过程
    - 现实世界
    - 概念世界
    - 计算机世界
  - 概念模型(E-R模型)
    - 基本要素：实体、属性、联系
    - 实体间的联系
    - E-R图
  - 常见的数据模型
    - 层次数据模型
    - 网状数据模型
    - 关系数据模型
- 关系数据库
  - 关系的术语
  - 关系的运算
    - 选择
    - 投影
    - 连接
  - 关系的完整性规则
    - 实体完整性
    - 参照完整性
    - 用户定义完整性

图 1-1　本章知识结构图

1.1 数据管理技术

视频1-1
数据管理技术

数据库技术是管理数据的科学方法，主要研究数据的组织、存储及高效处理，为生活的方方面面提供数据服务。

1.1.1 数据与数据处理

1. 数据和信息

数据(Data)和信息(Information)是数据处理中的两个基本概念，数据是信息的载体，但并非任何数据都能成为信息，只有经过加工处理的数据才能成为信息。

(1) 数据。数据是人们用于记录事物情况的物理符号。为了描述客观事物而用到的数字、字符，以及所有能输入到计算机中并能被计算机处理的符号都可以看成数据。例如，张小明的年龄是20岁，籍贯福建，这里的"张小明""20""福建"就是数据。在实际应用中，数据可分为三种：第一种是可以参与数值运算的数值型数据，如年龄、成绩、价格等；第二种是由字符组成的、不能参与数值运算的字符型数据，如姓名、籍贯、性别等；第三种是图形、图像、声音等多媒体数据，如照片、歌曲、视频等。

(2) 信息。信息是经过加工处理并对人类社会实践和生产活动产生决策影响的数据。不经过加工处理的数据只是一种原始材料，它的价值只在于记录了客观世界的事实，对人类活动产生不了决策作用。只有经过提炼和加工，原始数据才会发生质的变化，给人们以新的知识和智慧。例如，收到一条淘宝通知"双11活动，商品全场5折"，根据这条通知获取数据"5折"，然后根据商品原价格计算出打折后的商品价格，新的价格数据就是利用原始数据经过加工处理后得到的信息，这个信息可作为是否购买商品的依据。用户还可以进一步利用这个信息与前一年的数据进行比较分析，得到商品的价格走势、打折力度等有价值的信息。

2. 数据处理

数据处理是指将数据转化为有价值信息的精细过程(如图1-2所示)，涵盖了从数据采集、存储、分类、排序、检索、维护到计算、加工、统计、传输等一系列核心操作。其核心目的在于从海量、无序且难以直接解

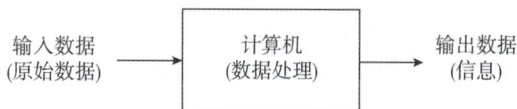

输入数据　　　计算机　　　输出数据
(原始数据) →　(数据处理)　→ (信息)

图1-2　计算机数据处理

读的数据中，借助分析、归纳、推理等科学方法，结合先进的计算机技术、数据库技术、人工智能及大数据分析技术，提炼出具有实际意义的、对决策具有指导作用的信息。

随着技术的飞速发展，现代计算机及软件系统已能够高度自动化地完成各类数据处理任务。这些系统不仅能够高效地管理数据生命周期，包括数据的收集、清洗、转换、整合与存储，还能利用机器学习算法对数据进行深度挖掘与智能分析，从而揭示数据背后的隐藏模

式、趋势及关联，为企业的战略决策、市场预测、运营优化等提供强有力的支持。

1.1.2　数据管理技术发展阶段

数据管理是指数据的收集、组织、存储、检索和维护等操作，其主要目的是实现数据共享，降低数据冗余，提高数据的独立性、安全性和完整性，从而能更加有效地管理和使用数据资源。计算机技术的发展促使数据管理技术得到了很大发展，计算机数据管理技术经历了人工管理、文件管理和数据库管理三个发展阶段。

1. 人工管理阶段

20世纪50年代中期以前，计算机主要用于科学计算。在硬件方面，外存储器只有磁带、卡片和纸带等，没有磁盘等直接存取的外存储器；在软件方面，只有汇编语言，没有操作系统。当时的数据管理是以人工管理方式进行的，有以下特点：数据量少，数据不需要长期保存；没有专门对数据进行管理的软件，数据由应用程序自行管理，每个应用程序都要设计数据的存储结构和输入输出方法；数据无法实现共享，不同应用程序之间存在大量的重复数据；数据对应用程序不具有独立性，进一步加重了程序设计的负担。

以一个公司的信息管理为例，在人工管理阶段，应用程序和数据之间的关系如图1-3所示。图中不同应用程序产生各类数据，并产生许多重复的数据，例如，工资数据包含部分员工数据。

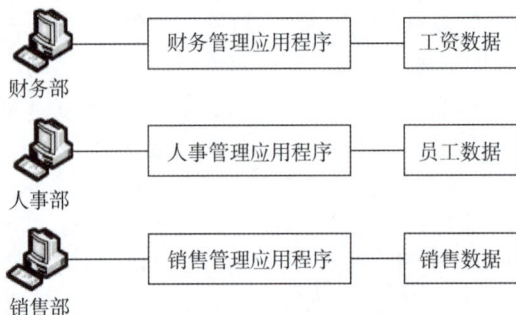

图 1-3　人工管理阶段应用程序和数据之间的关系

2. 文件管理阶段

20世纪50年代后期至60年代中期，计算机开始大量用于数据管理。在硬件方面，出现了外存，如磁盘、磁鼓等；在软件方面，出现了高级语言和操作系统，应用程序利用操作系统的文件管理功能可实现数据的文件管理方式。文件管理阶段有以下特点：数据可以组织成文件，能够长期保存和反复使用；数据和应用程序之间有一定的独立性，通过文件系统把数据组织成一个独立的数据文件，大大减少了应用程序维护的工作量；不同应用程序的数据不能共享，数据独立性差，冗余度大。

在文件管理阶段，公司信息管理中应用程序和数据文件之间的关系如图1-4所示。各应用程序通过文件系统对相应的数据文件进行存取和处理，但各数据文件之间是孤立的，缺乏对数据统一管理和控制的能力。例如，因某个员工离职而在员工数据文件中删除了其数据，但工资数据文件中该员工的相关数据却不会自动删除。

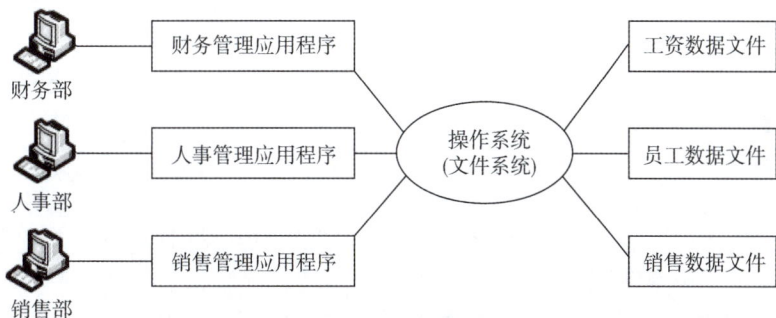

图 1-4 文件管理阶段应用程序和数据文件之间的关系

3. 数据库管理阶段

20世纪60年代后期，数据量急剧增加，数据共享的需求更加强烈。同时，计算机硬件价格下降，而编写和维护软件的成本相对增加，文件系统已经无法满足多应用、多用户的数据共享需求，于是出现了统一管理数据的数据库管理系统(Database Management System，DBMS)。

数据库管理系统把所有应用程序中使用的数据整合起来，按统一的数据模型存储在数据库中，提供给各个应用程序使用。数据与应用程序之间完全独立，数据具有完整性、一致性和安全性等特点，并具有充分的共享性，有效地减少了数据冗余。

在数据库管理阶段，企业信息管理中应用程序和数据库之间的关系如图1-5所示。企业信息管理的相关数据都存放在数据库中，数据库面向整个应用系统，实现了数据共享，并使得数据和应用程序之间保持较高的独立性。

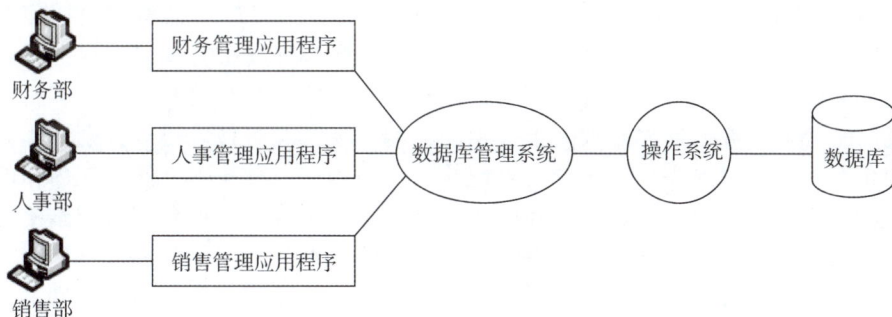

图 1-5 数据库管理阶段应用程序和数据库之间的关系

4. 数据库管理技术的新发展

数据库技术的发展先后经历了第一代数据库系统(层次数据库和网状数据库)和第二代数据库系统(关系数据库)。20世纪70年代使用关系数据库后，数据库技术得到了蓬勃发展，但随着新需求的不断提出，占主导地位的关系数据库系统已不能满足新的应用领域的需求。例如，在实际应用中，需要存储并检索多媒体数据、计算机辅助设计绘制的工程图纸、地理信息系统提供的空间数据和各种复合数据(如集合、数组、结构)等，关系数据库无法实现对这些复杂数据的管理，因此出现了许多不同类型的新型数据管理技术。下面对这些技术进行简要介绍。

(1) 分布式数据库系统。分布式数据库系统是数据库技术与计算机网络技术、分布式处理技术相结合的产物。一个分布式数据库在逻辑上是一个统一的整体，在物理上则分别存储在不同的物理节点上。分布式数据库系统主要有以下特点：数据库中的数据分布在计算机网络的不同物理节点上；分布在不同节点的数据在逻辑上属于同一个数据库系统，数据间相互关联；每个节点都有自己的计算机软硬件资源，包括数据库、数据库管理系统等，既能供本节点用户存取使用，又能供其他节点上的用户存取使用。

(2) 面向对象数据库系统。面向对象数据库系统是面向对象的程序设计技术与数据库技术相结合的产物，其主要特点是具有面向对象技术的封装性和继承性，提高了软件的可重用性。面向对象数据库系统包含了关系数据库管理系统的全部功能，只是在面向对象环境中增加了一些新内容，其中有些是关系数据库管理系统所没有的。面向对象数据库系统的基本设计思想是：一方面把面向对象的程序设计语言向数据库方向扩展，使应用程序能够存取并处理对象；另一方面则扩展数据库系统，使其具有面向对象的特征，以便对现实世界中复杂应用的实体和联系进行建模。

(3) 多媒体数据库系统。多媒体数据库系统是数据库技术与多媒体技术相结合的产物，能够直接管理文本、图形、音频和视频等多媒体数据的数据库即可称为多媒体数据库。多媒体数据库的结构和操作与传统格式化数据库有很大差别，在多媒体信息管理环境中，不仅数据本身的结构和存储形式各不相同，不同领域对数据处理的需求也比一般事务管理复杂得多，因此对数据库管理系统提出了更高的功能要求。综合程序设计语言、人工智能和数据库领域的研究成果，设计支持多媒体数据管理的数据库管理系统，已成为数据库领域一个新的重要研究方向。

(4) 数据仓库技术。数据仓库技术是基于信息系统业务发展的需要和数据库系统技术的发展而逐步形成的一系列新的应用技术。数据仓库涉及三方面的技术内容：数据仓库技术、联机分析处理技术和数据挖掘技术。数据仓库用于数据的存储和组织，联机分析处理集中于数据的分析，数据挖掘则致力于知识的自动发现。这些技术可以分别应用到信息系统的设计和实现中，以提高相应部分的处理能力。由于这三种技术之间存在内在的联系性和互补性，将它们结合起来就是一种新的决策支持系统架构。数据仓库最根本的特点是物理地存放数据，而且这些数据并不是最新的、专有的，而是来源于其他数据库的。建立数据仓库并不是要取代数据库，它要建立在一个较全面和完善的信息应用的基础上，用于支持高层决策分析，而事务处理数据库在企业的信息环境中承担的是日常操作性的任务。数据仓库是数据库技术的一种新的应用，到目前为止，数据仓库还是用关系数据库管理系统来管理其中的数据。

(5) 大数据技术。大数据(Big Data)是一种在获取、存储、管理和分析方面大大超出传统数据库软件工具能力范围的数据集合，具有数据规模大、数据种类多、要求数据处理速度快和数据价值密度低四大特征。大数据的概念与海量数据不同，后者只强调数据的量，而大数据不仅用来描述大量的数据，还可以进一步指出数据的复杂形式、数据的快速处理特性，并且具有对数据进行分析处理后最终获得有价值信息的能力。

(6) 向量数据库与RAG(检索增强生成)技术。向量数据库主要支持向量索引和向量搜索，能够高效地处理大规模向量数据的存储和查询。而RAG技术则结合了向量数据库和大型语言模型(LLM)，通过召回与问题最相关的上下文来提高LLM的回答质量。这种技术在大型模型开发中得到了广泛应用，并推动了数据库与AI(人工智能)技术的深度融合。

1.2 数据库系统

视频1-2
数据库系统

数据库系统(Database System，DBS)是一个实际可运行的，用于存储、维护和管理数据的软件系统，由一组相互关联的软件、硬件和规程共同协作以高效管理和维护数据。

1.2.1 数据库系统的组成

一个完整的数据库系统，主要包括数据库(Database，DB)、数据库管理系统、数据库应用系统和数据库用户四部分，各部分的关系如图1-6所示。

1. 数据库

数据库(DB)是指以一定结构存储在外部存储设备上的、能为多个用户共享的、与应用程序相互独立的、相互关联的结构化数据集合。数据库不仅存储了数据，还存储了数据与数据之间的关系。一个数据库由若干张表(Table)组成，例如，要创建一个超市管理系统的数据库，就需要建立员工表、部门表、工资表、商品表和销售表等，每张表都具有特定的结构，表与表之间有某种关联。在数据库的物理组织中，表以文件形式存储。

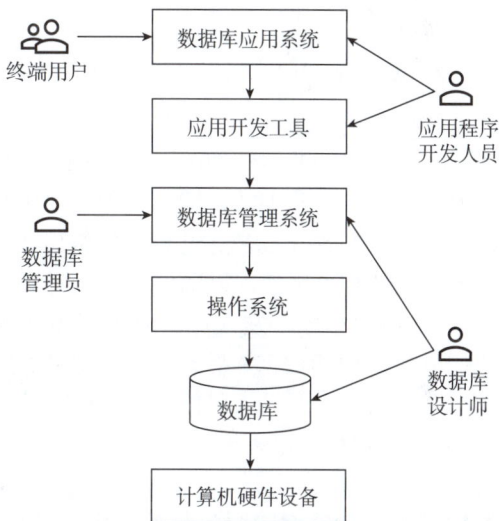

图 1-6   数据库系统

2. 数据库管理系统

数据库管理系统(DBMS)是用于描述、管理和维护数据库的软件系统，是数据库系统的核心组成部分。具有代表性的数据库管理系统有Oracle、Microsoft SQL Server、MySQL及Microsoft Access等。本书介绍的Microsoft Access是一种被广泛应用的小型数据库管理系统。

DBMS在操作系统的基础上工作，它接收用户的操作命令并予以实施，从而完成用户对数据库的管理操作。无论是数据库管理员还是终端用户，都不能直接对数据库进行访问或操作，而必须利用DBMS提供的操作语言来使用或维护数据库中的数据。

数据库管理系统具有以下几个方面的功能。

(1) 数据定义功能。使用数据定义语言定义数据库的结构，刻画数据库框架等。

(2) 数据操纵功能。使用数据操纵语言实现数据的检索、插入、删除、修改等操作。

(3) 数据库运行管理功能。控制整个数据库系统的运行，控制用户的并发性访问，保障数据的安全与保密，检验数据的完整性等。

(4) 数据库的建立和维护功能。控制数据库初始数据的输入与数据转换，记录工作日志，监视数据库性能，修改更新数据库，恢复出现故障的数据库等。

(5) 数据通信功能。与操作系统协调完成数据的传输，实现用户程序与 DBMS 之间数据的通信。

拓展阅读1-1
国产数据库的
崛起

3. 数据库应用系统

数据库应用系统就是我们常用的应用程序，是指开发人员利用某种应用开发工具开发出来的、面向某一类实际应用的软件系统，例如各种常用的手机软件(如微信、QQ、淘宝等)。数据库应用系统需要通过数据库接口技术，在数据库管理系统的支持下才能获取或修改数据库中的数据。

4. 数据库用户

数据库用户主要有以下四类。

(1) 终端用户。终端用户是指通过应用程序界面使用数据库的人。他们无须深入了解数据库的原理和实现细节，因为数据库对他们而言是透明的。当终端用户使用应用程序访问数据库时，他们实际上是通过系统的接口或查询语言与数据库进行交互。这些用户主要关注数据的功能性和可用性，以确保能够满足其业务需求。

(2) 应用程序开发人员。应用程序开发人员负责设计和编写与数据库交互的应用程序。他们具备编程和数据库管理知识，能够利用SQL语言和其他API来创建、读取、更新和删除数据。应用程序开发人员的目标是确保应用程序逻辑正确无误地处理数据，并提供用户友好的界面和功能。

(3) 数据库管理员。数据库管理员是数据库系统的守护者，负责数据库的安装、配置、维护和优化。他们的职责包括决定数据库的存储结构和存取策略，定义数据库的安全性要求和完整性约束条件，以及监控数据库的使用和运行等。数据库管理员需要确保数据库系统的高效运行，以及数据的安全性和完整性，同时还需要处理任何可能影响数据库性能的问题。

(4) 数据库设计师。数据库设计师主要负责设计数据库的结构和布局，确保数据能够有效存储和检索。他们根据业务需求制定数据模型，并需掌握编程技能以使用SQL等语言创建和修改数据库。此外，他们还需要关注数据库的性能优化、数据完整性、一致性和安全性等问题。数据库设计师在数据库系统的设计和实施阶段扮演着至关重要的角色。

1.2.2 数据库系统的特点

1. 数据结构化

在数据库系统中，每一个数据库都是为某一应用领域服务的，因此不仅要考虑某个应用的数据结构，还要考虑整个组织(多个应用)的数据结构。这种数据组织方式使数据结构化，在描述数据时不仅要描述数据本身，还要描述数据之间的联系。数据库系统实现整体数据的结构化是数据库的主要特点之一，也是数据库系统与文件系统的本质区别。

2. 数据共享性高，冗余度可控

数据库技术的根本目标之一是解决数据共享问题。数据共享是指多个用户或应用程序可以访问同一个数据库中的数据，而且数据库管理系统提供并发和协调机制，保证在多个应用程序同时访问、存取和操作数据库数据时不产生任何冲突。数据冗余是指数据之间的重复，也可以说是同一数据存储在不同数据文件中的现象。数据冗余既浪费存储空间，又容易产生数据不一致等问题。数据库的数据已经根据特定的数据模型结构化，有效地节省了存储资源，减少了数据冗余，保证了数据的一致性。

3. 数据独立性高

数据独立性是指应用程序与数据库的数据结构之间相互独立。在数据库系统的数据存储结构发生改变时，不会影响数据的全局逻辑结构，保证了数据的物理独立性；在全局逻辑结构发生改变时，不影响用户的局部逻辑结构及应用程序，保证了数据的逻辑独立性。

4. 数据统一控制

为保证多个用户能同时正确地使用同一个数据库，数据库管理系统提供了一套有效的数据控制手段，包括数据安全性控制、数据完整性控制、数据库的并发控制和数据库的备份恢复等，增强了多用户环境下数据的安全性和一致性保护。

1.2.3 数据库系统的三级模式

数据库领域公认的标准结构是三级模式结构，包括外模式、概念模式和内模式，如图1-7所示。三级模式对应三个抽象级别，使用户能够逻辑地、抽象地处理数据，而不必关心数据在计算机中的物理表示和存储方式，进而把数据的具体组织交给数据库管理系统去完成。

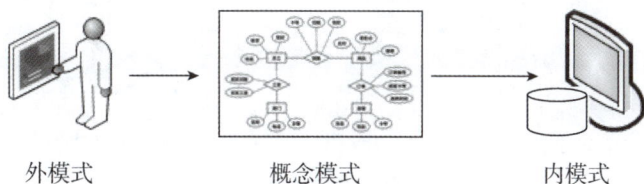

外模式   概念模式   内模式

图 1-7 数据库系统的三级模式

1. 外模式

外模式又称用户模式，是数据库用户看到的视图模式。"视图"是数据库用户所看到的数据库的数据视图，是与某一应用有关的数据的逻辑表示。用户可以通过外模式描述语言来描述与定义对应于用户的数据记录，也可以利用数据操纵语言对这些数据记录进行操作。外模式反映了数据库系统的用户观。

2. 概念模式

概念模式又称逻辑模式，是对数据库中全部数据的逻辑结构和特征的总体描述，由数据库管理系统提供的数据模式描述语言来描述和定义。概念模式反映了数据库系统的整体观。

3. 内模式

内模式又称存储模式，它描述了数据在存储介质上的存储方式和物理结构，对应着实际存储在外存储介质上的数据库。内模式是由内模式描述语言来描述和定义的。内模式反映了数据库系统的存储观。

在一个数据库系统中，内模式是唯一的，但建立在数据库系统之上的应用则是非常广泛且多样的，所以对应的外模式不是唯一的，也不可能是唯一的。

1.3 数据模型

数据模型(Data Model)用于对现实世界中的事物进行抽象和表示，以便计算机能够处理和理解这些事物。数据模型在抽象层次上描述了系统的多个方面，包括静态特征(即数据的结构和组织方式)、动态行为(即数据的操作和处理方式)及约束条件(即数据必须遵守的规则和限制)。

视频1-3
数据模型

1.3.1 数据抽象过程

从现实世界中的客观事物到数据库中存储的数据是一个逐步抽象的过程，如图1-8所示，这个过程经历了现实世界、概念世界和计算机世界三个阶段。

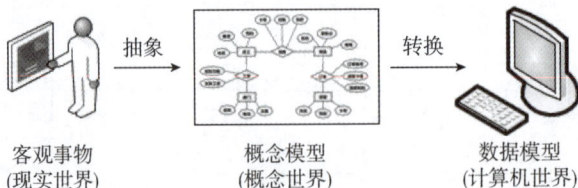

图 1-8　数据抽象过程

1. 现实世界

现实世界是指客观存在的事物及其相互间的联系。现实世界中的事物有着众多的特征和千丝万缕的联系，计算机处理的对象是现实世界的客观事物，在实施处理的过程中，需要对事物进行整理、分类和规范，进而将规范化的事物数据化，最终实现由数据库系统存储和处理。

2. 概念世界

概念世界又称为信息世界，是人们把现实世界中事物的信息和联系，通过特定符号记录下来，然后用规范化的数据库定义语言来定义描述而构成的一个抽象世界。在概念世界中，不是简单地对现实世界进行符号化，而是要通过筛选、归纳、总结、命名等抽象过程产生出概念模型，用以表示对现实世界的抽象与描述。概念模型的表示方法很多，目前较为常用的是实体-联系模型(Entity-Relationship Model)，简称E-R模型。

3. 计算机世界

计算机世界又称为数据世界，是将概念世界的内容数据化后的产物。计算机世界将概念世界中的概念模型，进一步转换成数据模型，形成计算机能够处理的数据表现形式。

1.3.2　概念模型(E-R模型)

把现实世界抽象为概念世界，建立概念世界中的数据模型，该数据模型称为概念模型。概念模型是面向数据库用户的对现实世界的抽象与描述的数据模型，它使数据库的设计人员在设计的初始阶段摆脱计算机系统及数据库管理系统的具体技术问题，集中精力分析数据及数据之间的联系等。最常用的概念模型表示方法是P. P. Chen于1976年提出的"实体-联系模型"(即E-R模型)，使用E-R图来表示。

拓展阅读1-2
E-R模型创始人

1. E-R模型的基本要素

(1) 实体(Entity)。客观存在并可以相互区别的事物称为实体。实体可以是人、事、物(例如：一名员工，一个商品)，也可以是抽象的概念和联系(例如：员工和公司的关系)。同一类型实体的集合称为实体集(例如：全体员工就是一个实体集)。

(2) 属性(Attribute)。用来描述实体的特性称为属性。例如，员工具有姓名、年龄、性别等属性信息。不同的属性会有不同的取值范围，属性的取值范围称为该属性的值域。例如，"年龄"属性的值域是0~150。

(3) 联系(Relationship)。实体之间的对应关系称为联系。例如，顾客和商品之间具有购买关系。

2. 实体间的联系

两个实体之间的联系可分为三种类型：一对一联系($1:1$)，一对多联系($1:n$)，多对多联系($m:n$)。

(1) 一对一联系($1:1$)。对于实体集A中的每一个实体，实体集B只有一个实体与之联系，反之亦然，则称实体集A和实体集B具有一对一的联系，记作$1:1$。如图1-9所示，一个乘客只能坐一个座位，而一个座位只能被一个乘客坐，乘客与座位之间的联系就是一对一的联系。

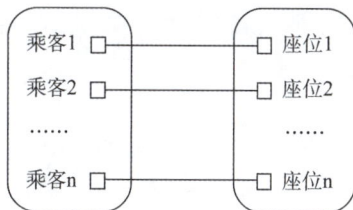

图1-9　一对一联系

(2) 一对多联系($1:n$)。对于实体集A中的每一个实体，实体集B中有n个实体与之联系；反之对于实体集B中的每个实体，实体集A中只有一个实体与之联系，则称实体集A与实体集B具有一对多的联系，记作$1:n$。如图1-10所示，一个部门有许多个员工，但一个员工只能在一个部门任职，部门和员工之间的联系就是一对多的联系。

(3) 多对多联系($m:n$)。对于实体集A中的每一个实体，实体集B中有n个实体与之联系；反之对于实体集B中的每个实体，实体集A中有m个实体与之联系，则称实体集A与实体集B具有多对多的联系，记作m：n。如图1-11所示，一名员工可以销售多种商品，任何一种商品可以被多名员工销售，员工和商品之间具有多对多的联系。

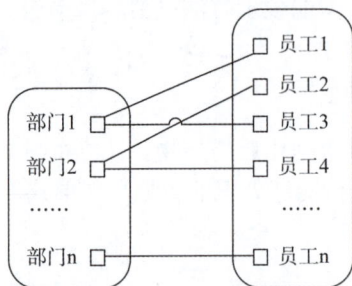

图 1-10　一对多联系　　　　　　　　　　图 1-11　多对多联系

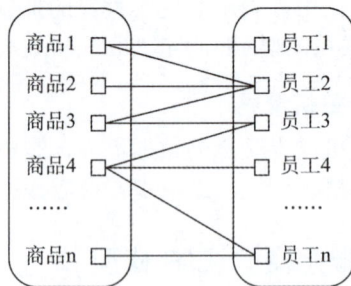

3. E-R模型的表示方法：E-R图

实体-联系图(即E-R图)可以直观地表达E-R模型。在E-R图中，实体用矩形表示，属性用椭圆表示，联系用菱形表示，在各自内部写明实体名、属性名和联系名，并用连线连接起来，同时在连线上标注联系的类型(1:1、1:n或m:n)。E-R图用到的符号如图1-12所示。

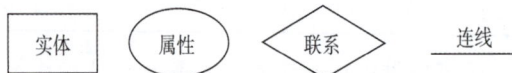

图 1-12　E-R 图的表示符号

E-R图能够直观地反映数据库的信息组织情况。前述乘客和座位的E-R图如图1-13所示，其中，"乘客"实体有"身份证号"和"姓名"两个属性，"座位"实体有"座位号"和"舱位"两个属性，"乘坐"联系有"乘坐时间"一个属性，乘客和座位之间是一对一的联系。

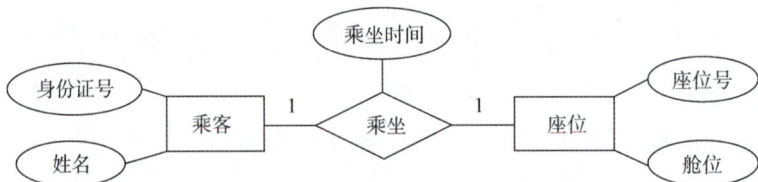

图 1-13　乘客和座位的 E-R 图

前述部门和员工的E-R图如图1-14所示，其中，"部门"实体有"部门编号""部门名称"和"部门电话"三个属性，"员工"实体有"员工编号""姓名"和"性别"三个属性，"聘请"联系有"是否在职"一个属性，部门和员工之间是一对多的联系。

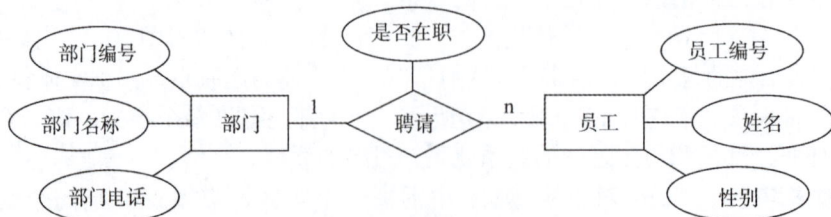

图 1-14　部门和员工的 E-R 图

前述员工和商品的E-R图如图1-15所示，其中，"员工"实体有"员工编号""姓名"和"性别"三个属性，"商品"实体有"商品编号""商品名称"和"零售价"三个属性，"销售"联系有"购买数量"一个属性，员工和商品之间是多对多的联系。

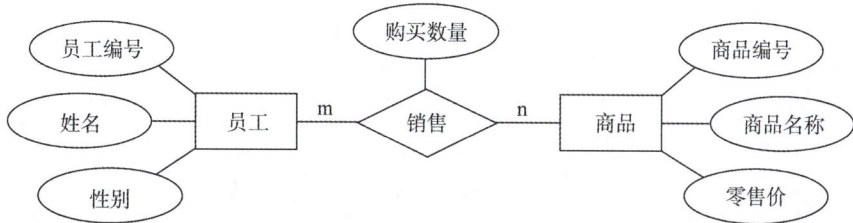

图 1-15　员工和商品的 E-R 图

1.3.3　常见的数据模型

数据库的类型是根据数据模型来划分的，任何一个DBMS也是根据数据模型有针对性地设计出来的。目前在数据库系统中成熟应用的数据模型有层次数据模型、网状数据模型和关系数据模型。三者间的根本区别在于数据之间联系的表示方式不同，层次数据模型以"树结构"表示数据之间的联系；网状数据模型以"网状结构"来表示数据之间的联系；关系数据模型用"二维表"(或称为关系)来表示数据之间的联系。

1. 层次数据模型

用树状结构表示实体及实体之间联系的数据模型称为层次数据模型。层次数据模型是数据库系统最早使用的一种模型，它的数据结构是一棵"有向树"，如图1-16所示，根结点在最上端，子结点在下，逐层排列。层次模型树中每一个结点表示一个实体，结点之间的连线表示实体之间的联系。这种模型适用于表达一对多的层次联系，但不能直接表达多对多的联系。

2. 网状数据模型

用网状结构表示实体及实体之间联系的模型称为网状数据模型。网状数据模型和层次数据模型类似，用每个结点表示一个实体，结点之间的连线表示实体间的联系，但与层次数据模型不同的是，网状数据模型允许一个以上的结点无父结点，并且一个结点可以有多个父结点，如图1-17所示。网状数据模型能更直接地表示实体间的各种联系，但它的结构复杂，实现的算法也复杂。

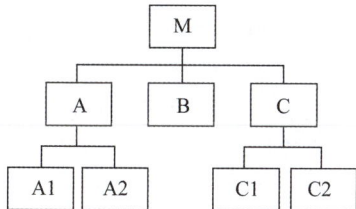

图 1-16　层次数据模型

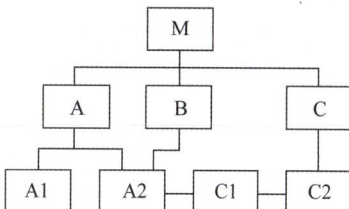

图 1-17　网状数据模型

3. 关系数据模型

用二维表的形式表示实体和实体之间联系的数据模型称为关系数据模型。在关系数据模型中，操作的对象和结果都是二维表，每个二维表又可称为关系，例如，表1-1就展示了一个商品关系。关系数据模型是目前最流行的数据库模型，支持关系数据模型的数据库管理系统称为关系数据库管理系统，Access就是一种关系数据库管理系统。

表1-1　"商品"关系

商品编号	商品名称	规格	类别	库存	零售价
S2018010201	凉茶	250mL	饮品	810	￥2.40
S2018010202	可口可乐	355mL	饮品	91	￥2.50
S2018010203	雪碧	355mL	饮品	145	￥2.50
S2018010204	矿泉水	550mL	饮品	121	￥1.30
S2018010205	冰红茶	490mL	饮品	150	￥2.40

1.4　关系数据库

关系数据库是采用关系数据模型作为数据组织方式的数据库。关系数据库的特点在于，它将每个具有相同属性的数据独立地存储在一个表中。

视频1-4　关系数据库　　拓展阅读1-3　关系数据库之父

1.4.1　关系的术语

1. 关系

关系就是一个二维表，由行和列组成。每个关系都有一个关系名。在 Access数据库中，关系名就是数据库中表的名称。例如，图1-18所示的"部门"关系就是"部门"表。

2. 元组

在一个二维表中，表中的行称为元组，每一行是一个元组，也称为一条记录，它对应于实体集中的一个实体。例如，图1-18所示的"部门"关系里，每一个元组代表一个部门。

3. 属性

二维表中的列称为属性，每一列有一个属性名，也称字段名。例如，图1-18所示的"部门"关系里，"部门编号"就是部门的一个属性。

一个属性　一列　一个字段

部门编号	部门名称	部门主管	部门电话
D1	客服部	Y001	86828385
D2	人事部	Y006	86821222
D3	销售部	Y009	86820304
D4	财务处	Y013	86824511

一个元组　一行　一条记录

"部门"关系　→　"部门"表

图 1-18　关系与表

4. 值域

属性的取值范围称为值域，关系中的每个属性都必须对应一个值域。例如，在图1-19所示的员工表中，"性别"字段的值域为"男"或"女"两个值。

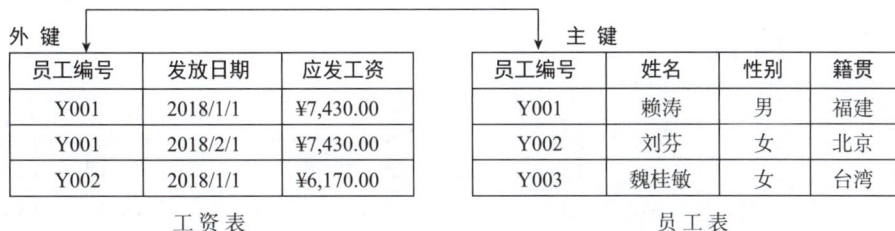

外 键		
员工编号	发放日期	应发工资
Y001	2018/1/1	¥7,430.00
Y001	2018/2/1	¥7,430.00
Y002	2018/1/1	¥6,170.00

工 资 表

主 键			
员工编号	姓名	性别	籍贯
Y001	赖涛	男	福建
Y002	刘芬	女	北京
Y003	魏桂敏	女	台湾

员 工 表

图 1-19　利用外键实现表与表的联系

5. 主键

主键又称关键字，或称为主码，是二维表中某个属性或属性的组合，其值能唯一地标识一个元组。例如，在图1-19所示的员工表中，"员工编号"字段常常被设为主键，而不是"姓名"字段，因为姓名可能重名，不能唯一地标识一个元组。

6. 外键

外键是外部关键字的简称。在关系模型中，为了实现表与表之间的联系，通常将一个表的主键作为数据之间的纽带放到另一个表中，这个起联系作用的属性就称为外键。例如，图1-19中，员工表的"员工编号"属性是员工表的主键，工资表的"员工编号"属性是工资表的外键。"员工编号"这个公共属性使得员工表和工资表产生了联系。

7. 对关系的描述

描述一个关系的格式为关系名(属性名1，属性名2，…，属性名n)。

例如，表1-1所示的"商品"关系描述格式是：商品(商品编号，商品名称，规格，类别，库存，零售价)。

8. 关系的特点

关系是一个二维表，但并不是所有二维表都是关系。关系应具有以下特点。

(1) 关系中的每个属性值是不可分解的。

(2) 关系中的各列是同质的，即每一列的属性值必须是同一类型的数据，来自同一个值域。

(3) 在同一个关系中不能出现相同的属性名。

(4) 关系中不允许有完全相同的元组。

(5) 在一个关系中，元组和列的次序无关紧要，可以任意交换。

1.4.2　关系的运算

关系的基本运算有三种：选择、投影和连接。

1. 选择

选择运算是根据给定的条件，从一个关系中选出符合条件的元组(表中的行)，被选出的元组组成一个新的关系，这个新的关系是原关系的一个子集。选择是从行的角度进行的运算。例如，从员工关系中选出性别为男的员工信息，组成一个新的关系，如图1-20所示。

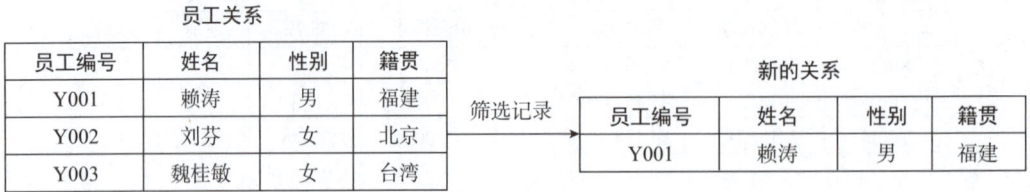

员工关系

员工编号	姓名	性别	籍贯
Y001	赖涛	男	福建
Y002	刘芬	女	北京
Y003	魏桂敏	女	台湾

筛选记录 →

新的关系

员工编号	姓名	性别	籍贯
Y001	赖涛	男	福建

图 1-20　选择运算

2. 投影

投影是从一个关系中选择指定的属性(表中的列)，被选中的属性重新排列组成一个新的关系。投影是从列的角度进行的运算。例如，从员工关系中选取姓名、性别和籍贯属性，组成一个新的关系，如图1-21所示。

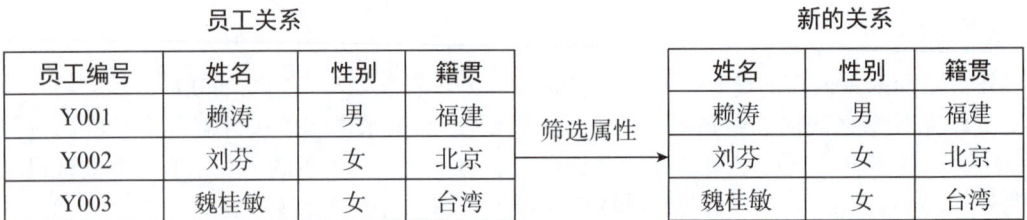

员工关系

员工编号	姓名	性别	籍贯
Y001	赖涛	男	福建
Y002	刘芬	女	北京
Y003	魏桂敏	女	台湾

筛选属性 →

新的关系

姓名	性别	籍贯
赖涛	男	福建
刘芬	女	北京
魏桂敏	女	台湾

图 1-21　投影运算

3. 连接

连接运算是从两个或多个关系中选取属性间满足一定条件的元组，组成一个新的关系。例如，从员工关系和部门关系中选取员工编号、姓名、性别、部门名称和部门电话属性，组成一个新的关系，如图1-22所示。

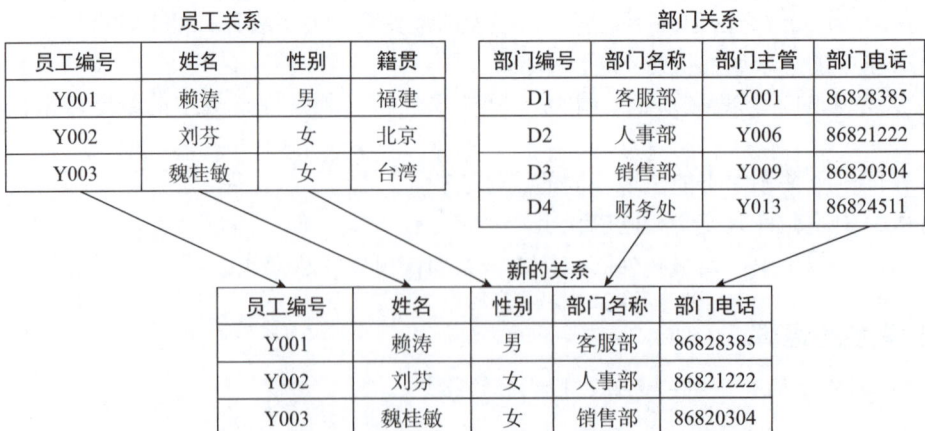

员工关系

员工编号	姓名	性别	籍贯
Y001	赖涛	男	福建
Y002	刘芬	女	北京
Y003	魏桂敏	女	台湾

部门关系

部门编号	部门名称	部门主管	部门电话
D1	客服部	Y001	86828385
D2	人事部	Y006	86821222
D3	销售部	Y009	86820304
D4	财务处	Y013	86824511

新的关系

员工编号	姓名	性别	部门名称	部门电话
Y001	赖涛	男	客服部	86828385
Y002	刘芬	女	人事部	86821222
Y003	魏桂敏	女	销售部	86820304

图 1-22　连接运算

1.4.3　关系的完整性规则

关系模型的数据完整性是指数据库中数据的正确性和一致性，数据的完整性由数据完整性规则来维护。数据完整性规则有如下三种。

1. 实体完整性

实体完整性是指关系的主键不能取空值或重复的值。如果主键是多个属性的组合，则这些属性均不得取空值。例如，表1-1所示的"商品"关系，将"商品编号"属性作为主键，那么意味着该列不得有空值且不得有重复的值，否则将无法对应某个具体的商品，这样的二维表是不完整的，该关系不符合实体完整性规则的约束条件。

2. 参照完整性

参照完整性反映了"主键"属性和"外键"属性之间的引用规则。外键要么取空值，要么等于相关关系中主键的某个值。例如，图1-19中的"员工"关系和"工资"关系，"工资"关系的外键"员工编号"属性的取值必须存在于"员工"关系中，而且是"员工"关系的主键。

如果实施了参照完整性，那么当主表(如"员工"关系)中没有相关记录时，就不能将记录添加到相关表中；也不能在相关表中存在匹配的记录时，删除主表中的记录；同样不能在相关表中有相关记录时，更改主表中的主键值。

3. 用户定义完整性

实体完整性和参照完整性是关系模型中必须满足的完整性约束条件。除此之外，不同的关系数据库系统根据其应用环境的不同，或是为了满足应用方面的要求，往往还需要一些特殊的约束条件，这些完整性是由用户定义的，因此称为用户定义完整性。用户定义完整性比较常见的是设置属性的数据类型、取值范围、是否允许空值等。例如，对于表1-1所示的"商品"关系，可以对"库存"这个属性定义必须大于0的约束条件。

1.5　思考与练习

1.5.1　思考题

1. 数据和信息有何区别？
2. 数据库系统的特点有哪些？
3. 数据库系统的三级模式结构是什么？
4. 什么是关系数据库模型？

1.5.2　选择题

1. 有关信息与数据的概念，下列说法正确的是(　　)。
   A. 信息与数据是同义词 　　　　　　　　B. 数据是承载信息的物理符号
   C. 信息和数据毫无关系 　　　　　　　　D. 固定不变的数据就是信息

2. 数据库(DB)、数据库系统(DBS)和数据库管理系统(DBMS)三者之间的关系是(　　)。
   A. DBS包括DB和DBMS 　　　　　　　　B. DBMS包括DB和DBS
   C. DB包括DBS和DBMS 　　　　　　　　D. 三者不存在关系

3. 数据库系统中数据的特点是(　　)。
   A. 共享度高，无冗余，独立性好 　　　　B. 共享度高，冗余度低，独立性好
   C. 共享度高，冗余度高，独立性差 　　　D. 共享度低，冗余度低，独立性好

4. 在数据库系统的三级模式结构中，为用户描述整个数据库逻辑结构的是(　　)
   A. 外模式 　　　　　B. 概念模式 　　　　　C. 内模式 　　　　　D. 存储模式

5. 用二维表来表示实体及实体间联系的数据模型是(　　)。
   A. 实体-联系模型 　　B. 层次模型 　　　　C. 关系模型 　　　　D. 网状模型

6. 关系数据库管理系统中的关系是指(　　)。
   A. 不同元组间有一定的关系 　　　　　　B. 不同字段间有一定的关系
   C. 不同数据库间有一定的关系 　　　　　D. 满足一定条件的二维表格

7. 从教师表中找出女性讲师的记录，属于(　　)关系运算。
   A. 选择 　　　　　　B. 投影 　　　　　　C. 连接 　　　　　　D. 交叉

8. 在E-R图中，用(　　)来表示属性。
   A. 椭圆形 　　　　　B. 矩形 　　　　　　C. 菱形 　　　　　　D. 三角形

9. 以下对关系模型的描述，不正确的是(　　)。
   A. 在一个关系中，每个数据项是最基本的数据单位，不可再分
   B. 在一个关系中，同一列数据具有相同的数据类型
   C. 在一个关系中，各列的顺序不可以任意排列
   D. 在一个关系中，不允许有相同的字段名

第 2 章

数据库的工程化设计

在大数据时代，数据库作为数据存储与管理的核心，其设计的科学性与合理性至关重要。工程化设计理念为数据库设计提供了系统的框架和方法，确保数据库不仅能满足当前的需求，还能适应未来的变化。

本章将阐述工程化设计的核心理念和基本流程，并以此为指导框架，通过"小型超市管理系统"的设计实例，全面展现数据库应用系统的构建过程。从细致的需求分析开始，逐步推进至概念模型设计、逻辑模型设计、物理模型设计，直至系统实施、运行与维护，每一阶段都体现了工程化设计的精髓。

⊕ 学习目标

- 了解工程化设计的核心理念和基本流程
- 理解数据库应用系统的开发流程
- 掌握 Access 数据库的创建方法

⊕ 知识结构

本章知识结构如图2-1所示。

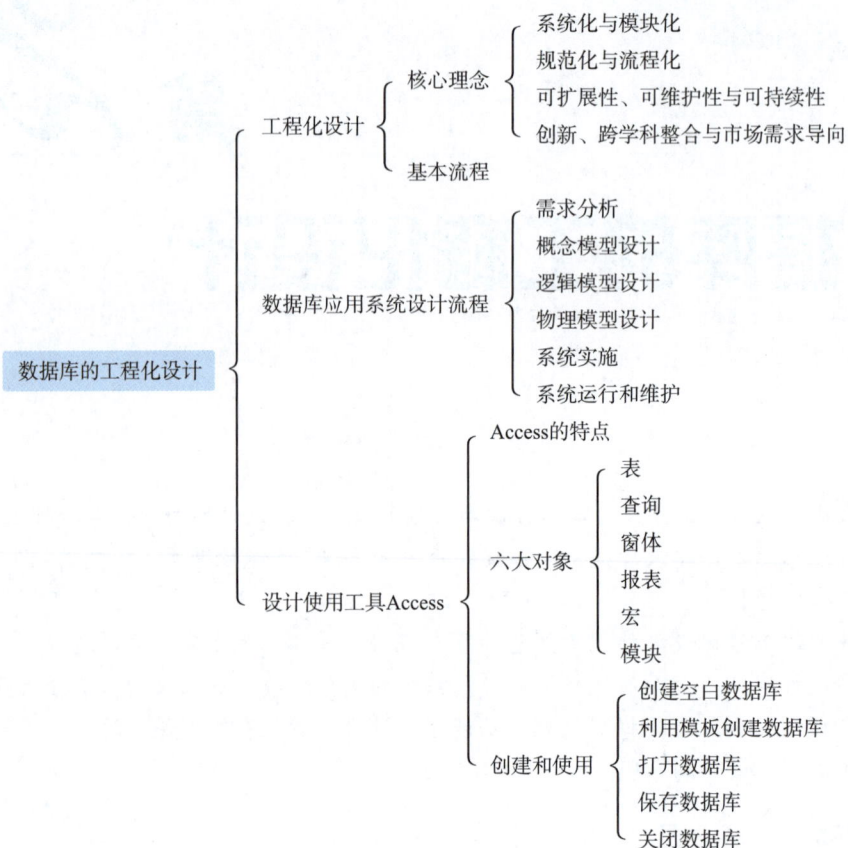

```
                                              ┌ 系统化与模块化
                                      ┌ 核心理念 ┤ 规范化与流程化
                      ┌ 工程化设计 ┤         │ 可扩展性、可维护性与可持续性
                      │            └ 基本流程  └ 创新、跨学科整合与市场需求导向
                      │                         ┌ 需求分析
                      │                         │ 概念模型设计
                      │            数据库应用系统设计流程 ┤ 逻辑模型设计
数据库的工程化设计 ┤                         │ 物理模型设计
                      │                         │ 系统实施
                      │                         └ 系统运行和维护
                      │                         ┌ Access的特点
                      │                         │         ┌ 表
                      │                         │         │ 查询
                      │            设计使用工具Access ┤ 六大对象 ┤ 窗体
                      └                         │         │ 报表
                                                │         │ 宏
                                                │         └ 模块
                                                │         ┌ 创建空白数据库
                                                │         │ 利用模板创建数据库
                                                └ 创建和使用 ┤ 打开数据库
                                                          │ 保存数据库
                                                          └ 关闭数据库
```

图 2-1　本章知识结构图

2.1 工程化设计

工程化设计是将工程学原理应用于产品、系统或服务的开发过程，以确保它们能够高效、可靠地满足用户需求。

2.1.1　核心理念

工程化设计是一种科学、高效的设计方法，其核心理念主要包括以下几个方面。

1. 系统化与模块化

系统化是工程化设计的基础，要求设计者从整体出发，以系统的视角全面考虑各个组成部分及其相互关系，确保设计的完整性和一致性。模块化则是将复杂系统分解为若干可独立开发和测试的模块，每个模块具有明确的功能和接口，便于独立进行设计、开发和测试。这种设计方式不仅简化了设计过程，提高了复用性，还便于系统升级和维护。例如，在智能汽车设计中，将动力系统、车身结构、电子控制系统、安全系统等分解为独立模块，各模块协同工作，以实现汽车整体性能的优化。

2. 规范化与流程化

规范化和流程化有助于提高设计质量和效率。工程化设计强调采用标准化的设计流程和技术规范，以减少设计过程中的随意性。这意味着在设计过程中，从需求分析、方案设计到实施阶段，都应遵循既定的规范和标准。例如，建筑设计中，建筑的结构设计、电气设计、给排水设计等都要遵循国家和行业的相关标准，确保建筑的安全性和功能性。规范化的流程有助于确保每个设计阶段的输出都是高质量的，从而提高整个设计项目的成功率。

3. 可扩展性、可维护性与可持续性

设计时需充分考虑未来需求变化和系统维护成本，确保系统具有良好的可扩展性，方便添加新功能或升级，以适应市场变化。良好的可维护性可减少运行维护成本和时间。同时，现代工程设计强调可持续性，考虑环境影响和社会责任，例如，在建筑设计中，应用可再生能源技术、智能管理系统和被动设计策略，以提高能源效率，降低碳排放和运营成本。

4. 创新、跨学科整合与市场需求导向

创新是工程化设计的关键驱动力，激励设计者在技术、材料、工艺等方面进行创新探索。跨学科整合已成为趋势，设计团队需汇聚不同专业背景成员，如工程师、数据科学家等，通过协作探索创新方案。例如，在数据库设计中，采用新型数据库架构、利用AI和机器学习、数据建模自动化、实时数据处理等创新技术和方法，可以显著提升数据库设计的效率和性能，满足现代应用的需求。设计者要密切关注用户体验和市场需求，通过市场调研和用户反馈，不断优化设计，确保产品或系统满足用户实际需求，提高市场竞争力。例如，在数据库用户界面设计中，提供一致的用户体验、数据可视化、交互式数据展示、性能优化、灵活的查询功能和有效的错误处理机制，可以显著提升用户的操作效率和满意度。

这些核心理念相互关联、相互促进，共同指导工程化设计实践，使设计者能够在复杂多变的工程环境中，高效、可靠地开发出满足用户需求的产品、系统或服务。

2.1.2 基本流程

工程化设计的流程以系统性和规范性为核心，依次经历需求分析、概念设计、详细设计、实现与测试，以及部署与维护五个阶段。

1. 需求分析

需求分析是工程化设计的起点，目的是明确设计目标和用户需求，为后续设计提供指导。关键活动涉及：与用户或利益相关者进行沟通，明确功能需求、性能需求及限制条件；

记录需求文档；分析项目约束。

2. 概念设计

概念设计阶段从整体视角规划系统的核心功能和结构框架，形成高层次的设计蓝图。关键活动涉及：设计系统的总体架构；绘制概念模型或框图；评估不同设计方案的优劣，选择最优方案。

3. 详细设计

在详细设计阶段，需要将概念设计具体化，定义系统的每个模块、接口和功能细节。关键活动涉及：针对每个模块进行结构化设计，明确其输入、输出、流程和约束；定义模块之间的接口，包括数据流和交互方式；考虑安全性、性能优化等关键设计因素。

4. 实现与测试

设计完成后，进入实现与测试阶段，将设计方案转化为实际产品，并验证其功能和性能。关键活动涉及：根据详细设计文档开发模块或系统，遵循标准化编码规范；执行单元测试、集成测试和系统测试，确保功能和性能达到设计要求；发现并修复问题，确保设计的稳定性和可靠性。

5. 部署与维护

在系统通过测试后，进入部署和维护阶段，将设计成果投入实际使用，并确保其可持续运行。关键活动涉及：部署系统到生产环境，并进行上线测试；监控系统运行情况，收集用户反馈；定期维护和优化系统，包括修复问题和适配需求变化。

2.2 数据库应用系统开发流程

工程化设计作为一套系统化的方法论，已经在各个领域得到了广泛应用。数据库设计是一种典型的工程化设计应用，其过程同样遵循需求驱动、系统化、规范化和可优化等基本原则。然而，数据库设计还具有其特定的要求，例如，数据结构设计、性能优化和数据安全性保障。因此，有必要进一步细化工程化设计的通用流程，形成专门针对数据库设计的流程框架。

视频2-1
数据库应用
系统开发流程

以具体的数据库应用系统为基础，数据库的开发流程一般分为六个阶段：需求分析、概念模型设计、逻辑模型设计、物理模型设计、系统实施、系统运行与维护。在实际开发过程中，可以根据应用系统的规模和复杂程度进行灵活调整，无须刻板地遵守整个开发流程，但总体上应当符合"分析→设计→实现"这一基本流程。表2-1简要列出了数据库开发各个阶段的主要任务和注意事项。

表2-1　数据库应用系统开发基本流程

基本环节	阶段	主要任务和注意事项
分析	需求分析	(1) 需求分析就是了解和分析用户对系统的要求，这是设计数据库的起点 (2) 需求分析的结果是否准确将直接影响到后面各个阶段的设计，以及设计结果是否合理和实用 (3) 在收集需求时必须充分考虑今后可能的扩充和改变 (4) 需要考虑数据库的安全性与完整性要求等
设计	概念模型设计	(1) 将需求分析阶段得到的用户需求抽象为概念模型的过程 (2) 概念模型是各种逻辑模型的共同基础 (3) 概念模型的常用工具是E-R图
	逻辑模型设计	(1) 将概念模型转换为被数据库管理系统所支持的数据模型的过程，并对转换结果进行规范化处理 (2) 如果采用的是关系数据库，就是将E-R图转换为关系模型的过程
	物理模型设计	(1) 为逻辑数据模型选取一个最适合应用要求的物理结构的过程 (2) 物理模型设计一般分两步：一是确定数据库的存储结构和存取方法；二是对物理结构进行评价，重点评价时间和空间效率
实现	系统实施	(1) 根据数据库逻辑设计和物理设计结果建立数据库，创建各种数据库对象 (2) 组织数据入库 (3) 编码和调试
	系统运行和维护	(1) 在数据库系统的运行过程中，要不断地对数据库进行评价、调整和修改，这是一个长期的维护工作 (2) 对数据库经常性的维护工作主要是由数据库管理员完成的，工作包括数据库的备份和恢复、数据库的安全性与完整性控制、数据库性能的分析和改造等

值得注意的是，开发一个完整的数据库应用系统不可能一蹴而就，它往往是上述六个阶段的不断反复。数据库不是独立存在的，它总是与具体的应用相关。因此，前期需求分析阶段显得尤为重要，耐心地收集需求和分析数据，仔细梳理清楚数据间的关系，才能构造出最优的数据库模式，进而满足各种用户的应用要求。

2.3　实战：小型超市管理系统的设计

下面以小型超市管理系统的设计为例，参照数据库开发的六个阶段(需求分析、概念模型设计、逻辑模型设计、物理模型设计、系统实施、系统运行与维护)，详细介绍其设计过程。

2.3.1　需求分析：分析现实世界

这个阶段的任务是明确小型超市管理系统的核心需求，为数据库设计提供依据。开发人员经过与用户的交流及市场调研，对用户需求进行分析，确定系统应该具备以下基本功能。

(1) 存储与管理数据：能将员工管理、商品管理、订单管理和顾客管理四个方面的业务数据存储在合适的数据库表中；能方便地输入、添加、删除和修改数据。

(2) 查询、统计和分析功能：能够快速查询相关数据，如商品的库存信息、商品分类、员工信息、顾客消费记录等；提供统计功能，如按月、季度或年度统计销售额、销售量；支持数据分析，如顾客消费习惯分析、商品热销趋势分析、部门绩效评估。

(3) 生成报表功能：生成商品销售汇总表、库存清单、员工工资清单等。

2.3.2　概念模型设计：现实世界的抽象

这个阶段的任务是基于需求分析，构建数据库的概念模型，用于描述系统的数据结构和实体间的关系。

1. 识别实体

实体是一个有着一系列显著的、易辨认的属性的客观对象。根据需求分析，超市的核心管理业务主要涉及四个方面，分别是员工管理、商品管理、订单管理和顾客管理，因此可以确定，"小型超市管理系统"的实体是：部门、员工、工资、商品、顾客、订单。

2. 确定各个实体的属性

对象类型的组成成分可以抽象为实体的属性。经分析，"小型超市管理系统"中各实体的属性如下。

部门：部门编号，部门名称，部门主管，部门电话，备注。

员工：员工编号，姓名，性别，出生日期，籍贯，电话，照片。

工资：员工编号，发放日期，应发工资，扣税。

商品：商品编号，商品名称，规格，类别，库存，零售价。

顾客：顾客卡号，姓名，性别，办卡日期。

订单：订单编号，顾客卡号，收银人员，消费时间，实付款。

3. 定义实体联系

部门与员工：一对多联系，每个部门有多个员工。

员工与工资：一对多联系，每个员工有多条工资记录。

员工与订单：一对多联系，每个员工处理多个订单。

订单与商品：多对多联系，每个订单可以有多种商品，每种商品可以销售多次。

顾客与订单：一对多联系，一个顾客可以有多条订单记录。

4. 绘制E-R图

使用实体-关系模型表示实体及其联系，"小型超市管理系统"全局E-R图如图2-2所示。

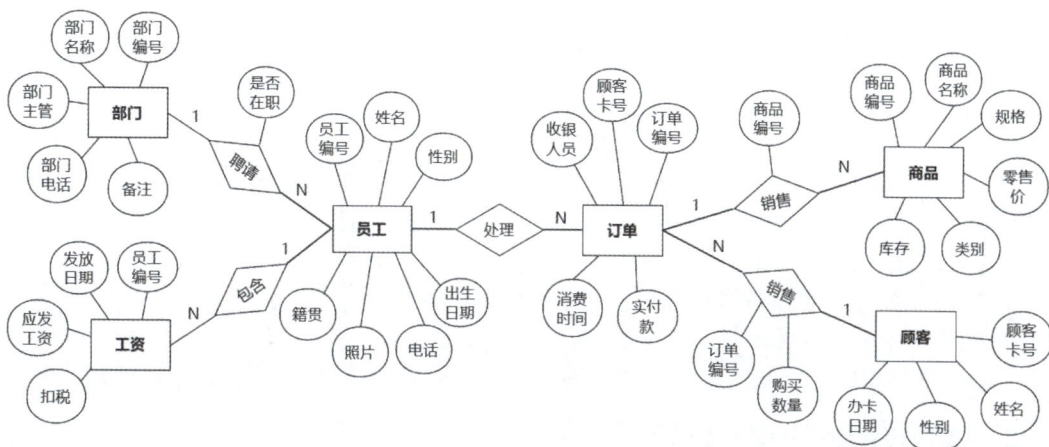

图 2-2　小型超市管理系统全局 E-R 图

2.3.3　逻辑模型设计：概念世界的抽象

这个阶段的任务是将概念模型转化为具体的逻辑模型(关系模型)，形成具体的表结构。此外，还需要规范表的设计，确保表结构符合表的范式，以减少数据冗余。

1. 从概念模型到关系模型的转换规则

(1) 1:1联系到关系模型的转换。

若实体间的联系是1：1，则可以在两个实体转换成两个关系模式后，在任意一个关系模式中增加另一关系模式的主键(作为外键处理)和联系的属性。

例如，图1-13所示的E-R图中有乘客和座位两个实体，两个实体是一对一联系，可以转换为如下两个关系：

乘客(身份证号，姓名，乘坐时间，座位号)

座位(座位号，舱位)

其中，"身份证号"是"乘客"关系的主键，"座位号"是"座位"关系的主键，在"乘客"关系中增加了"座位"关系的主键"座位号"作为外键，还增加了联系的属性"乘坐时间"。

(2) 1:n联系到关系模型的转换。

若实体间的联系是1：n，则可以在两个实体转换成两个关系模式后，在n方实体的关系模式中增加1方实体的主键(作为外键处理)和联系的属性。

例如，图2-2所示的E-R图中，有部门和员工两个实体，两个实体是一对多联系，可以转换为如下两个关系：

部门(部门编号，部门名称，部门主管，部门电话，备注)

员工(员工编号，姓名，性别，出生日期，籍贯，电话，照片，是否在职，部门编号)

其中，"部门编号"是"部门"关系的主键，"员工编号"是"员工"关系的主键，在"员工"关系中增加了"部门"关系的主键"部门编号"作为外键，还增加了联系的属性"是否在职"。

(3) m:n联系到关系模型的转换。

若实体间的联系是m：n，则除了要将两个实体转换成两个关系模式，还要为联系单独建立一个关系模式，其属性是两个实体的主键加上联系的属性，其主键是两个实体主键的组合。

例如，图2-2所示的E-R图中，有订单和商品两个实体，两个实体是多对多联系，可以转换为如下三个关系：

订单(订单编号，顾客卡号，收银人员，消费时间，实付款)

商品(商品编号，商品名称，规格，类别，库存，零售价)

销售(订单编号，商品编号，购买数量)

其中，"订单编号"是"订单"关系的主键，"商品编号"是"商品"关系的主键。

2. 小型超市管理系统的关系模型

根据以上转换规则，小型超市管理系统的概念模型可以转化为以下各表。

部门表：部门编号，部门名称，部门主管，部门电话，备注

员工表：员工编号，姓名，性别，出生日期，籍贯，电话，照片，是否在职，部门编号

工资表：员工编号，发放日期，应发工资，扣税

商品表：商品编号，商品名称，规格，类别，库存，零售价

顾客表：顾客卡号，姓名，性别，办卡日期

订单表：订单编号，顾客卡号，收银人员，消费时间，实付款

销售表：订单编号，商品编号，购买数量

2.3.4 物理模型设计：计算机世界的存储结构

这个阶段的任务是根据逻辑模型设计具体的数据库存储结构，并优化性能。首先是选择数据库管理系统(如Access、MySQL等)，本课程选择Access作为数据库管理系统。然后创建表结构，定义表的具体属性类型和约束条件。通过上面的分析和设计，"小型超市管理系统"的表结构如表2-2~表2-8所示。

表2-2 "部门"表结构

字段名称	部门编号	部门名称	部门主管	部门电话	备注
数据类型	短文本，主键	短文本	短文本	短文本	长文本
字段大小	5	20	4	13	

表2-3 "员工"表结构

字段名称	员工编号	姓名	性别	出生日期	籍贯	电话	照片	部门编号	是否在职
数据类型	短文本，主键	短文本	短文本	日期/时间	短文本	短文本	OLE对象	短文本	是/否
字段大小	4	10	1		10	13		5	

表2-4 "工资"表结构

字段名称	员工编号	发放日期	应发工资	扣税
数据类型	短文本	日期/时间	货币	货币
字段大小	4			

表2-5 "商品"表结构

字段名称	商品编号	商品名称	规格	类别	库存	零售价
数据类型	短文本，主键	短文本	短文本	短文本	数字	货币
字段大小	11	20	20	20	长整型	

表2-6 "顾客"表结构

字段名称	顾客卡号	姓名	性别	办卡日期
数据类型	短文本，主键	短文本	短文本	日期/时间
字段大小	7	10	1	

表2-7 "订单"表结构

字段名称	订单编号	顾客卡号	收银人员	消费时间	实付款
数据类型	短文本，主键	短文本	短文本	日期/时间	货币
字段大小		7	4		

表2-8 "销售"表结构

字段名称	订单编号	商品编号	购买数量
数据类型	短文本	短文本	数字
字段大小		11	整型

关于后续的系统实施阶段及系统运行与维护阶段的具体内容，我们将在上机实验环节中予以实践操作，故在此不予赘述。小型超市管理系统的数据库设计遵循工程化设计的原则，从业务需求到技术实现再到后续优化，每个阶段相互关联，为构建高效、稳定的数据库系统奠定了基础。

2.4 设计使用工具 Access

Microsoft Office Access是微软发布的关系数据库管理系统，本书采用的是Access 2016版本。Access是一个强大的、成熟的桌面关系数据库管理系统，包含在Office办公系列软件中，界面友好，易学易用且接口灵活。使用Access可以高效地完成各种中小型数据库管理工作，可用于行政、财务、教育、审计等众多管理领域，尤其适合普通用户开发自己工作需要的各种小型数据库应用系统。

2.4.1　Access 简介

1. Access的特点

Access简单易用，其通过Web数据库可以增强运用数据的能力，从而可以更轻松地跟踪、报告和共享数据。Access主要的特点和增强功能包括如下几个方面。

(1) 应用模板实现专业设计。

以Access中的数据库模板为基础，可以对其进行快速设置和修改数据外观，或进一步自定义以制作出美观的表格和报表。

(2) 智能特性。

Access几乎为每一个对象都设有向导功能，利用向导功能可以迅速地建立一个基本对象，例如查询向导、窗体向导、报表向导等。同时，Access采用的可视化设计工具，使得用户基本不需要编写任何代码就可以完成数据库的大部分工作。另外，简化的表达式生成器使用户能够更快速、更轻松地编写表达式。

(3) 支持面向对象。

Access支持面向对象的开发方式，它将数据库管理的各种功能封装在表、查询、窗体等各类对象中，通过对象的属性和方法来完成数据库的操作管理，极大地简化了用户的开发工作。

(4) 功能强大的宏设计器。

Access具有一个改进的宏设计器，使用该设计器可以更快速地创建、编辑和自动化数据库逻辑，并轻松地整合更复杂的逻辑以创建功能强大的应用程序。

(5) 通过Web网络共享数据库。

Access提供两种数据库类型的开发工具，一种是标准桌面数据库类型，另一种是Web数据库类型。使用Web数据库开发工具可以轻松方便地开发出网络数据库，从而使得没有Access客户端的用户也可以通过浏览器打开 Web表格和报表，用户所做的更改也会自动同步到数据库中。

2. Access数据库的六大对象

Access是一个面向对象的可视化数据库管理工具，它提供了一个完整的对象类集合，在Access环境中进行的操作其实都是面向对象进行的。Access数据库中包括六种数据对象，如图2-3所示，它们分别是表、查询、窗体、报表、宏和模块，用户可以通过"创建"选项卡提供的命令来完成各种数据库对象的创建。

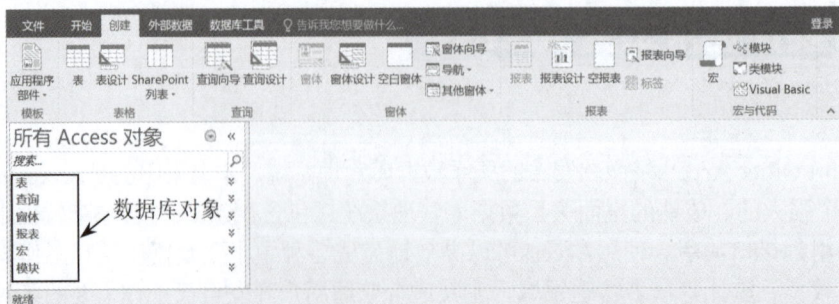

图 2-3　导航窗格中的六种数据库对象

(1) 表。表是Access数据库中最基本的对象，它是实际存储数据的地方。一个Access数据库可以包含多个表，表与表之间可以相互独立，也可以相互联系。在创建数据库时，应先创建表，再创建其他数据库对象。

表由字段和记录组成，一个字段就是表中的一列，一条记录就是表中的一行。如图2-4所示的“商品”表，一条记录(即一行)对应一种商品，每个字段(即每列)描述商品的相关属性，如“商品编号”“商品名称”“规格”等。

(2) 查询。查询是数据库处理和分析数据的工具，是在表对象的基础上建立起来的。它根据事先设置好的条件从表或其他查询中筛选出所需的数据，供用户查看、修改和分析使用。尽管从查询的数据表视图上看到的数据形式与从表的数据表视图上看到的数据形式完全一致，都是以二维表的形式显示数据，如图2-5所示，但查询与表不同，它并不是数据的物理集合，查询只记录该查询的操作方式，不会存储数据。

商品

商品编号	商品名称	规格	类别	库存	零售价
S2018010201	凉茶	250ml	饮品	810	¥2.40
S2018010202	可口可乐	355ml	饮品	91	¥2.50
S2018010203	雪碧	355ml	饮品	145	¥2.50
S2018010204	矿泉水	550ml	饮品	121	¥1.30
S2018010205	冰红茶	490ml	饮品	150	¥2.40
S2018010206	黑芝麻汤圆	800g	速冻品	147	¥14.90
S2018010207	猪肉水饺	千克	速冻品	100	¥18.20
S2018010208	山东馒头	280g	速冻品	86	¥39.90
S2018010209	肉粽	960g	速冻品	100	¥74.90
S2018010210	叉烧包	270g	速冻品	50	¥22.00

图 2-4　数据库对象“表”示例

查询商品价格统计

类别	平均价格	最高价格	最低价格
电器	¥1,515.00	¥4,299.00	¥89.00
日用品	¥28.74	¥45.00	¥12.90
速冻品	¥33.98	¥74.90	¥14.90
饮品	¥2.22	¥2.50	¥1.30

图 2-5　数据库对象“查询”示例

(3) 窗体。窗体既是管理数据库的窗口，又是用户和数据库之间的桥梁。用户通过窗体可以方便地输入数据，编辑数据，查询、排序、筛选和显示数据。虽然“表”和“查询”也能展现和操作数据，但窗体的优点在于，能以更人性化的方式呈现和操作数据，如图2-6所示。

(4) 报表。报表是数据库中的数据通过打印机输出的特有形式。通过报表，用户可以将需要的数据进行整理、计算或汇总统计，并按照指定的样式打印输出，如图2-7所示。

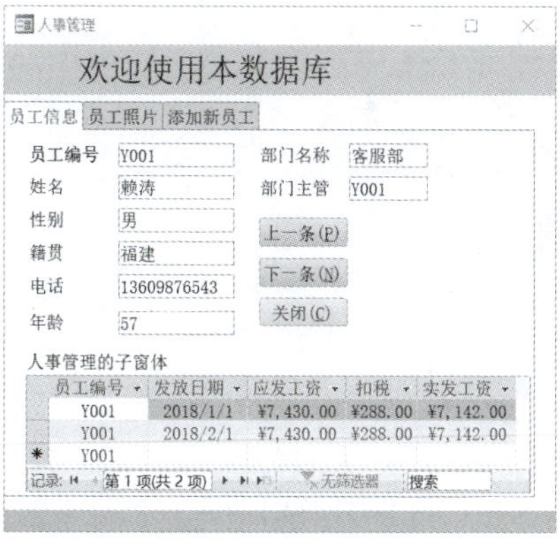

图 2-6　数据库对象“窗体”示例

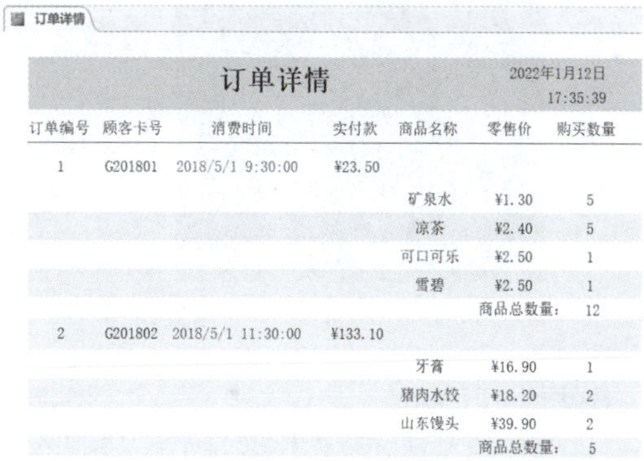

图 2-7　数据库对象“报表”示例

(5) 宏。宏是一个或多个操作命令的集合，其中每个命令实现特定的功能，如图2-8所示。某些普通的、需要多个命令连续执行的任务可通过宏操作自动完成。因此，用户通过宏无须编写程序代码就能自动化地完成大量的工作。

(6) 模块。模块是以VBA(Visual Basic for Applications)语言为基础编写的程序集合。模块中包含过程，每个过程实现特定功能，如图2-9所示。模块的主要作用是设计并建立复杂的VBA程序，以完成宏无法完成的任务。

图 2-8　数据库对象"宏"示例

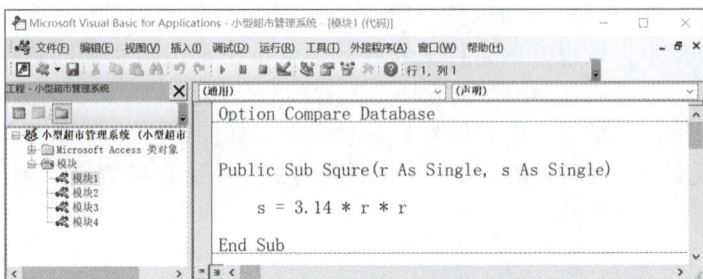

图 2-9　数据库对象"模块"示例

3. Access 2016主界面

(1) 后台视图。

在使用数据库前需要先打开Access程序，然后打开需要使用的数据库文件。当用户启动Access但还未打开数据库文件时，主界面自动进入后台视图，如图2-10所示。后台视图包含创建新数据库、打开现有数据库等命令。

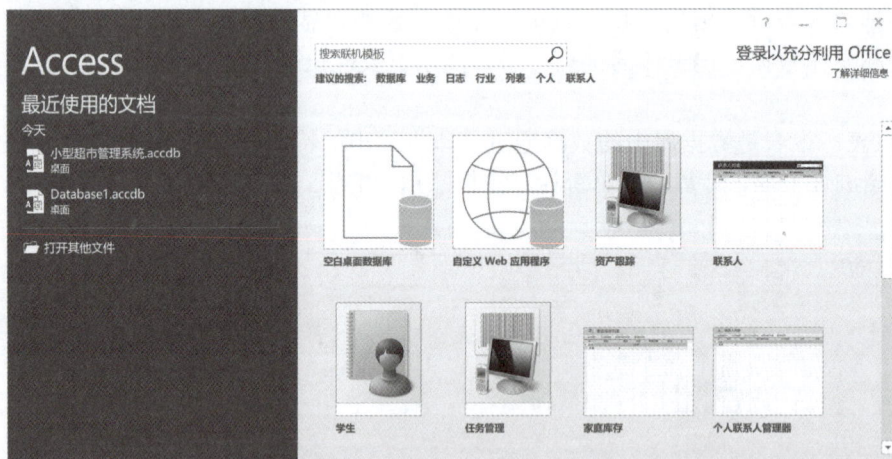

图 2-10　Access 2016 的后台视图

(2) 功能区。

在Access中打开数据库文件后，功能区显示在Access主窗口的顶部，每一个功能区都由一个选项卡标签来标识。选项卡分为主选项卡和上下文选项卡。

主选项卡包括"文件""开始""创建""外部数据""数据库工具""帮助"选项卡，如图2-11所示。

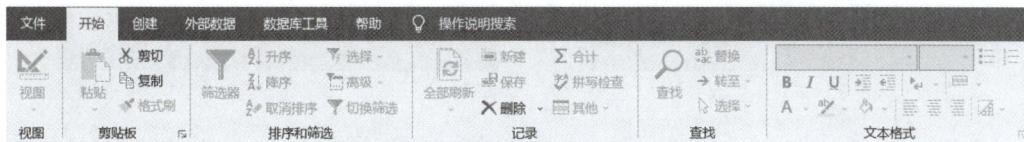

图 2-11　Access 2016 的功能区

功能区中的每个选项卡都包含多组相关命令，可以用来操作相应的数据对象。各选项卡包含的主要操作见表2-9。

表2-9　Access 2016功能区选项卡包含的主要操作

选项卡	主要命令
文件	打开后台视图
开始	选择不同的视图
	从剪贴板复制和粘贴
	对记录进行排序和筛选
	使用记录(刷新、新建、保存、删除、合计等)
	查找记录
	设置字体格式
创建	创建表格
	创建查询
	创建窗体
	创建报表
	创建宏和模块
外部数据	导入或链接到外部数据
	导出数据
数据库工具	压缩和修复数据库
	宏和VBA模块
	创建和查看表关系
	运行数据库文档或分析性能
	将数据库移至Microsoft SQL Server或Access数据库

上下文选项卡是只有在用户执行了某种特定的操作后才会出现的。例如，当用户打开查询设计视图时，才会出现"查询工具"上下文选项卡——"查询设计"选项卡，主要用于对查询设计进行相关设置操作，如图2-12所示。

(3) 导航窗格。

在Access中打开数据库文件时，左侧的导航窗格区将显示当前数据库中各种数据库对象，如表、窗体、报表、查询等。选择对象类型可以罗列出所选对象，如图2-13所示。

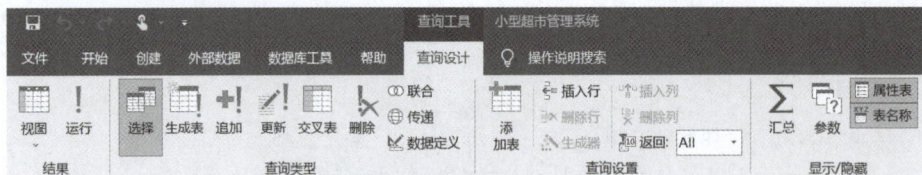

图 2-12　"查询工具"上下文选项卡

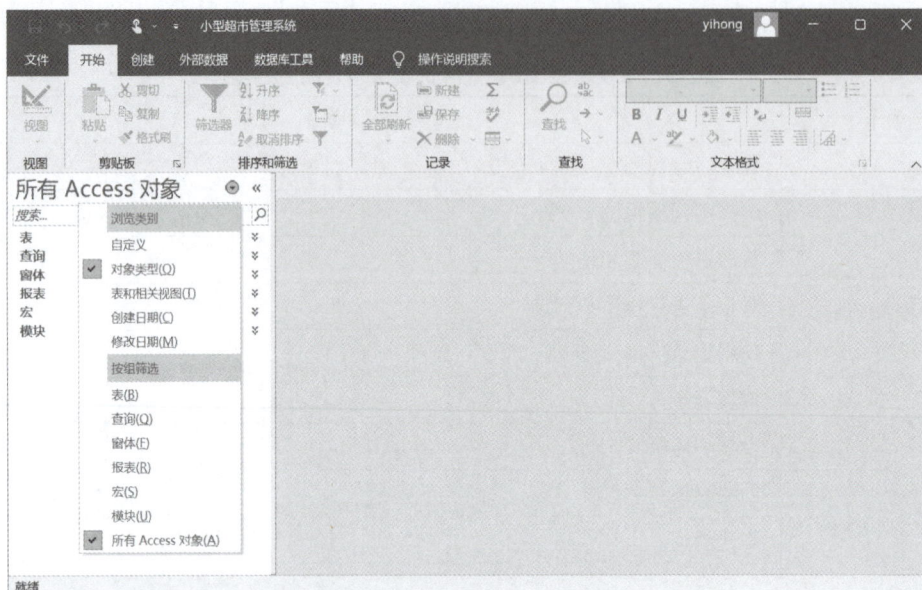

图 2-13　Access 2016 的导航窗格

2.4.2　创建和使用 Access 数据库

要创建一个数据库系统，必须先创建一个数据库文件。Access 2016的数据库文件是一个扩展名为.accdb的文件。在Access中，创建数据库有很多方法，可以使用模板建立数据库，也可以创建空白数据库。下面以"小型超市管理系统"为例，讲解数据库的创建和操作方法。

视频2-2
创建和操作
Access数据库

1. 创建空白数据库

所谓空白数据库，就是指没有任何对象的数据库。

【例2-1】创建一个空白数据库，并将其命名为"小型超市管理系统"。

具体步骤如下(如图2-14所示)：

(1) 启动 Access，进入后台视图。

(2) 在"开始"选项中单击"空白数据库"。

(3) 在弹出窗口中"空白数据库"下的"文件名"框中输入文件名"小型超市管理系统"。

(4) 若要更改文件的存放位置，单击"文件名"框右侧的浏览按钮，通过浏览窗口定位到某个新位置来存放数据库。

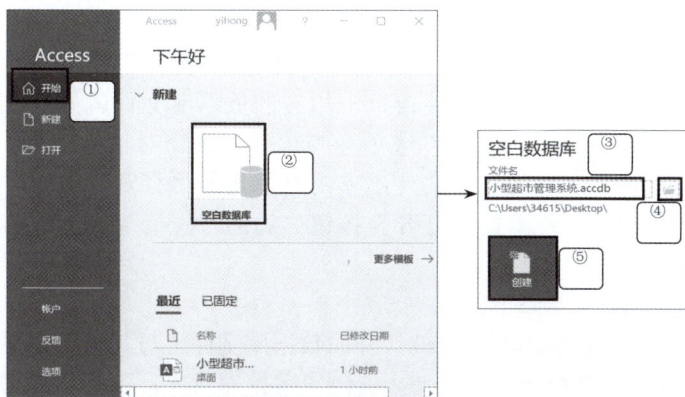

图 2-14　创建空白数据库

(5) 单击"创建"按钮，一个空白数据库(名字：小型超市管理系统 .accdb) 就创建好了。创建成功的同时会打开该数据库，数据库内默认创建一个名为"表1"的空表，如图 2-15 所示。但此时数据库内是没有任何对象和数据的，如果对空表不做任何改动，关闭数据库后空表也会消失。

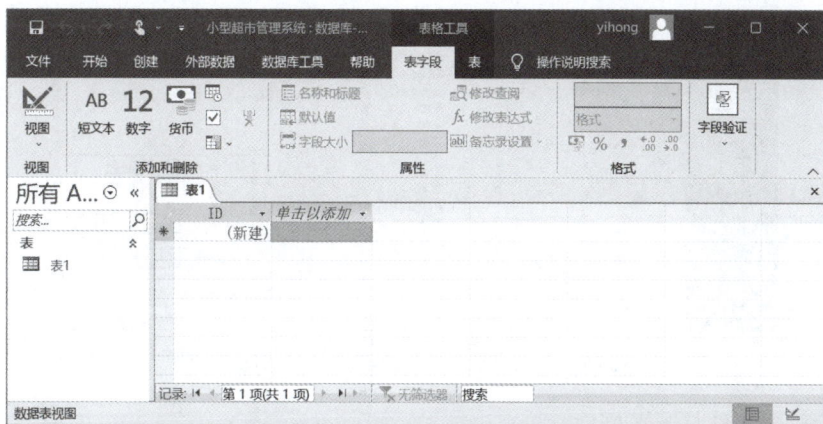

图 2-15　空白数据库创建成功

2. 利用模板创建数据库

使用模板是创建数据库的快捷方式，用户只需进行一些简单操作，就可以创建一个包含表、查询、窗体等数据库对象的数据库应用系统，然后再进行必要的修改使其符合要求。在Access中提供了样本模板和在线模板两种方式。启动Access后进入后台视图，在"更多模板"里可以寻找符合自己要求的模板，然后创建出功能比较齐全的数据库。

3. 打开数据库

在使用数据库之前，必须先打开数据库；不使用数据库时，应关闭数据库，从而节省系统资源；若数据库中的内容有修改，则需要保存数据库，以免数据丢失。打开已有的数据库有两种方法。

(1) 在已启动的Access窗口中打开数据库。

如果Access已经启动，单击左侧的"打开"命令，在"打开"窗口里，"最近使用的文件"选项列出了最近使用的数据库文件，单击相应的数据库文件就能打开；"这台电脑"选项可以搜索所需文件；单击"浏览"选项会弹出"打开"对话框，如图2-16所示，在文件列表区域中找到需要打开的数据库文件，单击右下角的"打开"按钮即可打开数据库文件。如果在"打开"对话框中单击"打开"按钮右边的下拉箭头，会列出四个选项，可以选择不同的打开方式。

四种文件打开方式的说明如下。

① "打开"命令，系统默认方式，被打开的数据库文件可与其他用户共享。

② "以只读方式打开"命令，只能使用、浏览数据库对象，不能对其进行修改。

③ "以独占方式打开"命令，其他用户不能使用该数据库。

④ "以独占只读方式打开"命令，只能使用、浏览数据库对象，不能对其进行修改，其他用户也不能使用该数据库。

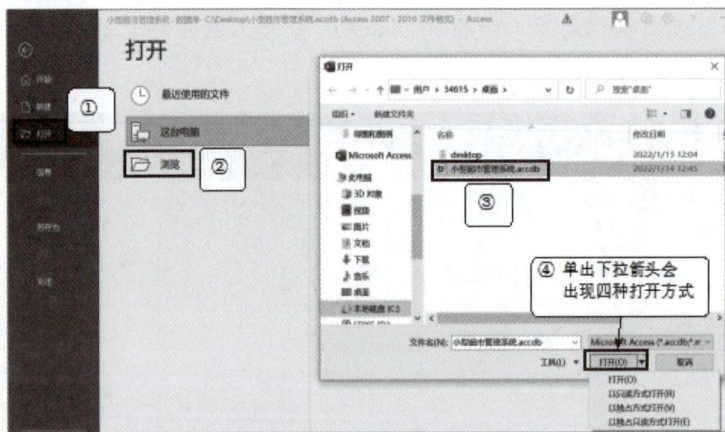

图 2-16　在已启动的 Access 窗口中打开数据库

(2) 直接双击文件打开数据库。

找到需要打开的数据库文件，然后用鼠标双击该文件图标，就可以直接启动Access，并同时打开相应的数据库文件。这种方法打开的数据库，其实采用的就是上面四种文件打开方式中的第一种方法"打开"命令方式，被打开的数据库文件可与其他用户共享。

4. 保存数据库

用户在编辑完成数据库之后，需要对数据库进行保存。保存数据库分为直接保存和另存为两种方法。

(1) 直接保存。

选择以下任一种方式均可：

① 单击"文件"选项，选择"保存"命令。

② 单击快速访问工具栏中的■按钮。

③ 使用快捷键Ctrl+S。

(2) 另存为。

另存为数据库最大的好处是：可以在不改变数据库源文件的基础上，对其进行多次备份，以防止数据意外丢失。具体步骤如下。

① 单击"文件"选项，单击左侧"另存为"选项，选择"数据库另存为"命令。

② 在右侧选择Access数据库文件类型(accdb)。

③ 单击下方"另存为"按钮，在弹出的"另存为"对话框中，选择保存路径，输入文件名。

④ 单击"保存"按钮。

5. 关闭数据库

单击Access应用程序窗口右上角的⊠按钮，可以快速关闭数据库。

2.5 思考与练习

2.5.1 思考题

1. 工程化设计理念对数据库应用系统的设计有什么指导意义？

2. 数据库应用系统的开发设计有哪些基本步骤？

3. Access数据库有哪六种数据对象？分别有什么作用？

2.5.2 选择题

1. 工程化设计中规范化和流程化的主要目的是(　　)。

  A. 增加设计的复杂性　　　　　　　　　　B. 提高设计质量和效率

  C. 减少设计阶段的数量　　　　　　　　　D. 提高设计的灵活性

2. 开发超市管理系统过程中开展超市信息处理的调查，属于数据库应用系统设计中(　　)阶段的任务。

  A. 物理设计　　　　　　B. 概念设计　　　　　　C. 逻辑设计　　　　　　D. 需求分析

3. Access数据库中最基本的对象是(　　)。

  A. 表　　　　　　　　　B. 宏　　　　　　　　　C. 报表　　　　　　　　D. 模块

4. Access中表和数据库的关系是(　　)。

  A. 一个数据库可以包含多个表　　　　　　B. 一个数据库只能包含一个表

  C. 一个表可以包含多个数据库　　　　　　D. 数据库就是数据表

5. Access是一种(　　)。

  A. 操作系统　　　　　　　　　　　　　　B. 数据库管理系统

  C. 电子表格　　　　　　　　　　　　　　D. 字处理软件

第 3 章

数据的组织：表

在数据库系统中，数据的组织和管理是确保信息准确、高效存取的基础。数据表作为关系型数据库中最基本的数据存储单位，构成了数据库设计的核心支柱。它不仅承载着数据，还是数据处理与分析的逻辑起点。数据表的设计直接关系到数据库系统的效率与可靠性。

本章将聚焦数据表，介绍其创建、使用及规范化的方法，帮助读者掌握高效管理和组织数据的技巧。

⬇ 学习目标

- 掌握表的创建和编辑方法
- 掌握表字段的设置方法
- 理解主键的含义和作用，掌握表主键的设置方法
- 理解表间关系的作用，掌握表间关系的设置和维护方法
- 理解表的三个范式的含义

知识结构

本章知识结构如图3-1所示。

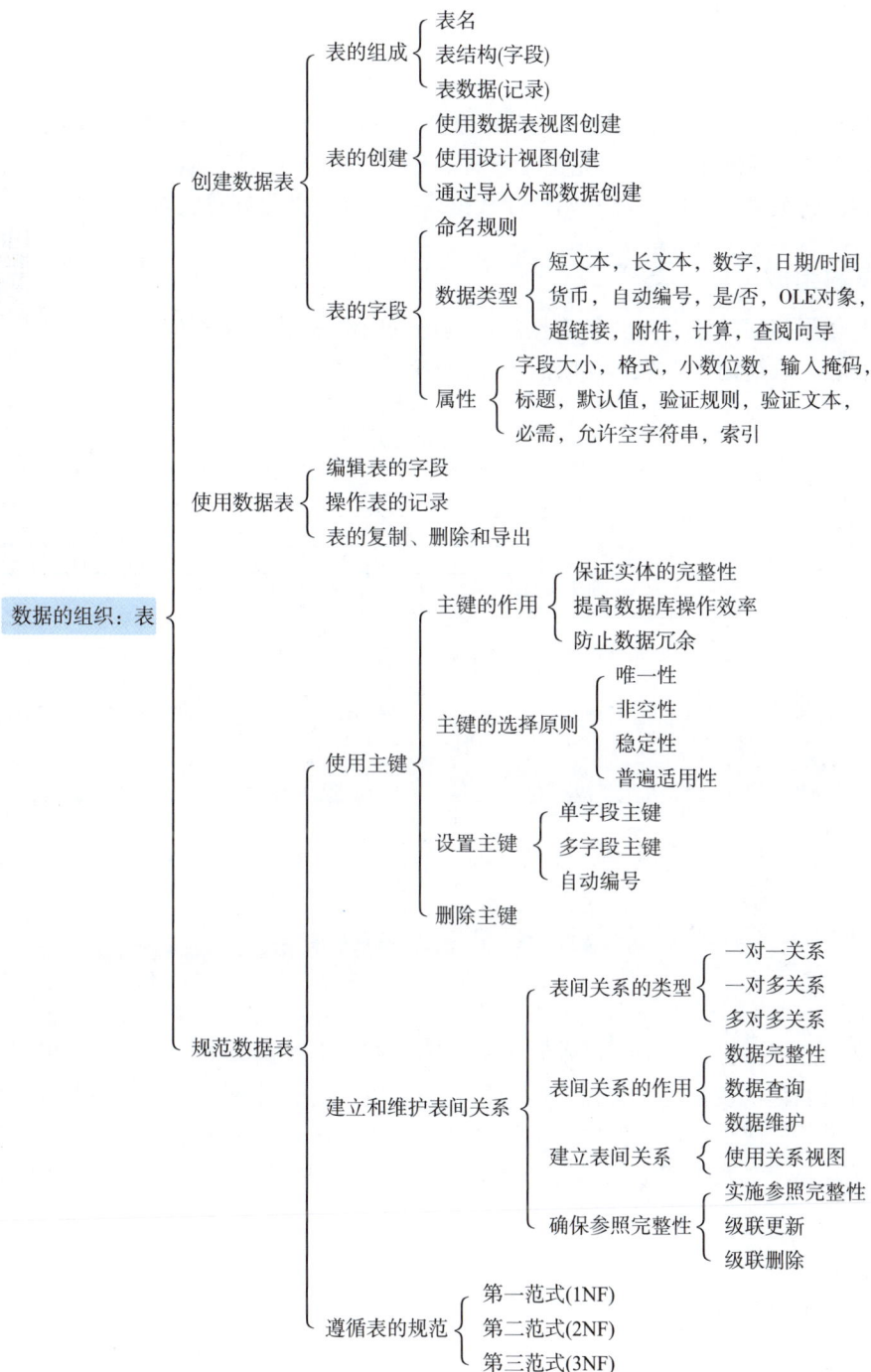

数据的组织：表
- 创建数据表
  - 表的组成
    - 表名
    - 表结构(字段)
    - 表数据(记录)
  - 表的创建
    - 使用数据表视图创建
    - 使用设计视图创建
    - 通过导入外部数据创建
  - 表的字段
    - 命名规则
    - 数据类型
      - 短文本，长文本，数字，日期/时间
      - 货币，自动编号，是/否，OLE对象，
      - 超链接，附件，计算，查阅向导
    - 属性
      - 字段大小，格式，小数位数，输入掩码，
      - 标题，默认值，验证规则，验证文本，
      - 必需，允许空字符串，索引
- 使用数据表
  - 编辑表的字段
  - 操作表的记录
  - 表的复制、删除和导出
- 使用主键
  - 主键的作用
    - 保证实体的完整性
    - 提高数据库操作效率
    - 防止数据冗余
  - 主键的选择原则
    - 唯一性
    - 非空性
    - 稳定性
    - 普遍适用性
  - 设置主键
    - 单字段主键
    - 多字段主键
    - 自动编号
  - 删除主键
- 规范数据表
  - 建立和维护表间关系
    - 表间关系的类型
      - 一对一关系
      - 一对多关系
      - 多对多关系
    - 表间关系的作用
      - 数据完整性
      - 数据查询
      - 数据维护
    - 建立表间关系
      - 使用关系视图
    - 确保参照完整性
      - 实施参照完整性
      - 级联更新
      - 级联删除
  - 遵循表的规范
    - 第一范式(1NF)
    - 第二范式(2NF)
    - 第三范式(3NF)

图 3-1　本章知识结构图

3.1 创建数据表

在 Access 的各个数据库对象中，表对象是最为核心的部分。它主要用于存储和管理数据，是整个数据库系统的基础。无论是查询、窗体、报表还是其他对象，它们的操作都依赖于表中存储的数据。因此，在开始设计数据库时，首先需要创建表对象。

3.1.1 表的组成

视频3-1
表的组成

关系型数据库中的表采用二维表结构，与Excel中的表格极为相似，每个表都是由表名、表结构和表数据组成的，如图3-2所示。

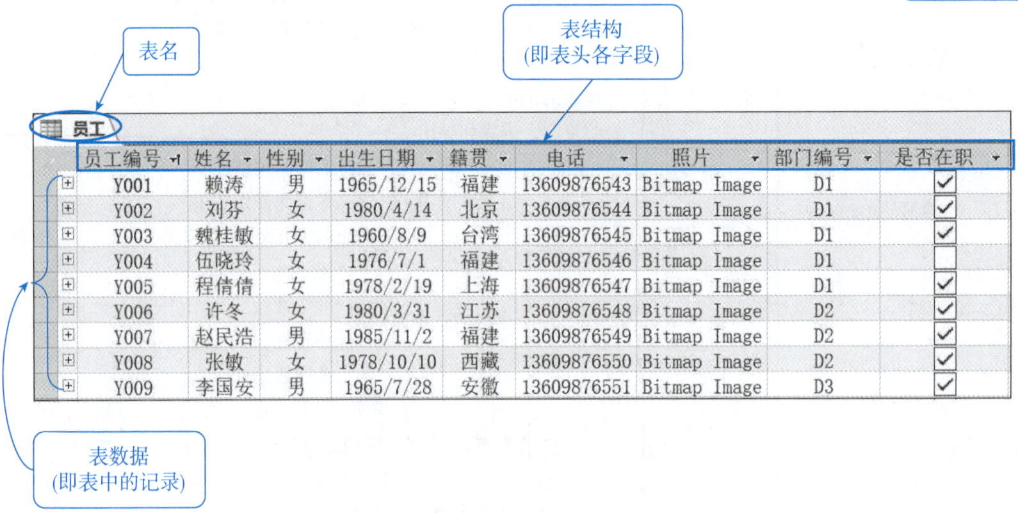

员工编号	姓名	性别	出生日期	籍贯	电话	照片	部门编号	是否在职
Y001	赖涛	男	1965/12/15	福建	13609876543	Bitmap Image	D1	☑
Y002	刘芬	女	1980/4/14	北京	13609876544	Bitmap Image	D1	☑
Y003	魏桂敏	女	1960/8/9	台湾	13609876545	Bitmap Image	D1	☑
Y004	伍晓玲	女	1976/7/1	福建	13609876546	Bitmap Image	D1	☐
Y005	程倩倩	女	1978/2/19	上海	13609876547	Bitmap Image	D1	☑
Y006	许冬	女	1980/3/31	江苏	13609876548	Bitmap Image	D2	☑
Y007	赵民浩	男	1985/11/2	福建	13609876549	Bitmap Image	D2	☑
Y008	张敏	女	1978/10/10	西藏	13609876550	Bitmap Image	D2	☑
Y009	李国安	男	1965/7/28	安徽	13609876551	Bitmap Image	D3	☑

图 3-2 “员工”表的组成

1. 表名

表名是表的唯一标识，用于区别其他表，因此在一个数据库中，表名不能相同。创建表时数据库给出的默认表名是“表1”“表2”……，用户需要修改表名，使得表名简洁明了。表名可以采用英文或汉字，比如“员工”“部门”等，总长度不能超过64个字符。在数据库左侧的导航窗格中，展开“表”选项，可以看到所有的表名，如图3-3所示，双击表名就能打开数据表。

2. 表结构

表结构是指表中包括哪些字段。表的字段主要由字段名称、字段的数据类型和字段属性三部分组成。以“员工”表为例，把表切换到设计视图，就可以查看和修改每个字段的名称、数据类型和属性，如图3-4所示。

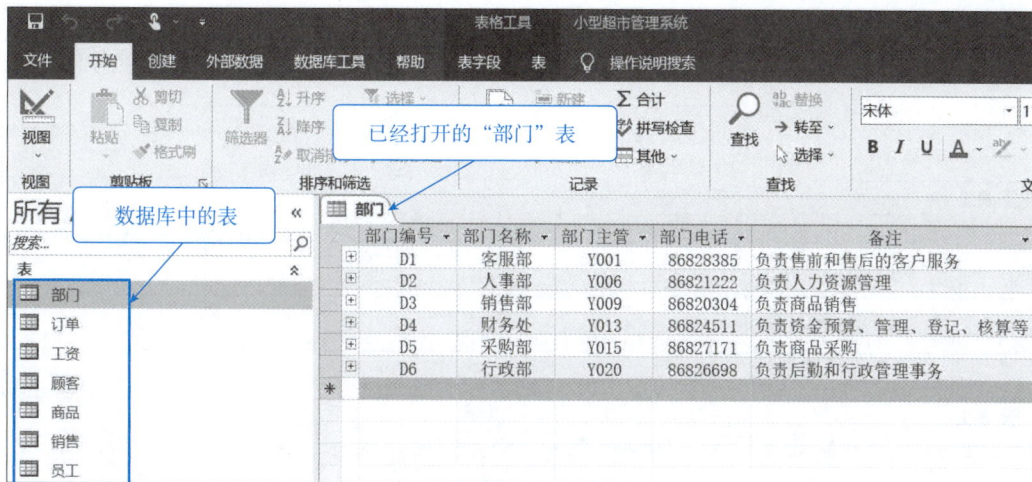

图 3-3　导航窗格的表对象

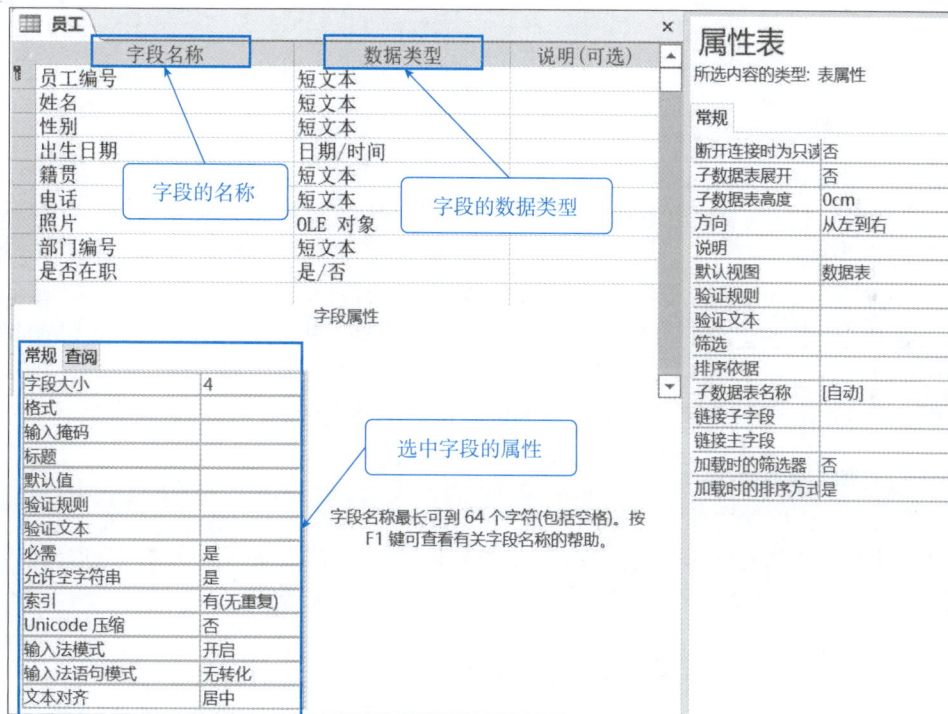

图 3-4　"员工"表的字段

3. 表数据

表数据是指表中的记录。表中的每一行都称为一条记录，是一个事物的相关数据项的集合。例如，"员工"表是关于员工数据的集合，表中的每一行代表一个员工的数据。表中任意两行或者任意两列的数据都是可以交换的，交换后不影响表中数据及相关结果。如图3-5

所示，把“员工”表中的“姓名”和“性别”字段互换位置，第一条记录和第二条记录互换位置，交换后的表数据与交换前的表数据在本质上是一致的，只是呈现的位置不同而已。

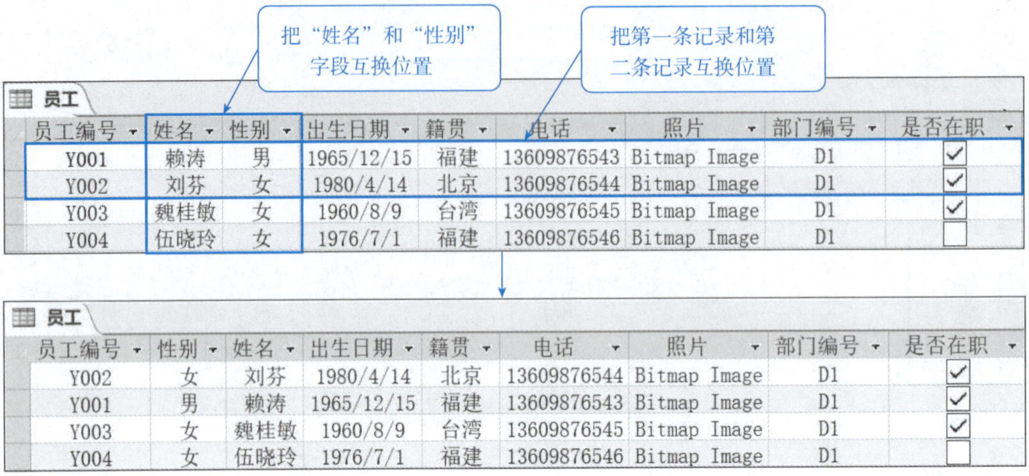

员工编号	姓名	性别	出生日期	籍贯	电话	照片	部门编号	是否在职
Y001	赖涛	男	1965/12/15	福建	13609876543	Bitmap Image	D1	☑
Y002	刘芬	女	1980/4/14	北京	13609876544	Bitmap Image	D1	☑
Y003	魏桂敏	女	1960/8/9	台湾	13609876545	Bitmap Image	D1	☑
Y004	伍晓玲	女	1976/7/1	福建	13609876546	Bitmap Image	D1	☐

员工编号	性别	姓名	出生日期	籍贯	电话	照片	部门编号	是否在职
Y002	女	刘芬	1980/4/14	北京	13609876544	Bitmap Image	D1	☑
Y001	男	赖涛	1965/12/15	福建	13609876543	Bitmap Image	D1	☑
Y003	女	魏桂敏	1960/8/9	台湾	13609876545	Bitmap Image	D1	☑
Y004	女	伍晓玲	1976/7/1	福建	13609876546	Bitmap Image	D1	☐

图 3-5 “员工”表的字段和记录互换位置

3.1.2 表的创建

创建表一般有以下两个步骤：

(1) 建立表结构，包括定义表名，定义字段名、字段数据类型和字段属性，设置表的主键。

(2) 输入表记录，包括输入表记录数据、编辑表记录数据。

视频3-2
表的创建

Access中常用的创建表的方法有以下三种：使用数据表视图创建表，使用设计视图创建表，通过导入外部数据创建表。

下面以“小型超市管理系统”数据库为例，讲解创建表的方法。

1. 使用数据表视图创建表

使用数据表视图创建表是比较简单快捷的方法。

【例3-1】使用数据表视图的方法，在数据库“小型超市管理系统”中创建一个名为“部门”的表。表的字段和记录请参照附录A的“部门”表来设置。

具体步骤如下：

(1) 打开 Access 软件，创建一个名为“小型超市管理系统”的数据库文件。

(2) 在数据库文件中，单击“创建”选项卡，然后单击“表”命令，生成一张新表，默认名为“表 1”，如图 3-6 所示。“表 1”是以数据表视图呈现的。

(3) 修改字段的字段名。在每张新建的表中都默认提供一个“自动编号”类型的字段 ID，可以根据情况确定是否保留。单击“单击以添加”，下拉列表中出现的是字段的数据类型，根据字段特性来选择数据类型，例如，字段名是“部门编号”，那么选择“短文本”类型，之后修改字段名。直接双击字段名的地方，可以再次修改字段名。用相同的方法创建“部门名称”“部门主管”“部门电话”和“备注”字段。该表中不需要 ID 字段，所以需要删除 ID 字段，单击鼠标右键，然后选择"删除字段"把 ID 字段删除。

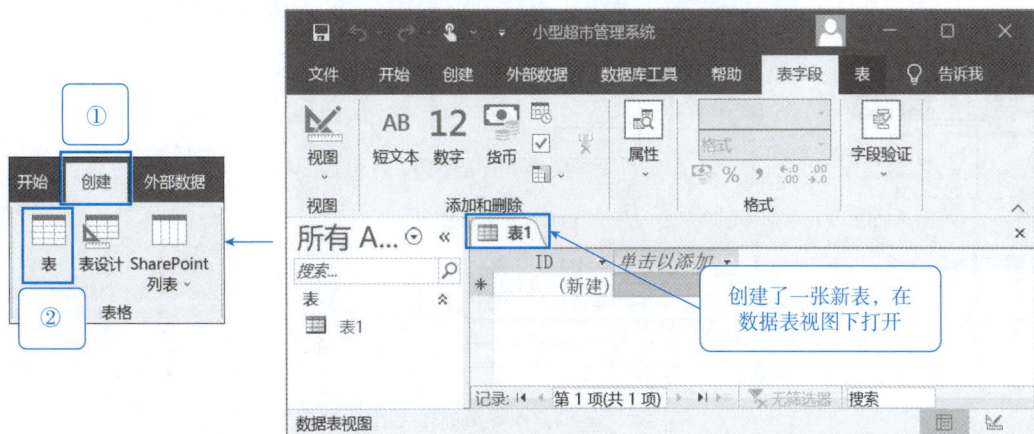

图 3-6　使用数据表视图创建表

(4) 录入记录数据。直接在记录中输入数据即可。

(5) 保存表，并为表命名。单击"保存"按钮，弹出"另存为"对话框，输入表的名字，单击"确定"按钮，表格才会存储在数据库中。

2. 使用设计视图创建表

使用数据表视图创建表的方法虽然方便简单，但修改字段的数据类型和属性都需要切换到设计视图。利用设计视图创建表的方法更加灵活，也更为常用。

【例3-2】使用设计视图的方法，在"小型超市管理系统"数据库中创建"员工"表。表的字段和记录请参照附录A的"员工"表来设置。

具体步骤如下：

(1) 打开已经创建好的"小型超市管理系统"数据库文件。

(2) 单击"创建"选项卡，然后单击"表设计"命令，生成一张新表，新表是以设计视图呈现的，如图 3-7 所示。

(3) 在"字段名称"列输入字段名，同时设置该字段的数据类型和属性，如图 3-8 所示。

(4) 保存表，将表命名为"员工"。

(5) 切换到"数据表视图"，录入数据，最后保存。

3. 通过导入外部数据创建表

外部数据是指不在Access数据库内创建的表数据。Access可以导入多种类型的文件数据，如Excel电子表格、其他Access数据库中的表、文本文件、XML文件、SharePoint列表、ODBC数据库等。下面主要讲解导入Excel电子表格的方法。

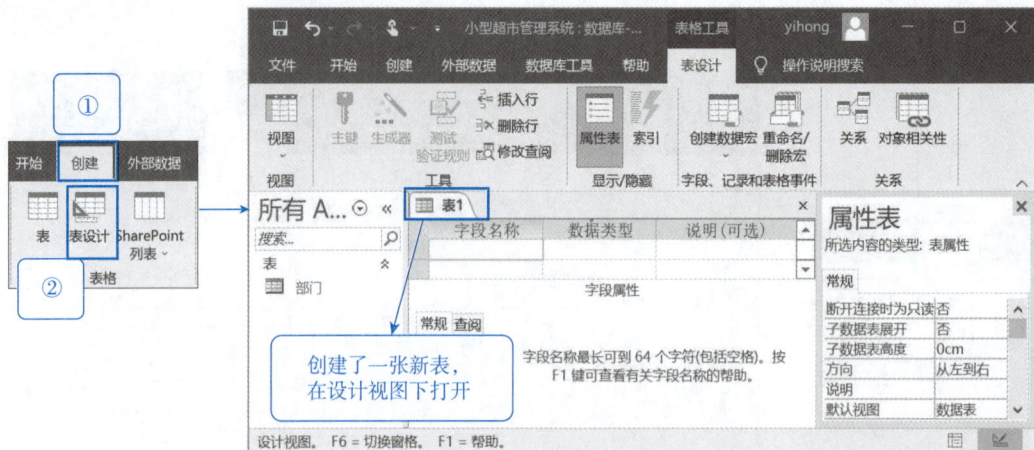

图 3-7　使用设计视图创建表 (a)

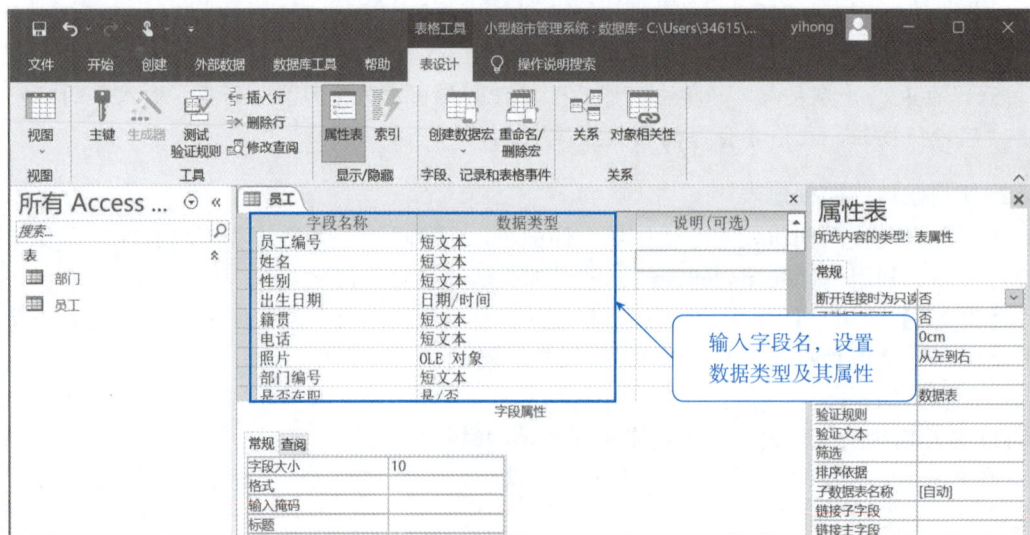

图 3-8　使用设计视图创建表 (b)

【例3-3】将已经建好的Excel文件"商品.xlsx"导入到"小型超市管理系统"数据库中。

具体步骤如下：

(1) 打开"小型超市管理系统"数据库文件。

(2) 单击"外部数据"选项卡，然后依次单击"新数据源"按钮→"从文件"选项→Excel图标，弹出"获取外部数据 -Excel 电子表格"对话框，如图 3-9 所示。

(3) 单击"浏览"按钮，在弹出的"打开"对话框中找到需要导入的"商品.xlsx"。

这里选择的是"将数据导入当前数据库的新表中"，表示在数据库中会生成一张新的表，表中字段和数据完全复制 Excel 表中的字段和数据。导入后数据库中的新表与 Excel 表没有任何联系，修改数据库的表数据不会影响 Excel 表的数据，反之亦然。

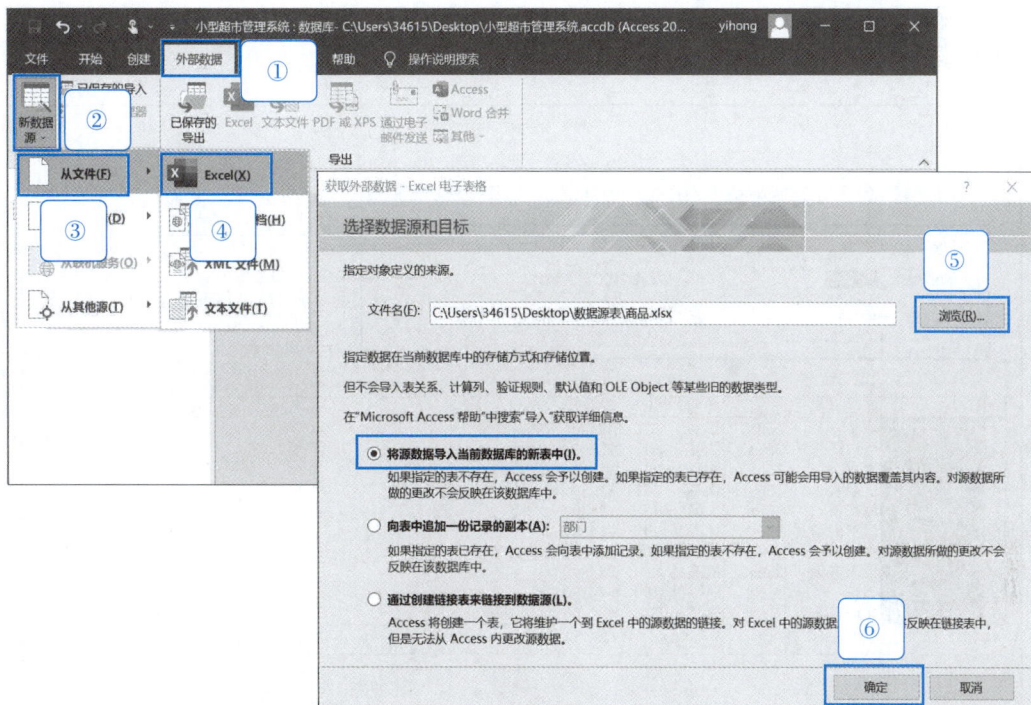

图 3-9 通过导入外部数据创建表 (a)

(4) 在弹出的"导入数据表向导"对话框中勾选"第一行包含列标题"复选框，然后单击"下一步"按钮，如图 3-10 所示。值得注意的是，如果此处没有勾选"第一行包含列标题"复选框，则数据库中生成的新表的第一条记录数据会变成 Excel 表的字段名。

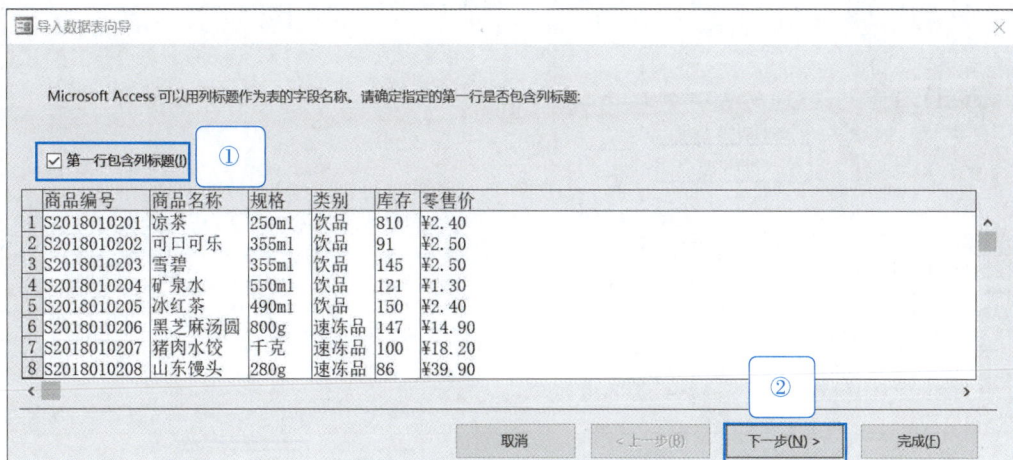

图 3-10 通过导入外部数据创建表 (b)

(5) 单击表中的字段，"字段选项"中会显示该字段名和数据类型。此步骤如果选择不设置数据类型，那么导入表后需要切换到设计视图进一步设置数据类型。这里选择不设置，所以直接单击"下一步"按钮，如图 3-11 所示。

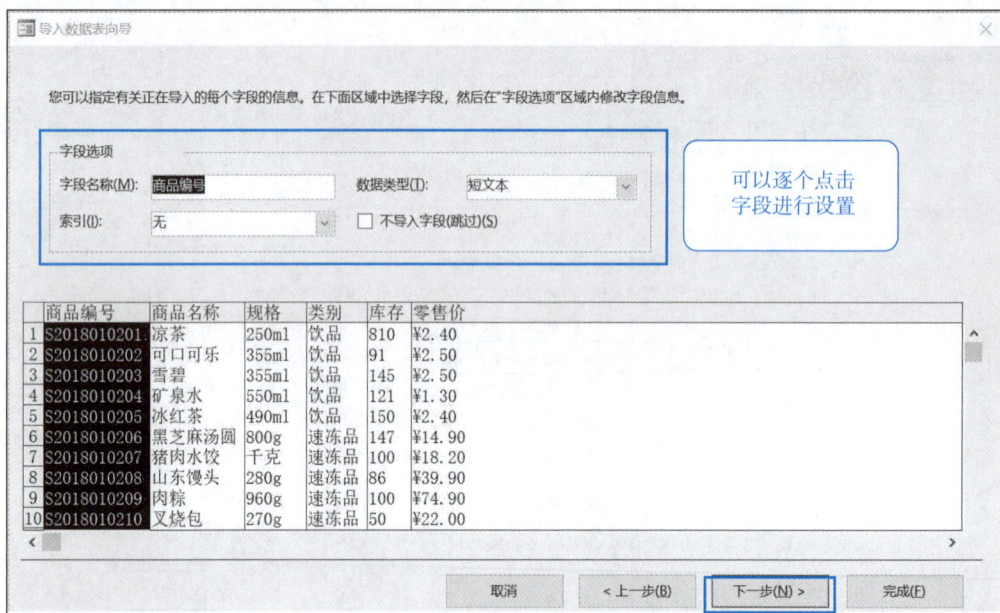

图 3-11　通过导入外部数据创建表 (c)

（6）此步骤如果选择不设置主键，那么导入表后需要切换到设计视图进一步设置主键。这里选择"不要主键"，然后单击"下一步"按钮，如图 3-12 所示。

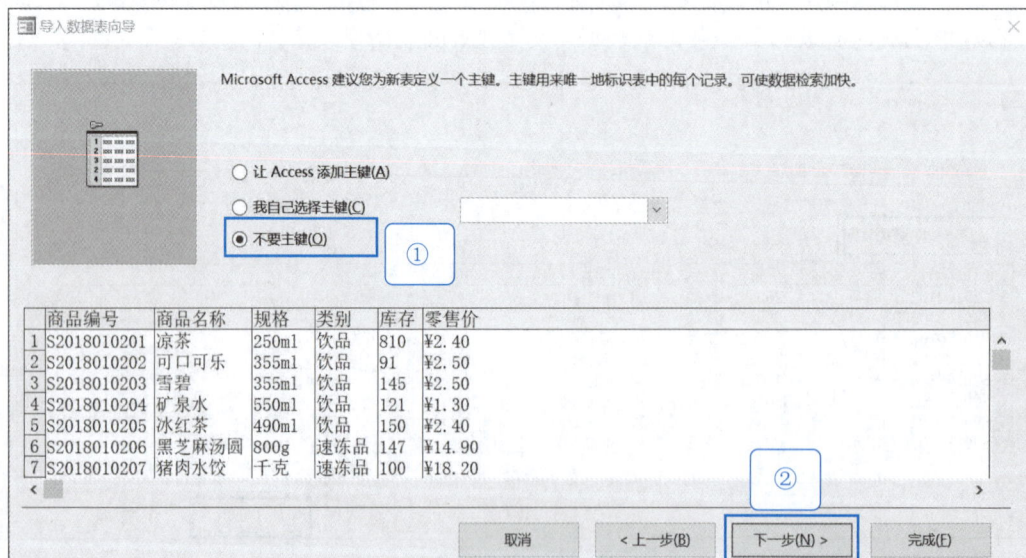

图 3-12　通过导入外部数据创建表 (d)

如果选择"我自己选择主键"，则在下拉列表中选择"商品编号"作为主键。如果选择"让Access添加主键"，则会在生成的表中添加一个名为ID的字段，数据类型默认为"自动编号"。

(7) 在"导入到表"文本框中输入"商品"，这是为导入的新表命名，然后单击"完成"按钮，如图 3-13 所示。

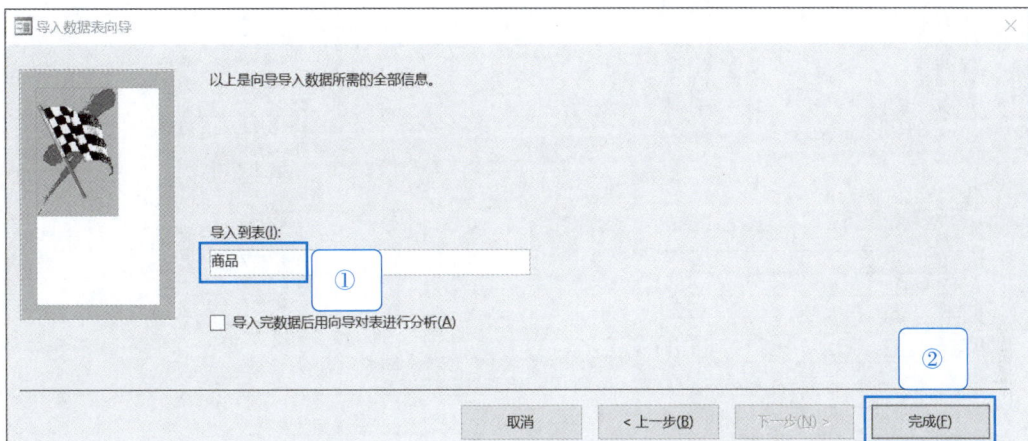

图 3-13　通过导入外部数据创建表 (e)

(8) 此时会弹出对话框询问是否要保存导入步骤，单击"关闭"按钮。

导入完成后，可以在数据库的导航窗格中看到"商品"表，双击打开就能看到表格数据，数据是完全复制Excel文件"商品.xlsx"的数据。这种方法可以快速导入外部文件的数据，无须逐条记录去录入。

用相同的方法可以导入"顾客.xlsx"文件、"工资.xlsx"文件、"销售.xlsx"文件和"订单.xlsx"文件数据。以上各表的完整表结构和数据，可以在附录A中查看。

4. 表视图的切换

表的视图是用户操作时所能看到的界面，表有两种视图：数据表视图和设计视图。

双击导航窗格中的表名，就是以数据表视图打开表。数据表视图中显示表名、字段名和每条记录的数据。在数据表视图中可以完成表中数据的操作，如输入、删除、更改、浏览、排序、筛选等。"员工"表的数据表视图如图3-14所示。

员工编号	姓名	性别	出生日期	籍贯	电话	照片	部门编号	是否在职
Y001	赖涛	男	1965/12/15	福建	13609876543	Bitmap Image	D1	☑
Y002	刘芬	女	1980/4/14	北京	13609876544	Bitmap Image	D1	☑
Y003	魏桂敏	女	1960/8/9	台湾	13609876545	Bitmap Image	D1	☑
Y004	伍晓玲	女	1976/7/1	福建	13609876546	Bitmap Image	D1	☐
Y005	程倩倩	女	1978/2/19	上海	13609876547	Bitmap Image	D1	☑
Y006	许冬	女	1980/3/31	江苏	13609876548	Bitmap Image	D2	☑
Y007	赵民浩	男	1985/11/2	福建	13609876549	Bitmap Image	D2	☑
Y008	张敏	女	1978/10/10	西藏	13609876550	Bitmap Image	D2	☑
Y009	李国安	男	1965/7/28	安徽	13609876551	Bitmap Image	D3	☑
Y010	刘燕	女	1978/6/8	河北	13609876552	Bitmap Image	D3	☑

图 3-14　"员工"表的数据表视图

设计视图主要用于修改表结构，如设置主键、修改字段名、设置字段的数据类型和属性等。"员工"表的设计视图如图3-15所示。

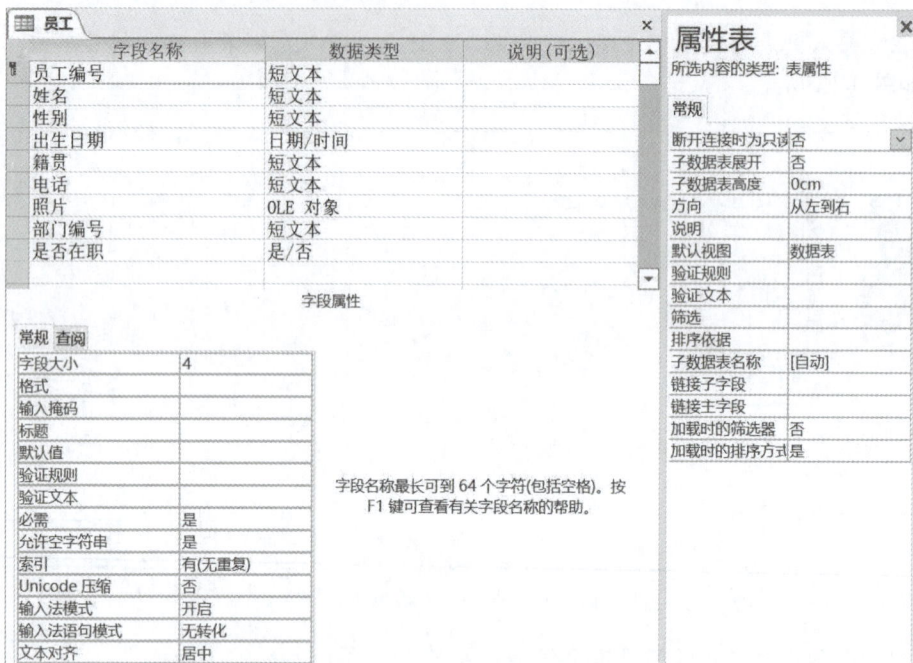

图 3-15　"员工"表的设计视图

表视图切换方法有以下三种。

(1) 打开表后，选择"视图"选项，可以看到两种视图选项，如图3-16所示。

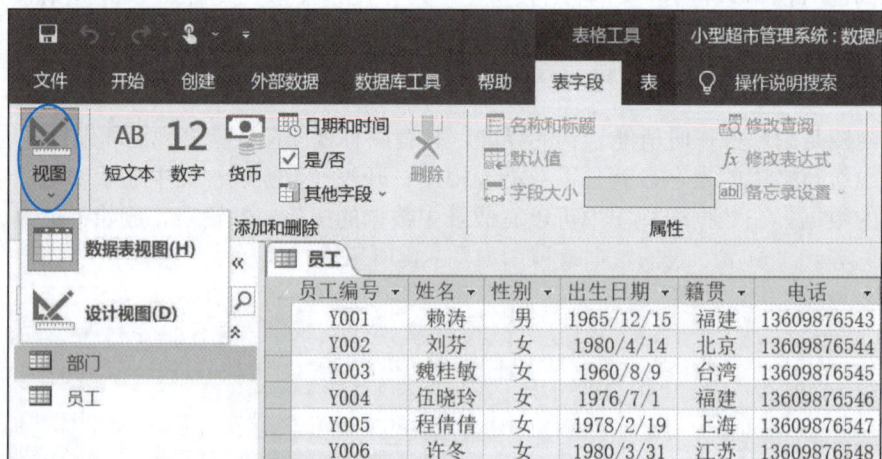

图 3-16　利用"视图"选项切换视图

(2) 打开表后，在表名处单击鼠标右键，弹出的快捷菜单中有视图选项，如图3-17所示。

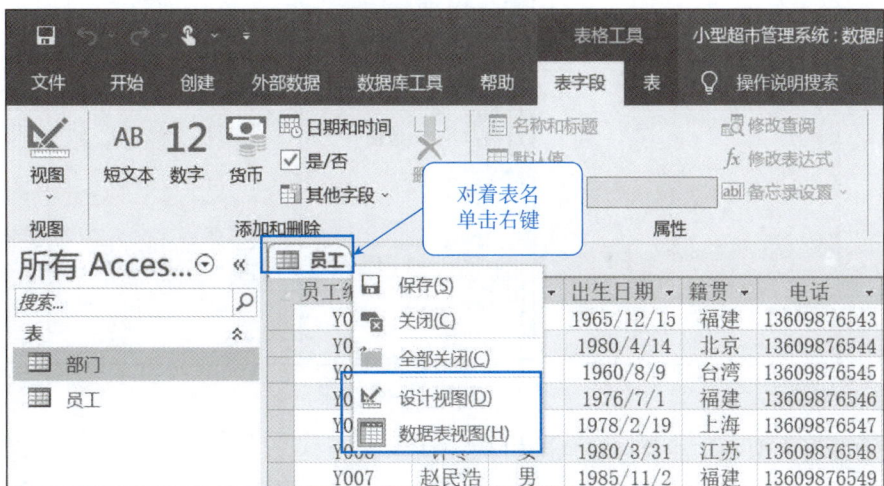

图 3-17　对表名单击鼠标右键切换视图

(3) 打开表后，在最下方的状态栏的右侧，单击视图图标 进行切换。

3.1.3　表的字段

表的字段主要由字段名称、字段的数据类型和字段属性三部分组成，这三部分构成了表的结构。在创建表之前，要先设计好表的结构。

视频3-3
表的字段

1. 字段的命名规则

字段名是表中一列数据的标识，在同一张表中，字段名不能重复。如果数据库中其他的表、查询、窗体或报表要引用表中的数据，必须要指定该数据的字段名称。

字段的命名规则必须符合Access的对象命名规则：

(1) 字段名的长度不能超过64个字符。

(2) 可以包含字母、汉字、数字、空格和其他字符。

(3) 第一个字符不能是空格。

(4) 不能包含英文的点号(.)、感叹号(!)、单引号(')和方括号([ ])。

(5) 不能使用0~32的ASCII字符。

2. 字段的数据类型

数据表中同一列数据必须具有相同的数据形式，此数据形式称为字段的数据类型。数据类型决定了数据的存储方式和使用方式。在表的设计视图里，单击某个字段的"数据类型"下拉箭头，就会出现多种数据类型以供选择，如图3-18所示。

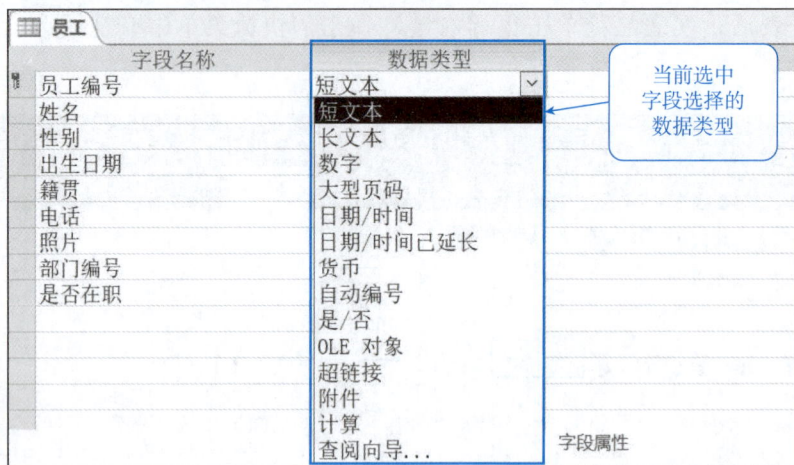

图 3-18　字段的数据类型

字段的数据类型、功能及取值范围如表3-1所示。

表3-1　数据类型

数据类型	功能	取值范围
短文本	用于保存短文本	0~255个字符
长文本	用于保存较长文本	0~65 535个字符
数字	用于存储进行运算的数据	参见表3-2
日期/时间	用于存储日期、时间、日期与时间的结合	8字节
货币	用于数学运算的货币数值	8字节
自动编号	为记录自动指定唯一序号，用于标识该条记录	4字节
是/否	用于存储布尔型或逻辑型值	1字节
OLE对象	用于存储可链接或嵌入式对象	—
超链接	用于保存超链接的字段	—
附件	可将多个文件附加到记录中	—
计算	用于显示计算结果	8字节
查阅向导	在由向导建立的字段中，可以实现多列字段选择	—

表的每个字段都应该有明确的数据类型。用户为字段选择数据类型，需要根据该字段的用途和特点来确定。下面逐个介绍每种数据类型的含义和用法。

● 短文本

短文本型是字段的默认数据类型，也是最常用的数据类型，用来存储字母、汉字、数字、符号或它们的组合，适用于存放文字及不需要计算的数字(如名称、邮政编码、电话号码、学号等)，可存放0~255个字符。当用户往文本型的字段录入数字时，录入的数字是以ASCII字符集的数值存储的，常用ASCII字符集如附录B的表B-1所示。例如："员工"表中的"员工编号"字段是短文本型，然后在记录里输入数字9，那么对照ASCII字符集，该字段的记录中存储的其实是数值57。

【例3-4】为"员工"表的"员工编号""姓名"和"性别"字段设置合适的数据类型。

具体步骤如下：

(1) 字段"员工编号"的编号规则是从Y001开始，每招聘进来一位新员工，编号就加1。编号由字母和数字组成，所以要把"员工编号"的数据类型设置成"短文本"型。

(2) 字段"姓名"由英文字母或中文汉字组成，因此可设置成"短文本"型。

(3) 字段"性别"由中文汉字"男"或"女"组成，因此可设置成"短文本"型。

- **长文本**

长文本类型与短文本类型相似，不同之处在于，长文本类型可存放较长的文本，可存储0~65 535个字符，如简历、备注、摘要等字段。

- **数字**

数字型专门用来存储需要参与运算的数据，例如"商品"表中的"库存"字段。同样是输入数字，数字型和文本型是有区别的。如果设置的是文本型，输入9则存储的是57；如果设置的是数字型，输入9则存储的是9。

在字段的属性"字段大小"中，还可以进一步设置数字型的子类型，如表3-2所示。用户可以根据实际需要进行选择。

表3-2　数字类型的字段大小

子类型	适用范围	小数位数
字节	0~255 之间的整数	0
整型	−32 768~32 767 之间的整数	0
长整型	−2 147 483 648~2 147 483 647 之间的整数	0
单精度型	$−3.4×10^{38}$~$3.4×10^{38}$ 之间的小数	7
双精度型	$−1.797×10^{308}$~$1.797×10^{308}$ 之间的小数	15

【例3-5】为"商品"表的"库存"字段设置合适的数据类型及字段大小。

具体步骤如下：

(1) 字段"库存"代表商品在仓库中的存储数量，因此数据类型设置成"数字"型。

(2) 存储数量肯定是整数，因此字段大小可以设置成"整型"或者"长整型"。考虑到超市的商品库存数量有可能大于32 767，因此设置成"长整型"更为合适。

- **日期/时间**

日期/时间型用于存放时间、日期类型的数据，例如"员工"表中的"出生日期"字段。日期/时间型的输出格式有七种，如表3-3所示。

表3-3　日期/时间类型的格式

格式	显示说明	举例
常规日期	没有特殊格式，用 / 符号分隔	2000/4/6 14:30:18
长日期	显示长格式的日期	2000 年 4 月 6 日
中日期	显示中等格式的日期	00-04-06
短日期	显示短格式的日期	2000/4/6
长时间	24 小时制显示时间	14:30:18
中时间	12 小时制显示时间	2:30 下午
短时间	24 小时制显示时间，但不显示秒	14:30

- 货币

货币型用于存储货币值，等价于具有双精度属性的数据类型。例如“商品”表中的“零售价”字段，如图3-19所示。输入数据时自动产生货币符号和千分号，小数部分默认取两位，且计算时禁止四舍五入。

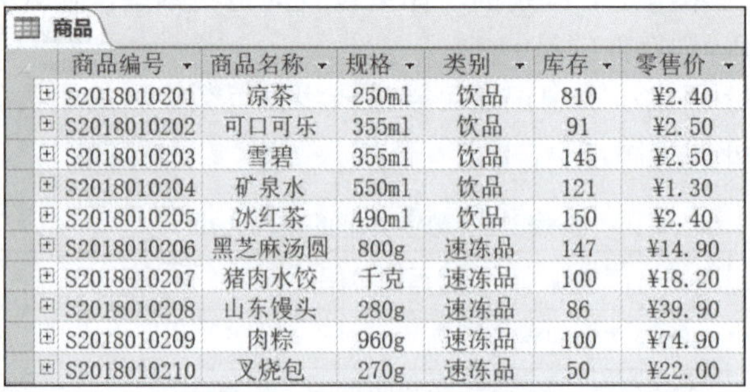

商品

商品编号	商品名称	规格	类别	库存	零售价
S2018010201	凉茶	250ml	饮品	810	¥2.40
S2018010202	可口可乐	355ml	饮品	91	¥2.50
S2018010203	雪碧	355ml	饮品	145	¥2.50
S2018010204	矿泉水	550ml	饮品	121	¥1.30
S2018010205	冰红茶	490ml	饮品	150	¥2.40
S2018010206	黑芝麻汤圆	800g	速冻品	147	¥14.90
S2018010207	猪肉水饺	千克	速冻品	100	¥18.20
S2018010208	山东馒头	280g	速冻品	86	¥39.90
S2018010209	肉粽	960g	速冻品	100	¥74.90
S2018010210	叉烧包	270g	速冻品	50	¥22.00

图 3-19　“货币”类型示例

- 自动编号

当把字段设置成自动编号类型后，在添加记录时会自动给每条记录插入一个唯一的编号(默认从1开始，每条记录递增1)。自动编号一旦生成，将和该条记录永久绑定，如果删除某条记录，则该记录分配到的编号也一并删除，除非手动重新设置。

【例3-6】为“工资”表增加一个新的字段，命名为ID，数据类型设置为“自动编号”。

具体步骤如下：

(1) 把“工资”表切换到设计视图。

(2) 增加一个新的字段，命名为 ID，数据类型设置为“自动编号”，如图 3-20 左图所示。

(3) 切换到数据表视图，字段 ID 自动生成递增的数据，如图 3-20 右图所示。

- 是/否

“是/否”型用于存储只有两种取值的字段。该类型有三种显示格式：真/假(True/False)、是/否(Yes/No)、开/关(On/Off)。

图 3-20　"自动编号"类型示例

【例3-7】把"员工"表的"是否在职"字段设置成"是/否"的数据类型。

具体步骤如下：

(1) 把"员工"表切换到设计视图。

(2) 把"是否在职"字段的数据类型设置成"是 / 否"类型，格式选择"是 / 否"。

(3) 单击"保存"按钮后，会弹出如图 3-21 所示的提示信息，由于"是否在职"字段原本是"短文本"类型，字段的数值都是文本，如果要改为"是 / 否"类型，可能会丢失原来的数据。本例就是要强制改为"是 / 否"类型，所以选择"是"按钮。

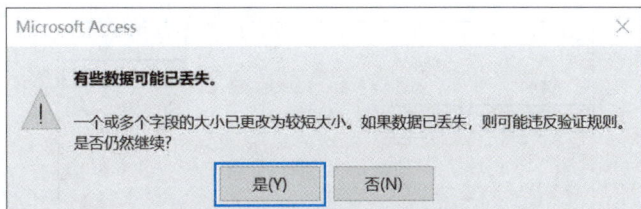

图 3-21　"是 / 否"类型示例 (a)

(4) 切换到数据表视图，如果"是否在职"字段的数据被清空了，就重新设置该字段的值。最终显示效果如图 3-22 所示。

图 3-22　"是 / 否"类型示例 (b)

● OLE对象

OLE对象用于嵌入表格、图片、声音、视频等多媒体信息。

【例3-8】把"员工"表的"照片"字段设置为"OLE对象"数据类型，并为该字段插入对应的图片。

具体步骤如下：

(1) 把"员工"表切换到设计视图，然后把"照片"字段设置为"OLE 对象"数据类型。

(2) 把"员工"表切换到数据表视图，在第一条记录的"照片"字段处，单击鼠标右键，选择"插入对象"，如图 3-23 所示。

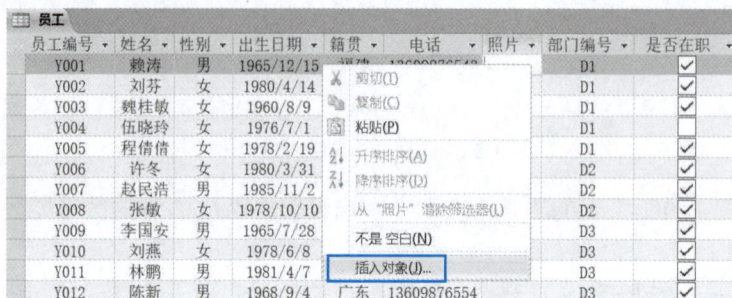

图 3-23　"OLE 对象"类型示例 (a)

(3) 在弹出的对话框中，可以选择"新建"方式，也可以选择"由文件创建"方式来插入图片。这里选择"由文件创建"方式，单击"浏览"按钮，定位到该员工照片文件，单击"确定"按钮即可，如图 3-24 所示。

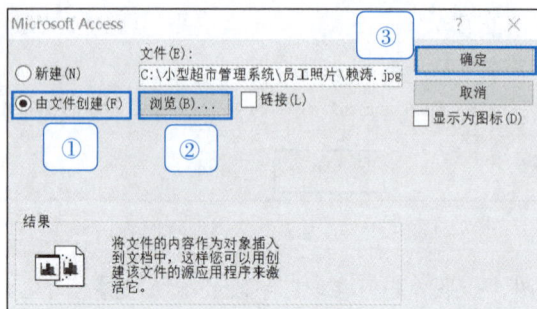

图 3-24　"OLE 对象"类型示例 (b)

插入图片完成后，在数据表视图中是看不到图片原样的，只会显示Bitmap Image，双击该条记录的Bitmap Image就会显示出图片。

- 超链接

超链接用于存储超链接地址，可以是UNC路径或URL地址。

- 附件

附件型是OLE对象的替代类型，提供了比OLE对象更高的灵活性。附件可以链接所有类型的文档和二进制文件，还能压缩附件，减少存储空间。

- 计算

计算数据类型用于存储由同一张表的其他字段数据计算而来的值，可以使用函数、表达式、操作符等。计算结果应为整型、短文本、日期/时间、是/否类型等。计算数据类型不能建立索引。

【例3-9】在"工资"表中新增"实发工资"字段，"实发工资"字段值应由"应发工资"字段值减去"扣税"字段值而得。

具体步骤如下：

(1) 把"工资"表切换到设计视图。

(2) 在设计视图中添加"实发工资"字段(注意：如果先在"数据表视图"中添加好字段，后面是无法在"设计视图"中更改字段为计算类型的)。

(3) 把"实发工资"字段的数据类型设置为"计算"，会弹出"表达式生成器"对话框，如图 3-25 所示，在对话框中输入表达式"[应发工资]-[扣税]"，单击"确定"按钮。

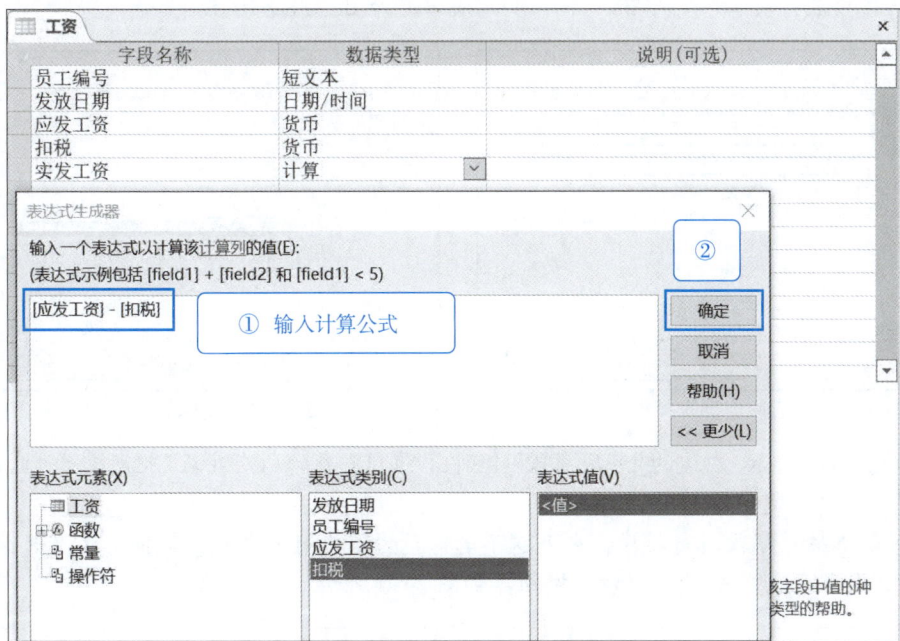

图 3-25　"计算"类型示例 (a)

(4) 设置"实发工资"字段的"结果类型"为"货币"，如图 3-26 左图所示。切换到数据表视图，实发工资的数值就计算出来了，以货币形式显示，如图 3-26 右图所示。

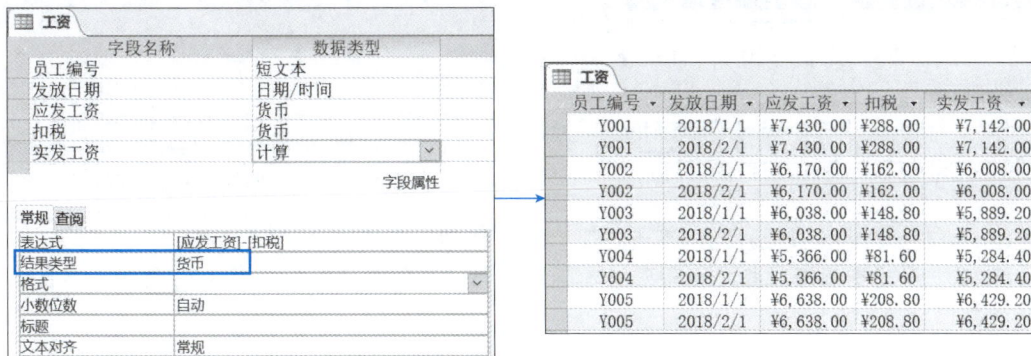

图 3-26　"计算"类型示例 (b)

● 查阅向导

允许用户使用"列表框"或"组合框"来选择其他表或查询中的值。

【例3-10】为了方便"部门"表中"部门主管"字段的数据输入，设置该字段的查阅属性，使得无须输入部门主管编号，以下拉列表的形式来选择即可。

具体步骤如下：

(1) 把"部门"表切换到设计视图。

(2) 把"部门主管"字段的数据类型改为"查阅向导"，弹出"查阅向导"对话框，如图 3-27 所示。选择"使用查阅字段获取其他表或查询中的值"，单击"下一步"按钮。

(3) 选择"表：员工"，单击"下一步"按钮，如图 3-28 所示。

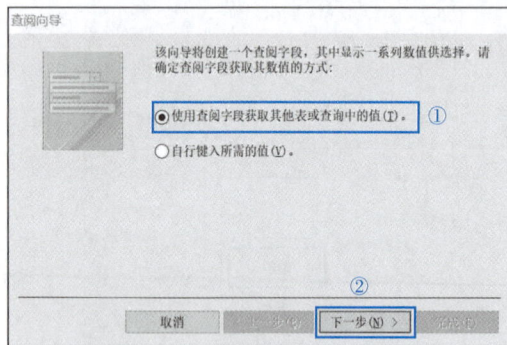

图 3-27　"查阅向导"类型示例 (a)　　　图 3-28　"查阅向导"类型示例 (b)

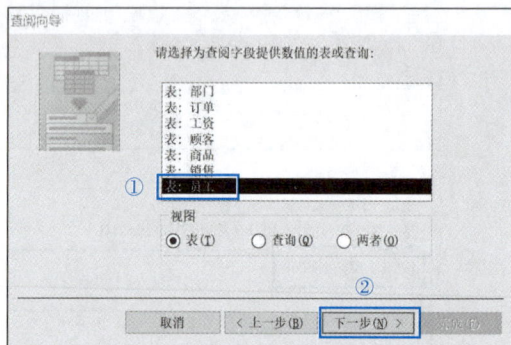

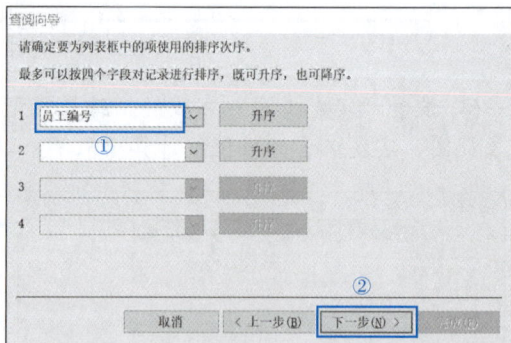

(4) 如图 3-29 所示，左边的"可用字段"会列出"员工"表的所有字段，把所需的"员工编号"字段选到右边"选定字段"中。

(5) 可以选择对字段进行排序，也可以不选择。为了更好地寻找到数据，这里选择按"员工编号"进行排序，单击"下一步"按钮，如图 3-30 所示。

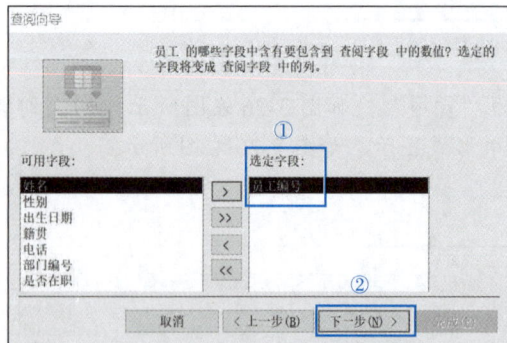

图 3-29　"查阅向导"类型示例 (c)　　　图 3-30　"查阅向导"类型示例 (d)

(6) 在向导中可以调整列宽，单击"下一步"按钮，如图 3-31 所示。

(7) 在"请为查阅字段指定标签"文本框中填写"部门主管"，如图 3-32 所示，单击"完成"按钮。

(8) 把表切换到数据表视图，单击"部门主管"字段的记录，会以下拉列表的形式把员工编号列出来以供选择，如图 3-33 所示。

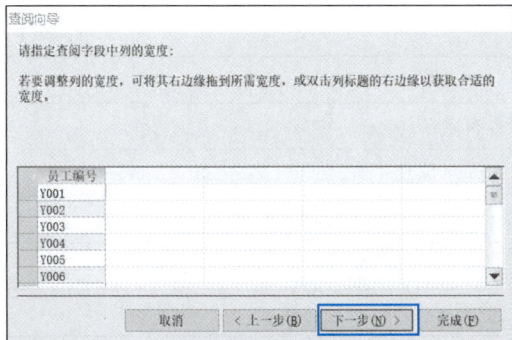

图 3-31 "查阅向导"类型示例 (e)　　　　图 3-32 "查阅向导"类型示例 (f)

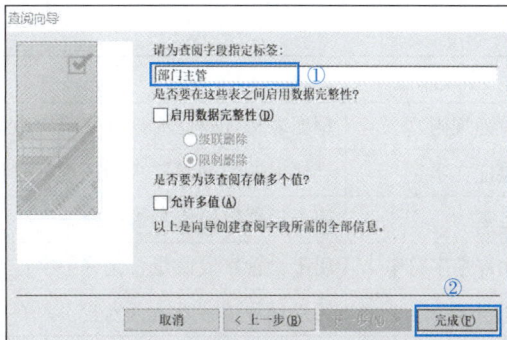

图 3-33 "查阅向导"类型示例 (g)

3. 字段的属性

字段的属性可以加强数据存储的安全性和有效性，以及维护数据的完整性和一致性。设置字段属性的目的主要有以下几点：控制字段中数据的外观，防止在字段中输入不正确的数据；为字段数值指定默认值；提高对字段的搜索和排序速度。Access数据库中表的常见字段属性如表3-4所示。

表3-4　常见字段属性

字段属性	说明
字段大小	用于设置短文本型字段的大小和数字型字段的类型
格式	用于设置数据显示或打印的格式
小数位数	用于设置数字和货币数据的小数位数，默认是"自动"
输入掩码	用于设置向字段中输入数据的数据格式
标题	用于设置在数据表视图中显示的字段名
默认值	用于设置字段的固定值，减少输入次数

（续表）

字段属性	说明
验证规则	根据表达式建立的规则来确定数据是否有效
验证文本	当输入的数据不符合验证规则时显示的提示信息
必需	用于设置字段值是否为空
允许空字符串	用于设置字段值是否允许空字符串
索引	用于设置该字段是否为索引，有三个选项：无、有（无重复）、有（有重复）

字段的数据类型不同，其属性也会有不同。下面介绍几种字段的主要属性。

● 字段大小

"字段大小"属性可以控制字段使用的空间大小，此属性只用于"短文本"和"数字"类型。

【例3-11】考虑到员工编号固定是4位字符，为了防止数据录入出错，把"员工"表的"员工编号"字段的字段大小设为4。

具体步骤如下：

(1) 把"员工"表切换到设计视图。

(2) 单击"员工编号"字段，在下方"字段大小"属性框内输入 4，如图 3-34 所示。

(3) 单击"保存"按钮，弹出提示框，如图 3-35 所示，提示字段的大小属性被修改，有可能导致有些数据丢失，单击"是"按钮即可。如果"员工编号"字段里原本的数据长度有超过 4 个字符，则这个修改会导致数据的丢失。但本例中没有数据超过规定长度，所以不会丢失数据。

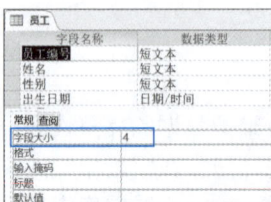

图 3-34　"字段大小"属性示例 (a)

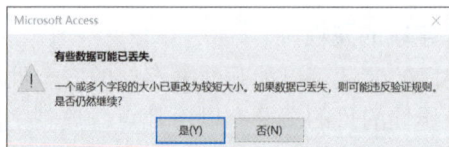

图 3-35　"字段大小"属性示例 (b)

修改完成后，切换到数据表视图，可以在"员工编号"字段尝试输入超过4个字符的数据，会发现无法输入超过第4个字符的数据，这样就能达到控制字段数据的字符长度的目的。

● 格式

"格式"属性用来设置数据的打印方式和屏幕的显示方式。数据类型不同，对应的格式也不同。例如，出生日期可显示为2001/9/1，也可以显示为"2001年09月01日"，但是其表达的含义完全相同。

【例3-12】将"员工"表的"出生日期"字段格式改为"X年X月X日"。

具体步骤如下：

(1) 把"员工"表切换到设计视图。

(2) 单击"出生日期"字段，在下方"格式"属性里，选择"长日期"，单击"保存"按钮，如图 3-36 左图所示。

切换到数据表视图，修改前后对比效果如图3-36右图所示。

图 3-36　"格式"属性示例

- 输入掩码

"格式"属性用来设置数据的输出格式，而"输入掩码"属性用来控制数据的输入格式。在Access的字段数据类型中，短文本、日期/时间、数字和货币可以设置输入掩码。设置"输入掩码"属性有两种方法：一种是利用向导设置；另一种是手工输入。手工输入掩码要求直接在字段的"输入掩码"属性框里输入定义式，这个定义式由一些特定的输入掩码字符组成。常见的输入掩码字符如表3-5所示。

表3-5　常用的输入掩码字符

字符	说明	掩码示例	允许值示例
0	1 个数字 (0~9)，必填，不允许使用"+"和"-"符号	0000-00000	0086-12345
9	1 个数字或空格，选填，不允许使用"+"和"-"符号	(9999)99999	(0086)12345 (086)1234
#	1 个数字或空格，选填，允许使用"+"和"-"符号	####	12+4 -123
L	1 个字母 (a~z，A~Z)，必填	LL9999	Ca0086
?	1 个字母 (a~z，A~Z)，选填	??9999	C1234 Ca1234
A	任一字母或数字，必填	AAA	C12 yes
a	任一字母或数字，选填	aaa	Ca1 12
&	任一字符或空格，必填	&&&&	*1aR
C	任一字符或空格，选填	CCCC	*1aR *1a
<	使其后所有的字符转换成小写	<ABc	abc
>	使其后所有的字符转换成大写	>abC	ABC
\	使其后的字符显示为原义字符	\A	A
密码	使得该字段数值显示为 * 号	密码	*******

【例3-13】为了保护员工电话号码的私密性，把"员工"表中的"电话"字段数据用"***"的方式显示。

具体步骤如下：

(1) 把"员工"表切换到设计视图。

(2) 单击"电话"字段，如图 3-37 所示，在下方"输入掩码"属性框的右侧单击"..."按钮，会弹出"输入掩码向导"对话框。

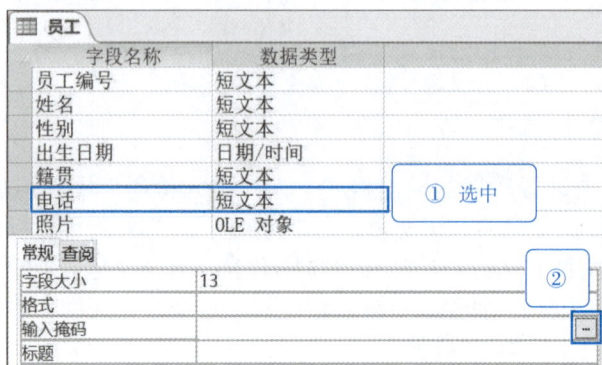

图 3-37　"输入掩码"属性示例 (a)

(3) 选择"密码"选项，然后单击"完成"按钮，如图 3-38 左图所示。设置完毕后，"电话"的属性如图 3-38 右图所示。

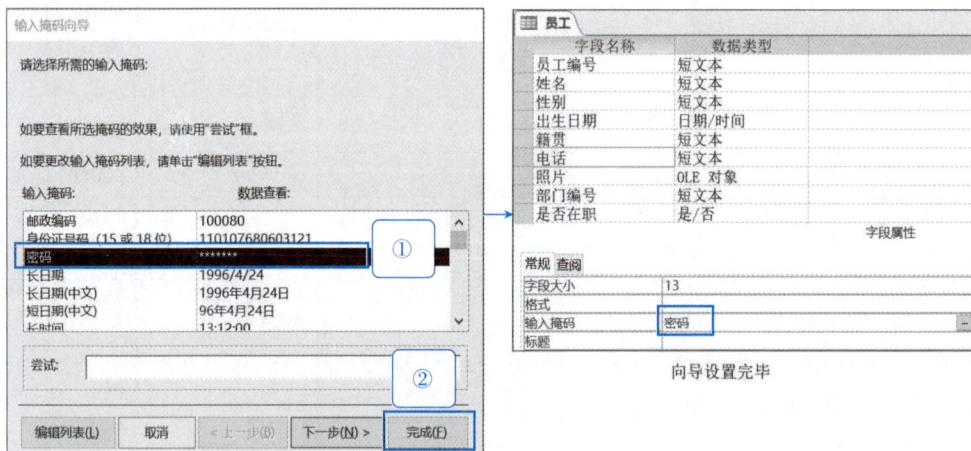

图 3-38　"输入掩码"属性示例 (b)

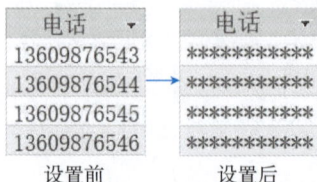

图 3-39　"输入掩码"属性示例 (c)

"电话"字段的"输入掩码"设为"密码"前后的对比效果如图3-39所示。

本例题也可以直接在"电话"字段的"输入掩码"属性框里直接输入"密码"二字。

【例3-14】超市为顾客办理的会员卡的卡号是有编码规则的，规定卡号的首字母必须是大写的字母G，后面必须是6位数字。为了防止员工录入数据时不遵守这个规则，需要设置"顾客"表的"顾客卡号"字段的输入掩码属性。

具体步骤如下：

(1) 把"顾客"表切换到设计视图。

(2) 单击"顾客卡号"字段，在下方"输入掩码"属性框内输入 G000000，单击"保存"按钮。保存后，数据库会自动在字母 G 前添加 \ 符号，如图 3-40 所示。

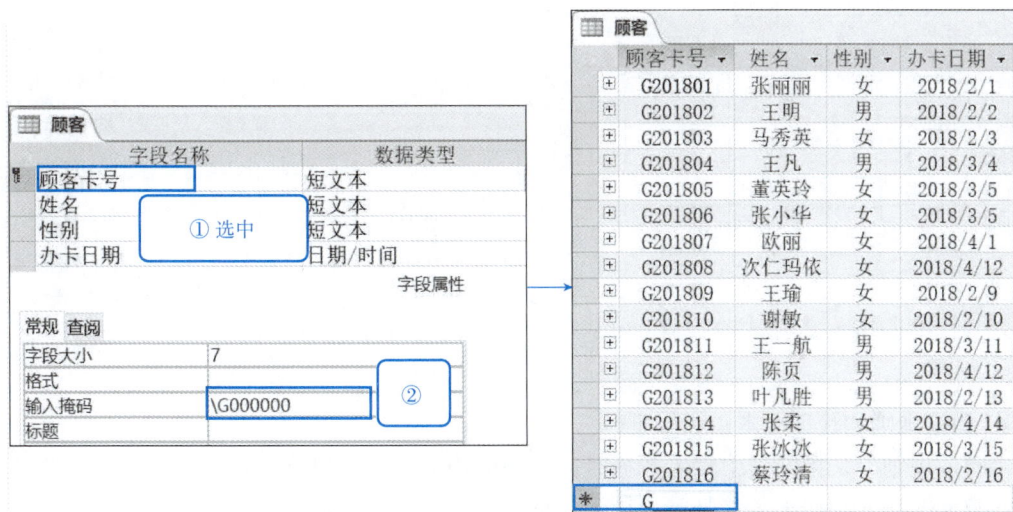

图 3-40 "输入掩码"属性示例 (d)

切换到数据表视图，在新记录里单击"顾客卡号"的字段，数据会自动添加首字母G，如果没有完整地输入6个数字，或者输入的不是数字，数据库会提示不符合输入掩码，且不允许保存。直到输入的数值符合输入掩码的规则，才允许保存。

● **默认值**

默认值是一个非常有用的属性，在一个数据表中，往往会有一些字段的数据内容相同或者包含相同的部分，此时可以将出现次数较多的值作为该字段的默认值，从而减少数据的输入量。在增加新记录时，可以使用这个默认值，也可以输入新值来取代这个默认值。

【例3-15】由于超市的员工大部分来自福建省，为了提高录入数据的效率，把"员工"表的"籍贯"字段默认值设置为"福建"。

具体步骤如下：

(1) 把"员工"表切换到设计视图。

(2) 单击"籍贯"字段，在"默认值"属性框内输入"福建"，单击"保存"按钮，这样数据库会自动为"福建"二字加上双引号，双引号代表文本类型，如图 3-41 所示。

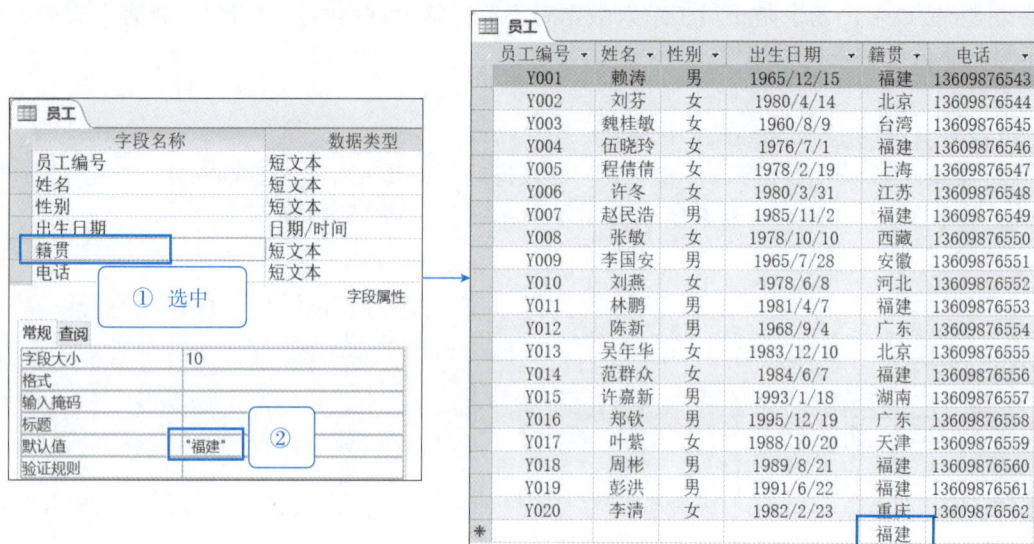

图 3-41　"默认值"属性示例

设置默认值后，当添加一条新记录时，"籍贯"字段会自动显示"福建"。

● 验证规则和验证文本

"验证规则"是指向表中输入数据时应遵循的约束条件，以确保输入数据的合理性并防止非法数据的输入。约束条件是一个逻辑表达式，当输入的数据不满足验证规则时，系统将弹出提示信息，提示信息上的文字由"验证文本"提供。表3-6给出了常见的验证规则的设置示例。

表3-6　字段的验证规则及验证文本设置示例

验证规则	验证文本
"男" Or "女"	只能输入"男"或者"女"
>=10 And <=50	数值要在 10 ～ 50(包含 10 和 50)
<> 0	必须输入一个不等于 0 的值
>= #2018-1-1# And <= #2018-12-31#	日期必须在 2018 年内 注意：日期和时间数值要用 # 作为标识符，例如，2018 年 1 月 1 日表示为 #2018-1-1#

【例3-16】为"顾客"表的"性别"字段设置属性，使得只能输入"男"或者"女"，输入其他字符则提示"性别字段只能输入男或者女，请重新输入！"。

具体步骤如下：

(1) 把"顾客"表切换到设计视图。

(2) 单击"性别"字段，在"验证规则"属性框内输入表达式："男" Or "女"。需要注意的是，"验证规则"内表达式的符号 (除中文以外的所有符号)，都必须在英文输入法的状态下输入，否则表达式会出错。在"验证文本"属性框内输入"性别字段只能输入男或者女，请重新输入！"，如图 3-42 所示。

(3) 单击"保存"按钮，会弹出如图 3-43 所示的提示，单击"是"按钮即可。提示的意思是，当修改规则后，现有的规则对之前就存在的数据是无效的。假如"性别"字段中现有的记录数据是"男性"，那么这个规则对现有的数据不起作用。只有新添加的记录或者修改旧的记录数据时才会起效果。

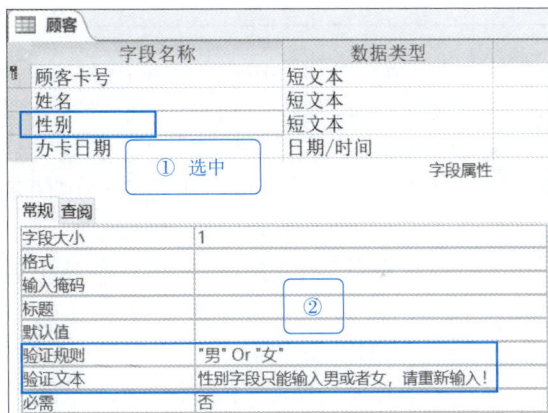

图 3-42　"验证规则"和"验证文本"属性示例 (a)　图 3-43　"验证规则"和"验证文本"属性示例 (b)

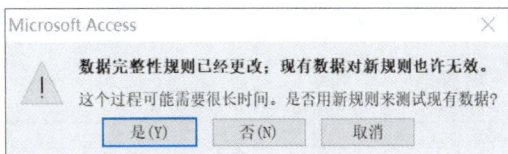

设置完毕后，切换到数据表视图，在新记录的"性别"字段(或者在旧的数据里修改)输入非"男"或"女"的字符，就会弹出提示框，提示框上的文字就是"验证文本"的内容，如图3-44所示。

- **必需**

当"必需"属性设置为"是"时，代表该字段的值是必填的。

- **索引**

如果表中的数据量很大，为了提高查找和排序的速度，可以设置"索引"属性。数据的索引如同字典的索引，要查找一个词语，先在索引表中找到这个词语的页码，从而快速找到该词语所在的位置。在数据库的表中建立索引，通过索引能够迅速地找到某一条记录，而无须按顺序查找表中的每一条记录。

按索引功能分，索引可分为唯一索引、普通索引和主索引三种。其中，唯一索引的索引字段值不能相同，即没有重复值。若向该字段输入重复值，系统会提示操作错误。如果为已有重复值的字段创建索引，则不能创

图 3-44　"验证规则"和"验证文本"属性示例 (c)

建唯一索引。普通索引的索引字段值可以相同，即可以有重复值。在Access中，同一个表可以创建多个唯一索引，其中一个可设置为主索引，且一个表只有一个主索引。

"索引"属性的选项有三种，具体说明如表3-7所示。

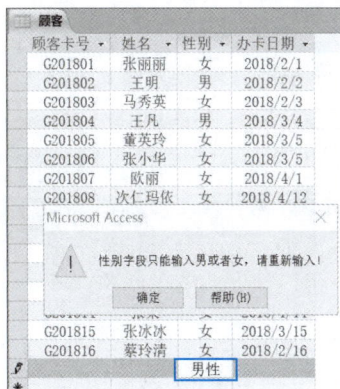

表3-7 "索引"属性选项说明

索引属性值	说明
无	该字段不建立索引
有（有重复）	以该字段建立索引，且字段中的内容可以重复
有（无重复）	以该字段建立索引，且字段中的内容不可以重复，即字段值都是唯一的。这种字段适合做主键

如果经常需要同时搜索或排序两个或更多的字段，可以创建多字段索引。使用多字段索引进行排序时，将首先按定义在索引中的第一个字段进行排序，如果第一个字段中有重复值，再按索引中的第二个字段进行排序，以此类推。

【例3-17】把"员工"表中的"姓名"字段设置为有重复索引。

具体步骤如下：

(1) 把"员工"表切换到设计视图。

(2) 单击"姓名"字段，在"索引"属性框内选择"有(有重复)"，如图 3-45 所示。

(3) 单击"保存"按钮，切换到数据表视图，数据表的记录变成按照"姓名"字段来排序，如图 3-46 右图所示。姓名字段是短文本型，所以按照拼音首字母进行排序。

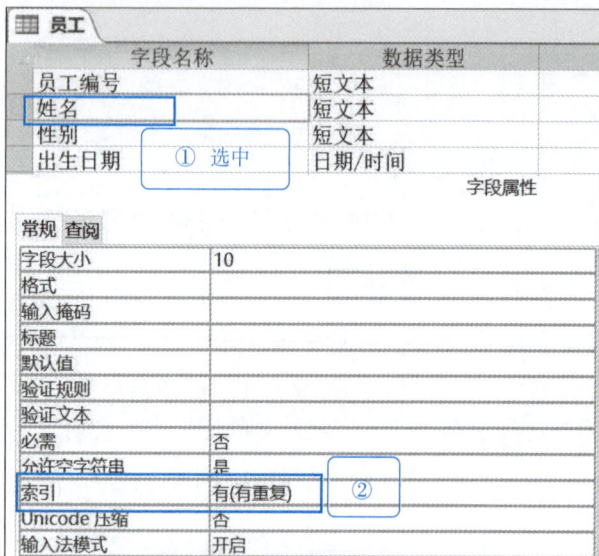

图 3-45 设置"姓名"字段的索引 (a)

图 3-46 设置"姓名"字段的索引 (b)

没有设置索引字段　　设置了"姓名"字段为索引字段

3.2 使用数据表

随着数据库应用的不断变化，用户需要及时修改数据库的表结构及其数据，因此表的操作与编辑是数据库维护的日常工作。

视频3-4 表的编辑与操作

3.2.1 编辑表的字段

对表字段的编辑主要包括增加/删除字段、更改字段名、移动字段位置等操作。由于表是数据库的基础，修改表的字段等同于修改表的结构，与此字段相关联的表、查询、窗体或报表都会受到影响，因此修改表字段需要慎重，且事先要做好备份工作。

1. 增加/删除字段

增加或者删除字段，可以在数据表视图中操作，也可以在设计视图中操作。如图3-47所示，对着某个字段单击鼠标右键，在弹出的快捷菜单中选择"插入字段"或"插入行"命令，就能在当前选中字段前增加一个字段；选择"删除字段"或"删除行"命令，就能删除当前选中的字段。

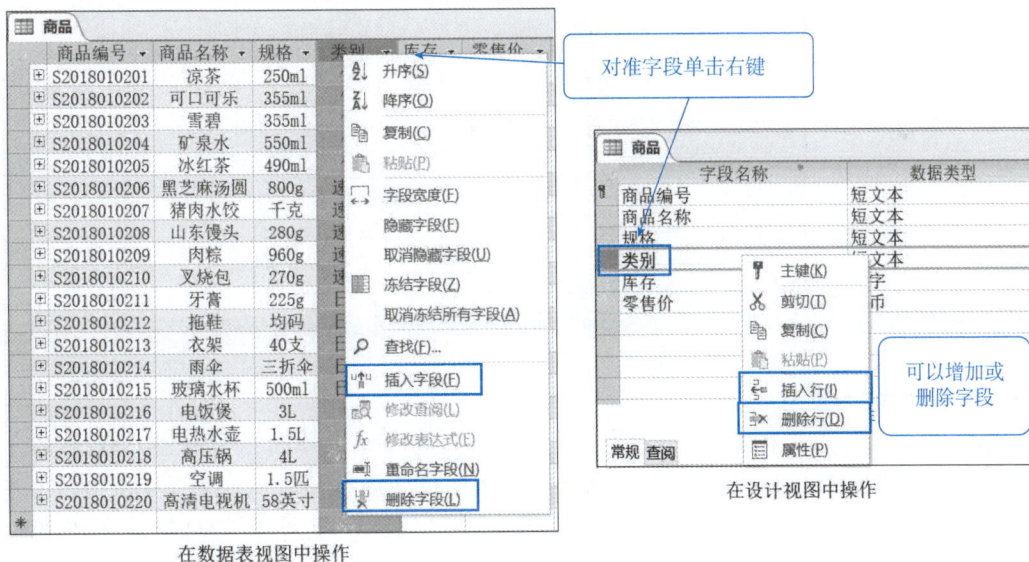

图 3-47 增加 / 删除字段示例

2. 更改字段名

更改字段的名字对数据不会产生影响，修改的方法有以下两种。

(1) 在数据表视图中，双击字段名，可以直接修改。

(2) 在设计视图中，直接修改该字段名称。

3. 移动字段位置

移动字段的位置对数据不会产生影响，移动的方法有以下两种。

(1) 在数据表视图中，利用鼠标左键把字段名拖动到新的位置上即可。

(2) 在设计视图中，利用鼠标左键把字段名拖动到新的位置上即可。

3.2.2　操作表的记录

常用的记录操作有记录定位、增加/删除记录、记录排序、数据的查找和替换、记录筛选等。

1. 记录定位

【例3-18】将指针定位到"商品"表的第8条记录。

具体步骤如下：

(1) 打开"商品"表，以数据表视图呈现表格记录。

(2) 把记录定位器的内容改成8，然后按 Enter 键。定位后的效果如图 3-48 所示。

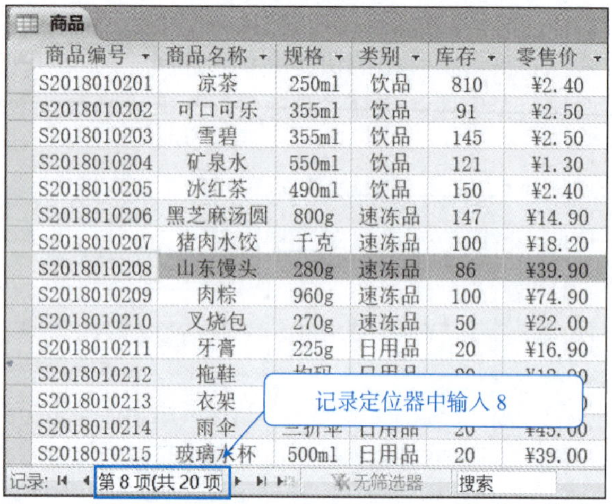

图 3-48　记录定位示例

2. 增加/删除记录

增加/删除记录只能在数据表视图中操作。对着某条记录单击鼠标右键，在弹出的快捷菜单中，选择"新记录"，如图3-49所示，光标自动定位在最后一条空白记录上(新记录都是默认在最后一行)。也可以在最后一行记录(左侧带*号的记录)直接录入新的记录数据。

选择"删除记录"会弹出提示框，询问是否要删除，单击"确定"按钮就会删除掉当前选中的记录。删除记录操作是无法撤销的，这意味着删除掉的记录无法恢复，所以要慎重使用删除操作。

3. 记录排序

排序是指某个字段的值按照一定的规则重新排列记录。默认情况下，Access按照主键升序来排序，如果表中没有定义主键，则按照输入的次序显示记录。下面介绍最简单的单字段排序方法。

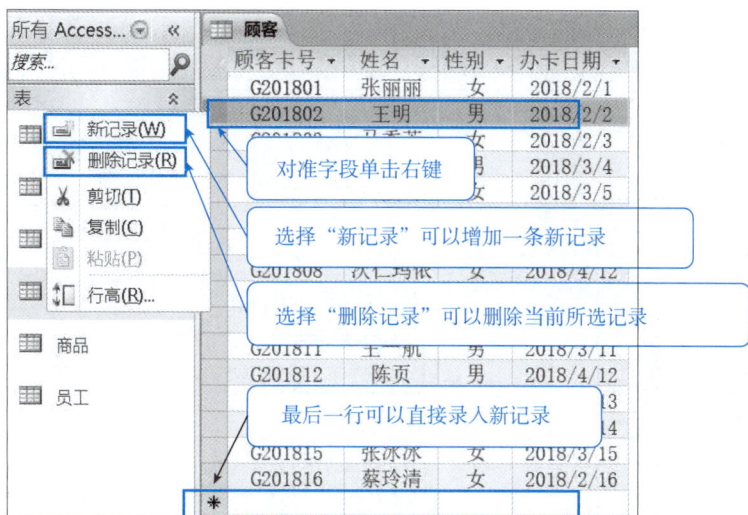

图 3-49　增加 / 删除记录示例

【例3-19】在"顾客"表中，按照"办卡日期"字段升序排列记录。

具体步骤如下：

(1) 打开"顾客"表，以数据表视图呈现表格记录。

(2) 针对指定字段选择排序方式。如图 3-50 所示，单击"办卡日期"字段名右侧的下拉按钮，选择"升序"命令，则表记录会按照该字段的值从小到大排列。

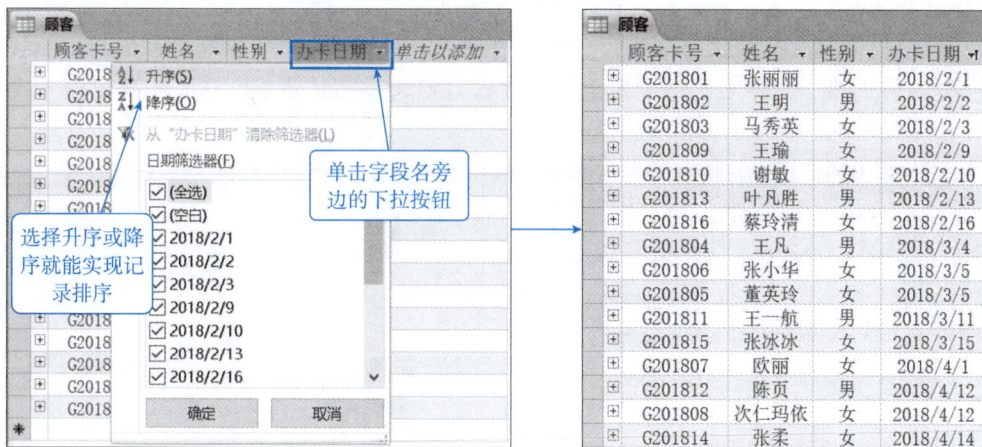

排序后的顾客表

图 3-50　单字段排序示例

4. 数据的查找和替换

查找和替换功能可以查找出特定的记录或字段中某些值，并逐个或批量替换成新的值。

如图3-51所示，把顾客表的"性别"字段中所有"女"改为"女性"，就可以使用替换功能来完成。

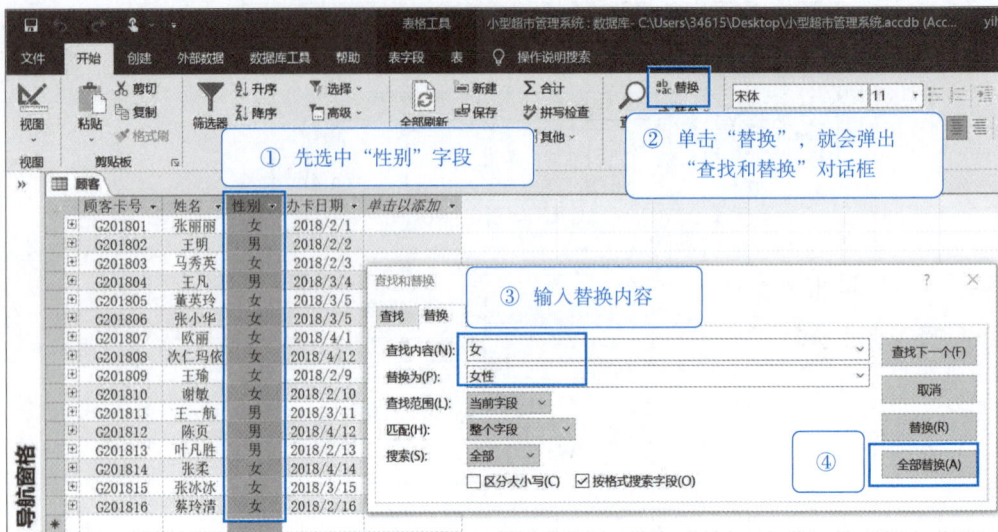

图 3-51　查找和替换功能示例

5. 记录筛选

记录筛选是将表中符合条件的记录显示出来，不符合条件的记录暂时隐藏。

【例3-20】在"顾客"表中，筛选出性别为男的所有记录。

具体步骤如下：

(1) 打开"顾客"表，以数据表视图呈现表格记录。

(2) 针对指定字段设置筛选条件。如图 3-52 所示，单击"性别"字段名右侧的下拉按钮，单击"文本筛选器"，然后选择"等于"，弹出自定义筛选对话框，在文本框中输入要设置的条件，这里输入"男"。单击"确定"按钮后就会把所有男性的记录筛选并显示出来。

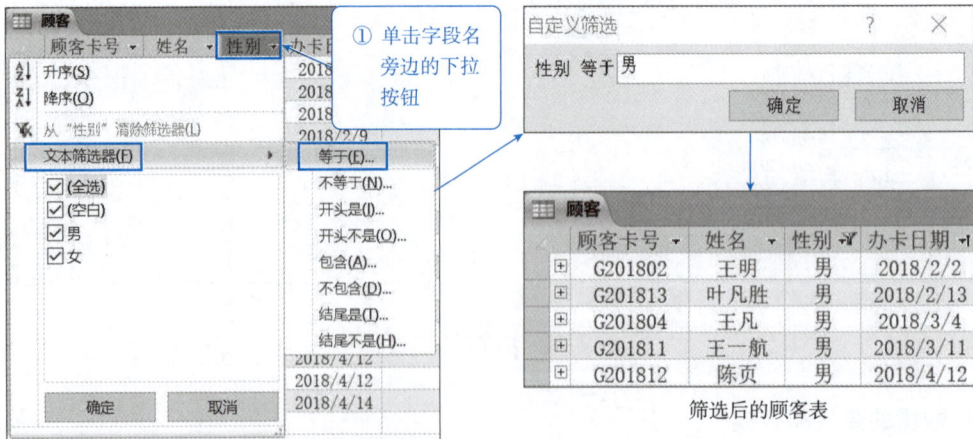

图 3-52　单字段筛选示例

3.2.3　表的复制、删除和导出

1. 表的复制

【例3-21】将"订单"表复制，得到"订单备份"表。

具体步骤如下：

(1) 打开数据库，在导航窗格中，对准"订单"表单击鼠标右键，弹出快捷菜单，选择"复制"命令，如图 3-53 所示。

(2) 在导航窗格的"表"对象空白处，单击鼠标右键，选择"粘贴"命令，弹出"粘贴表方式"对话框，在"表名称"文本框内输入新表的名字"订单备份"，选择"结构和数据"粘贴选项，单击"确定"按钮，就会在数据库里生成一张名为"订单备份"的表，表结构和记录数据与"订单"表一模一样。

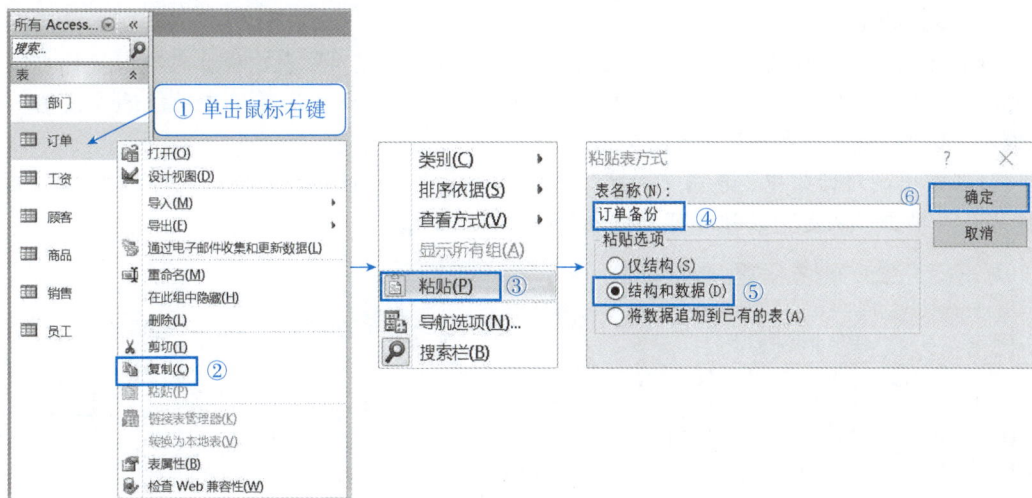

图 3-53　表复制示例

在"粘贴表方式"对话框中提供了三种粘贴方式："仅结构""结构和数据"和"将数据追加到已有的表"。这三者的区别如下。

(1) 仅结构：仅复制表的结构，即字段名、字段属性和字段数据类型，生成的新表中没有任何记录数据。

(2) 结构和数据：不单复制表的结构，还复制表的记录。

(3) 将数据追加到已有的表：把复制的表中的记录数据追加到数据库中已有的另一张表中，但前提是这两张表的表结构是一致的。

2. 表的重命名

在导航窗格中找到需要重命名的表，对准表单击鼠标右键，弹出快捷菜单，选择"重命名"命令即可修改。

3. 表的删除

在导航窗格中找到需要删除的表，对准表单击鼠标右键，弹出快捷菜单，选择"删除"

命令，会弹出提示框，如图3-54所示，单击"是"按钮即可删除。删除表后，表数据无法恢复，所以要慎重使用删除表操作。

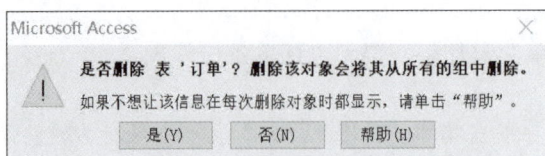

图 3-54　表的"删除"提示框

4. 表的导出

导出功能可以将表数据导出到各种支持的数据库、程序或文件中。

【例3-22】把"订单"表以Excel的格式导出到电脑桌面上。

具体步骤如下：

(1) 打开数据库，如图 3-55 所示，在导航窗格中找到"订单"表，对准表单击鼠标右键，弹出快捷菜单，选择"导出"命令，单击 Excel 选项。另一个方法是单击功能选项区的"外部数据"选项，选择"导出"中的 Excel 命令。

(2) 在弹出的对话框中，单击"浏览"按钮选择存放文件的地址，默认文件格式为"Excel 工作簿"，单击"确定"按钮即可完成表的导出操作。

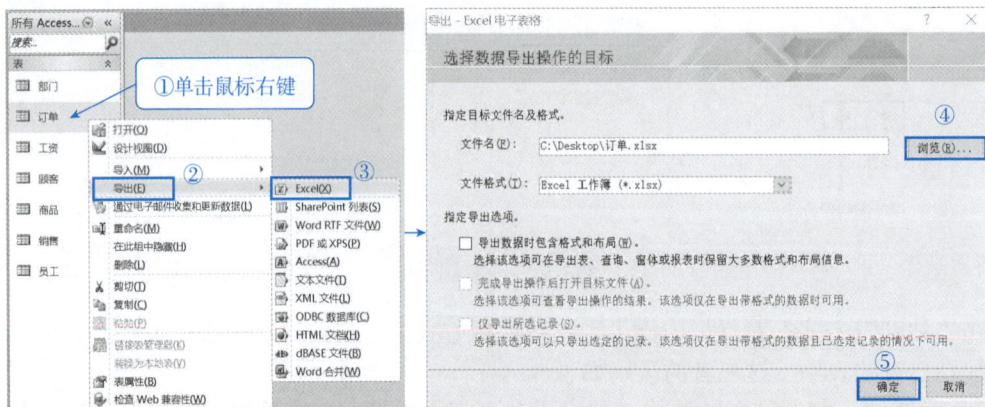

图 3-55　表的导出示例

3.3　规范数据表

在数据库设计中，规范数据表是确保数据一致性和完整性的关键步骤。使用主键、建立表间关系及遵循范式规范，可以有效地组织和管理数据，提高数据库的性能和可维护性。

视频3-5
表的主键

3.3.1 使用主键

主键(Primary Key)又称关键字，是表中的一个字段或多个字段的组合，为每条记录提供一个唯一的标识符。Access使用主键字段可以将多个表中的数据迅速关联和重新组合起来。

1. 主键的作用

主键在数据库设计中扮演着至关重要的角色，合理选择主键对表的性能和数据完整性有着深远的影响。主键的作用主要体现在以下几个方面。

(1) 保证实体的完整性。主键确保表中的每一行记录都是唯一的，从而避免数据重复。这种唯一性约束是数据完整性的基础，确保每个实体在数据库中都有一个明确且唯一的标识。

(2) 提高数据库操作效率。主键字段通常会自动创建索引，这可以显著提高查询、插入、更新和删除操作的效率。索引使得数据库管理系统能够快速定位和操作特定的记录，从而提升整体性能。

(3) 防止数据冗余。当向表中添加新记录时，数据库会自动检查主键值是否重复。如果发现重复值，系统会给出提示并拒绝插入该记录，从而防止数据冗余和不一致。

2. 主键的选择原则

理想情况下，主键应当满足以下条件。

(1) 唯一性：每个主键必须唯一标识一条记录，不允许出现重复值。可以是单个字段，也可以是由多个字段组成的复合主键，只要它们组合起来能保证唯一性即可。

(2) 非空性：主键字段不能包含NULL值，即每条记录都必须有一个确定的主键值。

(3) 稳定性：主键的值应尽量保持不变，尤其是在被其他表作为外键引用的情况下。频繁更改主键可能导致相关联的数据同步更新问题，增加维护成本。

(4) 普遍适用性：理论上，虽然关系型数据库不要求每张表都有主键，但从数据建模的最佳实践来看，为每张表定义一个主键是非常必要的。这符合关系模型的基本要求。

3. 设置主键

主键分为三种类型：单字段主键、多字段主键和自动编号。

● 第一种：单字段主键

在表中，如果某个字段的值都是唯一的，能够将不同的记录区分开来，且没有空值，就可以将该字段设置成主键。

【例3-23】为"员工"表设置主键。

在"员工"表中，能唯一标识不同记录的只有"员工编号"字段。因为超市为员工分配的编号都是唯一的，且不会轻易变更，类似于我们的身份证号，每个人只有一个号码，而且绝不相同。因此，该表应该选择"员工编号"作为主键。具体步骤如下：

(1) 把"员工"表切换到设计视图。

(2) 选中"员工编号"，然后单击"主键"命令，在"员工编号"字段左侧出现钥匙图案，表示设置完成，如图 3-56 所示。

● 第二种：多字段主键

多字段主键是由两个或两个以上的字段组合在一起来唯一标识表中的一条记录。如果表中没有一个字段的值可以唯一标识一条记录，就可以考虑选择多个字段组合在一起作为主键。

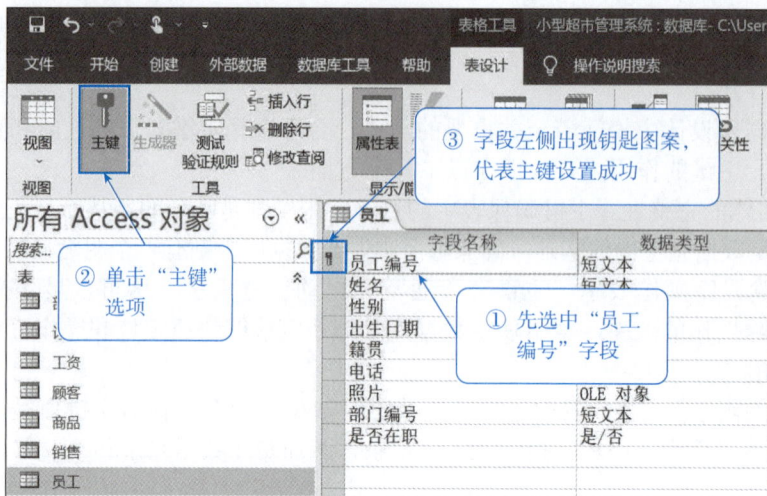

图 3-56　设置单字段主键示例

【例3-24】为"工资"表设置主键。

"工资"表中的"员工编号""发放日期""应发工资""扣税"和"实发工资"这5个字段，任何单独一个字段都无法唯一标识一条记录，因为每个字段里都有重复的值，因此可以采用多字段组合作为主键。考虑到每位员工每个月只会发一次工资，所以可以把"员工编号"和"发放日期"两个字段组合起来成为主键。具体步骤如下：

(1) 把"工资"表切换到设计视图。

(2) 按住键盘的 Ctrl 键，选取"员工编号"和"发放日期"字段，然后单击"主键"按钮，在"员工编号"和"发放日期"字段左侧同时出现钥匙图案，表示设置完成，如图 3-57 所示。

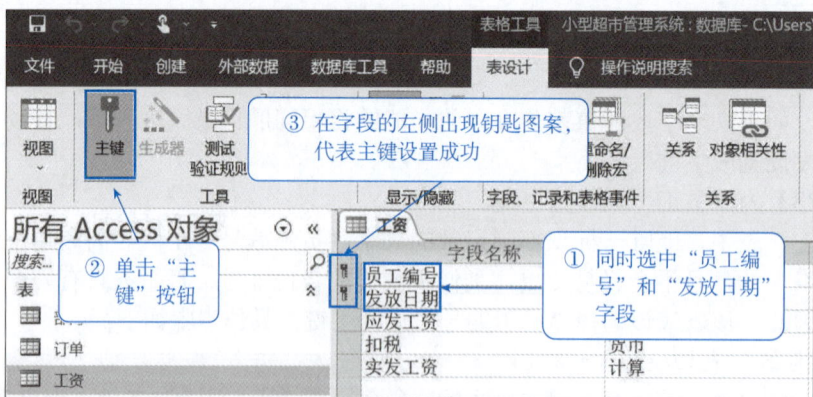

图 3-57　设置多字段主键示例

值得注意的是，多字段主键在目前的数据库设计中已经很少使用，因为当数据量足够大时，很难保证多键组合不会出现重复，而且多字段主键会使得表之间的关系变得更复杂。当无法采用单字段作为主键时，建议采用下面介绍的"自动编号"字段作为主键。

- **第三种：自动编号**

自动编号字段作为主键，在本质上也是单字段主键。当表中任何一个字段都不能单独作为主键时，可以增加一个自动编号类型的字段，自动编号字段不具有任何实际意义，由计算机自动生成，且值是唯一的。

4. 删除主键

删除主键不会删除表中的字段或数值，只是删除这些字段的主键指定。在设计视图中，选中主键字段，再单击"主键"命令，字段旁边的钥匙图案就会消失，代表主键指定已经删除，该字段不再是主键。

3.3.2　建立和维护表间关系

一个数据库中通常包含多个表，每张表存储不同类别的数据，因此需要通过一定的方式来连接不同表的数据，这种数据表间的相互连接称为"表间关系"。表间关系既能建立表之间的关联，还能保证不同表之间数据的同步性和参照完整性，避免意外删除或修改数据导致孤立记录或错误记录。

视频3-6
表间关系

1. 表间关系的类型

(1) 一对一关系。一对一关系是指一个表中的每一行记录与另一个表中的唯一一行记录相对应。这种关系在实际应用中较少见，但仍然存在。例如，一个学校中每名学生都有一个唯一的学籍档案，学生表和学籍档案表之间就存在一对一关系。

(2) 一对多关系。一对多关系是指一个表中的每一行记录可以与另一个表中的多行记录相对应。这是最常见的表间关系类型。例如，一个部门可以有多名员工，但每名员工只能属于一个部门。部门表和员工表之间就存在一对多关系。

(3) 多对多关系。多对多关系是指一个表中的多行记录可以与另一个表中的多行记录相对应。这种关系需要通过一个关联表来实现。

2. 表间关系的作用

(1) 数据完整性。表间关系通过外键约束确保了数据的完整性。例如，在插入或更新从表中的记录时，数据库系统会检查外键值的合法性，从而防止数据不一致的情况发生。

(2) 数据查询。表间关系使得用户可以进行复杂的多表查询，获取更丰富的数据信息。例如，通过连接查询，用户可以同时获取员工信息和工资信息。

(3) 数据维护。表间关系有助于简化数据维护工作。例如，通过级联更新和级联删除，用户可以自动维护相关表中的数据，减少手动操作的错误。

3. 建立表间关系

表间关系是通过两张表的公共字段(即具有相同数据类型、属性和含义的字段)建立连接的，因此在创建表间关系时，需要寻找到这个公共字段。在大多数情况下，这个公共字段是两个表中使用相同名称的字段(名称也可以不同，但数据类型、属性和含义必须相同)，一个字段是所在表的主键，另一个字段是所在表的外键。

在 Access 中，可以通过关系视图来建立表间关系。

【例3-25】为"小型超市管理系统"数据库的7张表创建表间关系。

在创建表间关系之前，要先确保数据库中的所有表已经定义好了合适的主键。

具体步骤如下：

(1) 单击"数据库工具"选项卡，单击"关系"按钮，如图 3-58 所示。

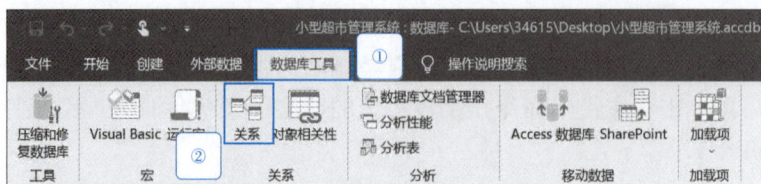

图 3-58　创建表间关系示例 (a)

(2) 在弹出的"关系"窗口里，把需要的表添加进去。在"关系设计"选项卡下单击"添加表"按钮，会弹出"显示表"对话框。该对话框列出了所有的表和查询，选择需要添加的表，单击"添加"按钮，该表就会添加进去。把所有需要的表添加完毕后，单击"关闭"按钮关闭"显示表"对话框，如图 3-59 所示。

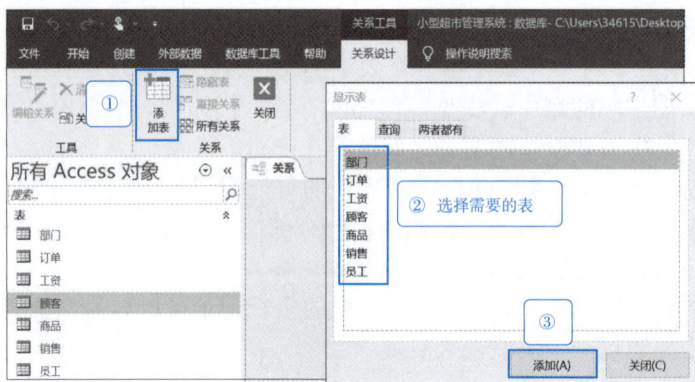

图 3-59　创建表间关系示例 (b)

(3) 拖动表，调整表的位置，方便后面创建表间关系，如图 3-60 所示。如果不小心多添加了表，可以对准该表单击鼠标右键，选择"隐藏表"命令就能把表从"关系"窗口中删除。

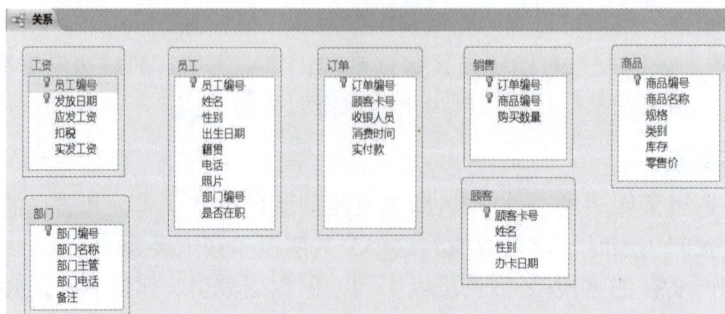

图 3-60　创建表间关系示例 (c)

(4) 两表之间创建关系。先创建"员工"和"部门"表间关系，根据表间关系的规则：表间关系通过主键和外键实现，"部门编号"字段是"部门"表的主键，是"员工"表的外键，且这个字段属性相同，数据相同，因此，通过"部门编号"字段建立两表间关系。创建的步骤如图 3-61 所示。创建完毕后，在窗口中可以看到"部门"和"员工"表的"部门编号"字段用一根线连接了起来。

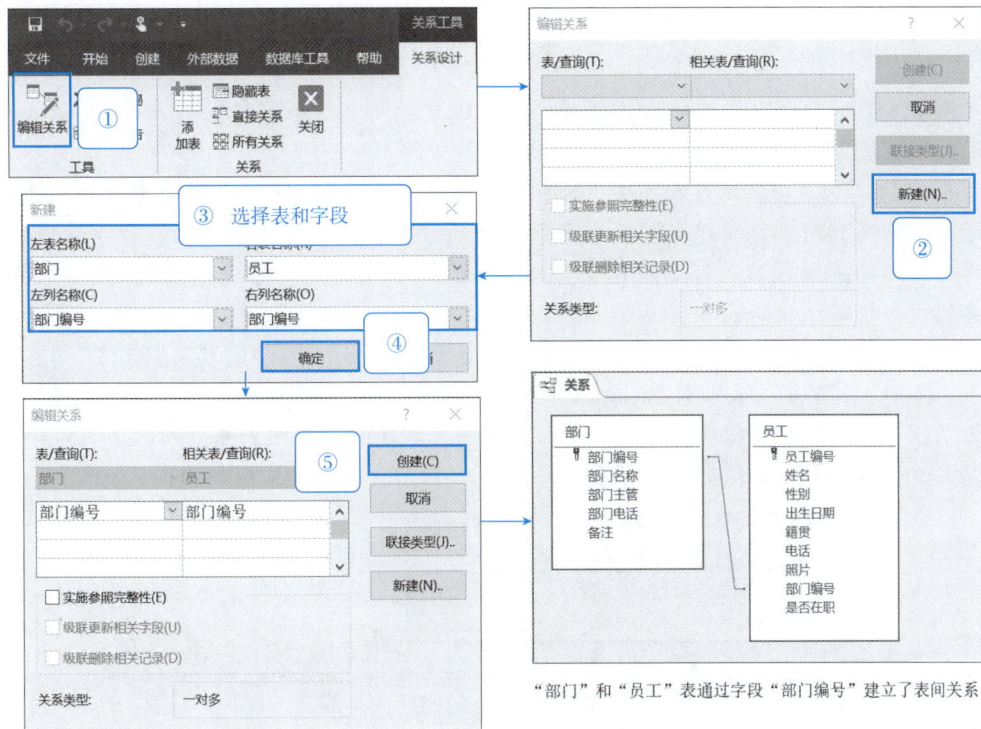

图 3-61　创建表间关系示例 (d)

上面的步骤可以简化，在"关系"窗口中，鼠标单击"部门"表中的"部门编号"字段，一直按住左键，将其移动到"员工"表的"部门编号"字段处，放开左键，就会弹出"编辑关系"对话框。这种方法更加直观和简洁，是最常用的方法。

(5) 采用步骤 (4) 的方法，把其他表的关系也建立好，如图 3-62 所示。

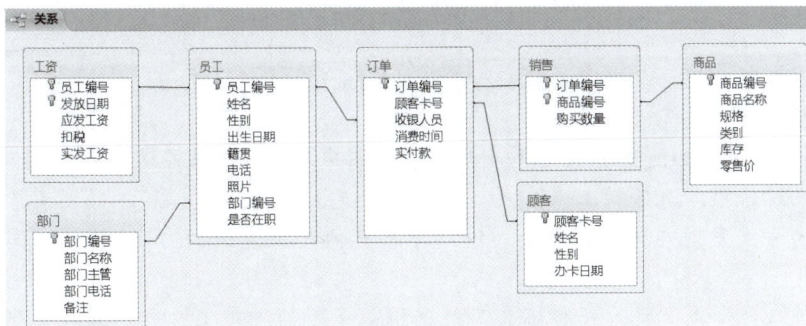

图 3-62　创建表间关系示例 (e)

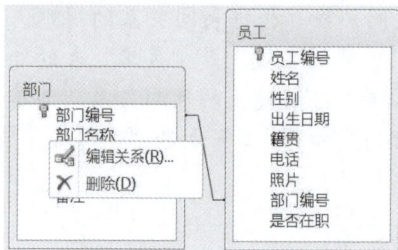

图 3-63　创建表间关系示例 (f)

如果要重新编辑关系或删除关系，只要对准两表间的连线，单击鼠标右键，选择"编辑关系"命令可以重新编辑关系，选择"删除"命令可以删除关系，如图3-63所示。

如果数据库的表已经建立了表间关系，则在查看表的同时也可以查看与其相关联的其他表的记录。

【例3-26】在"顾客"表中，查看每个顾客购买的所有订单信息。

具体步骤如下：

打开"顾客"表，在数据表视图中，如图 3-64 左图所示，单击第一条记录左边的"+"符号，顾客张丽丽购买的所有订单信息就会以子数据表的方式呈现在该记录下面。可以看到顾客张丽丽总共在超市购物两次，所以有两条订单记录。单击第一条订单记录左边的"+"符号，还能看到该条订单相关的商品信息。

表间关系的建立是子数据表形成的基础，如图3-64右图所示，"顾客"表通过"顾客卡号"字段与"订单"表建立了表间关系，数据库就能通过顾客卡号搜索出该顾客的所有订单编号，又因为"订单"表通过"订单编号"字段与"销售"表建立了表间关系，因此通过订单编号，就能搜索出该订单涉及的所有商品信息，这就是子数据表能自动生成的原因。

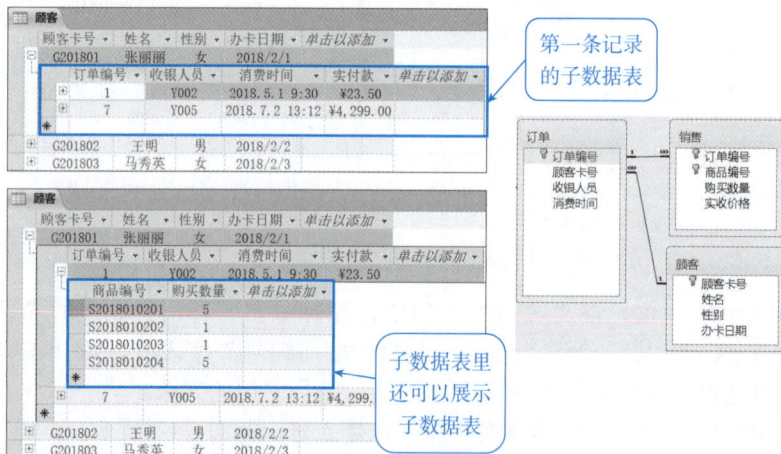

图 3-64　插入子数据表示例 (a)

【例3-27】在"员工"表中，查看每个员工的工资详情。

具体步骤如下：

打开"员工"表，如图 3-65 所示，在数据表视图中，单击记录左边的"+"符号，弹出"插入子数据表"对话框，选择"工资"表，单击"确定"按钮，员工赖涛的所有工资信息就会以子数据表的方式呈现在该记录下面。继续单击其他记录左边的"+"符号，同样能看到对应的子数据表。

本例之所以会弹出"插入子数据表"对话框，是因为"员工"表与其他多张表建立了直接的表间关系，在形成子数据表时，选择不同的表就会产生不同的记录数据。

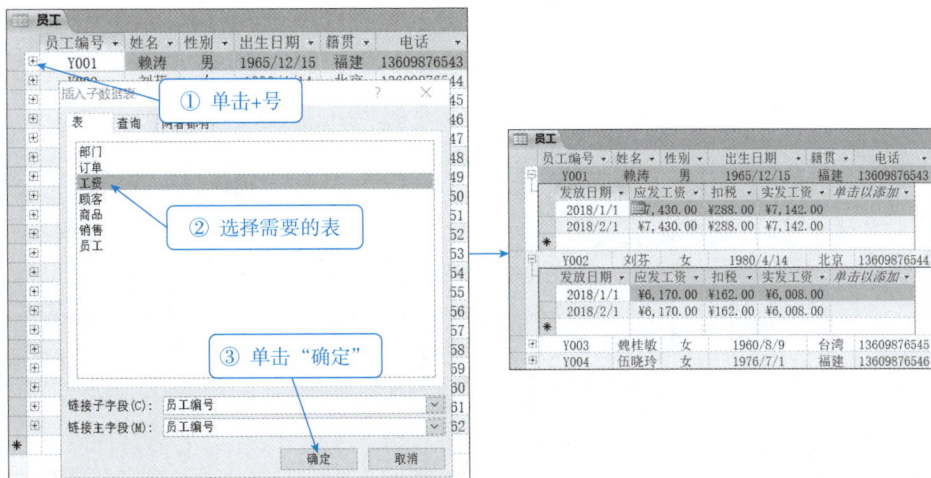

图 3-65　插入子数据表示例 (b)

4. 实施参照完整性

当所有表都建好关系后，还可以实施关系的参照完整性。实施参照完整性后，数据库会确保相关表中记录之间关系的有效性，并且可以避免意外删除或更改相关数据。

【例3-28】为"小型超市管理系统"数据库中的7张表间关系实施参照完整性。

具体步骤如下：

(1) 打开数据库，进入"关系"窗口。

(2) 先编辑"部门"和"员工"表间的关系。对准两表间的连接线双击，或者右击鼠标选择"编辑关系"命令，弹出"编辑关系"对话框。

(3) 如图 3-66 所示，在"编辑关系"对话框中，勾选"实施参照完整性"复选框，单击"确定"按钮即可。设置完成后，"部门"和"员工"两表间的连线会出现1对多的符号（线上显示 1 和 ∞ ）。1 对多的符号代表"部门"表中的一个"部门编号"对应很多个"员工"表中的"部门编号"，现实意义可以理解为一个部门有多个员工，一个员工只能在一个部门。

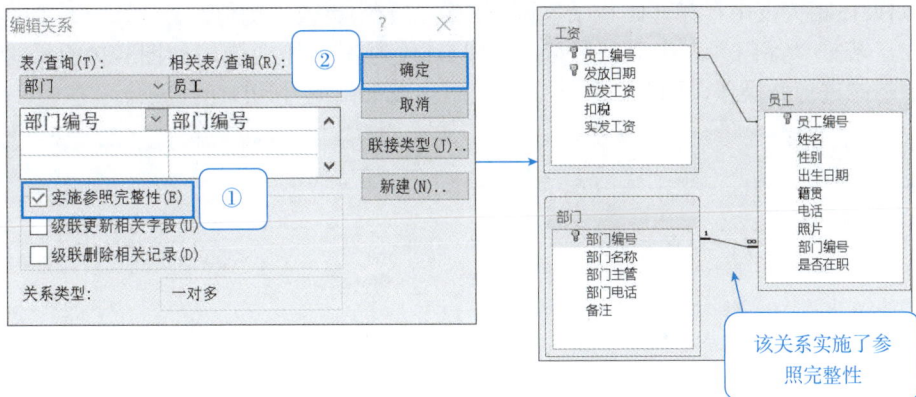

图 3-66　实施参照完整性示例 (a)

(4) 按照步骤 (3) 的方法，把其他的表间关系也实施参照完整性，最终得到的效果如图 3-67 所示。

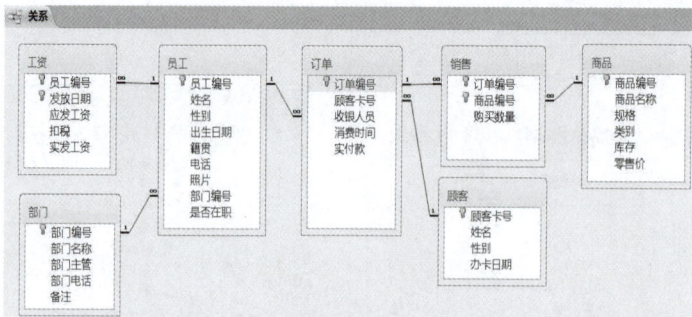

图 3-67　实施参照完整性示例 (b)

一旦实施了参照完整性，就会有如下规则。

(1) 不能在相关表的外键字段中输入不存在于主表的主键中的值。

例如，若把"员工"表中第一条记录的"部门编号"从 D1 改为 D7，则会弹出如图 3-68 所示的提示信息，提示不能进行此操作。从"员工"表和"部门"表的表间关系来看，"部门编号"字段是"员工"表的外键，是"部门"表的主键。

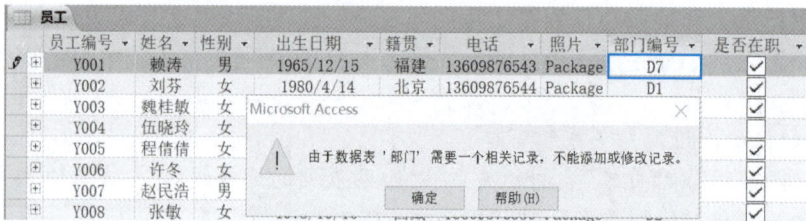

图 3-68　实施参照完整性示例 (c)

(2) 如果在相关表中存在匹配的记录，则不能从主表中删除这个记录。

例如，若把"部门"表中"部门编号"为 D1 的记录删除，则会弹出如图 3-69 所示的提示信息，提示不能进行此操作，因为在"员工"表中存在部门编号为 D1 的记录。

(3) 如果在相关表中存在匹配记录，则不能在主表中更改主键值。

例如，若把"部门"表中"部门编号"从 D1 改为 D7，则会弹出如图 3-70 所示的提示信息，提示不能进行此操作，因为在"员工"表中存在部门编号为 D1 的记录。

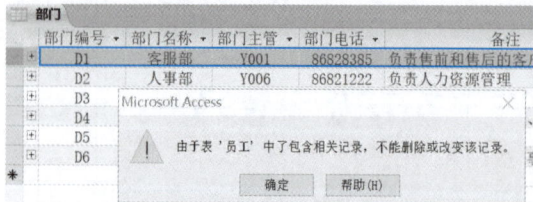

图 3-69　实施参照完整性示例 (d)

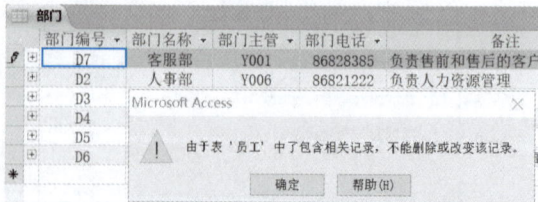

图 3-70　实施参照完整性示例 (e)

如果在实际的操作过程中的确需要修改或删除表中主键的值，以及相关联的其他表的值，则需要使用"级联更新"或"级联删除"功能。

- 级联更新：当主表中的主键值发生变化时，自动更新所有相关的外键值。

基于表间关系已经建立好，且实施了参照完整性，需要修改表中主键的值，需要启用"级联更新"功能。

【例3-29】把"部门"表的"部门编号"从D1改为D001，并确保与之相关的其他表数据也同时修改。

具体步骤如下：

(1) 打开数据库，进入"关系"窗口。

(2) "部门"表只与"员工"表有直接关系，因此只需编辑两表间关系即可。双击"部门"表与"员工"表的连线，打开"编辑关系"对话框。

(3) 勾选"级联更新相关字段"复选框，单击"确定"按钮，如图3-71所示。

(4) 打开"部门"表，在数据表视图中，直接修改D1为D001，没有任何提示信息，意味着修改成功。此时打开"员工"表，

图 3-71 级联更新示例 (a)

里面所有原来是D1的部门编号全部自动变成了D001，如图3-72所示。这就是级联更新的作用，它会帮助用户修改所有与该字段相关联的字段值，确保数据的完整性和统一性。

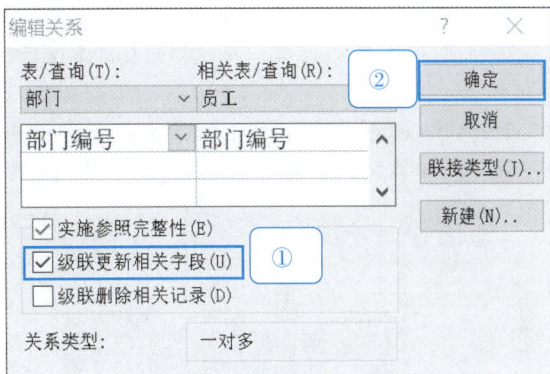

图 3-72 级联更新示例 (b)

- 级联删除：当主表中的记录被删除时，自动删除所有依赖于它的外键记录。

和"级联更新相关字段"类似，基于表间关系已经建立好，且实施了参照完整性，需要删除表中的某些记录，需要启用"级联删除"功能。

在"编辑关系"对话框中勾选"级联删除相关记录"复选框即可。一旦删除表中作为主键字段的某条记录，则其他相关表中与之对应的记录也将删除。

3.3.3 遵循表的规范

在设计数据库的表时，需要进行规范化处理，以确保设计出性能优良的数据库应用程序。在关系型数据库中，构造数据库的表要满足三个基本的范式要求：第一范式(1NF)、第二范式(2NF)和第三范式(3NF)。其中，每一范式都是建立在满足前一范式的基础之上的。

1. 第一范式(1NF)

第一范式(1NF)是规范化的第一阶段，也是最基本的规范要求，不满足第一范式(1NF)的数据库就不是关系数据库。第一范式(1NF)的规则表述如下：表中的每一个字段只能包含一个唯一值。

1NF包含两层含义，第一层含义是表中的每一个字段都只能有一个值，图3-73所示是一个不满足1NF的表，该表的"联系方式"字段中有部分包含两个值。

员工

员工编号	姓名	性别	出生日期	籍贯	联系方式
Y001	赖涛	男	1965/12/15	福建	13609876543, 0591-87654321
Y002	刘芬	女	1980/4/14	北京	13609876544
Y003	魏桂敏	女	1960/8/9	台湾	13609876545, 0591-87654322
Y004	伍晓玲	女	1976/7/1	福建	13609876546
Y005	程倩倩	女	1978/2/19	上海	13609876547

两个值

图 3-73　不满足 1NF 的表

要修改成满足1NF，可以把"联系方式"字段拆分成两个字段："手机"和"座机"，如图3-74所示。

员工

员工编号	姓名	性别	出生日期	籍贯	座机	手机
Y001	赖涛	男	1965/12/15	福建	0591-87654321	13609876543
Y002	刘芬	女	1980/4/14	北京		13609876544
Y003	魏桂敏	女	1960/8/9	台湾	0591-87654322	13609876545
Y004	伍晓玲	女	1976/7/1	福建		13609876546
Y005	程倩倩	女	1978/2/19	上海		13609876547

图 3-74　拆分字段使其满足 1NF

1NF包含的第二层含义是不能有字段名相同的字段。例如，图3-73所示的"联系方式"字段，就不能拆分成两个"联系方式"字段。

2. 第二范式(2NF)

满足1NF的表就可以在数据库中使用了，但还有可能存在问题，需要进一步满足第二范式(2NF)的要求。第二范式(2NF)的规则表述如下：每一个非主键的字段都完全依赖于主键字段。

所谓"完全依赖"是指不能存在不依赖主键的字段，或者仅依赖主键一部分的字段，如果存在，那么这个字段应该移动到另一个表中。

图3-75所示是一个满足1NF但并不满足2NF的表，该表的每一个字段都是一个独立的属性，字段的值也只有一个，完全满足1NF的要求。

订单详情						
订单编号	顾客卡号	收银人员	消费时间	商品编号	购买数量	实收价格
1	G201801	Y002	2018.5.1 9:30	S2018010201	5	12.00
1	G201801	Y002	2018.5.1 9:30	S2018010202	1	2.50
1	G201801	Y002	2018.5.1 9:30	S2018010203	1	2.50
1	G201801	Y002	2018.5.1 9:30	S2018010204	5	6.50
2	G201802	Y003	2018.5.1 11:30	S2018010207	2	36.40
2	G201802	Y003	2018.5.1 11:30	S2018010208	2	79.80
2	G201802	Y003	2018.5.1 11:30	S2018010211	1	16.90

图 3-75　满足 1NF 但存在问题的表

虽然满足1NF，但是也存在以下问题。

(1) 数据冗余。“订单编号”“顾客卡号”“收银人员”和“消费时间”这4个字段存在重复的数据。如果一个顾客在一次消费中购买了10种不同的商品，则这4个字段的数值就会重复出现10次。

(2) 更新麻烦。如果要修改“订单编号”字段值，则需要对整张表格进行搜索和替换，否则很容易出现错漏。

“订单详情”表的主键由“订单编号”和“商品编号”组合而成，根据2NF的要求分析该表就会发现，“顾客卡号”“收银人员”和“消费时间”字段只依赖“订单编号”，并不依赖“商品编号”，可见非主键的字段并不完全依赖主键，所以该表不满足2NF。因此，可以将此表拆分成2个表，如图3-76所示。

订单			
订单编号	顾客卡号	收银人员	消费时间
1	G201801	Y002	2018.5.1 9:30
2	G201802	Y003	2018.5.1 11:30
3	G201805	Y003	2018.5.3 14:31

销售			
订单编号	商品编号	购买数量	实收价格
1	S2018010201	5	12.00
1	S2018010202	1	2.50
1	S2018010203	1	2.50

图 3-76　将不符合 2NF 的表拆分

3. 第三范式(3NF)

满足2NF的表是一个合格的表了，但依然可能存在问题，还需要进一步满足第三范式(3NF)的要求。第三范式(3NF)的规则表述如下：除主键以外的其他字段都不传递依赖于主键字段。

所谓“传递依赖”，是指如果一张表中存在“A字段→ B字段→ C字段”的决定关系，则C字段传递依赖于A字段。

3NF可以有以下两种理解方式。

(1) 表中任何非主键字段都不依赖于其他非主键字段。如图3-77所示，“主管编号”和“主管姓名”都是该表的非主键字段，而且“主管姓名”依赖于“主管编号”，产生了传递依赖，因此需要把“主管姓名”字段去掉。

部门				
部门编号	部门名称	主管编号	主管姓名	部门电话
D1	客服部	Y001	赖涛	86828385
D2	人事部	Y006	许冬	86821222
D3	销售部	Y009	李国安	86820304
D4	财务处	Y013	吴年华	86824511
D5	采购部	Y015	许嘉新	86827171
D6	行政部	Y020	李清	86826698

图 3-77　不符合 3NF 的表

(2) 表中不能包含其他表中已有的非主键字段。图3-78左图是一个满足2NF但并不满足3NF的表，该表的“部门主管”字段存放的是“员工”表的“姓名”数据，就等同于包含了“员工”表中已有的非主键“姓名”字段，因此违反了3NF。按常理来分析，人的姓名是有可能相同的，在“部门主管”字段使用姓名是无法唯一标识某个人的，因此将字段值改为部门主管的“员工编号”更合适，如图3-78右图所示。

部门

部门编号	部门名称	部门主管	部门电话
D1	客服部	赖涛	86828385
D2	人事部	许冬	86821222
D3	销售部	李国安	86820304
D4	财务处	吴年华	86824511
D5	采购部	许嘉新	86827171
D6	行政部	李清	86826698

不符合3NF的表

部门

部门编号	部门名称	部门主管	部门电话
D1	客服部	Y001	86828385
D2	人事部	Y006	86821222
D3	销售部	Y009	86820304
D4	财务处	Y013	86824511
D5	采购部	Y015	86827171
D6	行政部	Y020	86826698

改成符合3NF的表

图 3-78　修改不符合 3NF 的表

满足1NF、2NF和3NF的表，消除了大部分冗余数据和异常，具有较好的性能。值得一提的是，三大范式只是设计数据库的基本理念，可以建立冗余较小、结构合理的数据库。但如果有特殊情况，也需要特殊对待。数据库设计最重要的是满足需求和性能：需求>性能>表结构，因此建立数据库不能一味地追求范式。

3.4 思考与练习

3.4.1　思考题

1. 在Access 2016中，创建表的方法有哪几种？简述每种方法的特点。
2. 表最常用的是哪两种视图？简述每种视图的作用和特点。
3. 在表间关系中，实施“参照完整性”的具体含义是什么？“级联更新”和“级联删除”有何区别？
4. 举例说明字段的“输入掩码”属性的含义和使用方法。
5. 举例说明字段的“验证规则”和“验证文本”属性的含义和使用方法。

3.4.2　选择题

1. 在数据表视图中，不能进行操作的是(　　)。

A. 删除记录　　B. 删除字段　　C. 追加记录　　D. 修改字段类型

2. 如果在创建表中建立“性别”字段，并要求用汉字表示，则其数据类型应当使用(　　)。

A. 短文本　　B. 数字　　C. 是/否　　D. 长文本

3.如果字段内容为声音文件，则该字段的数据类型应定义为( )。

A. 短文本　　　　　　B. 长文本　　　　　　C. 超级链接　　　　　　D. OLE对象

4.在数据库中，当一个表的字段数据取自另一个表的字段数据时，为避免发生输入错误，最好采用( )方法来输入数据。

A. 直接输入数据

B. 把该字段的数据类型定义为查阅向导，利用另一个表的字段数据创建一个查阅列表，通过选择查阅列表的值进行输入数据

C. 不能用查阅列表值输入，只能直接输入数据

D. 只能用查阅列表值输入，不能直接输入数据

5.若"学号"字段由4位组成，首位仅限英文，后三位仅限数字且不可缺省，应设置"学号"的输入掩码为( )。

A. L0　　　　　　B. L000　　　　　　C. L9　　　　　　D. L999

6.在表设计视图中，为了限制"性别"字段只能输入"男"或者"女"，该字段的验证规则是( )。

A. [性别]="男" And [性别]="女"　　　　　　B. [性别]="男" Or [性别]="女"

C. 性别="男" And 性别="女"　　　　　　D. 性别="男" Or 性别="女"

7.若要求日期/时间型的"出生日期"字段只能输入包括2019年1月1日在内的以后的日期，则在该字段的"验证规则"中应该输入( )。

A. <=#2019-1-1#　　　　　　B. >=2019-1-1

C. <=2019-1-1　　　　　　D. >=#2019-1-1#

8.假设一个书店用一组属性(书号，书名，主编，出版社，出版日期……)来描述图书，则可以作为"关键字"的是( )。

A. 书号　　　　　　B. 书名　　　　　　C. 主编　　　　　　D. 出版社

9.对于两个具有一对多关系的表，如果在子表中存在与之相关的记录，就不能在主表中删除这个记录，为此需要定义的规则是( )。

A. 输入掩码　　　　　　B. 验证规则　　　　　　C. 默认值　　　　　　D. 参照完整性

10.一个工作人员只能使用一台计算机，而一台计算机可被多个工作人员使用，以此构成数据库中工作人员信息表与计算机信息表之间的联系应设计为( )。

A. 一对一联系　　　　B. 无联系　　　　C. 一对多联系　　　　D. 多对多联系

11.在"成本"表中有字段：装修费、人工费、水电费和总成本。其中，总成本=装修费+人工费+水电费，那么在建表时应将字段"总成本"的数据类型定义为( )。

A. 数字　　　　　　B. 单精度　　　　　　C. 双精度　　　　　　D. 计算

第 4 章

数据的选择：查询

在数据库的构建与应用中，用户的核心目标在于实现信息的有效存储与便捷提取。而信息的顺利提取，又依赖于对数据的高效查询与统计分析能力。因此，查询功能在数据库的各类操作中占据了举足轻重的地位。值得注意的是，查询的应用范围并不仅限于数据的检索，它同样能够支持对数据的追加、更新及删除等操作。本章将围绕之前章节所创建的"小型超市管理系统"实例，介绍查询的基本概念、具体的创建步骤，以及条件设置的关键要点。

⊕ **学习目标**

- 了解查询的作用和分类
- 掌握选择查询、参数查询和操作查询的创建方法
- 掌握交叉表查询、重复项查询和不匹配项查询的创建方法
- 掌握查询条件的设置方法

知识结构

本章知识结构如图4-1所示。

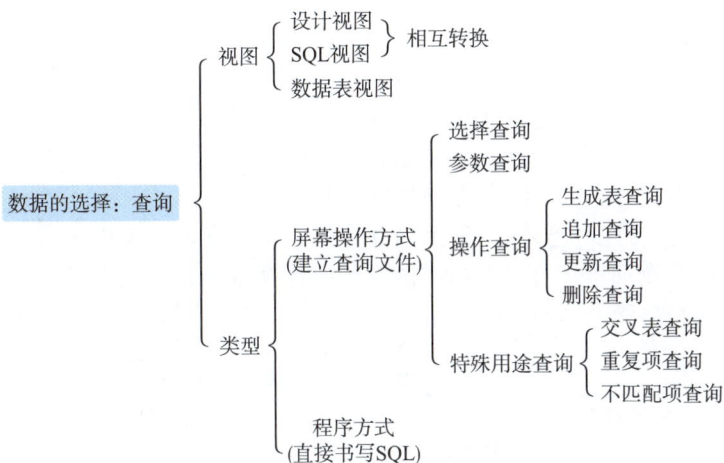

图 4-1　本章知识结构图

4.1　查询概述

在设计数据库时，为了减少数据冗余，一个数据库中的多个相关数据表之间基本不存在重复字段。这样做的好处是可以减少数据维护过程中的工作量，最大限度地保证数据库中相关数据的一致性。但坏处是增加了数据浏览的难度，因为数据信息被分放在几个不同的数据表中，打开其中一个数据表浏览时，只能看到部分数据。要实现对数据库的多个表中存储数据的一体化浏览及其他加工操作，必须通过查询来完成。

视频4-1
查询概述

4.1.1　查询的作用

当运行一个查询时，Access首先从数据源(表或已有查询)中提取满足查询要求的数据记录，并将查询结果放在一个被称为动态记录集的临时表中。动态记录集看起来像一张"表"，但它不是真正的表，不存储在数据库磁盘里，只在内存中临时存储和显示。用户关闭这个动态记录集后，内存中的存储就会被清除。因为这个动态记录集来源于数据库中的表的数据，当表数据发生改变后，再运行查询文件，查询结果就发生改变；反之，当用户修改查询结果中的数据，查询结果从内存写回数据库磁盘，同样也会改变数据源。

Access查询的作用概括如下。

(1) 创建数据集：基于一个或多个表或已知查询，创建满足特定需求的数据集。

(2) 数据计算：利用已知表或查询中的数据进行计算，生成新字段。

(3) 分组汇总：将表中数据按某个字段分组并汇总，便于查看和分析。

(4) 生成和更新数据：生成新表，更新、删除或追加数据源表中的数据。

(5) 提供数据来源：为窗体、报表或其他查询提供数据来源。

4.1.2　查询的类型

Access主要提供两种查询方式：一种是屏幕操作方式，通过建立查询文件的可视化方法存储查询条件；另一种是程序方式，通过直接书写SQL命令的方式实现查询。本章着重介绍第一种方式，即查询文件。SQL语言的使用将在下一章介绍。

Access的查询文件有多种形式，包括选择查询、参数查询、操作查询、交叉表查询、重复项查询、不匹配项查询等，可以总结成四大类：选择查询、参数查询、操作查询和特殊用途查询。具体分类和功能说明如表4-1所示。

表4-1　Access查询文件的分类和功能说明

查询类型	查询方式	功能说明
选择查询	选择查询	最基本的查询方式，用于指定记录和字段，并对查询结果排序、分组和统计汇总
参数查询	参数查询	执行查询时提供参数的输入接口，实现用户交互式查询，本质上也是选择查询
操作查询	生成表查询	查询结果生成一张新的基本表
	追加查询	将查询结果插入一张基本表
	更新查询	对查询结果进行更新，存入数据源表
	删除查询	将查询结果从数据源表中删除
特殊用途查询	交叉表查询	用交叉表的形式组织查询结果，本质上也是一种选择查询
	重复项查询	查找指定字段的重复项，本质上也是一种选择查询
	不匹配项查询	在一张表中查询和另一张表不相关的记录

4.1.3　查询的视图

Access提供数据表视图、SQL视图和设计视图三种查询视图。

(1) 数据表视图：是查询的数据浏览界面，通过该视图，用户可以查看查询的运行结果，即查询所检索到的记录。

(2) SQL视图：查询和编辑SQL语句的窗口。在SQL视图中，用户可以创建查询，也可以查看当前查询文件对应的SQL语句，还可以直接修改SQL语句。

(3) 设计视图：查询设计视图就是查询设计器。通过该视图，用户可以创建和修改除指定SQL查询以外的任何类型的查询。

4.1.4　查询的创建方法

创建查询文件有两种方式：一种是"查询向导"，另一种是"查询设计"视图。查询向导按照一定的模式引导用户一步一步创建查询，实现基本的查询操作，不需要过多的较为专业的数据库操作，简单易实现，但缺点是功能比较单一。若要完成丰富多变的查询任务，需要使用"查询设计"视图。下面通过一个例子来掌握查询的两种创建方式。

【例4-1】查询"商品"表中的所有数据，并把查询文件命名为"查询商品信息"。

1. 利用"查询向导"创建查询

(1) 打开数据库，选择"创建"选项卡，单击"查询向导"按钮，在弹出的"新建查询"对话框中选择"简单查询向导"，单击"确定"按钮，如图4-2所示。

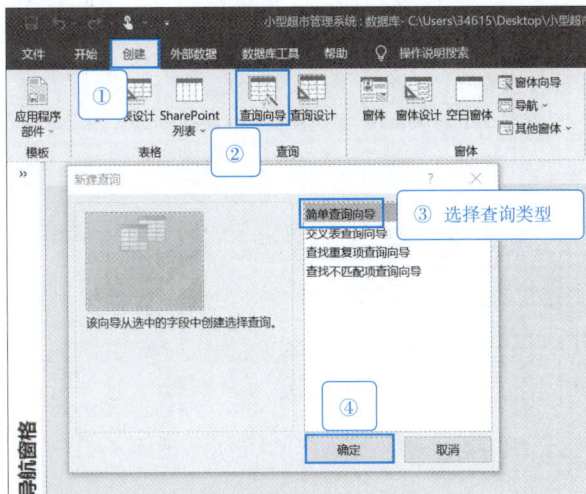

图 4-2 利用"查询向导"创建查询示例 (a)

(2) 在"表/查询"列表里选择"商品"表，"可用字段"会列出所选表的所有字段。把需要的字段添加到右方的"选定字段"框中，单击"下一步"按钮，如图4-3所示。

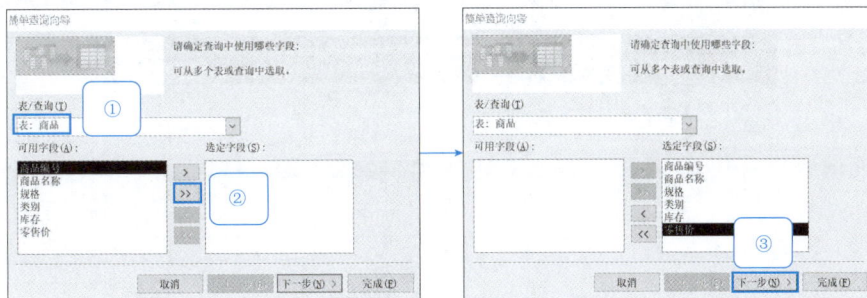

图 4-3 利用"查询向导"创建查询示例 (b)

(3) 单击图4-4左图中的"下一步"按钮，然后在"请为查询指定标题"的文本框里输入查询的名字"查询商品信息"，单击"完成"按钮即可，如图4-4右图所示。

生成的查询显示结果如图4-5所示。在导航窗格里，查询对象中出现了"查询商品信息"。虽然这个查询结果看起来是一张表，但它不是真正意义上的表，它只是查询语句的一种视图呈现方式，临时存储在内存中。

在该查询的数据表视图中，把商品名"凉茶"改为"咖啡"，打开"商品"表，会发现该字段的"凉茶"也自动更改为"咖啡"。如果在"商品"表中把"咖啡"再改回"凉茶"，再打开查询，会发现该字段也自动改成"凉茶"。这也验证了前面所说的，当表中数据发生改变后，运行查询文件，查询结果就发生改变，反过来也成立。

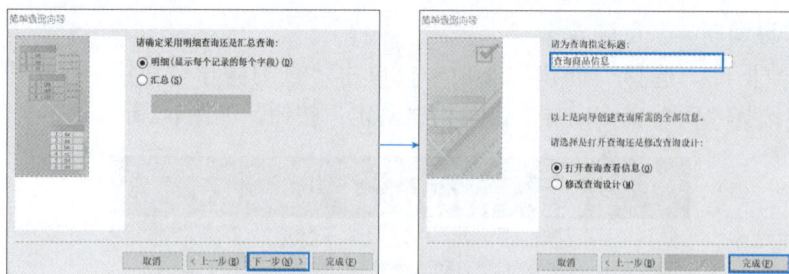

图 4-4　利用"查询向导"创建查询示例 (c)

图 4-5　利用"查询向导"创建查询示例 (d)

2. 利用"查询设计"创建查询

(1) 打开数据库，选择"创建"选项卡，单击"查询设计"按钮，自动生成一个名为"查询1"的查询，同时弹出"显示表"对话框("显示表"对话框可以通过查询工具的"添加表"命令调出来)，选择"商品"表，单击"添加"按钮，把表加到查询的设计视图中，如图4-6所示。

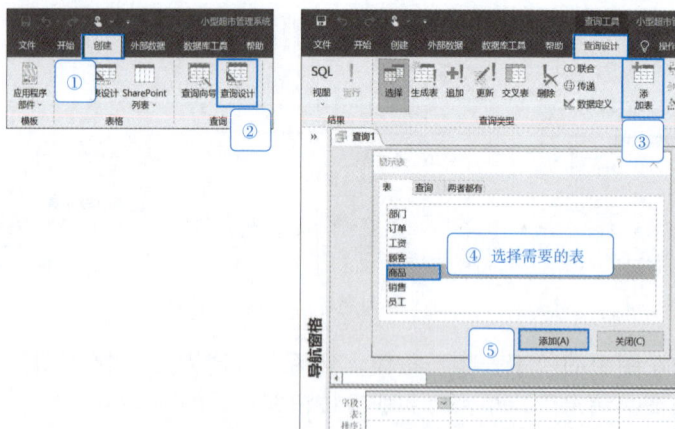

图 4-6　利用"查询设计"创建查询示例 (a)

(2) 关闭"显示表"对话框，双击"商品"表中的"*"符号，在下方的字段中就会出现"商品.*"，其中"*"号代表该表中所有字段都显示。也可以双击表的每个字段，效果是一样的，如图4-7所示。

(3) 可以单击"运行"命令先查看结果，然后保存，也可以直接保存。查询结果与之前介绍的利用"查询向导"方法创建的查询结果是一致的。

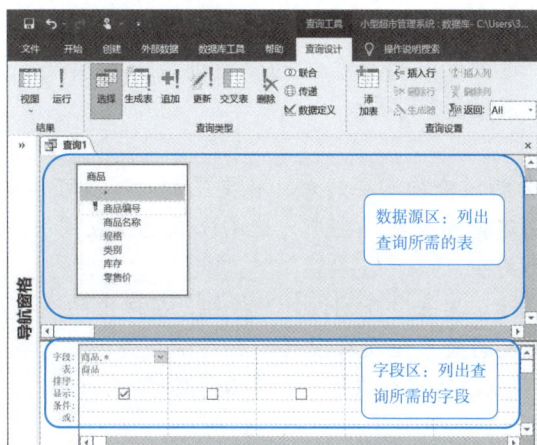

图 4-7　利用"查询设计"创建查询示例 (b)

在查询设计视图下方的字段区，每一行的标题所代表的含义如表4-2所示。

表4-2　查询设计视图中的字段区说明

行的名称	作用
字段	字段名或字段表达式 (每个查询至少要有一个字段)
表	字段所在表的表名
总计	指定该字段在查询中的运算方法
排序	指定查询采用的排序方法
显示	指定该字段是否在数据表视图中显示
条件	指定该字段应遵循的条件 (通常写条件表达式或逻辑表达式)
或	跟前面的"条件"配合使用，逻辑或的条件

利用设计视图创建查询是最常用的方法，在设计视图里可以选择需要的表和字段，设置条件和排序，使用分组和汇总等功能。

4.2　选择查询

选择查询是最基本的查询方式，根据指定条件从一个或多个数据源中获取数据，还可以实现对查询结果的排序、分组和汇总统计。

视频4-2
选择查询

4.2.1　创建不带条件的查询

创建查询可以使用向导方式，也可以使用设计视图方式。下面重点介绍利用设计视图创建查询的方法。

【例4-2】创建一个查询，并将其命名为"查询员工的实发工资"，显示员工的"姓名""发放日期"和"实发工资"字段。

具体步骤如下：

(1) 打开数据库，先分析该查询需要的表。从要显示的字段可知需要两张表，分别是"员工"和"工资"，因此创建查询之前，要先为这两张表建立表间关系。当然，也可以进入查询设计视图后再建立表间关系。

(2) 选择"创建"选项卡，单击"查询设计"按钮，在弹出的查询设计视图中选择"员工"和"工资"表。如果发现表间关系还没有设置，也可以在查询设计视图中设置表间关系。

(3) 逐个双击所需的字段，字段会在下方的字段区域显示出来，如图4-8左图所示。该查询对字段取值没有任何条件。

(4) 保存查询，将其命名为"查询员工的实发工资"，然后运行该查询，结果如图4-8右图所示。

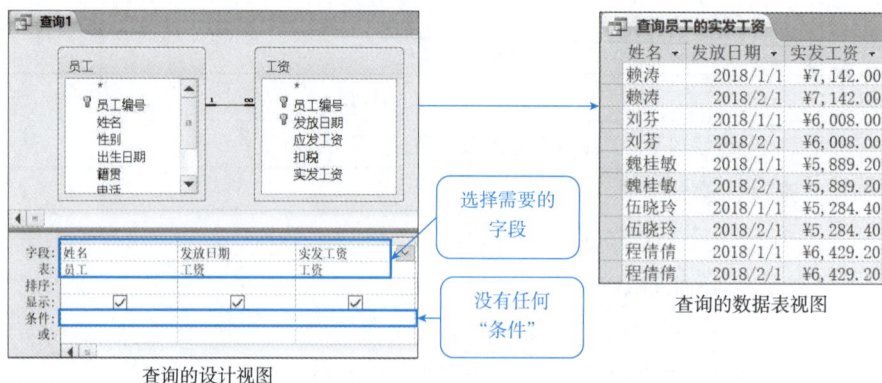

图 4-8　创建不带条件的查询示例

4.2.2　创建带条件的查询

在查询中使用条件，就是对字段添加限制条件，使得查询结果只包含满足条件的数据记录。在查询的设计视图中，在指定字段下的"条件"一行处设置表达式，就能限制该字段的筛选条件。

【例4-3】创建一个查询，显示员工的"姓名""发放日期"和"实发工资"字段，只能显示实发工资大于6000的记录，而且工资从高到低排序。

具体步骤如下：

对表和字段的选择与例 4-2 一样，但是要增加条件和排序的设置。"实发工资大于6000"是一个条件，所以在"实发工资"字段的"条件"行输入表达式">6000"。"工资从高到低排序"是排序方式，所以在"实发工资"字段的"排序"行选择"降序"。这意味着数据库在筛选记录时，既要遵循"条件"中的表达式，又要遵循"排序"方式。设置好的设计视图如图 4-9 左图所示。保存并运行查询，结果如图 4-9 右图所示。

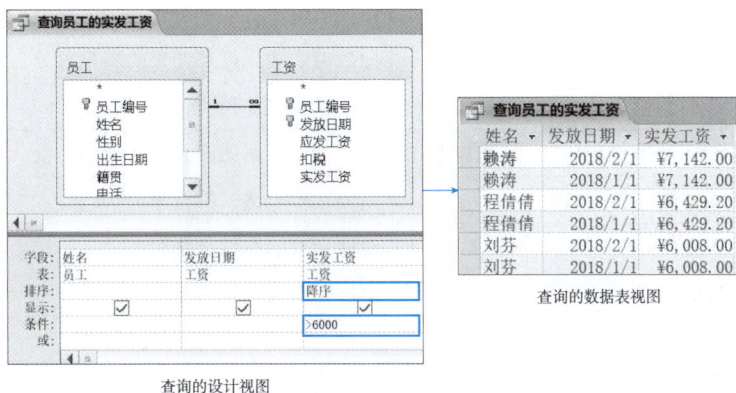

图 4-9　创建带条件的查询示例

4.2.3　查询条件的使用

1. 条件表达式

查询条件就是条件表达式，可由运算符、常数、函数、字段名、控件和属性任意组合。表4-3和表4-4分别罗列了查询条件中经常使用到的运算符和函数。

表4-3　Access查询条件中常用的运算符

运算符	符号	功能
算术运算符	+(加)，-(减)，*(乘)，/(除)，^(乘方)，&(连接符)	
关系运算符	=(等于)，>(大于)，<(小于)，>=(大于等于)，<=(小于等于)，<>(不等于)	
逻辑运算符	And(与)	当 And 前后的两个表达式均为真时，整个表达式的值为真，反之为假
	Or(或)	当 Or 前后的两个表达式有一个为真时，整个表达式的值为真，反之为假
	Not(非)	把 Not 后面的表达式的值取反
特殊运算符	[Not] Between…And…	用于判断某一字段的值不在/在……和……的范围内
	[Not] In	用于判断某一字段的值不属于/属于指定集合
	[Not] Like " 匹配字符串 "	用于指定查找文本字段的字符模式 like 可与以下通配符搭配使用： * 号表示与任何个数的字符匹配 ? 号表示与任何单个字母的字符匹配 # 号表示与任何单个数字的字符匹配
	Is [Not] Null	用于判断某一字段是否为非空/空

表4-4　Access查询条件中常用的函数

类别	函数	功能
算术函数	Fix(数值表达式)	返回数值表达式的整数部分
	Int(数值表达式)	取数值表达式运算结果的整数部分
	Rnd(数值表达式)	返回 [0,1) 之间的随机小数
	Round(数值表达式 , 小数位数)	返回数值表达式四舍五入后的结果
	Sgn(数值表达式)	返回数值表达式的符号值
日期 / 时间函数	Date( )	返回当前的系统日期
	Time( )	返回当前的系统时间
	Now( )	返回系统当前的日期与时间
	Year(date)	返回当前日期的年值
	Month(date)	返回当前日期的月值
	Hour(date)	返回当前日期的小时值
	Weekday(date)	返回当前日期的星期值
字符函数	Left(字符表达式 , 数值表达式)	从左侧开始截取指定长度的字符串
	Right(字符表达式 , 数值表达式)	从右侧开始截取指定长度的字符串
	Len(字符表达式)	求字符串的字符个数
统计函数	Sum(数值表达式)	计算数值表达式的总和
	Avg(数值表达式)	计算数值表达式的平均值
	Count(数值表达式)	统计数值表达式的记录个数
	Max(数值表达式)	返回数值表达式的最大值
	Min(数值表达式)	返回数值表达式的最小值

注意：

(1) 表达式中的文本必须使用全英文输入法状态下输入的双引号，如 " 教授 "。而数字则无须使用双引号，例如，4、3、60、80 等真正意义上的数字。

(2) 表达式中，除了中文，其他所有符号都必须在全英文输入法的状态下输入，否则会提示该表达式含有无效字符。

(3) 在表达式里使用字段名，需要给字段名加上方括号 [ ]。

(4) 在表达式里使用日期格式的数据，必须在日期两边加 # 号，代表是日期格式，如 #1999-01-01#。

2. 常用条件的写法

在查询中使用的条件多种多样，下面列举一些较为常用的条件的写法。

(1) 使用数值作为查询条件：前提是对应字段也应该是数值类型，否则会出现数据类型不匹配的错误。以"工资"表的"实发工资"字段为例，表4-5列出了常见的用法。

表4-5　使用数值作为查询条件的示例

字段名	条件	功能
实发工资	<6000	查询实发工资小于 6000 元的记录
	>=3000 And <=5000	查询实发工资范围在3000~5000元(包括3000元和5000元)的记录
	Between 3000 And 5000	
	<3000 Or >=6000	查询实发工资小于 3000 元或者大于等于 6000 元的记录

(2) 使用文本作为查询条件：前提是要求对应字段也是文本类型。以"员工"表里的字段为例，表4-6列出了常见的用法。

表4-6　使用文本作为查询条件的示例

字段名	条件	功能
籍贯	" 福建 "	查询籍贯是"福建"的记录
	" 北京 " Or " 上海 "	查询籍贯是"北京"或者"上海"的记录
姓名	" 张敏 " Or " 李国安 "	查询姓名为"张敏"或"李国安"的记录
	In(" 张敏 "," 李国安 ")	
	Like " 刘 *"	查询姓"刘"的记录
	Not Like " 刘 *"	查询不姓"刘"的记录
	Like "* 国 *"	查询姓名里有"国"字的记录
	Len([姓名])>2	查询姓名大于 2 个字的记录

(3) 使用日期作为查询条件：前提是要求对应字段也是日期/时间类型。以"员工"表里的字段为例，表4-7列出了常见的用法。

表4-7　使用日期作为查询条件的示例

字段名	条件	功能
出生日期	Between #1999-01-01# And #1999-12-31#	查询在 1999 年出生的记录
	Year([出生日期])=1999	
	>=#2000-01-01#	查询在 2000 年及以后出生的记录

3. 表达式生成器

在输入条件表达式时，有时会需要输入比较难书写的函数或字段名等，这时可以使用Access提供的"表达式生成器"工具。"表达式生成器"工具提供了数据库中所有"表"和"查询"中的字段名称，窗体和报表中的各种控件名称，以及各种函数、常量、操作符和通用表达式等。

打开"表达式生成器"的方法如下。

(1) 在查询的设计视图中，单击字段的"条件"行。

(2) 在"查询设计"功能区中选择"生成器"命令，弹出"表达式生成器"对话框，如图4-10所示。

(3) 根据具体要求分别在"表达式元素""表达式类别"和"表达式值"里选择需要的符号，得到表达式。

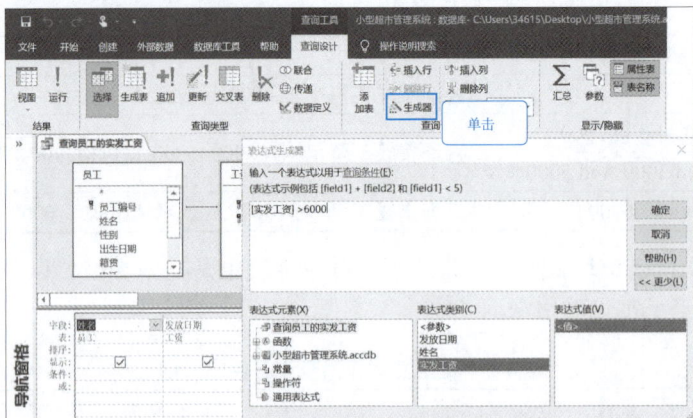

图 4-10　使用"表达式生成器"

4.2.4　在查询中使用计算

如果希望对查询的结果进行统计分析，需要用到查询的计算功能。查询的计算功能有两种类型：预定义计算和自定义计算。

1. 预定义计算

在查询中，预定义计算又叫"总计"功能。在查询的设计视图中，单击"汇总"按钮就会在设计视图的字段区中显示"总计"行，如图4-11所示。

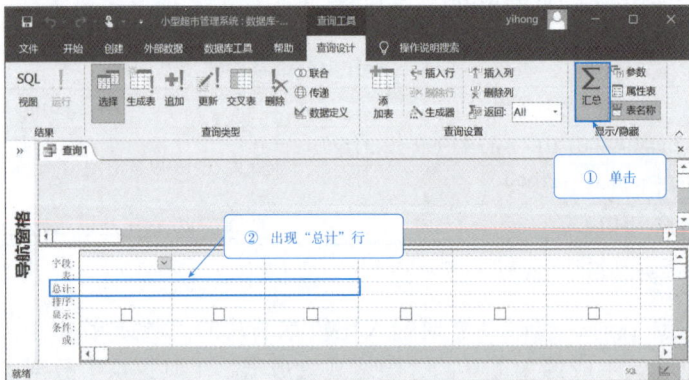

图 4-11　在查询设计视图中添加"总计"行

每个字段都可以选择"总计"行中的预定义计算公式进行统计分析。"总计"中共有12个预定义计算公式，其名称和功能如表4-8所示。

表4-8　"总计"中预定义计算公式的名称和功能

名称	功能
分组 (Group By)	指定进行数值汇总的分组字段
合计 (Sum)	在分组基础上，对每一组计算指定字段的总和

(续表)

名称	功能
平均值 (Avg)	在分组基础上，对每一组计算指定字段的平均值
最大值 (Max)	在分组基础上，对每一组计算指定字段的最大值
最小值 (Min)	在分组基础上，对每一组计算指定字段的最小值
计数 (Count)	在分组基础上，对每一组计算指定字段的记录条数
标准差 (StDev)	在分组基础上，对每一组计算指定字段的标准偏差
变量 (Var)	在分组基础上，对每一组计算指定字段的变量值
第一条记录 (First)	按照输入时间的顺序返回第一条记录的指定字段值
最后一条记录 (Last)	按照输入时间的顺序返回最后一条记录的指定字段值
表达式 (Expression)	在"字段"行中使用表达式
条件 (Where)	限制表中的部分记录参与汇总

【例4-4】创建一个查询，作用是统计各种类别的商品的平均价格、最高价格和最低价格。查询命名为"查询商品价格统计"，显示"商品类别""平均价格""最高价格"和"最低价格"字段。

查询的设计视图如图4-12所示，得到的显示结果如图4-13所示。在"总计"行中，都是默认给每一个字段设置Group By功能，Group By功能就是分组功能。对"类别"字段分组意味着把类别相同的记录归为一组。对"零售价"字段求平均值，则意味着在分组的基础上，对每一组记录的零售价算出平均值。而求最大值和最小值也一样，都是对一组记录进行计算。

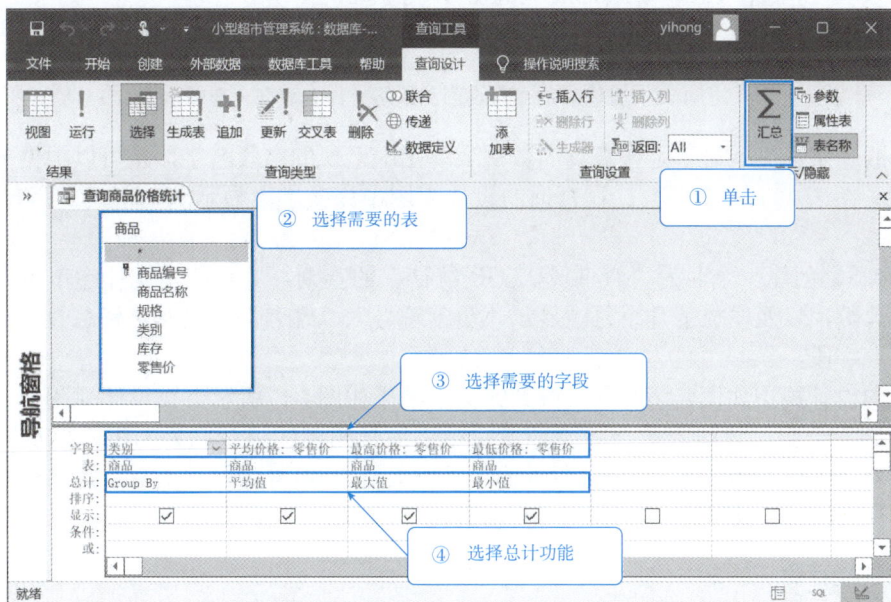

图 4-12 "查询商品价格统计"的设计方法

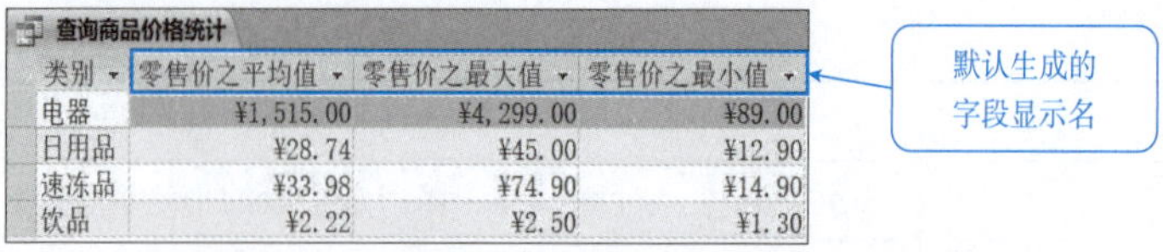

图 4-13　"查询商品价格统计"的数据表视图

由于例题中要求显示的字段名是"商品类别""平均价格""最高价格"和"最低价格"，所以需要进一步修改字段显示名，修改后的设计视图如图4-14所示，得到的显示结果如图4-15所示。

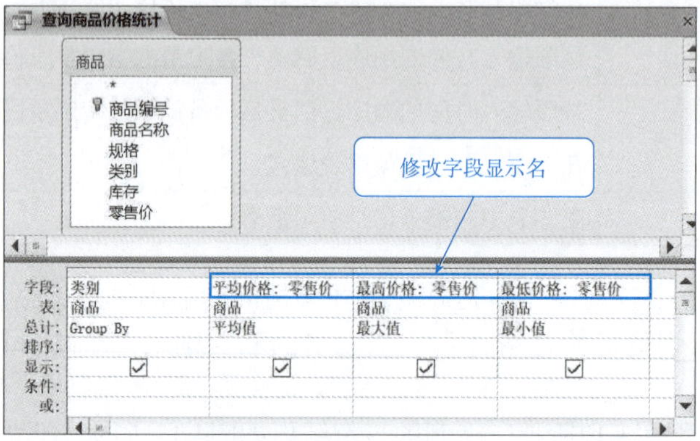

图 4-14　修改后的"查询商品价格统计"设计视图

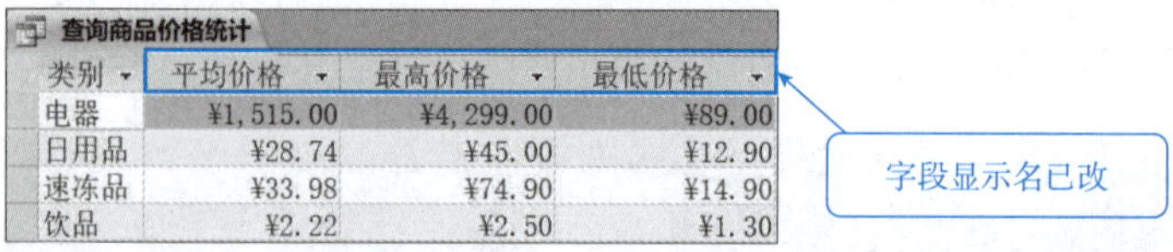

图 4-15　修改后的"查询商品价格统计"数据表视图

这里的"字段显示名"是在查询的数据表视图中呈现的字段名字，是可以根据需求来修改的，无须跟表中字段名一致。在查询的设计视图中修改字段显示名，格式是：显示名字:字段名。

【例4-5】创建一个名为"查询员工工资统计"的查询，其功能是统计超市每个员工的实发工资总数，以及发放了几个月。显示"员工编号""姓名""实发工资总数"和"发放月数总计"字段。

查询的设计视图如图4-16所示，得到的显示结果如图4-17所示。在设计视图中，对"员工编号"字段分组，意味着数据库会把所有员工编号相同的记录归为一组，然后在这一组记录里面对"实发工资"进行合计(即对该字段的数值求和)得到实发工资总数，对"实发工资"进行计数(即统计该字段的记录数)得到月数总计。

2. 自定义计算

自定义计算是自己定义计算表达式，在表达式中使用字段的数据进行运算。自定义计算的使用方法是在设计视图的字段区中的"字段"行里直接写表达式。自定义计算经常用在当用户需要统计的数据不在表中，或者用于计算的数据来源于多个字段的组合计算时，此时则需要创建一个新的字段，字段数值用表达式来计算。

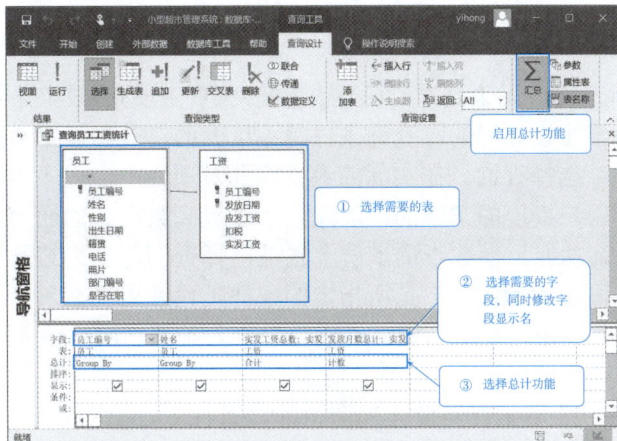

图 4-16　"查询员工工资统计"的设计视图

图 4-17　"查询员工工资统计"的数据表视图

【例4-6】创建一个查询，将其命名为"查询员工年龄"，显示"姓名""性别"和"年龄"字段。

查询的设计方法如图4-18所示。由于在"员工"中没有任何字段是"年龄"数据，所以需要利用"出生日期"字段来计算年龄。计算年龄的公式是Year(Date())-Year([出生日期])，这个公式是利用当前系统日期数据减去出生日期数据，从而得到实际年龄数据。

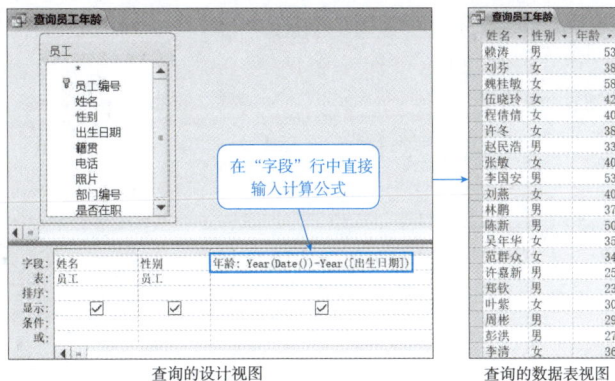

图 4-18　使用字段的数据进行自定义计算

4.3 参数查询

前面介绍的选择查询，无论是对行(记录)还是对列(字段)的限定条件，都是由数据库程序员事先设计好的，查询条件是不可变的，若想设置另一个条件，必须设计另一个选择查询。在实际的数据库开发项目中，程序设计人员是无法准确猜测到用户提出的条件的，因此，为了提高数据库的通用性，Access提供了参数查询功能。参数查询本质上也是选择查询，因为它是根据指定条件对记录和字段进行筛选，但是所指定的条件是允许用户输入的。打开参数查询时，会首先弹出一个对话框，提示用户输入条件，用户输入完成后，查询会根据用户输入的条件来筛选数据显示。

视频4-3
参数查询

要创建参数查询，必须在查询设计视图中的"条件"行上对应字段位置输入参数表达式，表达式用方括号[ ]括起来。

4.3.1 单参数查询

【例4-7】创建一个名为"根据类别查询商品信息"的查询，其作用是根据用户输入的商品类别进行商品信息查询，显示"商品名称""规格"和"零售价"字段。

查询的设计方法如图4-19所示。由于需要使用"类别"字段，但查询结果又不能显示出来，所以"类别"字段的"显示"行不能打勾。同时在该字段的"条件"行输入参数表达式，参数表达式用方括号[ ]括起来，方括号里输入要提示的文字。保存好查询后，运行查询，在弹出的"输入参数值"对话框中输入"日用品"，数据库会把所有类别是"日用品"的记录筛选出来。

注意：要注意区分"字段"行和"条件"行中使用方括号[ ]代表的含义。"字段"行中的方括号[ ]用于括住字段名，代表方括号内的是一个字段名。而在"条件"行中，使用方括号[ ]则代表参数查询。

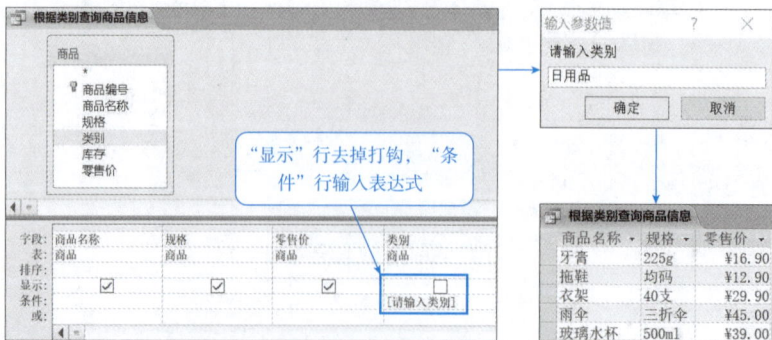

图 4-19　单参数查询的示例

4.3.2　多参数查询

【例4-8】创建一个名为"根据性别和籍贯查询员工信息"的查询，其作用是根据用户输入的性别和籍贯进行员工信息查询，显示"姓名""性别"和"籍贯"字段。

查询的设计方法如图4-20所示。在弹出的"输入参数值"对话框中输入性别"男"，单击"确定"按钮，然后弹出"输入参数值"对话框，提示输入籍贯，输入"福建"后单击"确定"按钮，数据库会把所有籍贯是福建的男性记录筛选出来。

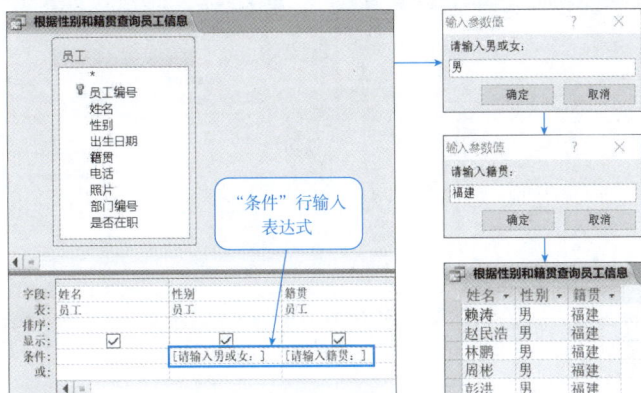

图 4-20　多参数查询的示例

4.4　操作查询

选择查询、参数查询或交叉表查询等都是根据指定条件从数据源中提取符合条件的数据，并以数据表的方式呈现出来，但并不修改数据源的数据。在数据库的日常运行和维护工作中，经常需要进行大量的数据修改操作，如记录更新、记录添加、记录删除等。如果使用人工的方式对表数据进行操作，工作量很大，效率无疑是非常低下的。因此，Access提供操作查询功能，允许用户利用操作查询来批量修改表中数据，同时把修改结果存入数据库中。但要注意的是，操作查询对数据源中数据的更改是不可恢复的，错误的操作将导致数据丢失，所以在运行操作查询前必须对数据库进行备份。

视频4-4 操作查询

4.4.1　生成表查询

生成表查询是从一个或多个表中提取需要的数据，并组合起来生成一个新表，该新表会保存在数据库中。如果经常需要从多个表中提取数据，生成表查询是最有效的方法。

【例4-9】创建一个名为"生成表查询-1月份员工工资"的查询，显示"姓名""发放日期"和"应发工资"字段，并生成一张新表，新表命名为"1月份员工工资"。

具体步骤如下：

(1) 创建查询，选择需要的表"工资"和"员工"，选择需要的字段"姓名""发放日期"和"应发工资"。

(2) 如图 4-21 所示，在"发放日期"字段的"条件"行输入条件表达式 #2018/1/1#，日期的两边规定要用 # 号。

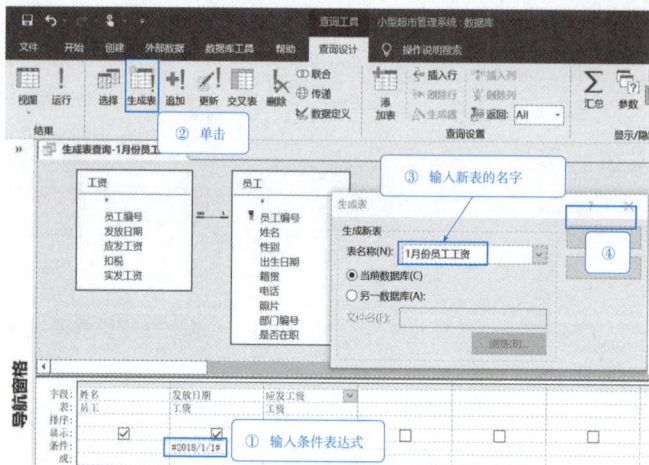

图 4-21　生成表查询的设计视图

(3) 单击查询类型中的"生成表"按钮（或者在数据源区单击鼠标右键，在弹出的快捷菜单中选择"查询类型"→"生成表查询"），弹出"生成表"对话框，提示输入新表的名字，输入新表名称"1 月份员工工资"后，单击"确定"按钮。

(4) 保存查询，并将其命名为"生成表查询 -1 月份员工工资"。生成表查询的图标与选择查询的图标不同。如图 4-22 所示，运行该查询，会弹出一个提示框，提示要向新表粘贴数据，单击"是"按钮后，一张名为"1 月份员工工资"的表就会生成，表中的记录都是根据发放日期条件来筛选的。

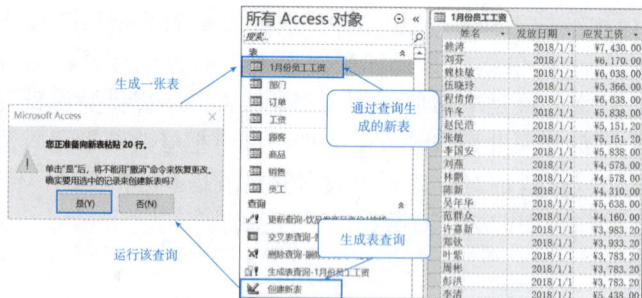

图 4-22　运行生成表查询会生成新的表

4.4.2　追加查询

追加查询是从一个或多个表中获取一组记录，添加到另一个或多个表的尾部，从而提高数据输入速度。追加查询本质上也是选择查询，同时要满足以下要求。

(1) 追加查询的数据源表和插入数据的目标表不能是同一个表。

(2) 一旦追加了数据就不可撤销。

(3) 追加记录的字段个数、字段类型和字段大小要和目标表记录的字段一样。

(4) 追加的新记录数据不能违背目标表的数据约束。

【例4-10】创建一个名为“追加查询-追加员工工资”的查询，将“2月份员工工资”表的数据追加到“1月份员工工资”表中。

具体步骤如下：

(1) 打开数据库，为了完成本例题，先创建“1 月份员工工资”表和“2 月份员工工资”表(可以利用生成表查询来快速创建)。两张表的表结构要一致(即字段个数一样，字段类型一样，字段大小一样)，如图 4-23 所示。

1月份员工工资

姓名	发放日期	应发工资
赖涛	2018/1/1	¥7,430.00
刘芬	2018/1/1	¥6,170.00
魏桂敏	2018/1/1	¥6,038.00
伍晓玲	2018/1/1	¥5,366.00
程倩倩	2018/1/1	¥6,638.00

2月份员工工资

姓名	发放日期	应发工资
赖涛	2018/2/1	¥7,430.00
刘芬	2018/2/1	¥6,170.00
魏桂敏	2018/2/1	¥6,038.00
伍晓玲	2018/2/1	¥5,366.00
程倩倩	2018/2/1	¥6,638.00

图 4-23 “1 月份员工工资”表和“2 月份员工工资”表

(2) 如果这两张表有设置主键，即以“员工编号”作为主键，为了完成后面的追加操作，要先把主键撤销。因为如果不撤销主键，追加进去的记录中，“员工编号”字段就与目标表中的“员工编号”值重复了，违反了主键值不能重复的规则，数据库是无法完成追加操作的。

(3) 选择“创建”选项卡，单击“查询设计”按钮，创建一个新查询。

(4) 选择“2 月份员工工资”表到数据源区，关闭“显示表”对话框，双击表中的 * 号，代表所有字段都需要。

(5) 如图 4-24 所示，单击“查询类型”组中的“追加”按钮(或者在数据源区单击鼠标右键，在弹出的快捷菜单中选择“查询类型”→“追加查询”)，弹出“追加”对话框，输入要追加的表名“1 月份员工工资”后，单击“确定”按钮，此时设计视图的字段区出现了“追加到”行。

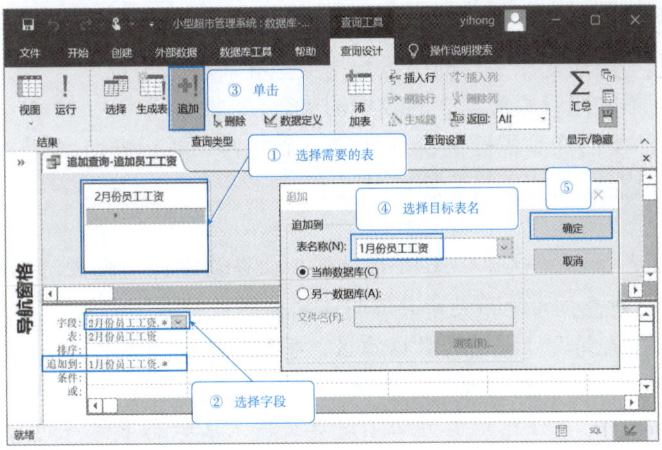

图 4-24 追加查询的设计方法

(6) 保存查询，将查询命名为"追加查询 - 追加员工工资"。

(7) 运行该追加查询，如图 4-25 所示，在弹出的提示框中单击"是"按钮即可。如果追加的数据满足目标表的数据约束，则不会出现错误提示信息。追加成功后，打开"1 月份员工工资"表，可以看到"2 月份员工工资"表的记录已经全部追加进去了。

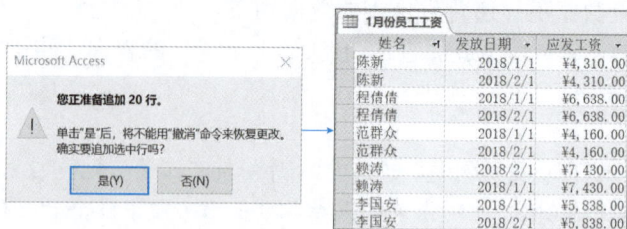

图 4-25　运行追加查询的结果

如果本例题没有执行步骤(2)，即没有取消表的主键，在运行追加查询时，就会弹出如图 4-26 所示的错误提示。

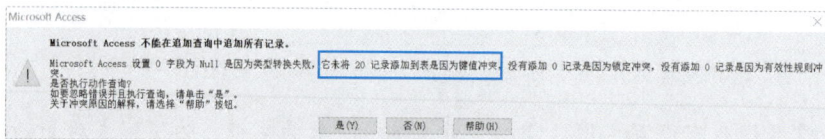

图 4-26　键值冲突提示

4.4.3　更新查询

如果表中有少量的或没有规律的数据需要更新，可以直接在表的数据表视图中手动修改。如果需要修改满足一定条件的大量数据，可以使用"更新"查询来提高效率。

"更新查询"是按照一定的条件把表中需要更新的数据查找出来，然后对这些数据进行更新处理。与追加查询类似，更新查询也需要满足以下要求。

(1) 更新操作始终在一个表中完成。

(2) 一旦更新了数据就不可撤销。

(3) 更新的数据不能违背原字段的字段数据类型和字段大小。

(4) 更新的数据不能违背原数据表的数据约束。

【例4-11】饮品类的商品需要涨价，创建一个名为"更新查询-饮品类商品涨价1元钱"的查询，为所有饮品类商品的零售价加1元钱。

具体步骤如下：

(1) 打开数据库，选择"创建"选项卡，单击"查询设计"按钮，创建一个新查询，保存并将其命名为"更新查询 - 饮品类商品涨价 1 元钱"。

(2) 选择"商品"表到设计视图的数据源区，字段区选择"类别"字段和"零售价"字段。

(3) 需要更新的是饮品类别的商品，因此在"类别"字段的"条件"行设置条件"饮品"(也可以写成 ="饮品")，要注意双引号必须是英文输入法状态下输入的。如果没有设置类别的条件，会导致所有类别商品的零售价都受到影响。

(4) 如图 4-27 所示，单击"查询类型"组中的"更新"按钮，设计视图的字段区出现了"更新为"行，为"零售价"字段的"更新为"设置表达式：[零售价]+1，因为"零售价"是一个字段名，但凡字段名参与运算，都要为字段名加上方括号 []。

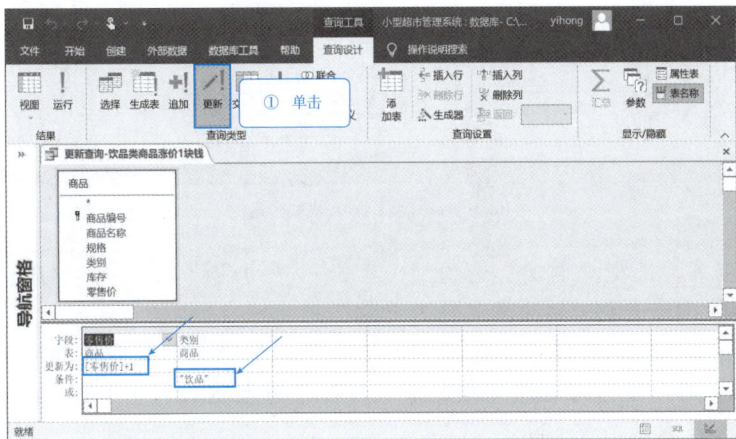

图 4-27　更新查询的设计方法

(5) 运行该更新查询，会弹出提示框，提示数据库在"商品"表中找到符合条件的记录，单击"是"按钮，就会按照表达式"[零售价]+1"来为"零售价"字段的值加上 1。

(6) 打开"商品"表，检查饮品类的"零售价"字段的数值是否已经加上 1。图 4-28 是"商品"表运行更新查询的前后对比图。

图 4-28　运行更新查询的前后对比图

4.4.4　删除查询

随着时间的推移，表中数据会越来越多，很多无用的数据应该及时删除。删除查询能够从一个或多个表中删除一组记录。若想要删除的数据来自多张表，必须满足以下要求。

(1) 相关表已经建立了表间关系。

(2) 表间关系勾选了"实施参照完整性"。

(3) 表间关系勾选了"级联删除相关记录"。

【例4-12】创建一个名为"删除查询-删除离职员工记录"的查询，功能是删除"员工"表中所有离职员工的记录，包括"工资"表中与离职员工有关的所有工资信息。

具体步骤如下：

(1) 单击"数据库工具"选项卡下的"关系"按钮，编辑"工资"表和"员工"表的表间关系，勾选"级联删除相关记录"复选框，如图 4-29 所示。只有启用级联删除功能，才能在删除"员工"表记录时，删除"工资"表中相关的记录。

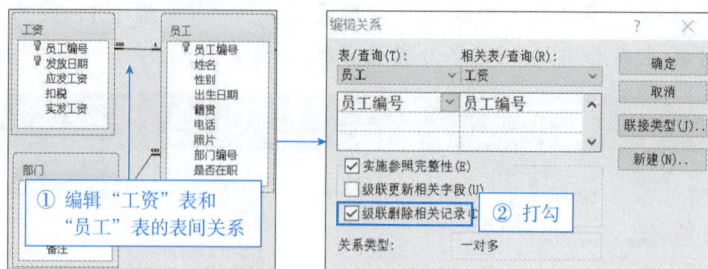

图 4-29　启用级联删除功能

(2) 打开数据库，选择"创建"选项卡，单击"查询设计"按钮，创建一个新查询，保存并将其命名为"删除查询 - 删除离职员工记录"。

(3) 选择"员工"表到设计视图的数据源区，字段区选择"是否在职"字段。由于要删除的是离职员工，在"是否在职"字段的"条件"行写表达式 No("是否在职"字段的数据类型为"是 / 否"，取值为 Yes/No)。

(4) 如图 4-30 所示，单击"查询类型"组中的"删除"按钮，设计视图的字段区出现了"删除"行，内容默认为 Where。"删除"行的出现代表数据库会根据"是否在职"字段设定好的条件，把所有符合条件的记录都删除。

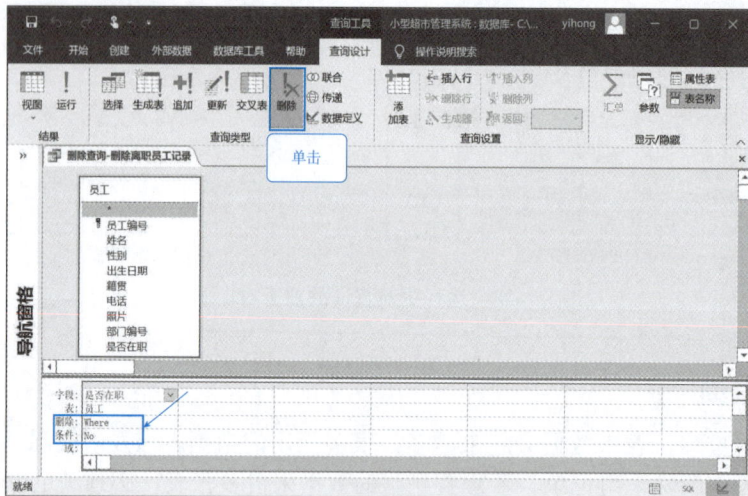

图 4-30　删除查询的设计方法

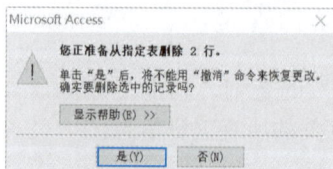

图 4-31　运行删除查询的提示框

(5) 运行删除查询，会弹出如图 4-31 所示的提示框，意思是数据库在"员工"表中找到 2 条符合条件的记录，单击"是"按钮，就会删除符合条件的所有记录。

(6) 打开"员工"表和"工资"表，检查离职员工的相关记录是否已经删除。

4.5 交叉表查询

交叉表查询是以行和列的字段作为标题和条件来选取数据，并在行与列的交叉处对数据进行统计。在创建交叉表时，需要指定三个字段。

(1) 作为行标题的字段，该字段值出现在查询表的最左端。

(2) 作为列标题的字段，该字段值出现在查询表的最上面。

(3) 行与列交叉处用于计算的字段。计算的方式可以是计数、总和、平均值等。

例如，统计超市各部门员工的男女人数分布，查询结果如图4-32所示。

创建交叉表查询有两种方式：通过向导方式创建和通过设计视图方式创建。

视频4-5
交叉表查询

部门名称	男	女
财务处		2
采购部	2	
客服部	1	4
人事部	1	2
销售部	3	1
行政部	2	2

行标题字段选择"部门名称"　列标题字段选择"性别"

行与列交叉处选择"员工编号"字段做统计

图 4-32　交叉表查询结果示例

4.5.1　通过向导方式创建

【例4-13】通过向导方式创建一个交叉表查询，并将其命名为"交叉表查询-各部门员工男女人数"，其功能是统计各部门员工的男女人数。

具体步骤如下：

(1) 打开数据库，选择"创建"选项卡，单击"查询向导"按钮，在弹出的对话框中选择"交叉表查询向导"选项，单击"确定"按钮，如图 4-33 所示。

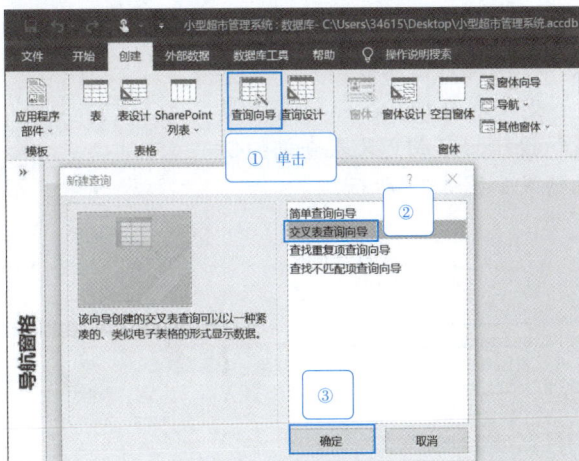

图 4-33　选择交叉表查询向导

(2) 弹出"交叉表查询向导"对话框，在"视图"组中选择"表"，然后在表区域中选择"表：员工"，单击"下一步"按钮，如图 4-34 所示。

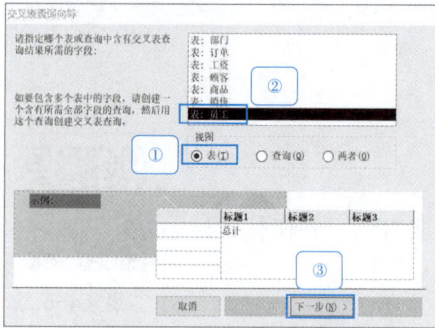

图 4-34　为交叉表查询选择表

如果需要的字段位于多张表中，还需要在创建交叉表查询之前创建一个查询，把需要的字段包含其中。本例题只需要使用"员工"表即可。

（3）选择行标题，在"可用字段"列表框中把"部门编号"字段移动到"选定字段"列表框，单击"下一步"按钮，如图 4-35 左图所示。然后选择列标题，选择"性别"字段，单击"下一步"按钮，如图 4-35 右图所示。

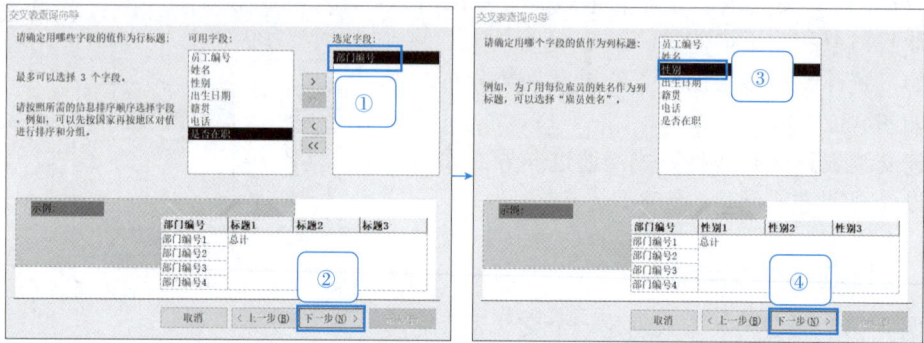

图 4-35　为交叉表查询选择行标题和列标题

（4）选择值字段，选择"员工编号"字段和 Count 函数，如果不需要小计，则撤销下方的"是，包括各行小计"复选框的选择，单击"下一步"按钮，如图 4-36 所示。Count 函数的功能是计数功能，根据"员工编号"字段进行计数，可以统计出人数。

（5）为查询命名为"交叉表查询 - 各部门员工男女人数"，单击"完成"按钮，完成交叉表查询的创建。运行该查询，查询结果如图 4-37 所示。

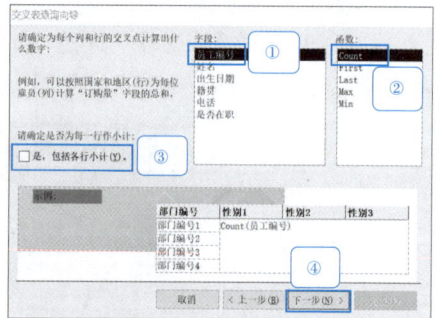

图 4-36　为交叉表查询选择值字段

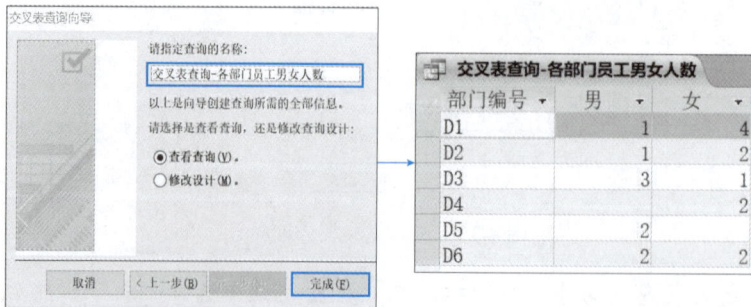

图 4-37　为交叉表查询命名并查看结果

4.5.2　通过设计视图方式创建

通过设计视图，用户能够更灵活地创建交叉表查询，不仅可以选择多张表，还能设置条件。

【例4-14】利用设计视图创建一个交叉表查询，并将其命名为"交叉表查询-各部门男女人数"，其功能与上例一样，统计各部门员工的男女人数，但显示效果稍作改进，要显示出"部门名称"。

具体步骤如下：

(1) 打开数据库，选择"创建"选项卡，单击"查询设计"按钮，创建一个新查询，保存并将其命名为"交叉表查询 - 各部门男女人数"。

(2) 如图 4-38 所示，数据源区选择"员工"表和"部门"表，选择"部门"表是因为需要使用"部门名称"字段。然后单击查询工具中的"交叉表"按钮，在字段区出现"交叉表"行。选择"部门名称"字段，做 Group by 分组统计，行标题；选择"性别"字段，做 Group by 分组统计，列标题；选择"员工编号"字段，做计数统计，值。

(3) 保存查询，运行查看结果。

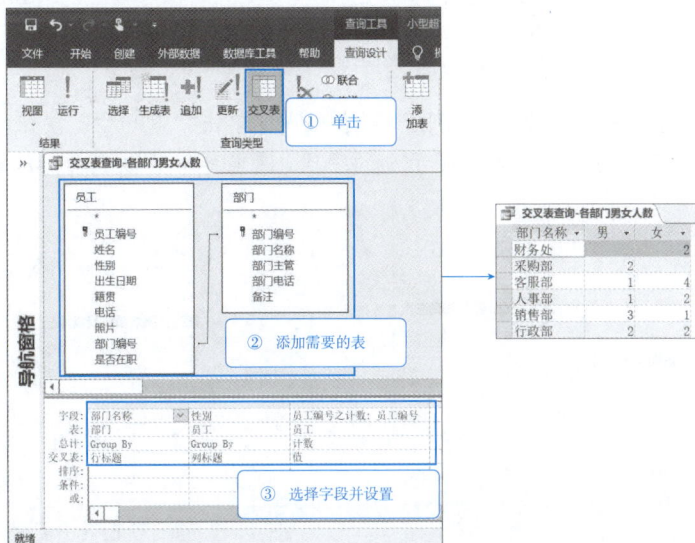

图 4-38　交叉表查询的设计视图

4.6　重复项查询

使用重复项查询，用户可以在表中找到一个或多个字段值完全相同的记录数。重复项查询本质上也是选择查询。

【例4-15】创建一个名为"重复项查询-籍贯相同人数"的查询，其功能是查找"员工"表中籍贯相同的员工人数。

视频4-6
重复项查询

具体步骤如下：

(1) 打开数据库，如图 4-39 左图所示，选择"创建"选项卡，单击"查询向导"按钮，在弹出的"新建查询"对话框里选择"查找重复项查询向导"，单击"确定"按钮。

(2) 在"查找重复项查询向导"对话框中选择"表：员工"，单击"下一步"按钮，如图 4-39 右图所示。

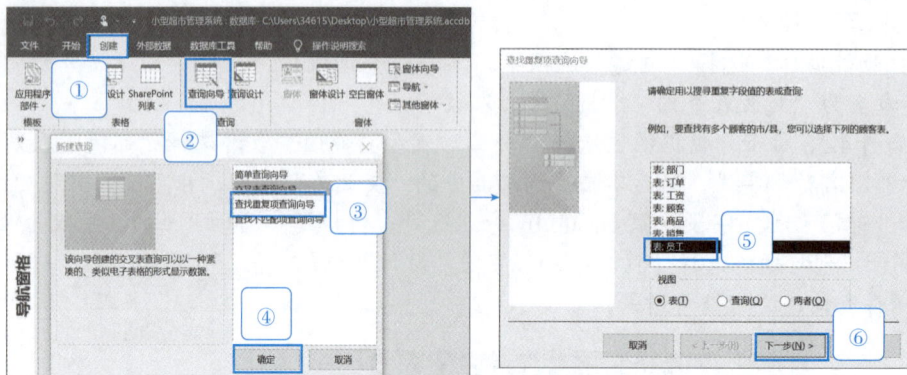

图 4-39 选择"查找重复项查询向导"

(3) 选择"籍贯"字段到"重复值字段"列表框内，单击"下一步"按钮，如图 4-40 所示。

(4) 如图 4-41 所示，询问是否还要显示别的字段，这里可以不做选择，单击"下一步"按钮。

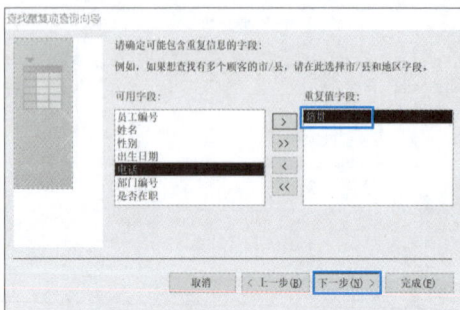

图 4-40 重复项查询选择重复值字段   图 4-41 重复项查询不需要显示别的字段

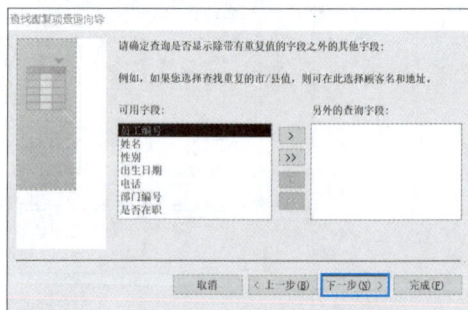

(5) 为查询命名为"重复项查询 - 籍贯相同人数"，单击"完成"按钮，查看查询结果，如图 4-42 所示。结果显示，来自北京的员工有两位，来自福建的员工有七位，来自广东的员工有两位。

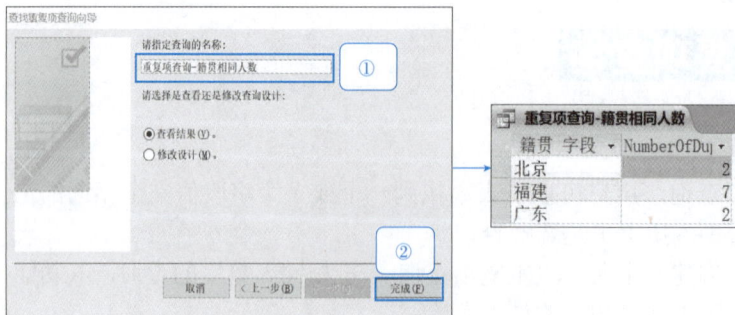

图 4-42 为重复项查询命名并查看结果

4.7 不匹配项查询

不匹配项查询可以在表中找到与其他表中指定字段信息不匹配的记录。例如，超市管理者希望查询出从未销售过的商品，从而调整销售策略，因此需要比较"商品"表和"销售"表的"商品编号"字段，筛选出两者不匹配的记录，从而查询出从未销售过的商品信息。

【例4-16】创建一个不匹配项查询，并将其命名为"不匹配项查询-没有销售过的商品"。其功能是比较"商品"表和"销售"表，筛选出两者不匹配的记录，查询出从未销售过的商品信息。

具体步骤如下：

(1) 打开数据库，选择"创建"选项卡，单击"查询向导"按钮，在弹出的对话框里选择"查找不匹配项查询向导"，如图 4-43 左图所示，单击"确定"按钮。

(2) 在"查找不匹配项查询向导"对话框中，选择"表：商品"，单击"下一步"按钮，如图 4-43 右图所示。

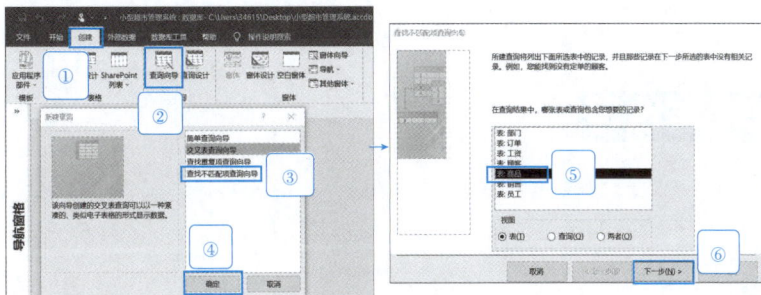

图 4-43　选择"查找不匹配项查询向导"

(3) 选择要比较的表"销售"，单击"下一步"按钮，如图 4-44 所示。

(4) 选择两张表要按照什么字段来比较，在本例中需要比较"商品编号"字段，所以两边都选择"商品编号"字段，然后单击中间的 `<=>` 按钮，在匹配字段处就会出现"商品编号 <=> 商品编号"，单击"下一步"按钮，如图 4-45 所示。

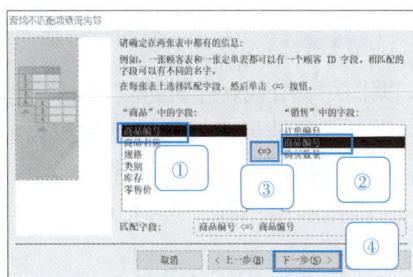

图 4-44　为不匹配项查询选择要比较的第 2 张表　　图 4-45　为不匹配项查询选择比较字段

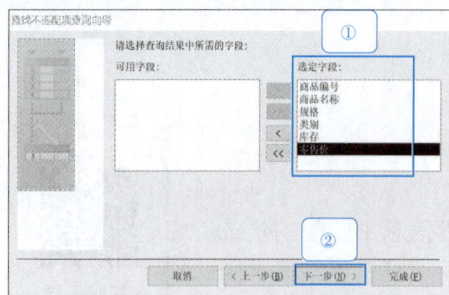

图 4-46　为不匹配项查询选择显示字段

(5) 选择查询结果中要显示什么字段，本例选择全部字段，所以单击 >> 符号把所有字段选到右边的选定字段列表框中，单击"下一步"按钮，如图 4-46 所示。

(6) 为查询命名为"不匹配项查询 - 没有销售过的商品"，单击"完成"按钮，查看显示结果，如图 4-47 所示。从结果中可以看到，有四种商品从未卖出过。

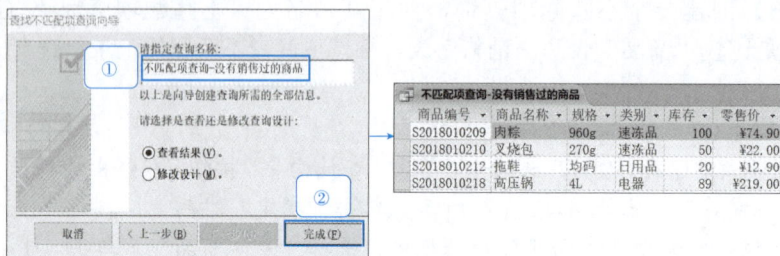

图 4-47　为不匹配项查询命名并查看结果

4.8　思考与练习

4.8.1　思考题

1. 查询与表有什么区别？
2. 查询视图有哪几种？各有什么特点？
3. 查询有几种类型？创建查询的方法有几种？
4. 查询中的数据源有哪些？
5. 操作查询和选择查询有何区别？

4.8.2　选择题

1. 以下关于 Access 查询的叙述中，错误的是(　　)。
   A. 查询的结果可以作为其他数据库对象的数据源
   B. 用户在设计视图下创建查询后，无法使用 SQL 视图修改对应的 SQL 语句
   C. 根据应用不同，查询分为选择查询、参数查询、交叉表查询、操作查询和 SQL 查询五种
   D. 查询的数据源来自表或已有的查询

2. 利用对话框提示用户输入值的查询过程称为(　　)。

A. 选择查询　　B. 操作查询　　C. 参数查询　　D. SQL查询

3. 在Access数据库的查询类型中，根据一定条件能从一个或多个表中检索数据，还可以通过查询方式更改表中记录的是(　　)。

A. 选择查询　　B. 操作查询　　C. 参数查询　　D. SQL查询

4. 以“员工”表为数据源，查询设计视图如图4-48所示，可判断该查询要查找的是(　　)的所有记录。

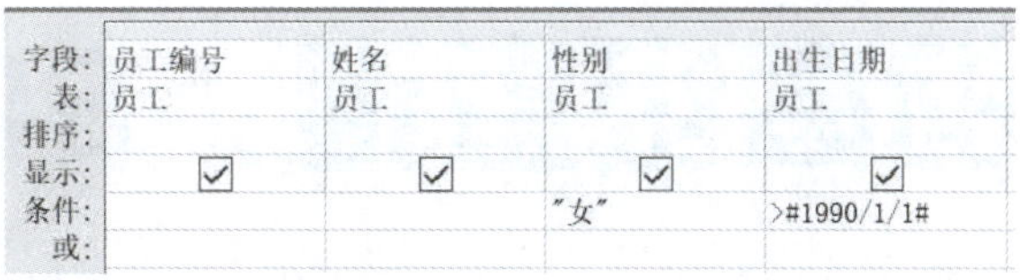

字段:	员工编号	姓名	性别	出生日期
表:	员工	员工	员工	员工
排序:				
显示:	☑	☑	☑	☑
条件:			"女"	>#1990/1/1#
或:				

图 4-48　查询设计视图

A. 性别为“女”并且出生日期为1990年1月1日以后的员工

B. 性别为“女”并且出生日期为1990年1月1日以前的员工

C. 性别为“女”或者出生日期为1990年1月1日以后的员工

D. 性别为“女”或者出生日期为1990年1月1日以前的员工

5. “图书”表中有“单价”(数字型)等字段，在查询设计视图中，“单价”字段的条件表达式(　　)与Between 100 And 200等价。

A. In (100,200)　　B. ＞=100 And＜=200

C. ＞100 And＜200　　D. ＞100 Or＜200

6. 如果已知“消费”表中有“衣”“食”“住”“行”4个字段，需要在查询中计算这4个字段的和，放在新字段“消费总额”中显示，则新字段应写为(　　)。

A. 衣+食+住+行

B. 消费总额=衣+食+住+行

C. [消费总额]=[衣]+[食]+[住]+[行]

D. 消费总额:[衣]+[食]+[住]+[行]

7. 下列逻辑表达式中，能正确表示条件“x和y都是奇数”的是(　　)。

A. x Mod 2 = 1 Or y Mod 2 = 1　　B. x Mod 2 = 0 Or y Mod 2 = 0

C. x Mod 2 = 1 And y Mod 2 = 1　　D. x Mod 2 = 0 And y Mod 2 = 0

8. 查询设计视图中，设置(　　)行，可以让某个字段只用于设定条件，而不出现在查询结果中。

A. 排序　　B. 显示　　C. 字段　　D. 条件

9. 在Access中，删除查询操作中被删除的记录属于(　　)。

A. 逻辑删除　　B. 物理删除　　C. 可恢复删除　　D. 临时删除

10. 利用表中的行和列来统计数据的查询是(　　)。

A. 选择查询　　B. 操作查询　　C. 交叉表查询　　D. 参数查询

第 5 章

数据的高级查询：SQL查询

　　SQL(Structured Query Language)，直译为结构化查询语言，它是所有关系型数据库管理系统都支持的标准语言，用于存取和查询数据，以及更新和管理关系数据库系统。在数据库技术发展之初，不同的数据库管理系统采用不同的操作界面和命令体系，但就像人类的自然语言系统一样，虽然汉语存在多种方言，但在全国通用的却是普通话。SQL 语言就是数据库领域的"普通话"，无论是 Oracle、SQL Server 等常见的企业级数据库管理系统，还是 Access、Visual FoxPro 等桌面级数据库管理系统，都支持 SQL 语言。可见，掌握 SQL 语言的使用将有助于在实际应用中面对各种不同的数据库管理系统平台。本章将以前面章节创建的"小型超市管理系统"为基础，介绍 SQL 查询的创建方法，以及 SQL 数据查询语句、操作语句和定义语句的使用。

⬇ 学习目标

- 了解 SQL 的特点和功能
- 掌握 SQL 数据查询语句的使用方法
- 掌握 SQL 数据操作语句的使用方法
- 了解 SQL 数据定义语句的使用方法

知识结构

本章知识结构如图5-1所示。

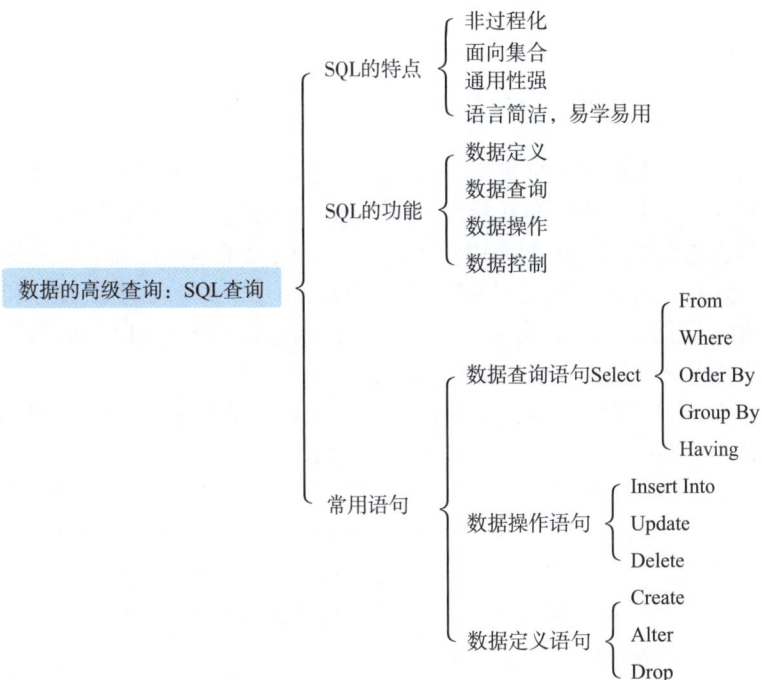

图 5-1 本章知识结构图

5.1 SQL 概述

SQL(Structured Query Language，结构化查询语言)是数据库领域最为重要和广泛使用的语言之一。它以简洁的语法、强大的功能和高度非过程化的特点，成为数据库管理和操作中的核心工具。

5.1.1 SQL 的起源与发展历程

视频5-1
SQL概述

1. SQL的起源

SQL的起源可以追溯到20世纪70年代。当时，数据库管理系统主要采用层次模型和网状模型，数据的存储和检索非常复杂。为了解决这个问题，IBM公司的研究员埃德加·弗兰克·科德(被誉为"关系数据库之父")提出了关系型数据库模型的概念，为SQL的发展奠定了理论基础。在科德的关系数据库模型中，数据被组织成表(table)和列(column)的形式，表之间通过关系(relationship)相互连接。这种模型使得数据更加结构化，易于管理和查询。

1974年，IBM的研究人员唐纳德·钱柏林和雷蒙德·博伊斯在科德的理论基础上开发了一种名为SEQUEL(Structured English Query Language)的语言，用于操作和管理IBM的System R关系数据库。1976年，SEQUEL更名为SQL(Structured Query Language)。

2. SQL的发展历程

(1) 商业化。1979年，Oracle公司首先提供商用的SQL，随后IBM公司也在DB2和SQL/DS数据库系统中实现了SQL。

(2) 标准化之路。随着SQL的普及和技术的进步，标准化变得至关重要。美国国家标准协会(ANSI)于1986年发布了首个SQL标准，随后国际标准化组织(ISO)也在1987年采纳了这一标准。这标志着SQL正式成为全球通用的标准语言，确保了不同厂商之间数据库系统的互操作性。自此，SQL标准不断演进，从SQL-86到SQL:2016，经历了多次修订和更新。这些新版本引入了更多的数据类型、查询功能、安全性控制，以及对XML和JSON等数据格式的支持，使得SQL能够更好地适应现代数据库系统的需求。

(3) 现代影响与未来展望。尽管NoSQL数据库和其他非关系型数据存储解决方案的兴起给传统关系型数据库带来了挑战，但SQL仍然保持着它的主导地位，特别是在需要复杂的查询、事务一致性和严格的数据完整性保证的应用场景中。SQL的简单易用性及广泛的应用范围使其成为计算机科学教育和工业实践中必不可少的一部分。随着大数据、云计算和人工智能等技术的不断发展，SQL语言也在不断适应新的挑战和需求。未来的SQL可能会更加注重性能优化，支持更多的数据类型和结构，提供更强大的数据分析和处理能力。

拓展阅读5-1 事务理论奠基人

5.1.2 SQL 的特点

SQL的特点有如下几个方面。

(1) 非过程化。使用SQL语言进行数据操作时，用户只需要提出“做什么”，而不必关心“怎么做”，数据库系统会自行确定一个较好的任务完成方式。同时，SQL的这种非过程化特点也使得SQL程序的可移植性增强，即当数据的存储结构发生改变时，SQL语言编写的程序不需要做出调整。

(2) 面向集合。这里的集合可以理解为关系数据库中的表，这就意味着SQL语言的操作对象是表，它的操作结果也以表格的形式输出。以查询员工表中性别为“男”的员工信息为例，SQL查询的对象是员工表，查询的结果也是以一张查询表的形式输出的，如图5-2所示。

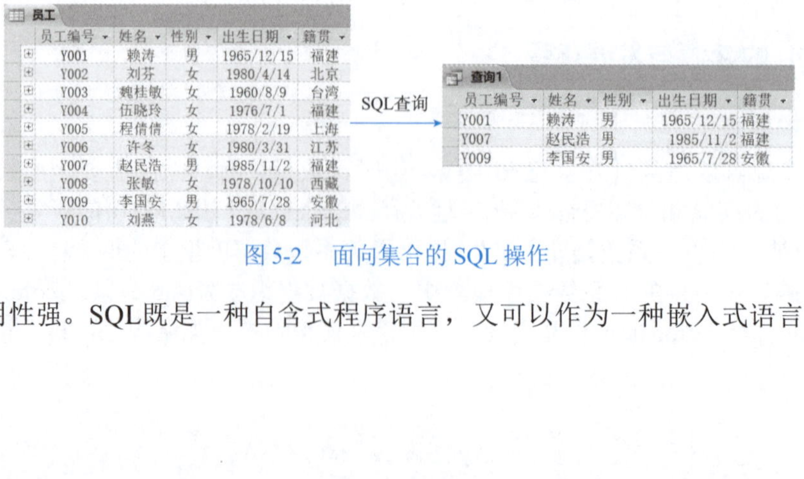

员工编号	姓名	性别	出生日期	籍贯
Y001	赖涛	男	1965/12/15	福建
Y002	刘芬	女	1980/4/14	北京
Y003	魏桂敏	女	1960/8/9	台湾
Y004	伍晓玲	女	1976/7/1	福建
Y005	程倩倩	女	1978/2/19	上海
Y006	许冬	女	1980/3/31	江苏
Y007	赵民浩	男	1985/11/2	福建
Y008	张敏	女	1978/10/10	西藏
Y009	李国安	男	1965/7/28	安徽
Y010	刘燕	女	1978/6/8	河北

员工编号	姓名	性别	出生日期	籍贯
Y001	赖涛	男	1965/12/15	福建
Y007	赵民浩	男	1985/11/2	福建
Y009	李国安	男	1965/7/28	安徽

图 5-2　面向集合的 SQL 操作

(3) 通用性强。SQL既是一种自含式程序语言，又可以作为一种嵌入式语言嵌入到其他语言中使用。SQL一般有两种使用方式。

① 在数据库管理系统的工具中使用。SQL语言在各种不同数据库软件提供的SQL语言执行界面中都可以直接输入并执行。

② 嵌入其他语言执行。在编写其他语言程序代码时，直接写入一段SQL语句，由高级语言的编译程序决定该段SQL语句使用哪种数据库编译器来编译。这种特性使得SQL语言的通用性变强，如Java、Python和VB等编程语言都可以嵌入SQL语句。

(4) 语言简洁，易学易用。SQL语言功能极强，但由于其设计巧妙，语言十分简洁，完成核心功能只用了九个动词。同时，SQL语言语法简单，接近英语口语，因此容易学习，也容易使用。

5.1.3 SQL 的功能

SQL虽然直译为结构化查询语言，但不要认为SQL的功能就仅仅是数据的查询，实际上，SQL语言可以完成数据库的所有基本交互任务。SQL的完整功能包括以下内容。

(1) 数据定义功能。数据定义语言用于描述数据库中各种数据对象的结构，如对数据库、表、索引、视图的建立、修改或删除。

(2) 数据查询功能。SQL的查询语句只有1个(Select语句)，可以由6个子句构成，根据查询需求增删组合，也可以嵌套使用。

(3) 数据操作功能。数据操作语言用于对数据库对象的日常维护，如对数据库中的数据进行插入、删除、修改等操作。

(4) 数据控制功能。数据控制语言用于维护数据库的安全性、完整性和进行事务控制。

SQL语言的功能非常强大，但使用的核心命令只有九个，如表5-1所示。

表5-1　SQL基本功能的常用命令

SQL语句类型	命令	功能
数据定义	CREATE	创建一个新的数据库对象
	ALTER	修改数据库对象的结构
	DROP	删除一个数据库对象
数据查询	SELECT	查询满足条件的记录，并可以对查询的结果进行分组、汇总或排序。可以与以下命令组合使用：FROM、WHERE、ORDER BY、GROUP BY、HAVING
数据操作	INSERT INTO	向一个基本表或视图中插入新的行
	UPDATE	更新表格或视图中的某些数据内容
	DELETE	删除一个基本表或视图的某些记录
数据控制	GRANT	对数据库的不同用户授以不同级别的安全操作权限
	REVOKE	对数据库用户操作权限的回收

5.1.4 SQL 查询语句和 Access 查询文件的关系

前面章节学习的"查询"中，各例创建的查询又称为"查询文件"。在Access中，当创建查询文件时，系统会自动将操作命令转化为SQL语句。因此，只要打开查询文件，切换到

SQL视图就可以看到系统自动生成的SQL代码。其实，查询文件也是通过SQL语句实现查询的，Access建立的每一个查询文件的背后，都由Access自动生成与之对应的SQL语句，再由该SQL语句的编译执行得到查询文件的查询结果。查询文件只不过是Access提供的一种屏幕操作方式，使数据库的查询和日常维护工作可视化，交互性更强。但是查询文件不能完全替代SQL语句，原因有以下两点：

(1) 查询文件只能完成部分查询任务，而SQL语言的功能更完善、更强大。

(2) 查询文件是一种屏幕交互的使用方式，而SQL可以编写独立程序或嵌入其他编程语言，实现数据库的应用程序开发。

下面以一个查询文件为例，说明查询的查询文件如何与SQL语句相对应。对应关系如图5-3所示，如果是利用设计视图创建查询文件，选择好表、字段，设置好总计、排序和条件后，把视图切换到SQL视图，会看到数据库自动生成对应的SQL语句。反之，如果先在SQL视图中写好SQL查询语句，然后切换到设计视图，也会自动呈现同样的设计视图。

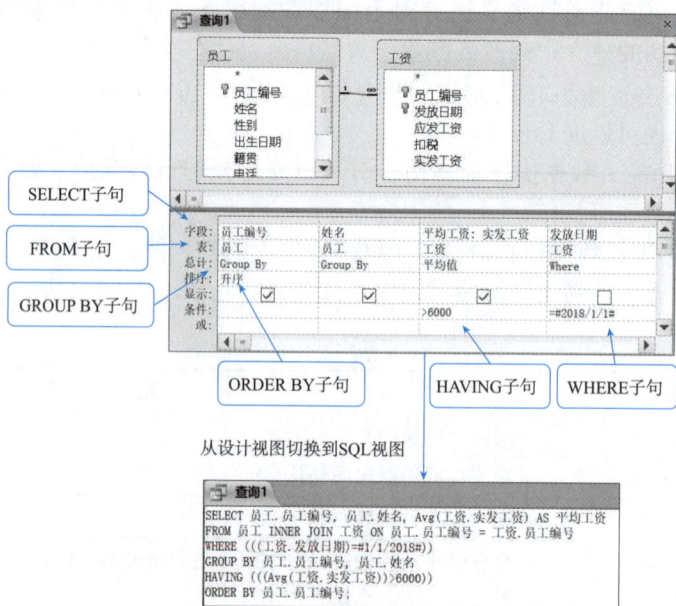

图 5-3　查询文件与 SQL 查询语句的对应关系

5.2　SQL 查询的创建

创建SQL查询的步骤如下：

(1)打开数据库，选择"创建"选项卡，单击"查询设计"按钮。

(2)关闭随之弹出的"显示表"对话框(不选择任何表)，把该查询的视图切换到"SQL视图"，就可以输入 SQL 语句了，如图 5-4 所示。

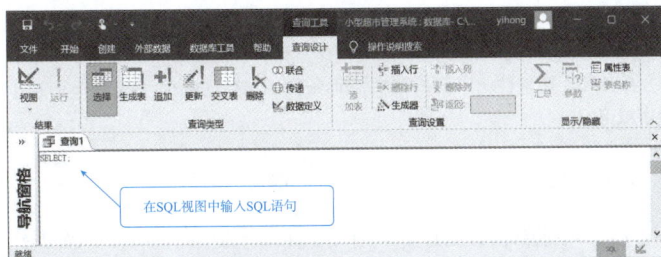

图 5-4　在查询的 SQL 视图中输入 SQL 语句

在输入SQL语句时要注意以下几个问题。

(1) Access的语法规定，一条SQL语句中间可以不换行，也可以根据需要多次换行，但语句的结尾要加一个 ";" 作为本条SQL语句的结束标识。

(2) SQL语句中所有的标点符号均要求使用英文格式。

(3) SQL语句命令可以用英文大写，也可以用英文小写。

语句输入完成后，单击窗口左上角的 "运行" 按钮执行该语句。图5-5所示是一个选择查询语句和运行后结果的示例。

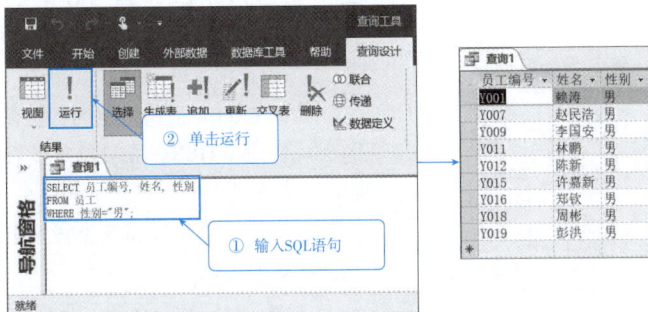

图 5-5　SQL 查询语句的输出结果

SQL语句的操作对象是数据库中的基本表，这些表的每一条记录都在外存储器中存储。而查询的运行结果得到的是查询表，查询表是从基本表中按照一定规则提取的子集合，这个查询表只在内存中临时存储供我们浏览，一旦关闭这个查询表窗口，查询的记录就会从内存中清除，而且不会保留在外存储器中，数据库中保留的只有实现该查询的SQL语句而已。

5.3　SQL 数据查询语句

数据库中最常见的操作是数据查询。SQL语言使用Select命令完成查询功能。

视频5-2
SQL查询语句的一般格式

5.3.1　SQL 查询语句的一般格式

查询语句的一般格式如下。

```
SELECT [ALL|DISTINCT] [字段名1[,字段名2, ……]]
FROM  表名1[,表名2, ……]
[WHERE 连接条件 [AND 连接条件……] [AND 查询条件 [AND|OR 查询条件……]]]
[GROUP BY 分组字段名]
[HAVING 分组条件表达式]
[ORDER BY 排序字段名 [ASC|DESC] [, 排序字段名 [ASC|DESC]……]];
```

整个语句的含义是：根据WHERE子句中的条件表达式，从FROM子句指定的一个或多个数据表中找出满足条件的记录，按SELECT子句中的字段列表，选出数据表中的字段形成查询结果表。如果有ORDER BY子句，则结果表要根据指定的表达式按升序(ASC)或降序(DESC)排序。如果有GROUP BY子句，则将结果按字段名分组，根据HAVING指出的条件，选取满足该条件的组输出。我们可以用以上形式的语句完成数据库中的所有查询任务。

SELECT中各选项及子句的归纳说明如表5-2所示。

表5-2　SQL查询命令子句及其功能说明

SQL查询子句	功能说明	是否必需	注意事项
SELECT	查询结果包含哪些字段	是	➢ ALL 表示选取 FROM 子句所列举数据表中的所有记录，不写的情况下就是默认 ALL ➢ DISTINCT 表示消除查询结果中的重复行
FROM	从哪些表中查询这些字段	是	当查询数据来自多张表时，表名用逗号分隔
WHERE	1. 查询字段满足什么条件 2. 数据源表怎样连接	否	在 FROM 子句指定的数据源表有两个及以上时，要用 WHERE 子句指定多表之间主键＝外键的连接条件
GROUP BY	查询结果如何分组	否	将查询结果按指定字段名分组后，提供给汇总函数使用
HAVING	保留什么条件的分组	否	➢ HAVING 子句必须要跟在 GROUP BY 子句后使用 ➢ HAVING 子句用在分组之后筛选满足条件的组，而 WHERE 子句用在分组前筛选满足条件的记录
ORDER BY	查询结果如何排序	否	➢ 默认为升序 (ASC 可以不写)，加 DESC 为降序 ➢ ORDER BY 子句要放在整个 SELECT 语句的最后

一个极小化的查询语句中，只有SELECT子句和FROM子句是必需的，因为至少要说明从哪些表中选取哪些字段输出。

5.3.2　单表查询

单表查询是指从查询条件到查询结果，所有的查询操作都在一个表中完成。一个单表查询的基本任务有两个：一是从一个表中将某些字段筛选出来，相当于关系运算中的投影运算；二是从一个表中将满足条件的行筛选出

视频5-3
单表查询

来，相当于关系运算中的选择运算。单表查询是所有SQL查询命令的基本成分。

1. 用SELECT子句指定查询字段

(1) 字段选取。

【例5-1】创建一个查询，列出全部员工的姓名及出生日期。

查询的SQL语句和查询结果如图5-6所示。

说明：该SQL语句将从"员工"表中取出"姓名"和"出生日期"字段的所有记录，形成新的查询记录输出。

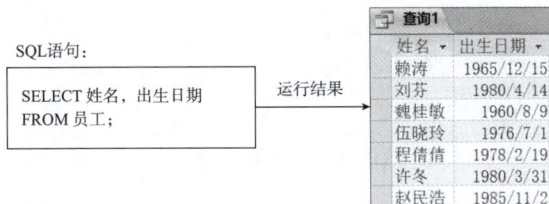

图 5-6　单表查询示例 (a)

【例5-2】创建一个查询，列出员工表的所有字段信息。

查询的SQL语句是：

```
SELECT 字段1，字段2，字段3
FROM 员工;
```

也可以使用*代替所有字段名，例如：

```
SELECT *
FROM 员工;
```

注意：使用*会返回表中所有字段，但在某些场景下(如性能优化或明确字段需求时)，建议明确列出所需字段名，以避免不必要的资源消耗。

(2) 用表达式生成自定义新字段。

除了可以用数据表现有的字段作为查询结果输出，还可以通过表达式计算生成新的字段值作为查询项。

【例5-3】创建一个查询，列出所有员工的姓名和年龄。

查询的SQL语句和查询结果如图5-7所示。

图 5-7　单表查询示例 (b)

说明：Date()函数返回当前系统日期，再利用Year()函数提取年份数据来计算准确的年龄值。

通过表达式计算生成的新字段自动命名为Expr1001，如果还有新字段，则依次自动命名为Expr1002、Expr1003、…，以此类推。

在SELECT子句中，常用的计算函数主要是实现汇总功能的聚合函数，如表5-3所示。表中也列出了该函数在查询设计视图中对应的汇总函数名称。

表5-3 Select子句中的聚合函数

函数名称	函数功能	与设计视图中的汇总函数对应
SUM(字段名)	计算字段值的总和	合计
AVG(字段名)	计算字段值的平均值	平均值
COUNT(字段名)	计算字段值的个数	计数
COUNT(*)	计算查询结果的总行数	计数
MAX(字段名)	计算 (字符、日期、数值型) 字段值的最大值	最大值
MIN(字段名)	计算 (字符、日期、数值型) 字段值的最小值	最小值

(3) 为字段定义别名。

用表达式生成的字段没有自己的名称，系统生成的名称难以概括该字段的含义，因此需要为新字段自定义别名(在数据表视图中的字段显示名)，可以使用关键字AS。

【例5-4】为上例的新字段定义别名为"年龄"。

查询的SQL语句和查询结果如图5-8所示。可见之前别名显示Expr1001的字段已经变成"年龄"了。

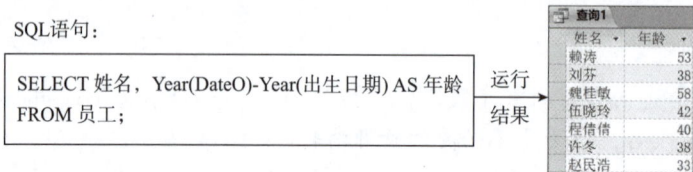

图 5-8 单表查询示例 (c)

(4) 用Distinct消除重复记录。

【例5-5】查询"员工"表中的员工籍贯有哪些地方。

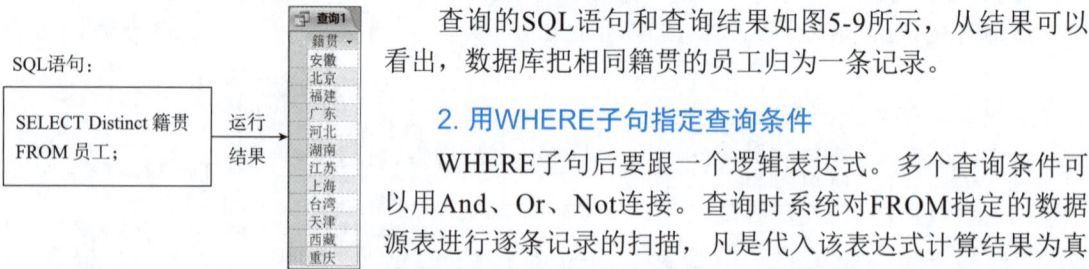

图 5-9 单表查询示例 (d)

查询的SQL语句和查询结果如图5-9所示，从结果可以看出，数据库把相同籍贯的员工归为一条记录。

2. 用WHERE子句指定查询条件

WHERE子句后要跟一个逻辑表达式。多个查询条件可以用And、Or、Not连接。查询时系统对FROM指定的数据源表进行逐条记录的扫描，凡是代入该表达式计算结果为真值的，该记录的相应字段就纳入查询结果，代入结果为假值的则排除。

(1) 记录选取。

【例5-6】查询"员工"表中性别为"男"的员工信息，列出姓名和性别字段。

查询的SQL语句和查询结果如图5-10所示，数据库对员工表的记录进行扫描，把每条记录的"性别"字段值代入WHERE子句的表达式中，如果表达式的计算结果为真(即性别是"男")，则把该条记录的所选字段纳入查询结果中。

SQL语句：

```
SELECT 姓名，性别
FROM 员工
WHERE 性别="男";
```

运行结果

姓名	性别
赖涛	男
赵民浩	男
李国安	男
林鹏	男
陈新	男
许嘉新	男
郑钦	男
周彬	男
彭洪	男

图 5-10　单表查询示例 (e)

(2) Between…And…运算符。

【例5-7】查询"工资"表中实发工资在4000~4999(包括4000和4999)的员工编号和实发工资。

查询的SQL语句和查询结果如图5-11所示。

SQL语句：

```
SELECT 员工编号,实发工资
FROM 工资
WHERE 实发工资 Between 4000 And 4999;
```

运行结果

员工编号	实发工资
Y010	¥4,545.66
Y011	¥4,545.66
Y012	¥4,285.70
Y014	¥4,140.20
Y010	¥4,545.66
Y011	¥4,545.66
Y012	¥4,285.70
Y014	¥4,140.20

图 5-11　单表查询示例 (f)

本例也可以写成：

```
SELECT 员工编号,实发工资
FROM 工资
WHERE 实发工资>=4000 And 实发工资<=4999;
```

要表达与Between…And…相反的区间范围，可以使用Not Between…And…，例如：

```
SELECT 员工编号,实发工资
FROM 工资
WHERE 实发工资 Not Between 4000 And 4999;
```

(3) Like运算符。

Like运算符可以对字符型数据进行字符串匹配，使用"*"号匹配一个或多个字符的字符串。

【例5-8】查询"员工"表中姓刘的员工姓名和籍贯。

查询的SQL语句和查询结果如图5-12所示。

SQL语句：

```
SELECT 姓名,籍贯
FROM 员工
WHERE 姓名 Like "刘*";
```

运行结果

姓名	籍贯
刘芬	北京
刘燕	河北

图 5-12　单表查询示例 (g)

(4) In运算符。

在查询中经常会遇到要求表的字段值是某几个值中的一个，此时可以用In运算符。

【例5-9】查询"员工"表中员工编号为Y001、Y003和Y007的员工姓名和性别。

查询的SQL语句和查询结果如图5-13所示。由于员工编号字段是文本类型，在SQL语句中使用其值时，需要加上双引号。

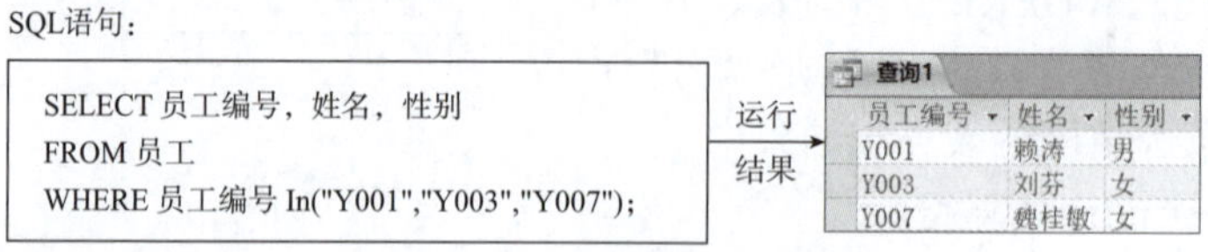

SQL语句：

```
SELECT 员工编号，姓名，性别
FROM 员工
WHERE 员工编号 In("Y001","Y003","Y007");
```

运行
结果

员工编号	姓名	性别
Y001	赖涛	男
Y003	刘芬	女
Y007	魏桂敏	女

图 5-13　单表查询示例 (h)

它等价于：

```
SELECT 员工编号,姓名,性别
FROM 员工
WHERE 员工编号="Y001" Or 员工编号="Y003" Or 员工编号="Y007";
```

SQL的SELECT语句的查询方式很丰富，在WHERE子句中可以用算术运算符、关系运算符、逻辑运算符及特殊运算符构成复杂的条件表达式。这些常用的运算符归纳如表5-4所示。

表5-4　WHERE子句中的常用运算符

运算符类型	运算符
算术运算符	+，–，*，/ 等
关系运算符	>，<，=，>=，<=，<>
逻辑运算符	And，Or，Not
特殊运算符	[Not] Between…And…
	[Not] Like
	[Not] In

3. 用ORDER BY子句排序查询结果

SQL语句的查询结果可以用ORDER BY子句根据需要排序，当有多个排序字段时，按字段先后顺序一一列举。

【例5-10】查询类别是饮品的商品名称和零售价，查询结果按零售价降序排列。

查询的SQL语句和查询结果如图5-14所示。

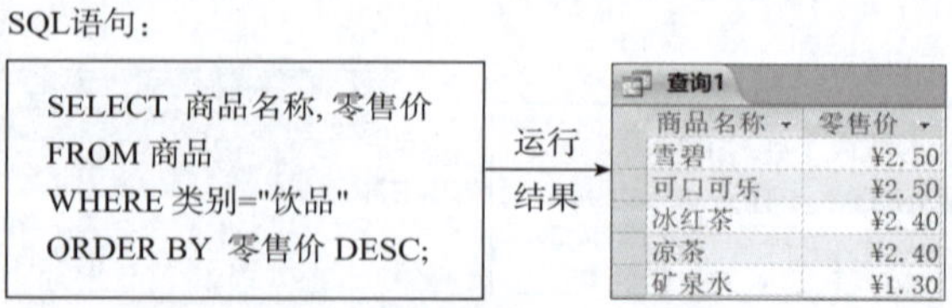

SQL语句：

```
SELECT 商品名称, 零售价
FROM 商品
WHERE 类别="饮品"
ORDER BY 零售价 DESC;
```

运行
结果

商品名称	零售价
雪碧	¥2.50
可口可乐	¥2.50
冰红茶	¥2.40
凉茶	¥2.40
矿泉水	¥1.30

图 5-14　单表查询示例 (i)

5.3.3　多表查询

多数情况下，单独使用一个表是无法查询到所有数据的，这时需要使用SQL语言从多个表中查询数据。多表查询能用一条SQL语句将多个表中的数据，按照表的一对多关系连接到一起。进行多表连接操作时，用于连接的字段非常重要，表与表之间依靠哪个字段产生连接，需要用户对数据表的结构非常熟悉。

视频5-4
多表查询

【例5-11】查询归属于客服部门且性别为女的员工信息，显示部门名称、姓名及性别字段。

查询的SQL语句和查询结果如图5-15所示。

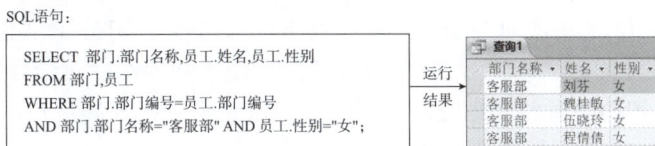

图 5-15　多表查询示例

在WHERE子句中，除查询条件(部门名称为"客服部"，员工性别为"女")外，还要增加表的连接条件(部门.部门编号=员工.部门编号)，类似于在数据库工具中编辑表间关系，寻找到表的主键和外键，然后连接起来。

在多表查询中，SELECT子句中的字段名一般要加上表名前缀，格式为表名.字段名。这样的语句可读性较好，且不会导致不同表的相同字段名产生冲突。

5.3.4　分组查询

1. 用GROUP BY子句分组

GROUP BY子句可以将记录先分组再查询。GROUP BY后面指出按照什么字段进行分组，该字段取值相同的记录分成一组，然后对每一组进行相同的汇总统计。

视频5-5
分组查询

【例5-12】查询每个部门的人数，显示部门编号和员工人数。

查询的SQL语句和查询结果如图5-16所示。

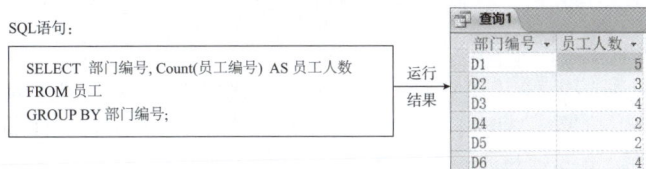

图 5-16　分组查询示例 (a)

在书写分组查询语句时，最重要的无疑是确定GROUP BY后面应该写什么字段名。Access的SQL语言规定，SELECT子句中除聚合函数以外的字段都必须作为分组字段写入GROUP BY子句。

2. 用HAVING子句限定分组条件

【例5-13】列出员工人数超过三个的部门编号及其员工人数。

查询的SQL语句和查询结果如图5-17所示。

```
SQL语句:

SELECT 部门编号, Count(员工编号) AS 员工人数
FROM 员工
GROUP BY 部门编号
HAVING Count (员工编号)>=4;
```

运行 结果

查询1	
部门编号 ▾	员工人数 ▾
D1	5
D3	4
D6	4

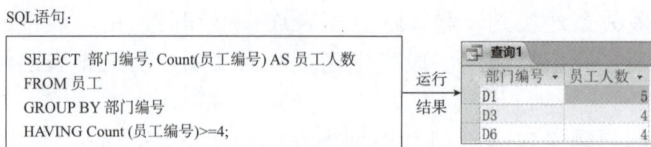

图 5-17　分组查询示例 (b)

要注意区分HAVING子句和WHERE子句：

(1) WHERE子句的筛选对象是记录，在GROUP BY子句分组之前进行，只有满足WHERE子句限定条件的记录才能被分组，而且WHERE子句中不能有聚合函数。

(2) HAVING子句的筛选对象是组，在GROUP BY子句分组之后进行，只有满足HAVING子句限定条件的那些组才能在结果中显示。

在上例中，"员工人数超过三个"的限定显然是针对分组后的结果进行筛选的，因此Count(员工编号)>=4应该写在HAVING子句中。

5.4 SQL 数据操作语句

SQL的数据操作命令包括对表中记录的插入(INSERT)、数据内容的更新(UPDATE)和记录的删除(DELETE)。这三条语句都不可逆，即不能用"撤销"等命令还原，因此必须谨慎操作。

视频5-6　SQL数据操作语句

5.4.1　在表中插入记录

命令格式：

```
INSERT INTO 表名[(字段名1 [,字段名2，……])]
VALUES (常量1 [,常量2，……])
```

【例5-14】超市招聘了一位新员工，需要将这位新员工的信息(员工编号：Y021，姓名：蔡丽，性别：女，出生日期：1993-1-3，籍贯：北京，电话：13601111111)添加到员工表中。

查询的SQL语句和查询结果如图5-18所示。

INSERT INTO…VALUES语句的语法需要注意以下问题：

(1) VALUES后面罗列的值要与INSERT INTO后面罗列的字段顺序一一对应。

(2) 如果INSERT INTO子句中的字段名列表缺省，则表示新插入的记录必须在每个字段上均有值。

SQL语句：

```
INSERT INTO 员工(员工编号, 姓名, 性别, 出生日期, 籍贯, 电话)
VALUES ("Y021", "蔡丽", "女", #1993/1/3#, "北京", "13601111111");
```

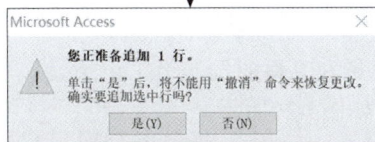

图 5-18　插入记录语句示例

(3) 插入的数值必须满足表的数据格式和约束。

5.4.2　在表中更新记录

命令格式：

```
UPDATE  表名
SET 字段名1=表达式1  [,字段名2=表达式2 ……]
[WHERE 条件表达式1  [ And|Or条件表达式2 ……]]
```

【例5-15】将员工表中姓名为"蔡丽"的员工的籍贯修改为"福建"。

查询的SQL语句和查询结果如图5-19所示。

SQL语句：

```
UPDATE 员工
SET 籍贯="福建"
WHERE 姓名="蔡丽";
```

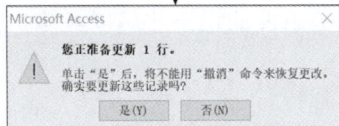

图 5-19　更新记录语句示例

UPDATE…SET…WHERE语句的语法需要注意以下问题：

(1) SET之后的表达式指出字段的新值，新的值可以是一个常量，也可以是表达式。

(2) WHERE子句指明满足哪些条件的记录才可以更新，如果省略WHERE子句，则代表对表中所有记录进行更新。

5.4.3 在表中删除记录

命令格式：

```
DELETE FROM 表名
[WHERE 条件表达式1 [ AND|OR条件表达式2 ……]]
```

【例5-16】删除员工表中姓名为"蔡丽"的员工记录。

查询的SQL语句和查询结果如图5-20所示。

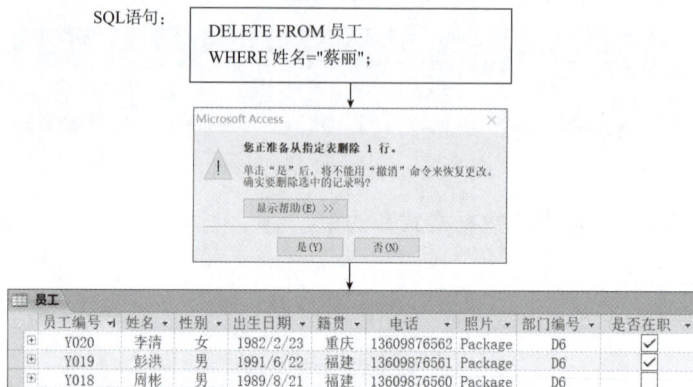

图 5-20   删除记录语句示例

DELETE FROM…WHERE语句的语法需要注意以下问题：

(1) DELETE语句仅删除表中记录，不会删除整张表、表结构或数据约束。

(2) DELETE语句不能删除单个列的值，而是删除整条记录，单个列的值应该用UPDATE语句修改。

(3) 如果表间建立了参照完整性，并且启用了级联删除功能，那么在使用DELETE语句删除记录时，其他表中与此相关的记录也会被删除。例如，删除员工表中的一条员工记录，工资表中与此员工有关的记录都将被删除。

(4) WHERE子句指明满足哪些条件的记录才可以删除，如果省略WHERE子句则代表删除表中所有记录。

5.5 | SQL 数据定义语句

SQL语句的数据定义功能包括创建表、修改表和删除表等基本操作。

5.5.1 创建表

在SQL语句中，用户可以使用CREATE TABLE语句建立基本表。语句格式如下。

```
CREATE TABLE 表名
(
字段名1  数据类型  [字段级完整性约束条件],
字段名2  数据类型  [字段级完整性约束条件],
字段名3  数据类型  [字段级完整性约束条件],
....
) [,表级完整性约束条件];
```

各参数说明如下。

- 表名：指需要创建的表的名称。
- 字段名：指创建的新表中的字段名。
- 数据类型：指对应字段的数据类型(具体符号如表5-5所示)。创建新表时要求每个字段必须定义字段名称和数据类型。
- 字段级完整性约束条件：指定义相关字段的约束条件，包括主键约束(Primary Key)、数据唯一性约束(Unique)、空值约束(Not Null或Null)和完整性约束(Check)等。

表5-5　CREATE TABLE语句中常用的字段数据类型

类型	数据类型的符号	说明
整数	byte	字节型
	smallint	整型
	integer	长整型
小数	numeric	双精度型
	real	单精度型
文本	char 或 char(size)	短文本型。在括号中规定字段大小
货币	currency	—
日期时间	datetime	—

【例5-17】创建"进货清单"表，表里包括"单号""货名""型号""数量""单价""进货日期"六个字段。

对应的SQL语句和运行结果如图5-21所示。

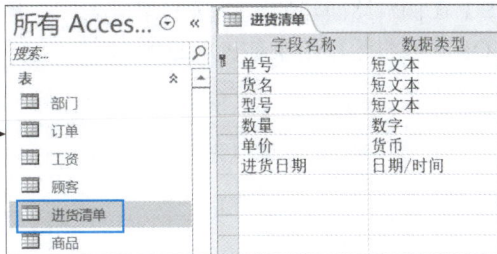

图 5-21　创建表语句示例

运行SQL查询后，导航窗格中出现了"进货清单"表，表中有六个字段，其中"单号"字段被设为主键，短文本类型，字段大小为10；"货名"字段为短文本类型，字段大小为20；"型号"字段为短文本类型，字段大小为20；"数量"字段为数字类型，字段大小为长整型；"单价"字段为货币类型；"进货日期"字段为日期/时间类型。

5.5.2　修改表结构

在SQL语句中，用户可以使用ALTER TABLE语句修改已建立表的表结构。

1. 添加表字段

语句格式如下：

```
ALTER TABLE 表名
ADD 新字段名 数据类型 [字段级完整性约束条件];
```

【例5-18】在例5-17创建的"进货清单"表中，增加"备注"字段，字段数据类型为短文本型，字段大小为100。

对应的SQL语句和运行结果如图5-22所示。

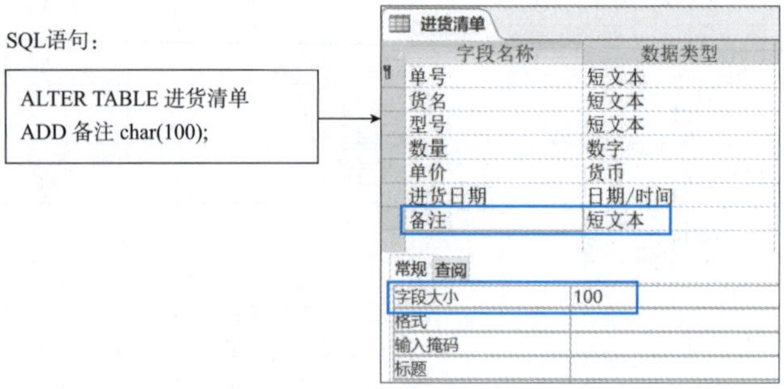

图 5-22　添加表字段语句示例

2. 删除表字段

语句格式如下：

```
ALTER TABLE 表名
DROP 字段名;
```

【例5-19】在例5-18创建的"进货清单"表中，删除"型号"字段。

对应的SQL语句和运行结果如图5-23所示。

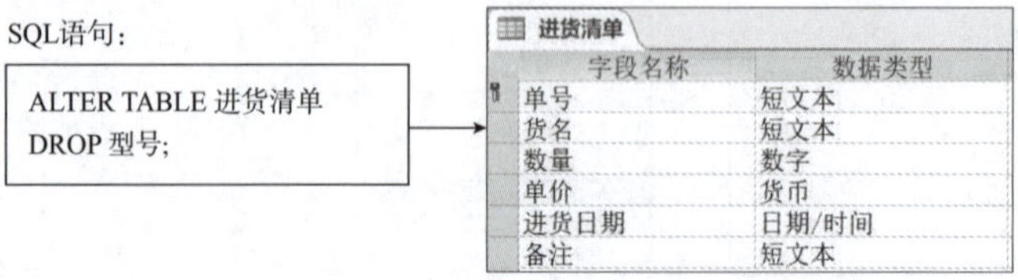

图 5-23　删除表字段语句示例

3. 更改字段属性

语句格式如下：

```
ALTER TABLE 表名
ALTER 字段名 新属性;
```

【例5-20】在例5-19创建的"进货清单"表中，修改"单号"字段大小为20。

对应的SQL语句和运行结果如图5-24所示。

SQL语句：

```
ALTER TABLE 进货清单
ALTER 单号 char(20);
```

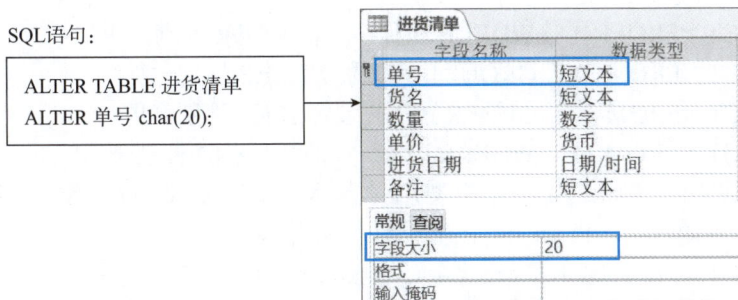

图 5-24　更改字段属性语句示例

5.5.3　删除表

在SQL语句中，用户可以使用DROP TABLE语句删除不需要的表(包括表结构和表中的全部数据)。语句格式如下：

```
DROP TABLE 表名;
```

【例5-21】通过SQL语句把例5-20创建的"进货清单"表删除。

对应的SQL语句如下：

```
DROP TABLE 进货清单;
```

5.6　思考与练习

5.6.1　思考题

1. SQL语句有哪些功能？

2. 在SELECT查询语句中，对查询结果进行排序的子句是什么？能消除重复行的关键字是什么？

3. 在SELECT查询语句中，GROUP BY子句有哪些用途？

5.6.2 选择题

1. 在SELECT语句中，用于指定数据表的子句是(　　)。

  A. FROM   B. WHERE   C. ORDER BY   D. GROUP BY

2. 在SELECT语句中，用于限制显示记录条件的子句是(　　)。

  A. SELECT   B. FROM   C. WHERE   D. ORDER BY

3. 设"员工"表中有"职称"(文本型)和"性别"(文本型)等字段，若要查询男性工程师的信息，正确的SQL语句是(　　)。

  A. SELECT * FROM 员工 WHERE 职称="工程师" OR 性别="男"

  B. SELECT * FROM 员工 GROUP BY 职称 WHERE 性别="男"

  C. SELECT * FROM 员工 ORDER BY 职称 WHERE 性别="男"

  D. SELECT * FROM 员工 WHERE 职称="工程师" AND 性别="男"

4. "工资"表中有"职工号"(字符型)、"基本工资"(数字型)和"奖金"(数字型)等字段，若要查询职工的收入，正确的SQL语句是(　　)。

  A. SELECT 职工号,(基本工资+奖金) AS 收入 FROM 工资

  B. SELECT 收入=基本工资+奖金FROM工资

  C. SELECT * FROM 工资 WHERE 收入=基本工资+奖金

  D. SELECT * FROM 工资 WHERE 基本工资+奖金 AS 收入

5. "图书"表有"图书名称"(字符型)、"出版日期"(日期/时间型)等字段，若要查询2010年出版的所有图书信息，正确的SQL语句是(　　)。

  A. SELECT * FROM 图书 WHERE 出版日期=2010

  B. SELECT * FROM 图书 WHERE 出版日期>=2010-01-01 And 出版日期<=2010-12-31

  C. SELECT * FROM 图书 WHERE 出版日期 Between 2010-01-01 And 2010-12-31

  D. SELECT * FROM 图书 WHERE 出版日期 Between #2010-01-01# And #2010-12-31#

6. SELECT语句中有"ORDER BY 专业 ASC"子句，其功能是(　　)。

  A. 按专业字段升序排列

  B. 按专业字段分组

  C. 按专业字段降序排列

  D. 显示表中专业字段内容

7. 设"员工"表中有"性别"(文本型)和"工资"(数字型)等字段，若要按性别查询男女员工的最高工资，正确的SQL语句是(　　)。

  A. SELECT Max(工资) FROM 员工 GROUP BY 工资

  B. SELECT Min(工资) FROM 员工 GROUP BY 性别

  C. SELECT Max(工资) FROM 员工 GROUP BY 性别

  D. SELECT Max(工资) FROM 员工 ORDER BY 性别

8. 设"员工"表中有"工号"(文本型)和"部门"(文本型)等字段，若要将所有工号以Y打头的员工部门改为"运营部"，正确的SQL语句是(　　)。

  A. UPDATE 工号="Y*" SET 部门="运营部"

  B. UPDATE 员工 WHERE 部门="运营部" WHERE 工号 Like "Y*"

C. UPDATE 员工 SET 部门="运营部" WHERE 工号 Like "Y*"

D. UPDATE 员工 SET 部门="运营部" WHERE 工号 Like "*Y"

9. 设"商品"表中有"商品编号"(字符型)、"数量"(数字型)和"产地"(字符型)3个字段，若向"商品"表中插入商品编号为G006，数量为200，产地为北京的新记录，正确的语句是(   )。

A. INSERT INTO 商品 VALUES(G006,200,北京)

B. INSERT INTO 商品(商品编号,数量,产地) VALUES(G006,200,北京)

C. INSERT INTO 商品 VALUES("G006",200, "北京")

D. INSERT INTO 商品(商品编号,数量,产地) VALUES("G006","200","北京")

第 6 章

数据的可视化：窗体与报表

在数据库应用系统中，窗体 (Form) 和报表 (Report) 是实现数据可视化的关键对象。它们以不同的方式促进用户与数据的交互和数据呈现：窗体侧重于实时交互，使用户能够动态地管理和更新数据；而报表则专注于静态展示，为用户提供经过整理和分析的信息快照。两者相辅相成，共同构成了完整的数据可视化解决方案。本章将结合"小型超市管理系统"项目，详细介绍窗体和报表的创建、设计及美化方法。

⬇ 学习目标

- 了解窗体的作用和组成
- 掌握窗体的创建方法
- 掌握窗体的设计方法
- 了解报表的作用和组成
- 掌握报表的创建方法
- 掌握报表的设计方法

知识结构

本章知识结构如图6-1所示。

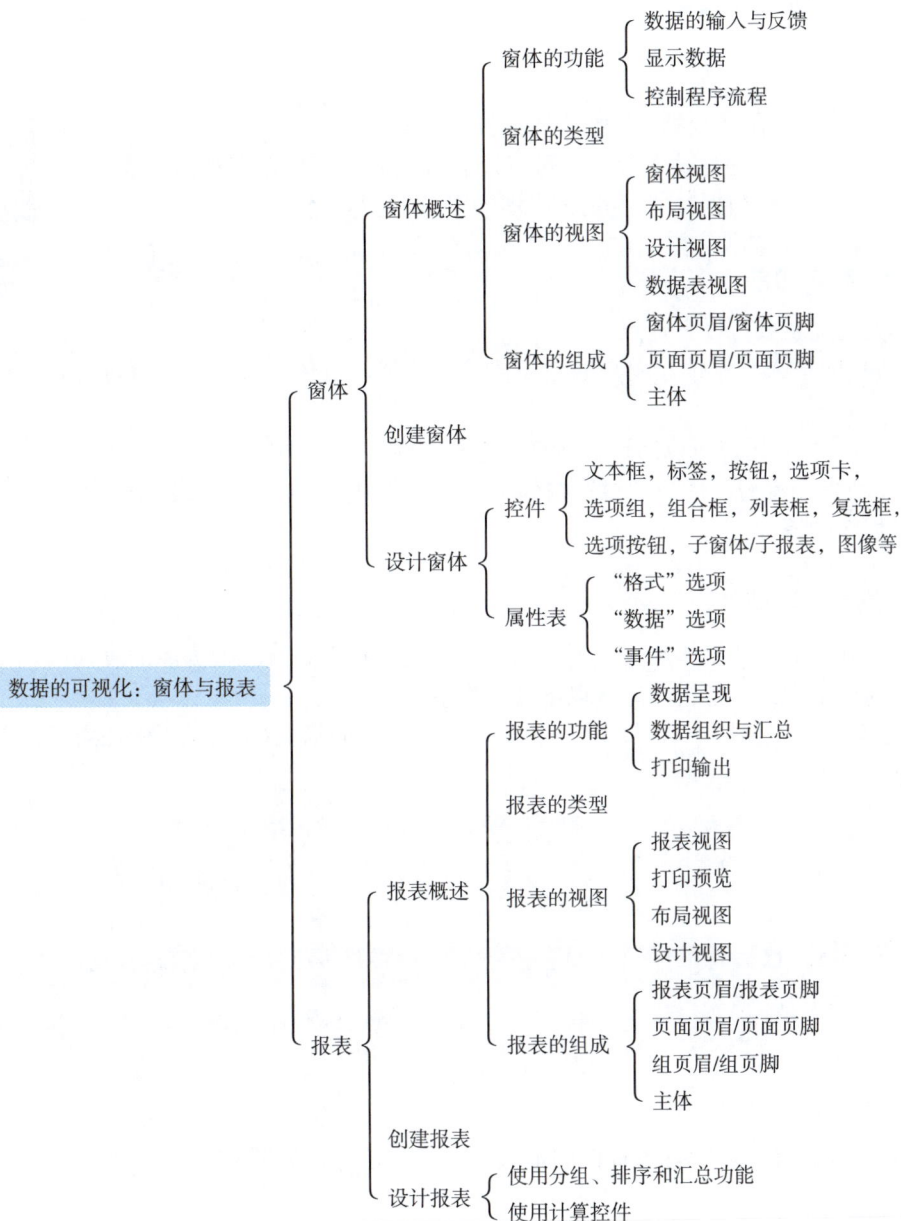

图 6-1　本章知识结构图

6.1 窗体概述

窗体自身并不存储数据，通常需要指定数据源，数据源可以是表、查询、SQL语句或通过键盘输入等，也可以没有数据源。窗体以直观的方式为用户提供浏览和编辑数据功能，并控制应用程序的运行流程。

视频6-1
窗体概述

6.1.1 窗体的功能

窗体的功能主要有以下几点。

(1) 数据的输入与反馈。用户通过窗体输入数据，窗体对输入的数据进行处理后给予用户反馈。

(2) 显示数据。用户可以通过窗体直观地查看数据库中的数据。

(3) 控制程序流程。用户通过在窗体上使用控件并触发控件的事件来实现程序的功能，从而控制程序的流程。

6.1.2 窗体的类型

Access提供了多种窗体类型，下面以“小型超市管理系统”数据库的表为例，按照数据在窗体上的显示方式，把窗体分为以下几种类型。

(1) 多个项目窗体。一次显示多条记录，记录以行的形式排列，如图6-2所示，主要用于查看和维护数据。

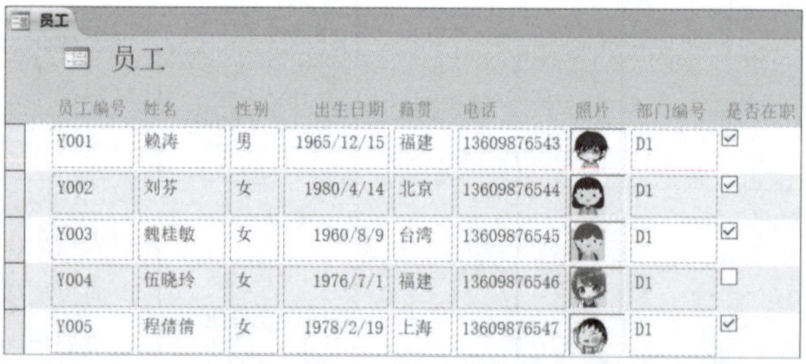
员工

员工编号	姓名	性别	出生日期	籍贯	电话	照片	部门编号	是否在职
Y001	赖涛	男	1965/12/15	福建	13609876543		D1	☑
Y002	刘芬	女	1980/4/14	北京	13609876544		D1	☑
Y003	魏桂敏	女	1960/8/9	台湾	13609876545		D1	☑
Y004	伍晓玲	女	1976/7/1	福建	13609876546		D1	☐
Y005	程倩倩	女	1978/2/19	上海	13609876547		D1	☑

图 6-2　多个项目窗体示例

(2) 数据表窗体。以数据表视图的形式呈现字段信息，如图6-3所示，主要用于查看和编辑数据。

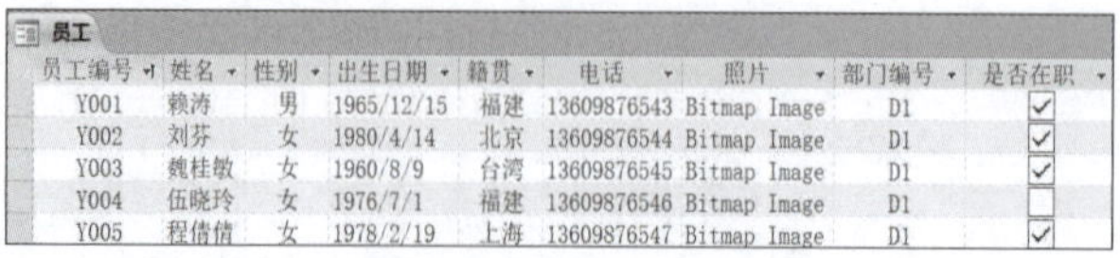
员工

员工编号	姓名	性别	出生日期	籍贯	电话	照片	部门编号	是否在职
Y001	赖涛	男	1965/12/15	福建	13609876543	Bitmap Image	D1	☑
Y002	刘芬	女	1980/4/14	北京	13609876544	Bitmap Image	D1	☑
Y003	魏桂敏	女	1960/8/9	台湾	13609876545	Bitmap Image	D1	☑
Y004	伍晓玲	女	1976/7/1	福建	13609876546	Bitmap Image	D1	☐
Y005	程倩倩	女	1978/2/19	上海	13609876547	Bitmap Image	D1	☑

图 6-3　数据表窗体示例

(3) 分割窗体。分割窗体由上下两部分组成，上部分是单独显示一条记录的窗体，下部分是数据表窗体，单击下部分窗体的某条记录，上部分窗体的内容就会随之变化，如图6-4所示。

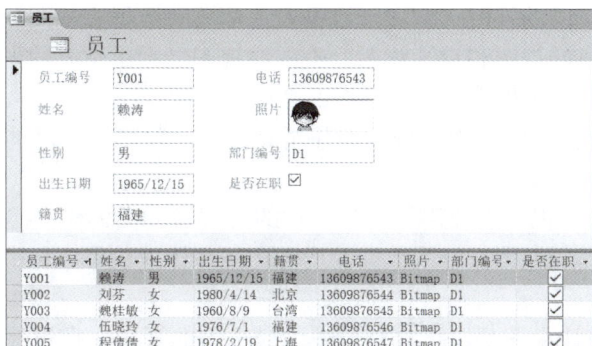

图 6-4　分割窗体示例

(4) 主/子窗体。一个窗体中嵌套窗体，外层窗体称为主窗体，里面嵌套的窗体称为子窗体，如图6-5所示，主要用于显示来自两个有关系的表或查询的数据。

(5) 模式对话框窗体。具有运行流程的窗体，接受用户输入，反馈信息，显示各种提示信息等，如图6-6所示。

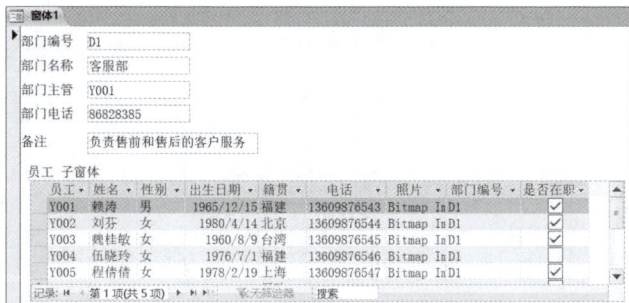

图 6-5　主 / 子窗体示例

图 6-6　模式对话框窗体示例

(6) 图表展示窗体。以图表的形式展示数据统计信息，如图6-7所示。

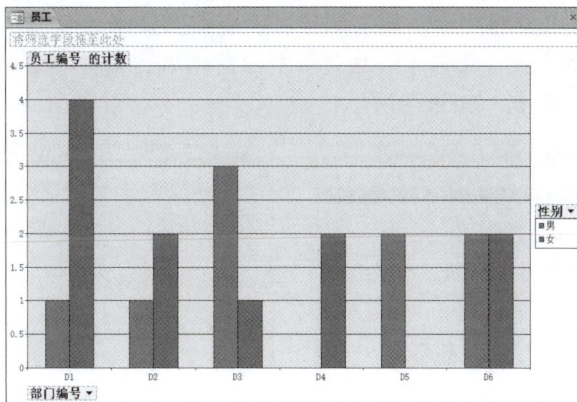

图 6-7　图表展示窗体示例

6.1.3　窗体的视图

Access为窗体提供了四种不同的视图：窗体视图、布局视图、设计视图、数据表视图。不同类型的窗体具有不同的视图，例如，数据表窗体只有数据表视图和设计视图，交互信息窗体只有窗体视图、布局视图和设计视图。不同的视图显示出不同的形式和内容，用以实现不同的任务。在窗体设计过程中，经常使用的是以下三种视图。

(1) 窗体视图。窗体视图是用户看到的使用界面，即窗体运行时的显示界面。窗体视图下不能更改窗体的设计。

(2) 布局视图。布局视图主要用于调整控件的排列和界面的美观，它看起来和窗体视图非常相似，不同的是布局视图在查看数据的同时还能整体地设置控件大小和排版，是非常直观有用的视图。

(3) 设计视图。设计视图是窗体设计过程中最常用的视图。在设计视图里，窗体并没有运行，因此是无法查看数据的。设计视图提供了窗体结构的详细设计功能，以及控件的属性设置、事件设计和在布局视图中无法实现的很多功能，如图6-8所示。

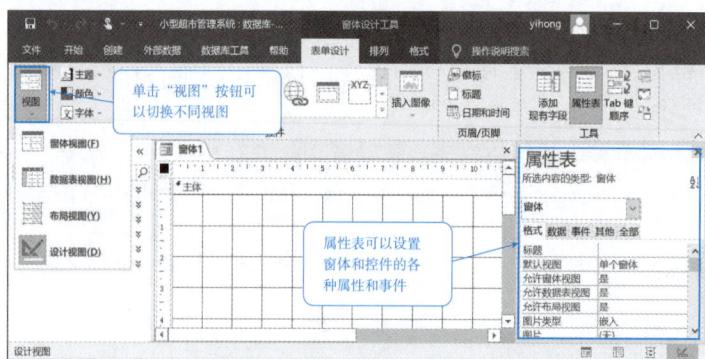

图 6-8　窗体的设计视图

6.1.4　窗体的组成

在设计视图下，窗体由窗体页眉、窗体页脚、页面页眉、页面页脚和主体五部分组成。在窗体中，主体是必不可少的部分，其余部分可以根据需要来选择显示或不显示。

把窗体的组成部分显示出来的方法是对着空白窗体单击鼠标右键，在弹出的快捷菜单中可以选择除主体以外的部分，如图6-9所示。

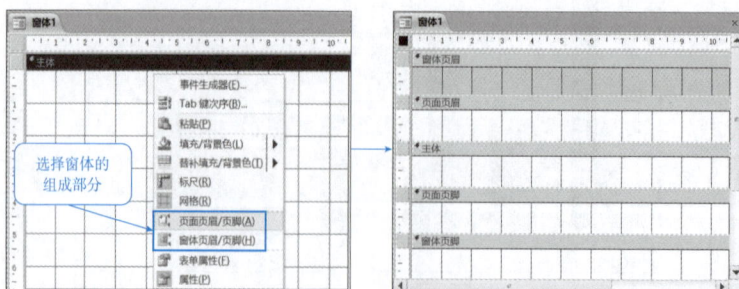

图 6-9　窗体的组成

(1) 窗体页眉。位于窗体最顶部，通常用于显示窗体的标题、图标等不会随着记录改变而改变的信息。

(2) 窗体页脚。位于窗体的尾部，作用与窗体页眉相同。

(3) 页面页眉。在窗体每一页的顶部，用来显示页码、日期、列标题等信息。把窗体切换到窗体视图后，是看不到页面页眉的，只在打印预览或打印出来的窗体上才能看到页面页眉。

(4) 页面页脚。在窗体每一页的底部，用来显示页码、日期、本页汇总等信息。跟页面页眉一样，页面页脚也只出现在打印预览或打印的窗体上。

(5) 主体。主体是窗体必不可少的部分，用来显示来自表或查询的记录数据。如果主体区域较大，在窗体中可能出现滚动条，滚动条只能控制主体区域，无法控制页眉页脚区域。

6.2 创建窗体

视频6-2
创建窗体

在Access中创建窗体的方法有很多种，单击数据库的"创建"选项卡，在窗体组件中可以选择不同的创建窗体的方式，如图6-10所示。

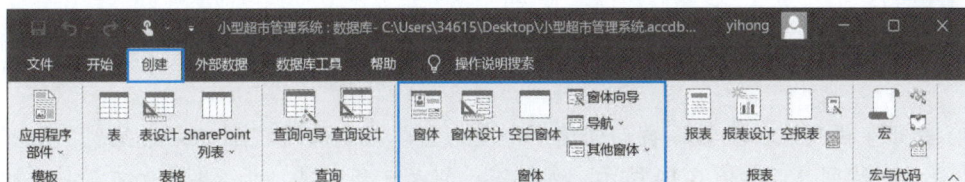

图 6-10 窗体的组件

6.2.1 使用"窗体"工具创建窗体

【例6-1】使用"窗体"工具为"商品"表创建一个窗体，并将其命名为"商品信息"。

具体步骤如下：

打开数据库，如图6-11左侧所示，在表对象中先选中"商品"表，然后单击"创建"选项卡，单击"窗体"按钮。要注意，应先单击表，否则"窗体"按钮不可用。数据库自动创建一个窗体，以布局视图的方式呈现"商品"表的数据，如图6-11右侧所示。在布局视图中可以调整排版，使得界面更美观。保存并为窗体命名为"商品信息"。

成功创建窗体后，在数据库的窗体对象中就会出现刚刚创建的窗体，把窗体切换到窗体视图，如图6-12所示，就是窗体运行时能看到的界面。

6.2.2 使用"空白窗体"工具创建窗体

空白窗体是指没有任何数据源的窗体，需要用户自行根据需要添加字段。

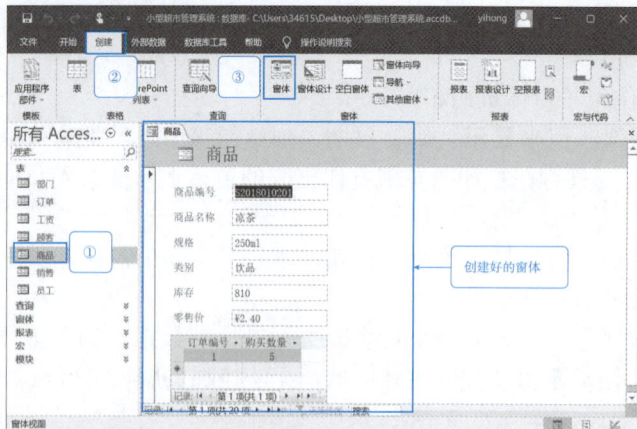

图 6-11 使用"窗体"工具创建窗体 (a)　　　图 6-12 使用"窗体"工具创建窗体 (b)

【例6-2】使用"空白窗体"工具为"顾客"表创建一个窗体，命名为"顾客信息"。
具体步骤如下：

(1) 打开数据库，单击"创建"选项卡，单击"空白窗体"按钮，如图 6-13 所示。

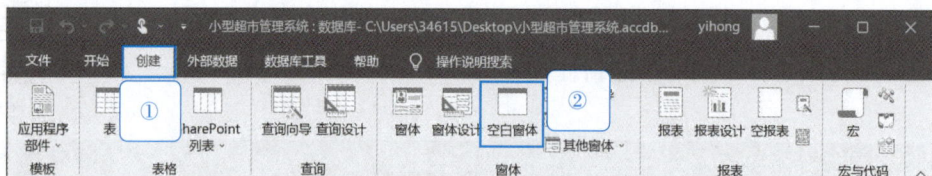

图 6-13 使用"空白窗体"工具创建窗体 (a)

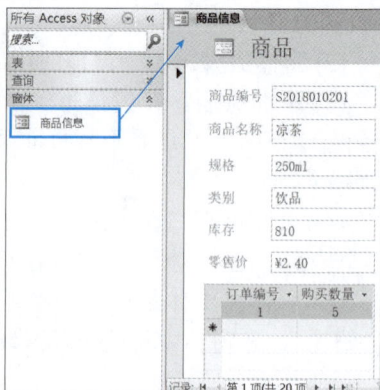

(2) 打开字段列表。数据库自动创建一个空白窗体，以布局视图的方式呈现，在窗体右侧还会显示字段列表，如图 6-14 所示。如果字段列表没有出现，可以单击上方工具栏的"添加现有字段"按钮。单击"字段列表"中的"显示所有表"命令，就会列出数据库的所有表，单击"顾客"表前的"+"号，就会列出该表中所有的字段。

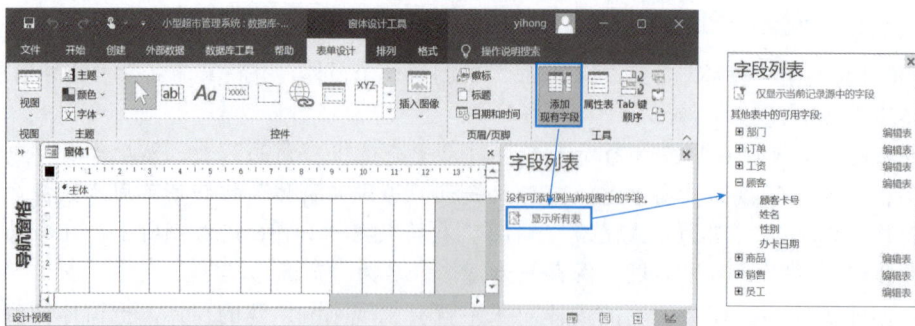

图 6-14 使用"空白窗体"工具创建窗体 (b)

(3) 添加所需字段。将顾客表的字段一个一个用鼠标拖动到左侧窗体中，结果如图 6-15 所示。

(4) 添加标题。在"页眉 / 页脚"功能区单击"标题"按钮，为窗体添加标题，在标题位置输入"顾客信息"，如图 6-16 所示。

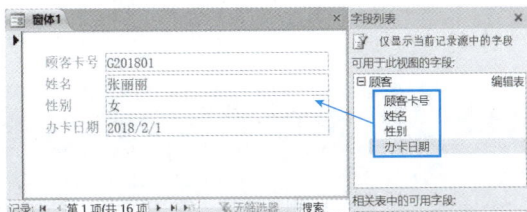

图 6-15　使用"空白窗体"工具创建窗体 (c)

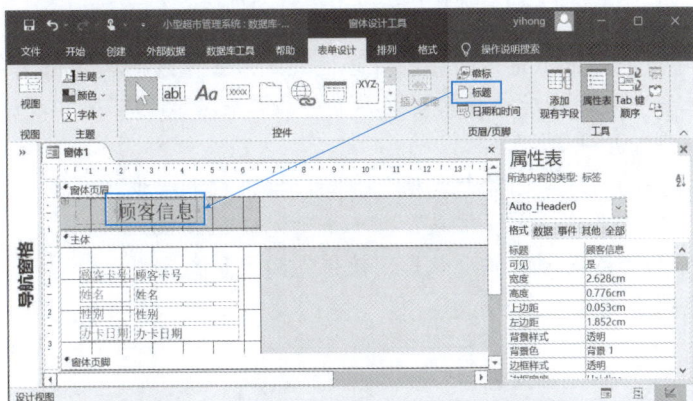

图 6-16　使用"空白窗体"工具创建窗体 (d)

（5）添加日期和时间。如图 6-17 所示，在"页眉 / 页脚"功能区单击"时间和日期"按钮，弹出"日期和时间"对话框，选择需要的格式，单击"确定"按钮。为窗体插入日期和时间后，可以在布局视图中调整显示效果，最后保存并为窗体命名为"顾客信息"。

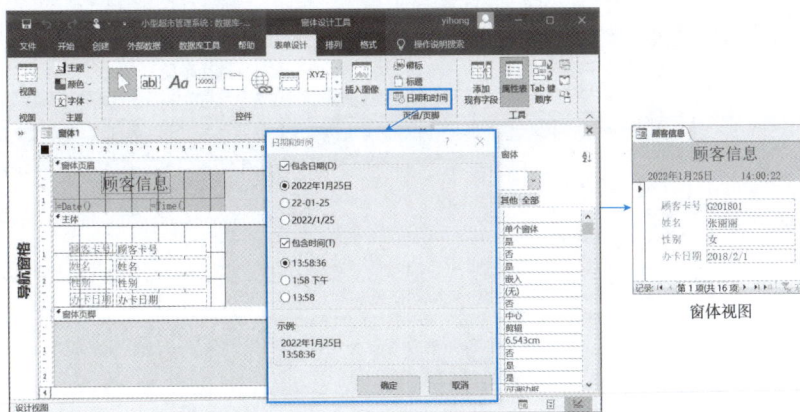

图 6-17　使用"空白窗体"工具创建窗体 (e)

6.2.3　使用"窗体向导"工具创建窗体

【例6-3】使用"窗体向导"工具为"工资"表创建一个表格式窗体，并将其命名为

"工资信息"。

具体步骤如下：

(1) 打开数据库，单击"创建"选项卡，单击"窗体向导"按钮，如图 6-18 所示。

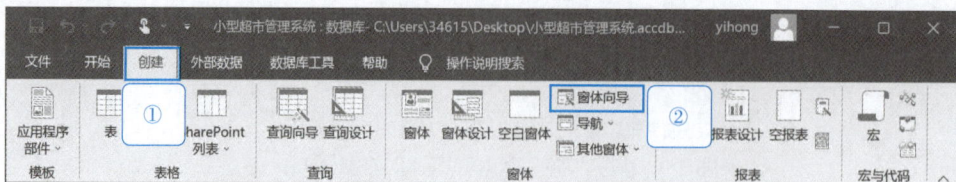

图 6-18　使用"窗体向导"工具创建窗体 (a)

(2) 选择所需字段。弹出"窗体向导"对话框，先为窗体选择数据源，在"表/查询"下拉列表中单击"工资"表，然后选择需要显示的字段，把左侧的可用字段选到右侧的选定字段中，单击"下一步"按钮。

(3) 为窗体选择布局。这里选择"表格"布局，单击"下一步"按钮。

(4) 保存并将窗体命名为"工资信息"，单击"完成"按钮。

(5) 在窗体的布局视图里调整显示效果，使得界面更整齐美观。

窗体向导的设置步骤如图6-19所示。

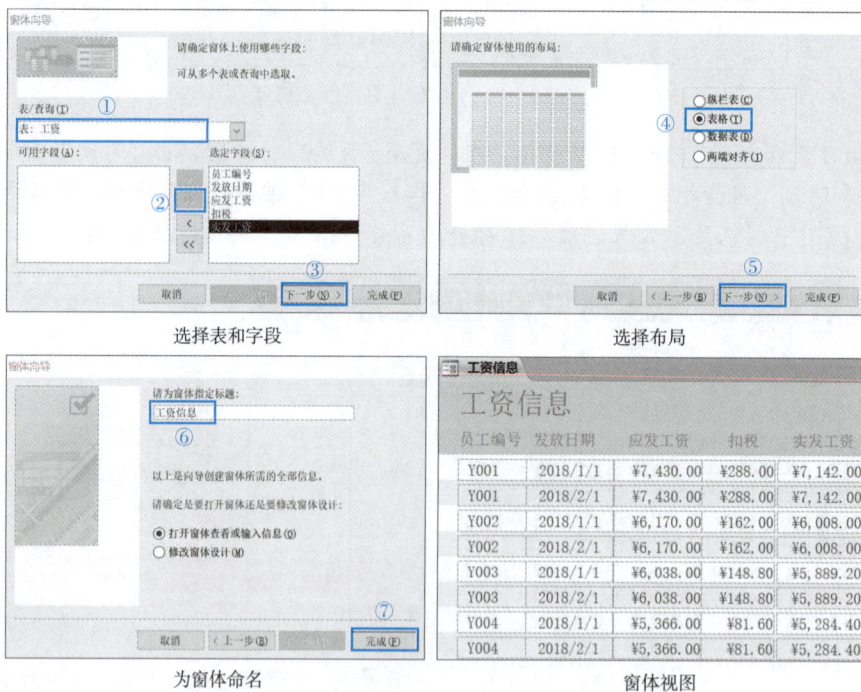

图 6-19　使用"窗体向导"工具创建窗体 (b)

6.2.4　使用"多个项目"工具创建窗体

【例6-4】使用"多个项目"工具为"部门"表创建一个窗体，并将其命名为"部门信息"。

具体步骤如下：

(1) 打开数据库，在表对象中先选中"部门"表。如果不先选中数据表，"多个项目"工具是不能使用的。

(2) 单击"创建"选项卡，单击"其他窗体"按钮，在弹出的列表中选择"多个项目"，如图 6-20 所示。

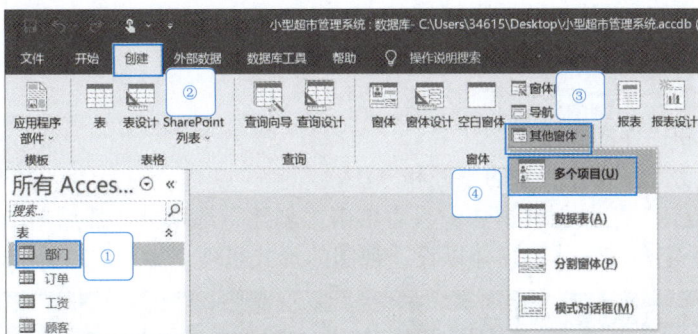

图 6-20　使用"多个项目"工具创建窗体 (a)

(3) 数据库自动为表生成一个窗体，以布局视图的方式呈现数据，在布局视图里可以调整排版。最后保存窗体，将窗体命名为"部门信息"，窗体视图如图 6-21 所示。

图 6-21　使用"多个项目"工具创建窗体 (b)

6.2.5　使用"数据表"工具创建窗体

使用"数据表"工具创建窗体和前面介绍的使用"多个项目"工具创建窗体的步骤是一样的，都是先选中某个数据源(表、查询或窗体都可以作为数据源)，然后单击"数据表"工具即可创建。

图6-3就是利用"数据表"工具创建的窗体。

6.2.6　使用"分割窗体"工具创建窗体

使用"分割窗体"工具创建窗体和前面介绍的使用"多个项目"工具创建窗体的步骤是一样的，都是先选中某个数据源(表、查询或窗体都可以作为数据源)，然后单击"分割窗体"工具即可创建。

图6-4就是利用"分割窗体"工具创建的窗体。

6.2.7 使用"窗体设计"工具创建窗体

虽然使用前面介绍的方法可以创建各种窗体，对于初学者而言更容易入门，但随着学习的深入和实际应用需求的复杂性提升，必须使用窗体的设计视图来进一步设计窗体。使用"窗体设计"工具其实就是使用窗体的设计视图来创建和设计窗体。

使用设计视图创建窗体的关键步骤如下。

(1) 为窗体绑定数据源(数据源可以是表、查询或SQL语句)。

(2) 选取所需的控件，做好外观和功能的设计。

(3) 设置窗体和控件的属性。

(4) 根据窗体功能，设计对象的事件和方法。

使用"窗体设计"工具创建窗体，只需单击"创建"选项卡，然后单击"窗体设计"按钮，即可创建一个空白的窗体，窗体以设计视图的形式呈现，如图6-22所示。

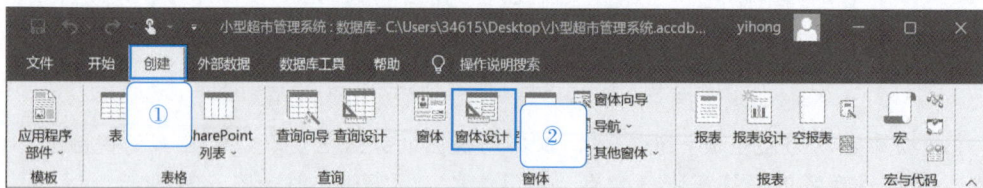

图 6-22　使用"窗体设计"工具创建窗体

6.3 设计窗体

在窗体的设计视图设计窗体时，离不开控件的使用。图6-23所示是一个窗体的设计视图，里面包含了部分常用的控件。

6.3.1 认识控件

视频6-3
认识控件

1. 控件分类

控件是窗体的图形化对象，在Access中，控件分为绑定型控件和非绑定型控件两种。

(1) 绑定型控件。数据源可以是表或查询的字段，用于显示字段中的值；也可以是表达式，表达式中可以使用字段值，也可以使用窗体或报表上其他控件的数据。

(2) 非绑定型控件。没有数据源，常用于显示标题、说明信息、图片、线条或矩形。

2. 常用控件

图6-24所示为窗体在设计视图下"窗体设计工具"中的控件列表，为窗体添加控件时需要从控件列表中选取控件。

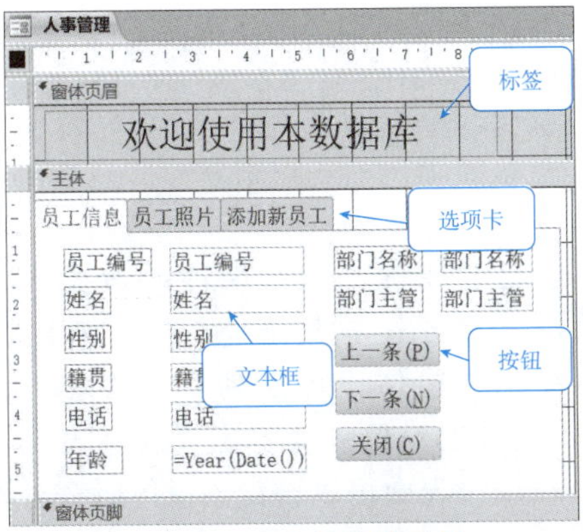

图 6-23　窗体的控件示例

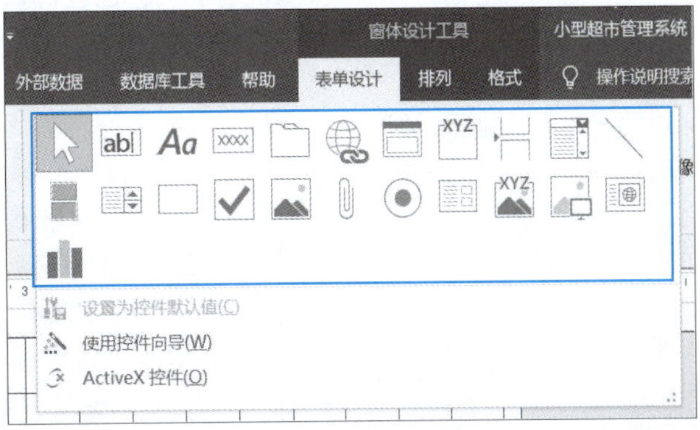

图 6-24　控件列表

将光标移动至某个控件上(无须单击)，系统会自动给出该控件的名称。表6-1简要介绍了常用控件的名称、图案和用途。

表6-1　常用控件的介绍

控件名称		控件图案	用途
中文名	英文名		
文本框	Text	abl	显示或输入数据。可以绑定字段，也可以显示提示信息，或接受用户输入
标签	Label	Aa	显示文本。没有数据源，属于非绑定型控件。可以单独创建，也可以附加创建，例如创建文本框控件时，在左侧就会附带标签控件
按钮	Command	xxxx	单击按钮时执行宏或 VBA 代码
选项卡	无		用于在一个窗体中展示多页信息
选项组	Frame	XYZ	存放多个选项按钮、复选框或切换按钮，用于显示一组可选值。但只能选择其中一个选项值
组合框	Combo		提供一个值下拉列表，以提高数据输入速度。可以在组合框内输入新值，也可以在列表中选择一个值
图表	Graph		在窗体中创建图表
直线	Line	\	显示一条直线
列表框	List		包含一组数据，以列表的方式供用户选择
矩形	Box		显示一个矩形
复选框	Check	✓	一个二态选项按钮，代表选项是否选中。多个组合可以复选
选项按钮	Option	⊙	一个二态选项按钮，代表选项是否选中。多个组合只能单选
子窗体 / 子报表	Child		在窗体或报表中插入另一个窗体或报表
图像	Image		在窗体中显示静态图片

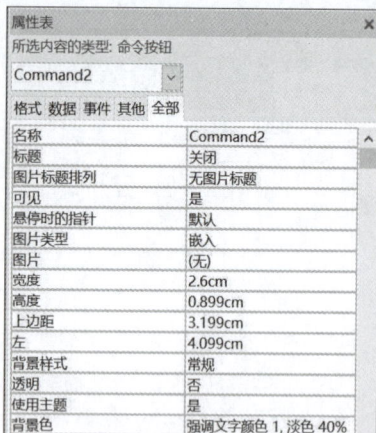

图 6-25　属性表示例

3. 控件向导

在图6-24所示的控件列表中，有一个选项☑ 使用控件向导(W)，选中该项就会启动控件的向导功能。

4. 控件的属性

每个控件都有自己的属性，这些属性的设置决定了控件的外观和功能。需要设置某个控件的属性时，先选中该控件，再单击"窗体设计工具"→"表单设计"→"属性表"，窗体的右侧就会弹出"属性表"窗口，如图6-25所示。在属性表中可以设置该窗体所有对象的属性。

5. 添加控件的方法

在窗体中添加控件的一般步骤如下。

(1) 新建窗体或打开已经创建好的窗体，切换到窗体的设计视图。

(2) 单击"窗体设计工具"中的"表单设计"选项，在控件列表里，单击需要的控件。

(3) 将光标移动到窗体内部，在需要放置控件的位置单击，创建一个默认尺寸的控件，或者可以直接拖曳鼠标，画出一个大小合适的控件。

(4) 打开属性表，为控件设置数据源、属性、事件等。

6.3.2　使用文本框 (Text) 控件

1. 文本框的数据源是字段

【例6-5】创建一个窗体，并将其命名为"人事管理"，显示员工信息。窗体视图的效果如图6-26所示。

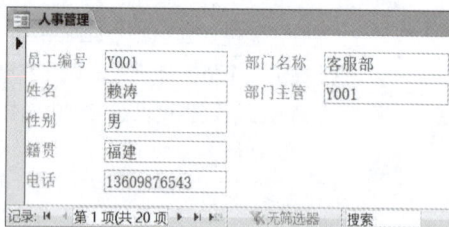

图 6-26　文本框的数据源是字段 (a)

视频6-4
使用文本框
(Text)控件

具体步骤如下：

(1) 创建一个窗体。选择"创建"选项卡，单击"窗体设计"按钮，创建一个空白的窗体，并以设计视图的形式呈现，保存并将其命名为"人事管理"。

(2) 打开字段列表。如图 6-27 所示，单击"添加现有字段"按钮会弹出字段列表，新创建窗体的字段列表是空的，需要单击"显示所有表"命令才会看到数据库中可用的表。

(3) 在主体中添加所需的文本框。单击表前的"+"号展开表中所有字段，拖曳需要的字段到窗体中，如图 6-28 所示。最后保存。

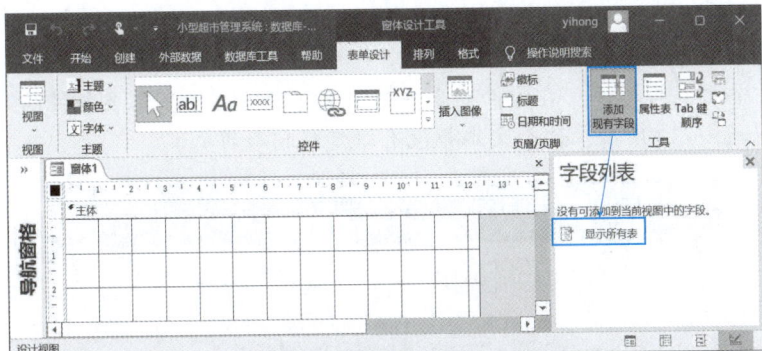

图 6-27　文本框的数据源是字段 (b)

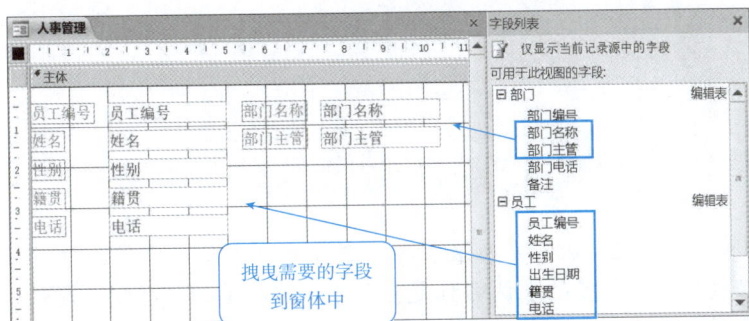

图 6-28　文本框的数据源是字段 (c)

　　创建绑定字段的文本框最快的方式就是直接拖曳字段列表中的字段到窗体中，文本框中就会自动绑定字段的值，且同时在文本框的左边生成一个标签，标签显示内容就是字段名。

　　在窗体设计视图里是看不到文本框绑定的字段值的，要切换到窗体视图(即运行窗体)才能看到，文本框默认显示第一条记录的数据。

　　本例使用了"部门"和"员工"两张表，在窗体中使用多张表的字段也需要建立表间关系。如果没有事先建立表间关系，在拖曳字段到窗体中时，会弹出一个"指定关系"对话框，让用户来指定关联字段。

2. 文本框的数据源是表达式

　　【例6-6】以例6-5为基础，在窗体内增加员工的年龄信息，窗体视图的效果如图6-29所示。

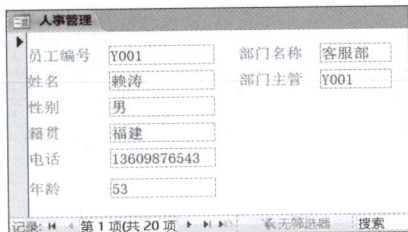

图 6-29　文本框的数据源是表达式 (a)

具体步骤如下：

(1) 打开窗体并切换到设计视图。

(2) 添加一个文本框控件。在控件列表中单击文本框控件 (不需要控件向导)，添加一个新的文本框，如图 6-30 所示。这个文本框没有绑定任何数据源。

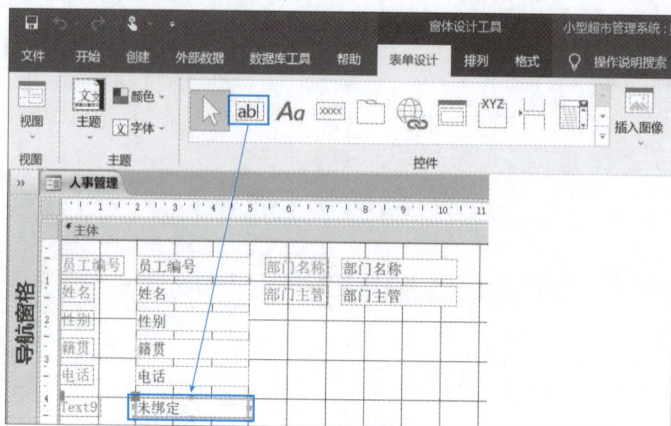

图 6-30　文本框的数据源是表达式 (b)

(3) 设置文本框的属性。打开属性表，单击新文本框左侧的标签控件，属性表中会列出它的属性，可以看到这个标签的默认名称是 Label9。把标签的"标题"属性改为"年龄"，在窗体上就能看到标签显示的文字变为"年龄"，如图 6-31 所示。

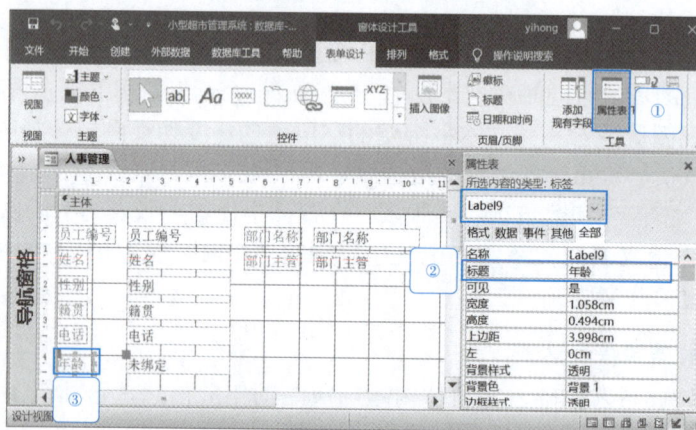

图 6-31　文本框的数据源是表达式 (c)

(4) 把所需字段添加到字段列表中。单击"添加现有字段"按钮调出字段列表，单击"仅显示当前记录源中的字段"命令，如图 6-32 所示，会显示出当前窗体能使用的字段名。可以看到当前窗体能使用的字段没有"出生日期"字段，因为计算年龄需要使用"出生日期"字段，所以需要把这个字段添加进来。单击"显示所有表"命令，把"员工"表中的"出生日期"字段添加到窗体中，然后在窗体中把由"出生日期"字段生成的控件删除。这样"出生日期"字段就会出现在"可用于此视图的字段"的字段列表中，窗体才能使用这个字段。

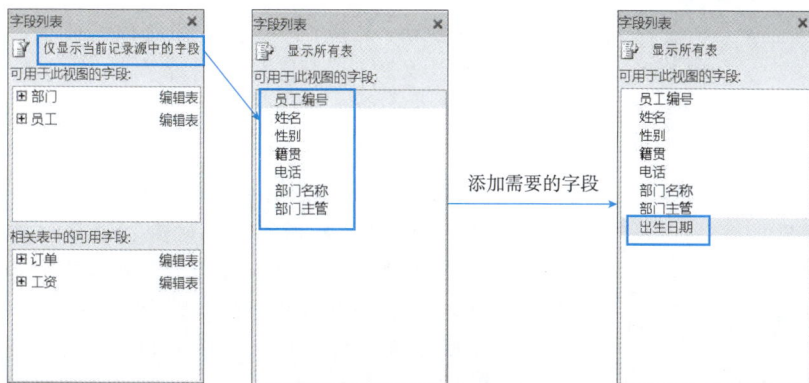

图 6-32　文本框的数据源是表达式 (d)

(5) 为文本框设置属性"控件来源"。重新打开属性表，单击新文本框，属性表中会列出它的属性，可以看到这个文本框的默认名称是 Text1。修改文本框的"控件来源"属性，输入表达式 =Year(Date())-Year([出生日期])，如图 6-33 所示。切换到窗体视图才可以看到文本框中显示出年龄数据。最后保存。

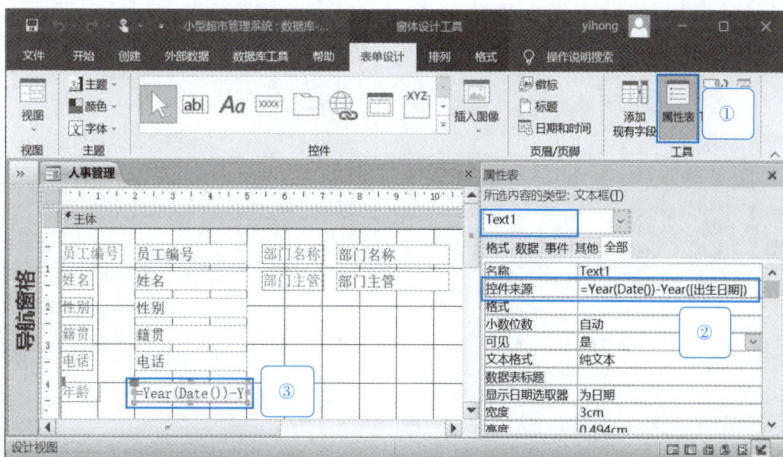

图 6-33　文本框的数据源是表达式 (e)

文本框可以在"控件来源"属性处输入表达式，在表达式中使用字段值来进行计算。字段值参与运算都必须加上方括号[ ]。

6.3.3　使用标签 (Label) 控件

标签控件是典型的非绑定型控件，并不能显示字段的值，也不能进行计算，只能单向地向用户传达信息。

在上一小节介绍文本框的例子中已经使用过标签控件，文本框左侧的都是标签控件，是创建文本框时自带的，这个标签可以单独删除掉，只留下文本框控件。

视频6-5
使用标签
(Label)控件

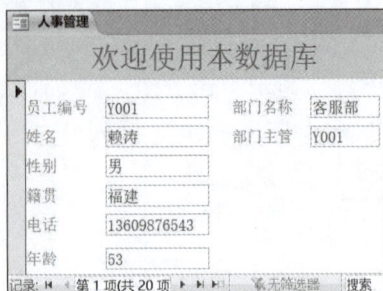
图 6-34　使用标签控件 (a)

【例6-7】以例6-6为基础，在窗体页眉处增加一行标题字"欢迎使用本数据库"，窗体视图的效果如图6-34所示。

具体步骤如下：

(1) 打开窗体并切换到设计视图。

(2) 调出"窗体页眉 / 页脚"部分。对着窗体空白处单击右键，选择"窗体页眉 / 页脚"命令，窗体的设计视图中就会出现窗体的页眉部分和页脚部分，因为窗体页脚不需要显示信息，所以把页脚空间拖动至最小。

(3) 添加一个标签控件。在控件列表中单击标签控件，在窗体页眉处放置标签控件，把标签控件的"标题"属性改为"欢迎使用本数据库"，然后修改字体、字号和前景色属性使其美观，如图 6-35 所示。最后保存。

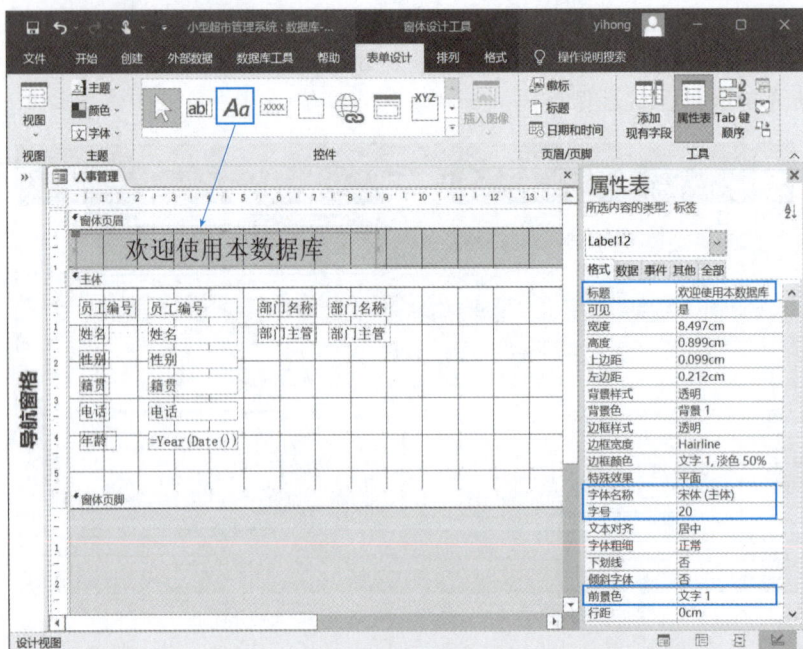
图 6-35　使用标签控件 (b)

6.3.4　使用按钮 (Command) 控件

【例6-8】以例6-7为基础，在窗体上增加"上一条(P)""下一条(N)"和"关闭(C)"三个按钮。单击"上一条(P)"按钮可以显示上一条记录信息(该按钮有快速访问功能，即同时按下键盘的Alt键和P键就能产生与单击该按钮相同的效果)，单击"下一条(N)"按钮(该按钮有快速访问功能)可以显示下一条记录信息，单击"关闭(C)"按钮(该按钮有快速访问功能)可以关闭当前窗体。窗体视图的效果如图6-36所示。

视频6-6　使用按钮(Command)控件

具体步骤如下：

(1) 打开窗体并切换到设计视图。

(2) 在控件列表中启用控件的向导功能，即单击点亮 📐 使用控件向导(W)。

(3) 使用向导添加按钮控件。单击控件列表中的按钮控件 xxxx ，在窗体内放置一个按钮，鼠标放开时马上弹出"命令按钮向导"对话框，按照图 6-37 所示的步骤来完成按钮的设置。

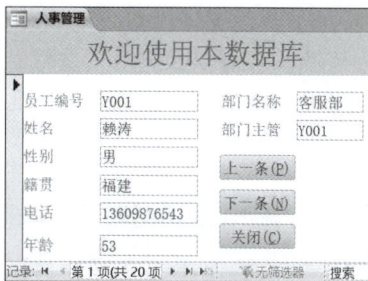

图 6-36　使用按钮控件 (a)

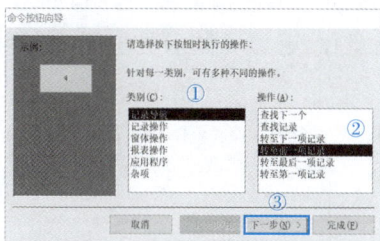

1. "类别"选择"记录导航"，然后在"操作"中选择"转至前一项记录"，单击"下一步"按钮。此步骤实现了按钮的切换记录功能。

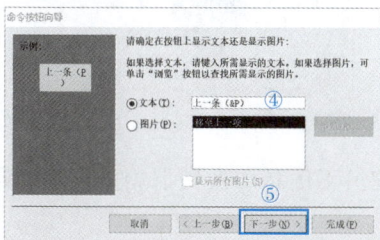

2. 选择"文本"，文本框内填写"上一条(&P)"，单击"下一步"按钮。此步骤设置了按钮的标题和访问键功能。

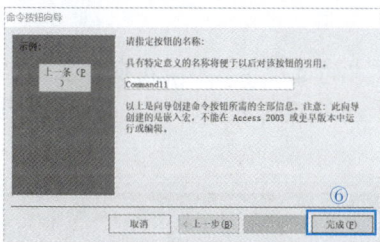

3. 不需要修改按钮的名称，所以直接单击"完成"按钮。

图 6-37　使用按钮控件 (b)

按钮设置完毕后，可以看到按钮的效果是 上一条(P) 。字母P下面的下画线代表这个按钮有快速访问的功能，不需要使用鼠标，同时按下键盘的Alt键和P键就能单击该按钮。在设置快速访问功能时，在字母前面加&的符号即可。

(4) 对照步骤 (3)，设置"下一条"按钮。"类别"选择"记录导航"，然后在"操作"中选择"转至下一项记录"，单击"下一步"按钮。选择"文本"，文本框内填写"下一条(&N)"，单击"下一步"按钮。不需要修改按钮的名称，直接单击"完成"按钮。

(5) 对照步骤 (3)，设置"关闭"按钮。"类别"选择"窗体操作"，然后在"操作"中选择"关闭窗体"，单击"下一步"按钮。选择"文本"，文本框内填写"关闭 (&C)"，单击"下一步"按钮。不需要修改按钮的名称，直接单击"完成"按钮。

(6) 保存窗体，切换到窗体视图，单击"下一条"按钮就会显示当前记录的下一条记录的数据，单击"上一条"按钮就会显示当前记录的上一条记录的数据，单击"关闭"按钮就会关闭当前窗体。尝试使用快速访问键，按下键盘的 Alt+P、Alt+N 和 Alt+C，测试是否也可以完成相同的功能。

6.3.5　使用选项卡控件

当窗体中的内容较多，无法在一个界面上显示时，可以使用选项卡控件来进行分页显示。

【例6-9】以例6-8为基础，在窗体上增加一个选项卡控件，里面有两页：第一页显示原来窗体的内容(即员工信息)，第二页显示员工照片。窗体视图的效果如图6-38所示。

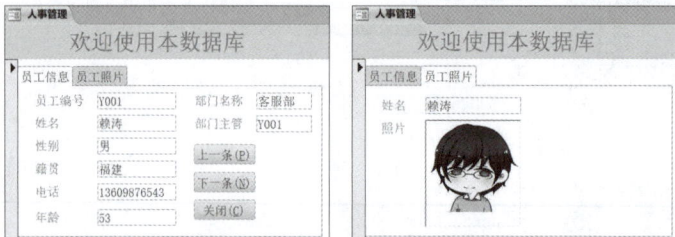

图 6-38　使用选项卡控件 (a)

两页中的数据是同步的，如果第一页的员工信息切换到下一条记录，则第二页的员工姓名和图片也会同时切换到下一条记录的数据。

具体步骤如下：

(1) 打开窗体并切换到设计视图。

(2) 添加一个选项卡控件。单击控件列表中的选项卡控件，在窗体主体里添加选项卡控件，并拖放到合适大小，如图 6-39 所示。选项卡控件默认有两页，里面的每一页都是一个对象，都有自己的名字和属性。

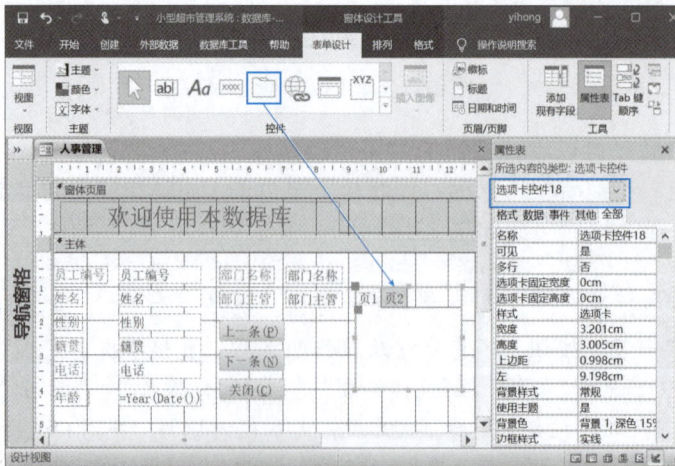

图 6-39　使用选项卡控件 (b)

(3) 为第一页添加控件。选择之前创建好的控件，执行"剪切"命令，单击"页 1"（必须要先单击"页 1"，否则控件无法添加到第一页当中），然后执行"粘贴"命令，刚刚剪切的控件就粘贴到第一页里面，如图 6-40 所示。把第一页的标题属性改为"员工信息"，然后调整选项卡控件的位置，调整窗体主体区域的大小，使得界面更美观。

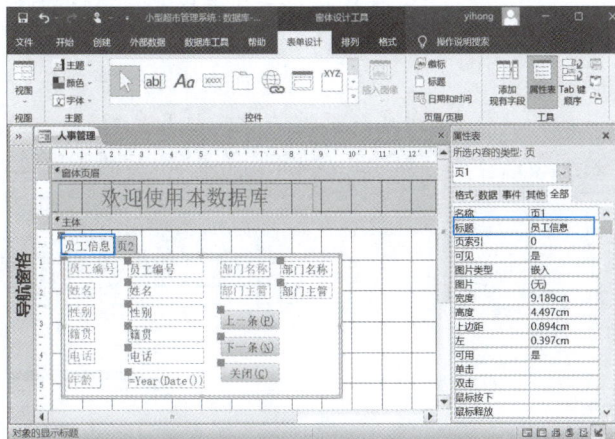

图 6-40　使用选项卡控件 (c)

(4) 为第二页添加控件。单击第二页，修改它的标题属性为"员工照片"，然后打开字段列表，找到"姓名"字段和"照片"字段，拖曳到第二页里面，如图 6-41 所示。最后保存。

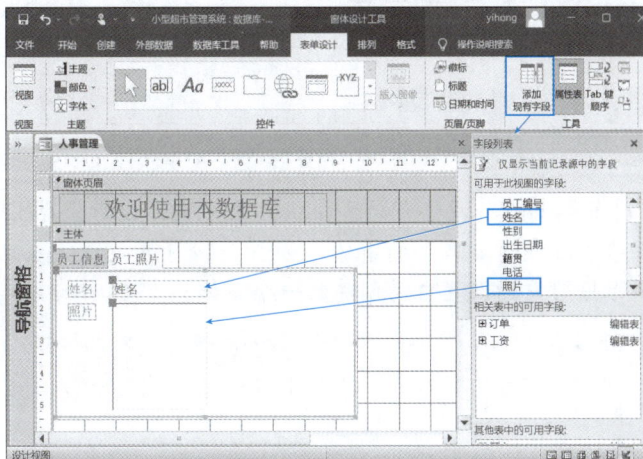

图 6-41　使用选项卡控件 (d)

6.3.6　使用子窗体 / 子报表 (Child) 控件

利用子窗体/子报表控件创建窗体时，窗体中涉及的数据源表之间必须建立关系。

【例6-10】以例6-9为基础，在选项卡的第一页中增加员工的工资信息，窗体视图的效果如图6-42所示。

视频6-8　使用子窗体子报表(Child)控件

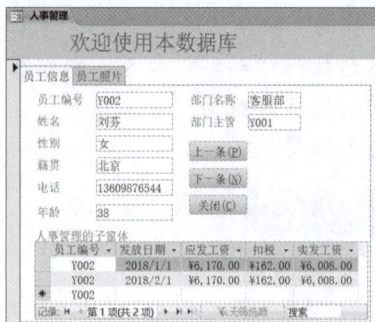

图 6-42　使用子窗体 / 子报表控件 (a)

如果员工信息切换到下一条记录，则该员工的工资信息同时切换。

具体步骤如下：

(1) 打开窗体并切换到设计视图。

(2) 在控件列表中启用控件的向导功能，即单击点亮 ⚒ 使用控件向导(W)。

(3) 在控件列表中单击子窗体 / 子报表控件 🔳，添加到第一页控件中，放开鼠标时，会弹出"子窗体向导"对话框，按照图 6-43 所示的步骤进行设置。

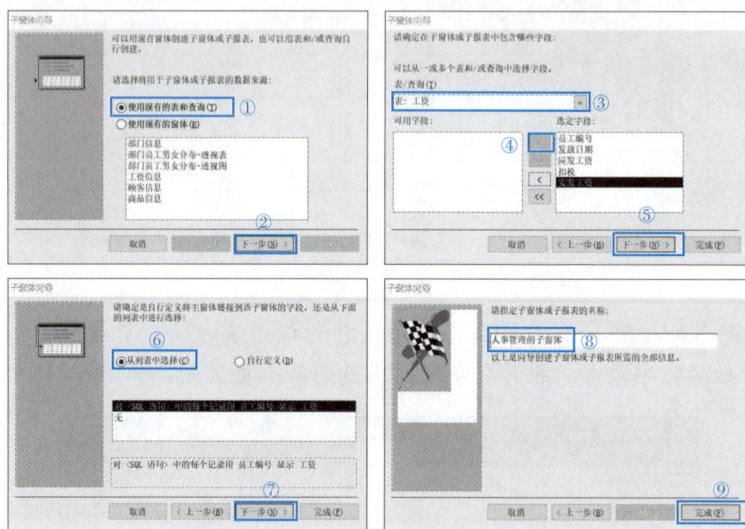

图 6-43　使用子窗体 / 子表控件 (b)

(4) 把窗体切换到布局视图，调整布局和排版。主子窗体设计完毕且保存好之后，在导航窗格中会出现"人事管理的子窗体"的窗体，如图 6-44 所示，这是在前面设置子窗体 / 子报表控件时，数据库根据用户的设置自动创建的一个窗体。

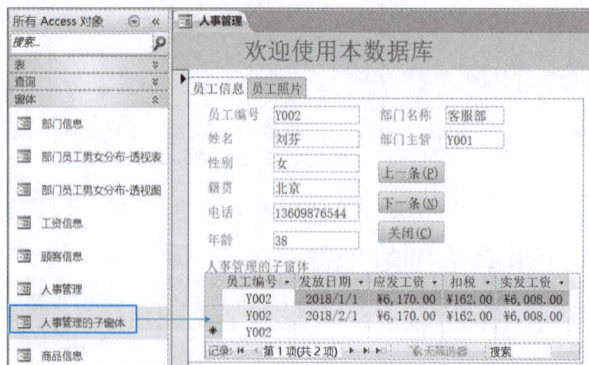

图 6-44　使用子窗体 / 子报表控件 (c)

6.3.7 使用列表框 (List) 控件

列表框控件由一个列表和一个可选标签组成，用户只能选择列表框中提供的选项，不能在列表框中输入其他的值，这样既减少了用户输入的麻烦，也避免了输入错误数据的情况。列表框既可以绑定字段值(绑定型)，也可以自行输入列表值(非绑定型)。

视频6-9
使用列表框
(List)控件

【例6-11】以例6-10为基础，在选项卡控件中再增加一页，实现增加新的员工信息功能(只需要实现界面的控件设计，把新记录添加到数据库表中的功能暂时不用做)。窗体视图的效果如图6-45所示。

具体步骤如下：

(1) 打开窗体并切换到设计视图。

(2) 为选项卡控件增加第三页。选中选项卡控件，单击鼠标右键，在弹出的快捷菜单中选择"插入页"命令，如图 6-46 所示，会为选项卡控件添加新的一页。把新增页的"标题"属性改为"添加新员工"。

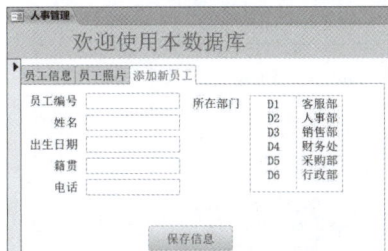

图 6-45　使用列表框控件 (a)

图 6-46　使用列表框控件 (b)

(3) 添加五个非绑定的文本框控件，并修改对应标签的标题，效果如图 6-47 所示。

(4) 启用控件的向导功能，即单击点亮 ⚒ 使用控件向导(W)。

(5) 添加列表框控件。单击控件列表中的列表框控件 ▦，把控件添加进第三页中。放开鼠标时，弹出"列表框向导"对话框，设置方法按照图6-48所示顺序进行。

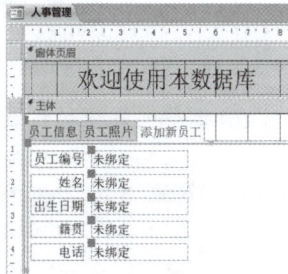

图 6-47　使用列表框控件 (c)

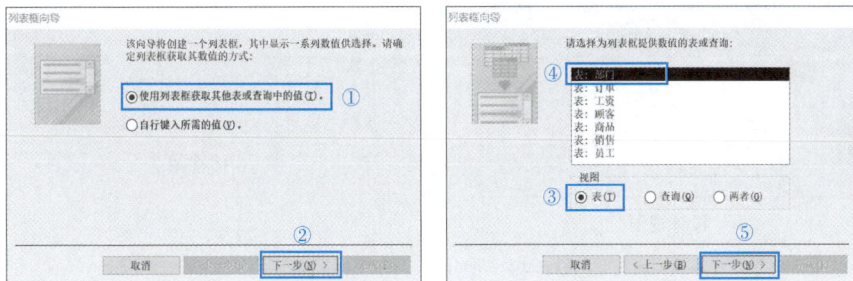

图 6-48　使用列表框控件 (d)

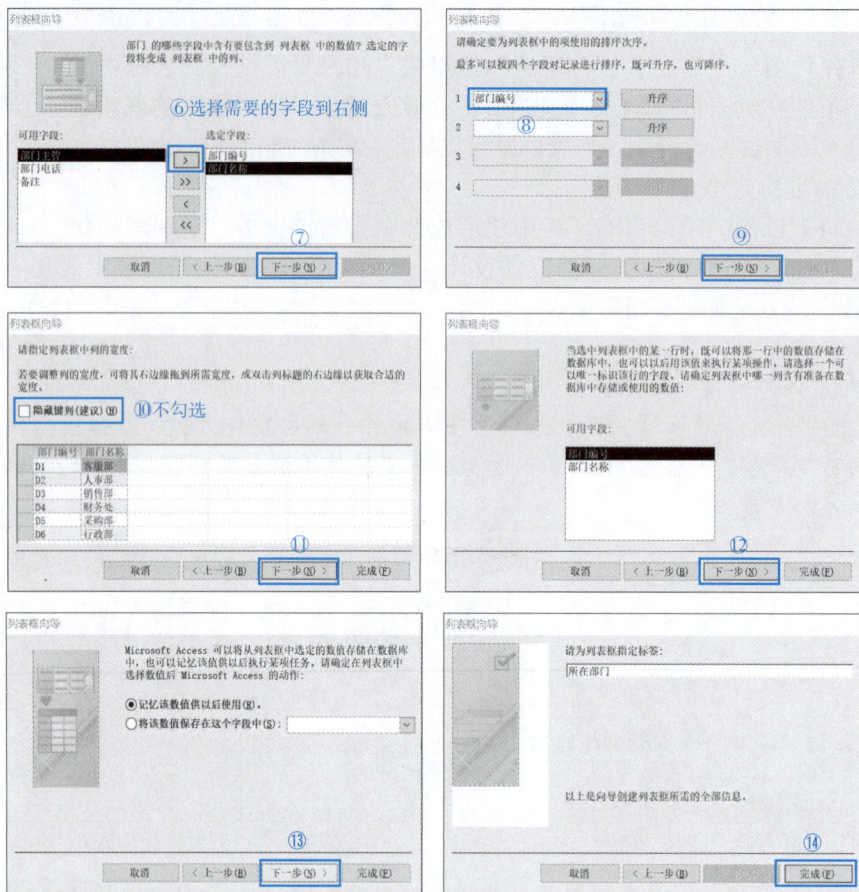

图 6-48　使用列表框控件 (d)(续)

(6) 调整列表框的位置和大小，保存窗体。设计视图和窗体视图的效果如图 6-49 所示。

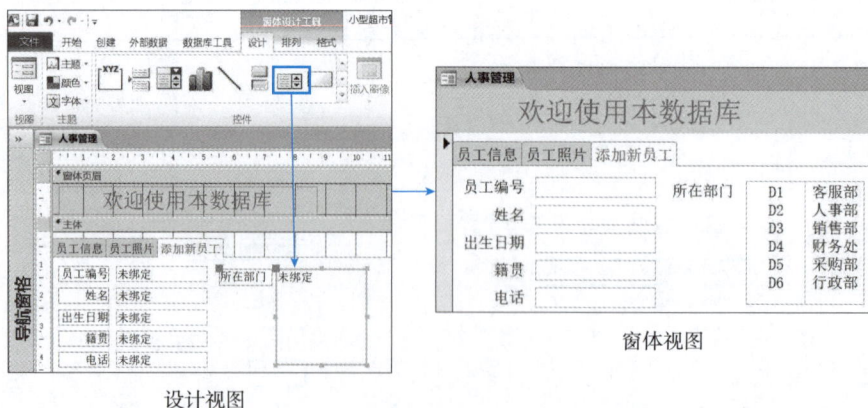

设计视图　　　　　　　　　窗体视图

图 6-49　使用列表框控件 (e)

(7) 增加一个按钮控件，标题是"保存信息"。

用户需要增加一条新的员工记录时，部门编号只需要在列表框中选择即可，不需要手动录入。本例只实现了界面的控件设计，如果想真正把新记录添加到数据库的表中，还需要编写按钮的单击事件，关于事件的使用在后面的章节会有介绍。

6.3.8　使用组合框 (Combo) 控件

组合框控件综合了列表框和文本框的功能，既允许用户输入，也可以让用户在列表框中选择需要的数据。组合框和列表框的设置方式类似，既可以绑定字段值(绑定型)，也可以自行输入列表值(非绑定型)。

视频6-10
使用组合框
(Combo)控件

【例6-12】以例6-11为基础，在"添加新员工"这一页里把"籍贯"文本框改成组合框控件。

具体步骤如下：

(1) 打开窗体并切换到设计视图。

(2) 启用控件的向导功能，即单击点亮 使用控件向导(W)。

(3) 添加组合框控件。把原先的"籍贯"文本框删除，然后单击控件列表中的组合框控件，把控件添加到合适位置。放开鼠标时，弹出"组合框向导"对话框，设置方法按照图 6-50 所示顺序进行。

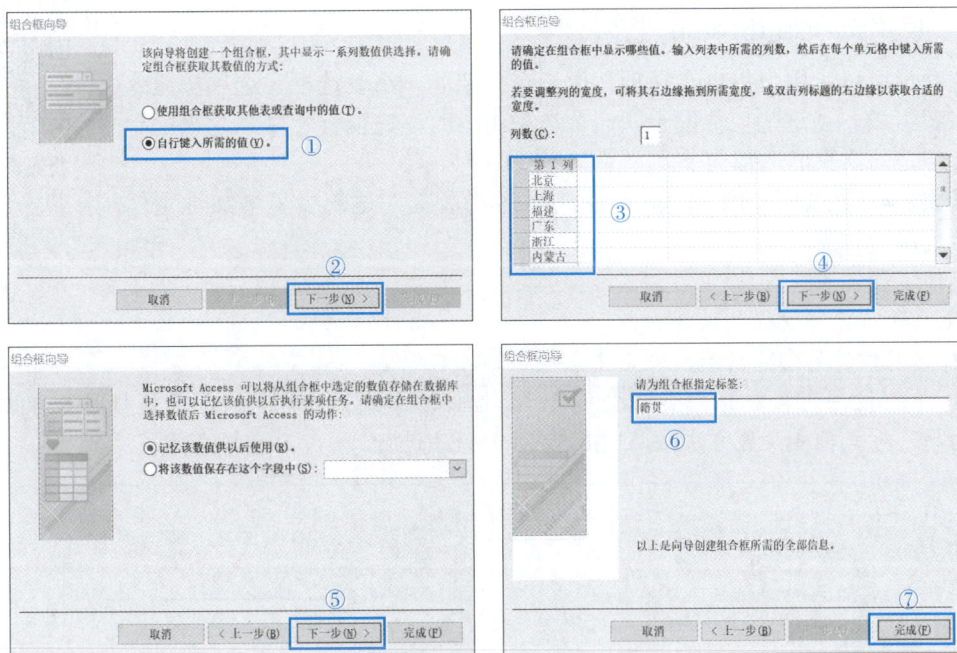

图 6-50　使用组合框控件 (a)

(4) 调整控件的位置和大小，保存窗体。设计视图和窗体视图的效果如图 6-51 所示。

组合框的界面比较简洁，单击右侧的下拉符号，就会出现数据列表，用户在数据列表中选择需要的数据。如果数据列表中没有需要的数据，也可以在文本框中输入数值。

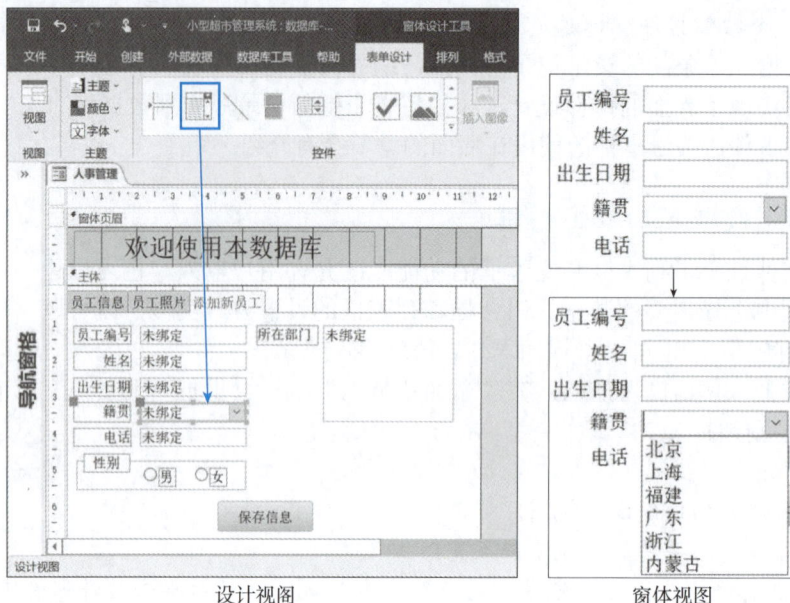

设计视阁   窗体视图

图 6-51　使用组合框控件 (b)

6.3.9　使用选项组 (Frame) 控件

视频6-11
用选项组
(Frame)控件

选项组可以为用户提供选择项，由一个框架和一组复选框、选项按钮或切换按钮组成。当这些控件位于同一个选项组中时，它们互相联系起来一起工作，但是一次只能选择一个。

【例6-13】以例6-12为基础，在"添加新员工"这一页里增加性别信息，实现单选效果。

具体步骤如下：

(1) 打开窗体并切换到设计视图。

(2) 启用控件的向导功能，即单击点亮 使用控件向导(W) 。

(3) 单击控件列表中的选项组控件 ，将控件添加到第三页中，放开鼠标时会弹出"选项组向导"对话框，设置方法按照图 6-52 所示顺序进行。

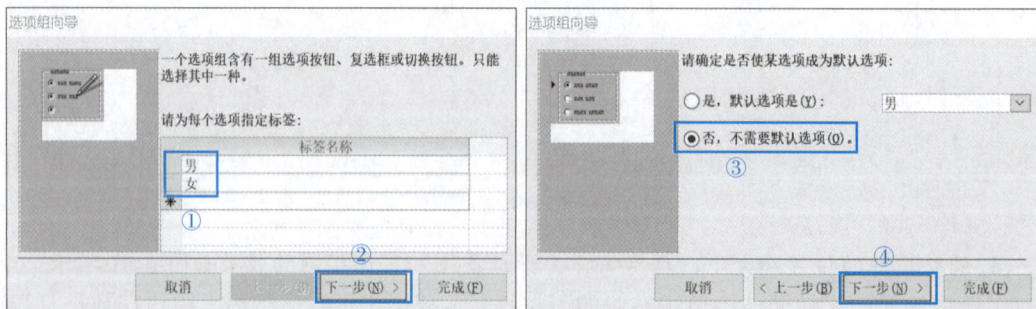

图 6-52　使用选项组控件 (a)

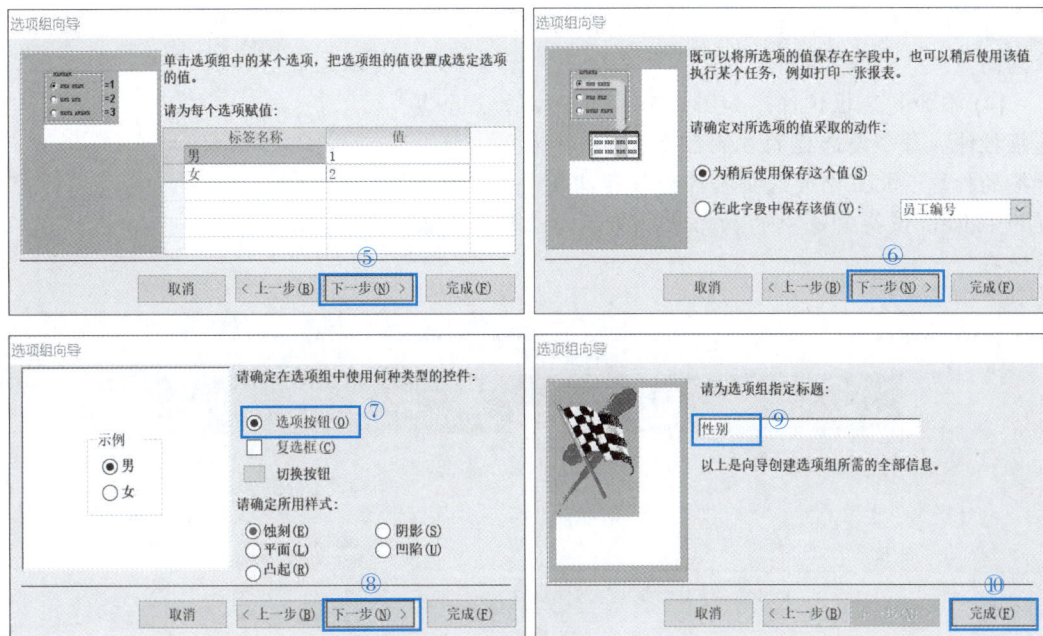

图 6-52　使用选项组控件 (a)（续）

(4) 调整控件的位置和大小，保存窗体。设计视图和窗体视图的效果如图 6-53 所示。

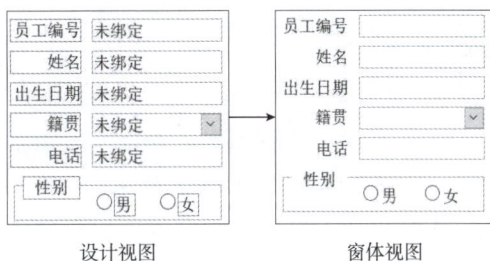

设计视图　　　　　　窗体视图

图 6-53　使用选项组控件 (b)

6.3.10　使用复选框 (Check) 控件

前面介绍的选项组控件只能实现单选功能，要实现复选功能可以使用复选框控件。创建复选框控件时，在复选框的右侧会自带一个标签控件。复选框的属性"默认值"设置为True时，复选框呈现出勾选状态☑；"默认值"设置为False时，复选框呈现出不勾选状态□。

【例6-14】以例6-13为基础，在"添加新员工"这一页里增加岗位意向信息，可实现复选。窗体视图的效果如图6-54所示。

具体步骤如下：

(1) 打开窗体并切换到设计视图。

(2) 启用控件的向导功能，即单击点亮 ⚄ 使用控件向导(W)。

视频6-12
使用复选框
(Check)控件

155

（3）在第三页里添加一个标签控件，标题改为"岗位意向"。

（4）添加复选框控件。如图 6-55 所示，添加五个复选框控件，每个复选框的右侧都会自带一个标签，修改标签的标题。把五个复选框控件的属性"默认值"都设置为 False，使得复选框的初始状态为不勾选状态。最后保存。

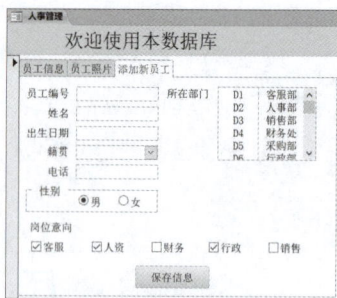

图 6-54　使用复选框控件 (a)

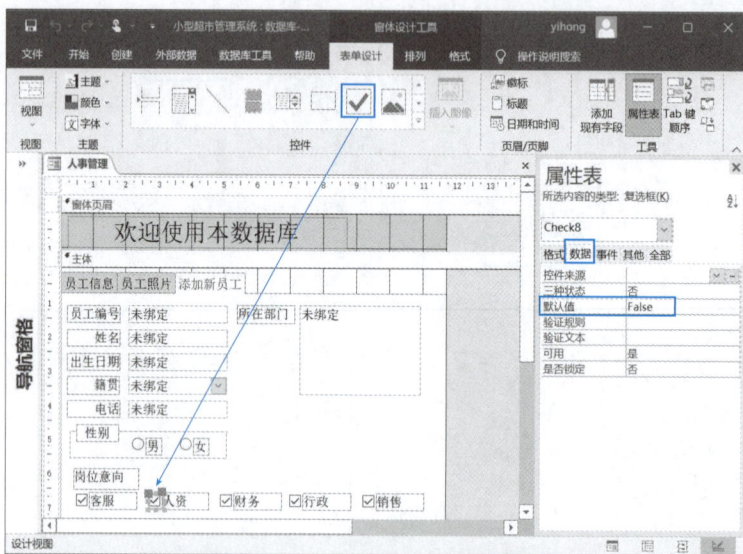

图 6-55　使用复选框控件 (b)

6.3.11　使用选项按钮 (Option) 控件

选项按钮控件和复选框控件非常相似，创建时也会在右侧自带一个标签控件，但如果要实现一组选项按钮的单选功能，则需要跟选项组控件配合使用。实现一组选项按钮的步骤如下：

（1）在窗体的设计视图中先创建一个选项组。

（2）在选项组中添加选项按钮，可以实现单选功能。

当然，也可以直接利用选项组控件的向导功能来实现。

6.3.12　设置窗体和控件的属性

在窗体上添加控件后，通常需要设置窗体和控件的属性，从而修改窗体和控件的外观、结构和数据特性等。每个对象都有自己的属性，不同类型的对象拥有不同的属性。属性的设置有两种方式：

视频6-13
设置窗体和控件的属性

(1) 在属性表里设置。这种方式在窗体运行后无法再更改属性。

(2) 在VBA程序里设置。这种方式允许在窗体运行过程中更改属性。附录C中提供了常用的窗体和控件属性的说明和样例。关于VBA程序里属性的设置方式，在"VBA程序设计"一章里有详细介绍。

属性表窗格中有五个选项卡，分别是"格式""数据""事件""其他"和"全部"，如图6-56所示。"全部"选项是前面四个选项的总和。

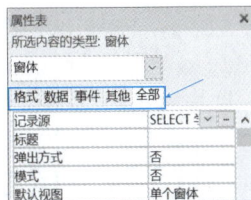

图 6-56　属性表的组成

1. "格式"选项

在"格式"选项卡中，可以设置窗体或控件的显示外观，具体包括标题、图片、高度、宽度等。不同类型的控件有不同的格式属性。

【例6-15】为窗体"窗体-设置属性"设置常用的窗体格式属性。

具体步骤如下：

(1) 嵌入背景图片。设置窗体属性时，要先在属性表里选择"窗体"，然后在"格式"选项卡中设置图片的相关属性，如图 6-57 所示。

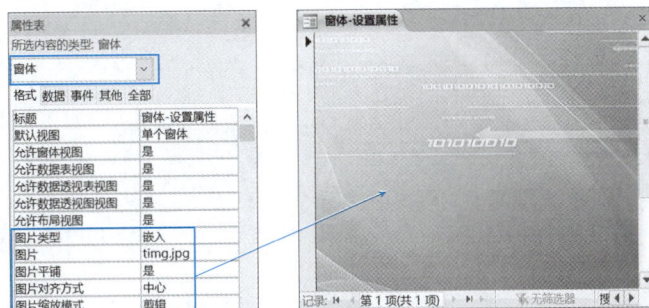

图 6-57　设置窗体的格式属性 (a)

(2) 窗体在创建时，默认显示窗体的"记录选择器""导航按钮"和"滚动条"，如图 6-58 所示。通过设置窗体属性可以不显示这些，如图 6-59 所示。

图 6-58　设置窗体的格式属性 (b)

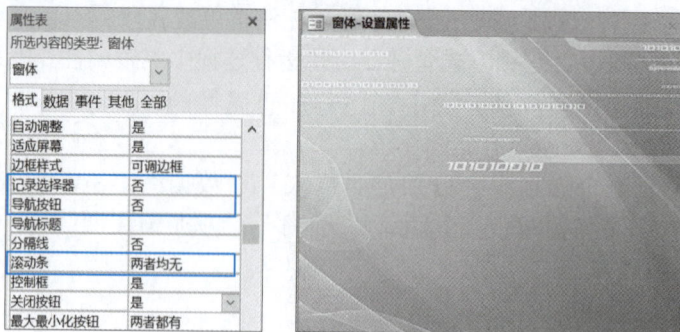

图 6-59 　设置窗体的格式属性 (c)

【例6-16】为窗体"窗体-设置属性"添加一个按钮，并设置常用的按钮属性。

具体步骤如下：

(1) 设置按钮的背景色为红色，边框宽度为 4pt，边框样式采用短虚线，边框颜色为黑色，如图 6-60 所示。

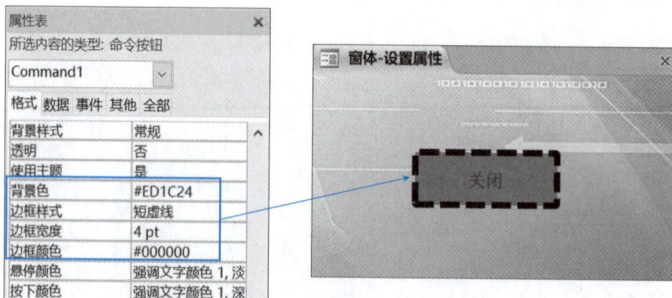

图 6-60 　设置按钮的格式属性 (a)

(2) 设置按钮的文字的字体为隶书，字号为 20 号，加粗，字体颜色为白色，如图 6-61 所示。

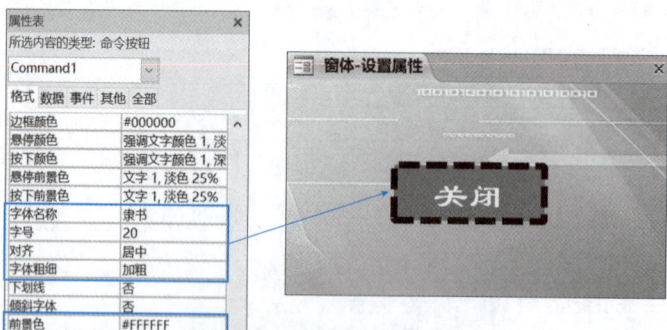

图 6-61 　设置按钮的格式属性 (b)

2. "数据"选项

在"数据"选项卡中，可以设置窗体或控件的数据源、默认值、有效性规则、掩码、排序和可用性等。不同类型的控件有不同的数据属性。

【例6-17】为窗体"窗体-设置属性"设置常用的数据属性。把"员工"表里的字段作为窗体的数据源，如图6-62所示。

创建窗体时，窗体是没有绑定数据源的，所以字段列表里没有窗体可用的字段。在"6.3.1认识控件"小节中有介绍直接在字段列表中拖曳字段到窗体，从而绑定数据源的方法。窗体的属性表中，"记录源"属性也可以设置窗体的数据源。

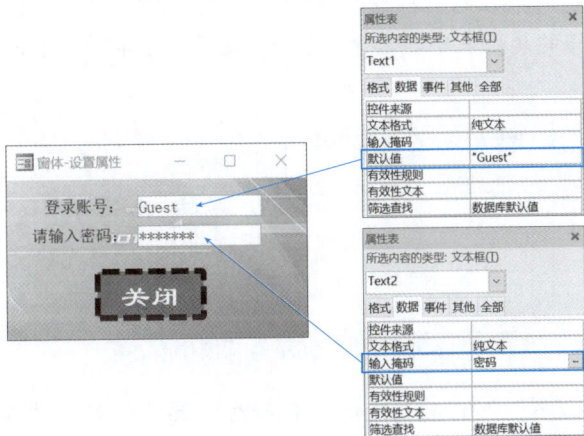

图 6-62　设置窗体的数据属性

利用"记录源"属性设置窗体数据源有两种方法：

(1) 单击右侧的∨符号，在下拉列表中可以选择所有的表或查询作为窗体数据源。

(2) 单击右侧的⋯符号，会弹出创建查询的窗口，在查询中选择需要的表和字段，还可以建立表间关系，选择的字段就能作为窗体的数据源。创建的这个查询是绑定当前窗体的，不会出现在导航窗格中。

本例操作步骤如下：

单击"记录源"右侧的∨符号，从下拉列表中选择"员工"表，即可将该表字段作为窗体的数据源。

【例6-18】为窗体"窗体-设置属性"添加两个文本框，第一个文本框默认值是Guest，第二个文本框输入任何数据都要显示为*号，如图6-63所示。

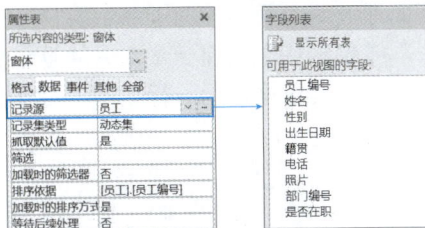

图 6-63　设置文本框的数据属性

具体步骤如下：

创建两个文本框控件，分别设置Text1文本框的默认值为Guest，Text2文本框的输入掩码为密码。

3. "事件"选项

在"事件"选项卡中，可以为控件设置各种动作事件，如按钮的单击事件、双击事件等，如图6-64所示。用户通过编写事件代码或为事件关联宏，就能实现各种流程控制。

关于"事件"选项卡中各种事件的设置方法，将在宏与VBA的相关章节进行详细介绍。

下面通过两个简单的例子演示窗体和控件事件的使用，为后面学习宏和VBA编程做铺垫。

【例6-19】创建一个名为"欢迎使用"的窗体，窗体内有一个文本框和一个按钮，单击按钮能让文本框显示一行文字，最终效果如图6-65所示。

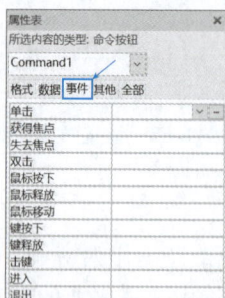

图 6-64　按钮控件的事件

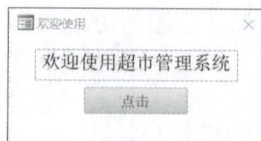

图 6-65　单击 Click 事件的使用 (a)

具体步骤如下：

(1) 创建一个窗体，保存并将其命名为"欢迎使用"，切换到设计视图。设置窗体的属性，把"记录选择器""导航按钮"属性设为"否"，"滚动条"属性设为"二者皆无"，"最大最小化按钮"属性设为"无"。

(2) 在窗体中添加一个文本框控件，把左侧自带的标签控件删除。

(3) 关闭控件向导功能。

(4) 添加一个按钮，将按钮的"标题"属性改为"点击"。

(5) 在"点击"按钮的属性表中，选择"事件"选项卡，单击"单击"事件右侧的 ... 按钮，如图 6-66 所示。

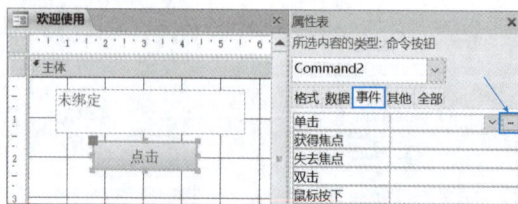

图 6-66　单击 Click 事件的使用 (b)

(6) 弹出"选择生成器"对话框，选择"代码生成器"，单击"确定"按钮，打开程序编写窗口，如图 6-67 所示。

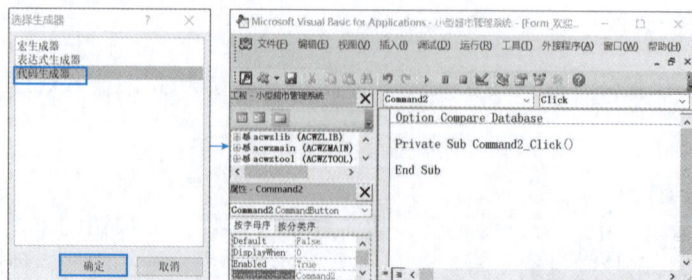

图 6-67　单击 Click 事件的使用 (c)

(7) 在程序编写窗口中输入代码，如图 6-68 所示。

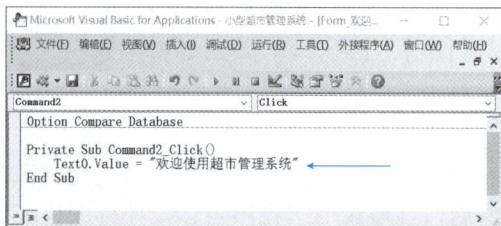

图 6-68　单击 Click 事件的使用 (d)

(8) 保存并关闭程序编写窗口，调整控件的布局、字体和颜色等，切换到窗体视图，单击"点击"按钮，上方的文本框就会显示出"欢迎使用超市管理系统"文字，如图 6-65 所示。

【例6-20】创建一个名为"系统时钟"的窗体，窗体内有一个文本框，文本框内动态显示当前系统时间，最终效果如图6-69所示。

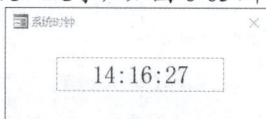

图 6-69　Timer 事件的使用 (a)

具体步骤如下：

(1) 创建一个窗体，保存并将其命名为"系统时钟"，切换到设计视图。设置窗体的属性，把"记录选择器""导航按钮"属性设为"否"，"滚动条"属性设为"二者皆无"，"最大最小化按钮"属性设为"无"。

(2) 设置窗体的"计时器间隔"属性值为1000。"计时器间隔"属性值的单位是毫秒，当设置为1000时，代表间隔1000毫秒就会触发一次窗体的 Timer 事件。

(3) 在窗体中添加一个文本框控件，把左侧自带的标签控件删除。

(4) 在属性表中，选择"窗体"对象的"事件"选项卡，单击"计时器触发"事件右侧的 ⋯ 按钮，如图 6-70 所示。

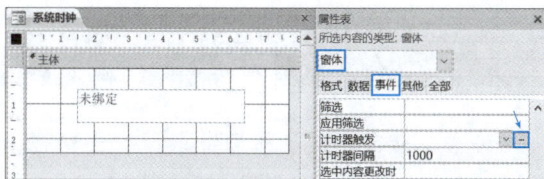

图 6-70　Timer 事件的使用 (b)

(5) 弹出"选择生成器"对话框，选择"代码生成器"，单击"确定"按钮，打开程序编写窗口，如图 6-71 所示。

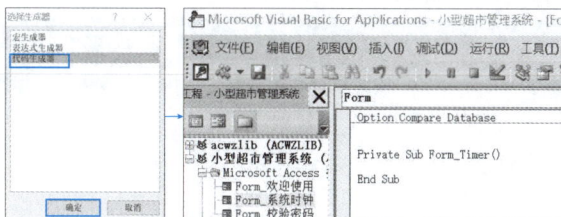

图 6-71　Timer 事件的使用 (c)

(6) 在程序编写窗口中输入代码，如图 6-72 所示。

(7) 保存并关闭程序编写窗口，调整控件的布局、字体和颜色等，切换到窗体视图，显示结果如图 6-69 所示。

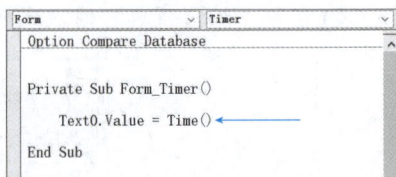

图 6-72　Timer 事件的使用 (d)

6.3.13　美化窗体

设计完窗体的基本功能后，需要进一步调整窗体及控件的格式、排版、图片和颜色等。

1. 窗体的主题应用

主题应用是美化窗体的一种快捷方式，它有一套统一的配色方案和设计元素，能整体改变窗体的设计风格。在窗体的设计视图中，单击"表单设计"选项卡可看到"主题"工具，如图6-73所示。

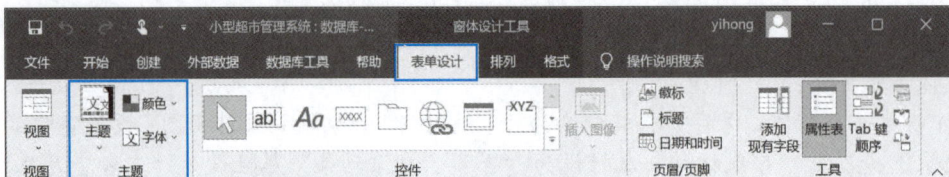

图 6-73　窗体的主题工具

2. 控件的布局调整

当窗体内具有多个控件时，需要对控件的排列、大小、外观等进行设置，从而使得界面更加有序和美观。在窗体的设计视图中，单击"排列"选项卡，能看到各种专门对控件进行排列控制的工具，如图6-74所示。

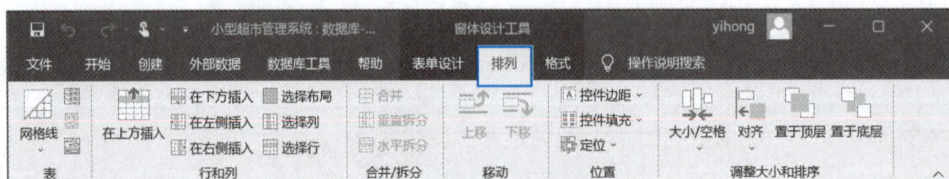

图 6-74　窗体的排列工具

在窗体的设计视图中，单击"格式"选项卡，能看到各种专门对控件格式进行设置的工具，如图6-75所示。

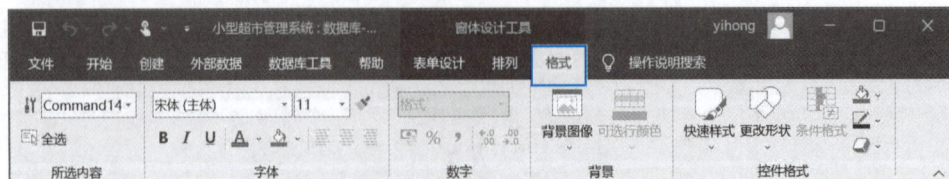

图 6-75　窗体的格式工具

【例6-21】 为窗体添加五个文本框，并使其排列整齐且美观。

具体步骤如下：

(1) 在窗体中添加五个文本框控件，创建时控件通常是手动摆放位置的，因此往往会出现对不齐的情况，如图 6-76 左图所示。

(2) 利用鼠标把五个标签全部选中，单击"排列"选项卡中的"大小 / 空格"按钮，选择"至最宽"命令。然后单击"对齐"按钮，选择"靠右"命令。

(3) 利用鼠标把五个文本框全部选中，采用和步骤 (2) 一样的方法排列好。

(4) 把五个标签全部选中，单击"格式"选项卡中的"文本右对齐"按钮。

(5) 选中全部标签和文本框，单击"排列"选项卡中的"大小 / 空格"按钮，选择"垂直相等"命令。

设置后的效果如图6-76右图所示。使用排列工具比手工移动控件效率更高，位置更准确。

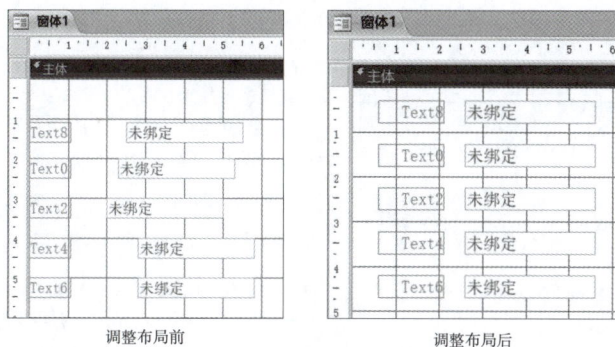

调整布局前　　　　　　　　　　　　调整布局后

图 6-76　调整控件布局

6.3.14　窗体的高级设计

1. 设置启动窗体

启动窗体是数据库启动时自动打开的窗体，经常使用在登录窗口、欢迎窗口等。

视频6-14
窗体的高级设计

【例6-22】 将例6-19设计的"欢迎使用"窗体设置为启动窗体。

具体步骤如下：

(1) 打开数据库，单击"文件"选项卡中的"选项"命令，打开"Access 选项"对话框，然后按照图 6-77 所示进行设置。

(2) 设置成功后，关闭数据库，再次打开数据库时，首先看到的就是"欢迎使用"窗体，而且左侧的导航窗格也看不到了。

如果要跳过启动窗体，先按住键盘的Shift键，然后再双击打开数据库文件，就会跳过启动窗体，直接进入数据库的设计模式。

2. 设置导航窗体

导航窗体可以将数据库对象集成在一起，形成一个界面简洁直观的数据库系统。

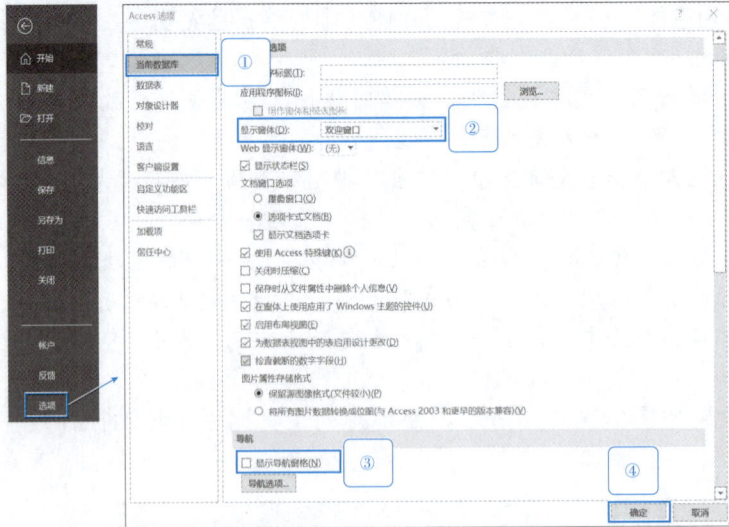

图 6-77　设置启动窗体

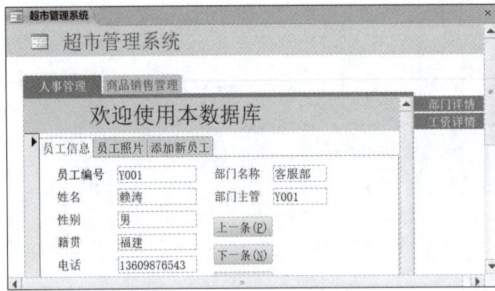

图 6-78　"超市管理系统"导航窗体

【例6-23】使用窗体的"导航"功能创建一个名为"超市管理系统"的窗体，效果如图6-78所示。水平标签是一级导航按钮"人事管理"(对应的二级导航按钮是："部门详情"和"工资详情")，一级导航按钮"商品销售管理"(对应的二级导航按钮是："商品清单""订单详情"和"打印订单")。

具体步骤如下：

(1) 打开数据库，如图 6-79 所示，单击"创建"选项卡中的"导航"按钮，选择"水平标签和垂直标签，右侧(R)"命令，进入导航窗体的布局视图。

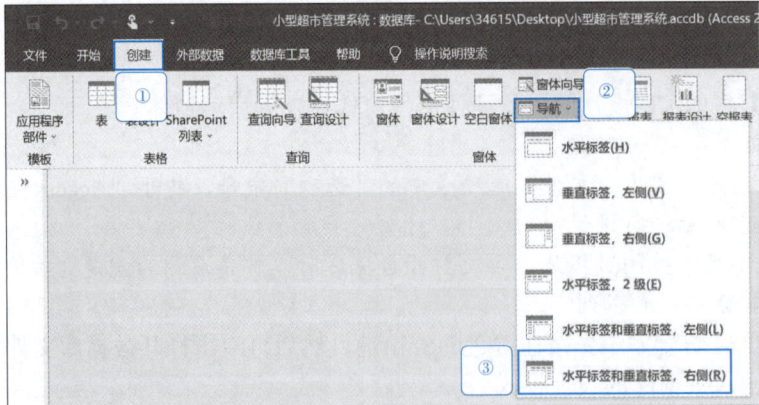

图 6-79　创建导航窗体

(2) 在水平标签上设置一级导航按钮。在水平标签上双击"新增"，输入"人事管理"，由于窗体"人事管理"已经存在，"人事管理"导航按钮的"导航目标名称"会自动设置为"人事管理"窗体。继续双击"新增"，输入"商品销售管理"。

(3) 在垂直标签上设置"人事管理"的二级导航按钮。先单击"人事管理"导航按钮，然后在垂直标签上双击"新增"，输入"部门详情"，打开属性表，单击"数据"，为"导航目标名称"选择"部门信息"窗体，意味着单击这个导航按钮就会在中间空白区域显示"部门信息"窗体的内容。使用同样的方法设置"工资详情"，为其"导航目标名称"选择"工资信息"窗体。

(4) 在垂直标签上设置"商品销售管理"的二级导航按钮。先单击"商品销售管理"导航按钮，然后在垂直标签上双击"新增"，输入"商品清单"，打开属性表，单击"数据"，为"导航目标名称"选择"商品信息"窗体，意味着单击这个导航按钮就会在中间空白区域显示"商品信息"窗体的内容。同样的方法设置"订单详情"，为其"导航目标名称"选择"订单详情"窗体。继续双击"新增"，输入"打印订单"，在属性表"事件"的"单击"中选择宏"查看订单信息.查看订单报表"，意味着单击"打印订单"导航按钮时，就会调用设置的宏，结果展示在中间区域。

6.4 报表概述

报表是专门为打印而生的数据库对象，创建界面美观、数据清晰明了的报表，可以在一定程度上提高数据分析的效率。

视频6-15 报表

6.4.1 报表的功能

报表的主要功能如下。

(1) 数据呈现：报表以格式化的形式展示最终用户所需的数据，使数据易于阅读和理解。报表还可以包含子报表及图表，如柱状图、折线图、饼图等，有助于在单一文档中展示更复杂的数据关系和视觉分析。

(2) 数据组织与汇总：报表通过分组组织数据，进行数据汇总统计，方便用户对数据集进行分析和归纳。此功能可以计算数据的总和、平均值、最大值、最小值等。

(3) 打印输出：报表支持打印输出多种样式的文档，如标签、发票、订单和信封等，以满足不同的业务需求。

6.4.2 报表的类型

根据报表中内容显示方式的不同，可以把报表分为以下几种类型。

(1) 纵览式报表。通常是每页上显示一条或多条记录，每条记录的字段以垂直方式排列，如图6-80所示。

(2) 表格式报表。以行和列的形式显示数据，一行是一条记录，一页显示多条记录，如图6-81所示。

图 6-80　纵览式报表示例

图 6-81　表格式报表示例

(3) 图表报表。在报表中使用图表控件，以图表的形式显示数据，可以更直观地描述数据的分组和统计等信息，如图6-82所示。

(4) 标签报表。在一页中显示多个大小和格式一致的标签，如图6-83所示。标签报表用于打印日常生活需要的各种标签，如商品价格标签、名片、行李托运标签等。

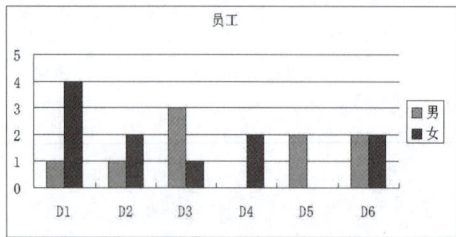

图 6-82　图表报表示例

图 6-83　标签报表示例

6.4.3　报表的视图

Access为报表提供了四种视图：报表视图、打印预览、布局视图和设计视图，它们的作用和效果如下。

(1) 报表视图。可以查看记录、筛选数据，并且把报表视图打印出来。

(2) 打印预览。展示打印效果，可以查看报表上的每一页数据，也可以进行报表的页面设置。

(3) 布局视图。不仅能根据实际显示效果进行布局的调整，还能添加新的字段、设置报表和控件属性等。

(4) 设计视图。可以创建和设计报表，特别是对报表内控件的修改，通常都需要使用设计视图。

6.4.4　报表的组成

报表最多由七个部分组成，分别是报表页眉、报表页脚、页面页眉、页面页脚、组页眉、组页脚和主体，如图6-84所示。

(1) 报表页眉。在报表的最顶部，打印时出现在报表的第一页。通常用来显示报表的标题、图徽、说明性文字或专门设计为封面。

(2) 报表页脚。在报表的最后面，通常用来显示整个报表的计算汇总或其他统计数据，打印时出现在报表最后一页的最后面。

(3) 页面页眉。在报表每一页的顶部，用来显示数据的列标题等信息，打印时每一页中都会出现。

(4) 页面页脚。在报表每一页的底部，用来显示页码、本页汇总等信息。跟页面页眉一样，打印时每一页中都会出现。

(5) 组页眉。组页眉只有在使用报表的

图 6-84　报表的组成部分示例

"分组和排序"功能时才会出现。当选择对某个字段分组时，报表会自动实现分组输出。在报表的一页中，可以有多个组页眉。

(6) 组页脚。和组页眉一样，组页脚也是只有在使用报表的"分组和排序"功能时才会出现。当选择对某个字段汇总并指定要显示在组页脚时，报表会自动实现分组统计。在报表的一页中，可以有多个组页脚。

(7) 主体。主体是报表必不可少的部分，用来显示来自表或查询的记录数据。

6.4.5　报表与窗体的异同

窗体与报表极为相似，为它们添加控件和设置控件属性的方法都是一样的。它们的不同之处有如下几点。

(1) 输出结果的目的不同。报表的主要目的是把数据打印出来，所以报表是没有数据输入功能的。而窗体除了可以查看数据，还允许用户输入数据。

(2) 在窗体中实现分组和汇总不太容易，但在报表中很容易实现。在报表中利用分组和汇总功能，会出现组页眉和组页脚这两部分，这也是窗体不具备的组成部分。

6.5　创建报表

在Access中，有五个选项可以创建报表，单击数据库的"创建"选项卡，在报表组件中可以选择不同的创建报表的方式，如图6-85所示。

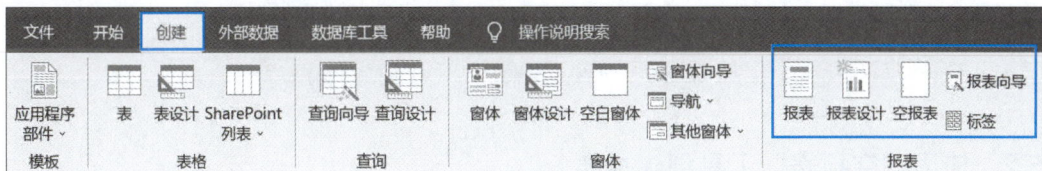

图 6-85　报表组件

6.5.1 使用 "报表" 工具创建报表

【例6-24】使用 "报表" 工具为 "订单" 表创建一个报表,并将其命名为 "订单报表"。

具体步骤如下:

(1) 打开数据库,先选中 "订单" 表,然后单击 "创建" 选项卡中的 "报表" 按钮,如图 6-86 所示。要注意先单击表,否则 "报表" 按钮不可用。

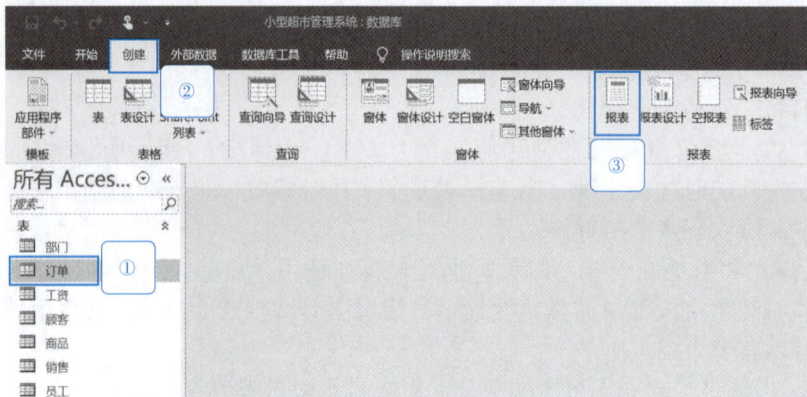

图 6-86 使用 "报表" 工具创建报表 (a)

(2) 数据库会自动创建一个报表,以布局视图的方式呈现 "订单" 表的数据。在布局视图中可以调整排版,使得界面更美观。

(3) 保存报表,并将其命名为 "订单报表"。成功创建报表后,在数据库的报表对象中会出现刚刚创建的报表,把报表切换到报表视图,如图 6-87 所示,就是报表运行时能看到的界面。这种方法创建的报表,会自动提供页眉、数据汇总、页码和日期时间。

图 6-87 使用 "报表" 工具创建报表 (b)

6.5.2 使用 "空报表" 工具创建报表

使用 "空报表" 工具创建报表和使用 "空白窗体" 创建窗体的方法是一样的,如图6-88

所示，都可以利用字段列表把需要的字段拖曳出来，这里不再赘述。

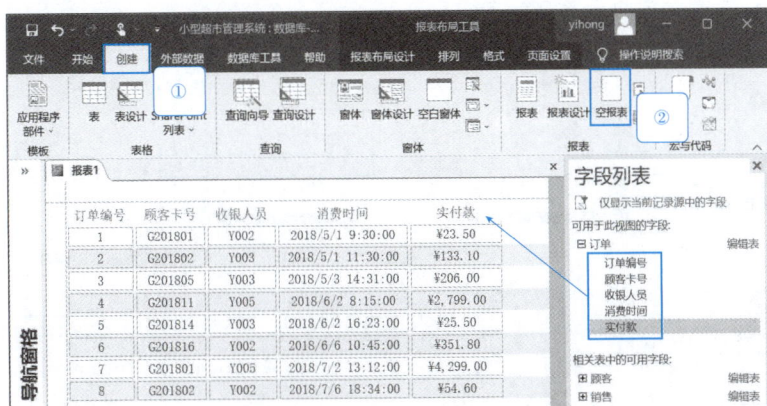

图 6-88 使用"空报表"工具创建报表

6.5.3 使用"报表向导"工具创建报表

【例6-25】使用"报表向导"工具创建一个报表，显示每个顾客的订单信息，并将其命名为"顾客的订单信息汇总"。报表的报表视图如图6-89所示。

图 6-89 使用"报表向导"工具创建报表 (a)

具体步骤如下：

(1) 打开数据库，单击"创建"选项卡中的"报表向导"按钮，如图 6-90 所示。

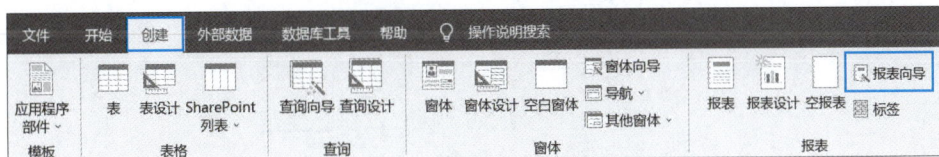

图 6-90 使用"报表向导"工具创建报表 (b)

(2) 弹出"报表向导"对话框，设置方法如图 6-91 所示。多张表的数据关联性也是基于这些表已经事先建立了表间关系。

选择"顾客"表中所需字段

选择"订单"表中所需字段

选择"通过顾客"的查看方式

默认是"顾客卡号"分组

按照"订单编号"升序排列

布局方式默认

为报表命名

图 6-91　使用"报表向导"工具创建报表 (c)

保存好后，报表直接以打印预览的视图呈现数据。通常情况下，还需要把报表切换到布局视图或设计视图，调整报表里的控件布局和排版，使其更美观。

6.5.4 使用"标签"工具创建报表

【例6-26】使用"标签"工具创建一个报表，为商品制作价格标签，并将其命名为"商品标签"。报表的打印预览效果如图6-92所示。

具体步骤如下：

(1) 打开数据库，选中"商品"表(如果没有选中数据源，则"标签"工具无法使用)。

(2) 单击"创建"选项卡，然后选择"标签"按钮，如图 6-93 所示。

图 6-92　使用"标签"工具创建报表 (a)

图 6-93　使用"标签"工具创建报表 (b)

(3) 在弹出的"标签向导"对话框中，选择标签的型号、单位和类型，单击"下一步"按钮，如图 6-94 所示。

(4) 选择标签上文字的字体、字号、粗细和颜色等属性，单击"下一步"按钮，如图 6-95 所示。

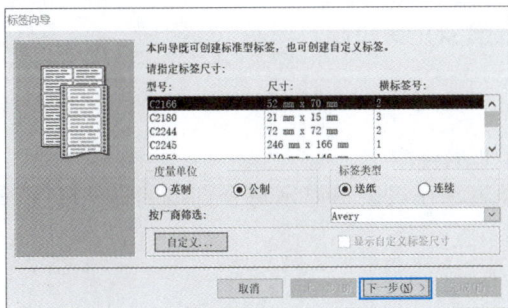

图 6-94　使用"标签"工具创建报表 (c)

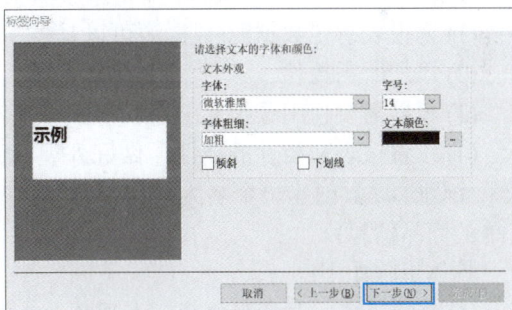

图 6-95　使用"标签"工具创建报表 (d)

(5) 在原型标签内输入需要的文字，文字的位置可自行调整，如图 6-96 所示。

(6) 把需要的字段选到右边"原型标签"中。字段名用花括号 { } 括起来，代表绑定的是字段的数据，可以自由调节字段名所在的位置，然后单击"下一步"按钮，如图 6-97 所示。

(7) 为标签选择排序的字段，这里选择按"商品编号"排序，如图 6-98 所示，单击"下一步"按钮。

(8) 保存报表并命名，单击"完成"按钮，如图 6-99 所示。

(9) 保存后的报表，通常还需要切换到布局视图或设计视图重新调整布局和排版，使得报表更美观。

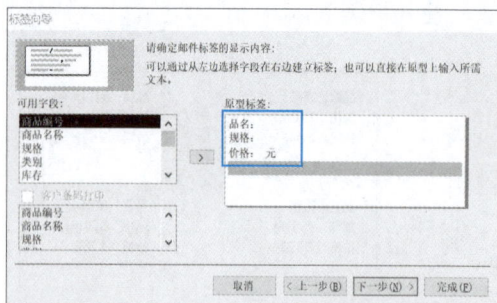

图 6-96　使用"标签"工具创建报表 (e)

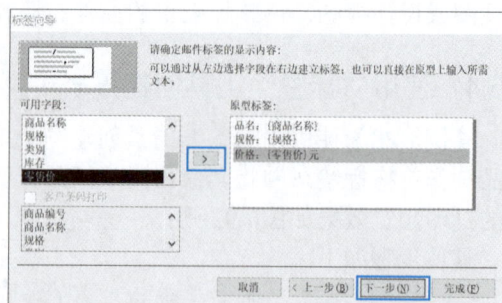

图 6-97　使用"标签"工具创建报表 (f)

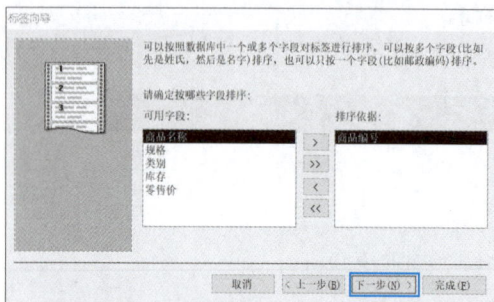

图 6-98　使用"标签"工具创建报表 (g)

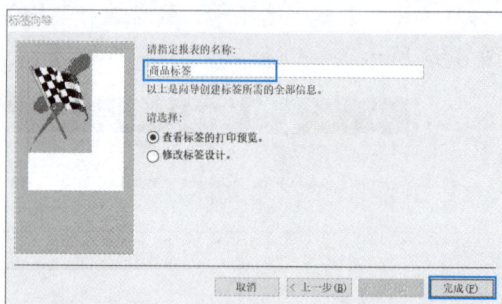

图 6-99　使用"标签"工具创建报表 (h)

6.5.5　使用"报表设计"工具创建报表

使用"报表设计"工具创建报表的关键步骤有如下几步。

(1) 为报表绑定数据源(数据源可以是表、查询或SQL语句)。

(2) 添加所需控件。

(3) 根据需要使用分组和汇总功能。

(4) 设置报表和控件的属性，做好外观设计和布局排版。

【例6-27】创建一个名为"订单详情"的报表，在报表里显示每个订单的详情(包括该订单的商品信息)。

具体步骤如下：

(1) 创建报表。打开数据库，如图 6-100 所示，单击"创建"选项卡，然后单击"报表设计"按钮，以设计视图方式创建一个新的报表，保存并命名。

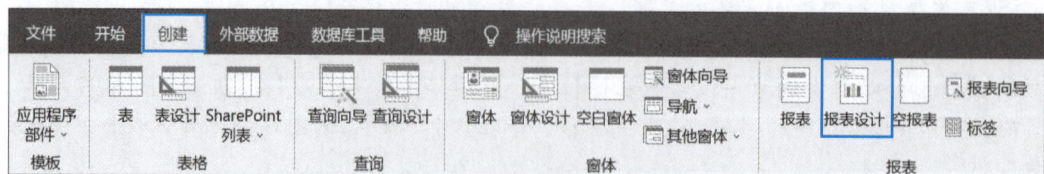

图 6-100　使用"报表设计"工具创建报表 (a)

(2) 对着报表空白的地方单击鼠标右键,调出报表页眉/页脚和页面页眉/页脚,如图6-101所示。

(3) 在报表页眉处添加一个标签控件和两个文本框控件 (删除左侧自带的标签控件)。标签控件的标题改为 "订单详情"。如图 6-102 所示，一个文本框控件显示当前日期，打开属性表，"控件来源" 属性填写 =Date( )，把 "格式" 属性改为 "长日期"，"背景样式" 和 "边框样式" 改为 "透明"。另一个文本框控件显示当前时间，"控件来源" 属性填写 =Time( )，"格式" 属性改为 "长时间"，"背景样式" 和 "边框样式" 改为 "透明"。

图 6-101　使用 "报表设计" 工具创建报表 (b)　　图 6-102　使用 "报表设计" 工具创建报表 (c)

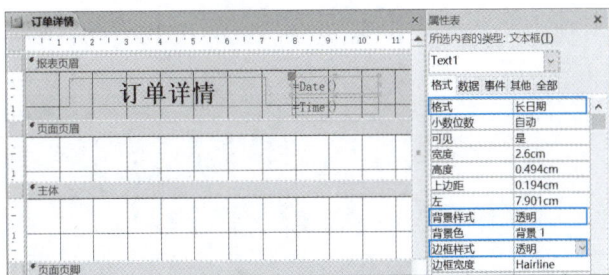

(4) 为报表绑定数据源。报表需要的字段来自多张表，所以利用新建查询的方式来绑定。如图 6-103 所示，单击报表的属性 "记录源" 右侧的 ─ 符号，会弹出创建查询的窗口。在查询窗口中选择需要的表和字段，并对 "订单编号" 字段进行排序。单击 "关闭" 按钮时，会弹出提示信息，选择 "是" 按钮，数据库就会为这个报表创建一个查询，该查询不会出现在导航窗格的查询对象中，它是专门为报表而创建的，嵌入在报表当中。

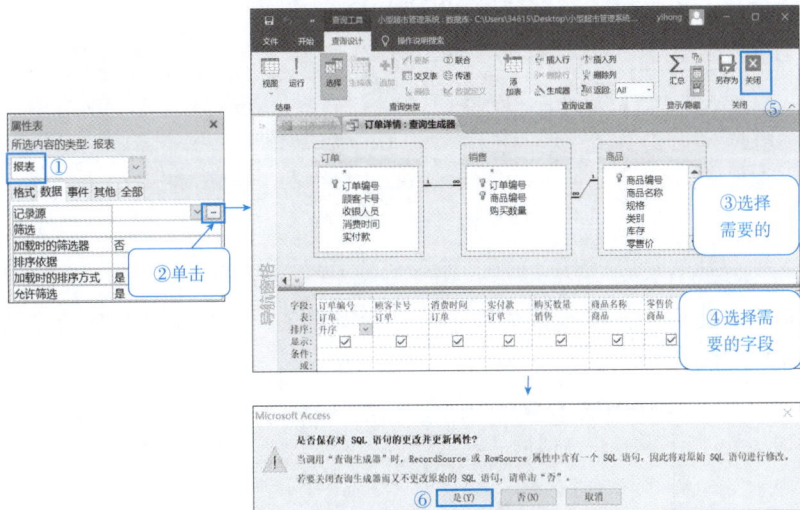

图 6-103　使用 "报表设计" 工具创建报表 (d)

(5) 为报表添加控件。如图 6-104 所示，打开字段列表，把所有字段拖曳到报表的主体中，然后把报表主体中的所有标签控件选中，剪切到页面页眉中，使得主体中的控件都是文本框控件。切换到布局视图，调整好控件的大小、外观和布局，把所有标签控件和文本框控件的 "边框样式" 改为 "透明"。

173

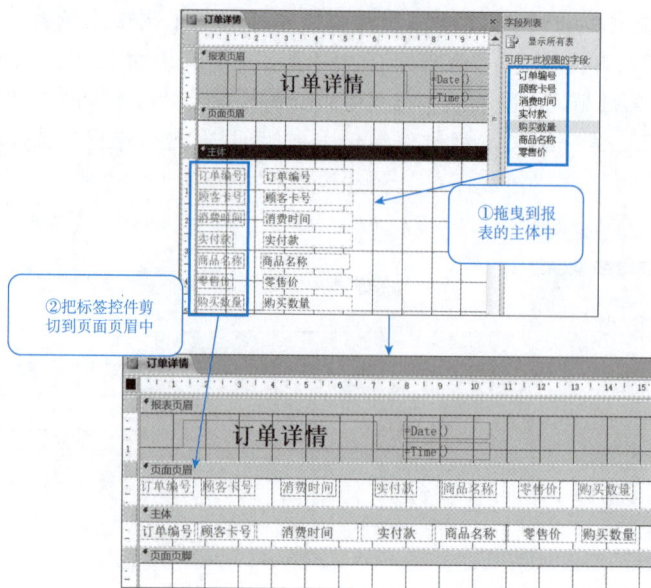

图 6-104   使用"报表设计"工具创建报表 (e)

(6) 添加页码。单击"报表设计工具"中的"页码"按钮，弹出"页码"对话框，如图 6-105 所示，选好格式和显示位置，单击"确定"按钮，就会在报表的页面页脚处增加一个显示页码的文本框控件。

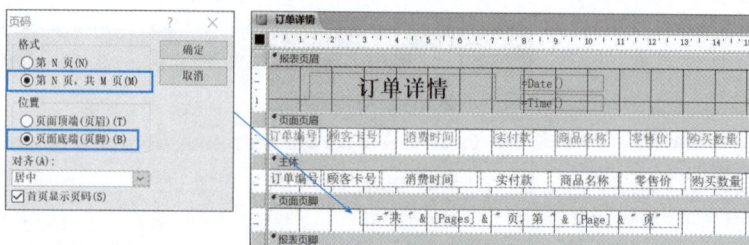

图 6-105   使用"报表设计"工具创建报表 (f)

(7) 在页面页眉处加一条横线，使得界面更清晰明了，最后调整控件的布局和位置。报表视图效果如图 6-106 所示。

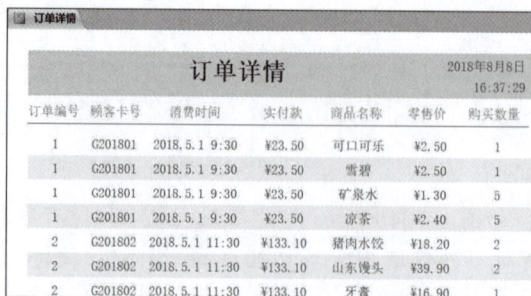

图 6-106   使用"报表设计"工具创建报表 (g)

6.6 设计报表

6.6.1 在报表中使用分组、排序和汇总功能

报表的主要功能是显示数据，如果显示的数据杂乱无章或者重复过多，就会使得报表的功能受到很大影响。报表的"分组和排序"功能，既可以分组显示记录，又可以对特定字段数据进行排序，还可以汇总数据，从而使报表中的记录条理分明，易于分析和查看。

实现报表的分组、排序和汇总功能有两种方式：一种是在报表的设计视图或布局视图中设置；另一种是利用"报表向导"设置。下面介绍在报表的设计视图中设置分组、排序和汇总功能的步骤。

【例6-28】以例6-27为基础，按照"订单编号"进行分组显示，每个订单内的商品按零售价升序排列，并统计每个订单的商品总数量。

具体步骤如下：

(1) 打开报表，切换到设计视图。

(2) 单击"报表设计"选项卡下的"分组和排序"按钮，报表最下方会出现"分组、排序和汇总"窗格，如图 6-107 所示。

(3) 单击"添加组"命令，分组字段选择"订单编号"，如图 6-108 所示，在报表中会出现"订单编号页眉"部分，这就是报表的组页眉。把主体中的"订单编号""顾客卡号""消费时间"和"实付款"文本框剪切到"订单编号页眉"中，这样在报表组页眉中的内容只会在每组数据中显示一次。

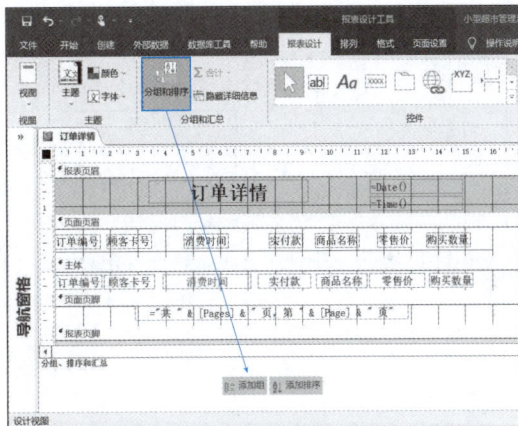

图 6-107　在报表中使用分组、排序和汇总功能 (a)

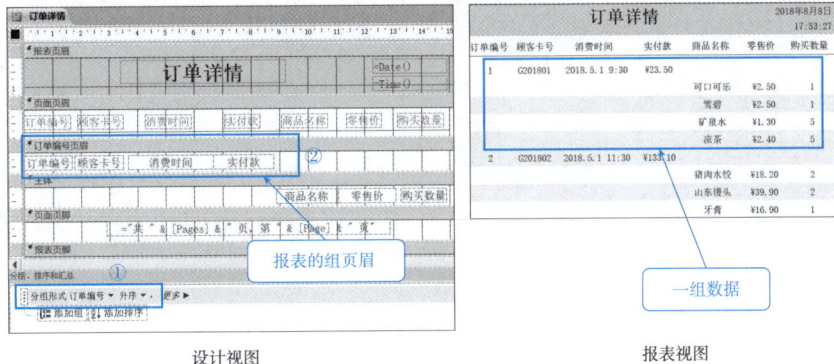

设计视图　　　　　　　　　　　　　报表视图

图 6-108　在报表中使用分组、排序和汇总功能 (b)

(4) 单击"分组、排序和汇总"窗格里的"添加排序"按钮，选择"零售价"字段升序排列，这个排序在分组之后设置，因此是基于分组内的排序。呈现出来的效果就是每个订单（一组）的记录都是按照零售价升序显示，如图 6-109 所示。

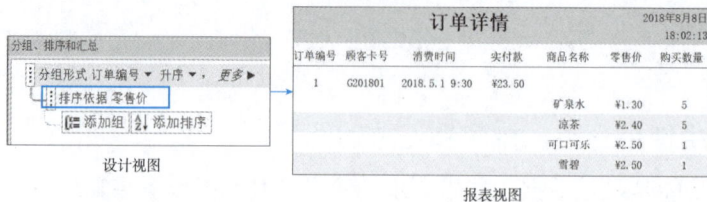

图 6-109　在报表中使用分组、排序和汇总功能 (c)

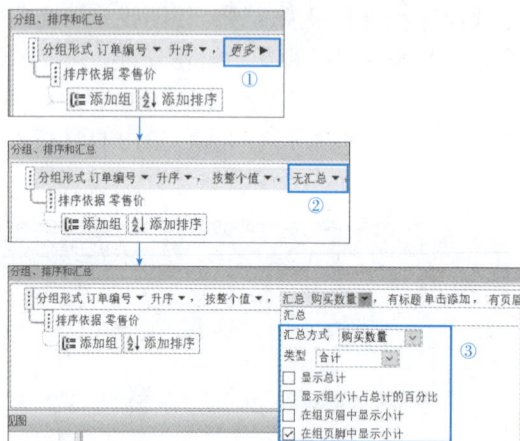

图 6-110　在报表中使用分组、排序和汇总功能 (d)

(5) 在"分组、排序和汇总"窗格里，单击"更多"按钮，会出现"无汇总"按钮，单击"无汇总"按钮，在弹出的下拉列表中，选择"汇总方式"是"购买数量"字段，"类型"是"合计"，勾选"在组页脚中显示小计"复选框，如图 6-110 所示。

设置完汇总功能后，报表中会出现"订单编号页脚"部分，这就是报表的组页脚，如图 6-111 所示。组页脚里的文本框根据所选字段自动生成汇总公式。在该文本框左边添加一个标签控件，标题改为"商品总数量："。

(6) 调整布局，保存报表，最终显示效果如图 6-112 所示。

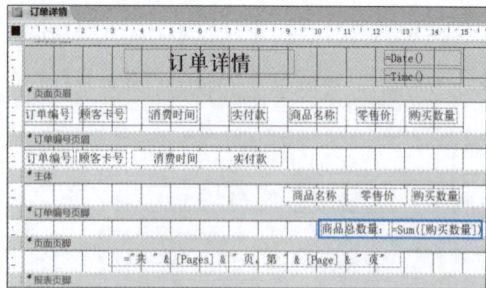

图 6-111　在报表中使用分组、排序和汇总功能 (e)

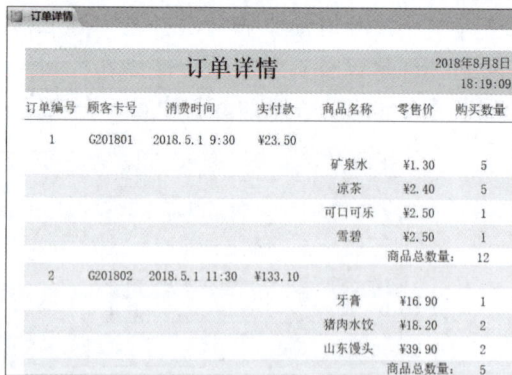

图 6-112　在报表中使用分组、排序和汇总功能 (f)

6.6.2　在报表中使用计算控件

在报表的实际应用中，经常需要对报表中的数据进行计算。例如，可以对记录的数值进行分类汇总；计算某个字段的总计或平均值；在组页眉或组页脚内建立计算文本框，输入计算表达式等。

在Access中有两种方法可以实现上述汇总和计算：一种是在查询中进行汇总统计；另一种是在报表输出时进行汇总统计。与查询相比，报表可以实现更为复杂的分组汇总。

1. 添加日期和时间

在报表的"设计视图"中添加日期和时间有两种方式：一种是在"报表设计"选项卡的"页眉/页脚"组中，单击"日期和时间"按钮进行设置，如图6-113所示；另外一种是设置文本框的"控件来源"属性为日期或时间的计算表达式。报表中日期、时间表达式及显示结果如表6-2所示。

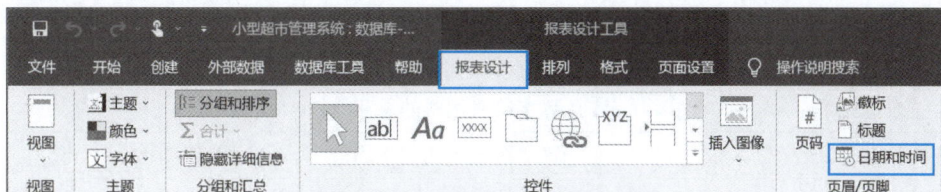

图 6-113　在报表中添加日期和时间

表6-2　日期、时间表达式及显示结果

表达式	显示结果
= now( )	显示当前日期和时间
= date( )	显示当前日期
= time( )	显示当前时间
= year(date( ))	显示年
= month(date( ))	显示月
= day(date( ))	显示日
= year(date( )) & "年" & month(date( )) & "月" & day(date( )) & "日"	显示某年某月某日

2. 添加页码

在报表的"设计视图"中添加页码有两种方式：一种是在"报表设计"选项卡的"页眉/页脚"组中，单击"页码"按钮进行设置，如图6-114所示；另外一种是利用计算表达式来创建页码。常见的页码格式如表6-3所示。

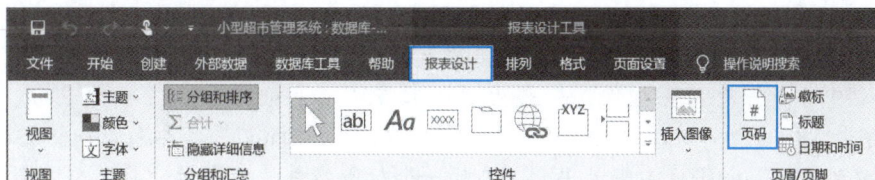

图 6-114　在报表中添加页码

表6-3　常见的页码格式

表达式	显示结果
= " 第 " & [Page] & " 页 "	第 N(当前页) 页
= [Page] & "/" & [Pages]	N/M(总页数)
= " 第 " & [Page] & " 页，共 " & [Pages] & " 页 "	第 N 页，共 M 页

3. 报表中常用的聚合函数

聚合函数一般用于在查询中创建计算字段，或作为窗体或报表中的计算控件统计结果。其计算结果依赖于记录源，并且不能设置筛选条件。常用的聚合函数如表6-4所示。

表6-4　常用的聚合函数

函数	功能
Sum(字符表达式)	计算字符表达式的总和
Avg(字符表达式)	计算字符表达式的平均值
Count(字符表达式)	统计字符表达式的记录个数
Max(字符表达式)	取得字符表达式的最大值
Min(字符表达式)	取得字符表达式的最小值

聚合函数通常放置在报表的报表页眉和报表页脚、组页眉和组页脚中。

- 放置在报表页眉和报表页脚中，主要用于对非分组报表"主体"节中所有记录进行统计；如果是分组报表，则对组页眉上的记录进行统计。
- 放置在组页眉和组页脚中，主要用于对分组中的明细记录进行统计。

【例6-29】使用"报表设计"工具创建一个名为"员工信息汇总"的报表，呈现效果如图6-115所示。具体要求是：在报表页眉处显示当前日期和员工总人数；主体里显示"部门名称""员工编号""姓名""性别""籍贯""电话"字段数据；按照"部门名称"分组显示，并在组页脚处统计和显示部门总人数；在页面页脚处显示页码。

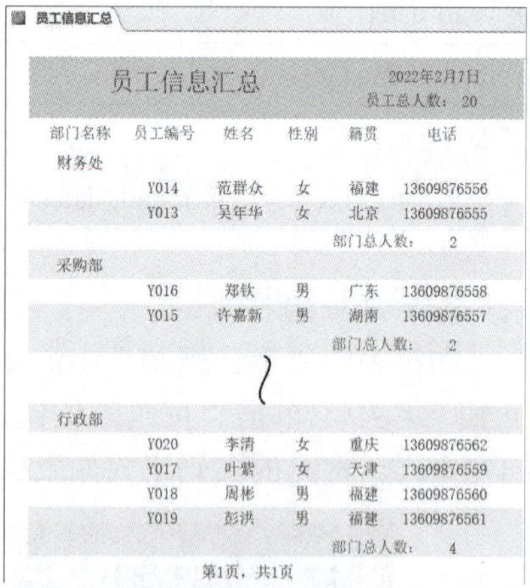

具体步骤如下：

(1) 利用"报表设计"工具创建一个新的报表，并将其命名为"员工信息汇总"。

(2) 设计报表的报表页眉。在报表设计视图中，单击鼠标右键，选择"报表页眉/页脚"以显示出报表页眉。在报表页眉中添加一个标签控件，标题为"员工信息汇总"，字号 18。添加一个文本框控件，控件来源改为"=Date()"。再添加一个文本框控件，控件来源改为"=Count([员工编号])"。添加一个标签控件，标题为"员工总人数："。把报表页眉中的所有控件的背景样式和边框样式都改为透明。设计视图如图 6-116 所示。

图 6-115　"员工信息汇总"报表 (a)

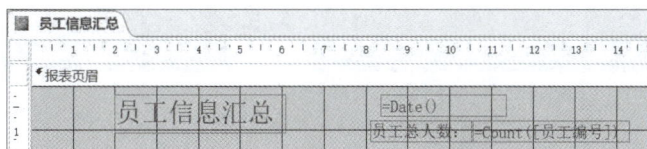

图 6-116　"员工信息汇总"报表 (b)

(3) 为报表绑定数据源。在属性表中，单击报表的数据选项中的"记录源"设置按钮，进入查询设计界面，选择需要的表后，选择报表需要的字段，如图 6-117 所示。

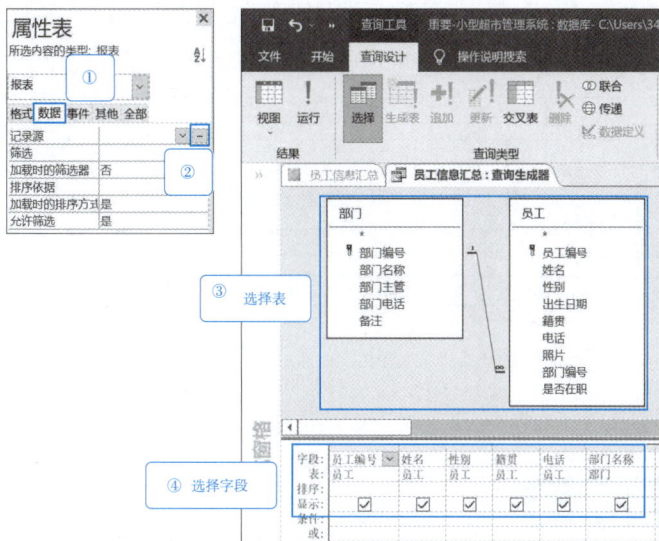

图 6-117　"员工信息汇总"报表 (c)

(4) 设计报表的页面页眉/页脚和主体部分。单击工具中的"添加现有字段"按钮，打开字段列表，把所需字段添加到报表的主体中，如图 6-118 所示。把页面页眉/页脚显示出来，把跟随绑定字段数据的文本框左侧的标签剪切到页面页眉中。在页面页脚中添加一个文本框，控件来源改为 "=" 第 " & [Page] & " 页，共 " & [Pages] & " 页 ""。

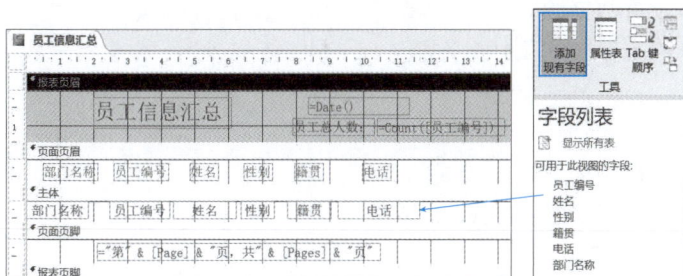

图 6-118　"员工信息汇总"报表 (d)

(5) 设计报表的组页眉/页脚。单击"分组和排序"按钮，选择按照"部门名称"分组，按照"员工编号"进行汇总。按照图 6-119 所示设计"部门名称页眉"和"部门名称页脚"。

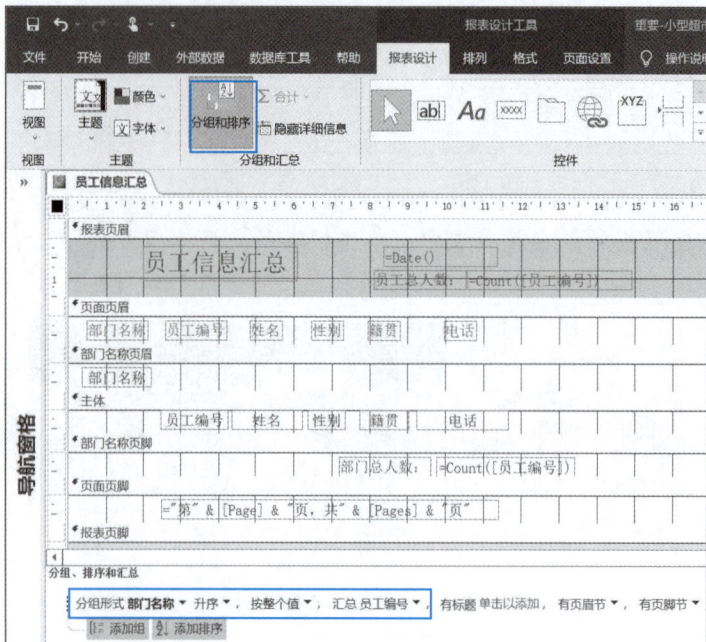

图 6-119　"员工信息汇总"报表 (e)

6.7　思考与练习

6.7.1　思考题

1. 什么是"绑定型"控件？什么是"非绑定型"控件？各举一例说明。
2. 什么情况下使用"标签"控件？什么情况下使用"文本框"控件？各举一例说明。
3. 如何给窗体设置数据源？
4. 报表与窗体的主要区别是什么？

6.7.2　选择题

1. 下列关于窗体作用的叙述，错误的是(　　)。
   A. 可以接收用户输入的数据或命令
   B. 可以直接存储数据
   C. 可以编辑、显示数据库中的数据
   D. 表、查询和SQL语句可作为窗体的数据源
2. 在窗体的视图中，既能够预览显示结果，又能够对控件进行调整的视图是(　　)。
   A. 设计视图　　　　　　B. 布局视图　　　　　　C. 窗体视图　　　　　　D. 数据表视图

3. 窗体可以由窗体页眉、窗体页脚、主体、(　　　)和页面页脚组成。

 A. 组页眉　　　　　　　　　　　　　　B. 页面页眉

 C. 查询页眉　　　　　　　　　　　　　　D. 报表页眉

4. 在窗体设计视图中，必须包含的部分是(　　　)。

 A. 主体　　　　　　　　　　　　　　　　B. 窗体页眉和页脚

 C. 页面页眉和页脚　　　　　　　　　　　D. 以上3项都要包括

5. 窗体的标题栏显示的文本用窗体的(　　　)属性设置。

 A. Name　　　　　　　　　　　　　　　B. Caption

 C. Picture　　　　　　　　　　　　　　D. RecordSource

6. 若设置窗体的"计时器间隔"属性为10000，该窗体的Timer事件对应的程序每隔(　　　)执行一次。

 A. 0.1秒　　　　　　B. 1秒　　　　　　C. 10秒　　　　　　D. 1000秒

7. 主要用于显示、输入和更新数据库中的字段的控件类型是(　　　)。

 A. 绑定型　　　　　　　　　　　　　　　B. 非绑定型

 C. 计算型　　　　　　　　　　　　　　　D. 非计算型

8. 在窗体中，标签的"标题"是标签控件的(　　　)。

 A. 宽度　　　　　　　　　　　　　　　　B. 名称

 C. 大小　　　　　　　　　　　　　　　　D. 显示内容

9. 若要求在文本框中输入文本时，显示为"*"号，则应设置文本框的(　　　)属性。

 A. 有效性规则　　　　　　　　　　　　　B. 控件来源

 C. 默认值　　　　　　　　　　　　　　　D. 输入掩码

10. 同时具有文本框和列表框功能的控件是(　　　)。

 A. 复选框　　　　　　　　　　　　　　　B. 图像

 C. 标签　　　　　　　　　　　　　　　　D. 组合框

11. 以下叙述正确的是(　　　)。

 A. 在列表框和组合框中都不能输入新值

 B. 可以在组合框中输入新值，而列表框不行

 C. 可以在列表框中输入新值，而组合框不行

 D. 在列表框和组合框中都可以输入新值

12. 命令按钮的标题设为"帮助(&H)"后，若要访问该按钮，可以用组合键(　　　)。

 A. Ctrl + H　　　　　B. F1 + H　　　　　C. Alt + H　　　　　D. Shift + H

13. 为窗体中的命令按钮设置单击鼠标时发生的动作，应选择设置其"属性"窗口的(　　　)。

 A. "格式"选项卡　　　　　　　　　　　B. "事件"选项卡

 C. "方法"选项卡　　　　　　　　　　　D. "数据"选项卡

14. 报表的作用不包括(　　　)。

 A. 输入数据　　　　　　　　　　　　　　B. 汇总数据

 C. 输出数据　　　　　　　　　　　　　　D. 分组数据

15. 下列关于报表和窗体的区别，错误的说法是(　　)。

    A. 报表和窗体都可以打印预览

    B. 报表可以分组记录，窗体不可以分组记录

    C. 报表可以修改数据源记录，窗体不能修改数据源记录

    D. 报表不能修改数据源记录，窗体可以修改数据源记录

16. 要在报表每页的底部输出信息，应设置(　　)。

    A. 报表页眉   B. 报表页脚

    C. 页面页眉   D. 页面页脚

17. 在使用设计视图设计报表时，如果要统计报表中某个组的汇总信息，应将计算表达式放在(　　)。

    A. 主体   B. 报表页眉/报表页脚

    C. 页面页眉/页面页脚   D. 组页眉/组页脚

18. 下列关于报表数据源的叙述中，正确的是(　　)。

    A. 可以是任意对象   B. 只能是"表"对象

    C. 只能是"查询"对象   D. 可以是"表"对象或"查询"对象

19. 如果设置报表上某个文本框的"控件来源"属性为"=7*5+4"，则打印预览报表时，该文本框上显示信息是(　　)。

    A. 未绑定   B. 39   C.=7*5+4   D. 7*5+4

20. 在报表中，要计算"成绩"字段的最高分，应将控件的"控件来源"属性设置为(　　)。

    A. =Max([成绩])   B. Max([成绩])

    C. =Max[成绩]   D. =Max(成绩)

21. 若要在报表页脚上显示"第 n 页/总 m 页"的页码格式，则文本框的"控件来源"属性应设置为(　　)。

    A. ="第" & [Page] & "页/总" & [Pages] & "页"

    B. "第" & [Page] & "页/总" & [Pages] & "页"

    C. ="第" & [Pages] & "页/总" & [Page] & "页"

    D. "第"&[Pages]&"/总"&[Page]&"页"

22. 如果设置报表上文本框 Text1 的"控件来源"属性为=Date()，则打开报表视图时，该文本框显示信息是(　　)。

    A. 报表创建时间   B. 系统当前时间

    C. 系统当前日期   D. 报表创建日期

第 *7* 章

数据流程自动化：宏

在数据库应用系统中，表、查询、窗体和报表是构成系统的基础对象，但它们往往孤立存在，需要用户手动串联操作以完成任务。利用宏 (Macro)，用户可以将这些离散的、孤立的对象整合成一个连贯的数据库系统，从而实现数据流程的自动化。本章将结合"小型超市管理系统"项目，详细介绍宏的概念、视图、创建和运行方法，以及常见宏操作的使用，展现宏是如何驱动数据流程自动化，进而提升数据库应用系统的用户体验和操作效率的。

⊕ 学习目标

- 了解宏的作用
- 掌握宏的创建和运行方法
- 掌握常用宏操作的使用方法

⊙ 知识结构

本章知识结构如图7-1所示。

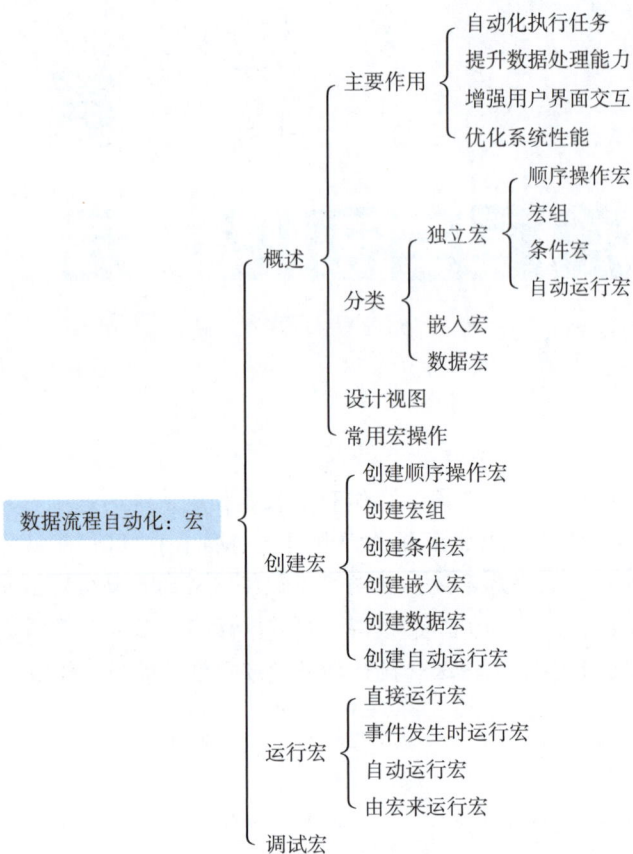

```
                                        ┌ 自动化执行任务
                              主要作用 ─┤ 提升数据处理能力
                                        │ 增强用户界面交互
                                        └ 优化系统性能
                                                    ┌ 顺序操作宏
                              ┌─概述              独立宏 ─┤ 宏组
                              │          分类 ─┤        │ 条件宏
                              │                │        └ 自动运行宏
                              │                │ 嵌入宏
                              │                └ 数据宏
                              │ 设计视图
                              │ 常用宏操作
                              │          ┌ 创建顺序操作宏
数据流程自动化：宏 ─┤          │ 创建宏组
                              │ 创建宏 ─┤ 创建条件宏
                              │          │ 创建嵌入宏
                              │          │ 创建数据宏
                              │          └ 创建自动运行宏
                              │          ┌ 直接运行宏
                              │ 运行宏 ─┤ 事件发生时运行宏
                              │          │ 自动运行宏
                              │          └ 由宏来运行宏
                              └ 调试宏
```

图 7-1　本章知识结构图

7.1 宏的概述

7.1.1　宏的主要作用

宏是由一个或多个操作组成的集合，其中每个操作都能实现特定的功能，这些功能由Access自身提供，开发者只需使用这些操作就能快速地实现某个功能，例如打开某个窗体或打印某个报表。宏能够将各种对象有机地组织起来，按照某个顺序执行操作，完成一系列动作。

宏的主要作用体现在以下几个方面。

视频7-1
宏的概述

1. 自动化执行任务

(1) 简化重复性操作：宏能够自动化执行一系列预定义的操作和命令，如打开表单、生成报表、执行查询等。通过宏，用户可以在不编写代码的情况下实现自动化工作流，从而简化重复性任务，提高工作效率。

(2) 减少人为错误：宏在执行自动化任务时，能够减少人为操作带来的错误，特别是在执行重复性任务时，宏的准确性和稳定性更高。

2. 提升数据处理能力

(1) 数据导入导出：宏支持数据的导入和导出操作，允许用户将数据库中的数据导出到外部文件(如Excel、CSV、PDF等格式)，或将外部数据导入到数据库中。这有助于数据的共享和交换。

(2) 数据校验和清理：宏可以执行数据校验和清理操作，如查找和删除重复记录、修正格式错误等。这有助于确保数据的准确性和一致性。

3. 增强用户界面交互

(1) 自定义用户界面：宏可以用于自定义用户界面，如创建自定义菜单、按钮和消息框等。通过宏，用户可以根据自己的需求来定制界面，增强系统的易用性和用户体验。

(2) 实现事件驱动：宏可以关联到用户界面中的事件(如按钮点击、表单打开等)，并在事件发生时自动执行相应的操作。这有助于实现用户界面的动态交互和响应。

4. 优化系统性能

(1) 条件操作和循环操作：宏支持条件操作和循环操作，允许用户根据特定条件执行不同的操作，或通过循环来重复执行一系列操作。这有助于实现更复杂的逻辑和数据处理流程。

(2) 性能优化技巧：优化查询和数据处理逻辑，以及避免在宏中使用过多的等待操作，可以提高宏的执行效率。宏组、错误处理和调试等高级功能也有助于提升系统的整体性能。

7.1.2　宏的分类

在Access 2016中，宏可以分为独立宏、嵌入宏和数据宏三种。

(1) 独立宏。独立宏是独立的对象，与窗体、报表等对象没有附属关系，创建独立宏后，它会出现在数据库的导航窗格中。独立宏又分为以下四种子类型。

① 顺序操作宏。一个宏中包括了若干个操作，运行宏时按照操作的先后顺序依次执行。

② 宏组。一个宏包含了多个宏，该宏就称为宏组，宏组内包含的宏称为子宏。宏组在运行时只执行第一个子宏。宏组的出现使得宏的分类管理和维护更为方便。

③ 条件宏。条件宏通过条件语句来控制宏操作的执行顺序。当满足指定条件时某些操作被执行，某些操作则不被执行。

④ 自动运行宏。自动运行宏是一种特殊的独立宏，规定命名为AutoExec，当打开Access数据库时，会先查找这个宏，如果能找到，就自动运行这个宏。

(2) 嵌入宏。与独立宏相反，嵌入宏与窗体或报表等对象有附属关系，嵌入在窗体、报表等对象的事件中。嵌入宏在数据库的导航窗格中不可见。

(3) 数据宏。数据宏允许在表事件(如添加、更新或删除数据等)中自动运行。数据宏是一种触发器，可以用来检验数据的输入是否合理，并在数据不合理时给出提示信息。数据宏还可以实现插入记录、修改记录和删除记录等操作，这种更新速度比查询更新的速度快很多。

7.1.3 宏的设计视图

在"创建"选项卡中单击"宏"按钮，就能打开宏的设计视图。在宏设计视图中可以创建和编辑宏，如图7-2所示。

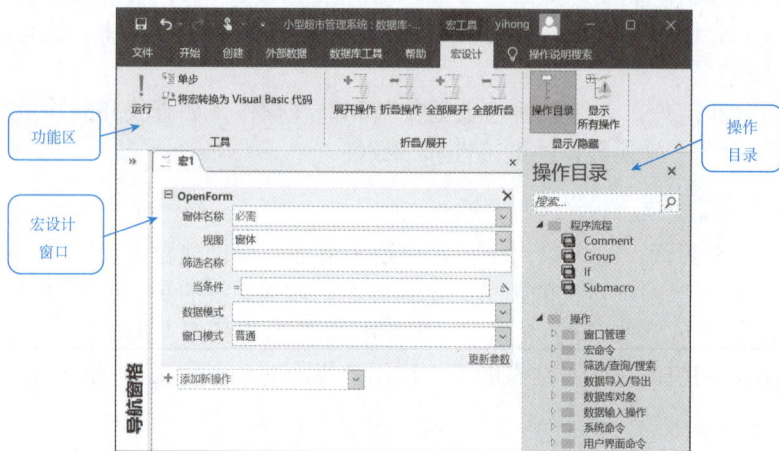

图 7-2　宏的设计视图

宏的设计视图由功能区、宏设计窗口和操作目录三部分组成。

(1) 功能区。功能区由"宏工具"下的"宏设计"选项卡内的按钮组成，各按钮的功能如表7-1所示。

表7-1　"宏设计"选项卡内的按钮功能

按钮	名称	功能
	运行	执行当前宏
	单步	单步运行，一次执行一条宏操作
	宏转换	将当前宏转换为 Visual Basic 代码
	展开	展开宏设计器所选的宏操作
	折叠	折叠宏设计器所选的宏操作
	全部展开	展开宏设计器全部的宏操作
	全部折叠	折叠宏设计器全部的宏操作
	操作目录	显示或隐藏宏设计器的操作目录
	显示所有操作	显示或隐藏操作列的下拉列表中所有操作或者尚未受到信任的数据库中允许的操作

(2) 操作目录。在操作目录窗格中，以树形结构列出了"程序流程""操作"和"在此数据库中"三个目录及子目录，专门提供各种宏操作命令。双击某个宏操作命令就能添加到宏设计窗口中。

(3) 宏设计窗口。在设计窗口中添加宏操作有以下三种方法：

① 通过宏设计窗口中的 ⊕添加新操作 ▽ 组合框来添加宏操作。

② 通过双击操作目录窗格里的宏操作来添加宏操作。

③ 通过从数据库的导航窗格里拖动数据库对象来添加宏操作。

添加到设计窗口的宏操作，会在右上方出现两个符号 ⬆ ✖，单击 ⬆ 符号可以调整宏操作的顺序，单击 ✖ 符号可以删除该宏操作。

7.1.4　常用的宏操作

宏操作是宏的基本组成部分，无论哪一种宏都是由宏操作组成的。Access 2016提供了60多个宏操作命令，按照功能分为八类，在图7-2所示的"操作目录"窗格中的"操作"里可以看到这八类操作。表7-2列出了常用的宏操作。

表7-2　常用的宏操作

所属类别	宏操作命令	功能
窗口管理	CloseWindow	关闭指定的窗口，若无指定，则关闭激活的窗口
	MaximizeWindow	最大化激活窗口
	MinimizeWindow	最小化激活窗口
	RestoreWindow	将最大化或最小化窗口还原到原来的大小
宏命令	RunMacro	执行一个宏
	StopMacro	终止当前正在运行的宏
筛选/查询/搜索	ApplyFilter	筛选、查询或将 SQL 的 WHERE 子句应用至表、窗体或报表，以限制或排序记录
	FindRecord	查找符合指定条件的第一条或下一条记录
	OpenQuery	打开查询
数据库对象	OpenForm	打开窗体
	OpenReport	打开报表
	OpenTable	打开数据表
	GoToControl	将焦点移到激活窗体的指定控件或数据表的指定字段上
	SetValue	为窗体、窗体数据表或报表上的控件、字段或属性设置值
系统命令	Beep	使计算机发出嘟嘟声
	QuitAccess	退出 Access
用户界面命令	AddMenu	将菜单添加到自定义菜单
	MessageBox	显示含有警告或提示信息的消息框

在宏设计窗口中添加新的宏操作后，会同时出现该宏操作对应的参数设置界面，用户对参数进行设置可以控制宏的执行方式。如图7-3所示，在宏设计视图中添加了一个宏操作OpenTable，作用是打开一张表，然后在宏名的下方出现三个参数，图中参数的设置代表这个宏操作的作用是以数据表视图的方式打开"商品"表，并且表是可编辑的。

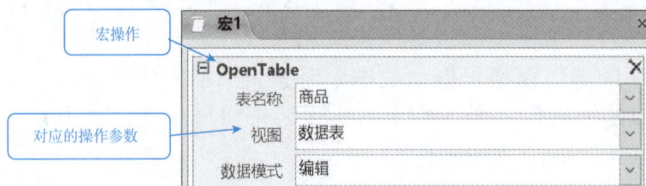

图 7-3　宏操作的参数示例

设置宏操作的参数有以下四种方法。

(1) 在参数框中输入数值，也可以从列表中选择。通常建议按照参数的排列顺序来设置参数，因为某一个参数的设置会决定其后面参数的设置。

(2) 如果通过从数据库窗口拖动数据库对象来添加宏操作，Access会自动为这个宏操作设置适合的参数。

(3) 如果操作中带有调用数据库对象名的参数，可以将对象从数据库窗口中拖曳到参数框，从而自动设置参数。

(4) 可以使用"="开头的表达式来设置许多操作参数。

7.2　宏的创建

创建宏的过程主要包括指定宏名、添加宏操作、设置宏的参数和提供必要的注释说明。创建宏之后，可以通过多种方式运行宏。如果想要了解实际运行过程中宏操作的执行顺序或参数详情，可以调试宏。

下面通过在"小型超市管理系统"数据库创建不同类型的宏来学习宏的创建方法。

7.2.1　创建独立宏：顺序操作宏

顺序操作宏包含一条或多条操作，运行时按照操作顺序执行，直到操作执行完毕。

【例7-1】在数据库中创建一个独立宏，并将其命名为"打开订单表"，功能是先弹出一个提示框，提示信息显示"接下来要打开订单表"，单击提示框上的"确定"按钮，提示框消失，然后订单表打开。运行该宏的效果如图7-4所示。

视频7-2
创建独立宏：
顺序操作宏

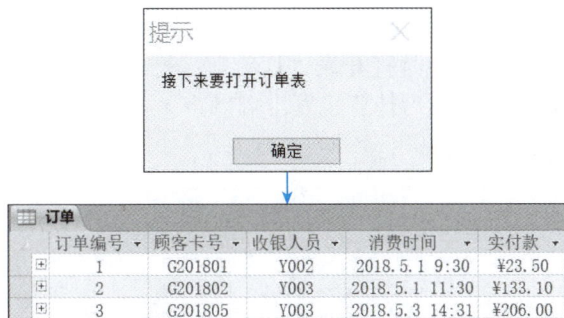

图 7-4　顺序操作宏示例 (a)

具体步骤如下：

(1) 创建一个宏。打开数据库，单击"创建"选项卡中的"宏"按钮，进入宏的设计视图，保存并将其命名为"打开订单表"。

(2) 添加操作，设置操作的参数。添加操作 MessageBox 和 OpenTable，操作的顺序及操作的参数设置如图 7-5 左图所示。图中给出了操作的执行顺序流程图，如图 7-5 右图所示。当运行这个宏时，先执行 MessageBox，即打开一个消息框，如果单击"确定"按钮，则退出 MessageBox (MessageBox 这个操作会一直等待按钮的按下，如果用户没有按下按钮，则 MessageBox 是不会退出的)，开始往下执行 OpenTable，即打开指定的一张表。操作执行完毕后退出宏。

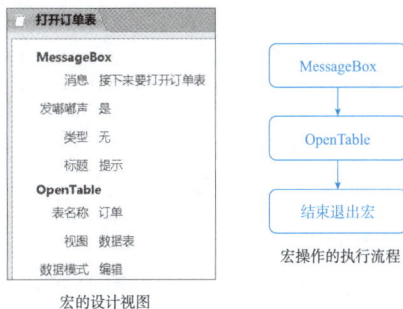

图 7-5　顺序操作宏示例 (b)

(3) 运行宏，查看结果。在导航窗格中，双击该宏名即可运行。

本例创建的宏，是一个很简单的顺序操作独立宏，只包含两条操作，操作按顺序执行。在数据库的导航窗格中可以看到这个宏，如图7-6所示，图中的操作参数已经折叠起来。

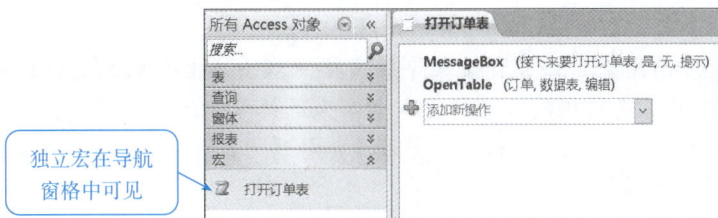

图 7-6　顺序操作宏示例 (c)

7.2.2　创建独立宏：宏组

宏由宏操作组成，宏组由宏组成。在数据库中，要完成一个复杂的操作过程需要创建很多个宏，把多个相关的可归类的宏组织在一起，形成一个宏组，可以提高宏的查找和管理效率。宏组中包含一个或多个子宏，每个子宏都必须定义一个唯一的名称。

视频7-3
创建独立宏：宏组

189

【例7-2】创建一个宏组，并将其命名为"查看订单信息"，该宏组包含两个子宏，一个子宏名为"查看订单表"，功能是打开表"订单"；另一个子宏名为"查看订单报表"，功能是打开报表"订单详情"，然后计算机发出嘟嘟声。

宏的设计视图如图7-7所示。

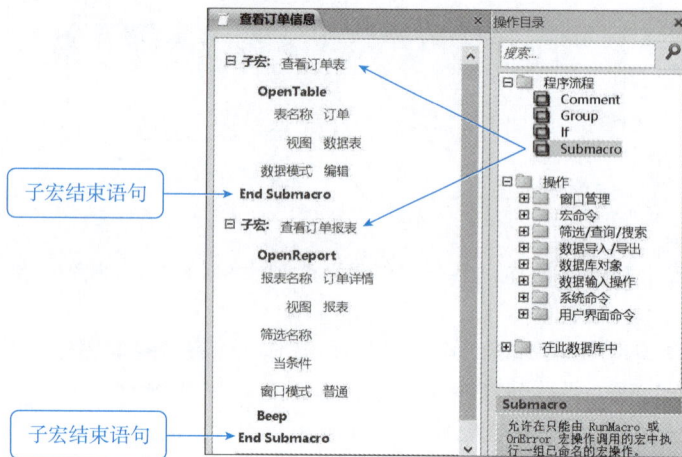

图 7-7　宏组示例

具体步骤如下：

(1) 创建一个宏。打开数据库，单击"创建"选项卡中的"宏"按钮，进入宏的设计视图，保存并将其命名为"查看订单信息"。

(2) 添加第一个子宏，双击操作目录中的 Submacro 即可添加进去。Submacro 是子宏的意思，结构以宏名开始，以 End Submacro 语句结束。将第一个子宏命名为"查看订单表"。

(3) 在第一个子宏里添加操作 OpenTable。

(4) 参考步骤 (2) 添加第二个子宏，将其命名为"查看订单报表"。

(5) 在第二个子宏里添加操作 OpenReport 和 Beep。

(6) 运行宏，查看结果。如果直接在导航窗格中双击宏名，则只能运行第一个子宏。可以通过"数据库工具"选项中的"运行宏"命令来选择子宏运行。在数据库中，子宏的完整名称是：宏组名.子宏名。所以在选择子宏时，会看到"查看订单信息.查看订单表"和"查看订单信息.查看订单报表"两个子宏名。

7.2.3　创建独立宏：条件宏

在数据库操作中，如果需要根据指定条件来完成相应操作，可以使用条件宏来实现。条件宏通过添加程序流程IF语句块来实现，如图7-8所示。

条件宏中的"条件表达式"是一个逻辑表达式，表达式的值只能是True或False。在运行条件宏时，根据条件表达式的值来决定是否执行条件宏内的操作。

视频7-4
创建独立宏：条件宏

图 7-8　程序流程 IF 语句块

【例7-3】创建一个独立宏，并将其命名为"询问是否打开查询"，功能是先弹出一个消息框，询问是否要打开查询，如果选择按钮"是"，则打开查询"查询商品信息"；如果选择按钮"否"，则不做任何操作。

消息框的效果如图7-9所示。消息框是通过函数 MsgBox实现的，MsgBox有3个参数，通过设置这3个参数能改变标题、提示信息和按钮类型。如果单击按钮"是"，则MsgBox函数会退出，并返回值6。如果单击按钮"否"，则MsgBox函数会退出，并返回值7。

MsgBox("要打开查询吗？",4,"询问")=6

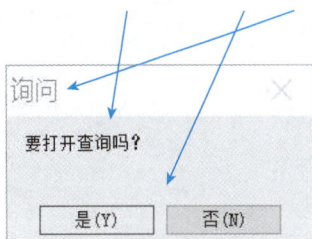

图 7-9　条件宏示例 (a)

具体操作如下：

(1) 创建一个宏。打开数据库，单击"创建"选项卡中的"宏"按钮，进入宏的设计视图，保存并将其命名为"询问是否打开查询"。

(2) 添加程序流程 IF。双击操作目录中的 IF 即可添加。

(3) 设置条件表达式和宏操作。宏的设计视图如图 7-10 所示，图中给出了这个条件宏在运行时的执行流程，先执行第一行操作命令 (即 MsgBox 函数)，等待用户按下按钮，如果用户单击"是"按钮，MsgBox 返回 6，If 表达式 MsgBox("要打开查询吗？",4,"询问")=6 的值是 True，则往下执行 OpenQuery(即打开指定的查询文件)；如果用户单击"否"按钮，MsgBox 返回 7，If 表达式的值是 False，则跳过 OpenQuery 不执行任何操作。

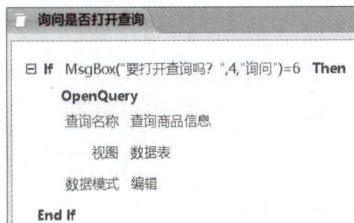

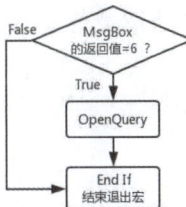

宏的设计视图　　　　　　　　宏操作的执行流程

图 7-10　条件宏示例 (b)

【例7-4】创建一个独立宏，并将其命名为"是否查看实付款大于1000的订单"，功能是先弹出一个消息框，询问是否要查看实付款大于1000的订单，如果选择"是"按钮，则打开报表"订单报表"，同时报表上只能显示实付款大于1000的订单信息；如果选择"否"按钮，则打开报表"订单报表"，显示全部订单信息。

创建宏的步骤与上例类似，不再赘述。宏的设计视图如图7-11左图所示，OpenReport操作会提供一个参数"当条件="，设置这个参数，就能在打开报表之前先根据参数给出的表达式进行过滤，只有符合表达式的记录才能显示出来。

单击参数右边的 ⚏ 符号，打开表达式生成器，如图7-11右图所示，在表达式生成器中设置表达式是比较常用的方法。报表中实付款的数据来自表"订单"中的"实付款"字段，所以在表达式生成器的表达式元素中，展开数据库"小型超市管理系统.accdb"→展开"表"→单击"订单"，会在表达式类别中出现订单表所有的字段，双击"实付款"字段，就会在上方的表达式中自动生成[订单]![实付款]，这是在表达式中引用窗体或报表上的控件值时所采用的语法。根据题意补充完整表达式，即在字段后写上">1000"。

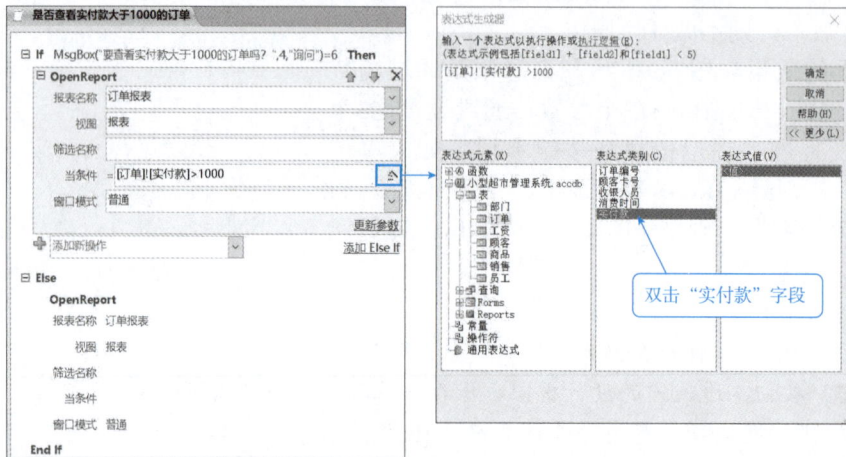

图 7-11　条件宏示例 (c)

单击If语句的 添加Else 命令，就会出现Else语句。完整的宏操作的执行流程如图7-12所示。如果按下消息框中的"是"按钮，则If表达式的值是True，接着执行下一个操作OpenReport，这个操作的参数设置了只能显示实付款>1000的记录，所以此时打开报表后只能看到实付款>1000的记录信息。如果按下消息框中的"否"按钮，则If表达式的值是False，直接跳到Else的下一个操作OpenReport，这个操作可以打开报表看到所有的记录。

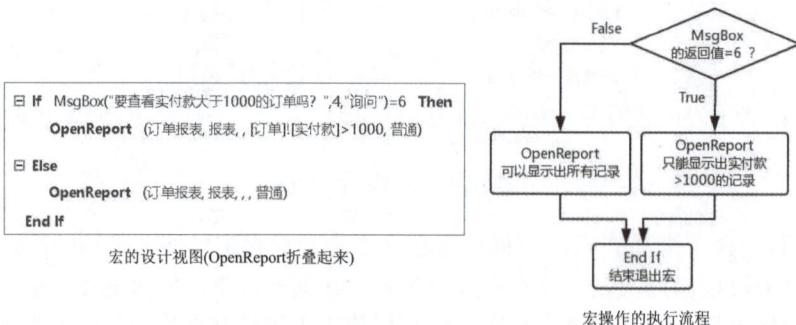

图 7-12　条件宏示例 (d)

在输入条件表达式时，可能会引用窗体、报表或相关控件值及属性值，可以用表7-3所示的语法格式来引用。

表7-3　在条件表达式引用窗体、报表或相关控件值的语法格式

功能	语法格式
引用窗体	Forms! [窗体名]
引用窗体属性	Forms! [窗体名]. 属性
引用窗体控件	Forms! [窗体名]! [控件名]
	[Forms]! [窗体名]! [控件名]
引用窗体控件属性	Forms! [窗体名]! [控件名]. 属性
引用报表	Reports! [报表名]
引用报表属性	Reports! [报表名]. 属性
引用报表控件	Reports! [报表名]! [控件名]
	[Reports]! [报表名]! [控件名]
引用报表控件属性	Reports! [报表名]! [控件名]. 属性

7.2.4　创建嵌入宏

视频7-5
创建嵌入宏

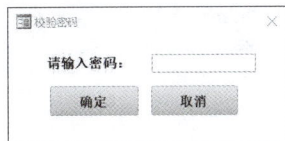

前面创建的独立宏，在数据库的导航窗格中都可见，是独立于窗体、报表等对象的。如果一个宏仅是为了某个对象(如某个窗体或报表)所用，那么以嵌入宏的方式来创建更有利于宏的管理。

【例7-5】创建一个校验密码的窗体，如图7-13所示，当单击"确定"按钮时，如果密码输入正确(如123456)，则打开窗体"人事管理"；如果密码输入错误，则弹出消息框提示密码错误。当单击"取消"按钮时，关闭校验密码窗体。

具体步骤如下：

(1) 打开数据库，创建窗体"校验密码"。窗体及控件属性的设置在本书第6章中有详细介绍，这里不再赘述。

(2) 为"确定"按钮设置嵌入宏。把窗体切换到设计视图，如图7-14所示，在属性表中找到"确定"按钮的"事件"选项卡，单击"单击"事件右边的 符号，弹出选择生成器，选择"宏生成器"。

图 7-13　嵌入宏示例 (a)

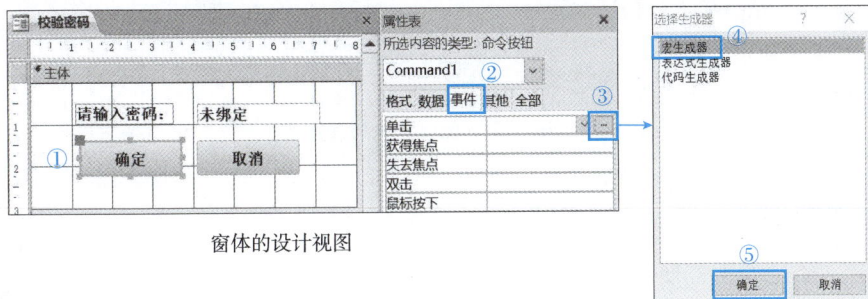

窗体的设计视图

图 7-14　嵌入宏示例 (b)

进入宏的设计视图，操作的设置如图7-15左图所示。图7-15右图为操作的执行流程，先判断输入密码的文本框(本例文本框的名字是Text1)的值是否为123456，如果是，则往下执行CloseWindow和OpenForm操作，然后退出宏；如果不是，则跳到Else的下一个操作执行MessageBox，然后退出宏。

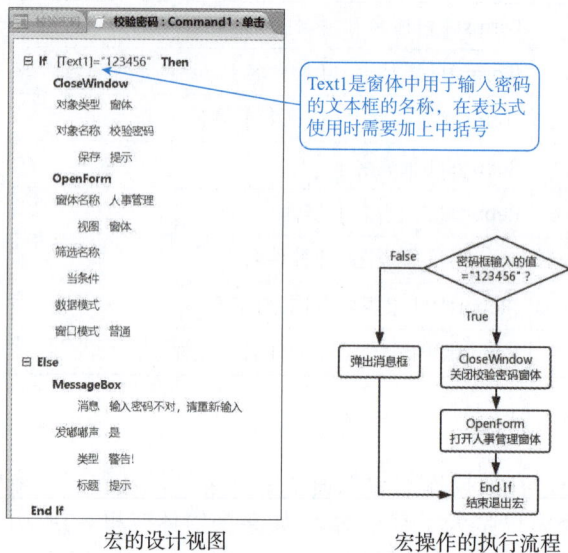

图 7-15　嵌入宏示例 (c)

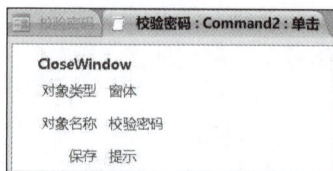

图 7-16　嵌入宏示例 (d)

(3) 为"取消"按钮设置嵌入宏。参照步骤 (2)，在属性表中找到"取消"按钮的"事件"选项卡，打开"单击"事件的宏设计视图，宏操作的设置如图 7-16 所示。

把窗体切换到窗体视图，当单击某按钮时，会立即运行嵌入到该按钮中的宏。嵌入宏在数据库的导航窗格中不可见，若要修改嵌入宏，只需找到该控件的单击事件，单击 符号进入嵌入宏的设计视图即可。如图7-17所示，"确定"按钮的单击事件处有嵌入的宏。

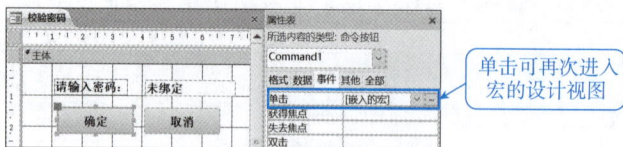

图 7-17　嵌入宏示例 (e)

7.2.5　创建数据宏

数据宏主要是为了方便用户在表事件中添加逻辑。数据宏包括五种：插入后、更新后、更改前、删除后和删除前。

【例7-6】为数据库中的"商品"表创建一个"更改前"数据宏，用于限制"库存"字段的值不能大于1000，若超过限定的值，则不允许修改，同时

视频7-6
创建数据宏

弹出提示消息框。

具体步骤如下：

(1) 打开数据库，把"商品"表切换到设计视图。

(2) 选中"库存"字段，然后单击功能区中的"创建数据宏"按钮，选择"更改前"，如图 7-18 所示，进入数据宏的设计视图中。

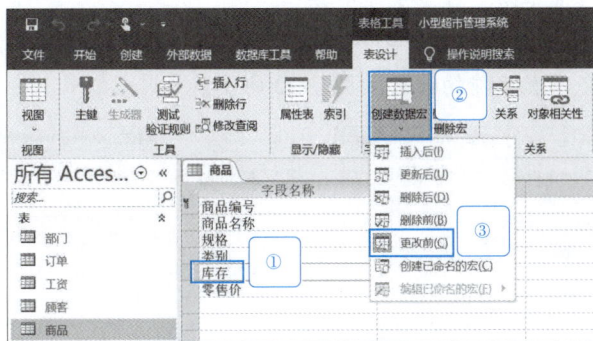

图 7-18　数据宏示例 (a)

(3) 数据宏的操作设置如图 7-19 所示。本例中的错误号 1001 是用户确定的，对 Access 而言是无意义的。

保存后把"商品"表切换到数据表视图，把某条记录的库存数改成大于1000，会弹出提示框，而且无法更改。如图7-20所示，把凉茶的库存改成1005，数据库会弹出消息框提示，这确保了数据录入的安全性。"更改前"数据宏的运行时间是更改数据之前的时刻。更改数据之前运行该数据宏，根据宏操作来决定是否能更改。

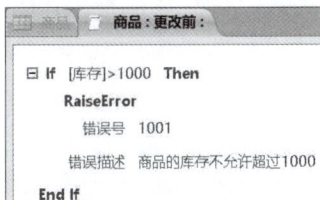

图 7-19　数据宏示例 (b)

图 7-20　数据宏示例 (c)

7.2.6　创建自动运行宏

Access数据库在打开时，会先查找一个名为AutoExec的宏，如果能找到，就自动运行这个宏。创建自动运行宏只需如下步骤：

(1) 创建一个独立宏，宏的操作根据实际需求来设置。

(2) 将宏命名为AutoExec。

视频7-7　创建自动运行宏

注意： 如果不希望在打开数据库时运行 AutoExec 宏，则可以在打开数据库时同时按住键盘的 Shift 键。

【例7-7】创建一个自动运行宏，作用是打开数据库时，先显示一个欢迎窗口，如图7-21所示，单击"进入数据库"按钮则进入数据库，单击"退出数据库"按钮则退出数据库。

具体步骤如下：

(1) 打开数据库，创建窗体"欢迎窗口"。窗体及控件属性的设置在第 6 章中有详细介绍，这里不再赘述。

图 7-21　自动运行宏示例 (a)

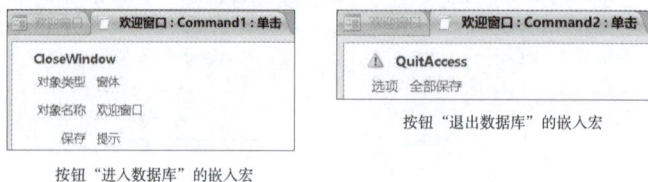

(2) 参照前面"创建嵌入宏"一节中介绍的方法，为"进入数据库"按钮和"退出数据库"按钮各创建一个嵌入宏，宏操作的设置如图 7-22 所示。

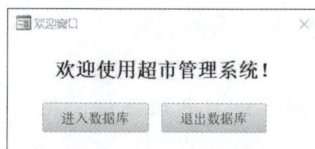

图 7-22　自动运行宏示例 (b)

(3) 创建自动运行宏。创建一个独立宏，并将其命名为 AutoExec，宏操作的设置如图 7-23所示。这个宏只有一个操作，就是打开窗体"欢迎窗口"。

图 7-23　自动运行宏示例 (c)

保存后把数据库关闭，并重新打开，AutoExec宏会首先被运行，"欢迎窗口"自动弹出显示。

7.3 宏的运行与调试

7.3.1 宏的运行

宏的运行有多种方式，这里主要介绍以下四种。

1. 直接运行宏

(1) 如果是独立宏，则在数据库的导航窗格中双击宏名就能运行。

视频7-8　宏的运行与调试

(2) 如果是宏组，则可以使用"数据库工具"选项卡的"运行宏"按钮来运行子宏。如图7-24所示，可以运行宏组"查看订单信息"中的任何一个子宏。这种方式可以运行所有的独立宏。

(3) 如果宏是以设计视图方式打开的，则单击功能区中的"运行"按钮也可以运行宏。

2. 事件发生时运行宏

宏的直接运行一般只是为了测试宏的功能是否正常。通常情况下，宏会附加在表、窗体、报表或者控件中，并以事件的方式来触发宏的运行。事件是指数据库执行的一种特殊操作，在

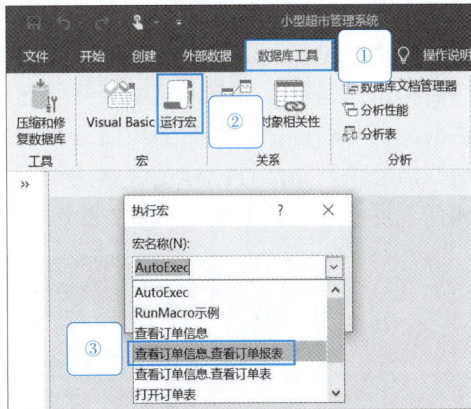

图 7-24　运行宏的命令

Access数据库中可以设置多种类型的事件，如鼠标单击、数据更新、窗体打开或关闭等。

在例7-5中就是利用按钮的单击事件来运行宏的。控件的事件也可以运行独立宏，如图7-25所示，如果这个事件要运行的是独立宏，那么单击事件右边的 符号，会列出数据库中所有的独立宏以供选择。

3. 自动运行宏

在Access中存在一个名为AutoExec的特殊的宏对象，会在数据库打开时首先被运行，通常用于在数据库启动时完成一些参数的初始化和功能的启动等。在"7.2.6创建自动运行宏"一节中详细介绍了自动运行宏的创建方法。

4. 由宏来运行宏

在宏的设计视图中使用RunMacro操作可以运行指定的宏。如图7-26所示，创建一个名为"RunMacro示例"的宏，宏的功能是：如果单击按钮"是"，则会运行子宏"查看订单信息.查看订单报表"；如果单击按钮"否"，则会运行子宏"查看订单信息.查看订单表"。

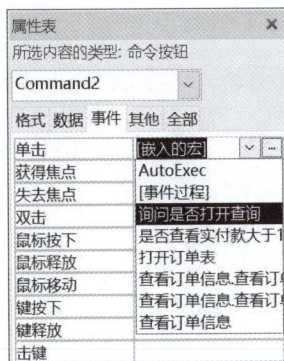

图 7-25　为控件的事件选择宏

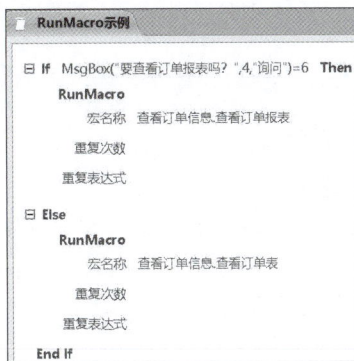

图 7-26　RunMacro 示例

7.3.2　宏的调试

如果运行宏时发现并没有达到预期的效果，或者宏在运行时出现错误，则可以对宏进行

调试，通过调试，用户能更准确快速地查找到问题所在。

　　以"RunMacro示例"宏为例，打开宏的设计视图，如图7-27所示，单击"单步"按钮，然后单击"运行"按钮，宏就会开始运行。每运行一个操作，就会弹出"单步执行宏"的对话框，在对话框中可以看到当前运行的操作名、条件表达式的值，以及操作的参数值，根据这些信息来判断运行流程是否达到预期。单击"单步执行"按钮或者"继续"按钮，宏会继续往下运行。直到宏运行结束才会跳出"单步执行宏"对话框，结束调试状态。

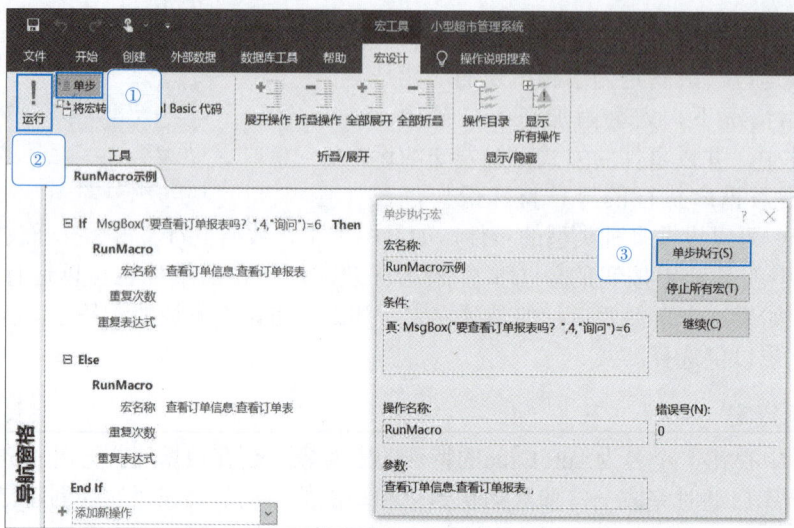

图 7-27　宏的调试

7.4　思考与练习

7.4.1　思考题

　　1. 什么是宏？

　　2. 什么是宏组？子宏与宏组有何区别？

　　3. 运行宏有几种方法？各有什么不同？

　　4. 使用什么宏可在首次打开数据库时自动执行一个或一系列的操作？

7.4.2　选择题

　　1. 宏是指一个或多个(　　)的集合。

　　　A. 条件　　　　　　B. 操作　　　　　　　　C. 对象　　　　　　　　　D. 表达式

2. 下列关于宏的叙述中，错误的是(　　)。

A. 宏均可转换为相应的VBA模块代码

B. 宏是Access的对象之一

C. 宏操作能实现一些编程的功能

D. 宏命令中不能使用条件表达式

3. 要运行宏中的一个子宏时，需要以(　　)格式来指定宏名。

A. 宏名　　　　　B. 子宏名.宏名　　　　　C. 子宏名　　　　　D. 宏名.子宏名

4. 在创建含有IF块的宏时，如果要引用窗体上的控件值，正确的表达式引用是(　　)。

A. Forms![窗体名]![控件名] 　　　　B. [窗体名].[控件名]

C. Forms![窗体名].[控件名] 　　　　D. Forms!窗体名!控件名

5. 用于打开查询的宏命令是(　　)。

A. OpenForm　　　B. OpenReport　　　C. OpenQuery　　　D. OpenTable

6. 要建立一个宏，实现打开一个数据表并最大化窗口的功能，应该使用(　　)操作命令。

A. OpenReport和MaximizeWindow 　　　B. OpenMaxReport

C. OpenTable和MaximizeWindow 　　　D. OpenMaxTable

7. 下列宏命令中，(　　)是设置字段、控件或属性的值。

A. SetMenuItem 　　　　B. AddMenu

C. SetValue 　　　　D. RunApp

8. 下列关于宏命令的叙述中，正确的是(　　)。

A. 停止当前正在执行的宏的命令是StopRun

B. 打开数据表的宏命令是OpenTable

C. 最大化窗口的宏命令是Max

D. 打开报表的宏命令是OpenQuery

9. 在一个数据库中已经设置了自动宏AutoExec，如果在打开数据库的时候不想执行这个自动宏，正确的操作是(　　)。

A. 用Enter键打开数据库 　　　　B. 打开数据库时按住Alt键

C. 打开数据库时按住Ctrl键 　　　　D. 打开数据库时按住Shift键

第 8 章

数据处理定制化：VBA编程

VBA(Visual Basic for Applications)是一种基于Visual Basic语言的简化编程语言，虽然它不包含Visual Basic语言的所有功能，但作为一种嵌入式语言，VBA与Access数据库紧密结合，能够实现Access其他对象难以完成的复杂操作，如循环控制、复杂条件判断和自定义函数等。通过VBA，用户可以定制数据处理流程，从而构建出功能更丰富、更灵活、更强大的数据库应用系统。本章将以前面章节创建的"小型超市管理系统"为基础，深入介绍VBA的编程环境和编程方法，展示如何利用VBA增强数据库应用系统的灵活性和功能性。

⊕ 学习目标

- 了解模块的类型和组成
- 熟悉VBA的编程环境
- 理解对象的属性、方法和事件
- 熟悉数据类型、常量、变量、数组、表达式和函数
- 掌握程序流程控制语句的使用方法
- 掌握过程的定义与调用方法

ⓩ 知识结构

本章知识结构如图8-1所示。

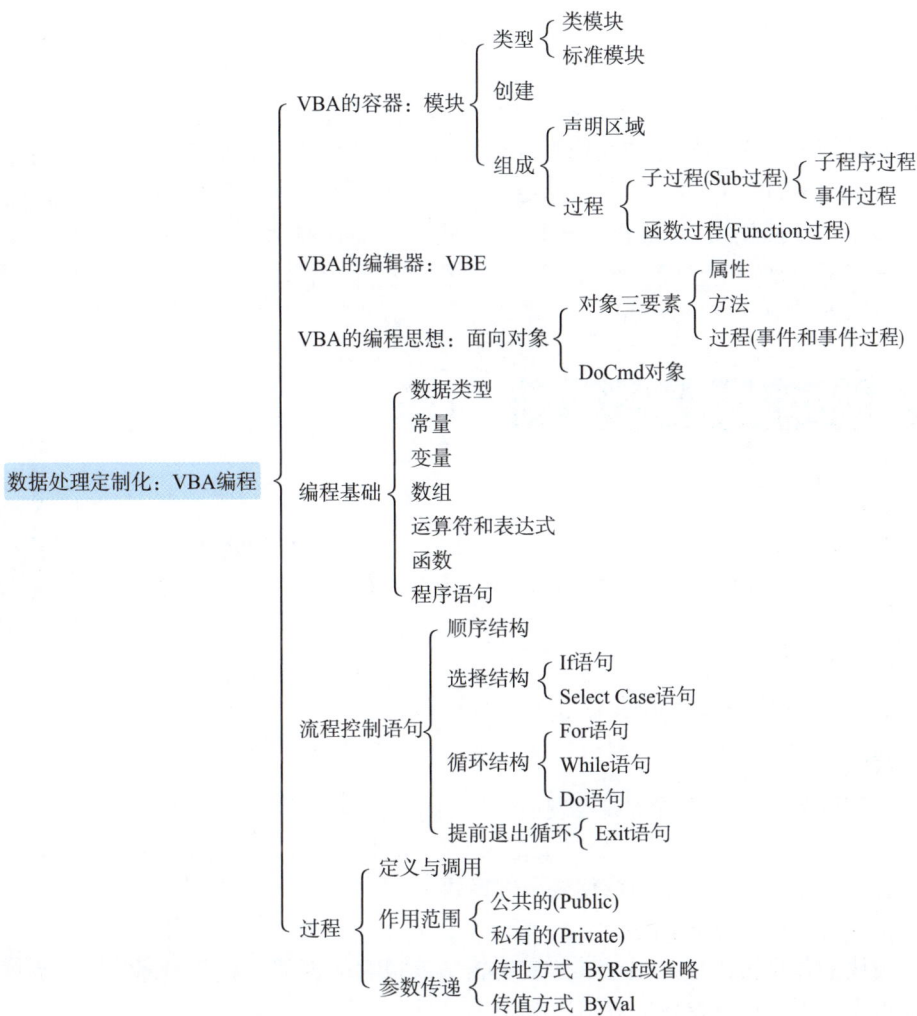

图 8-1　本章知识结构图

8.1　VBA 与宏

在Access中，程序设计是指使用宏或者VBA程序向数据库中添加功能的过程。例如，在窗体中添加一个按钮，单击该按钮即可打开一个报表，这一功能可以通过创建宏或者VBA程序来实现。

视频8-1
VBA与宏

　　"宏"是指已经命名的一组宏操作，而宏操作仅代表VBA程序中可用命令的一个子集。宏生成器的界面比VBA编辑器的界面更加可视化，这使得用户在没有学习VBA程序的基础上也能完成一些简单的编程工作。

　　宏本质上是由VBA程序构成的，因此宏是可以转换为VBA程序的。在宏的设计视图里，单击工具栏里的 ![将宏转换为 Visual Basic 代码] 按钮，就能把宏转换成对应的VBA程序。

　　在使用宏与VBA程序时，应根据安全性和功能需求来决定是否启用。VBA程序可用于创建危害数据安全或损坏计算机文件的代码。如果使用的数据库启用了VBA程序，应确保其来源可靠，否则可能面临安全风险。为了保障数据库安全，在能使用宏的情况下应尽量使用宏，而仅对宏操作无法完成的功能使用VBA程序。

拓展阅读8-1
Visual Basic
创始人

8.2　VBA 的容器：模块

　　模块是Access数据库六个主要对象之一，是由VBA语言编写的程序代码组成的集合，也就是说，模块是Access中用来保存VBA程序代码的容器。

视频8-2
模块的类型

8.2.1　模块的类型

　　在Access中，模块有类模块和标准模块两种基本类型。

1. 类模块

　　类模块是依附于某一个窗体或报表而存在的模块。窗体和报表中含有控件，每个控件都有自己固有的事件过程，以响应窗体或报表中的事件。为窗体或报表创建第一个事件过程时，系统会自动创建与之关联的窗体或报表模块。

　　在窗体或报表的设计视图下，可以单击工具栏中的 ![查看代码] 按钮进入代码窗口。窗体或报表中模块的作用范围仅局限于其所属的窗体或报表的内部，具有局部特征。类模块附属于窗体或报表，因此在数据库的导航窗格中不可见。

　　例如，在第6章中介绍的"欢迎使用"窗体，如图8-2所示，打开窗体时，窗体中的文本框没有文字，在单击"点击"按钮后，文本框中会显示文字。该窗体有一个窗体模块，窗体模块如图8-3所示，模块中有一个按钮的事件过程，用于在文本框中显示文字。

图 8-2　类模块示例 (a)

2. 标准模块

　　当应用程序变得庞大复杂时，可能有多个窗体或报表包含一些相同的代码，为了减少代码重复，可以创建一个独立的模块，把那些常用的代码放在独立模块中，从而实现代码的重用，这个独立的模块就是标准模块。也就是说，标准模块一般用于存放公共过程(子过程和函数过程)，与其他任何Access对象都不相关联，这些公共过程可在数据库中的任何位置被直接调用执行。标准模块里也可以定义私有过程，这些私有过程只能在所在模块里起作用。标准模块在数据库的导航窗格中可见。

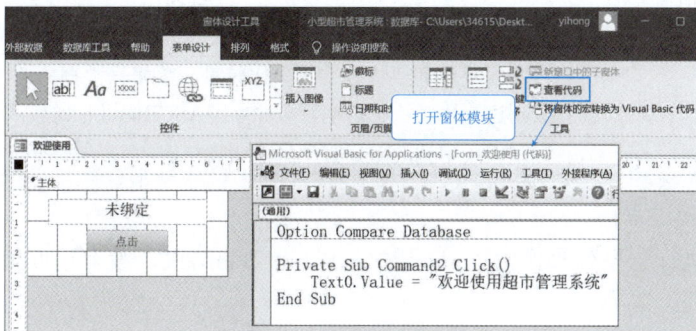

图 8-3　类模块示例 (b)

8.2.2　模块的创建

类模块在为窗体或报表创建第一个事件过程时会被自动创建，所以这里重点介绍标准模块的创建方法。

单击"创建"选项卡中的 模块 按钮，可创建一个新的标准模块，如图8-4所示，弹出的窗口是该模块的VBA编程窗口，将其保存并命名后，即可在数据库的导航窗格中看到这个模块。新建的模块里没有任何过程代码。

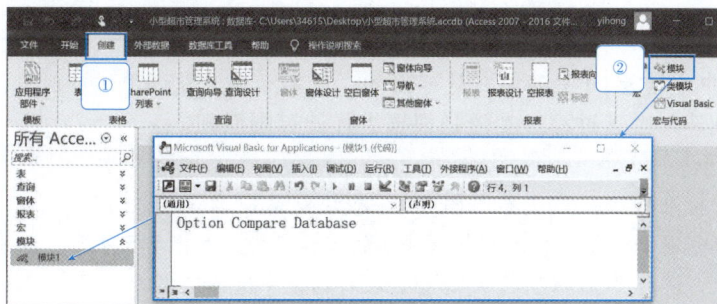

图 8-4　标准模块的创建

8.2.3　模块的组成

模块由声明和过程两个部分组成，一个模块包含一个声明区域及一个或多个过程。声明区域用于声明模块中要使用到的变量；过程是模块的组成单元，是由代码组成的，包含一系列计算语句和执行语句，用于完成特定的操作。过程分为子过程(Sub过程)和函数过程(Function过程)两种。

视频8-3
模块的组成

1. 声明区域

声明区域包括Option声明，以及常量、变量或自定义数据类型的声明。表8-1给出了在模块中可以使用的Option声明语句。

表8-1　Option声明语句

Option声明语句	含义
Option Base 1	声明模块中数组下标的默认下界为1，不声明则默认下界为0
Option Compare Database	声明模块中需要进行字符串比较时，将根据数据库的区域ID确定的排序级别进行比较；不声明则按照字符ASCII码进行比较
Option Explicit	强制模块用到的变量必须先声明后使用

2. 子过程(Sub过程)

子过程用来执行一系列操作，以Sub开始，以End Sub结束，没有返回值，定义和调用格式如表8-2所示。

表8-2　子过程的定义和调用格式

子过程的格式	说明
子过程的定义格式： [Public | Private] Sub子过程名([形参列表]) 　　[VBA程序代码] End Sub	Public：过程能被其他模块的过程调用 Private：过程只能被同模块的其他过程调用 如果没有指定Public或Private，则默认是Public
子过程的调用格式： 格式1： Call 子过程名([实参列表]) 格式2： 子过程名　 [实参列表]	实参列表：在调用过程时用于传递给过程的变量列表。存在多个变量时，变量之间用逗号隔开。实参列表和形参列表必须一一对应

注意：格式中方括号 [ ] 中的内容是可选的，在实际定义或调用过程时是没有方括号的。

【例8-1】创建一个子过程，功能是根据半径计算圆面积。

具体步骤如下：

(1) 创建一个标准模块。方法参照图 8-4，模块默认命名 "模块 1"。

(2) 在模块中创建一个子过程。打开模块 1 的编程环境，如图 8-5 所示，单击 "插入" 按钮，选择 "过程" 命令，弹出 "添加过程" 对话框，在对话框中选择类型 "子程序"，范围 "公共的"，并将子过程命名为 Squre。单击 "确定" 按钮后，在模块 1 中会自动生成子过程的头尾两行代码。

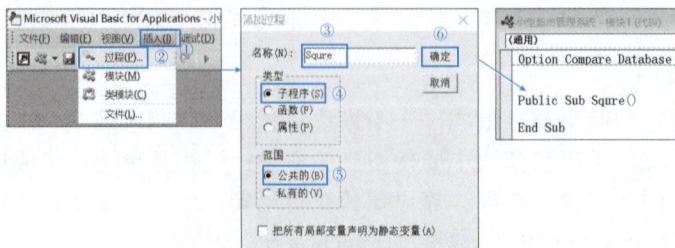

图 8-5　子过程示例 (a)

(3) 为子过程添加参数和编写代码。第一个参数 r，用作传递半径数据，第二个参数 s，用作回传计算得到的面积数据。

```
Public Sub Squre(r As Single, s As Single)
    s = 3.14 * r * r
End Sub
```

(4) 调用子程序，运行检验结果。按照步骤 (2) 再添加一个子程序，命名为 Main，在 Main 中调用子程序 Squre，传递半径 1，然后通过第二个参数 s 得到圆面积数值，最后通过 MsgBox 函数将面积数据在消息框里显示出来。运行 Main 子过程，如图 8-6 所示，选中子程序的名字 Main，然后单击工具栏中的 ▷ 按钮，就能运行所选的子程序。

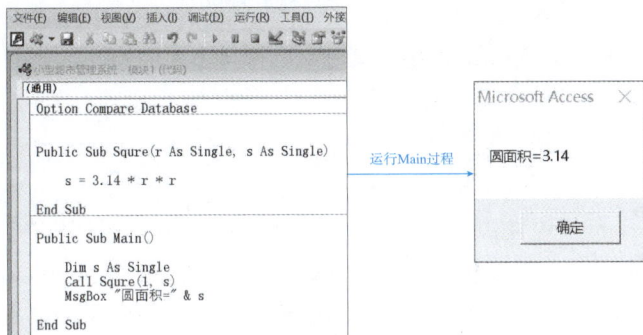

图 8-6　子过程示例 (b)

3. 函数过程(Function过程)

函数过程以Function开始，以End Function结束，定义和调用格式如表8-3所示。函数过程和子过程很类似，但它们返回值的方式不同。子过程是通过参数得到返回值，函数过程则是通过在函数体中对函数名进行赋值得到返回值。

表8-3　函数过程的定义和调用格式

函数过程的格式	说明
函数过程的定义格式： [Public | Private] Function 函数名([形参列表]) [AS 数据类型] 　[VBA程序代码] 函数名 = 表达式 End Function	AS 数据类型：定义函数返回值的数据类型 函数名 = 表达式：使函数得到一个返回值
函数过程的调用格式： 函数过程名([实参列表])	实参列表：在调用过程时用于传递给过程的变量列表

注意：格式中的方括号 [ ] 代表其中的内容是可选的，在实际定义或调用过程时是没有方括号的。

【例8-2】创建一个函数过程，功能是根据半径计算圆周长。

具体步骤如下：

(1) 在模块中创建一个函数过程。打开模块1，如图8-7所示，单击"插入"按钮，选择"过程"

命令，弹出"添加过程"对话框，在对话框中选择类型"函数"，范围"公共的"，并将函数过程命名为 Circum。单击"确定"按钮后，在模块 1 中会自动生成函数过程的头尾两行代码。

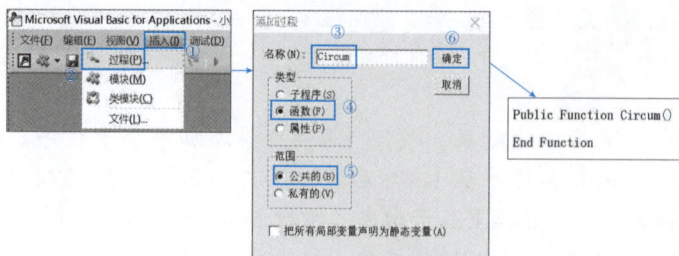

图 8-7　函数过程示例 (a)

(2) 为函数过程添加参数和编写代码。参数 r 用作传递半径数据，求得的周长数据通过对函数名进行赋值回传。

```
Public Function Circum(r As Single)
    Circum = 2 * 3.14 * r
End Function
```

(3) 调用函数程序，运行检验结果。在上例中创建的 Main 过程中调用 Circum 函数过程，如图 8-8 所示，运行 Main 过程，会先弹出 Squre 子过程的运行结果，单击"确定"按钮后，再弹出 Circum 函数过程的运行结果。

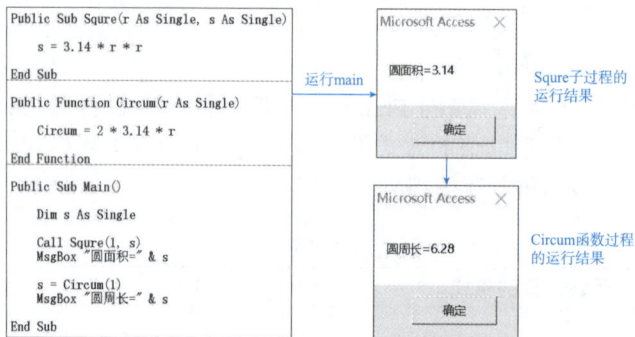

图 8-8　函数过程示例 (b)

8.3　VBA 的编辑器：VBE

编辑和调试VBA程序的环境称为VB编辑器(Visual Basic Editor)，简称VBE。打开VBE窗口的方式有以下几种。

(1) 在"数据库工具"选项卡的"宏"组中单击Visual Basic按钮。

(2) 在"创建"选项卡的"宏与代码"组中单击Visual Basic按钮。

视频8-4　VBA的编辑器：VBE

(3) 对于已经创建好的标准模块，在数据库导航窗格中双击该模块，也可以打开VBE。

(4) 对于已经创建好的类模块，进入窗体或报表的设计视图，单击控件的事件过程旁边的 按钮，也可以打开VBE。

VBE窗口由菜单栏、工具栏和多个子窗口组成，如图8-9所示。

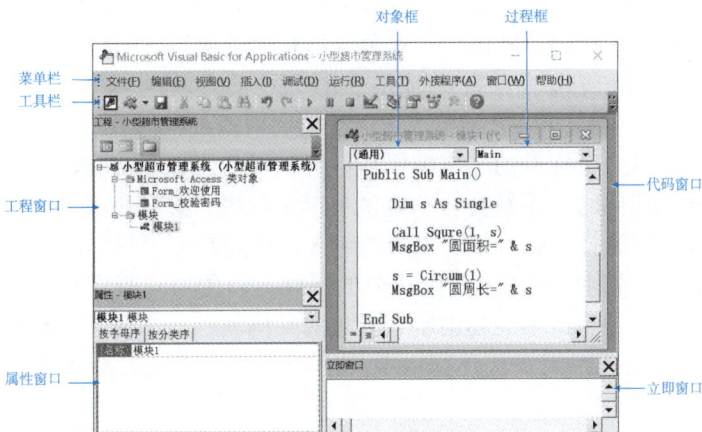

图 8-9　VBE 窗口

1. 菜单栏

菜单栏由"文件""编辑""视图""插入""调试""运行"等10个菜单命令组成，包含了VBE中所有的工具命令。

2. 工具栏

工具栏中部分按钮的功能如表8-4所示。使用工具栏可以提高编辑和调试代码的效率。

表8-4　VBE工具栏部分按钮的功能

按钮	名称	功能
	视图Access	用于从VBE切换到数据库窗口
	插入模块	插入新的模块或过程
	运行子程序/用户窗体	运行模块中的程序
	中断	中断正在运行的程序
	重新设置	结束正在运行的程序，重新进入模块设计状态
	设计模式	进入或退出设计模式
	工程资源管理器	打开工程窗口
	属性窗口	打开属性窗口
	对象浏览器	打开对象浏览器窗口

3. VBE的子窗口

VBE窗口里的各个子窗口可以通过单击菜单栏"视图"里的命令显示或者关闭。

(1) 工程窗口(工程资源管理器)。该窗口以树型结构列出当前数据库的所有模块文件，双击某个模块即可打开其对应的代码窗口。这里所谓的"工程"是指一个数据库应用系统，例如图8-9中的"小型超市管理系统"。

在窗口里，"Microsoft Access类对象"文件夹里是所有的类模块，这些类模块附属于某个窗体或报表。"模块"文件夹里是所有的标准模块。

(2) 代码窗口。代码窗口用于显示、编写及修改VBA代码。系统允许打开多个代码窗口，以查看不同模块中的代码。其中，"对象"框和"过程"框的功能如下。

① 对象框用于查看和选择当前窗体(或报表)模块中的对象。

② 过程框用于查看和选择当前类模块或标准模块中的过程。

代码窗口实际上是一个标准的文本编辑器，可以对代码进行复制、粘贴、移动和删除等操作。此外，在输入代码时，系统会自动提供关键字列表、关键字属性列表、过程参数列表等，用户直接从列表中选择，既方便了代码的输入，又能减少代码出错。

(3) 属性窗口。属性窗口列出了选定对象的属性，以便用户查看和修改这些属性。若用户选取了多个对象，属性窗口中会列出所有对象的共同属性。在属性窗口中直接设置对象的属性，称为"静态"设置；而在代码窗口中，用VBA代码设置对象属性，则称为"动态"设置。

(4) 立即窗口。立即窗口是一个用于进行快速表达式计算和程序测试的工作窗口。

使用方法1：

在立即窗口中直接输入命令，然后按下Enter键，即可显示命令的执行结果。

命令的格式有以下三种。

格式1：

```
?  <表达式>
```

格式2：

```
print  <表达式>
```

格式3：

```
单句代码
```

如图8-10所示，在 ? 或Print后输入表达式，然后按下Enter键，就会在下一行显示结果。

使用方法2：

在代码窗口中编写代码时，如果要在立即窗口中显示变量或表达式的值，则需使用Debug语句。通常使用这种方法进行程序执行结果的验证调试。

格式：

```
Debug.Print  <变量名或表达式>
```

例如，以例8-2为基础，在Main子过程中添加一句"Debug.Print "圆周长=" & s"，然后运行Main子过程，当运行到Debug.Print这句命令时，立即窗口就会出现这句命令的执行结果，如图8-11所示。

注意：立即窗口中的代码及运行结果是不会被保存的。

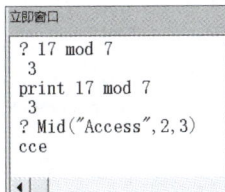

图 8-10　立即窗口示例 (a)

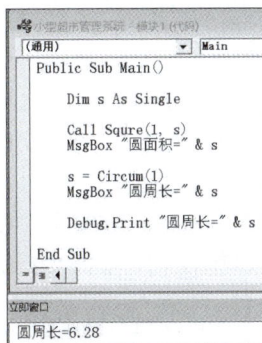

图 8-11　立即窗口示例 (b)

(5) 本地窗口。本地窗口可以自动显示正在运行的过程中的所有变量声明和变量值，从而帮助用户观测到一些数据信息。

(6) 监视窗口。在调试VBA程序时，用户可以利用监视窗口显示正在运行的过程中定义的监视表达式的值。

8.4 VBA 的编程思想：面向对象

程序设计有面向过程和面向对象两种基本思想。面向对象程序设计是对面向过程程序设计思想的变革，它引入了许多新的概念，使得开发应用程序变得更容易，且效率更高。

面向对象技术是一种以对象为基础，以事件或消息来驱动对象执行命令的程序设计技术。例如，当用面向对象技术来解决超市管理方面的问题时，重点要放在超市管理过程中涉及的对象上，如员工、商品和顾客等，这些都是超市需要管理的对象，同时，还需要了解每个对象有什么属性，可以执行什么操作等。

视频8-5
VBA的编程思想：面向对象

拓展阅读8-2
面向对象编程之母

8.4.1　对象

与人们认识客观世界的规律一样，面向对象技术认为客观世界由各种各样的对象组成，每种对象都有各自的内部状态和运动规律，不同对象间的相互作用和联系构成了各种不同的系统，进而构成了客观世界。可见，对象是组成一个系统的基本逻辑单元。

对象可以是具体的物，也可以是某些概念。在数据库中，任何可操作实体都被视为对象，例如，数据表、窗体、查询、报表、宏、文本框、标签、按钮及对话框等。

任何一个对象都有属性、方法和事件三个要素。

1. 对象的属性

属性描述了对象的特征性质，如按钮的大小、颜色、名称等。属性也可以反映对象的某个行为状态，如按钮是否可见、是否可用等。设置属性就是为了改变对象的外观特征和状态。

在Access数据库中，每一个对象都有一组特定的属性，这些属性显示在对象的属性窗口中。每个属性都有一个默认值，如果默认值不能满足要求，可以对属性值进行重新设置。修改对象的属性值有两种方法。

(1) 在对象的属性窗口中设置。这种方法通常在创建对象时使用。

(2) 在VBA程序中赋值。这种方法可以在执行程序时通过赋值语句来修改对象的属性值。

语句格式：

```
对象名.属性 = 属性值
```

【例8-3】窗体上有个按钮名称是Command1，要修改其属性，可以使用如下语句。

```
设置按钮的标题为“确定”：Command1.Caption="确定"
设置按钮在运行时不可见：Command1.Visible=false
设置按钮在运行时不可使用：Command1.Enabled=false
```

2. 对象的方法

对象的方法是系统事先设计好的、对象能执行的操作，目的是改变对象的当前状态。方法通常在VBA代码中使用，其调用格式如下：

```
对象名.方法[参数列表]
```

【例8-4】窗体上有个按钮名为Command1，可以通过以下语句使用其方法。

使按钮Command1获得光标焦点：

```
Command1.SetFocus
```

【例8-5】在立即窗口显示文字的语句如下：

```
Debug.Print "VBA程序设计"
```

3. 对象的事件和事件过程

事件是指对象能够识别并响应外部操作的动作。例如，对按钮单击鼠标，会触发一个Click事件。当对象发生事件时，应用程序就要处理这个事件，而处理的过程就是事件过程。系统为每个对象预先定义好了一系列的事件，这些事件可以通过属性窗口的“事件”选项卡进行查看。表8-5罗列了部分常用的事件。

表8-5　Access常用事件

类别	事件	事件说明
鼠标类	Click(单击)	每单击一次鼠标，触发一次该事件
	DbClick(双击)	每双击一次鼠标，触发一次该事件
	MouseDown(鼠标按下)	按下鼠标所触发的事件

(续表)

类别	事件	事件说明
鼠标类	MouseMove(鼠标移动)	移动鼠标所触发的事件
	MouseUp(鼠标释放)	释放鼠标所触发的事件
键盘类	KeyDown(键按下)	每按下一个键，触发一次该事件
	KeyPress(击键)	每敲击一次键盘，触发一次该事件
	KeyUp(键释放)	每释放一个键，触发一次该事件
窗体类 (打开窗体时按照Open→Load→Resize→Active顺序触发事件，关闭窗体时按照UnLoad→Close顺序触发事件)	Open(打开)	打开窗体事件
	Load(加载)	加载窗体事件
	Resize(重绘)	重绘窗体事件
	Active(激活)	激活窗体事件
	Timer(计时器)	窗体计时器触发事件
	UnLoad(卸载)	卸载窗体事件
	Close(关闭)	关闭窗体事件

尽管系统对每个对象都预先定义了一系列的事件，但是否要响应这个事件，以及如何响应事件，需要由事件过程来决定。事件过程由用户自己编写VBA程序代码。一个对象可以同时发生多个事件，在编写事件过程代码时，可以根据需要只对部分事件编写代码，没有编写代码的空事件过程，系统将不做处理。

事件过程的一般格式如下：

```
Private Sub 对象名_事件名([形参列表])
    [VBA程序代码]
End Sub
```

其中，"对象名_事件名"是系统根据实际对象和事件自动生成的，用户只需要根据需求编写VBA程序代码。

【例8-6】窗体上有个按钮，名称是Command1，当鼠标单击按钮时，弹出信息框显示欢迎信息。

具体步骤如下：

(1) 在窗体的设计视图里，打开属性表。

(2) 如图 8-12 所示，单击按钮 Command1 "单击"事件旁边的┅按钮，弹出"选择生成器"对话框。

(3) 在"选择生成器"里选择"代码生成器"，单击"确定"按钮，就会打开 VBA 编辑器，并自动为该窗体生成一个类模块，在类模块中，Command1 的单击事件会自动生成。

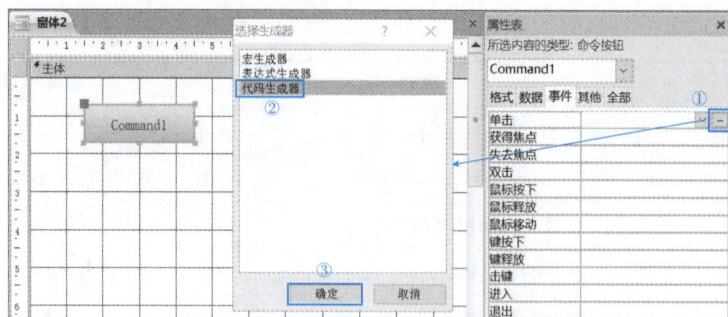

图 8-12 窗体单击事件的创建

Command1的单击事件实现过程如下：

对象名　　　　事件名

Private Sub Command1_Click( )
　　MsgBox "欢迎学习 VBA！"　　←── 事件过程代码
End Sub

8.4.2 DoCmd 对象

DoCmd是Access数据库的一个特殊对象，它通过调用Access内置的方法在程序中实现某些特定的操作。

DoCmd调用方法的格式是：

```
DoCmd.方法名 [参数列表]
```

DoCmd对象的大多数方法都有参数，有些是必需的，有些则是可选的。若缺省，将采用默认的参数。DoCmd对象常用方法如表8-6所示。

表8-6 DoCmd对象常用方法

功能	语法格式	功能说明
打开窗体	DoCmd.OpenForm "窗体名"	用默认形式打开指定窗体
关闭窗体	DoCmd.Close acForm, "窗体名"	关闭指定窗体
	DoCmd.Close	关闭当前窗体
打开报表	DoCmd.OpenReport "报表名", acViewPreview	用预览形式打开指定报表
关闭报表	DoCmd.Close acReport, "报表名"	关闭指定报表
	DoCmd.Close	关闭当前报表
运行宏	DoCmd.RunMacro "宏名"	运行指定宏
退出Access	DoCmd.Quit	关闭所有Access对象和Access本身

8.5 VBA 的编程基础

8.5.1 数据类型

数据是程序处理的对象，是程序的必要组成部分。在程序运行过程中，数据存储在内存单元中。不同类型的数据有不同的存储形式和不同的取值范围，所能进行的运算也不同。在使用变量和常量时，必须先指定它们的数据类型。VBA的数据类型有两种：系统定义好的基本数据类型和用户自定义的数据类型。

视频8-6
数据类型

1. 基本数据类型

VBA支持多种基本数据类型，Access数据表中的字段类型在VBA中都有对应的类型。VBA中常用的基本数据类型如表8-7所示，表中还给出了其对应的Access字段类型。

表8-7　VBA常用的基本数据类型

VBA数据类型	类型名	符号	Access字段类型	取值范围
字节型	Byte		字节	0~255
整型	Integer	%	字节/整型/是/否	$-32\ 768$~$32\ 767$
长整型	Long	&	长整型/自动编号	$-2\ 147\ 483\ 648$~$2\ 147\ 483\ 647$
单精度型	Single	!	单精度型	负数：$-3.402\ 823\times10^{38}$~$-1.401\ 298\times10^{-45}$ 正数：$1.401\ 298\times10^{-45}$~$3.402\ 823\times10^{38}$
双精度型	Double	#	双精度型	负数：$-1.797\ 693\ 134\ 862\ 32\times10^{308}$~$-4.940\ 656\ 458\ 412\ 47\times10^{-324}$ 正数：$4.940\ 656\ 458\ 412\ 47\times10^{-324}$~$1.797\ 693\ 134\ 862\ 32Í10308$
货币型	Currency	@	货币	$-922\ 337\ 203\ 685\ 477.580\ 8$~$922\ 337\ 203\ 685\ 477.580\ 7$
字符型	String	$	短文本	0个字符~65 500个字符
日期型	Date		日期/时间	公元100年1月1日—9999年12月31日
布尔型	Boolean		逻辑值	True或False
变体型	Variant		任何	由最终的数据类型决定

说明：

(1) 字符型数据（又称字符串）用于存储汉字、字母、数字、符号等数据，要使用双引号。例如："2018" "Hello World" 和 " " 都是字符串。

字符串的长度是指该字符串所包含的字符个数，例如，"2018" 的长度是 4；"Hello World" 的长度是 11；空格也是有效字符，空字符串 "" 的长度为 0。

(2) 日期型数据，两边需要用 # 号括起来。它可以是单独日期，也可以是单独时间，还可以是日期和时间的组合。年月日之间可以用 "/" "," "-" 分隔开来，顺序可以是年、月、日，也可以是月、日、年。时分秒之间必须使用英文的冒号 ":" 分隔开，顺序是时、分、秒。例如：#2018/01/30#、#01-30-2018#、#2018,1,30 08:30:59# 都是有效的日期型数据。

(3) 布尔型数据用于逻辑判断，其值只能是两种值之一：真 (True) 或假 (False)。

2. 用户自定义数据类型

在VBA定义的基本数据类型基础上，可以利用Type关键字来设计用户自己需要的数据类型。用户自定义数据类型由一个或多个VBA标准数据类型或其他用户自定义数据类型组合而成。Type语句的基本格式为

```
Type 数据类型名
    元素1  As  数据类型
    元素2  As  数据类型
    ……
End Type
```

用户自定义数据类型可以像基本数据类型一样使用。给用户自定义数据类型变量赋值时，语法格式为

```
变量名.元素名=变量值
```

【例8-7】自定义一个新的类型MyType，该类型中包含三个元素，分别命名为：MyName(字符型)、MyBirthday(日期型)、isGraduated(逻辑型)。

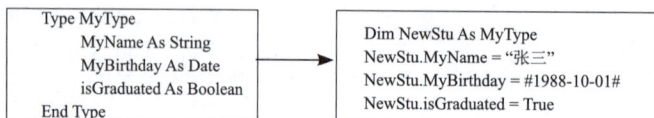

```
Type MyType                          Dim NewStu As MyType
    MyName As String                 NewStu.MyName = "张三"
    MyBirthday As Date     ───►      NewStu.MyBirthday = #1988-10-01#
    isGraduated As Boolean           NewStu.isGraduated = True
End Type
```

8.5.2 常量

常量是指在程序运行过程中，其存储空间中存放的数值始终不能改变。常量主要包括直接常量、符号常量和系统常量。

1. 直接常量

直接常量是在VBA代码中直接给出的数据，它的表示形式决定了它的数据类型和值。示例如下。

(1) 整型常量：188、−234等。

(2) 浮点型常量(包括单精度和双精度)：3.14、−23.56等。

(3) 字符型常量："China""123"等。

(4) 日期型常量：#2018/01/30#、#01-30-2018#等。

视频8-7
常量

2. 符号常量

如果在代码中要反复使用某个相同的值，或者代表一些具有特定意义的数字或字符串，可以使用符号常量。符号常量用Const语句来创建，创建时给出常量的值。

语法格式：

```
Const 常量名  [As数据类型]=常量值
```

例如：Const PI As Single = 3.14159

该语句代表在计算机的存储空间中声明一块区域，该区域命名为PI，区域内数据是3.14159。这个区域内的数据在程序运行过程中不能修改。

上面的语句也可以写成：Const PI = 3.14159 或 Const PI! = 3.14159

说明：

(1) 在程序运行过程中，符号常量只能做读取操作，不允许修改或重新赋值。

(2) 不允许创建与内部常量和系统常量同名的符号常量。

(3) 如果用 As 选项定义了符号常量的数据类型，且所赋值的数据类型与定义的数据类型不相同，那么，系统自动将值的数据类型转换为所定义的数据类型；如果不能转换，将显示错误提示。

(4) 符号常量一般以大写字母命名，以便与变量区分(变量一般用小写字母命名)。

3. 系统常量

系统常量是指Access启动时自动创建的常量，包括颜色定义常量(如vbRed、vbBlue等)、数据访问常量、形状常量等，还包括True、False、Yes、No、Off、On和Null等，可以在Access中的任何位置使用系统常量。打开VBE窗口"视图"菜单中的"对象浏览器"命令，系统会弹出"对象浏览器"对话框，如图8-13所示。可在对话框中的列表找到所需的常量，例如，选中ColorConstants类中的vbRed常量，在对话框底端区域会显示常量的值和功能。

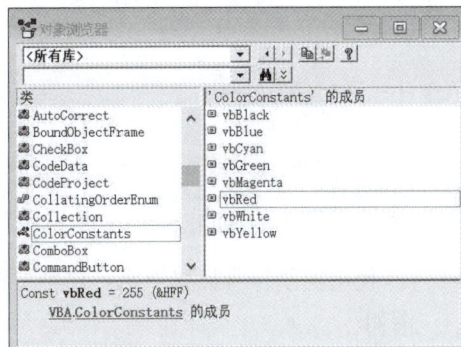

图 8-13   "对象浏览器"对话框

8.5.3 变量

变量是计算机存储空间(内存)中的临时单元，用于存储数据，其存储的数据在程序运行过程中可以改变。程序运行时需要用到数据，数据存储在内存中，因此需要将存放数据的内存单元命名，这个名字就是变量的名称，该内存位置上存放的值就是变量的值。计算机通过内存单元名(即变量名)来访问其中的数据。

变量的三要素是：变量名、变量的数据类型和变量的值。

视频8-8
变量

1. 变量的命名规则

(1) 变量名只能由字母(包括汉字)、数字和下画线组成，且必须以字母(或汉字)开头。

(2) 变量名的最大长度不能超过255个字符。

(3) 变量名不区分字母的大小写。

(4) 变量名不能使用VBA的关键字。

(5) 同一作用域内变量名必须唯一。

2. 变量的声明方法

在使用变量前应先声明变量。变量的声明有两个作用：一是指定变量的数据类型，二是指定变量的适用范围。通过声明，系统会为变量分配存储空间。

在VBA中，可以显式或隐式声明变量。

(1) 用Dim语句显式声明。有以下两种格式。

格式1：

```
Dim 变量名 As 数据类型
```

格式2：

```
Dim 变量名   类型符号
```

可以在一个语句内声明多个变量，变量之间用逗号分隔。

例如：

```
Dim Name As String              '声明变量Name为String类型
Dim x As Integer, y As Long     '声明变量x为Integer类型，变量y为Long类型
Dim a, b As Integer             '声明变量a和b为Integer类型
Dim age%                        '声明变量age为Integer类型
Dim Width!, Height!             '声明变量Width和Height为Single类型
```

(2) 使用类型符号显式声明。这种方法允许在声明变量的同一语句中对该变量进行赋值。

例如：

```
age% = 18                       '声明变量age为Integer类型，然后给age赋值18
Name$ = "Tony"                  '声明变量Name为String类型，然后给Name赋值"Tony"
```

(3) 隐式声明。若直接给没有声明的变量赋值，或者声明变量时省略了As <数据类型>或类型符号，则VBA自动将变量声明为变体型(Variant)。

例如：

```
S = "Tony"                      '将字符串赋值给变量S
S = #2018-01-30#                '将日期型数据赋值给变量S
S = True                        '将布尔型数据赋值给变量S
```

上例中，变量S并没有事先声明就直接赋值，因此VBA自动将变量S声明为变体型(Variant)。对于变体型变量，允许将任何类型的数据赋值给它，VBA会自动进行类型转换。

(4) 强制变量声明。VBA默认允许变量可以隐式声明，虽然使用隐式声明变量的方法比较方便，但会给变量的识别、程序的易读性和程序的调试等带来困难，因此，并不推荐使用隐式声明变量的方法。

为了避免使用隐式声明变量，可以在模块的声明区域处使用Option Explicit语句来强制使用显式声明变量。在该方式下，如果变量没有经过显式声明，系统将提示错误。

变量先声明后使用是一个良好的编程习惯，可以提高程序的可读性，减少出错的机会。

3. 变量的作用域

变量的作用域是指变量在程序运行中可使用的范围，一旦超出了变量的作用范围，就不能使用该变量。因其定义的位置与方式不同，变量的作用域有所差异。根据作用域的不同，变量可分为三种类型：局部变量、模块变量和全局变量。表8-8列出了这三种变量的声明方法及作用域。

表8-8　三种变量的声明方法及其作用域

变量类型	声明方式	声明位置	能否被本模块的其他过程使用	能否被其他模块的过程使用
局部变量	Dim Static	在过程中	不能	不能
模块变量	Dim Private	在类模块/标准模块的声明区域	能	不能
全局变量	Public	在标准模块的声明区域	能	能

(1) 局部变量。局部变量只能在声明它的过程中使用，用Dim或者Static关键字来声明。

例如：Dim x As Integer 或 Static y As Integer。

使用Dim声明的局部变量在过程执行时才会分配存储空间，其所在的过程执行完毕后即释放存储空间，该变量不能再被使用。使用Static声明的局部变量又称静态局部变量，在整个程序运行期间其存储空间都不会释放，该变量的值一直存在。

(2) 模块变量。模块变量对所在模块的所有过程都可用，但对其他模块的过程不可用。在模块的声明区域(在所有过程之外)用Private或Dim定义。

例如：Private x As Integer。

对于模块变量，使用Private或Dim来声明没有区别，但使用Private可使代码更容易理解。

(3) 全局变量。为了使模块变量能被其他模块使用，可使用Public关键字来定义变量，使其成为全局变量。全局变量可用于应用程序的所有模块的所有过程。在模块的声明区域(在所有过程之外)用Public定义。

例如：Public x As Integer。

全局变量可实现不同模块之间数据的传递，在整个程序运行期间都要占用存储空间，而且在过程调用时容易造成变量值的修改。

下面通过一个例子来理解这三种变量的使用方法。

【例8-8】如图8-14所示，创建三个子过程，弹出的消息框如图8-15所示。

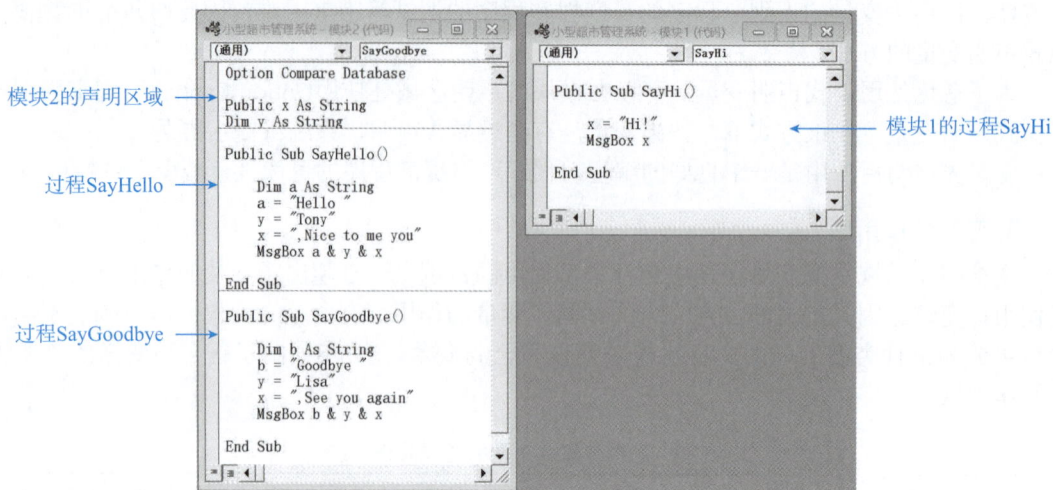

图 8-14　变量的使用示例 (a)

图 8-15　变量的使用示例 (b)

在模块2中，声明区域里声明了两个变量，x是全局变量(可以被所有模块的过程使用)，y是模块变量(只能被所在模块2中的过程使用)。模块2中有两个子过程SayHello和SayGoodbye。子过程SayHello中有一个局部变量a，a只能在子过程SayHello中使用。子过程SayGoodbye中有一个局部变量b，b只能在子过程SayGoodbye中使用。由于x是全局变量，在模块1的子过程SayHi中可以使用变量x。

4. 数据库对象变量

在Access数据库中建立的对象与属性，均可被看成是VBA程序代码中的变量来使用，与普通变量不同的是，要使用规定的格式。

窗体对象的使用格式：

```
Forms!窗体名称!控件名称[.属性名称]
```

报表对象的使用格式：

```
Reports!报表名称!控件名称[.属性名称]
```

说明：

(1) 关键字 Forms 或 Reports 分别指窗体或报表对象集合。

(2) 感叹号！为分隔符，用于分隔父子 / 对象。

(3) 属性名称是可选项，若省略则默认为控件的基本属性 Value。

【例8-9】窗体MyForm上有一个文本框Text1，要想改变文本框中显示的文字，语句为

```
Forms!MyForm!Text1.Value = "您好"
```

若是在本窗体的模块中使用，则语句可以简化为

```
Me!Text1.Value = "您好"
```

或直接写成

```
Text1.Value = "您好"
```

8.5.4　数组

数组是一组数据类型相同、逻辑相关的变量的集合，数组中的每个元素都具有相同的名字和不同的下标。

一个典型的变量只能存储一个数据，一个数组能存储多个同类型的数据。在实际应用中，常需要处理同一类型的一组数据，例如，要保存并使用100个员工的年龄数据，使用普通变量去声明100个变量来存储这100个数据是不现实的，这时需要使用数组来存储。数组就是把有限个数据类型相同的变量用同一个名字命名，然后用编号(即下标)来区分这些变量的集合。

视频8-9
数组

按照下标的个数，数组分为一维数组、二维数组和多维数组。一维数组相当于数学中的数列，二维数组相当于数学中的矩阵，多维数组不作为本书的介绍内容。

按照数组声明的方式，数组分为静态数组和动态数组两种类型。静态数组指的是数组中的元素个数在声明时被指定，并且在程序运行过程中不能改变数组元素的个数。动态数组指的是数组中的元素个数在声明时不指定，在程序运行过程中可以改变数组的元素个数。

在VBA中数组必须先显式声明后才能使用。

1. 一维数组

声明格式：Dim 数组名([下界to]上界)[As数据类型]

元素使用格式：数组名(下标)

说明：

(1) 如果声明了数组的数据类型，则数组中的所有元素必须赋予相同 (或可以转换) 的数据类型的值。

(2) As 选项缺省时，数组中各元素为变体数据类型。

(3) 下界与上界都必须是整数或整型常量表达式，且上界要大于等于下界。

(4) 下界缺省时默认为 0。如果设置下界为非 0 值，则要使用 to 选项。

(5) 若在模块的声明区域加入语句 Option Base 1，则下界的默认值变成 1。

【例8-10】声明一个名为age的数组，数组内可以存储五个整型数据，并为数组中的第三个元素赋值。

下界默认的写法：

```
Dim age(4) As Integer
age(2) = 3
```

内存空间

age(0)	age(1)	age(2)	age(3)	age(4)
		3		

下界 to 上界的写法：

```
Dim age(1 to 5) As Integer
age(3) = 3
```

内存空间

age(1)	age(2)	age(3)	age(4)	age(5)
		3		

若在模块的声明区域加入语句 Option Base 1，也可以写成：

```
Option Base 1
Dim age(5) As Integer
age(3) = 3
```

内存空间

age(1)	age(2)	age(3)	age(4)	age(5)
		3		

2. 二维数组

声明格式：Dim 数组名([下界to]上界, [下界to]上界)[As数据类型]

元素使用格式：数组名(下标1, 下标2)

【例8-11】声明一个名为age的二维数组，数组内可以存储两行四列共八个整型数据，并为数组中的元素赋值。

```
Dim age(1,3) As Integer
age(0,2) = 3
age(1,1) = 7
```

内存空间

age(0,0)	age(0,1)	age(0,2)	age(0,3)
		3	
	7		

age(1,0) age(1,1) age(1,2) age(1,3)

也可以写成：

```
Dim age(1 to 2,1 to 4) As Integer
age(1,3) = 3
age(2,2) = 7
```

内存空间

age(1,1)	age(1,2)	age(1,3)	age(1,4)
		3	
	7		

age(2,1) age(2,2) age(2,3) age(2,4)

3. 动态数组

动态数组在声明时未给出元素个数(不分配内存空间)，而到要使用时才设置元素个数(分配内存空间)，而且可以随时改变元素个数。

上面介绍的一维数组和二维数组中所举的例子都是静态数组(数组中的元素个数在声明时被指定)。如果在声明数组时不确定元素个数，则可以使用动态数组。动态数组可以在任何时候改变大小，灵活且方便，有助于提高内存的使用效率和管理效率。

声明格式：Dim 数组名()[As数据类型]

设置动态数组元素个数的格式：ReDim 数组名([下界to]上界, [下界to]上界)

说明：

(1) 声明 (Dim) 数组时只指定数据类型，不指定元素个数。

(2) 分配数组空间 (ReDim)，即设置数组的元素个数时，只改变数组的下界和上界，不改变数组的数据类型。

(3) 动态数组只有在 ReDim 语句之后才可以对数组元素进行赋值或引用。

(4) ReDim 语句只能用在过程内部。

【例8-12】声明一个名为age的动态数组，然后指定其大小可以存储五个整型数据，并对第一个元素赋值。

```
Dim age() As Integer        '声明一个动态数组，名为age，此时没有指定元素个数
ReDim age(4)                '指定数组的元素个数，内存分配0~4共五个Integer类型的存储空间
age(0) = 3                  '只有在使用ReDim语句指定数组元素个数后，才能使用数组元素
```

每次执行ReDim语句时，当前存储在动态数组中的数据都会全部丢失。如果希望改变数组大小又不丢失原来的数据，则可以在ReDim的后面加上Preserve。

例如，可以把上例中的ReDim语句改成：ReDim Preserve age(4)。

8.5.5 运算符和表达式

运算是对数据的加工，运算符是描述运算的符号。表达式是通过运算符将常量、变量、函数等连接起来构成的一个序列，并能按照运算规则计算出一个结果(即表达式的值)。

视频8-10 运算符和表达式

1. 运算符

根据不同的运算，VBA中的运算符可分为算术运算符、字符串运算符、关系运算符和逻辑运算符四种类型。

(1) 算术运算符。算术运算符用来执行简单的算术运算。VBA提供了八种算术运算符，如表8-9所示。

表8-9　算术运算符

运算符	功能	表达式举例	运算结果
^	乘方	3^2	9
-	取负	-3	-3
*	乘法	3*2	6
/	浮点除法	3/2	1.5
\	整数除法	3\2	1
Mod	取模(求余数)	3 Mod 2	1
+	加法	3+2	5
-	减法	3-2	1

说明：

① 除"取负"运算符既可作为双目运算符，也可作为单目运算符外，其余均为双目运算符。

② 取模 (Mod) 运算符是对两个操作数做除法运算并返回余数。如果操作数有小数，系统会先把操作数四舍五入变成整数后再运算。

③ 算术运算符两边的操作数应是数值型，若是数字字符或逻辑型，则系统会自动转换成

数值型后再运算 (如 "123" + 2，结果是 125)。如果是日期型，则可以加 (减) 一个整数，表示后推 (前推) 若干天 (如 # 2018-01- 01 #+ 1，结果是 # 2018-01- 02 #)。

(2) 字符串运算符。字符串运算符是将两个字符串连接起来生成一个新的字符串。字符串运算符有两个：+运算符和&运算符，用法如表8-10所示。

表8-10　字符串运算符

运算符	功能	表达式举例	运算结果
+	连接两个字符串，形成一个新的字符串	"ABC"+ "123"	"ABC123"
&	强制将两个表达式作为字符串连接，形成一个新的字符串	"123" & "456" "123" & 456 123 & 456 (&的两侧要加空格)	"123456"

说明：

① 用运算符＋连接字符串，两边的操作数都必须是字符串。

② 运算符＆两边的操作数可以是字符型、数值型或日期型。进行连接操作前先将操作数的数据类型转换为字符型，然后再进行字符串的连接。

③ 在 VBA 中，运算符＋既可用作加法运算符，也可以用作字符串运算符，但运算符＆专门作为字符串运算符。为了避免混淆，增加代码的可读性，推荐使用 & 来连接字符串。

(3) 关系运算符。关系运算符用于对两个操作数比较大小，比较的结果是一个逻辑值，即：若关系成立，则返回True(真)，反之则返回False(假)。VBA提供了六种关系运算符，如表8-11所示。

表8-11　关系运算符

运算符	功能	表达式举例	运算结果
=	等于	"abcd"="abc"	False
>	大于	"abcd">"abc"	True
>=	大于等于	#2012-1-1#>=#2011-1-1#	True
<	小于	45<123	True
<=	小于等于	"45" <= "123"	False
<>	不等于	"abcd"<>"ABCD"	False

说明：

① 如果参与比较的两个操作数都是数值型，则按它们的大小进行比较。

② 如果参与比较的两个操作数都是字符型，则按字符的 ASCII 码从左到右一一对应比较。

③ 字母比较大小时是否区分大小写，取决于当前程序的 Option Compare 语句，该语句默认为 Option Compare Database，表示不区分大小写，所以 "abcd"<>"ABCD" 的结果是 False。如果将语句改为 Option Compare Binary，则区分大小写，此时 "abcd"<>"ABCD" 的结果是 True。

④ 在VBA中，允许对部分不同数据类型的操作数进行比较，例如，数值型与逻辑型、数值型与日期型、数值型与数字字符等，均转换为数值型后再进行比较。

(4) 逻辑运算符。逻辑运算也称布尔运算，包括与(And)、或(Or)和非(Not)共三个运算符。逻辑运算符连接两个或多个关系式，对操作数进行逻辑运算，结果是逻辑值True或False。逻辑运算法则如表8-12所示。

表8-12　逻辑运算法则

A	B	A And B	A Or B	Not A
True	True	True	True	False
True	False	False	True	False
False	True	False	True	True
False	False	False	False	True

【例8-13】逻辑运算符表达式应用示例。

```
Dim x                    '声明变量x
x = (5>2 And 3>=4)       'x的值是False
x = (5>2 Or 3>=4)        'x的值是True
x = Not (3>=4)           'x的值是True
```

(5) 对象运算符。对象运算表达式中使用"！"和"."两种运算符。在实际应用中，"！"和"."运算符配合使用，用于引用一个对象或对象的属性。

① "！"运算符。"！"运算符的作用是引用一个用户定义的对象，如窗体、报表或控件。

【例 8-14】"！"运算符应用示例。

```
Forms!校验密码              '引用用户定义的窗体"校验密码"
Forms!校验密码!Command1     '引用用户定义的窗体"校验密码"上的控件Command1
Reports!订单详情           '引用用户定义的报表"订单详情"
```

② "."运算符。"."运算符的作用是引用一个Access定义的内容，如窗体、报表或控件等对象的属性。引用格式是：对象名.属性名。

【例 8-15】"."运算符应用示例。

```
Forms!校验密码!Command1.Enabled = False
```

该语句用于把窗体"校验密码"上控件Command1的Enabled属性设置为False值，实现按钮Command1不可用的效果。如果窗体"校验密码"是当前操作对象，上面的语句可以改为Me!Command1.Enabled = False，或者直接省略成Command1.Enabled = False。

2. 表达式

(1) 表达式的组成。

表达式由常量、变量、运算符、函数、标识符、逻辑量和括号等按一定的规则组成。表达式通过运算得出结果，运算结果的数据类型由操作数的数据类型和运算符共同决定。

在算术运算表达式中，参与运算的操作数可能具有不同的数据精度。VBA规定，运算结果采用精度高的数据类型。

(2) 表达式的书写规则。

① 要改变运算符的运算顺序，只能使用圆括号，且必须成对出现。

② 表达式从左至右书写，字母不区分大小写。

③ 计算机表达式与数学不一样，不能混淆。

(3) 运算优先级。在一个运算表达式中，如果含有多种不同类型的运算符，则运算进行的先后顺序由运算符的优先级决定。VBA中常用运算符的优先级划分如表8-13所示。

表8-13　运算符优先级

优先级	高 ←			低
	算术运算符	字符串运算符	关系运算符	逻辑运算符
高 ↑ 低	指数运算(^)	(&、+) 优先级相同	(=、>、<、<>、<=、>=) 优先级相同	Not
	取反(−)			And
	乘法和除法(*、/)			Or
	整数除法(\)			
	模运算(Mod)			
	加法和减法(+、−)			

说明：

① 优先级：算数运算符 > 字符串运算符 > 关系运算符 > 逻辑运算符。

② 所有关系运算符的优先级相同，所以按照从左到右的顺序来处理。

③ 圆括号的优先级别最高，因此可以用圆括号改变优先顺序。

【例8-16】运算符优先级示例。

```
100 / 5 ^ 2          '结果是4
(100 / 5) ^ 2        '结果是400
12 / 5 * 2           '结果是4.8
12 / (5 * 2)         '结果是1.2
12 \ 5 * 2           '结果是1
-12 Mod 5 * 2        '结果是-2
3 + 4 * 2> "12" + "34"   '结果是False
```

8.5.6　函数

VBA提供了近百个内置的标准函数供用户在编程时调用。

调用函数的一般格式：

函数名(参数列表)

视频8-11
函数

224

说明：

(1) 函数名不可缺省，这是函数的标识。

(2) 函数的参数放在函数后面的圆括号中，参数可以是常量、变量或表达式，可以有一个或多个，或者无参数，要根据函数的定义来决定参数的类型和个数。

(3) 函数无参数时，其后的圆括号可以省略。

(4) 函数被调用时，都会返回一个特定类型的值。

下面介绍一些常用标准函数的使用方法。

1. 数学函数

常用数学函数介绍如表8-14所示。

表8-14　常用数学函数

函数	说明	示例	返回结果
Abs (x)	返回x的绝对值	Abs (- 25)	25
		Abs (100 \ 24.5 - 25)	21
Sqr (x)	计算x的平方根	Sqr (9)	3
		Sqr (Abs (-16))	4
Int (x)	返回不超过x的最大整数	Int (2.5)	2
		Int (- 2.5)	-3
Round (x, n)	对x保留n位小数，并对第n+1位小数做四舍五入处理	Round (234.2678 , 2)	234.27
		Round (234.2678)	234
Log (x)	返回x的自然对数(以e为底)	Log (10)	2.30258509299405
Exp (x)	返回e的x次幂	Exp (2)	7.38905609893065
Sgn (x)	返回x的符号	Sgn (2.5)	1
		Sgn (-2.5)	−1
		Sgn (0)	0
Rnd	产生一个大于等于0且小于1的单精度随机数	Rnd	产生一个[0~1]的小数
		Int (10 * Rnd)	产生一个[0~9]的随机整数
		Int (10 * Rnd + 1)	产生一个[1~10]的随机整数

2. 字符串函数

常用字符串函数介绍如表8-15所示。

表8-15　常用字符串函数

函数	说明	示例	返回结果
Len (s)	返回字符串s的长度	Len ("北京")	2
		Len ("AB" + "ECD")	5
Left (s, n)	截取字符串s左边n个字符	Left ("ABCD中国" , 3)	"ABC"

（续表）

函数	说明	示例	返回结果
Right (s, n)	截取字符串s右边n个字符	Right ("ABCD中国" , 3)	"D中国"
Mid (s, n1, n2)	截取字符串s中从第n1个字符开始的n2个字符	Mid ("ABCD中国" , 3 , 2)	"CD"
RTrim (s)	删除字符串s的尾部空格	RTrim (" AB CD ")	" AB CD"
Trim (s)	删除字符串s的前导和尾部空格	Trim (" AB CD ")	"AB CD"
Space (n)	返回由n个空格组成的字符串	Space (3)	" "
InStr (s1, s2)	返回字符串s2在字符串s1中的位置	InStr ("ABCD中国" , "中国")	5
Lcase (s)	将字符串s中的大写字母转换为小写字母	Lcase ("AbC")	"abc"
Ucase (s)	将字符串s中的小写字母转换为大写字母	Ucase ("bBc")	"ABC"

3. 日期/时间函数

常用日期/时间函数介绍如表8-16所示。

表8-16　常用日期/时间函数

函数	说明	示例	返回结果
Date或Date ( )	返回系统当前日期	Date ( )	系统当前日期
Time或Time ( )	返回系统当前时间	Time ( )	系统当前时间
Now或Now ( )	返回系统当前日期和时间	Now ( )	系统当前日期和时间
Year (d)	获取日期d的年份	Year (#2018-10-01#)	2018
Month (d)	获取日期d的月份	Month (#2018-10-01#)	10
Day (d)	获取日期d的日数	Day (#2018-10-01#)	1

4. 类型转换函数

常用类型转换函数介绍如表8-17所示。

表8-17　常用类型转换函数

函数	说明	示例	返回结果
Asc (s)	返回字符串s首字符的ASCII值	Asc ("abc")	97
Chr (n)	返回由ASCII值n对应字符组成的字符串	Chr (97)	"a"
Str (n)	将数值表达式n的值转换成字符串	Str (123)	"123"
Val (s)	将字符串s转换成数值型数据	Val ("123")	123
		Val ("12ab3")	12

5. 输入输出函数

(1) 输入函数InputBox()。

功能：显示一个可输入内容的对话框，在对话框中显示提示信息，等待用户输入正文，用户单击按钮后，函数返回文本框中输入的字符串。

常用格式：

```
InputBox (提示信息[,标题][,默认值])
```

说明：

① 参数"提示信息"是必填参数，指定对话框中的显示信息。

② 参数"标题"是可选参数，指定对话框的标题，若缺省，系统自动给出标题 Microsoft Access。

③ 参数"默认值"是可选参数，指定输入框中的默认值，若缺省则值为空。

④ 如果第二个参数缺省但第三个参数不缺省，则三个参数之间的逗号必须保留。

⑤ 函数的返回值类型是字符型，如果用户单击"确定"按钮，则函数返回文本框中输入的字符串；如果用户单击"取消"按钮，则函数返回一个空字符串。

⑥ 如果将返回值赋值给变量，则自动转换为变量的类型，由接受返回值的变量类型决定。

【例8-17】输入函数InputBox应用示例。

InputBox("账号：","登录")

InputBox("账号：","登录", "Admin")

InputBox("账号：","Admin")

(2) 输出函数MsgBox()。

功能：显示一个消息框，消息框中显示输出信息，等待用户单击按钮，并返回一个整数型数据，告诉用户单击的是哪个按钮。

常用格式：

`MsgBox(输出信息[,按钮形式][,标题])`

说明：

① 参数"输出信息"是必填参数，指定在消息框上输出显示的内容。若要显示多项内容，可以用 & 运算符将它们连接成一个字符串。若需要分行显示，可使用 Chr(10)+Chr(13)(即回车 + 换行) 强制换行。

② 参数"按钮形式"是可选参数，是一个整数表达式，包括按钮类型、图标类型和默认按钮三项信息。它们的取值及含义如表 8-18 所示。

③ 函数返回值的含义如表 8-19 所示。

表8-18　MsgBox函数的按钮形式

参数	数值	含义
按钮类型	0	"确定"按钮
	1	"确定""取消"按钮
	2	"中止""重试""忽略"按钮
	3	"是""否""取消"按钮
	4	"是""否"按钮
	5	"重试""取消"按钮
图标类型	16	显示停止图标：
	32	显示询问图标：
	48	显示警告图标：
	64	显示信息图标：
默认按钮	0	第一个按钮是默认按钮
	256	第二个按钮是默认按钮
	512	第三个按钮是默认按钮

表8-19　MsgBox函数的返回值

返回值	单击的按钮
1	确定
2	取消
3	中止
4	重试
5	忽略
6	是
7	否

【例8-18】输出函数MsgBox应用示例。

x=MsgBox（"程序运行完毕！"，2+48+256，"提示"）

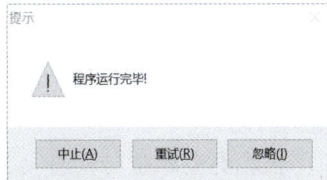

如果按"中止"按钮，则x值为3
如果按"重试"按钮，则x值为4
如果按"忽略"按钮，则 x 值为5

x=MsgBox("程序已修改"&Chr(13)&"是否保存?"，4+32，"提示")

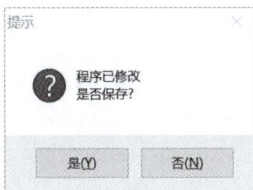

如果按"是"按钮，则x值为6
如果按"否"按钮，则 x 值为7

8.5.7　程序语句

VBA程序由若干条VBA语句构成，每一条语句完成某项操作命令。语句可以包含关键字、运算符、变量、常量、函数和表达式。VBA语句一般分为三种类型。

(1) 声明语句：用于指定变量、常量或者过程的名称和数据类型。

(2) 赋值语句：用于为变量指定一个值。

(3) 执行语句：用来调用过程、执行方法或函数，实现各种流程控制。

视频8-12
程序语句

1. 语句书写规定

(1) 通常一个语句写在一行。

(2) 语句较长，需要分行写时，可用续行符" _ "将语句写在下一行(续行符前需加一个空格)。但语句过长的代码会导致程序的可读性很差，所以要尽量避免过长的语句。

(3) 可以用冒号"："将多条语句写在同一行中。

(4) 为显示程序的流程结构，可以采用缩进格式书写程序。

【例8-19】下面的子过程Main中有三个语句，每个语句写在一行。也可以把两行语句写在同一行，语句间用冒号分隔开来。子过程中的语句用Tab键来缩进排版，使得程序更易读。

```
Public Sub Main()

    Dim Str1, Str2 As String
    Str1 = "Hello"
    Str2 = "Goodbye"

End Sub
```
每个语句写一行

```
Public Sub Main()

    Dim Str1, Str2 As String
    Str1 = "Hello": Str2 = "Goodbye"

End Sub
```
两个语句写在同一行

2. 赋值语句

赋值语句是给变量赋值的语句，是VBA最常用的语句。

格式：

```
[Let] 变量名 = 值或表达式
```

功能：先计算"="号右边的表达式的值，再将此值赋给"="号左边的变量。

说明：

(1) "="号称为赋值号，具有计算和赋值两种功能。

(2) 赋值号两边的数据类型要相同或相容。相容类型赋值时，自动将"="号右边表达式的值转换成左边变量的数据类型，然后再赋值给变量。

(3) Let 可以省略（通常都会省略）。

【例8-20】赋值语句示例。

```
Dim x As Single           '声明一个单精度型变量x
x = Sqr(16)+5.5           '先计算表达式Sqr(16)+5.5的值9.5，再将值9.5赋给x
Let x = 5                 '也可以省略Let
```

3. 注释语句

为增强程序的可读性，可在程序中设置注释语句。注释语句可以添加到程序模块的任何位置，默认以绿色文本显示。注释是不会被执行的。

格式1：

```
Rem 注释语句
```

格式2：

```
'注释语句
```

【例8-21】为以下代码增加注释：

```
Public Sub Main()

    Rem 这是一行注释          ←——————  Rem 用在单独的一行
    Dim Str1, Str2 As String
    Str1 = "Hello"
    Str2 = "Goodbye"     '这也是一条注释  ←——  "'" 符号用在语句的后面

End Sub
```

4. 语法检查

在代码窗口输入语句时，VBA会自动进行语法检查，即当输入一行语句并按下Enter键后，如果该语句存在语法错误，则此行代码以红色文本显示，并显示一条错误信息。必须找出语句中的错误并改正后才可以进行下一步的操作。

8.6 VBA 的流程控制语句

程序功能靠执行语句来实现，语句的执行方式按流程可以分为以下三种，如图8-16所示。

(1) 顺序结构：按照语句的逻辑顺序依次执行。

(2) 选择结构(条件判断结构)：根据条件是否成立选择语句执行路径。

(3) 循环结构：根据循环条件可以重复执行某一段程序语句。

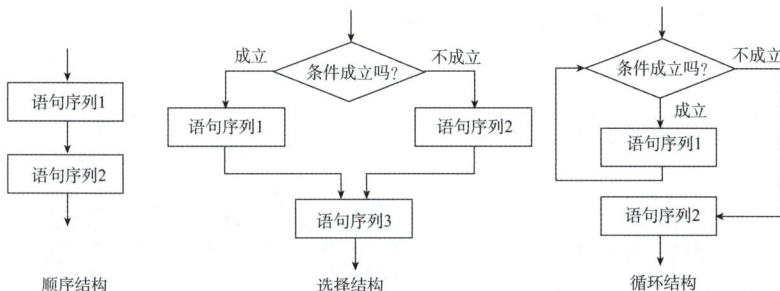

图 8-16　三种程序结构流程图

8.6.1　顺序结构

顺序结构按照语句的书写顺序从上到下逐条执行。顺序结构是最基础的程序结构，也是选择结构和循环结构的基础。

【例8-22】一瓶矿泉水的零售价是1.3元，在立即窗口打印出买50瓶矿泉水的总价格。

在VBA模块中实现上述功能的程序及其对应的程序流程如下所示：

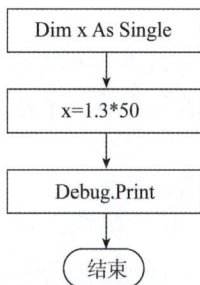

```
Public Sub Price ()
    Dim x As Single
    x = 1.3 * 50
    Debug.Print " 总价格是： " & x & " 元"
End Sub
```

运行子程序Price，可以在立即窗口中看到打印结果，如图8-17所示。

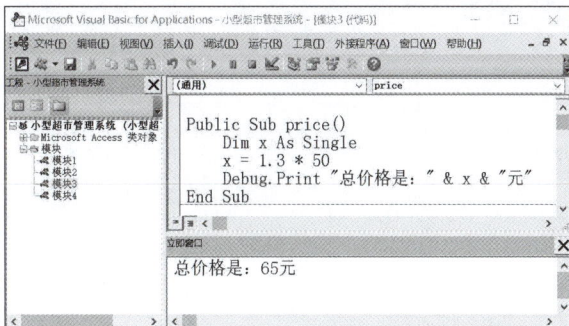

图 8-17　顺序结构示例

8.6.2　选择结构

选择结构也叫分支结构或条件判断结构，该结构对给定的条件进行判断，如果条件成立，则执行某一个分支的语句序列，否则执行其他分支或什么都不做。实现选择结构的语句有两种：If语句和Select Case语句。

视频8-14
选择结构

1. If语句

完整的语句格式及其流程如下：

```
If  <条件表达式 1>  Then
       <语句序列 1>
[ElseIf  <条件表达式 2>   Then
       <语句序列 2>
       …………

ElseIf  <条件表达式 n>   Then
       <语句序列 n>
Else
       <语句序列 n+1> ]

End If
```

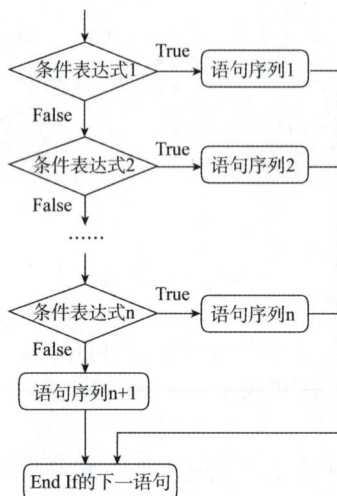

说明：

① 条件表达式可以是任何表达式，一般为关系表达式 (表达式成立则值为 True，不成立则值为 False)，算术表达式 (非 0 为 True，0 为 False) 和逻辑表达式 (真为 True，假为 False)。

② 如果条件表达式不成立，则不执行该条件表达式下的语句序列，直接跳到下一个条件表达式继续判断。直到符合某个条件表达式时，就执行该条件表达式下的语句序列，然后直接跳到 End If 语句执行后面的语句。如果所有的条件表达式都不符合，则执行 Else 语句下的语句序列。

上面给出的是If语句完整的结构，在实际应用中，根据分支数来简化结构，可以分为单分支、双分支和多分支。

(1) 单分支。

格式1：

```
If  <条件表达式>  Then
    <语句序列>
End If
```

格式2：

```
If  <条件表达式>  Then  <语句序列>
```

功能：当条件表达式为True时，执行Then后面的语句，否则不做任何操作。

【例8-23】输入一个整数，判断该数是否是奇数。语句如下：

```
Public Sub isOdd()
    Dim x As Integer
    x = Val(InputBox("请输入一个整数", "奇数判断"))
    If x Mod 2 = 1 Then
        MsgBox "你输入的数是奇数"
    End If
End Sub
```

或者把上面的If语句改写成：If x Mod 2 = 1 Then MsgBox "你输入的数是奇数"

(2) 双分支。

格式1：

```
If  <条件表达式>  Then
    <语句序列1>
Else
    <语句序列2>
End If
```

格式2：

```
If  <条件表达式>  Then  <语句序列1>  Else  <语句序列2>
```

功能：当条件表达式为True时，执行Then后面的语句序列(语句序列1)，否则执行Else后面的语句序列(语句序列2)。

【例8-24】输入购买某种商品的数量及单价，如果购买数量大于或等于10，就打8折，否则不打折。计算并输出购买该商品的总金额。语句如下：

```
Public Sub Buy()
    Dim number As Integer
    Dim price, money As Single
    number = Val(InputBox("请输入商品数量", "商品数量"))
    price = Val(InputBox("请输入单价", "单价"))
    If number < 10 Then
        money = price * number
    Else
        money = price * number * 0.8
    End If
    Debug.Print "总金额 = " + Str(money) + "元"
End Sub
```

(3) 多分支。

多分支的格式是If语句的完整结构。不管条件有几个分支，程序执行一个分支后，其余分支不再执行。当有多个条件表达式同时为True时，只执行第一个与之匹配的语句序列。因此，需要注意多分支结构中条件表达式的顺序与区间范围。

要注意中间的ElseIf是没有空格的。

【例8-25】输入一个百分制成绩，输出相应的等级：90分以上为"优秀"，60~89分为"合格"，60分以下为"不合格"。语句如下：

```
Public Sub GetGrade()
    Dim score As Single, Grade As String
    score = Val(InputBox("输入百分制成绩:"))
    If score > 100 Then
        Grade = "成绩不能超过100分"
    ElseIf score >= 90 Then
        Grade = "优秀"
    ElseIf score >= 60 Then
        Grade = "合格"
    Else
        Grade = "不合格"
    End If
    MsgBox Grade
End Sub
```

2. Select Case语句

当条件选项比较多时，若使用If语句嵌套来实现，程序会变得很复杂，不利于阅读与调试，此时用Select Case语句会使程序更清晰。

完整的语句格式及其流程如下：

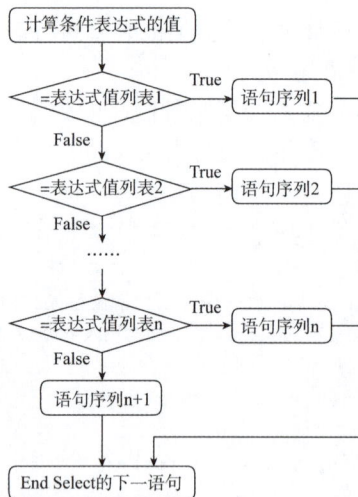

说明：

① 先计算 Select Case 后＜条件表达式＞的值，然后从上到下依次检查该值与哪一个 Case 子句中的"表达式值列表"相匹配；如果找到，则执行该 Case 子句下的语句序列，然后跳转到 End Select 执行后面的语句；如果没有找到，则执行 Case Else 子句下的语句序列，然后执行 End Select 后面的语句。

② Select Case 与 End Select 必须成对出现。

③ Case Else 是可选项，根据实际情况可以省略。

④ Select Case 后的 <条件表达式> 与 Case 后的 <表达式值列表> 的数据类型必须相同。

⑤ 如果 Select Case 后的 <条件表达式> 满足多个 Case 的 <表达式值列表>，则只有第一个符合条件的 Case 语句被执行。

⑥ Case 后的 <表达式值列表> 可以是下列情况之一：

- 单一数值(如Case 1)或一行并列的数值，用逗号隔开(如Case 1,3,5)。
- 用关键字To指定值的范围(如Case "a" To "z")。
- 用关键字Is指定条件(如 Case Is >= 15)。

【例8-26】超市优惠活动规则是：买满300元打9折，买满600元打8.5折，买满1000元及以上打8折。根据购物情况计算出实际付款金额。语句如下：

```
Public Sub Discount()
    Dim money As Single
    money = Val(InputBox("请输入所购商品金额"))
    Select Case money
        Case Is >= 1000
            money = money * 0.8
        Case Is >= 600
            money = money * 0.85
        Case Is >= 300
            money = money * 0.9
    End Select
    MsgBox "实际付款金额为: " & money
End Sub
```

【例8-27】使用Select Case语句来判断键盘输入的字符是何种类型的字符。语句如下：

```
Public Sub GetKeyType()
    Dim key As String
    key = InputBox("请输入任意一个字符")
    Select Case key
        Case "A" To "Z"
            Debug.Print "输入的字符是大写字母"
        Case "a" To "z"
            Debug.Print "输入的字符是小写字母"
        Case "0" To "9"
            Debug.Print "输入的字符是数字 "
        Case "!", "?", ".", ";", ",", ":"
            Debug.Print "输入的字符是标点符号"
        Case " "
            Debug.Print "输入的是空格"
        Case Else
            Debug.Print "输入的是其他字符"
    End Select
End Sub
```

本例要注意：能区分字母大小写的前提是在模块的声明区域不能有语句Option Compare Database。

8.6.3 循环结构

循环结构允许重复执行一组程序代码。顺序结构和选择结构中的每条语句一般只执行一次，但在实际应用中，有时需要重复执行某段语句，使用循环语句可以实现此功能。VBA提供了For语句、While语句和Do语句来实现循环结构，用户可以根据实际问题进行选择。

视频8-15
循环结构

1. For … Next循环结构

For循环主要用于循环次数确定的情况。完整的语句格式及其流程如下：

```
For 循环变量=初值 To 终值 [Step 步长]
    循环体语句序列
Next [循环变量]
```

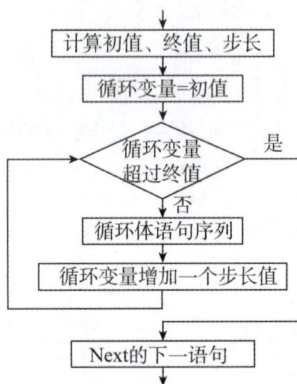

计算初值、终值、步长 → 循环变量=初值 → 循环变量超过终值？ 是 → Next的下一语句；否 → 循环体语句序列 → 循环变量增加一个步长值 → (回到判断)

说明：

① For 和 Next 必须成对出现。

② Next 后的循环变量可省略不写。

③ 每次循环结束后（即遇到 Next 语句），循环变量自行增加一个步长值，即

$$循环变量＝循环变量＋步长$$

④ 循环体的执行次数由初值、终值和步长三个因素确定，计算公式为

$$循环次数＝Int((终值－初值)/步长)+1$$

⑤ 步长缺省时，默认值为 1。步长可以是任意的正数或负值。当步长为正数时，初值应小于或等于终值；当步长为负数时，初值应大于或等于终值。步长不能为 0，否则将造成"死循环"或循环一次都不执行。

⑥ 循环体内可用 Exit For 语句强制退出循环。

【例8-28】计算10的阶乘，即计算 $1×2×3×…×10$ 的值。语句如下：

```
Public Sub Factorial()
    Dim p As Long
    p = 1
    For i = 1 To 10
        p = p * i
    Next i
    Debug.Print "10的阶乘为: " & p
End Sub
```

【例8-29】求自然数1～100的和，即计算1＋2＋3+…+100的值。语句如下：

```
Public Sub Sum1()
    Dim sum As Integer, i As Integer
    sum = 0
    For i = 1 To 100 Step 1
        sum = sum + i
    Next i
    Debug.Print "1~100的和 = " & sum
End Sub
```

2. While … Wend循环结构

While语句是根据给定条件控制循环，而不是根据循环次数。完整的语句格式及其流程如下：

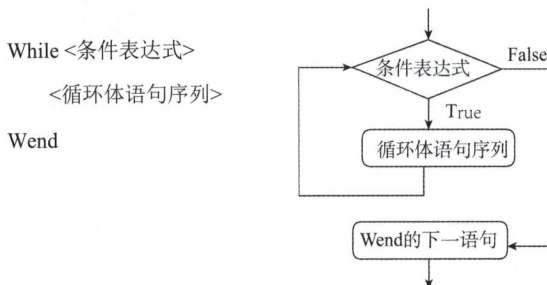

说明：

① 先计算条件表达式的值，如果值为真，则执行循环体语句，然后再继续判断条件表达式的值。如果表达式的值为假，则跳出循环执行 Wend 的下一语句。

② While 和 Wend 必须成对出现。

③ While 语句本身不能修改循环条件，故应在循环体内增加相应语句，使得循环能趋于结束，避免死循环。

【例8-30】使用While语句求自然数1～100的和。

```
Public Sub Sum2()
    Dim sum As Integer, i As Integer
    sum = 0
    i = 1
    While i <= 100
        sum = sum + i
        i = i + 1
    Wend
    Debug.Print "1~100的和 = " & sum
End Sub
```

3. Do … Loop循环结构

Do循环语句可以先判断条件后执行循环体，也可以先执行循环体后判断条件。Do循环语句有四种格式，语句格式及其流程图如表8-20所示。

表8-20 Do循环语句的格式

语句格式	流程图	说明
Do [While <条件>] 　　<循环体语句序列> Loop		当条件为True时，执行循环体内语句；当条件为False时，退出循环，并执行Loop后面的语句。 首次执行Do While语句时，如果条件不成立，则循环体内的语句一次也不执行
Do [Until <条件>] 　　<循环体语句序列> Loop		当条件为False时，执行循环体内语句；当条件为True时，退出循环，执行Loop后面的语句
Do 　　<循环体语句序列> Loop While <条件>		先执行循环体内语句，当程序执行到Loop While语句时判断条件的值，如果值为True，就返回Do语句，再次执行循环体内的语句；若条件表达式的值为False，则退出循环
Do 　　<循环体语句序列> Loop Until <条件>		先执行循环体内语句，当程序执行到Loop Until语句时判断条件的值，如果值为False，就返回Do语句，再次执行循环体内的语句；如果条件表达式的值为True，则退出循环

【例8-31】使用Do While…Loop语句求自然数1～100的和。语句如下：

```
Public Sub Sum3()
    Dim sum As Integer, i As Integer
    sum = 0
    i = 1
    Do While i <= 100
        sum = sum + i
        i = i + 1
    Loop
    Debug.Print "1~100的和 = " & sum
End Sub
```

【例8-32】使用Do Until…Loop语句计算10的阶乘。语句如下：

```
Public Sub Factorial2()
    Dim i As Integer
    Dim p As Long
    i = 1
    p = 1
    Do Until i > 10
        p = p * i
        i = i + 1
    Loop
    Debug.Print "10的阶乘为: " & p
End Sub
```

【例8-33】使用Do…Loop While语句计算100以内所有奇数之和。语句如下：

```
Public Sub Sum4()
    Dim sum As Integer, i As Integer
    i = 1
    sum = 0
    Do
        If i Mod 2 = 1 Then sum = sum + i
        i = i + 1
    Loop While i <= 100
    Debug.Print "1~100的奇数和 = " & sum
End Sub
```

【例8-34】使用Do…Loop Until语句求自然数1～100的和。语句如下：

```
Public Sub Sum5()
    Dim sum As Integer, i As Integer
    sum = 0
    i = 1
    Do
        sum = sum + i
        i = i + 1
    Loop Until i > 100
    Debug.Print "1~100的和 = " & sum
End Sub
```

4. 提前退出循环

如果在循环过程中遇到了错误，或者任务已经完成，没有必要做更多的循环，则可以提前跳出循环，而不必等到条件正常结束。VBA使用Exit语句来提前退出循环。

(1) Exit For语句：用于立即退出For…Next循环。

(2) Exit Do语句：用于立即退出任何Do…Loop循环。

8.7 过程

设计一个规模较大、复杂度较高的程序时，往往需要按照功能将程序分解成若干个相对独立的部分，然后为每个部分编写代码来完成特定的功能，这些独立的程序代码称为"过程"。如图8-18所示，主过程运行时需要调用另外一个过程来实现某个功能，于是跳转到被调用过程中执行，当被调用过程执行完毕后，再返回主过程中调用该过程的下一句，继续往下执行，直到主过程结束。

视频8-16
过程

8.7.1 过程的定义与调用

VBA中的过程分为两种：Sub过程(子过程)和Function过程(函数过程)。这两种过程的定义格式、调用格式和创建方法在"8.2.3 模块的组成"一节中有介绍，详见表8-2和表8-3。

Sub过程还可以细分为子程序过程和事件过程，关于事件过程在"8.4.1 对象"一节中有详细介绍。

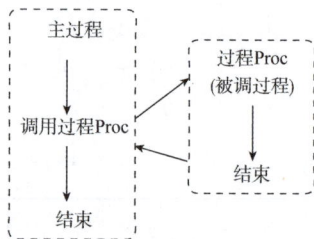

图 8-18　过程调用示意图

8.7.2 过程的作用范围

过程可被访问的范围称为过程的作用范围，也称为过程的作用域。过程的作用范围分为公共的(Public)和私有的(Private)两种。

(1) 公共的过程定义时在Sub或Function前加关键字Public(可以省略)，作用范围是整个应用程序，即当前数据库中任何模块的过程都可调用该过程。

(2) 私有的过程定义时在Sub或Function前加关键字Private，作用范围是它所在的模块内，即只能被其所在模块的其他过程调用。

8.7.3 参数传递

在调用过程时，主过程和被调过程之间一般都有数据传递，即主过程可以把数据传递给被调过程，也可以把被调过程中的数据传递回主过程。VBA中使用参数来实现过程间的数据传递。参数有形式参数和实际参数两种。

(1) 形式参数(简称形参)：指接收数据的变量。在定义过程时指定数据类型，各个变量之间用逗号隔开。

(2) 实际参数(简称实参)：指在调用过程时，传递给过程的常量、变量或表达式。

调用过程时，实参被插入对应形参变量处，第一个形参接收第一个实参的值，第二个形参接收第二个实参的值，依次类推，完成形参与实参的数据传递。

例如，例8-1的Squre过程，如图8-19所示，在定义过程Squre时，指定了Squre过程有两个形参，分别是r和s，同时指定了形参的数据类型。形参在被过程调用前，既不占用实际的存储空间，也没有值，仅代表数据传递的规则。当Main过程要调用Squre过程时，需要传递实际参数给Squre过程，因此传递一个直接常量1给第一个形参，传递一个单精度型变量s给第二个形参(注意，这里的实参和形参虽然名字都是s，但具有完全不同的含义和作用)，此时形参才真正被赋予了存储空间和值。

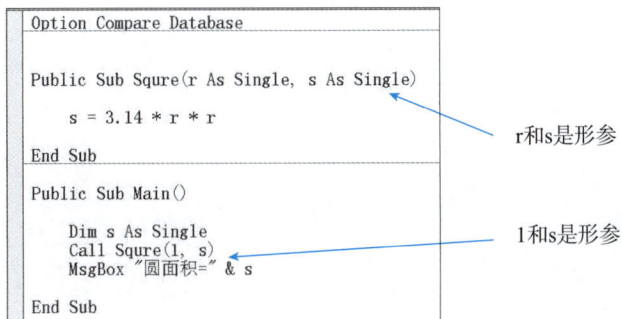

```
Option Compare Database

Public Sub Squre(r As Single, s As Single)
    s = 3.14 * r * r
End Sub

Public Sub Main()
    Dim s As Single
    Call Squre(1, s)
    MsgBox "圆面积=" & s
End Sub
```

r和s是形参

1和s是形参

图 8-19　实参和形参示例

在VBA中，实参与形参的传递方式有两种：传址方式和传值方式。

1. 传址方式

传址方式是将实参在内存的地址传递给形参，从而使形参与实参占用相同的内存单元，于是被调过程对形参的操作也就是对实参的操作，形参值的改变也就是实参值的改变。

传址方式的两个前提如下。

(1) 定义过程时，形参前面加ByRef关键字，或省略ByRef。

(2) 调用过程时，实参是变量名、数组元素或数组名。

2. 传值方式

传值方式是将实参的值传递给形参，而后实参便与被调过程无关系，被调过程对形参的任何操作不会影响到实参，主调过程对被调过程的数据传递是单向的。

以下任一情形均是传值方式：

(1) 定义过程时，形参用ByVal关键字加以说明。

(2) 调用过程时，实参是常量或表达式。

【例8-35】传址方式举例。

```
Public Sub Plus1(x As Integer)    '被调用过程，括号内也可写成ByRef x As Integer
    x = x + 100
    Debug.Print "Plus1过程中形参x的值= " & x
End Sub
Public Sub Main1()  '主过程
    Dim a As Integer
    a = 200
    Call Plus(a)
    Debug.Print "Main1过程中实参a的值= " & a
End Sub
```

Access 2016 数据库应用教程（第 2 版）

运行Main1过程，在立即窗口得到显示结果如下：

Plus1过程中形参x的值= 300

Main1过程中实参a的值= 300

【例8-36】传值方式举例。

```
Public Sub Plus2(ByVal x As Integer)        '被调用过程
    x = x + 100
    Debug.Print "Plus2过程中形参x的值= " & x
End Sub

Public Sub Main2()         '主过程
    Dim a As Integer
    a = 200
    Call Plus2(a)
    Debug.Print "Main2过程中实参a的值= " & a
End Sub
```

运行Main2过程，在立即窗口得到显示结果如下：

Plus2过程中形参x的值= 300

Main2过程中实参a的值= 200

8.8 思考与练习

8.8.1 思考题

1. 什么是类模块和标准模块？它们有何区别？
2. VBA程序具有哪几种程序流程控制结构？有哪些流程控制语句？
3. 什么是事件过程？
4. 子过程和函数过程的调用有何区别？在参数传递上有何异同？

8.8.2 选择题

1. 下列关于VBA面向对象的叙述中，正确的是(   )。
   A. 方法是对事件的响应　　　　　　　　　B. 可以由程序员定义方法
   C. 触发相同的事件可以执行不同的事件过程　　D. 每种对象的事件集都是不同的
2. 下列关于模块的叙述中，错误的是(   )。
   A. 模块是Access系统中的一个重要对象
   B. 模块以VBA语言为基础，以子过程和函数过程为存储单元
   C. 模块有两种基本类型：标准模块和类模块
   D. 窗体模块和报表模块都是标准模块

242

3. 在VBA中要打开名为"超市管理系统"的窗体，应使用的语句是(　　)。

   A. DoCmd.OpenForm "超市管理系统"　　　　　B. OpenForm "超市管理系统"

   C. DoCmd.OpenWindow "超市管理系统"　　　　D. OpenWindow "超市管理系统"

4. 在VBA中，类型符"%"表示(　　)数据类型。

   A. 整型　　　　　　　B. 长整型　　　　　　　C. 单精度型　　　　　D. 双精度型

5. Dim x! 用于声明变量x为(　　)。

   A. 整型　　　　　　　B. 长整型　　　　　　　C. 字符型　　　　　　D. 单精度型

6. 以下(　　)是合法的变量名。

   A. x&yz　　　　　　　B. 5y　　　　　　　　　C. xyz1　　　　　　　D. Dim

7. 如果变量定义在模块的过程内部，当过程代码执行时才可见，则这种变量的作用域为
(　　)。

   A. 局部范围　　　　　B. 模块范围　　　　　　C. 全局范围　　　　　D. 程序范围

8. 下列程序段中(　　)无法实现求两数中最小值。

   A. If x < y Then Min = x Else Min = y

   B. Min = x

     If y < x Then Min = y

   C. If y < x Then Min = y

     Min = x

   D. Min = IIf(x <= y, x, y)

9. 下列关于过程的叙述中，错误的是(　　)。

   A. 可以在子过程的过程体中使用Exit Sub强制退出子过程

   B. 可以在函数过程的函数体中使用Exit Function强制退出函数过程

   C. 过程的定义不可以嵌套，但过程的调用可以嵌套

   D. 函数过程的返回值类型为变体型，在调用时由运行过程决定

10. 有如下函数，F(5,6)+F(7,8)的值为(　　)。

```
Function F(a As Integer, b As Integer) As String
   F = a * b
End Function
```

   A. 5678　　　　　　　B. 3056　　　　　　　　C. 86　　　　　　　　D. 94

11. 执行下面程序段后，变量Result的值为(　　)。

```
a = 6
b = 4
c = 6
If (a = b) Or (a = c) Or (b = c) Then
   Result = "Yes"
Else
   Result = "No"
End If
```

   A. False　　　　　　　B. Yes　　　　　　　　C. No　　　　　　　　D. True

12. 设有以下循环结构

```
Do
  循环体
Loop While 条件
```

对该循环结构的叙述中，正确的是(   )。

    A. 如果"条件"值为"假"，则一次循环体也不执行

    B. 无论"条件"值是否为"假"，至少执行一次循环体

    C. 如果"条件"值为"真"，则退出循环体

    D. 无论"条件"值是否为"真"，至多执行一次循环体

13. 下列程序段中，语句MsgBox i将执行(   )次。

```
For i = 1 To 8 Step 2
  MsgBox i
Next i
```

    A. 0   B. 4   C. 5   D. 8

14. 执行下列程序段后，变量Result的值为(   )。

```
v = 75
Select Case v
Case Is < 60
  Result = "不合格"
Case 60 To 74
  Result = "合格"
Case 75 To 84
  Result = "中等"
Case Else
  Result = "优良"
End Select
```

    A. 不合格   B. 合格   C. 中等   D. 优良

15. 二维数组A(1 to 3, 1 to 4)中有(   )个元素。

    A. 12   B. 3   C. 4   D. 20

16. 函数Mid("EFGABCD",2,3)的返回值是(   )。

    A. FGA   B. BCD   C. CDE   D. ABC

17. 过程定义语句 Private Sub Test(ByRef m As Integer, ByVal n As Integer)中，变量m, n分别实现(   )的参数传递。

    A. 传址，传址   B. 传值，传值

    C. 传址，传值   D. 传值，传址

第 **9** 章

数据库访问技术

在实际应用开发中使用数据库访问接口技术，除了可以更加快速、有效地管理数据，还能从根本上将最终用户与数据库对象隔离开来，防止最终用户直接操作数据库对象，从而增强数据库的安全性，保证数据库系统的可靠运行。在 VBA 中，可以使用数据库访问接口来实现对本地或远程数据库的访问和操作。本章将以前面章节创建的"小型超市管理系统"为基础，介绍常用的数据库访问接口技术，以及数据访问接口 ADO 的 Connection 对象、Recordset 对象和 Command 对象的使用方法。

⊕ **学习目标**

- 了解常用的数据库访问接口技术
- 掌握 Connection 对象的创建、打开、关闭和释放
- 掌握 Recordset 对象的创建、数据获取、关闭和释放
- 掌握利用 Recordset 对象的属性和方法实现对记录集的数据操作
- 掌握 Command 对象的创建、设置和释放

知识结构

本章知识结构如图9-1所示。

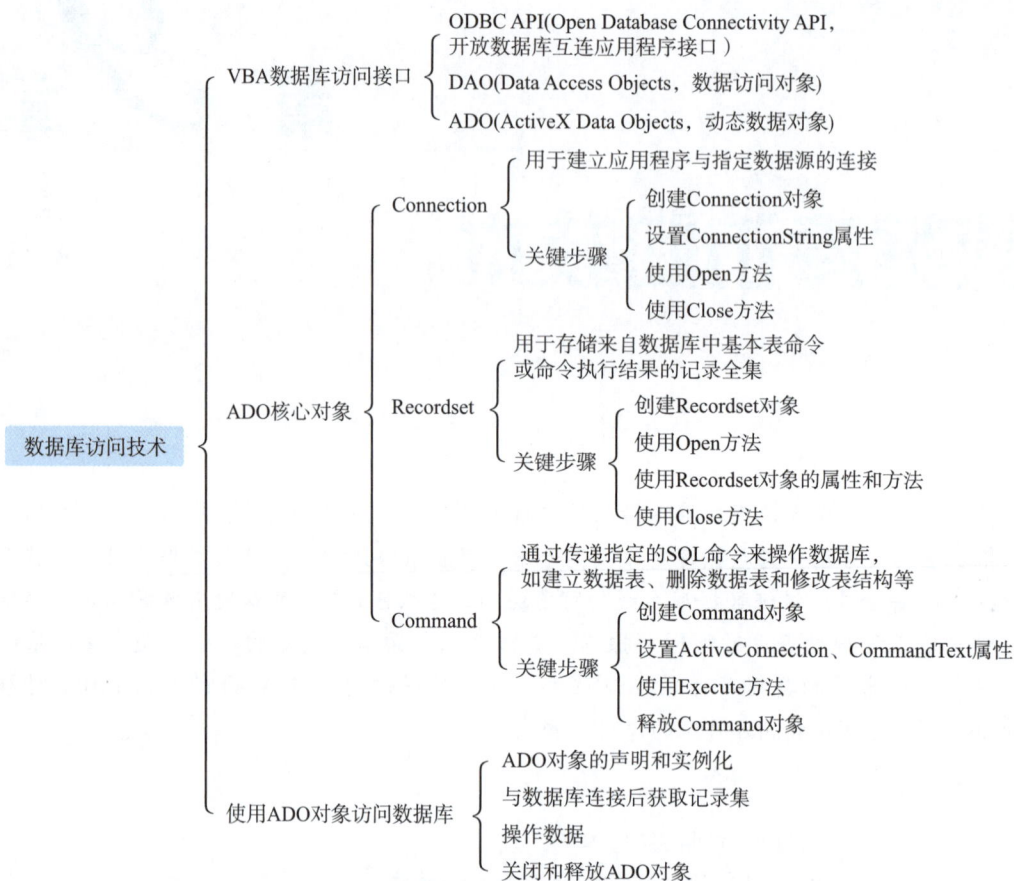

图 9-1　本章知识结构图

9.1 常用的数据库访问接口技术

　　每种数据库的数据格式和内部实现机制都是不同的，要使用一种应用程序访问特定的数据库，必须通过一种中介程序，这种应用程序与数据库之间的中介程序叫作数据库引擎(Database Engine)。Microsoft Office VBA是通过Microsoft Jet数据库引擎工具来实现对数据库的访问的。Microsoft Jet数据库引擎实际上是一组动态链接库(DLL)，当VBA程序运行时被连接到应用程序，从而实现对数据库数据的访问功能。数据库引擎是应用程序与物理数据

视频9-1
VBA数据库
访问技术

库之间的桥梁，是一种通用的数据库访问接口技术，不论是访问关系数据库还是非关系数据库，也不论是访问本地数据库还是远程数据库，应用程序都可以通过数据库引擎使用相同的数据访问与处理方法来访问各种类型的数据库，如图9-2所示。

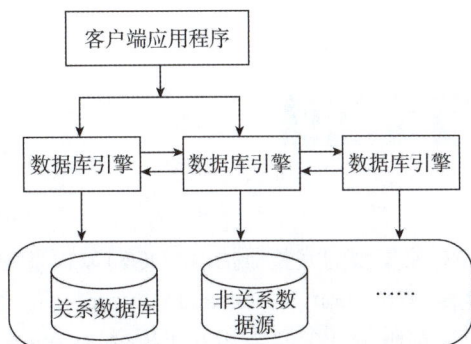

图 9-2　数据库引擎示例

Microsoft Office VBA主要提供了三种数据库访问接口。

(1) ODBC API(Open Database Connectivity API，开放数据库互连应用程序接口)。ODBC基于SQL为关系数据库编程提供统一的接口，用户可通过它对不同类型的关系数据库进行操作。ODBC API允许对数据库进行比较接近底层的配置和控制，在Access应用中，要直接使用ODBC API访问数据库，需要大量VBA函数原型声明和一些烦琐的、底层的编程，因此在实际编程中很少直接进行ODBC API的访问。

(2) DAO(Data Access Objects，数据访问对象)。DAO是Office早期版本提供的编程模型，既提供了一组基于功能的API函数，也提供了一个访问数据库的对象模型。在Access数据库应用程序中，开发者可利用其中定义的如Database、QueryDef、RecordSet等一系列数据访问对象，实现对数据库的各种操作。

(3) ADO(ActiveX Data Objects，动态数据对象)。ADO是基于组件的数据库编程接口，它是一个与编程语言无关的COM组件系统，可以对来自多种数据提供者的数据进行操作。ADO是对微软所支持的数据库进行操作的最有效和最简单直接的方法，是一种功能强大的数据访问编程模式。

Microsoft Access 2016同时支持ADO和DAO两种数据访问接口。本书重点介绍ADO的用法。

与其他数据访问接口相比，ADO具有下列优点。

① ADO能够访问各种支持OLE DB的数据源，包括数据库和文本文件、电子表格、电子邮件等数据源。

② ADO采用了ActiveX技术，与具体的编程语言无关，任何使用高级语言(如VC++、Java、VB、Delphi等)编写的应用程序，都可以使用ADO来访问各类数据源。

③ ADO将访问数据源的复杂过程抽象为几个易于理解的具体操作，并由实际对象来完成，因而使用起来简单方便。

④ ADO对象模型简单易用，速度快，资源开销和网络流量少，在应用程序和数据源之间使用最少的层数，为应用程序和数据源之间提供了轻便、快捷、高性能的接口。

⑤ ADO属于应用层(高层)的编程接口，可以在各种脚本语言(Script)中直接使用，特别适合于各种客户机/服务器应用系统和基于Web的应用，尤其是在脚本语言中访问Web数据库时，ADO展现出了显著的优势。

9.2 数据访问接口 ADO

ADO对象模型是对ADO对象集合的完整概括，ADO对象模型图如图9-3所示，图中列出了三个最核心的ADO对象(分别是Connection、Command和Recordset)，也是应用程序访问数据库时最常用的对象，每个ADO对象都附带一个属性和方法集合。Connection(连接)对象用于实现应用程序与数据源的连接；Command(命令)对象的主要作用是在VBA中通过SQL语句访问、查询数据库中的数据；Recordset(记录集)对象用于存储访问表和查询对象返回的记录，使用Recordset对象可以浏览记录、修改记录、添加新记录或者删除特定记录。这三个对象之间互有联系。

(1) Command对象和Recordset对象依赖于Connection对象的连接。

(2) Command对象结合SQL命令可以取代Recordset对象，但它远没有Recordset对象灵活、实用。

(3) Recordset对象只能实现数据表的记录操作，无法完成表和数据库的数据定义操作。数据定义操作一般需通过Command对象用SQL命令完成。

ADO是采用面向对象方法设计的，ADO各个对象的定义都被集中在ADO类库中。在VBA中要使用ADO对象，首先要引用ADO类库。图9-4显示了"引用"对话框(通过在VBA编辑器窗口中选择"工具"→"引用"打开)，选定了ADO类库(Microsoft ActiveX Data Objects 6.1 Library)。不同计算机安装的ADO类库的具体版本可能会有所不同，设置时应根据实际环境提供的版本选择相应的ADO类库。

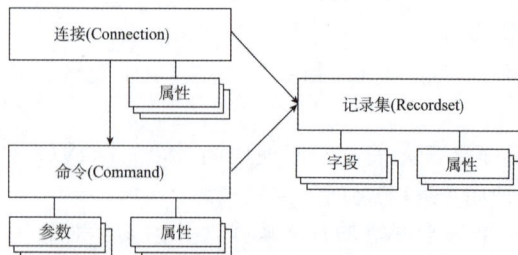

图 9-3　ADO 对象模型

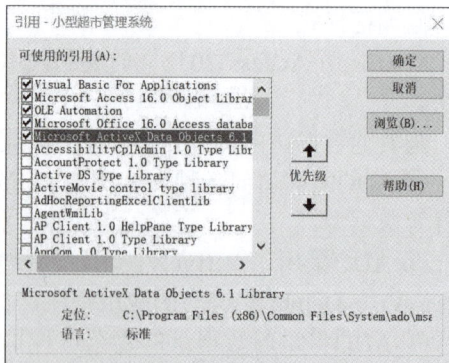

图 9-4　引用 ADO 类库

注意：在本章的代码示例中，所有 ADO 对象变量都作为 ADODB 对象类型进行引用，以避免 Access 对于 VBA 语句引用的对象类型可能产生的任何不明确之处。

9.2.1　Connection 对象

顾名思义，Connection(连接)对象用于建立应用程序与指定数据源的连接。在执行任何数据操作之前，都必须先与数据源建立连接。

使用Connection对象实现与指定数据源连接的基本步骤如下。

(1) 创建Connection对象。

语句语法：

```
Do
    循环体
Loop While 条件
```

举例：

```
Dim conn As ADODB.Connection
Set conn = New ADODB.Connection
```

在第一个语句中，使用ADODB.Connection对象类型声明了一个对象变量(conn)，这意味着VBA会将conn识别为Connection，但此时conn只是一个占位符，在内存中还没有存在。第二个语句对conn对象变量进行实例化，VBA将在计算机的内存中创建一个Connection对象，将conn变量指向内存中的对象，并准备使用它。

(2) 设置Connection对象的ConnectionString属性，用以设置要连接的数据源信息。

语句语法：

```
连接对象变量.ConnectionString = "参数1=参数1值; 参数2=参数2值; …"
```

举例：

```
conn.ConnectionString = CurrentProject.Connection
```

上面例句提供的CurrentProject.Connection实际上是一个长字符串，字符串包含所需的当前数据库的所有信息，下面提供CurrentProject.Connection较为完整的信息(为使排版清晰，增加了换行符，且省略了一些路径信息)：

```
Provider=Microsoft.ACE.OLEDB.12.0;
User ID=Admin;
Data Source=C:\…\小型超市管理系统.accdb;
Mode=Share Deny None;Extended Properties="";
Jet OLEDB:System database=C:\…\Microsoft\Access\System.mdw;
Jet OLEDB:Registry Path=Software\Microsoft\…\Access Connectivity Engine;
Jet OLEDB:Database Password="";
Jet OLEDB:Engine Type=6;
Jet OLEDB:Database Locking Mode=1;
Jet OLEDB:Global Partial Bulk Ops=2;
Jet OLEDB:Global Bulk Transactions=1;
Jet OLEDB:New Database Password="";
Jet OLEDB:Create System Database=False;
Jet OLEDB:Encrypt Database=False;
```

```
Jet OLEDB:Don't Copy Locale on Compact=False;
Jet OLEDB:Compact Without Replica Repair=False;
Jet OLEDB:SFP=False;
Jet OLEDB:Support Complex Data=True;
Jet OLEDB:BypassUserInfo Validation=False
```

实际上，以上内容远远超过设置ConnectionString属性时所需设置的参数内容。如果要访问的数据库并不是当前数据库，可以修改Data Source部分，Data Source部分指向需要访问的数据库文件的路径。由于ConnectionString属性的参数设置较为灵活，建议读者多参考有关资料，本节不再一一列举。

(3) 打开Connection对象，实现应用程序与数据源的物理连接。

语句语法：

```
连接对象变量.Open ConnectionString, UserID, Password
```

举例：

```
conn.Open
```

上例中，由于之前已经设置过ConnectionString属性，而且所设置的字符串CurrentProject. Connection已经包含了UserID和Password信息，因此Open方法后的参数可以省略。

(4) 对数据源的操作结束后，关闭并释放Connection对象，从而节省系统和内存资源。

语句语法：

```
连接对象变量.Close
Set 连接对象变量= Nothing
```

举例：

```
conn.Close
Set conn = Nothing
```

第一个语句中，使用Connection对象的Close方法可以实现应用程序与数据源的物理断开，第二个语句实现将Connection对象从内存中释放。

【例9-1】创建一个子过程，实现功能：与当前数据库建立连接后，打印输出Connection对象的Provider属性，然后关闭并释放Connection对象。

实现代码如下：

```
Public Sub OpenConnection()
    Dim conn As ADODB.Connection
    Set conn = New ADODB.Connection
    conn.ConnectionString = CurrentProject.Connection
    conn.Open
    Debug.Print conn.Provider
    conn.Close
    Set conn = Nothing
End Sub
```

运行子过程OpenConnection，在立即窗口中打印输出Microsoft.ACE.OLEDB.12.0。

9.2.2　Recordset 对象

Recordset(记录集)用于存储来自数据库中基本表命令或命令执行结果的记录全集。Recordset是一个对象，它的数据在逻辑上由每行的记录和每列的字段组成。Recordset具有特定的属性和方法，利用这些属性和方法可以在应用程序中完成对数据源的几乎所有操作。

使用Recordset对象实现获取数据或修改数据源的基本步骤如下。

(1) 创建Recordset对象。

语句语法：

```
Dim 记录集对象变量 As ADODB.Recordset
Set 记录集对象变量= New ADODB.Recordset
```

举例：

```
Dim rs As ADODB.Recordset
Set rs = New ADODB.Recordset
```

在第一个语句中，使用ADODB.Recordset对象类型声明了一个对象变量rs，这意味着VBA会将rs识别为Recordset，但此时rs只是一个占位符，在内存中还没有存在。第二个语句对rs对象变量进行实例化，VBA将在计算机的内存中创建一个Recordset对象(后面的步骤中提及的"记录集"均是指这个已经实例化的Recordset对象)，将rs变量指向内存中的对象，并准备使用它。

(2) 从数据源获取数据填充Recordset对象。

可以通过Recordset对象的Open方法来获取指定数据源的数据，并把数据填充到Recordset对象(记录集)中。

语句语法：

```
记录集对象变量.Open Source, ActiveConnection, CursorType, LockType
```

举例：

```
rs.Open "Select * From 商品 Where 类别='饮品'", CurrentProject.Connection, 2, 2
```

Open方法的四个参数说明如下。

① Source：代表数据源，可以是有效的Connection对象变量、SQL语句或数据库表名等。

② ActiveConnection：可以是有效的Connection对象变量，或包含ConnectionString参数的连接字符串。

③ CursorType：用以确定打开Recordset对象时应使用的游标类型。如果取值为2，代表游标可以在记录集中向前或向后移动，且允许查看其他用户所做的添加、更新或删除记录。

④ LockType：用以确定打开Recordset对象时应使用的锁定类型，如果取值为2，代表编辑记录时立即锁定数据源的记录。

上例中，第一个参数Source赋值字符串"Select * From 商品 Where 类别='饮品'"，是SQL语句，代表从数据库的"商品"表中筛选出类别是饮品的记录("*"号代表获取所有字段)，把筛选出的这些记录数据填充到记录集中。第二个参数ActiveConnection赋值CurrentProject. Connection，代表与当前数据库建立连接。如图9-5所示，记录集(Recordset对象)的数据在逻辑上如同一张表，由行(记录)和列(字段)组成，数据均来自指定数据库的指定表中。

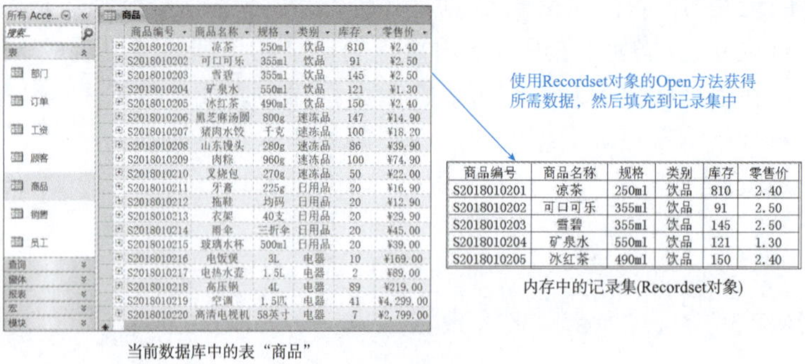

图 9-5　记录集的逻辑数据示例

(3) 对记录集的操作结束后，关闭并释放Recordset对象，从而节省系统和内存资源。

语句语法：

```
记录集对象变量.Close
Set 记录集对象变量= Nothing
```

举例：

```
rs.Close
Set rs= Nothing
```

第一个语句中，使用Recordset对象的Close方法可以关闭一个已经打开的Recordset对象，第二个语句实现将Recordset对象从内存中释放。

【例9-2】创建一个子过程，利用Recordset对象获取来自当前数据库(即"小型超市管理系统.accdb")中"商品"表的类别是饮品的记录。

实现方法有以下两种。

方法一：利用Connection对象与指定数据库建立连接，再利用Recordset对象获取数据。

```
Public Sub OpenRecordset1 ()
    Dim conn As ADODB.Connection
    Dim rs As ADODB.Recordset
    Set conn = New ADODB.Connection
    Set rs = New ADODB.Recordset
    conn.ConnectionString = CurrentProject.Connection
    conn.Open
    rs.Open "Select * From 商品 Where 类别='饮品'", conn, 2, 2
    '……此处一般是操作记录集代码，先省略
    rs.Close
    Set rs = Nothing
    conn.Close
    Set conn = Nothing
End Sub
```

方法二：直接使用Recordset对象与数据库建立连接，然后获取数据。

```
Public Sub OpenRecordset2()
    Dim rs As ADODB.Recordset
    Set rs = New ADODB.Recordset
    rs.Open "Select * From 商品 Where 类别='饮品'", CurrentProject.Connection, 2, 2
    '……此处一般是操作记录集代码，先省略
    rs.Close
    Set rs = Nothing
End Sub
```

在数据库应用程序开发过程中，开发人员可充分利用Recordset对象的属性和方法来实现对记录集的数据操作，从而实现从数据库获取数据或更新数据库中的数据。表9-1罗列了Recordset对象常用的属性和方法。

表9-1　Recordset对象常用属性和方法

操作	语法	说明
引用记录集的字段	记录集对象变量.Fields(字段名).Value 可简化为：记录集对象变量(字段名)	引用记录集中当前记录的某一个字段数据
记录集的记录定位 (记录定位：代表记录指针所在位置)	记录集对象变量.Move±N	记录指针相对移动N条记录
	记录集对象变量.MoveFirst	记录指针移到第一条记录
	记录集对象变量.MoveLast	记录指针移到最后一条记录
	记录集对象变量.MoveNext	记录指针移到当前记录的下一条记录
	记录集对象变量.MovePrevious	记录指针移到当前记录的上一条记录
检测记录集的开头或结尾	记录集对象变量.BOF	记录指针在第一条记录之前，BOF属性值为True，意味着记录指针超出记录集的开头
	记录集对象变量.EOF	记录指针在最后一条记录之后，EOF属性值为True，意味着记录指针超出记录集的结尾
获取记录集中的记录数目	记录集对象变量.RecordCount	返回记录集中记录的数目
增加或删除记录集的记录	记录集对象变量.AddNew	在记录集中添加一条新记录(新记录中字段数据为空)
	记录集对象变量.Delete	在记录集中删除当前记录
更新数据库的数据	记录集对象变量.Update	把记录集中当前记录的更新内容保存到数据库中

下面通过具体的例子来学习如何使用Recordset对象的属性和方法来实现对记录集的数据操作。

【例9-3】创建一个子过程，功能是往当前数据库"小型超市管理系统.accdb"中的"商品"表增加一条新记录，新增记录指定字段内容依次是：商品编号，S2018010230；商品名称，手机；零售价，2500。添加成功与否都要做出提示。

实现代码如下：

```
Public Sub NewRecord()
    Dim rs As ADODB.Recordset
    Dim strSQL As String
    Set rs = New ADODB.Recordset
    strSQL = "Select * From 商品 Where 商品编号='S2018010230'"
    rs.Open strSQL, CurrentProject.Connection, 2, 2
    If rs.EOF Then
        rs.AddNew
        rs("商品编号") = "S2018010230"
        rs("商品名称") = "手机"
        rs("零售价") = 2500
        rs.Update
        MsgBox "商品信息成功添加到商品表中！"
    Else
        MsgBox "商品编号S2018010230已经在商品表中存在，无法添加进去！"
    End If
    rs.Close
    Set rs = Nothing
End Sub
```

上面代码的流程如图9-6所示。在往"商品"表中添加新记录时，需要确保新记录的数据与表中主键字段（"商品"表中的主键是"商品编号"）的数据不会重复，因此利用Recordset对象的EOF属性可以判断记录集中是否存在商品编号与新记录中一样的记录。只有不存在一样的商品编号记录，才可以添加到记录集，然后更新到数据库中。

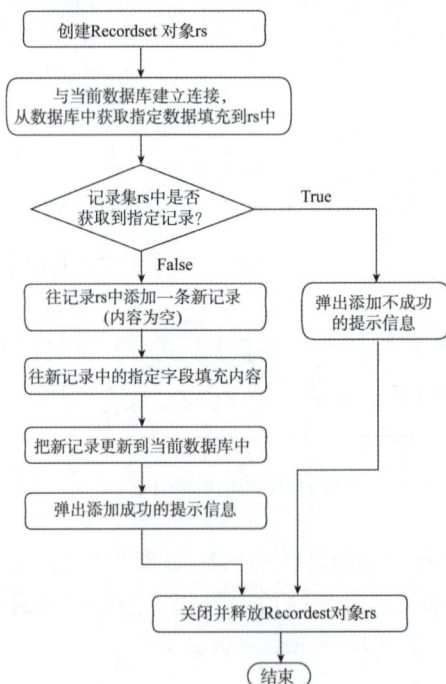

图 9-6　NewRecord 子过程的流程

【例9-4】创建一个子过程，功能是统计当前数据库"小型超市管理系统.accdb"的"商品"表中，类别是饮品的商品有几种，在消息框中显示数目。

实现代码如下：

```
Public Sub CountRecord()
    Dim rs As ADODB.Recordset
    Dim strSQL As String
    Dim number As Integer
    Set rs = New ADODB.Recordset
    strSQL = "Select * From 商品 Where 类别='饮品'"
    rs.Open strSQL, CurrentProject.Connection, 2, 2
    number = 0
    Do While Not rs.EOF
        number = number + 1
        rs.MoveNext
    Loop
    rs.Close
    Set rs = Nothing
    MsgBox "饮品类商品共有" & number & "种"
End Sub
```

上面代码的流程如图9-7所示。Recordset对象的MoveNext方法可以使得记录指针逐条往下移动，直到EOF属性为True才退出While循环。在整个While循环期间，从上到下遍历了一遍记录集中的记录。

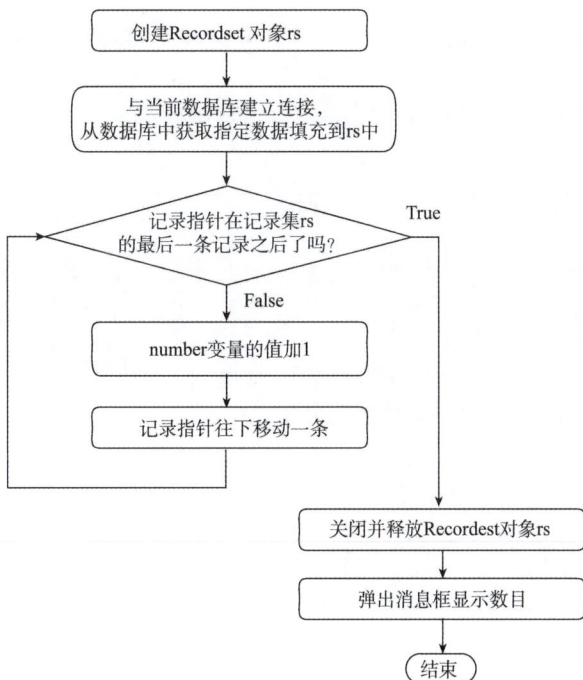

图 9-7　CountRecord 子过程的流程

9.2.3　Command 对象

Command(命令)对象用以针对Connection对象打开的数据源执行命令，即通过传递指定的SQL命令来操作数据库，如建立数据表、删除数据表和修改表结构等；也可以将执行Command对象得到的输出结果直接返回给Recordset对象，然后再使用Recordset对象来执行增加、删除或编辑记录等操作。

使用Command对象对数据源执行命令的基本步骤如下。

(1) 创建Command对象。

语句语法：

```
Dim 命令对象变量 As ADODB.Command
Set 命令对象变量= New ADODB.Command
```

举例：

```
Dim comm As ADODB.Command
Set comm= New ADODB.Command
```

(2) 创建好Command对象后，可以利用该对象的属性和方法对指定的数据源提出命令请求。Command对象常用的属性和方法有以下内容。

① 属性ActiveConnection：设置属性ActiveConnection可以将已经打开的数据源连接与Connection对象关联。

② 属性CommandText：用以表示Command对象要对数据源执行的命令，通常设置为SQL语句、数据表或存储过程的调用等。

③ 方法Execute：用以执行一个由属性CommandText指定的查询、SQL语句或存储过程。

(3) 对Command对象的操作结束后，释放Command对象。

语句语法：

```
Set 命令对象变量= Nothing
```

举例：

```
Set comm= Nothing
```

【例9-5】创建一个子过程，功能是将当前数据库"小型超市管理系统.accdb"的"商品"表中，名称是"凉茶"的商品库存改为800。

实现代码如下：

```
Public Sub UseCommand()
    Dim conn As ADODB.Connection
    Dim comm As ADODB.Command
    Set conn = New ADODB.Connection
    Set comm = New ADODB.Command
    conn.Open CurrentProject.Connection
    comm.ActiveConnection = conn
    comm.CommandText = "Update 商品 Set 库存=800 Where 商品名称='凉茶'"
```

```
        comm.Execute
        MsgBox "已修改成功!", , "提示"
        conn.Close
        Set conn = Nothing
        Set comm = Nothing
    End Sub
```

9.3 ADO 编程实例

【例9-6】在数据库"小型超市管理系统.accdb"中,有一个窗体名为"根据商品编号查看信息",窗体视图如图9-8所示。组合框Combo1已经绑定了商品表的"商品编号"字段。要求在组合框Combo1中选择某个商品编号时,把所选择的商品编号对应的其他商品信息显示到窗体里各个对应的文本框中。

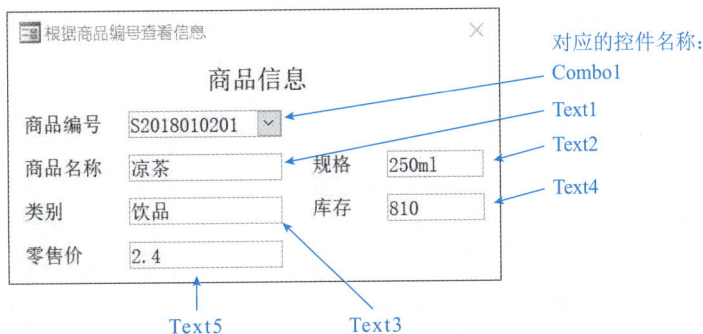

图 9-8 "根据商品编号查看信息"窗体

对组合框Combo1的更改事件(Change事件)编写代码如下:

```
Private Sub Combo1_Change()
    Dim rs As ADODB.Recordset
    Dim strSQL As String
    Set rs = New ADODB.Recordset
    strSQL = "Select * From 商品 Where 商品编号='" & Combo1.Value & "'"
    rs.Open strSQL, CurrentProject.Connection, 2, 2
    If Not rs.EOF Then
        Text1 = rs("商品名称")
        Text2 = rs("规格")
        Text3 = rs("类别")
        Text4 = rs("库存")
        Text5 = rs("零售价")
    End If
    rs.Close
```

```
        Set rs = Nothing
    End Sub
```

【例9-7】在数据库"小型超市管理系统.accdb"中，有一个窗体名为"添加新的商品信息"，窗体视图如图9-9所示。要求在单击按钮Command1时，把窗体的各文本框中输入的商品信息添加到数据库的"商品"表中。

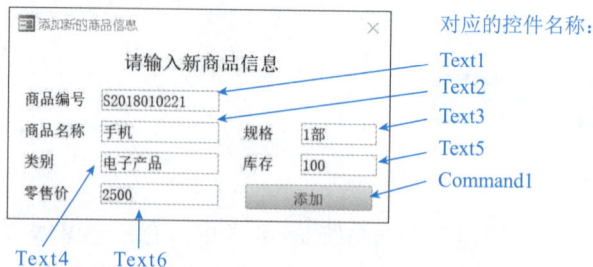

图 9-9　"添加新的商品信息"窗体

对按钮Command1的单击事件(Click事件)编写代码如下：

```
Private Sub Command1_Click()
    Dim rs As ADODB.Recordset
    Dim strSQL As String
    Set rs = New ADODB.Recordset
    strSQL = "Select * From 商品 Where 商品编号='" & Text1.Value & "'"
    rs.Open strSQL, CurrentProject.Connection, 2, 2
    If rs.EOF Then
        rs.AddNew
        rs("商品编号") = Text1
        rs("商品名称") = Text2
        rs("规格") = Text3
        rs("类别") = Text4
        rs("库存") = Text5
        rs("零售价") = Text6
        rs.Update
        MsgBox "添加成功！"
    Else
        MsgBox "您输入的商品编号在表中已经存在，无法添加！"
    End If
    rs.Close
    Set rs = Nothing
End Sub
```

【例9-8】在数据库"小型超市管理系统.accdb"中，有一个窗体名为"根据商品类别统计价格"，窗体视图如图9-10所示。要求在单击按钮Command1时，根据文本框Text1中输入的类别，计算出该类别商品的最高价格、最低价格和平均价格，并显示在窗体的对应文本框中。

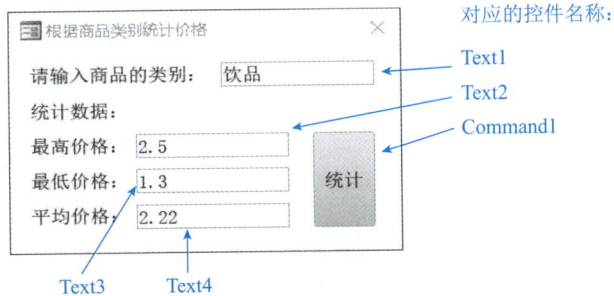

图 9-10 "根据商品类别统计价格"窗体

对按钮Command1的单击事件(Click事件)编写代码如下：

```
Private Sub Command1_Click()
    Dim rs As ADODB.Recordset
    Dim strSQL As String
    Set rs = New ADODB.Recordset
    strSQL = "Select Max(零售价) As 最高价, Min(零售价) As 最低价, Avg(零售价) As 平均价 From
商品 Where 类别='" & Text1.Value & "'"
    rs.Open strSQL, CurrentProject.Connection, 2, 2
    If Not rs.EOF Then
        Text2 = rs("最高价格")
        Text3 = rs("最低价格")
        Text4 = rs("平均价格")
    End If
    rs.Close
    Set rs = Nothing
End Sub
```

【例9-9】在数据库"小型超市管理系统.accdb"中，有一个窗体名为"根据商品库存查找商品名"，窗体视图如图9-11所示。要求在单击按钮Command1时，根据文本框Text1中输入的库存数，查找出商品表中库存低于该值的所有商品名称，并显示在窗体的列表框List1中。

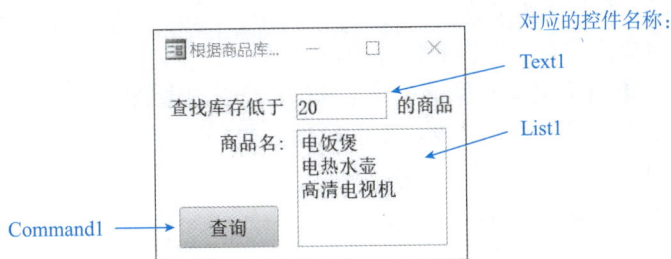

图 9-11 "根据商品库存查找商品名"窗体

对按钮Command1的单击事件(Click事件)编写代码如下：

```
Private Sub Command1_Click()
    Dim rs As ADODB.Recordset
    Dim strSQL As String
```

```
        Set rs = New ADODB.Recordset
        strSQL = "Select 商品名称,库存 From 商品"
        rs.Open strSQL, CurrentProject.Connection, 2, 2
        List1.RowSource = ""
        Do While Not rs.EOF
            If rs("库存") < Val(Text1.Value) Then
                List1.AddItem (rs("商品名称"))
            End If
            rs.MoveNext
        Loop
        rs.Close
        Set rs = Nothing
    End Sub
```

9.4 思考与练习

9.4.1 思考题

1. ADO的全称是什么？
2. ADO的3个核心对象是什么？简述这3个对象的功能。
3. 简述VBA使用ADO访问数据库的一般步骤。

9.4.2 选择题

1. VBA主要提供了ODBC API、DAO和(　　)3种数据库访问接口。
   A. ADO　　　　　　　　B. AOD　　　　　　　　C. API　　　　　　　　D. ODA
2. 以下关于ADO对象的叙述中，错误的是(　　)。
   A. Connection对象用于连接数据源
   B. Recordset对象用于存储取自数据源的记录集
   C. Command对象用于定义并执行对数据源的操作：如增加、删除、更新、筛选记录
   D. 用Recordset对象只能查询数据，不能删除数据
3. 声明rs为记录集变量的语句是(　　)。
   A. Dim rs As ADODB.Recordset
   B. Dim rs As ADODB.Connection
   C. Dim rs As ADODB.Command
   D. Dim rs As ADODB
4. Recordset对象的EOF属性值为True，表示(　　)。
   A. 记录指针在首条记录之前
   B. 记录指针在首条记录

C. 记录指针在末条记录之后

D. 记录指针在末条记录

5. 若将Recordset对象rs中当前记录更新后存入数据表中，可使用的命令是(　　)。

  A. rs.Insert   B. rs.Update

  C. rs.AddNew   D. rs.Append

6. 在Access中，若要将当前窗体的Text1文本框内容更新到记录集对象rs当前记录的"商品名称"字段中，然后更新到对应数据表中，下列命令组正确的是(　　)。

  A. rs("商品名称")= Me.Text1   B. Me.Text1= rs("商品名称")

    rs.Update   rs.Update

  C. rs.Update   D. rs.Update

    rs("商品名称")= Me.Text1   Me.Text1= rs("商品名称")

第 10 章

数据库安全

数据库中存储了大量有价值的数据，在日常使用中经常会面临非授权用户的非法操作、病毒侵扰和数据泄露等安全风险，保护数据和提高数据安全性十分重要。通过 Access 提供的安全工具，用户可以对 Access 数据库进行安全管理和保护。本章将以前面章节创建的"小型超市管理系统"为基础，介绍数据库的加密和解密方法、信任位置的设置，以及数据库的打包、签名和分发。

学习目标

- 了解数据库安全的概念、面临的威胁、标准、层次和技术
- 熟悉设置和撤销 Access 数据库密码的方法
- 熟悉设置 Access 数据库信任位置的方法
- 了解创建数字签名、创建签名包和提取签名包的流程

知识结构

本章知识结构如图10-1所示。

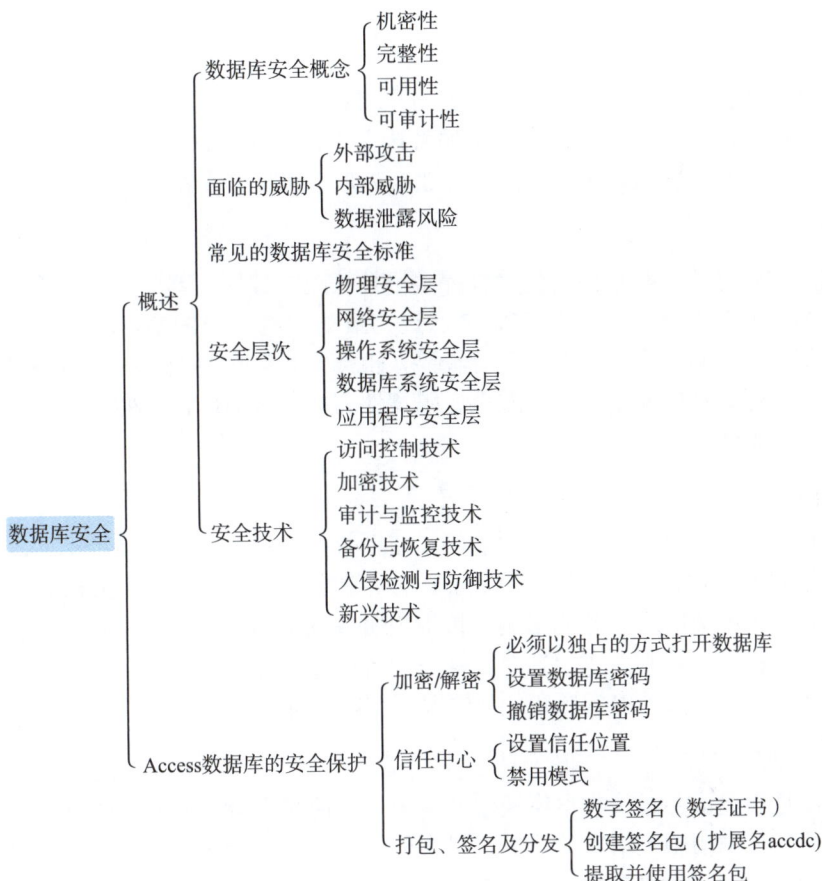

```
                        ┌─ 机密性
           数据库安全概念 ┤ 完整性
                        │ 可用性
                        └─ 可审计性
                        ┌─ 外部攻击
           面临的威胁    ┤ 内部威胁
                        └─ 数据泄露风险
           常见的数据库安全标准
                        ┌─ 物理安全层
                        │ 网络安全层
   概述     安全层次    ┤ 操作系统安全层
                        │ 数据库系统安全层
                        └─ 应用程序安全层
                        ┌─ 访问控制技术
                        │ 加密技术
数据库安全               │ 审计与监控技术
           安全技术     ┤ 备份与恢复技术
                        │ 入侵检测与防御技术
                        └─ 新兴技术
                                    ┌─ 必须以独占的方式打开数据库
                        加密/解密    ┤ 设置数据库密码
                                    └─ 撤销数据库密码
           Access数据库  信任中心    ┌─ 设置信任位置
           的安全保护               └─ 禁用模式
                                    ┌─ 数字签名（数字证书）
                        打包、签名及分发 ┤ 创建签名包（扩展名accdc）
                                    └─ 提取并使用签名包
```

图 10-1　本章知识结构图

10.1 数据库安全概述

　　数据库安全是保护数据库信息资产不受侵犯和污染的重要领域。随着信息技术的快速发展和数据规模的爆炸式增长，数据库安全问题日益凸显，已经成为数据管理和安全保护工作中的核心内容。

10.1.1　数据库安全概念

　　数据库安全是指通过一系列技术手段和管理措施，保护数据库中的数据免受未经授权的访问、泄露、篡改或破坏，确保其机密性、完整性、可用性和可审计性。这一概念涵盖了物理安全、逻辑安全和管理安全等多个层面，旨在保障数据库在存储、传输和处理过程中的安全性。

1. 机密性

机密性是指保护敏感数据不被未授权的用户或系统获取，其实现方法包括通过身份验证和权限管理限制对敏感数据的访问，利用加密技术在数据存储和传输过程中防止数据被窃取或截获，以及通过数据脱敏对敏感信息进行遮蔽处理以确保其在特定场景下的安全性。

2. 完整性

完整性是指确保数据在存储和传输过程中不被篡改或破坏，其实现依赖于数字签名、哈希校验和事务管理等技术手段。数字签名通过为数据生成唯一的签名，验证数据是否被修改；哈希校验则利用哈希算法对数据进行校验，检测是否存在篡改行为；事务管理通过数据库事务机制，确保数据的原子性、一致性、隔离性和持久性(ACID特性)，从而保证数据在各种操作下保持完整性。

3. 可用性

可用性是指确保授权用户能够随时访问和使用数据库资源。为保障可用性，需通过高可用架构、抗拒绝服务攻击(DoS)措施及备份与恢复策略来实现。高可用架构通过冗余设计和容错机制，减少系统故障对业务的影响；抗拒绝服务攻击通过流量监控和防护手段，抵御恶意攻击行为；备份与恢复则要求定期对数据进行备份，并建立快速恢复机制，以应对数据丢失或灾难性事件，确保数据库资源在任何情况下都能保持高可用性。

4. 可审计性

可审计性是指记录并跟踪数据库操作的历史，以便在安全事件发生时进行溯源和分析。实现可审计性的关键措施包括审计日志、日志分析工具和安全策略评估。审计日志通过记录所有访问和操作行为，确保事件可以追溯；日志分析工具利用智能分析技术，快速发现异常行为或潜在威胁；安全策略评估则通过定期审查和更新安全策略，确保其有效性和适应性，从而为数据库的安全性提供强有力的支持。

10.1.2　数据库安全面临的威胁

数据库安全面临的威胁主要包括外部攻击和内部威胁，以及数据泄露风险等多方面。

1. 外部攻击

外部攻击者是数据库安全的主要威胁来源之一，他们通过各种手段试图入侵数据库系统，常见的攻击方式包括SQL注入攻击、缓冲区溢出攻击和暴力破解攻击。SQL注入攻击是指攻击者在输入框中输入恶意SQL代码，导致应用程序将这些输入作为SQL语句的一部分执行，从而绕过身份验证、篡改数据或获取敏感信息；缓冲区溢出攻击则是指攻击者向数据库服务器发送超出其缓冲区大小的数据，导致缓冲区溢出，进而可能控制服务器的执行流程，执行恶意代码，获取数据库的控制权；暴力破解攻击则是指攻击者利用自动化工具，尝试大量的用户名和密码组合，试图破解数据库的登录凭证，这种攻击方式对使用弱密码的数据库账户特别有效。

2. 内部威胁

内部人员同样可能对数据库安全构成威胁，主要包括恶意员工和误操作引发的风险。恶意员工出于个人利益或不满情绪，可能故意篡改、删除或泄露数据库中的数据；误操作则是内部人员由于缺乏足够的培训或疏忽大意，在日常操作过程中可能错误地删除重要数据、更改数据库配置等，从而导致数据丢失或系统故障。

3. 数据泄露风险

数据在存储、传输和使用过程中均存在泄露风险。存储泄露发生在数据库存储介质(如硬盘、磁带等)被盗或遗失且数据未加密处理时，导致攻击者可以直接获取数据；此外，数据库文件还可能被恶意软件感染，导致数据被非法复制和传播。传输泄露则发生在数据库与应用程序、客户端之间进行数据传输时，如果未采用加密协议，数据可能被中间人攻击者截获，例如，若使用明文传输用户登录信息，攻击者可以轻松获取用户名和密码。使用泄露发生在应用程序使用数据库数据时，若存在安全漏洞，可能导致数据泄露，例如，某些应用程序未对敏感信息进行脱敏处理，导致用户能够看到其他用户的隐私数据。

拓展阅读10-1
近十年严重数据安全事件

10.1.3　常见的数据库安全标准

在数据库安全领域，存在多种国际和国家标准。1991年，美国国家计算机安全中心(NCSC)颁布了《可信计算机系统评估标准关于可信数据库系统的解释》，该标准对数据库系统的可信度进行了定义。1996年，国际标准化组织(ISO)发布了《信息技术安全技术——信息技术安全性评估准则》(Information Technology Security Techniques — Evaluation Criteria For IT Security)，为信息技术系统的安全性评估提供了指导。目前，国际上广泛采用的是美国的TCSEC(又称TDI，Trusted Database Interpretation)标准，该标准将数据库安全划分为4个等级，由低到高依次为D、C、B、A。TCSEC标准的等级划分依赖于数据库系统对机密性、完整性、访问控制等方面的保护能力。等级D表示最低安全性，系统几乎没有任何安全保障；等级C为基础保护，要求具备最基本的安全机制；等级B则要求较强的安全保障，包括强制访问控制等；等级A则代表最高的安全级别，要求系统具备全面且严格的安全措施，能够防止高级别的攻击。随着信息技术的发展，数据库安全标准也在不断演进。ISO/IEC 27001、PCI DSS、GDPR等国际标准也成为现代数据库安全管理的主要参考标准。

在中国，数据库安全标准也在逐步完善和发展。2008年发布的《信息安全技术 信息系统安全等级保护基本要求》(GB/T 22239—2008)是国内较为重要的数据库安全标准之一，明确了数据库安全的基本要求，包括访问控制、审计、加密、备份与恢复等方面(该标准现已被新版标准替代)。2019年发布的《信息安全技术 网络安全等级保护基本要求》(GB/T 22239—2019)对数据库系统的安全保护提出了更高的要求，尤其强调了数据的机密性、完整性和可用性，适用于不同等级的安全防护需求。此外，针对金融、医疗等行业的数据库安全，中国还制定了特定的行业标准，如《银行保险机构数据安全管理办法》和《医疗卫生

拓展阅读10-2
我国第一部网络安全法

机构网络安全管理办法》，这些标准为行业数据库安全提供了具体的规范和指南。

10.1.4　数据库的安全层次

数据库安全层次是指为保护数据库中的数据免受未经授权访问、篡改、泄露等风险而采取的一系列安全措施和机制。这些措施和机制按照其作用范围和深度，可以划分为以下几个层次。

1. 物理安全层

物理安全层是数据库安全的基础，主要关注数据库服务器、存储设备及相关网络设备的物理保护，包括防止设备被盗、损坏或非法访问，以及确保数据中心的环境安全(如温度、湿度、防火、防雷等)。物理安全措施可能包括门禁系统、监控摄像头和UPS(不间断电源)等。

2. 网络安全层

网络安全层负责保护数据库免受网络攻击。安全措施包括使用防火墙、入侵检测系统(IDS)、入侵防御系统(IPS)等技术来监控和过滤网络流量，防止恶意软件、病毒、黑客攻击等威胁。此外，通过加密技术保护数据传输过程中的安全，如使用SSL/TLS协议进行加密通信，也是网络安全层的重要组成部分。

3. 操作系统安全层

操作系统安全层是指保护数据库服务器操作系统免受攻击的措施，如系统漏洞、恶意软件等。安全措施包括：定期更新操作系统和应用程序，修补已知的安全漏洞；严格管理用户权限，遵循最小权限原则，确保用户只能访问其工作所需的资源；配置操作系统安全策略，禁用不必要的服务和端口，减少攻击面；安装和更新防病毒软件，定期扫描系统，防止恶意软件感染。

4. 数据库系统安全层

数据库系统安全层是指保护数据库管理系统(DBMS)免受攻击的措施，如SQL注入、数据篡改等。安全措施包括：实施严格的访问控制策略，使用强密码和多因素认证，确保只有授权用户可以访问数据库；对敏感数据进行加密存储，使用加密算法保护数据的保密性和完整性；启用审计日志，记录所有数据库操作，以便在发生安全事件时进行追溯和分析；使用参数化查询和预编译语句，防止SQL注入攻击；制定完善的备份计划，确保在发生灾难时能够快速恢复数据。

5. 应用程序安全层

应用程序安全层是指保护与数据库交互的应用程序免受攻击的措施，如输入验证、业务逻辑漏洞等。安全措施包括：对用户输入进行严格验证，防止恶意输入导致的安全问题，如SQL注入、跨站脚本(XSS)等；遵循安全编码标准，避免常见的安全漏洞，如缓冲区溢出、命令注入等；在应用程序层面实施访问控制，确保用户只能访问其授权的功能和数据；定期进行安全测试，包括静态代码分析和动态渗透测试，以发现和修复潜在的安全漏洞。

10.1.5　数据库安全技术

数据库安全技术是一个综合性的领域，涵盖了从访问控制到入侵检测等多个方面。有效的数据库安全管理结合了先进的技术手段与健全的管理制度，以应对日益复杂的网络安全挑战。

1. 访问控制技术

访问控制技术是确保只有授权用户可以访问数据库资源的关键手段。首先，用户认证通过多种方式确认用户身份，包括用户名和密码、双因素或多因素认证(如短信验证码、硬件令牌)、生物特征识别等。此外，单点登录(SSO)技术允许用户使用一组凭证访问多个系统或服务，不仅简化了用户体验，还增强了安全性。

授权管理是访问控制的另一重要方面，它主要依赖于基于角色的访问控制(RBAC)和细粒度访问控制两种机制。RBAC根据用户的职责分配角色，并赋予每个角色相应的权限，确保遵循最小权限原则，即用户仅拥有完成工作所需的最低限度权限。细粒度访问控制则进一步细化到数据表、行、列甚至字段级别的操作权限，限制用户只能访问和操作他们真正需要的数据，从而大大降低了敏感信息泄露的风险。

会话管理也是访问控制的重要组成部分。实施严格的会话超时策略可以防止长时间无人使用的会话被恶意利用。同时，采用安全的会话标识符生成算法，可以有效避免会话劫持攻击，确保用户会话的安全性。

2. 加密技术

数据库加密技术是保护数据免受未授权访问的重要手段。传输层加密通过使用SSL/TLS协议对客户端与服务器之间的通信进行加密，确保数据在传输过程中的机密性，防止数据在传输过程中被窃取或篡改。

静态数据加密则专注于保护存储在磁盘上的敏感信息，通过对数据文件进行加密，即使物理介质被盗取，攻击者也无法直接读取其中的内容，从而确保数据的安全性和隐私性。此外，透明数据加密(TDE)可以在不影响应用程序的情况下自动加密整个数据库文件，无须修改现有应用逻辑，提供了一种无缝且高效的数据保护方法。

对于需要高度保护的个人身份信息(PII)或其他敏感数据，列级加密提供了更为精细的控制。它针对特定的数据列实施加密，确保只有授权用户能够访问这些关键信息，进一步提升了数据的安全防护水平。

3. 审计与监控技术

为确保数据库活动的透明度和可追溯性，启用详尽的审计日志记录所有关键操作至关重要，这为事后分析和追踪异常行为提供了有力支持。同时，实时监控作为另一项关键安全措施，利用内置或第三方工具持续监控数据库性能及安全事件，能够及时发现潜在威胁。此外，设置基于规则的告警机制能进一步增强安全性，一旦系统检测到可疑活动或安全策略违规，告警系统会立刻通知管理员，以便迅速响应并防止安全事件扩散。

4. 备份与恢复技术

备份与恢复技术是确保数据库数据安全和业务连续性的关键措施。制定合理的备份计划，结合全量备份和增量备份策略，可以在确保所有数据随时可恢复的同时提高备份效率，并减少存储空间占用。异地备份作为防范区域性灾难的重要手段，将备份副本存放在远离主数据中心的位置，可以有效抵御自然灾害、火灾等本地突发事件的影响。此外，完善的灾难恢复计划是备份技术的必要延伸，包括详细的演练流程和技术支持措施，确保在发生重大事故时能够迅速恢复正常运营，最大限度地减少停机时间和数据损失。

5. 入侵检测与防御技术

入侵检测与防御技术是确保数据库安全的重要防线。部署网络型或主机型入侵检测系统(IDS)，可以实时监测数据库流量和系统行为，及时识别并阻止潜在的入侵尝试。在数据库前端设置防火墙，能够有效过滤不必要的网络连接请求，仅允许合法的应用程序和服务访问数据库，从而增强访问控制。此外，定期检查并安装最新的安全补丁，修补已知漏洞，是减少被攻击风险的关键措施，确保系统的安全性始终保持在最佳状态。

6. 新兴技术

新兴技术正逐步改变数据库安全的格局，其中人工智能与机器学习技术的应用尤为突出，它们能够通过行为分析预测潜在的安全威胁，并自动化地调整安全策略，从而显著增强数据库的安全性。同时，区块链技术在数据完整性验证方面的应用也逐渐受到关注，它通过去中心化、不可篡改和透明性特性，确保数据未被篡改，提高数据可信度。这些新兴技术的融合应用，不仅提升了数据安全防护的效率和准确性，还为解决数据隐私和安全问题提供了新的思路和方法。

10.2 Access 数据库的安全保护

Access提供了多种对数据库进行安全管理的保护措施，以确保数据库安全可靠地运行，从而帮助用户更好更安全地使用数据库资源。

10.2.1 加密 / 解密数据库

实现数据库系统安全最简单的方法就是给数据库设置访问密码，以阻止不知道密码的用户进入数据库，当密码泄露或不再需要密码时，可以重新设置或撤销密码。

1. 设置数据库密码

为了设置数据库密码，必须以独占的方式打开数据库。一个数据库同一时刻只能被一个用户打开，其他用户必须等当前用户关闭数据库后才能访问，这称为数据库独占。

【例10-1】为"小型超市管理系统"数据库设置密码。

具体步骤如下：

(1) 以独占方式打开数据库。启动 Access 软件，单击"文件"选项，选择"打开"命令，找到要设置密码的数据库文件，选择以独占方式打开该数据库文件，如图 10-2 所示。

(2) 设置密码。打开数据库文件后，单击"文件"选项，选择"信息"命令，单击"用密码进行加密"按钮，弹出"设置数据库密码"对话框，如图 10-3 所示。输入密码，单击"确定"按钮后，完成数据库加密。

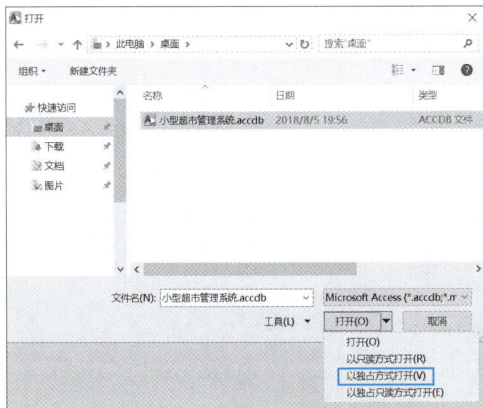

图 10-2　以独占方式打开数据库文件　　　　　图 10-3　设置数据库密码

在打开设置了密码的数据库时，系统会弹出"要求输入密码"对话框，只有输入正确的密码才能打开该数据库。

2. 撤销数据库密码

撤销数据库密码时同样需要以独占方式打开数据库。

【例10-2】撤销数据库"小型超市管理系统"的密码。

具体步骤如下：

(1) 以独占方式打开数据库文件。

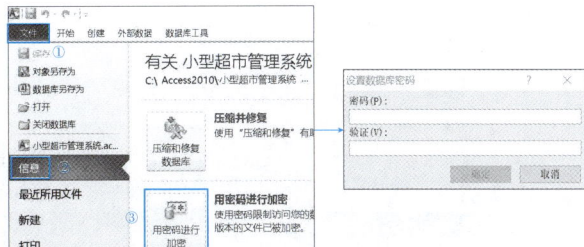

(2) 撤销密码。单击"文件"选项，选择"信息"命令，单击"解密数据库"按钮，弹出"撤销数据库密码"对话框，如图 10-4 所示。输入正确的密码，单击"确定"按钮，即可撤销密码。

图 10-4　撤销数据库密码

10.2.2　信任中心

信任中心为Access数据库的安全功能提供了一个集中设置和管理的界面。使用信任中心可以为Access创建或更改信任位置并设置安全选项，还可以评估数据库中的组件是否安全，从而决定是否可以启用或禁用。

在Access数据库中，查询、窗体、宏等对象，以及带返回值的函数、VBA代码等组件，都可以插入、删除或更改表中的数据，这给数据库中的数据带来了安全风险。为了确保数据的安全，打开数据库时，Access会将数据库的位置提交到信任中心，由信任中心来审核评估该位置是否受信任。如果信任中心确定该位置受信任，则数据库将以完整的功能运行，所有的VBA代码、宏和安全表达式都会在数据库打开时运行；如果信任中心确定该位置不受信任，则以禁用模式打开该数据库。

1. 信任位置的设置和使用

【例10-3】在桌面上创建一个文件夹，将其命名为"Access受信任位置"，把该文件夹设置为受信任的位置，并在文件夹里打开数据库"小型超市管理系统"。

具体步骤如下：

(1) 打开数据库文件"小型超市管理系统"。

(2) 进入信任中心。如图 10-5 所示，单击"文件"选项，选择"选项"命令，打开"Access 选项"对话框，选择左侧列表中的"信任中心"，单击右下方的"信任中心设置"按钮，打开"信任中心"对话框。

图 10-5　进入信任中心

(3) 设置受信任位置。如图 10-6 所示，在信任中心里选择左侧列表的"受信任位置"，单击右下方的"添加新位置"按钮，打开"Microsoft Office 受信任位置"对话框，添加新的受信任位置后，单击"确定"按钮返回；或单击"删除"/"修改"按钮编辑现有受信任位置。

(4) 将数据库文件复制或移动到"Access 受信任位置"文件夹，打开数据库时，不必再做出信任决定。

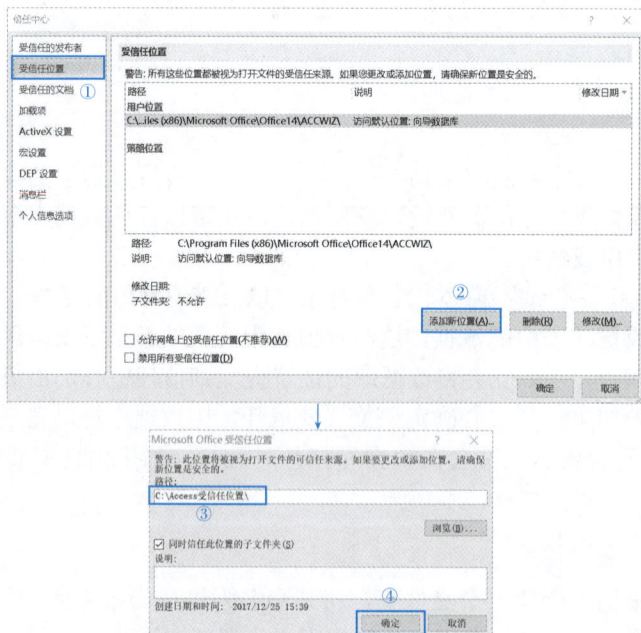

图 10-6　设置受信任位置

2. 禁用模式

如果打开的数据库没有放在受信任的位置，或者包含无效的数字签名，又或者来自不可靠的发布者，信任中心会将数据库评估为不受信任，并会以禁用模式打开该数据库。在禁用模式下打开数据库时，会出现"安全警告"消息栏，如图10-7所示。

图 10-7　禁用模式的安全警告

在禁用模式下，下列组件会被禁用：

(1) VBA代码和VBA代码中的任何引用，以及任何不安全的表达式。

(2) 所有可能允许用户修改数据库或对数据库以外的资源获得访问权限的宏操作。

(3) 用于添加、更新和删除数据的查询。

(4) 用于直接向支持开放式数据库连接(ODBC)标准的数据库服务器发送的SQL命令。

(5) 用于创建或更改数据库中对象的数据定义语言 (DDL) 查询。

(6) ActiveX控件。

单击"启用内容"按钮，Access将启用所有禁用的内容，如果该数据库包含恶意代码，则恶意代码也将被启用。恶意代码可能会损坏数据或计算机程序，Access是无法修补这些损坏的。

【例10-4】打开数据库文件"小型超市管理系统"时，启用所有宏。

具体步骤如下：

(1) 打开数据库文件"小型超市管理系统"。

(2) 进入信任中心。单击"文件"→"选项"→"信任中心"→"信任中心设置"。

(3) 启用所有宏。在信任中心界面的左侧单击"宏设置"，然后在右侧选择"启用所有宏"选项，如图 10-8 所示，单击"确定"按钮后，再次打开数据库时将启用所有的宏。

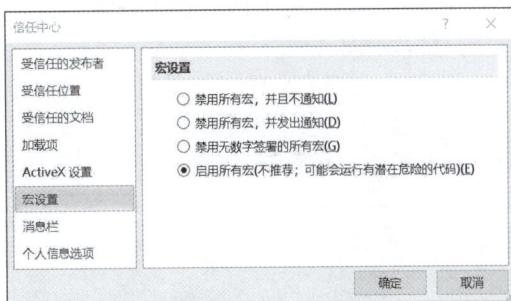

图 10-8　在信任中心启用所有宏

10.2.3　数据库的打包、签名及分发

数据库开发者将数据库文件分发给不同的计算机用户或是在局域网中使用数据库文件时，需要考虑数据库分发的安全问题。在创建数据库文件(accdb)后，使用"打包并签署"命令可以将该数据库打包，并对其应用数字签名，生成签名包(accdc)。将该签名包分发出去可以确保在传输过程中数据库文件不被篡改，接收到签名包的用户可以从该签名包中提取出数据库文件。

1. 数字签名

数字签名，又称数字证书，它的作用类似于纸质的物理签名，是由信息的发布者创建并且别人无法伪造的一段数字串，可作为信息发布者发送的信息真实性的一个有效证明。一方面，向数据库添加数字签名，表明发布者认为该数据库是安全的并且其内容是可信的，这可以帮助数据库的用户确定是否信任该数据库及其内容。另一方面，带有数字签名的数据被篡改时会被侦测到。因此，数字签名的作用是防抵赖和防篡改。

数字证书可以使用商业数字证书，也可以创建自签名的数字证书。

【例10-5】创建一个名为"小型超市管理系统"的自签名数字证书。

具体步骤如下：

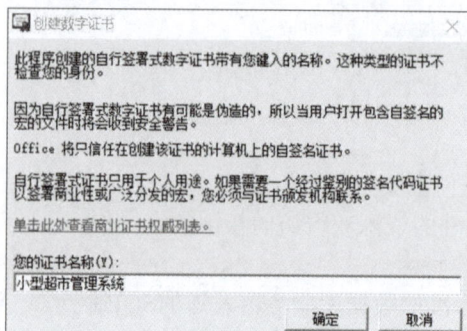

图 10-9 "创建数字证书"对话框

(1) 进入"创建数字证书"对话框。在 Microsoft Windows 系统中，单击"开始"按钮 → "所有程序" → Microsoft Office → "Microsoft Office 工具"→"VBA 工程的数字证书"，弹出"创建数字证书"对话框，如图 10-9 所示。

(2) 生成数字证书。在"您的证书名称"文本框中，输入证书的名称，单击"确定"按钮，即可生成自签名证书。

2. 创建签名包

将重要的Access数据库分发给不同用户或者在网络中共享重要的Access数据库时，为了保证数据库的安全性并向接收端传达一种信任，同时防止数据被篡改，可以对数据库进行打包签名。

【例10-6】使用上例创建的数字签名，对数据库"小型超市管理系统"进行打包签名。

具体步骤如下：

(1) 打开数据库文件"小型超市管理系统"。

(2) 使用"打包并签署"命令。在"文件"选项中选择"保存并发布"，双击"打包并签署"命令，如图 10-10 所示。

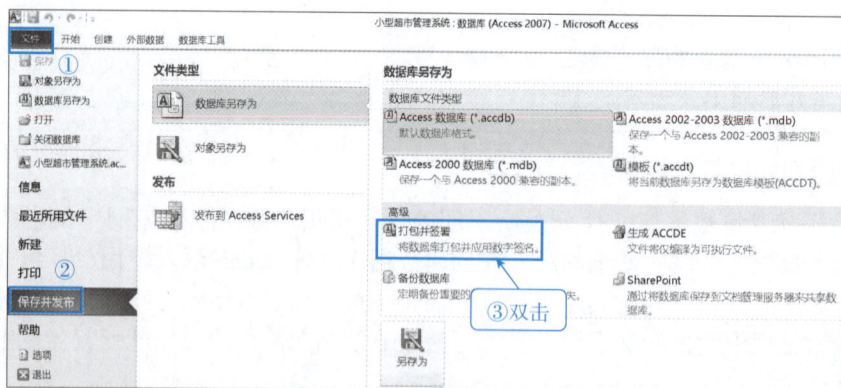

图 10-10 "保存并发布"界面

(3) 选择数字证书。在弹出的"选择证书"对话框中，选择需要的数字证书，单击"确定"按钮，如图 10-11 所示。

(4) 将签名包保存到指定位置。在弹出的"创建 Microsoft Access 签名包"对话框中，设置保存签名包的位置和文件名，然后单击"创建"按钮，将签名包保存到指定位置，签名包

的扩展名为 .accdc，如图 10-12 所示。

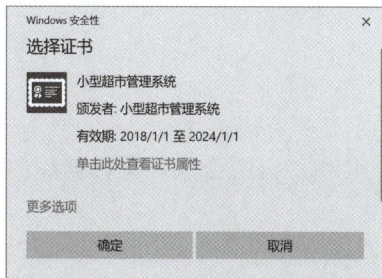

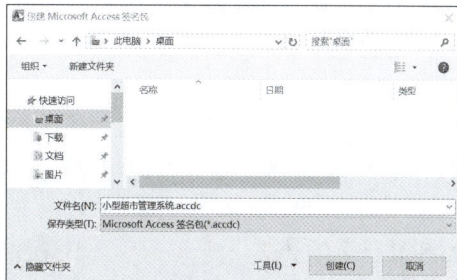

图 10-11　"选择证书"对话框　　　图 10-12　"创建 Microsoft Access 签名包"对话框

在创建签名包的过程中，会对包含整个数据库的包进行签名，而不仅仅是宏或模块。之后会对文件包进行压缩，以缩短下载时间。一个包中只能添加一个数据库。

3. 提取签名包

找到扩展名为.accdc的签名包，双击该文件，启动Access，并弹出"Microsoft Access安全声明"对话框，如图10-13所示。

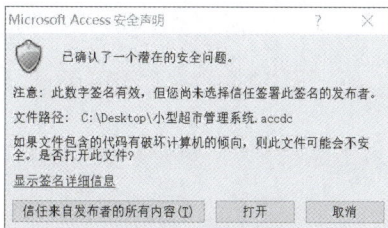

图 10-13　"Microsoft Access 安全声明"对话框

如果信任该数据库，则单击"打开"按钮，如果信任来自提供者的任何证书，则单击"信任来自发布者的所有内容"。在弹出的"将数据库提取到"对话框中，为提取的数据库选择一个位置，并输入数据库的名称，单击"确定"按钮即可将数据库文件提取到指定位置。

从签名包(扩展名.accdc)中提取出数据库文件(扩展名.accdb)后，签名包与提取出的数据库文件之间将不再有关系。

10.3 思考与练习

10.3.1 思考题

1. 数据库系统安全层的主要作用是什么？

2. 什么样的Access数据库会被信任中心评估为不受信任？

3. Access数据库的信任中心会禁用哪些组件？

4. 如何为Access数据库设置密码？

5. 如何创建数字签名？

10.3.2　选择题

1. 以下哪种攻击方式最可能通过尝试大量的用户名和密码组合来破解数据库的登录凭证？（　　）

    A. SQL注入攻击　　　　　　　B. 缓冲区溢出攻击

    C. 暴力破解攻击　　　　　　　D. 中间人攻击

2. 为数据库设置密码后，在（　　）时需要输入密码。

    A. 修改数据库的内容　　　　　B. 关闭数据库

    C. 打开数据库　　　　　　　　D. 删除数据库

3. Access 2016加解密数据库时，必须通过（　　）方式打开数据库才能完成。

    A. 直接打开　　　　　　　　　B. 只读

    C. 独占　　　　　　　　　　　D. 独占只读

4. 以下（　　）措施无法保证数据库的安全性。

    A. 备份数据库　　　　　　　　B. 压缩数据库

    C. 启用所有宏　　　　　　　　D. 设置密码

第 11 章

综合案例：大学生创新创业项目管理系统

本章以"大学生创新创业项目管理系统"为综合实践案例，旨在通过更高阶的方式将理论与实践连接起来。整个开发过程遵循数据库应用系统设计的规范流程，综合运用表、查询、SQL、窗体、报表、宏、ADO 接口和 VBA 编程技术，完整呈现了一个应用系统从设计到实现的全过程。通过这一案例，读者不仅能够掌握数据库技术与软件开发方法，提升解决实际问题的能力，还能深入理解创新创业项目的管理需求，加深对创新创业的理解，为未来职业生涯的创新创业之路奠定基础。

⬇ 学习目标

- 了解大学生创新创业训练项目相关信息
- 掌握数据库应用系统的开发步骤

⊙ 知识结构

本章知识结构如图11-1所示。

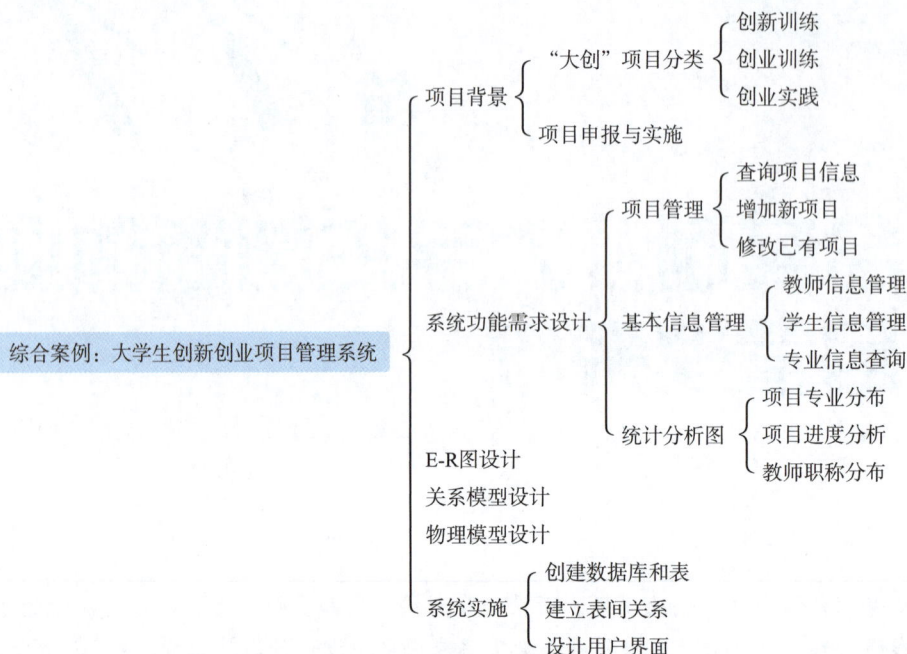

```
                                                           ┌ 创新训练
                                           ┌ "大创"项目分类 ┤ 创业训练
                                  项目背景 ┤                └ 创业实践
                                           └ 项目申报与实施
                                                           ┌ 查询项目信息
                                           ┌ 项目管理      ┤ 增加新项目
                                           │                └ 修改已有项目
                                           │                           ┌ 教师信息管理
                                  系统功能需求设计 ┤ 基本信息管理 ┤ 学生信息管理
综合案例：大学生创新创业项目管理系统 ┤          │                           └ 专业信息查询
                                           │                ┌ 项目专业分布
                                           └ 统计分析图    ┤ 项目进度分析
                                                           └ 教师职称分布
                                  E-R图设计
                                  关系模型设计
                                  物理模型设计
                                           ┌ 创建数据库和表
                                  系统实施 ┤ 建立表间关系
                                           └ 设计用户界面
```

图 11-1　本章知识结构图

11.1 项目背景

大学生创新创业训练计划项目(简称"大创"项目)是教育部针对全日制在校本科生设立的一项旨在提升大学生创新创业能力的训练计划。该项目鼓励学生以团队形式参与，通过系统的训练和实践，增强学生的创新思维、创业意识及团队协作能力。

根据内容和目标，"大创"项目分为三类：创新训练项目(在导师指导下完成创新性研究)、创业训练项目(完成商业计划书和可行性研究)和创业实践项目(在校内外导师指导下开展实际创业活动)。项目级别分为校级、省级和国家级，分别由高校、省教育厅和教育部管理，其中国家级为最高级别，面向全国选拔。项目周期通常为1~2年，具体由高校或主管部门规定。

项目申报与实施是"大创"项目的核心环节。项目需2~5人以团队形式申报，每名学生每学年度仅能主持或参与一个项目，主要面向本科生，负责人原则上需在毕业前完成项目。申报流程如下：每年度第一学期，学生或教师可提出预立项申请，填写《大学生创新创业训练计划项目申报书》，经指导教师确认和学院专家评审通过后进入立项阶段。项目实施中，团队须按计划开展研究，接受中期检查，并通过结题评审以获得评定等级和经费支持。这一流程旨在规范项目管理，提升学生的创新与实践能力。

11.2 系统功能需求设计

"大学生创新创业项目管理系统"主要实现三个模块的内容：项目管理、基本信息管理和统计分析图。每个模块下面会有对应的子模块来完成相应的功能。系统所有功能模块如图11-2所示。

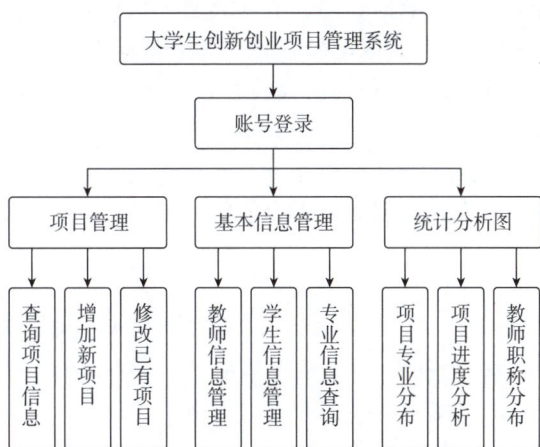

图 11-2　"大学生创新创业项目管理系统"功能模块图

系统具有以下功能。

(1) 账号登录：用户通过账号登录系统，确保数据安全和权限管理。

(2) 项目管理：是系统的核心功能之一，包括查询项目信息、增加新项目和修改已有项目三个部分。用户可以通过查询项目信息功能查看系统中已有的创新创业项目详情；通过增加新项目功能，用户能够向系统中添加新的创新创业项目，确保项目数据的及时更新；同时，修改已有项目功能允许用户对系统中现有项目的信息进行编辑和调整，保证项目数据的准确性和实时性。

(3) 基本信息管理：包括教师信息管理、学生信息管理和专业信息查询三个功能。通过教师信息管理，系统能够有效管理参与项目的教师信息，包括其专业、职称等；学生信息管理则用于管理参与项目的学生信息，确保团队成员数据的完整性和准确性；专业信息查询功能允许用户查询与项目相关的专业背景信息。这些功能共同构成了系统的基础数据管理框架。

(4) 统计分析图：通过可视化方式为管理者提供了关键的数据分析支持。项目专业分布功能展示了项目在不同专业中的分布情况，帮助管理者了解项目的学科覆盖范围；项目进度分析功能则以图表形式直观呈现项目的进展情况，便于管理者实时掌握项目状态；教师职称分布功能展示了参与项目的教师职称结构，为项目团队的组建和优化提供了参考依据。这些统计分析功能不仅提升了数据管理的效率，还为科学决策提供了有力支持。

11.3 E-R 图设计

基于以上的功能需求，接下来进行E-R图(实体-关系图)设计。E-R图是数据库设计的关键工具，用于描述系统中实体及其之间的关系。E-R图能够清晰地展示数据的结构和逻辑关联，从而为后续的数据表设计奠定基础。

在本系统中，主要的实体包括项目、教师、学生和专业。项目实体包括项目编号、项目名称、项目类别、立项时间和项目进度属性；教师实体包括职工号、教师姓名和教师职称属性；学生实体包括学号、学生姓名和年级属性；专业实体包括专业编号、专业名称和系别属性。总体E-R图如图11-3所示。图中展示了实体间的联系，专业与学生是一对多的联系，一个专业可以包含多名学生。同理专业与教师也是一对多的联系。项目与学生是多对多的联系，一个项目有多名学生参与，一个学生可以参与多个项目。同理，项目与教师也是多对多的联系。

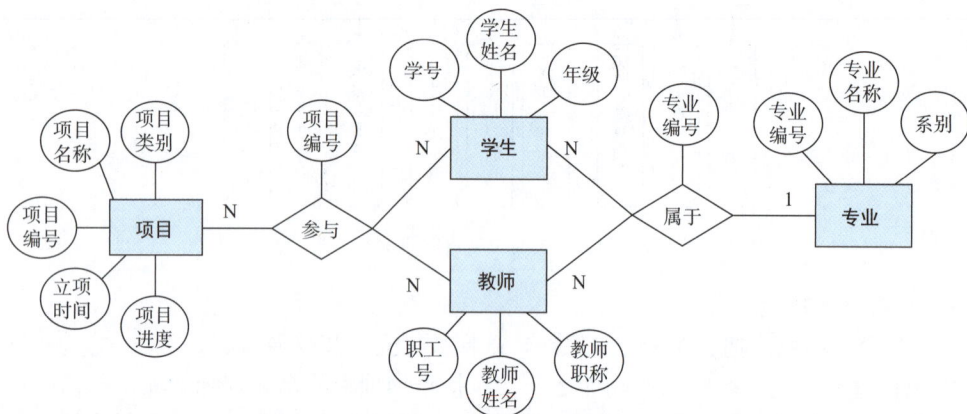

图 11-3 "大学生创新创业项目管理系统"总体 E-R 图

11.4 关系模型设计

根据概念模型到关系模型的转换规则，系统E-R图中专业与学生是一对多的联系，专业与教师是一对多的联系，需要转换为如下三个关系：

专业(专业编号，专业名称，系别)

学生(学号，学生姓名，年级，专业编号)

教师(职工号，教师姓名，教师职称，专业编号)

其中，"专业"关系的主键是"专业编号"。"学生"关系的主键是"学号"，增加了"专业编号"作为外键。"教师"关系的主键是"职工号"，增加了"专业编号"作为外键。

E-R图中学生和项目、教师和项目实体间存在多对多联系，可以转换为如下两个关系：

项目(项目编号，项目名称，项目类别，立项时间，项目进度)

参与(项目编号，负责学生，指导教师)

为联系"参与"建立一个关系模式，其属性是学生实体和教师实体的主键加上联系本身的属性。

11.5　物理模型设计

数据库物理模型设计阶段需要将关系模型设计的五个关系转换成Access数据库的表结构。表结构设计如表11-1~表11-5所示。

表11-1　"专业"表结构

字段名称	专业编号	专业名称	系别
数据类型	短文本，主键	短文本	短文本
字段大小	255	255	255

表11-2　"学生"表结构

字段名称	学号	学生姓名	年级	专业编号
数据类型	短文本，主键	短文本	数字	短文本
字段大小	255	255	整型	255

表11-3　"教师"表结构

字段名称	职工号	教师姓名	教师职称	专业编号
数据类型	短文本，主键	短文本	短文本	短文本
字段大小	255	255	255	255

表11-4　"项目"表结构

字段名称	项目编号	项目名称	项目类别	立项时间	项目进度
数据类型	短文本，主键	短文本	短文本	日期/时间	短文本
字段大小	255	255	255	短日期	255

表11-5　"参与"表结构

字段名称	项目编号	负责学生	指导教师
数据类型	短文本	短文本	短文本
字段大小	255	255	255

11.6 系统实施

在完成系统的需求分析和设计后，接下来进入系统实施阶段。这一阶段主要包括数据库的创建、表的定义、数据的导入、表间关系的建立，以及用户界面和流程控制的实现。系统实施阶段将设计转化为实际可运行的应用程序。

11.6.1 创建数据库和表

首先创建一个名为“大学生创新创业项目管理系统”的空白数据库文件。然后打开数据库文件，创建“专业”“学生”“教师”“项目”和“参与”五张表，根据表11-1~表11-5设置好表结构后，复制记录数据到表中。图11-4~图11-8展示了各表的前五条记录。

专业

专业编号	专业名称	系别
ZY01	土木工程	工程技术系
ZY02	交通工程	工程技术系
ZY03	化学工程与工艺	工程技术系
ZY04	工程管理	工程技术系
ZY05	财务管理	经济与管理系

图 11-4　“专业”表的数据表视图

学生

学号	学生姓名	年级	专业编号
S01080358	陈冰冰	2020	ZY01
S01080359	陈承	2011	ZY01
S01080360	陈良品	2016	ZY01
S01080361	陈天真	2016	ZY01
S01080362	黄仕	2012	ZY01

图 11-5　“学生”表的数据表视图

教师

职工号	教师姓名	专业编号	教师职称
T001	曹瑾瑜	ZY05	教授
T002	曾馥彤	ZY06	教授
T003	曾宇	ZY05	教授
T004	常碧琪	ZY11	副教授
T005	郑辰轩	ZY26	讲师

图 11-6　“教师”表的数据表视图

项目

项目编号	项目名称	项目类别	立项时间	项目进度
S202414046006	临坡地基变形破坏机制的可视化模	创新训练	2024/6/10	在研
S202414046015	掺杂木质素基炭纳米纤维膜的合成	创新训练	2024/6/10	在研
S202414046014	AIGC技术在闽南砖雕文创产品设计	创新训练	2024/6/10	在研
S202414046013	健康文创食品的开发与市场推广—	创新训练	2024/6/10	在研
S202414046012	福州市不同类型公路陆域植被恢复	创新训练	2024/6/10	在研

图 11-7　“项目”表的数据表视图

参与

项目编号	负责学生	指导教师
S201714046026	S01080044	T001
S201614046002	S01080271	T002
S201714046002	S01080273	T002
S201914046001	S01080287	T002
S202314046011	S01080276	T002

图 11-8　“参与”表的数据表视图

11.6.2 建立表间关系

在数据库中，数据表创建且数据录入完毕后，需要建立表间关系，才可以把各个独立的数据表联系成为一个整体。打开“数据库工具”菜单的“关系”界面，把“专业”“学生”“教师”“项目”和“参与”五张表添加到关系设计界面里，调整表的位置，找到要建立关系的两个表的主键和外键字段，建立表间关系，同时勾选“实施参照完整性”选项。图11-9所示是数据库建立好的表间关系。

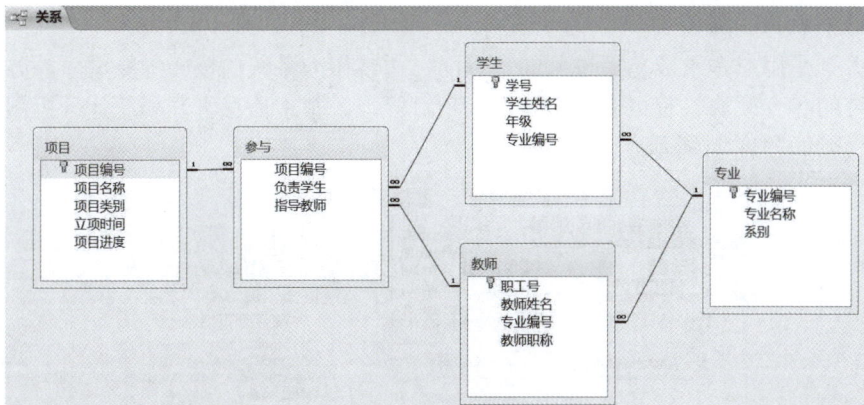

图 11-9　各表之间的关系

11.6.3　设计用户界面

设计用户界面是数据库应用系统开发中的重要环节，它不仅影响用户体验，还直接关系到系统的易用性和功能性。一个良好的用户界面设计应注重简洁性、直观性和交互性，确保用户能够高效地完成任务。

1. 设计"登录框"窗体

"登录框"作为用户进入系统的入口，包含用户名和密码输入字段，以及登录按钮。同时，登录框还需与数据库中的用户表进行交互，验证用户输入的信息是否正确。"登录框"界面如图11-10左图所示，用户输入正确的账号和密码后，就能打开系统"首页"窗体；若账号或密码不正确则弹出消息框提示用户重新输入，如图11-10右图所示。

图 11-10　"登录框"窗体及其错误提示

"登录"按钮的单击事件代码如下。

```
Private Sub Command1_Click()
    If Text1.Value = "Admin" And Text2.Value = "1234" Then
        DoCmd.Close
        DoCmd.OpenForm "首页"
    Else
        MsgBox "账号或密码错误，请重新输入！"
    End If
End Sub
```

2. 设计"首页"窗体

"首页"是用户登录成功后进入的主界面，通常作为系统的核心导航页面，方便用户快速访问系统的各个模块。首页有三个模块：项目管理、基本信息管理和统计分析图。每个模块里的子功能如图11-11所示。

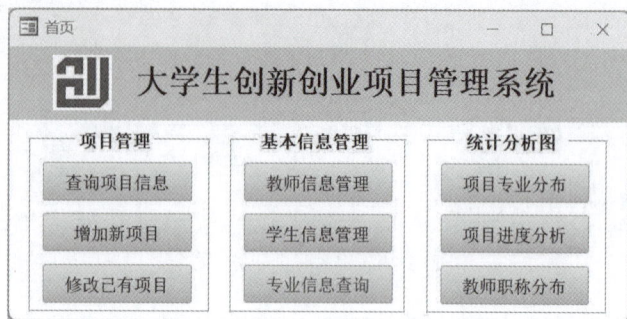

图 11-11 "首页"窗体

"查询项目信息"按钮的单击事件绑定一个子宏"打开查询项目信息"，子宏代码如图11-12所示。子宏需要完成关闭当前活动窗体，然后打开指定窗体的流程。首页中的其余按钮也需要绑定类似流程的子宏，这里不再赘述。

3. 设计"查询项目信息"窗体

用户可以在"查询项目信息"界面输入任何一个项目字段数据，或者字段的组合，单击"确认查询"按钮，就可以在下方文本框罗列出查询到的所有项目详情，如图11-13所示。

图 11-12 "打开查询项目信息"子宏

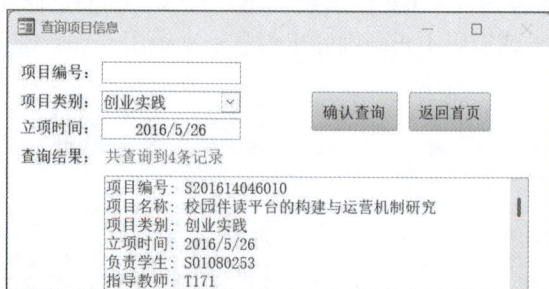

图 11-13 "查询项目信息"窗体

"确认查询"按钮的单击事件需要完成获取用户输入数据、判断数据有效性、构建完整的SQL查询语句、打开Recordset对象并执行查询、若有记录返回则构建结果字符串、将结果字符串设置到文本框中、释放资源等关键功能。下面仅提供部分关键代码，完整代码请查看系统的数据库文件。

```
' 构建完整的SQL查询语句
strSQL = "SELECT 项目.项目编号, 项目.项目名称, 项目.项目类别, 项目.立项时间, 参与.负责学生, 参与.指导教师 " & "FROM 项目, 参与 " & "WHERE 项目.项目编号 = 参与.项目编号 " & " AND " & whereClause

' 打开Recordset对象并执行查询
```

```
Set rs = New ADODB.Recordset
rs.Open strSQL, CurrentProject.Connection, adOpenStatic, adLockOptimistic

' 检查是否有记录返回
If Not rs.EOF Then
    result = ""
    num = 0
    Do While Not rs.EOF
        result = result & "项目编号: " & rs("项目编号").Value & vbCrLf & _
                    "项目名称: " & rs("项目名称").Value & vbCrLf & _
                    "项目类别: " & rs("项目类别").Value & vbCrLf & _
                    "立项时间: " & rs("立项时间").Value & vbCrLf & _
                    "负责学生: " & rs("负责学生").Value & vbCrLf & _
                    "指导教师: " & rs("指导教师").Value & vbCrLf & vbCrLf
        num = num + 1
        rs.MoveNext
    Loop
    ' 将结果字符串设置到文本框中
    Label2.Caption = "共查询到" & num & "条记录"
    TextBoxResult.Value = result
Else
    ' 在文本框中显示没有找到记录的消息
    TextBoxResult.Value = "没有找到符合条件的记录！"
End If
```

4. 设计"增加新项目"窗体

用户可以在"增加新项目"界面添加新的项目数据，如图11-14所示。其中"项目类别""负责学生"和"指导教师"三个组合框绑定对应字段数据，方便用户选择，防止输入错误。

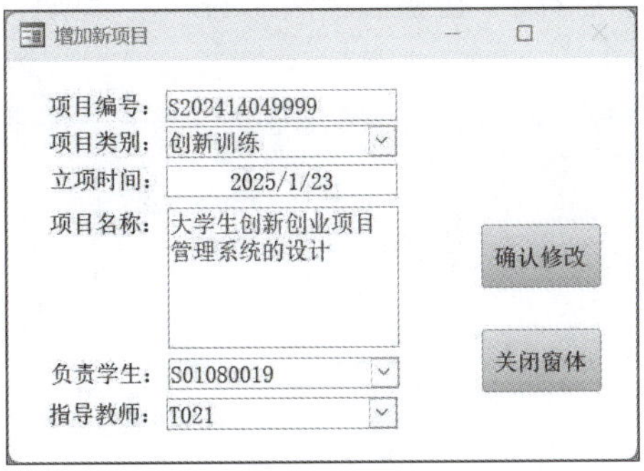

图 11-14　"增加新项目"窗体

"确认修改"按钮的单击事件需要完成获取用户输入数据、判断数据有效性、构建完整的SQL查询语句、检查项目编号是否已经存在、插入项目信息到项目表、插入参与信息到参与表、提示用户操作成功、释放资源等关键功能。下面仅提供部分关键代码，完整代码请查看系统的数据库文件。

```
' 检查项目编号是否已经存在
strSQL = "SELECT * FROM 项目 WHERE 项目编号 = '" & projectID & "'"
Set rsProject = New ADODB.Recordset
rsProject.Open strSQL, CurrentProject.Connection, adOpenStatic, adLockReadOnly

If Not rsProject.EOF Then
    MsgBox "项目编号已存在，请使用不同的编号！", vbExclamation
    rsProject.Close
    Exit Sub
End If
rsProject.Close

' 插入项目信息到项目表
strSQL = "INSERT INTO 项目 (项目编号, 项目名称, 项目类别, 立项时间) VALUES ('" & projectID
& "', '" & projectName & "', '" & projectCategory & "', #" & projectDate & "#)"
CurrentProject.Connection.Execute strSQL

' 插入参与信息到参与表
strSQL = "INSERT INTO 参与 (项目编号, 负责学生, 指导教师) VALUES ('" & projectID & "', '"
& studentName & "', '" & teacherName & "')"
CurrentProject.Connection.Execute strSQL

' 提示用户操作成功
MsgBox "项目信息添加成功！", vbInformation
```

5. 设计"修改已有项目"窗体

用户可以在"修改已有项目"界面修改已经录入数据库的项目数据。进入窗体时，"确认修改"按钮不可用，如图11-15左图所示。只有在选好项目编号，单击"查询信息"按钮，能查询到数据之后，"确认修改"按钮才被激活，如图11-15右图所示，然后就可以在原有数据基础上修改。"确认修改"按钮被激活的同时，"项目编号"文本框不可用，这确保了项目编号的不可更改性。

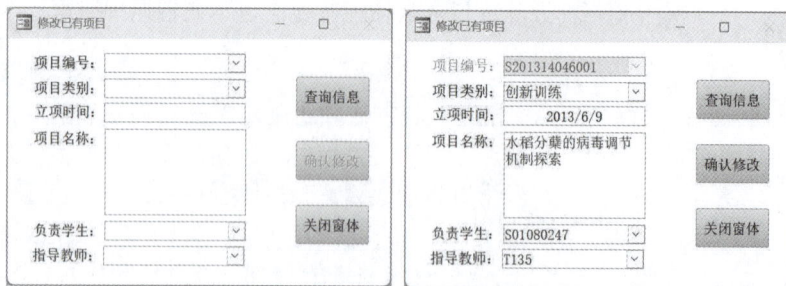

图 11-15　"修改已有项目"窗体

"查询信息"按钮的单击事件需要完成获取当前选中的项目编号、查询项目表、如果查询到项目信息则显示到窗体控件中、查询参与表、如果查询到参与信息则显示到窗体控件中、释放资源等关键功能。下面仅提供部分关键代码，完整代码请查看系统的数据库文件。

```
' 获取当前选中的项目编号
currentProjectID = Trim(Me.Combo1.Value)

' 检查是否选择了项目编号
If currentProjectID = "" Then
    MsgBox "请选择一个项目编号！", vbExclamation
    Exit Sub
End If

' 查询项目表
strSQL = "SELECT * FROM 项目 WHERE 项目编号 = '" & currentProjectID & "'"
Set rsProject = New ADODB.Recordset
rsProject.Open strSQL, CurrentProject.Connection, adOpenStatic, adLockReadOnly

' 如果查询到项目信息，显示到窗体控件中
If Not rsProject.EOF Then
    Me.Combo2.Value = rsProject("项目类别")
    Me.Text3.Value = rsProject("立项时间")
    Me.Text4.Value = rsProject("项目名称")
Else
    MsgBox "未找到对应的项目信息！", vbExclamation
    rsProject.Close
    Exit Sub
End If
rsProject.Close

' 查询参与表
strSQL = "SELECT * FROM 参与 WHERE 项目编号 = '" & currentProjectID & "'"
Set rsParticipation = New ADODB.Recordset
rsParticipation.Open strSQL, CurrentProject.Connection, adOpenStatic, adLockReadOnly

' 如果查询到参与信息，显示到窗体控件中
If Not rsParticipation.EOF Then
    Me.Combo5.Value = rsParticipation("负责学生")
    Me.Combo6.Value = rsParticipation("指导教师")
Else
    MsgBox "未找到对应的参与信息！", vbExclamation
    rsParticipation.Close
    Exit Sub
End If
rsParticipation.Close
```

"确认修改"按钮的单击事件需要完成检查是否选择了项目编号、获取修改后的值、数据有效性判断、更新项目表、更新参与表、提示用户操作成功等关键功能。下面仅提供部分关键代码，完整代码请查看系统的数据库文件。

```
' 获取修改后的值
projectCategory = Trim(Me.Combo2.Value)
```

```
projectDate = Trim(Me.Text3.Value)
projectName = Trim(Me.Text4.Value)
studentName = Trim(Me.Combo5.Value)
teacherName = Trim(Me.Combo6.Value)

' 有效性判断
If projectCategory = "" Or projectDate = "" Or projectName = "" Or studentName = _
"" Or teacherName = "" Then
    MsgBox "所有字段都必须填写！", vbExclamation
    Exit Sub
    End If

' 更新项目表
strSQL = "UPDATE 项目 SET 项目类别 = '" & projectCategory & "', 立项时间 = #" & projectDate _
& "#, 项目名称 = '" & projectName & "' WHERE 项目编号 = '" & currentProjectID & "'"
CurrentProject.Connection.Execute strSQL

' 更新参与表
strSQL = "UPDATE 参与 SET 负责学生 = '" & studentName & "', 指导教师 = '" & teacherName _
& "' WHERE 项目编号 = '" & currentProjectID & "'"
CurrentProject.Connection.Execute strSQL

' 提示用户操作成功
MsgBox "项目信息更新成功！", vbInformation
```

6. 设计"教师信息管理"窗体

用户可以在"教师信息管理"界面查看每个专业的教师详情，如图11-16所示。"添加新教师"按钮会打开另一个窗体"添加新教师"，设计风格和流程控制与"增加新项目"窗体类似。"学生信息管理"窗体由于其设计与"教师信息管理"窗体高度相似，在此不再重复说明。

7. 设计"专业详情"报表

单击"专业信息查询"按钮，会打开一个报表，报表按照系别分组显示专业详情，如图11-17所示。系别和专业是固定信息，不允许修改，只允许查看，因此使用报表方式呈现。

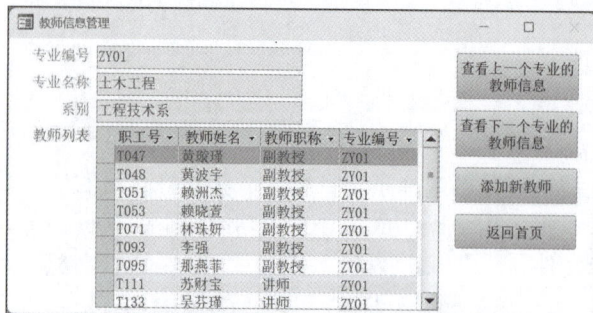

图 11-16　"教师信息管理"窗体

图 11-17　"专业详情"报表

8. 设计"统计分析图"模块

单击"项目专业分布"按钮，会打开如图11-18所示的"按专业分析项目情况"窗体。这个窗体使用数据透视图呈现，选择"专业名称"字段作为横坐标，"项目编号"作为统计项，直观展示了各专业所参与的项目数量分布情况。通过数据透视图，用户可以快速了解不同专业在创新创业项目中的参与度，便于管理者进行资源分配和决策支持。此外，窗体还支持交互操作，用户可以通过筛选功能进一步分析特定项目类别或立项时间的数据，为高校创新创业教育的管理和优化提供有力支持。

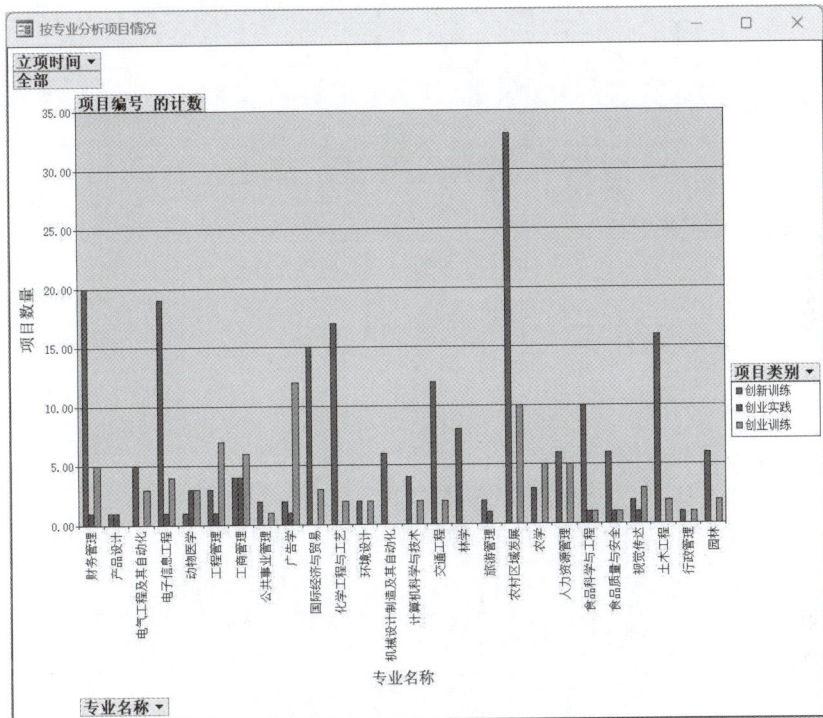

图 11-18　"按专业分析项目情况"窗体

单击"项目进度分析"按钮，会打开如图11-19所示的"项目进度分析"窗体。窗体选择"项目进度"字段作为横坐标，"项目编号"作为统计项，直观展示了项目的整体进展情况。通过数据透视图，用户可以清晰地看到项目在不同阶段(如在研、延期、结题等)的分布情况。此外，用户可以通过筛选功能进一步分析特定项目类别或立项时间的数据，为项目管理提供科学依据，确保项目按时高质量完成。

单击"教师职称分布"按钮，会打开如图11-20所示的"指导教师的职称分布情况"窗体。窗体选择"教师职称"字段作为横坐标，"职工号"作为统计项，直观展示了参与创新创业项目的指导教师职称分布情况。通过数据透视图，用户可以清晰地了解不同职称教师(如教授、副教授、讲师等)在项目指导中的参与比例，帮助管理者优化教师资源配置，确保项目指导的质量和均衡性。

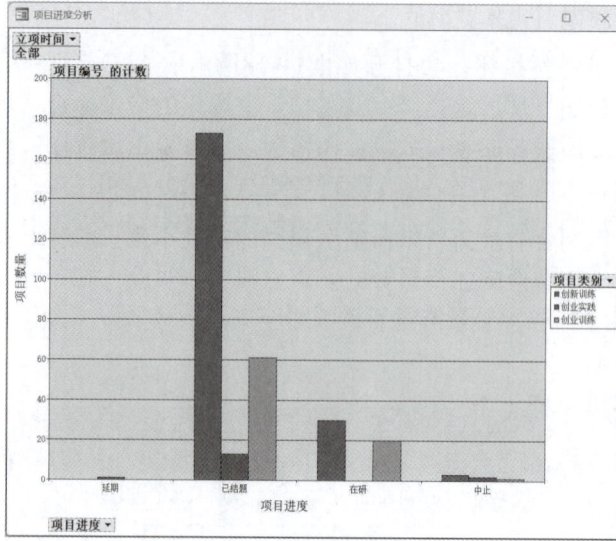

图 11-19 "项目进度分析"窗体

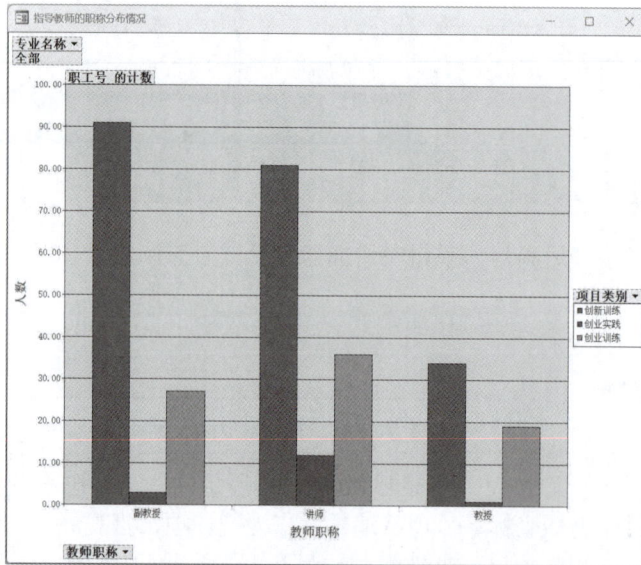

图 11-20 "指导教师的职称分布情况"窗体

11.7 思考与练习

结合实际设计一个数据库应用系统。

参考文献

[1] 教育部教育考试院. 全国计算机等级考试二级教程——Access数据库程序设计[M]. 北京：高等教育出版社，2025.

[2] 教育部教育考试院. 全国计算机等级考试二级教程——公共基础知识[M]. 北京：高等教育出版社，2025.

[3] 王珊，杜小勇，陈红. 数据库系统概论[M]. 6版. 北京：高等教育出版社，2023.

[4] 刘卫国等. 数据库基础与应用(Access 2016)[M]. 2版. 北京：电子工业出版社，2022.

[5] 陈薇薇，巫张英. Access 2016数据库基础与应用教程[M]. 北京：人民邮电出版社，2022.

[6] 刘小丽，翁健. 课程思政我们这样设计案例(计算机类)[M]. 北京：清华大学出版社，2023.

[7] 蔡自兴等. 人工智能及其应用[M]. 7版. 北京：清华大学出版社，2024.

[8] 张红，卞克. 人工智能基础教程[M]. 北京：人民邮电出版社，2023.

[9] 王万良. 人工智能通识教程[M]. 2版. 北京：清华大学出版社，2022.

[10] 姚期智. 人工智能[M]. 北京：清华大学出版社，2022.

[11] 周志华. 机器学习[M]. 北京：清华大学出版社，2016.

[12] 赵建勇，周苏. 大语言模型通识[M]. 北京：机械工业出版社，2024.

[13] 陈向东. 大语言模型的教育应用[M]. 上海：华东师范大学出版社，2023.

[14] 任奎等. 人工智能数据安全[M]. 北京：清华大学出版社，2025.

[15] 刘艾杉等. 人工智能安全导论[M]. 北京：电子工业出版社，2025.

[16] 范渊，刘博. 数据安全与隐私计算[M]. 北京：电子工业出版社，2023.

附　　录

教育部高等学校电子信息类专业教学指导委员会规划教材

高等学校电子信息类专业系列教材·新形态教材

电路与模拟电子技术基础

（第3版）

杨凌　高晖　张同锋　杜娟　编著

清华大学出版社

北京

内 容 简 介

本书较为精练地整合了"电路理论"和"模拟电子技术"两门课程,主要内容包括:绪论、直流电路、正弦交流电路、常用半导体器件、放大电路基础、集成运算放大器、反馈及其稳定性、集成运算放大器的应用、直流稳压电源、在系统可编程模拟器件及其开发平台。

本书在内容选取上遵循"电路"为"模拟电子技术"服务的原则,兼顾深度和广度,力求具有较宽的覆盖面并保证合理的深度;注重基础理论的同时兼顾技术的先进性;体系结构新颖,文字简练流畅;例题和习题富有思考性和启发性,并在书后附有部分习题参考答案。

本书适合作为高等学校计算机科学与技术、人工智能、机械电子工程等专业的"电路与模拟电子技术""模拟电子技术基础"等课程的教材,也适合作为高等职业院校电子类专业相关课程的参考教材。

图书在版编目(CIP)数据

电路与模拟电子技术基础/杨凌等编著. -- 3 版. -- 北京:清华大学出版社,2025.7.
(高等学校电子信息类专业系列教材). -- ISBN 978-7-302-69306-2

Ⅰ. TN7

中国国家版本馆 CIP 数据核字第 2025BK3033 号

责任编辑:盛东亮 崔 彤
封面设计:李召霞
责任校对:申晓焕
责任印制:刘海龙

出版发行:清华大学出版社
　　　　网　　　址:https://www.tup.com.cn,https://www.wqxuetang.com
　　　　地　　　址:北京清华大学学研大厦 A 座　　　邮　　编:100084
　　　　社 总 机:010-83470000　　　　　　　　　邮　　购:010-62786544
　　　　投稿与读者服务:010-62776969,c-service@tup.tsinghua.edu.cn
　　　　质量反馈:010-62772015,zhiliang@tup.tsinghua.edu.cn
　　　　课件下载:https://www.tup.com.cn,010-83470236
印 装 者:三河市龙大印装有限公司
经　　　销:全国新华书店
开　　　本:185mm×260mm　　　　印　　张:19　　　　字　　数:459 千字
版　　　次:2017 年 12 月第 1 版　　 2025 年 9 月第 3 版　　　印　　次:2025 年 9 月第 1 次印刷
印　　　数:1~1500
定　　　价:59.00 元

产品编号:110212-01

第3版前言

　　本书是在前两版使用的基础上,为适应高等教育的发展趋势以及学科专业演变的现状,进一步凸显人工智能等新型专业的教学需求,广泛听取多所院校用书师生的反馈意见,总结提高、修改增删而成的。

　　除继续保持前两版的特点外,在修编时,进一步夯实基础,优化体系,突出先进,强化课程育人。具体工作如下:

　　(1)每章开篇均撰写了"科技发展前沿",旨在让读者了解与本章内容密切相关的最新科技发展态势,进而提升读者学习基础电路知识的兴趣和动力,激发专业使命感和责任感。

　　(2)每章结尾都讲述了一个"科学家故事",选取人物的科学成就和轶事与章节内容紧密相关,旨在弘扬科学家精神,并进一步让读者深入理解电路知识的发展脉络,深化情感认知。

　　(3)进一步强化基础知识,如重写了2.3节,深化电源的概念;增加了4.1.3节,阐述"半导体导电机理",以使读者更加深入理解PN结的形成;在4.4.3节增加了"互补型MOS场效应管"的内容,以进一步增强对集成电路工艺的认知。

　　(4)进一步优化理论体系,将第7章的标题修订为"反馈及其稳定性",不仅强调负反馈技术在电子系统设计中的应用,同时拓展读者对正反馈理论的认识,以便更为深刻地理解第8章有关使用正反馈技术的经典电路,如滞回电压比较器和波形产生电路等。

　　(5)进一步密切基本单元电路与集成电路的关系,如将6.2节"电流源电路"中的参考电流表示由"I_r"改为"I_{REF}",从而与6.4节"集成运算放大器"中参考电流的标识统一;将8.4节"电压比较器"中的参考电压由"U_R"改为"U_{REF}",从而与ADC中参考电压的通用标识保持一致。

　　(6)丰富了微课视频,共提供了44个微课视频,覆盖教材全部核心知识内容。

　　书中标记为"※"的内容可供使用本教材的师生灵活选用。

　　本书由杨凌主编,杨凌编写第1～9章并完成第1、2、3、10章教学课件的制作,高晖和张同锋参与完成微课视频及第4～9章教学课件的制作,杜娟编写第10章及全部附录。

　　限于作者水平,书中不妥之处在所难免,敬请读者批评和指正。

作　者

2025年5月

第2版前言

PREFACE

本书是在第 1 版使用的基础上,密切跟踪学科发展态势,充分考虑人工智能等专业相关课程的教学需求,并广泛听取多所院校用书师生的反馈意见,总结提高、修改增删而成的。

除继续保持第 1 版的特点外,在修订时,本着"必需"和"够用"的原则,制定了"精选内容,优化体系;保证基础,体现先进;突出应用,利于教学"的修订方针。特别注重进一步处理好教材内容"经典与现代""理论与工程""内容多与学时少"的关系,力求使第 2 版更具系统性、先进性和适用性。具体工作如下:

(1)增加了绪论,使读者更为清晰地了解课程所涵盖的电路理论以及电子科学技术的发展脉络。

(2)减少基本放大电路的知识内容,将 5.5 节、5.7.3 节和 5.7.4 节标记为选讲内容。

(3)进一步突出集成电路,如在第 5 章中增加 5.6.5 节内容,介绍集成功率放大器的相关知识。

(4)加强反馈理论与技术,将第 7 章的标题更改为"负反馈及其稳定性",同时增加 7.6 节内容,介绍负反馈放大电路的稳定性问题。

(5)弱化与非电专业相关性较小的电路知识,将有源滤波电路(8.2 节)的内容标记为选讲内容。

(6)以 Multisim 14 为例,重新修订附录 A 的内容,介绍 Multisim 14 的新增仿真功能。

(7)除提供全部章节的课件外,针对课程的重点和难点内容,制作了 27 个微课视频,第 2 版以新形态教材呈现。

书中标记为"※"的内容可供使用本书的师生灵活选用。

本书由杨凌任主编,高晖、张同锋和杜娟任副主编。本书的出版获得兰州大学教材建设基金资助,作者在此深表感谢。

由于作者水平有限,书中不妥之处在所难免,敬请读者批评和指正。

作　者

2022 年 1 月

第1版前言

PREFACE

"电路与模拟电子技术基础"是计算机科学与技术专业的一门重要的技术基础课程,通过本课程的学习,使学生掌握电路和模拟电子技术方面的基础理论、基本电路和基本的分析和设计方法,为进一步学习"数字电路""计算机组成原理"等课程打下良好的基础。

"电路与模拟电子技术基础"课程的内容包括电路理论基础和模拟电子技术基础两部分,内容庞杂,涉及面广。在教与学两方面都有很大的难度。充分考虑到"电路与模拟电子技术"课程的基本教学目标以及"内容多与学时少"的矛盾,本着"以模拟电子技术基础为主,电路理论为模拟电子技术服务"的原则,大幅度删减了"电路理论基础"课程的内容,同时精简了"模拟电子技术基础"课程的内容,并大胆改革了经典内容的传统写法,力求使教材更适应于少学时的教学需求。

本书是根据作者长期从事"电路与模拟电子技术基础"课程教学的经验编写而成的,主要特点如下:

(1) 内容精练,体系新颖。

对原属于"电路理论基础"和"模拟电子技术基础"两门课程的内容进行优化组合,遵循"必需"和"够用"的宗旨精选内容,凝练章节,构建新的教材体系。

(2) 强化电路基本概念,突出集成电路应用。

在电路理论基础部分,强调"直流电路"和"正弦交流电路"的分析方法,删除了"动态电路分析"的相关内容;在模拟电子技术基础部分,精写分立元件电路的内容,突出集成电路及其应用。

(3) 语言形象精练,叙述深入浅出。

在编写分立元件电路时,充分利用图、表等形象化的语言,并通过例题讲解经典电路的分析方法,使问题的叙述更为精练。此外,在介绍电路的基本原理时,注重突出电路结构的构思方法,以使读者从中获得启发。

(4) 引入 EDA 软件和可编程器件,引导先进分析设计方法。

在模拟电子技术基础的章节,每章均针对相应的重点或难点设置了 Multisim 仿真内容;同时在教材最后一章引入了模拟可编程器件的原理及其应用,旨在引导学生熟悉和了解电子技术领域先进的分析和设计方法。

本书的教学时数为 54 学时左右,打"※"的内容可根据需要取舍。

本书由杨凌主编,高晖、杜娟参编。杨凌编写第 1、2、4、5、6、7 章并统稿,高晖编写第 3、8 章,杜娟编写第 9 章及全部附录。

　　本书内容已制作成用于多媒体教学的 PowerPoint 课件，并将免费提供给采用本书作为教材的院校使用。

　　由于编者的能力和水平有限，书中不妥之处在所难免，敬请使用本书的师生和读者不吝批评指正。

编　者

2017 年 10 月

本书常用符号说明

一、电压和电流符号的规定

U_C、I_C	大写字母、大写下标表示直流量
u_c、i_c	小写字母、小写下标表示交流量瞬时值
u_C、i_C	小写字母、大写下标表示交、直流量的瞬时总量
U_c、I_c	大写字母、小写下标表示交流量有效值
U_{cm}、I_{cm}	大写字母、小写下标表示电压和电流交流分量幅值
$\dot{U}_c$、$\dot{I}_c$	大写字母上面加点、小写下标表示正弦相量
ΔU_C、ΔI_C	分别表示直流电压和电流的变化量
Δu_C、Δi_C	分别表示瞬时电压和电流的变化量

二、基本符号

$\dot{A}_u$	电压放大倍数
$\dot{A}_{us}$	源电压放大倍数
$\dot{A}_i$	电流放大倍数
$\dot{A}_{is}$	源电流放大倍数
$\dot{A}_r$	互阻放大倍数
$\dot{A}_g$	互导放大倍数
$\dot{A}_{uf}$、$\dot{A}_{if}$、$\dot{A}_{rf}$、$\dot{A}_{gf}$	分别表示反馈放大电路的电压、电流、互阻、互导放大倍数
A_{ud}	差模电压放大倍数
A_{uc}	共模电压放大倍数
B	三极管的基极
BW	通频带（3dB 带宽）
BW_G	单位增益带宽
C	三极管的集电极
C	电容
C_B、C_D、C_J	分别表示 PN 结的势垒电容、扩散电容和结电容
$C_{b'e}$、$C_{b'c}$	分别表示三极管的发射结电容、集电结电容
D	二极管、场效应管的漏极

D_Z	稳压管
E	三极管的发射极
E	能量，电动势
E_{g0}	禁带宽度
$\dot{F}$	反馈系数
f、f_0	分别表示频率、谐振频率
f_L	下限截止（$-3\mathrm{dB}$）频率
f_H	上限截止（$-3\mathrm{dB}$）频率
G	场效应管的栅极
G	电导
g_m	低频跨导
I	直流电流或正弦电流的有效值
$\dot{I}$	正弦电流有效值相量
i	交流电流、正弦交流电流瞬时值
I_m	正弦电流最大值
$\dot{I}_m$	正弦电流最大值相量
I_{BQ}、I_{CQ}、I_{EQ}	分别表示三极管的基极、集电极、发射极的直流工作点电流
I_{DQ}	场效应管的漏极直流工作点电流
i_B、i_C、i_E	分别表示三极管的基极、集电极、发射极的总瞬时值电流
i_D	场效应管的漏极总瞬时值电流
i_s	信号源电流，交流电流源电流
I_{IB}	输入偏置电流
I_{IO}	输入失调电流
I_L	三相电路线电流
I_P	三相电路相电流
I_S	PN 结的反向饱和电流，直流电流源电流
I_{DSS}	结型、耗尽型场效应管在 $u_{GS}=0$ 时的 I_D 值
I_D	二极管电流、场效应管的漏极电流
I_F、I_R	分别表示正向电流、反向电流
I_Z	稳压管正常工作时的参考电流
I_{ZM}	稳压管的最大允许工作电流
I_{CBO}	三极管发射极开路时的集电结反向饱和电流
I_{CEO}	三极管基极开路时的穿透电流
I_{CM}	三极管集电极最大允许电流
K_{CMR}	共模抑制比
L	电感
N	电子型半导体
P	空穴型半导体

P	直流功率、正弦交流平均功率(有功功率)
P_{max}	最大平均功率
p	瞬时功率
P_C	三极管集电极耗散功率
P_{CM}	三极管集电极最大允许功耗
P_V	直流电源供给的功率
P_{om}	最大输出功率
q	电荷量
Q	静态工作点、品质因数、无功功率
R、R_s、R_L	分别表示电阻、信号源内阻、负载电阻
R_i	放大电路的交流输入电阻
R_o	放大电路的交流输出电阻
R_{id}	差模输入电阻
R_{ic}	共模输入电阻
R_{od}	差模输出电阻
R_{oc}	共模输出电阻
R_f	反馈电阻
R_{if}	反馈电路的闭环输入电阻
R_{of}	反馈电路的闭环输出电阻
$r_{bb'}$	三极管的基区体电阻
r_{be}	三极管的输入电阻
r_z	稳压管的动态电阻
S	视在功率
S_R	运算放大器的转换速率
T	晶体三极管的符号
T	温度,周期
T_r	变压器
t	时间
U	直流电压、正弦电压有效值
u	交流电压、正弦交流电压瞬时值
$\dot{U}$	正弦电压有效值相量
U_m	正弦电压最大值
$\dot{U}_m$	正弦电压最大值相量
U_S	直流电压源电压
u_s	交流电压源电压
$\dot{U}_s$	正弦交流电源有效值相量
U_L	三相电路线电压
U_P	三相电路相电压

U_{BQ}、U_{CQ}、U_{EQ}	分别表示三极管的基极、集电极、发射极直流工作点电位
U_{GQ}、U_{DQ}、U_{SQ}	分别表示场效应管的栅极、漏极、源极直流工作点电位
U_T	热力学电压
U_Z	稳压管的稳压值
u_i、u_o	分别表示交流输入、输出电压
u_{BE}、u_{CE}	分别表示三极管的基-射、集-射极间总瞬时值电压
u_{be}、u_{ce}	分别表示三极管的基-射、集-射极间交流电压分量
u_{GS}、u_{DS}	分别表示场效应管的栅-源、漏-源极间总瞬时值电压
u_{gs}、u_{ds}	分别表示场效应管的栅-源、漏-源极间交流电压分量
$\dot{U}_i$、$\dot{U}_o$	分别表示交流输入、输出电压的有效值相量
$\dot{U}_{be}$、$\dot{U}_{ce}$	分别表示三极管基-射、集-射极间交流电压的有效值相量
$\dot{U}_{gs}$、$\dot{U}_{ds}$	分别表示场效应管栅-源、漏-源极间交流电压的有效值相量
$U_{(BR)CEO}$	三极管基极开路时，集电极-发射极之间的反向击穿电压
$U_{(BR)CBO}$	三极管发射极开路时，集电结的反向击穿电压
$U_{(BR)EBO}$	三极管集电极开路时，发射结的反向击穿电压
$U_{CE(sat)}$	三极管的饱和压降
$U_{GS(th)}$	增强型 MOSFET 的开启（阈值）电压
$U_{GS(off)}$	结型 FET 或耗尽型 MOSFET 的夹断电压
$U_{(BR)GSO}$	场效应管漏极开路时，栅-源之间的反向击穿电压
u_{id}	差模输入电压
u_{ic}	共模输入电压
U_{IO}	输入失调电压
X、X_L、X_C	分别表示电抗、感抗、容抗
Z、$|Z|$	分别表示阻抗、阻抗的模

三、其他符号

α、$\bar{\alpha}$	三极管的共基极电流增益（传输系数）
β、$\bar{\beta}$	三极管的共发射极电流增益（放大系数）
μ	磁导率
ε	介电常数
φ、φ_0	分别表示相位差、初相位
ω	角频率
rad	弧度
Φ	磁通
Ψ	磁链
η	效率

目录
CONTENTS

视频目录
VIDEO CONTENTS

视 频 名 称	时长/分钟	位　　置
第 01 集　电路理论概述	12	1.1 节
第 02 集　电子科学技术发展简史	17	1.2 节
第 03 集　电信号与电子系统	12	1.3 节
第 04 集　电路的基本概念	18	2.1 节
第 05 集　电路的基本定律	14	2.2 节
第 06 集　电源及其工作状态	13	2.3 节
第 07 集　受控源	11	2.4 节
第 08 集　电路中电位的计算	15	2.5 节
第 09 集　叠加原理	5	2.6.1 节
第 10 集　等效电源原理	9	2.6.2 节
第 11 集　受控源电路的分析	9	2.6.3 节
第 12 集　交流电的基本概念	15	3.1 节
第 13 集　相量分析方法	12	3.2 节
第 14 集　交流电路中的基本元件	20	3.3 节
第 15 集　单一参数的正弦交流电路	21	3.4 节
第 16 集　RLC 串联电路	18	3.5 节
第 17 集　正弦交流电路中的谐振	9	3.6 节
第 18 集　半导体基础知识	36	4.1 节
第 19 集　晶体二极管	13	4.2 节
第 20 集　晶体三极管	19	4.3 节
第 21 集　场效应管	16	4.4 节
第 22 集　放大的概念及放大电路的构成	14	5.1 节
第 23 集　放大电路的工作原理	9	5.2.2 节
第 24 集　三种基本的 BIT 放大电路	25	5.3 节
第 25 集　三种基本的 FET 放大电路	22	5.4 节
第 26 集　低频功率放大器	25	5.6 节
第 27 集　集成运算放大器概述	9	6.1 节
第 28 集　电流源电路	19	6.2 节
第 29 集　差分放大电路（上）	26	6.3.2 节
第 30 集　差分放大电路（下）	13	6.3.5 节
第 31 集　集成运算放大器	22	6.4 节
第 32 集　反馈的基本概念	11	7.1 节
第 33 集　反馈的分类及判别方法	29	7.2 节
第 34 集　负反馈放大电路的闭环增益方程	15	7.3 节

续表

视 频 名 称		时长/分钟	位　　置
第 35 集	负反馈对放大电路性能的影响	21	7.4 节
第 36 集	深度负反馈放大电路的近似估算	21	7.5 节
第 37 集	负反馈放大电路的稳定性	24	7.6 节
第 38 集	基本的信号运算电路	22	8.1 节
第 39 集	电压比较器	21	8.3 节
第 40 集	正弦波产生电路	19	8.4.1 节
第 41 集	直流稳压电源概述	8	9.1 节
第 42 集	单相桥式整流电路	10	9.2 节
第 43 集	滤波电路	17	9.3 节
第 44 集	稳压电路	16	9.4 节

第1章

绪 论

科技发展前沿

人工智能(Artificial Intelligence,AI)是研究、开发用于模拟、延伸和扩展人的智能的理论、方法、技术及应用系统的一门新的技术科学,是新一轮科技革命和产业变革的重要驱动力量。人工智能的蓬勃兴起,愈发凸显电路在科技发展史上的重要地位。从目前的科技水平来看,人工智能是指基于电路硬件和计算机软件的智能,电路硬件是计算机软件进行推理和计算所必须依赖的物理基础。因此,电路知识,特别是集成电路知识,对于学习和应用人工智能至关重要。

根据所处理信号的不同类型来分,电路可分为模拟电路和数字电路,这些知识是理解电路工作原理的基础,只有深刻领悟电路硬件的工作机理,才能进一步借助计算机语言对电路进行编程,进而实现特定的"人工智能"应用。由此看来,电路知识的学习,是理解和应用人工智能的关键和基础。

1.1 电路理论概述

视频讲解

"电路"通常是指实际的电系统及其模型。**电路理论是研究静止和运动电荷的电磁学理论的特例**,这是一个极其美妙的领域,在这一领域内,数学、物理学、信息工程、电气工程及自动控制工程等学科和谐共生。电路理论深厚的理论基础和广泛的应用使其自诞生起便始终保持着持久旺盛的生命力。

1.1.1 历史的回顾

人类很早就认识了电磁现象,如"磁石召铁""琥珀拾芥"的相关记载。早在古代,我国就有人发现了电和磁的现象,在 11 世纪发明了指南针。大约在公元前 600 年,古希腊人第一次发现了电场。1785 年,法国科学家查利·奥古斯丁·库仑(C. A. de Coulomb)由实验得出静止点电荷相互作用力的规律,即**库仑定律**,使电学的研究从定性进入定量阶段,建立了电学史上一块重要的里程碑。表 1-1 列出了经典电磁学理论发展史上一些关键事件。

表 1-1　经典电磁学理论发展简史

年份	人物及事件
1785	查利·奥古斯丁·库仑(C. A. de Coulomb)发现了电荷间的相互作用规律(库仑定律)，对电荷进行了定量的定义
1800	亚历山德罗·伏特(Alessandro Volta)发明了伏特电堆，使电流的连续成为可能
1820	汉斯·克里斯蒂安·奥斯特(H. C. Oersted)发现了电流的磁效应
1825	安德烈·玛丽·安培(André-Marie Ampère)提出了描述电流与磁之间关系的安培定律
1826	乔治·西蒙·欧姆(G. S. Ohm)提出了欧姆定律
1827	安德烈·玛丽·安培(André-Marie Ampère)将其电磁现象的研究综合在《电动力学现象的数学理论》一书中，这是电磁学史上一部重要的经典论著
1831	迈克尔·法拉第(M. Faraday)成功证明了法拉第电磁感应定律
1832	约瑟夫·亨利(J. Henry)发现了自感现象
1833	海因里希·楞次(Heinrich Friedrich Emil Lenz)建立了确定感应电流方向的定则(楞次定则)
1840 1842	詹姆斯·普雷斯科特·焦耳(J. P. Joule)与海因里希·楞次分别独立地确定了电流热效应定律(焦耳-楞次定律)
1845	古斯塔夫·罗伯特·基尔霍夫(G. R. Kirchhoff)提出了稳恒电路网络中电流、电压、电阻关系的两个定律，即著名的基尔霍夫电流定律(KCL)和基尔霍夫电压定律(KVL)，同时还确定了网孔回路分析法的原理
1873	詹姆斯·克拉克·麦克斯韦(J. C. Maxwell)的巨著 *Treatise on Electricity and Magnetism* 问世，系统总结了人类19世纪中叶前后对电磁现象的研究成果，建立起完整的电磁学理论
1883	莱昂·夏尔·戴维南(L. C. Thevenin)提出了等效电压源定律，即著名的戴维南定理
1894	斯坦因梅茨(C. P. Steinmetz)将复数理论应用于电路计算
1899	亚瑟·肯内利(A. Kennelly)解决了丫-△变换，可用于简化电路分析
1904	拉塞尔(Alexander Russell)提出对偶原理
1911	海维赛德(O. Heaviside)提出阻抗概念，从而建立起正弦稳态交流电路的分析方法
1915	瓦格纳(K. W. Wagner)和坎贝尔(G. A. Canbell)分别独立地发明了滤波器设计方法
1918	弗特斯克(Charles LeGeyt Fortescue)提出了三相对称分量法
1921	布里辛格(Breisig)提出了四端网络(双口网络)及黑箱的概念
1924	福斯特(Foster)提出了电抗定理
1926	卡夫穆勒(Kupfmuller)提出了瞬态响应的概念
1933	诺顿(L. Norton)提出了戴维南定理的对偶形式——诺顿定理
1948	特勒根(B. D. H. Tellegen)提出了回转器理论，回转器后来于1964年由施诺依(B. A. Shenoi)首先用晶体管实现
1952	特勒根(B. D. H. Tellegen)确立了电路理论中除了KCL和KVL之外的另一个基本定理——特勒根定理

电路理论最初是属于物理学中电磁学的一个分支。科学家将以**欧姆定律**为约束的元件示性关系和以**基尔霍夫定律**为约束的元件互连关系视为电路学科的基本"公理",并将电路看成是以理想化的集总参数元件组成的系统,进而对各种抽象的(理想化的)基本元件集合组成的结构(系统)进行研究,这一过程使得电路问题中各种复杂的实际器件或设备被简单抽象的基本元件及其组合模拟或等值替代了,这些基本元件就是逐步归纳出来的电阻、电容、电感和电源等。

1.1.2 电路分析方法

目前分析电路的方法主要有四大类:时域分析、频域分析、拓扑分析和计算机辅助分析。

时域分析法的先驱是英国物理学家和电子工程师海维赛德(O. Heaviside)(图 1-1),它是人们在电路理论发展初期使用的方法。海维赛德发现使用符号"p"作为微分算子同时又当作一个代数变量运算的方法在对某些电路问题分析时既方便又有效,这是一套将微分方程转换为普通代数方程的方法,然而他并未给出这种方法的严密论证,因而受到同时代一些主要数学家的批评。后来,当人们在数学家拉普拉斯(Pierre Simon de Laplace)(图 1-2)1780 年的遗著中找到运算微积分与复平面上的积分之间的关系时,来自数学界的批评才宣告结束。而后,海维赛德的运算微积分就被拉普拉斯变换导出的新形式所取代,因此后人将用于电路分析的运算微积分方法称为拉普拉斯变换。

虽然早在 1822 年,法国数学家傅里叶(J. Fourier)(图 1-3)在研究热流问题时就解决了傅里叶分析的数学基础,随后也有许多学者将傅里叶级数、傅里叶积分和波谱的概念引入电路分析中,但真正标志着频域分析法诞生的里程碑是 1945 年波特(H. W. Bode)(图 1-4)的著作 *Network Analysis and Feedback Amplifier Design* 的问世。波特不但成功地阐明了有源电路的网孔和节点分析,而且把复变函数的理论严谨地应用于电路分析中,从而将电路的物理行为确切地展示在复平面上。同时他还论证了实部与虚部的关系,对策动点阻抗函数和转移(传递)函数进行了讨论,并且创立了用对数坐标表达这类函数的幅值、相位与频率变量的关系图,即著名的波特图。傅里叶分析后来又发展到非周期函数,并与拉普拉斯变换联系在一起,从而形成了电路分析的**频域分析法**。

图 1-1 海维赛德(1850—1925)

图 1-2 拉普拉斯(1749—1827)

图 1-3 傅里叶（1768—1830）

图 1-4 波特（1905—1982）

拓扑分析法其实最早是由基尔霍夫（图 1-5）和麦克斯韦（图 1-6）开创的，早在 1847 年，基尔霍夫就首先使用"树"来研究电路，只是由于当时其论点太过深奥，致使该方法在电路分析中的实际应用停滞了近百年。直到 20 世纪 50 年代以后，拓扑分析法才广泛应用于电路学科，1953 年，麻省理工学院的吉耶曼（E. Guillemin）教授发表了其重要著作 *Introductory Circuit Theory*，该书引入网络图论的基本原理来系统列写电路分析方程，对电路进行时域和频域分析，着重强调时间响应、自然频率、阻抗函数特性和零点极点的概念，以及网络综合理论等。1961 年，塞舒（S. Seshu）和列德（M. B. Reed）出版了第一本图论在电网络中应用的专著——*Linear Graphs and Electrical Networks*。

图 1-5 基尔霍夫（1824—1887）

图 1-6 麦克斯韦（1831—1879）

随着计算机技术的飞速发展，电子设计自动化（electronic design automation，EDA）技术已成为电子学领域的重要学科。EDA 技术自 20 世纪 70 年代开始发展，其标志是美国加利福尼亚大学伯克利（Berkeley）分校开发的 SPICE（simulation program with integrated circuit emphasis）于 1972 年研制成功，并于 1975 年推出实用化版本，于 1988 年被定义为美国国家工业标准,成为享有盛誉的电子电路计算机辅助分析设计工具。与此同时,各种以SPICE 为核心的商用仿真软件应运而生,常用的有 PSpice、EWB 和 Multisim。其中,Multisim 是 EWB 的新产品,它以 Windows 为基础,符合工业标准,不但具有 SPICE 的仿真标准环境,而且具有形象化的极其真实的虚拟仪器,无论界面的外观还是内在的功能,都达到了最高水平。本书选用 Multisim 作为基本工具,在各章的最后一节提供电路的应用实例,旨在使读者熟悉电路的**计算机仿真分析**方法。

1.2　电子科学技术发展简史

视频讲解

现代电子科学技术的诞生最早可追溯到 1883 年美国发明家爱迪生(T. A. Edison)发现的热电子效应(图 1-7)。经过了一个多世纪的历程,它已经成为当代科学技术发展的一个重要标志。

(a) 爱迪生(1847—1931)　　　　(b) 热电子效应示意图

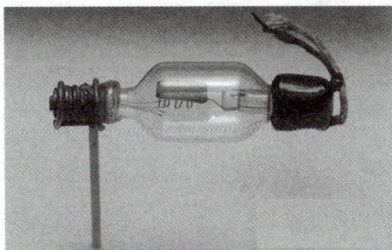

图 1-7　爱迪生发明了热电子效应

表 1-2 列出了电子科学技术发展经历的主要阶段及重大事件。

表 1-2　电子科学技术发展简史

发展阶段	年份	重要人物及事件
电子管时代	1904	英国物理学家约翰·安布罗斯·弗莱明(J. A. Fleming)利用热电子效应制成了电子二极管
	1906	美国发明家李·德福雷斯特(Lee de Forest)发明了电子三极管
	1937—1939	美国的约翰·文森特·阿塔那索夫(John V. Atanasoff)和他的研究生克利福特·贝瑞(Clifford E. Berry)设计并完成了世界上第一台电子数字计算机——ABC(Atanasoff-Berry Computer)
	1946	宾夕法尼亚大学的莫克利(John W. Mauchly)和艾克特(J. Presper Eckert)负责成功研制出 ENIAC(Electronic Numerical Integrator and Calculator),ENIAC 是电子管应用的一个经典范例
晶体管时代	1947	美国贝尔实验室的威廉·肖克利(William Shockley)、约翰·巴丁(John Bardeen)和沃特·布拉顿(Walter Brattain)研制出世界上第一只点接触型锗晶体管(图 1-8)。电子科学技术真正的突飞猛进源于晶体管的诞生
	1949	威廉·肖克利(William Shockley)提出了结型晶体管理论

续表

发展阶段	年份	重要人物及事件
晶体管时代	1950	威廉·肖克利（William Shockley）与其合作者研制出第一只双极结型晶体管（BJT）
	1952	威廉·肖克利（William Shockley）与其合作者研制出第一只锗结型场效应晶体管（JFET）
	1956	美国贝尔实验室研制出晶闸管，也即可控硅整流器
	1960	美国贝尔实验室的江大元（Dawon Kahng）和马丁·阿塔拉（Martin Atalla）博士研发出首个绝缘栅型场效应晶体管（MOSFET），它在随后出现的集成电路领域获得了重要应用
集成电路时代	1958	美国仙童（Fairchild）半导体公司的罗伯特·诺伊斯（Robert Noyce）和戈登·摩尔（Gordon Moor）与德州仪器（Texas Instrument）公司的杰克·基尔比（Jack Kilby）间隔数月分别发明了集成电路（Integrated Circuit，IC）（图 1-9）。IC 的发明，开创了微电子学的历史
	1964	美国仙童（Fairchild）半导体公司的鲍伯·韦德勒（Bob Widlar）研制出第一个单片集成运算放大器 μA702，并于 1965 年改进推出 μA709。集成运放的诞生，标志着电子线路理论趋于成熟
	1965	Intel 公司创始人之一戈登·摩尔（Gordon Moor）预言了集成电路的发展趋势，提出了"摩尔定律"
	1967	鲍伯·韦德勒（Bob Widlar）设计推出采用有源负载和外接电容进行频率补偿的运放 LM101
	1968	新入职美国仙童（Fairchild）半导体公司的戴维·富拉格（Dave Fullagar）在仔细研究 LM101 的结构后，设计推出 μA741（图 1-10），它是史上最成功的运算放大器，几乎成为行业标准
	1971	英特尔（Intel）公司研制出第一个微处理器 4004（图 1-11），集成了 2300 只晶体管，其计算能力相当于 ENIAC，标志着 IC 进入大规模集成（Large Scale Integration，LSI）电路时代
	1972	英特尔（Intel）公司研制出第一个 8 位微处理器 8008，集成了 3098 只晶体管
	1976	16KB DRAM 和 4KB SRAM 问世
	1979	英特尔（Intel）公司推出主频为 5MHz 的 8088 微处理器
	1981	IBM 基于 8088 推出全球第一台个人计算机（图 1-12），标志着 IC 进入超大规模集成（Very Large Scale Integration，VLSI）电路时代，VLSI 电路的成功研制，是微电子技术的一次飞跃，也是衡量一个国家科学技术和工业发展水平的重要标志
	1993	16MB Flash 和 256MB DRAM 研制成功，它集成了 1000 万个晶体管，标志着 IC 进入特大规模集成（Ultra Large Scale Integration，ULSI）电路时代。ULSI 电路的集成组件数为 $10^7 \sim 10^9$
	1994	集成 1 亿元件的 1GB DRAM 研制成功，标志着 IC 进入巨大规模集成（Giga Scale Integration，GSI）时代。GSI 电路的集成组件数在 10^9 以上
	2012	数十亿级别的晶体管处理器已经得到商用。半导体制造工艺从 32nm 水平跃升到 22nm，目前最先进的制造工艺已经达到了 7nm 的数量级

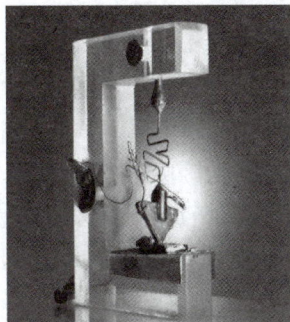

(a) 世界上第一只点接触型锗晶体管　　　　(b) 肖克利(中坐)、巴丁(左站)和布拉顿

图 1-8　世界上第一只晶体管及其发明者

(a) 基尔比(1923—2005)　　　　(b) 基尔比研制的第一块集成电路——相移振荡器

图 1-9　基尔比及其研制的世界上第一块集成电路

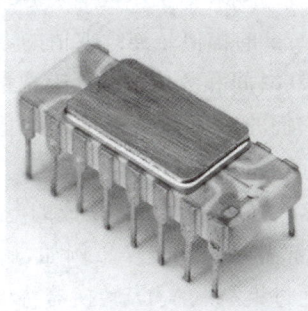

图 1-10　双极型运放 μA741　　　　图 1-11　英特尔 4004 微处理器

(a)IBM推出全球第一台个人计算机IBM5150　　　　(b)比尔·盖茨和IBM5150

图 1-12　全球第一台个人计算机

1.3　电信号与电子系统

宇宙万物以及人类的活动中，包含着各种各样的信息。例如，环境气候中的温度、气压、风速等，机械运动中的力、位移、振动等，人类的语音、脉搏、呼吸等。信号就是上述信息的载体或表达形式，信号的物理量形式是多种多样的，通常都是与时间有关的。从信号处理的实现技术来看，目前最便于实现的是电信号的处理，所以在处理各种非电信号时，通常通过各种传感器将其转换成电信号，以达到信息的提取、传送、变换、存储等目的。

1.3.1　电信号

电信号是指随时间而变化的电压 u 或电流 i，因此在数学描述上可将它表示为时间 t 的函数，即 $u=f(t)$ 或 $i=f(t)$，并可画出其波形。电子电路中的信号均为电信号，通常分为模拟信号和数字信号，如图 1-13 所示。

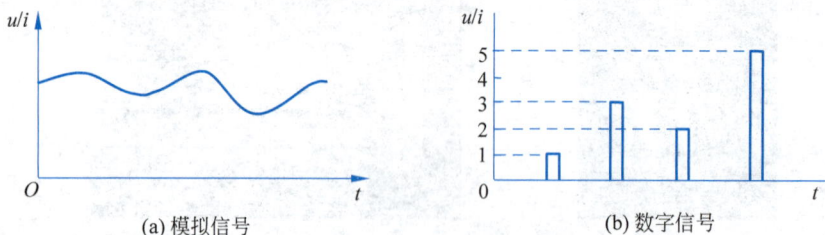

(a) 模拟信号　　　　　　　　　　(b) 数字信号

图 1-13　模拟信号与数字信号

模拟信号在时间和数值上均具有连续性，即对应于任意的时间值 t 均有确定的函数值 u 或 i，并且 u 或 i 的幅值是连续取值的，如图 1-13(a)所示。

数字信号在时间和数值上均具有离散性，u 或 i 的变化在时间上不连续，总是发生在离散的瞬间，且它们的数值是一个最小量值的整数倍，并以此倍数作为数字信号的数值，如图 1-13(b)所示。

应当指出，大多数物理量转换成的电信号均为模拟信号。在信号处理时，模拟信号和数字信号之间通常需要相互转换。例如，用计算机处理信号时，由于计算机只能识别数字信号，所以需要通过模/数(A/D)转换器将模拟信号转换为数字信号；由于负载常需模拟信号驱动，所以需要通过数/模(D/A)转换器将数字信号转换为模拟信号。

本书所涉及的信号多为模拟信号。

1.3.2　电子系统

通常将能够产生、传输、采集或处理电信号，由若干相互连接、相互作用的基本电路组成的电路整体称为**电子系统**。

在现代工业生产领域，电子系统必须要与其他物理系统相结合，才能构成完整的实用系统。下面以图 1-14 所示的光导纤维拉制塔为例，简要说明电子系统在现代工业生产中的作用和地位。光导纤维因具有信息传输容量大、传输损耗小、抗干扰能力强等优点，目前广泛应用于现代有线通信网。光纤拉制塔是光纤生产的主要设备之一，它能够以 $600\sim1000\mathrm{m/min}$

的高速,将直径为 $40\sim60$mm 的石英预制棒连续拉制成直径为 125μm、长为 $100\sim200$km 的光纤,是一种高效率、低成本、高度自动化的光纤生产设备。

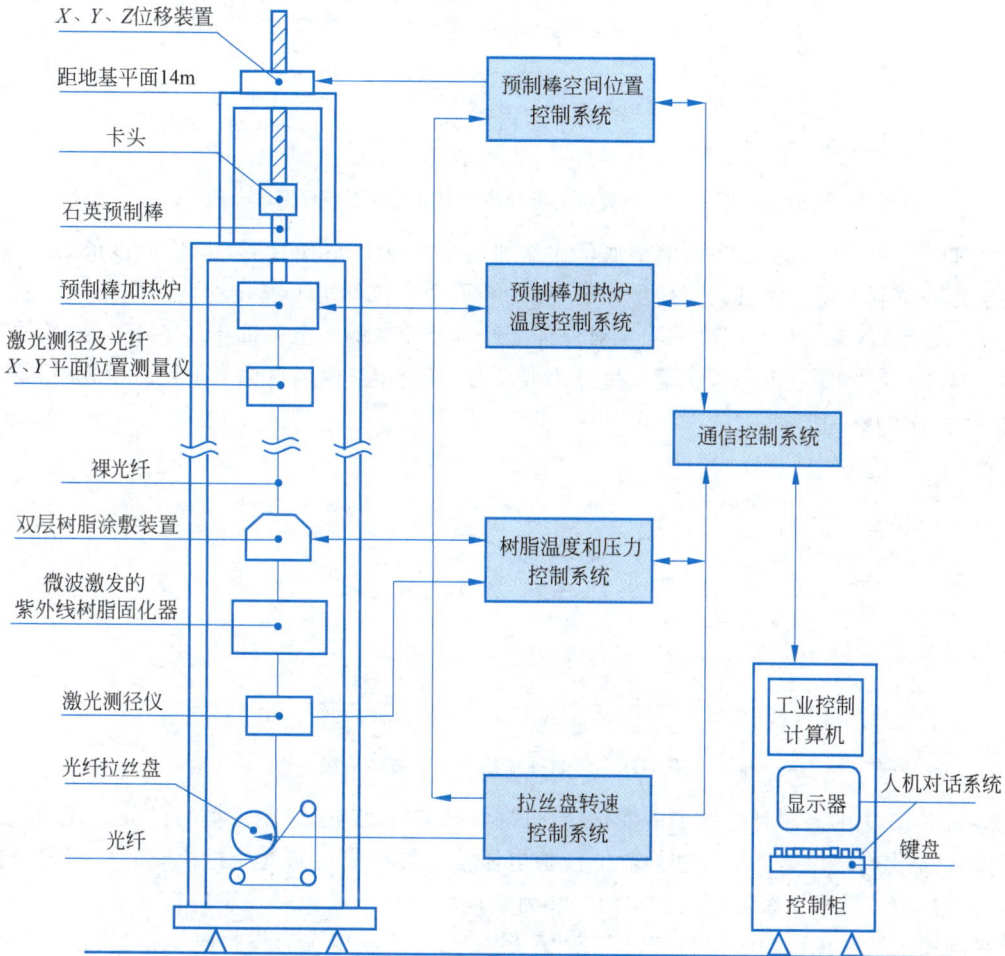

图 1-14 光导纤维拉制塔控制系统示意图

图 1-14 中以矩形框标出的都是电子系统,可以看出,整个拉丝塔是由多个电子系统与机械、动力、热工、激光等多种物理系统共同组成的。图中各个非电子的物理系统或者作为物理量的测量与传感,或者作为被控制的伺服机构而动作。由于**物理量在电子系统中比在其他物理系统中更易于实现检测、处理、分析与变换,且控制也更为灵活**,所以电子系统在整个控制系统中负责完成复杂的信号处理并控制驱动机构的任务。各个电子系统通过通信控制系统与一台工业控制计算机相连,生产者通过计算机键盘与显示器实现人机对话,完成对生产过程的监视与调控。

为了进一步了解电子系统的一般组成,图 1-15 以拉丝塔中石英预制棒加热炉温度控制系统为例,画出了它的组成框图。图中虚线框内是一台可编程逻辑控制器(Programmable Logic Controller,PLC),它是一种可根据不同要求配备相应组合部件和控制程序的典型电子系统。

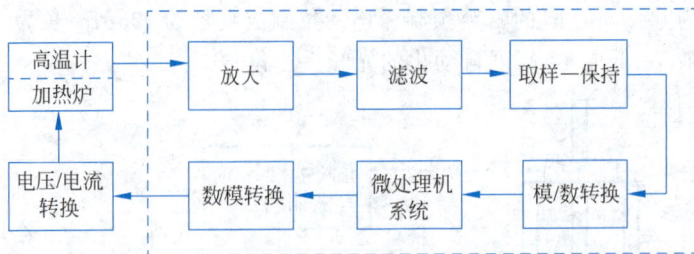

图 1-15　石英预制棒加热炉温度控制系统框图

加热炉的功能是把石英预制棒底部尖端加热至 2200℃ 左右的某一固定温度值（具体取决于光纤拉制强度），使其处于熔融状态，在光纤重力和拉丝塔下部拉丝盘的作用下拉制成光纤。显然，保持加热炉温度的稳定对保证光纤直径的准确性至关重要。当外界因素，如气温、炉外的冷却水温、电源电压等发生微小波动时，都会使炉内温度偏离预置值而波动，其变化曲线如图 1-16 所示。

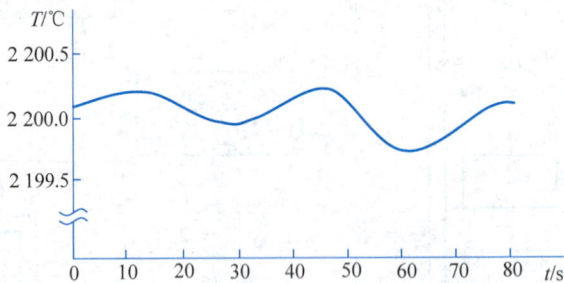

图 1-16　预制棒加热炉温度波动曲线

图 1-15 中的高温计把温度的变化转化成微弱的电压变化，该电压信号经放大、滤波后，送入取样-保持电路，经 A/D 转换器把模拟电压信号转换成与温度变化相应的数字编码信号，然后，微处理机系统可根据加热炉的热力学模型和适当的控制模型进行计算，得到相应的控制输出数字编码信号。该信号经 D/A 转换器转换成相应的模拟电压信号，以驱动电压/电流转换器，适当改变加热电流，使偏离的炉温得到不断修正。显然，图 1-15 是一个热力学系统和电子系统相结合的控制系统，驱动系统工作的是温度信号，而在电子系统中贯穿始终的是对电信号的各种处理与变换。

1.4　模拟电路和数字电路

由 1.3.1 节可知，电子电路中的信号分为模拟信号和数字信号，因此电子电路的基本内容包括两大部分：模拟电路和数字电路。这两大部分之间既有联系又有区别。例如，组成两类电路的最基本元件都是晶体管，主要包括双极型晶体管（Bipolar Junction Transistor，BJT）和单极型场效应晶体管（Field Effect Transistor，FET）等，这是它们的共同之处。但是，两者之间又有明显的区别和各自的特点。表 1-3 概括了模拟电路与数字电路之间的主要区别。

表 1-3 模拟电路与数字电路的主要区别

指 标	模 拟 电 路	数 字 电 路
工作信号	模拟量	数字量
电路功能	实现模拟信号的放大、变换、产生等	在输入、输出的数字信号之间实现一定的逻辑关系
对电路参数、电源电压等的要求	要求比较严格,与精度有关	允许有较大的误差
晶体管的作用	放大元件	开关元件
晶体管的工作区	主要在放大区(恒流区)	主要在截止区和饱和区(可变电阻区)
主要分析设计方法	图解法、等效电路法、EDA 等	逻辑代数、真值表、卡诺图、状态转换图、EDA 等

当今的许多应用都是由混合模式的集成电路和系统组成的,它们依赖模拟电路与物理世界对接,而数字电路则用于处理和控制。虽然其中模拟电路或许仅占芯片面积的一小部分,但它往往却是芯片设计中极具挑战性的部分,并且对整个系统的性能起着关键性作用。这要求模拟设计师必须用明确的数字工艺为实现模拟功能的任务构思出具有独创性的解决方案,例如,滤波中的开关电容技术和数据转换中的 Σ-D 技术就是典型的例子。此外,即使是纯数字电路,当它们推向运算极限时,也必然呈现出模拟的行为特性。因此,对模拟电路设计原理和技术的牢固掌握,在任何电子系统(无论是数字还是纯模拟)设计中都是一笔宝贵的财富。

思考题与习题

【1-1】 简述模拟信号和数字信号的区别。

【1-2】 简述模拟电路和数字电路的主要区别。

科学家故事

自强不息的科学家——乔治·西蒙·欧姆(George Simon Ohm)

乔治·西蒙·欧姆(1789—1854)

乔治·西蒙·欧姆的实验装置

欧姆出生在德国一个贫穷的家庭，他的父亲是一名锁匠，通过自学掌握了数学和物理知识，并教给少年时期的欧姆，唤起了欧姆对科学的兴趣。欧姆16岁进入埃尔朗根大学学习，由于经济困难曾中途辍学，1811年以论文《光线和色彩》获得博士学位，其间经历了许多困难，包括生活贫困和实验条件受限，但他从不放弃，通过坚持不懈的努力，最终完成了学业并以极大的热情开展科学研究。

欧姆的研究方向主要是电磁学，最大成就是发现了欧姆定律，这在电学史上是具有里程碑意义的贡献。为了验证自己的发现，欧姆自制了准确的电流计，并反复实验，实验屡遭挫折，但他并不气馁，不断改进实验装置继续实验。这种在逆境中不断尝试、勇于探索的精神，值得我们学习。

第 2 章

直 流 电 路

电路硬件是人工智能的物质基础,包括处理器、存储器、传感器等硬件组件。处理器是核心部件,负责进行高速计算和信息处理,支持复杂的智能任务;存储器用于存储大量的数据和算法模型;传感器则用于获取外部信息并将其转换为处理器可识别的数据。这些硬件组件共同为人工智能系统提供了必要的计算和感知能力。人工智能系统依赖电路硬件实现其智能行为。

电路硬件的发展对人工智能的发展起到了关键的作用。智能硬件成为人们生活中不可或缺的一部分,它集成了人工智能技术,能够感知、理解、决策和执行任务,其应用范围十分广泛,涵盖诸多领域,包括工业、农业、交通、医疗等。

本章以最简单的直流电路为例讨论电路的基本概念、基本定律以及常用分析方法。

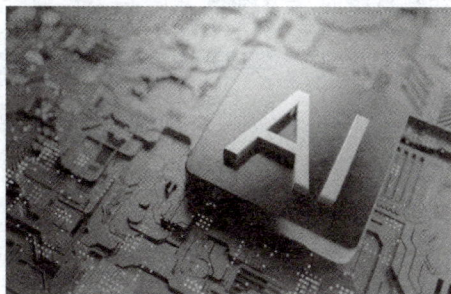

2.1 电路的基本概念

视频讲解

在电子技术领域,人们可以通过电路来完成各种任务。不同电路具有不同功能。例如:供电电路用来传输电能;整流电路可将交流电变成直流电;滤波电路可以"滤掉"附加在有用信号上的噪声,完成信号处理任务;计算机中的存储器电路能存储原始数据、中间结果和最终结果,具有存储功能;等等。电路种类繁多,其功能和分类方法也很多。然而,即使电路结构不同,最复杂的和最简单的电路之间仍有着最基本的共性,遵循着相同的规律。

2.1.1 电路的组成

电路是电流的通路,它是为了某种需要由某些电气元件或设备按一定方式组合起来的。

不管电路的具体形式如何变化,也不管电路有多么复杂,它都是由一些最基本的部件组成的。例如,日常生活中最常用的手电筒电路就是一个最简单的电路,如图 2-1 所示。

手电筒电路示意图体现了所有电路的共性。由图 2-1 可以看出,组成电路的基本部件如下。

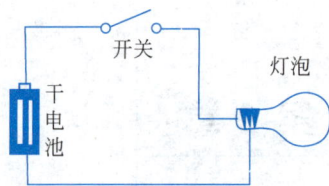

图 2-1　手电筒电路示意图

1. 电源

电源是电路中电能的来源,如手电筒中的干电池。电源的功能是将其他形式的能量转换为电能。例如,电池将化学能转换为电能,发电机将机械能转换成电能等。

2. 负载

用电设备也叫负载,它将电能转换成其他形式的能量。例如,手电筒中的灯泡就是负载,它将电能转换为光能。其他用电设备,如电动机将电能转换为机械能,电阻炉将电能转换为热能等。在直流电路中,负载主要是电阻性负载,它的基本性质是当电流流过时呈现阻力,即具有一定的电阻,并将电能转换为热能。

3. 中间环节

中间环节主要是指连接导线和控制电路通、断的开关电器,以及保障安全用电的保护电器(如熔断器等)。它们将电源和负载连接起来,构成电流通路。

所有电路从本质上来说都是由以上三部分组成的。因此,**电源、负载、中间环节总称为组成电路的"三要素"**。

2.1.2　实际电路和电路模型

组成电路的实际部件很多,诸如发电机、变压器、电池、晶体管以及各种电阻器和电容器等。它们在工作过程中都和电磁现象有关,例如,白炽灯除了具有电阻性质(消耗电能)外,当通过电流时,它周围产生磁场,因而又兼有电感的性质。用这些实际部件组成电路时,如果不分主次,把各种性质都考虑在内,问题就非常复杂,给分析电路带来很大困难,甚至无法进行。

为了便于对实际电路进行分析,必须在一定的条件下对实际部件加以理想化,突出其主要的电磁特性,而忽略其次要因素,用一个足以表征其主要性质的模型(model)来表示它。这样,实际电路就可近似地看作由这些理想元件所组成的电路,通常称为实际电路的电路模型。

各种理想元件都用一定的符号图形表示,图 2-2 为三种基本理想元件的符号图形。

有了理想元件和电路模型的概念后,便可将图 2-1 所示的实际手电筒电路抽象为图 2-3 所示的电路模型。其中,干电池用电动势 E 和内阻 R_0 表示,灯泡用负载电阻 R_L 表示。今后所分析的都是指电路模型,简称电路。

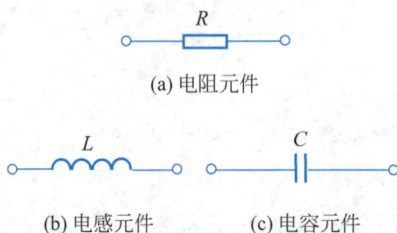

(a) 电阻元件

(b) 电感元件　(c) 电容元件

图 2-2　三种基本元件的符号图形

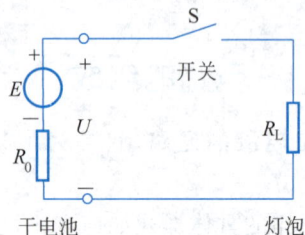

图 2-3　手电筒的电路模型

2.1.3 电路中的基本物理量及参考方向

用来表示电路状态的基本物理量有电压、电流、电功率等。

1. 电流

电流是带电粒子在外电场的作用下做有秩序的移动而形成的,常用 I 或 i 表示。

电流的实际方向是客观存在的,**习惯上规定正电荷运动的方向为电流的实际方向。**

在分析较复杂的直流电路时,往往事先难于判断某支路中电流的实际方向。对于交流电路,其方向随时间而变,在电路图上也无法用一个箭标表示它的实际方向。因此,在分析和计算电路时,往往任意选定某一方向作为电流的参考方向或称为正方向。所选的参考方向并不一定与电流的实际方向一致。在参考方向选定之后,电流之值便有正、负之分。如图 2-4 所示,当电流的实际方向与其参考方向一致时,电流为正值;反之,当电流的实际方向与其参考方向相反时,电流则为负值。必须注意,**不标出电流的参考方向,谈论电流的正负是没有意义的**,务必养成在着手分析电路时先标出参考方向的习惯。

图 2-4　电流的参考方向

在国际单位制(SI)中,电流的单位是 A(安培),1s(秒)内通过导体横截面的电荷(量)为 1C(库仑)时,则电流为 1A。计量微小的电流时,以 mA(毫安)或 μA(微安)为单位,1mA$=$ 10^{-3}A,1μA$=10^{-6}$A。

2. 电压

电场力把单位正电荷从 a 点移到 b 点所做的功称为两点之间的电压,常用 U 或 u 表示。

电压又称为电位差,它总是和电路中的两个点有关,**电压的方向规定为由高电位端("＋"极性)指向低电位端("－"极性),即为电位降低的方向。**

在电路中,同样往往难以事先判断元件两端电压的真实极性,因此,也要选定电压的参考方向,如图 2-5 所示。一旦参考极性选定之后,电压便有正、负之分。当算得的电压为正值,说明电压的真实极性与假定的参考极性相同;当算得的电压为负值,则说明电压的真实极性与参考极性相反。同样,**不标出电压的参考极性,谈论其正、负也是没有意义的。**

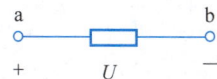

图 2-5　电压的参考极性

在国际单位制中,电压的单位是 V(伏特)。当电场力把 1C 的电荷量从一点移到另一点所做的功为 1J(焦耳)时,则该两点间的电压为 1V。计量微小的电压时,以 mV(毫伏)或 μV(微伏)为单位;计量高电压时,以 kV(千伏)为单位。

如前所述,在分析电路时,电压和电流都要假定参考方向,而且可任意假定,互不相关。但是,为了分析方便,常常采用关联的参考方向,即让元件上电压和电流的参考方向取为一致,如图 2-6(a)所示。当然也可采用非关联参考方向,即让元件上的电压和电流的参考方向互不相关，如图 2-6(b) 所示。

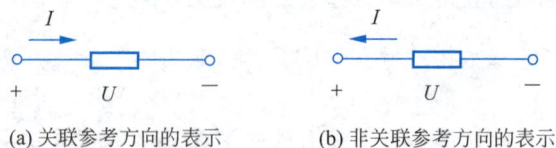

(a) 关联参考方向的表示　　　　　(b) 非关联参考方向的表示

图 2-6　关联与非关联参考方向的表示

3. 功率

电路的基本作用之一是实现能量的传递，**用功率（power）来表示能量变化的速率**，常用 P 或 p 来表示。

在直流情况下，当电压、电流为关联参考方向时，有

$$P = UI \tag{2-1}$$

此时，若 $P > 0$，元件为吸收功率；若 $P < 0$，则为产生功率。

根据功率的正、负可以判断电路中哪个元件是电源，哪个元件是负载。在关联参考方向下，若 $P < 0$，可断定该元件为电源；若 $P > 0$，可断定该元件为负载。

在国际单位制中，功率的单位是 W（瓦）或 kW（千瓦）。若 1s 时间内转换 1J 的能量，则功率为 1W。

2.2　电路的基本定律

电路的基本定律阐明了一段或整个电路中各部分电压、电流等物理量之间的关系，是分析、计算电路的理论基础和基本依据，电路的基本定律主要包括欧姆定律和基尔霍夫定律。

2.2.1　欧姆定律

欧姆定律（Ohm's Law）表明流过电阻的电流与其端电压成正比，而与本身的阻值成反比。

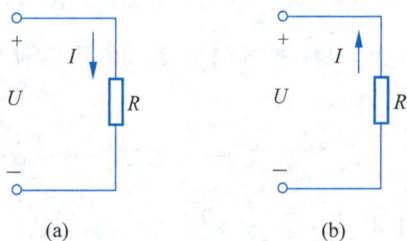

(a)　　　　　(b)

图 2-7　欧姆定律

在图 2-7(a) 所标定的关联参考方向下，欧姆定律可表示为

$$\frac{U}{I} = R \tag{2-2}$$

或

$$U = RI \tag{2-3}$$

式中，R 即为该段电路的电阻。

在国际单位制中，电阻的单位是 Ω（欧姆）。当电路两端的电压为 1V，通过的电流为 1A 时，则该段电路的电阻为 1Ω。计量高电阻时，则以 kΩ（千欧）或 MΩ（兆欧）为单位。

对欧姆定律做以下几点说明。

(1) 欧姆定律还可用电导参数表示为

$$I = GU \tag{2-4}$$

式中

$$G = \frac{1}{R} \tag{2-5}$$

称为电导。电导 G 表示元件传导电流的能力,其单位是 S(西门子)。

(2)当电压和电流取为非关联参考方向,如图 2-7(b)所示时,欧姆定律可表示为

$$U = -RI \quad \text{或} \quad I = -GU \tag{2-6}$$

(3)欧姆定律只适用于线性电路元件,而不适用于非线性元件。

2.2.2 基尔霍夫定律

欧姆定律表明了电路中某一局部的电压、电流关系。而基尔霍夫定律(Kirchhoff's Law)则是从电路的全局和整体上,阐明了各部分电压、电流之间必须遵循的规律,为了说明基尔霍夫定律的内容,首先介绍有关的几个术语。

(1)支路。电路中的每条分支称为支路,一条支路流过一个电流,称为支路电流。如图 2-8 所示的电路中共有三条支路。

(2)节点。电路中三条或三条以上的支路相连接的点称为节点。如图 2-8 所示的电路中共有两个节点 a 和 b。

(3)回路。由一条或多条支路组成的闭合路径称为回路。如图 2-8 所示的电路中共有三个回路:abca、abda 和 adbca,一个电路至少要有一个回路。

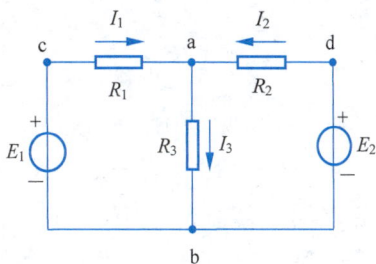

图 2-8 电路举例

基尔霍夫定律包括两条定律:基尔霍夫电流定律(KCL)和基尔霍夫电压定律(KVL)。

1. 基尔霍夫电流定律

基尔霍夫电流定律是有关节点电流的定律,用来确定连接在同一节点上的各支路电流之间的关系。其内容如下:

在任一瞬时,对电路中的任一节点而言,流入该节点的电流总和等于流出该节点的电流总和。例如,在图 2-8 所示电路中,对节点 a,可以列出下式

$$I_1 + I_2 = I_3$$

或将上式改写成

$$I_1 + I_2 - I_3 = 0$$

即

$$\sum I = 0 \tag{2-7}$$

式(2-7)表明,**在任一瞬时,流经电路任一节点的电流的代数和恒等于零**。在这里,对电流的"代数和"做了这样的规定:参考方向流入节点的电流取正号,流出节点的电流取负号,当然也可做相反的规定。

根据计算的结果,有些支路的电流可能是负值,这是由于所选定的电流的参考方向与实际方向相反所致的。

【例 2-1】 在图 2-9 中,已知 $I_1 = 2\text{A}$,$I_2 = -3\text{A}$,$I_3 = -2\text{A}$,试求 I_4。

【解】 应用 KCL 可列出下式

$$I_1 - I_2 + I_3 - I_4 = 0$$

代入已知电流有

$$2-(-3)+(-2)-I_4=0$$

解得

$$I_4=3(A)$$

由本例可见，KCL 方程中有两套符号，I 前面的正负号是由 KCL 方程根据电流的参考方向而确定的，括号内数字前面的正负号则表示电流本身数值的正负。

KCL 不仅适用于电路中某一节点，它还可推广应用到包围部分电路的任一假设的闭合面。 如图 2-10 所示的闭合面包围的是一个三角形电路，它有三个节点，应用 KCL 可列出下列各式

$$I_A=I_{AB}-I_{CA}$$
$$I_B=I_{BC}-I_{AB}$$
$$I_C=I_{CA}-I_{BC}$$

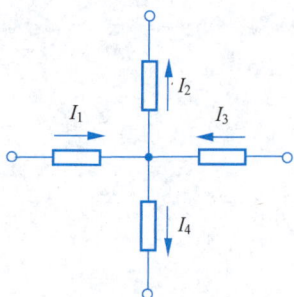

图 2-9 例 2-1 的电路

将上面三式相加，则有

$$I_A+I_B+I_C=0 \quad 或 \quad \sum I=0$$

可见，在任一瞬时，通过任一闭合面的电流的代数和也恒等于零。

2. 基尔霍夫电压定律

基尔霍夫电压定律应用于回路，它用来确定回路中各段电压之间的关系，其内容如下：

在任一时刻，沿任一回路环行方向（顺时针或逆时针），回路中各支路电压的代数和恒等于零。 KVL 的数学表述为

$$\sum U=0 \tag{2-8}$$

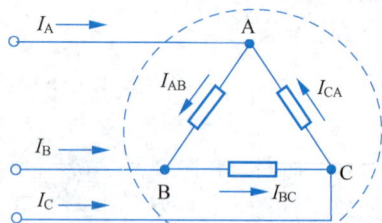

图 2-10 KCL 的推广应用

在列写 KVL 方程时，应首先规定回路的环行方向。之后规定沿该环行方向电位降取正号，电位升取负号，当然也可做相反的规定。

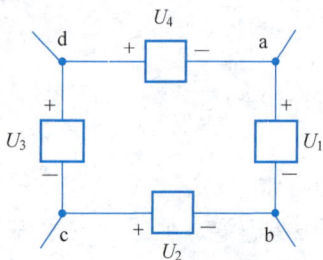

图 2-11 电路举例

图 2-11 是某个电路中的一个闭合回路，各方块表示电路元件，参考方向已经标出。

若设顺时针方向为回路环行方向（由 a 出发经 b、c、d 回到 a），且规定沿顺时针方向电位降为正，电位升为负，则 KVL 方程为

$$U_1-U_2-U_3+U_4=0$$

若按逆时针方向列写 KVL 方程（规定沿逆时针方向电位降为正，电位升为负），则有

$$-U_4+U_3+U_2-U_1=0$$

应该说明，不论按何种环行方向列写 KVL 方程，均不影响计算结果。

【例 2-2】 求图 2-12 中的 U_1 和 U_2。已知 $U_3=+20V$，$U_4=-5V$，$U_5=+5V$，$U_6=+10V$。

【解】 列出 abcda 回路的 KVL 方程求 U_1。取顺时针为回路的环行方向，则有

$$U_1-U_6-U_5+U_3=0$$

$$U_1 - (+10) - (+5) + (+20) = 0$$
$$U_1 = -5(\text{V})$$

列出 aeba 回路的 KVL 方程求 U_2。依然取顺时针为回路的环行方向,可得

$$U_4 + U_2 - U_1 = 0$$
$$(-5) + U_2 - (-5) = 0$$
$$U_2 = 0$$

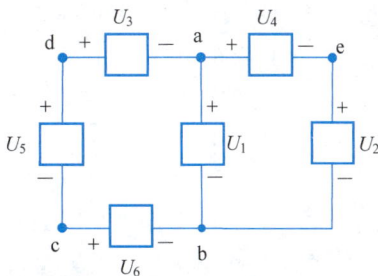

图 2-12 例 2-2 的电路

由此例可知,列写 KVL 方程时同样涉及两套符号,U 前面的正负号是由 KVL 方程根据回路的环行方向及电压的参考极性而确定的,括号内数字前面的正负号则表示电压数值的正负,它决定于各元件电压的真实极性与参考极性是否一致。

求 U_2 时也可选 ebcdae 回路,取顺时针为回路的环行方向,则 KVL 方程为

$$U_2 - U_6 - U_5 + U_3 + U_4 = 0$$
$$U_2 - (+10) - (+5) + (+20) + (-5) = 0$$
$$U_2 = 0$$

这说明在计算电路中两点之间的电压降时与所选取的路径无关。

KVL 方程不仅仅适用于实在的闭合回路,而且也适用于假想的闭合回路,例如,为了求图 2-13 中的 U,可列出下列方程

$$E - RI - U = 0$$

从而求得

$$U = E - RI$$

从这里应进一步认识到,KVL 方程的实质是考察各点电位的变化规律,只要计算电位变化时是首尾相接,即各段电压构成闭合路径就可以了,不必一定要由具体支路构成封闭回路。

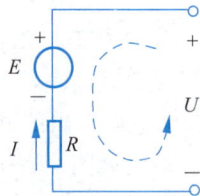

图 2-13 KVL 的推广应用

2.3 电源及其工作状态

电源是电路和电子设备运行的核心组件,向电路和电子设备提供所需的电能,以确保其正常工作。本节介绍两种基本的电源模型以及三种可能的电源工作状态。

2.3.1 两种基本的电源模型

实际电源的两种模型分别是电压源模型和电流源模型,简称**电压源**和**电流源**,它们用于描述实际电源在不同负载条件下的行为特性,并且可以等效转换。

1. 电压源

如果一个二端元件接入任一电路后,其两端的电压总能保持规定的值,而与通过它的电流大小无关,则该二端元件称为电压源。电压源的电路符号如图 2-14 所示。

电压源具有两个基本性质。

(1) 电压源的端电压是定值 U_S 或者是一定的时间函数 $u_s(t)$,与流过它的电流无关,

其伏安特性曲线如图 2-15 所示。

（2）电压源的电压是由它本身确定的，流过它的电流是由与之相连接的外电路决定的。

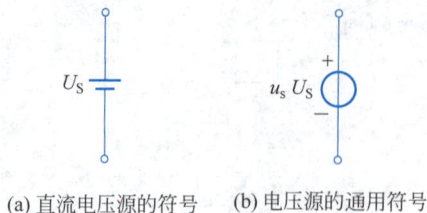

(a) 直流电压源的符号　　(b) 电压源的通用符号

图 2-14　电压源的电路符号

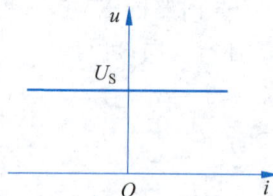

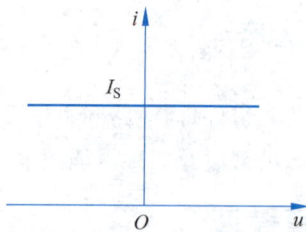

图 2-15　电压源的伏安特性曲线

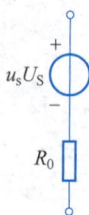

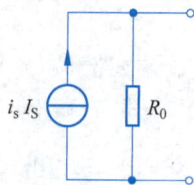

图 2-16　实际电压源模型

图 2-14 所示的电压源实际上是不存在的。通常的电池、发电机等实际电源可用电压源和电阻的串联模型来表示，如图 2-16 所示。

电流可以从不同方向流过电压源，因此，电压源既可以对外电路提供能量，也可以从外电路接受能量，视电流的方向而定。电压源是一种**有源元件**。

2. 电流源

如果一个二端元件接入任一电路后，由该元件流入电路的电流总能保持规定的值，而与其端电压无关，则该二端元件称为电流源。电流源的电路符号如图 2-17 所示。

电流源也有两个基本性质。

（1）电流源发出的电流是定值 I_S 或者是一定的时间函数 $i_s(t)$，与两端的电压无关，其伏安特性曲线如图 2-18 所示。

（2）电流源的电流是由它本身确定的，其端电压是由与之相连接的外电路决定的。

图 2-17 所示的电流源实际上也是不存在的。光电池等实际电源可用电流源和电阻的并联模型来表示，如图 2-19 所示。电流源也是一种**有源元件**。

对于特定的实际电源而言，图 2-16 和图 2-19 所示的两种电源模型是等效的。

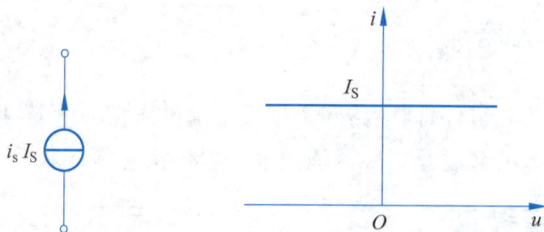

图 2-17　电流源的电路符号　　图 2-18　电流源的伏安特性曲线　　图 2-19　实际电流源模型

2.3.2　电源的三种工作状态

电源有三种可能的工作状态：带载、开路和短路。

1. 带载工作状态

将图 2-20 中的开关合上，接通电源与负载，这就是电源的带载工作状态。

下面讨论相关的两个问题。

（1）电压和电流。

应用欧姆定律，可得电路中的电流

$$I = \frac{E}{R_0 + R_L} \tag{2-9}$$

和负载电阻两端的电压

$$U = R_L I$$

并由上两式可求得

$$U = E - R_0 I \tag{2-10}$$

式（2-10）表明：电源的端电压小于电动势 E，两者之差为电流通过电源内阻所产生的电压降 $R_0 I$，电流越大，端电压下降得越多。图 2-21 为电源带载时的外特性曲线，它表明了电源端电压 U 与输出电流 I 之间的关系，其斜率与电源内阻 R_0 有关。当 $R_0 \ll R_L$ 时，则有

$$U \approx E$$

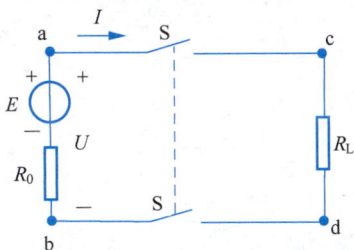

图 2-20　电源的带载工作状态

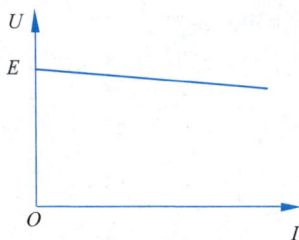

图 2-21　电源带载时的外特性曲线

上式表明，当电源内阻远小于负载电阻时，电源的端电压随电流（负载）的变动不大，说明此时电源的带载能力强。

（2）功率与功率平衡。

式（2-10）两边各项乘以 I，有

$$UI = EI - R_0 I^2 \tag{2-11}$$

即

$$P = P_E - \Delta P \tag{2-12}$$

式中，$P = UI$ 是电源输出的功率，供给负载使用；$P_E = EI$ 是电源产生的功率；$\Delta P = R_0 I^2$ 是电源内阻上消耗的功率。

式（2-12）表明：当电源正常带载时，它产生的能量分别被电源内阻 R_0 和负载 R_L 所消耗，电路满足能量守恒定律。

2. 开路（空载）状态

图 2-20 所示电路中，当开关断开时，电源处于开路（空载）状态，见图 2-22。开路时外电路的电阻对电源来说等于无穷大，因此电路中的电流为零。这时电源的端电压（称为开路电压或空载电压 U_0）等于电源电动势 E，电源不输出电能。

电源开路时的特征可用下列各式表示

$$\begin{cases} I = 0 \\ U = U_0 = E \\ P = 0 \end{cases} \tag{2-13}$$

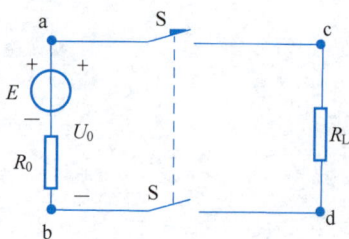

图 2-22　电源开路

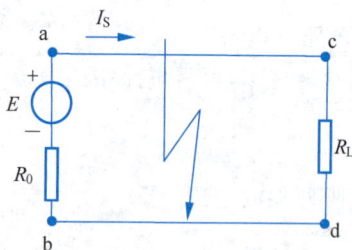

图 2-23　电源短路

3. 短路状态

图 2-20 所示电路中，当电源的两端 a 和 b 由于某种原因而连在一起时，电源被短路，见图 2-23。电源短路时，外电路的电阻可视为零，所以电源的端电压也为零。此时，电流不再流过负载，由于在电流的回路中仅有很小的电源内阻 R_0，所以此时的电流很大，此电流称为**短路电流 I_S**。短路电流可能使电源遭受机械的与热的损伤或损坏。短路时电源所产生的电能全被其内阻所消耗。

电源短路时的特征可用下列各式表示

$$\begin{cases} U = 0 \\ I = I_S = \dfrac{E}{R_0} \\ P = 0, P_E = \Delta P = R_0 I^2 \end{cases} \tag{2-14}$$

短路通常是一种严重事故，应尽力预防。产生短路的原因往往是由于绝缘损坏或接线不慎，因此经常检查电气设备和线路的绝缘情况是一项很重要的安全措施。此外，为了防止短路事故所引起的后果，通常在电路中接入熔断器或自动断路器等保护装置，以便发生短路时能迅速将故障电路拆除。

2.4　受控源

受控源是一种特殊类型的电源，它与 2.3 节所述电源不同，2.3 节所述电源常称为独立源，它可以独立地对外电路提供能量，而受控源则不能。

受控源的特点是：它的电压或电流受电路中其他支路的电压或电流控制，当控制的电压或电流消失或等于 0 时，受控电源的电压或电流也将等于 0。

根据受控电源是电压源还是电流源，以及受电压控制还是受电流控制，受控电源可分为电压控制电压源（VCVS）、电流控制电压源（CCVS）、电压控制电流源（VCCS）和电流控制电流源（CCCS）四种类型，四种理想受控电源的模型如图 2-24 所示。

为了与独立源相区别，用菱形符号表示受控源，图中的"＋""－"号和箭头分别表示电压和电流的参考方向，μ、r、g 和 β 称为控制系数，显然，当这些系数为常数时，被控制量和控制量成正比，这种受控源就是线性受控源。这里 μ 和 β 是没有量纲的常数，r 具有电阻的量纲，g 具有电导的量纲。

受控源和独立源虽然都是电源，但它们在电路中的作用是不同的。独立源是作为电路的输入（激励），代表了外界对电路的作用，由此在电路中产生电压和电流（响应）；而受控源不能作为电路的一个独立的激励，它只反映电路中某处的电压或电流受另一处电压或电流控制的关系，这种控制关系是很多电子器件在工作过程中所发生的物理现象，故很多电子器

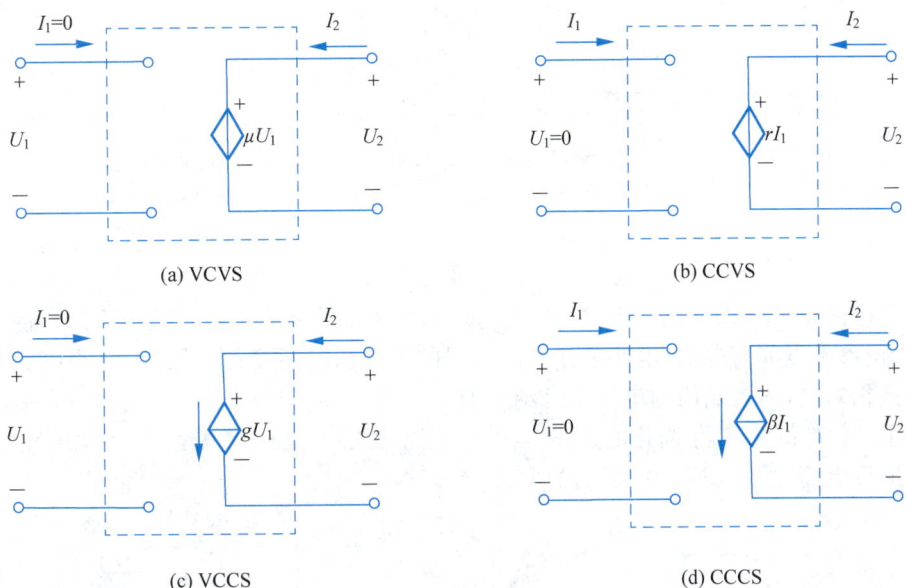

(a) VCVS

(b) CCVS

(c) VCCS

(d) CCCS

图 2-24 四种理想受控电源模型

件都用受控源作为模型。例如,晶体三极管的基极电流对集电极电流的控制关系可用一个电流控制电流源的模型来表征;一个电压放大器则可用一个电压控制电压源的模型来表征等。

2.5 电路中电位的计算

在分析电子电路时,通常要用到"电位"的概念。例如,对于晶体二极管来说,当它的阳极电位高于阴极电位时,二极管才导通,否则就截止。在讨论三极管的工作状态时,也要分析各个电极电位的高低,本节讨论"电位"的概念及其计算方法。

从本质上说,电位与电压是同一个概念,**电路中某一点的电位就是该点到参考点的电压**。在电位这个概念中,一个十分重要的因素就是参考点,在电路图中,参考点用符号"⊥"表示,通常参考点的电位为 0,故参考点又称为"零电位点"。在工程上常选大地作为参考点,即认为大地电位为 0。在电子电路中常选一条特定的公共线作为参考点,这条公共线是很多元件的汇集处且和机壳相连,这条线也叫"地线",虽然它并不与大地真正相连。

在计算电路中各点电位时,参考点可以任意选取,如图 2-25 所示。

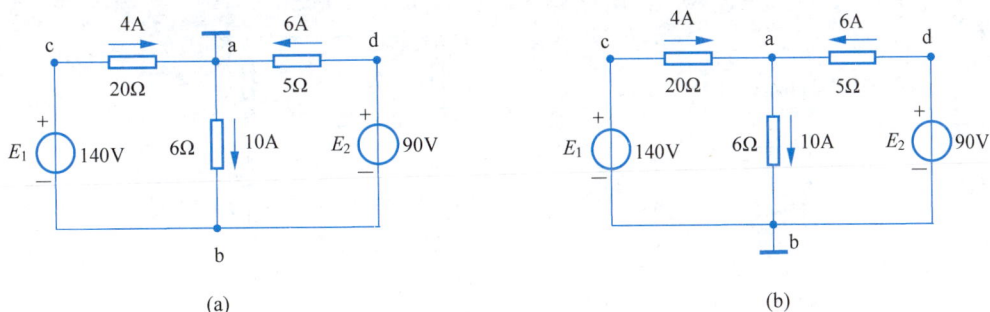

(a)

(b)

图 2-25 电路中电位的计算

在图 2-25(a)中,选 a 点为参考点,即 $U_a=0$,可以算出电路中各点的电位分别为

$$U_b = U_{ba} = -10 \times 6 = -60(\text{V})$$
$$U_c = U_{ca} = 4 \times 20 = +80(\text{V})$$
$$U_d = U_{da} = 6 \times 5 = +30(\text{V})$$

在图 2-25(b)中,选 b 点为参考点,即 $U_b = 0$,这时算出电路中各点的电位分别为

$$U_a = U_{ab} = 10 \times 6 = +60(\text{V})$$
$$U_c = U_{cb} = +140\text{V}$$
$$U_d = U_{db} = +90\text{V}$$

由上面的计算结果可以看出,参考点选取不同,电路中各点的电位值也不同。但是应该明白,无论参考点如何选取,电路中任意两点间的电压值是不变的。因此,**电路中各点电位的高低是相对的,而两点间的电压值是绝对的。**

有了电位的概念,为了简化电路,常常略去电源,而在其处标以电位值。例如,图 2-25(b)所示电路可以简化为如图 2-26 所示的形式。

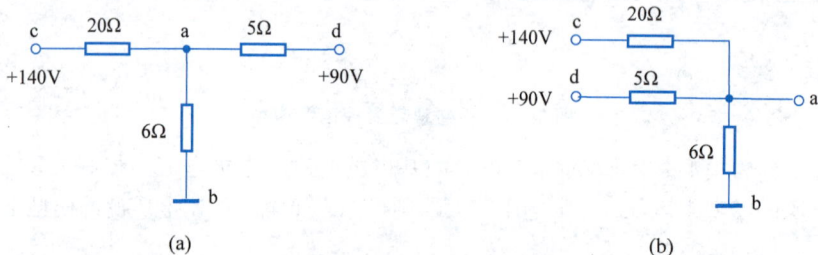

图 2-26　图 2-25(b)的简化电路

【**例 2-3**】　试计算图 2-27(a)所示电路中 B 点的电位。

【**解**】　图 2-27(a)的电路可以化成图 2-27(b)所示的形式,由图 2-27(b)容易求得

$$I = \frac{U_A - U_C}{R_1 + R_2} = \frac{6-(-9)}{(100+50) \times 10^3}\text{A} = 0.1 \times 10^{-3}\text{A} = 0.1\text{mA}$$

$$U_B = U_A + U_{BA} = U_A - R_2 I = 6\text{V} - (50 \times 10^3) \times (0.1 \times 10^{-3})\text{V}$$
$$= 6\text{V} - 5\text{V} = +1\text{V}$$

或

$$U_B = U_C + U_{BC} = U_C + R_1 I = -9\text{V} + (100 \times 10^3) \times (0.1 \times 10^{-3})\text{V}$$
$$= -9\text{V} + 10\text{V} = +1\text{V}$$

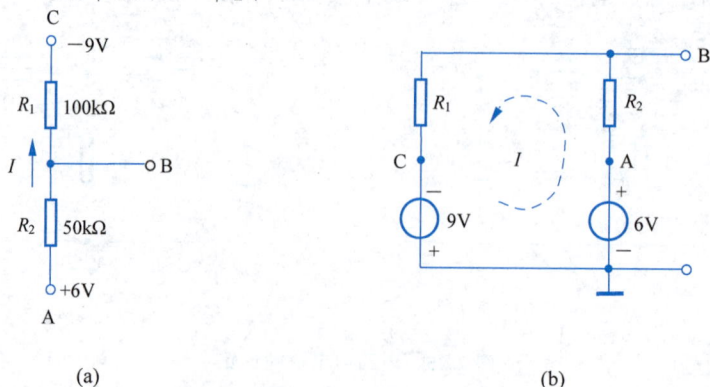

图 2-27　例 2-3 的电路

2.6 复杂电路的基本分析方法

分析与计算电路要应用欧姆定律和基尔霍夫定律,但有时由于电路过于烦琐,计算过程极为烦琐。因此,要根据电路的结构特点寻找分析与计算的简便方法,本节重点讨论两种最基本的电路分析原理,并扼要介绍含受控源及非线性电阻的电路分析方法。

2.6.1 叠加原理

叠加原理(superposition theorem)是线性电路的一个重要性质和基本特征,它不仅可以用来分析计算复杂电路,而且也是解决线性问题的普遍原理,其内容如下:

对于线性电路,任何一条支路的响应(电压或电流)均可看成是每个独立源(电压源和电流源)单独作用时,在此支路所产生的响应的代数和。

下面举例说明叠加原理的应用。

例如,若要求图 2-28(a)中的支路电流 I_1,可以列出基尔霍夫方程组为

$$\begin{cases} I_1 + I_2 - I_3 = 0 \\ R_1 I_1 + R_3 I_3 - E_1 = 0 \\ R_2 I_2 + R_3 I_3 - E_2 = 0 \end{cases}$$

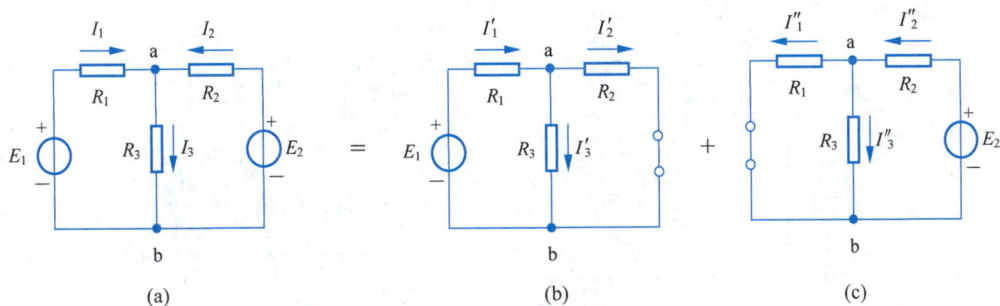

图 2-28 叠加原理的应用示例

而后解之,得

$$I_1 = \frac{R_2 + R_3}{R_1 R_2 + R_2 R_3 + R_3 R_1} E_1 - \frac{R_3}{R_1 R_2 + R_2 R_3 + R_3 R_1} E_2 \tag{2-15}$$

若应用叠加原理求解 I_1,则可如下进行。

(1) 考虑 E_1 单独作用,此时将 E_2 短接,如图 2-28(b)所示,求 R_1 支路的电流 I_1'。

$$I_1' = \frac{E_1}{R_1 + R_2 /\!/ R_3} = \frac{R_2 + R_3}{R_1 R_2 + R_2 R_3 + R_3 R_1} E_1 \tag{2-16}$$

(2) 考虑 E_2 单独作用,此时将 E_1 短接,如图 2-28(c)所示,求 R_1 支路的电流 I_1''。

$$I_1'' = \frac{E_2}{R_2 + R_1 /\!/ R_3} \cdot \frac{R_3}{R_1 + R_3} = \frac{R_3}{R_1 R_2 + R_2 R_3 + R_3 R_1} E_2 \tag{2-17}$$

(3) 求 I_1' 与 I_1'' 的代数和,便得到 I_1。

$$I_1 = I_1' - I_1'' \tag{2-18}$$

这里,I_1' 取"+"号,I_1'' 取"-"号,这是因为 I_1' 与 I_1 的参考方向一致,而 I_1'' 与 I_1 的参考方向

相反的缘故。应该注意,在对响应分量进行叠加时,若其方向与总响应参考方向一致,取"＋"号,相反则取"－"号。

最后需要强调的一点是,考虑电路中某个独立源单独作用时,应将其余独立源作"零值"处理,即独立电压源短接,而独立电流源开路,但它们的内阻仍应计算在内。

2.6.2　等效电源定理

在有些情况下,只需计算一个复杂电路中某一支路的电流或电压,这时,可以将该支路划出。相对于该支路之外的那一部分,不管有多复杂,均可用一个线性有源二端网络(其中含有独立源)来表示,如图 2-29 所示,它对所要计算的这个支路而言,仅相当于一个电源,因为它对这个支路提供电能。因此,这个有源二端网络一定可以化简为一个等效电源。

一个电源可以用两种电路模型来表示,电压源模型和电流源模型,因此,就有两个著名的等效电源定理。

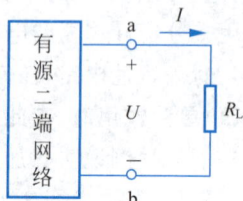

图 2-29　有源二端网络

1. 戴维南定理

任何一个线性有源二端网络均可用一个电动势为 E 的理想电压源和内阻 R_0 串联的电源来等效代替,如图 2-30 所示,其中等效电源的电动势 E 就是有源二端网络的开路电压 U_0,内阻 R_0 等于去掉有源网络中所有独立源后所得到的无源网络 a、b 两端之间的等效电阻。

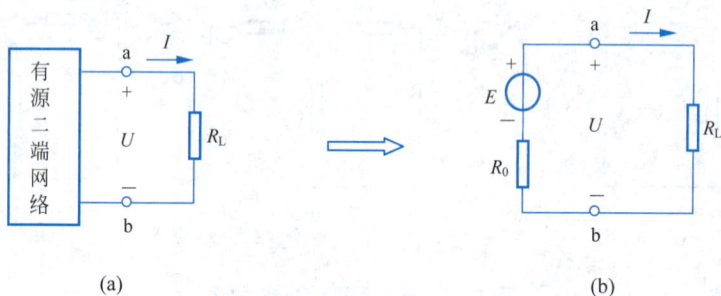

(a)　　　　(b)

图 2-30　应用戴维南定理的等效电路

下面举例说明戴维南定理的应用。

【例 2-4】　电路如图 2-28(a)所示,已知 $E_1=140\text{V}$,$E_2=90\text{V}$,$R_1=20\Omega$,$R_2=5\Omega$,$R_3=6\Omega$,试用戴维南定理计算支路电流 I_3。

【解】　(1) 根据戴维南定理,图 2-28(a)的电路可化成图 2-31(a)所示的形式。可见,求解 I_3 的关键问题是确定 E 及 R_0。

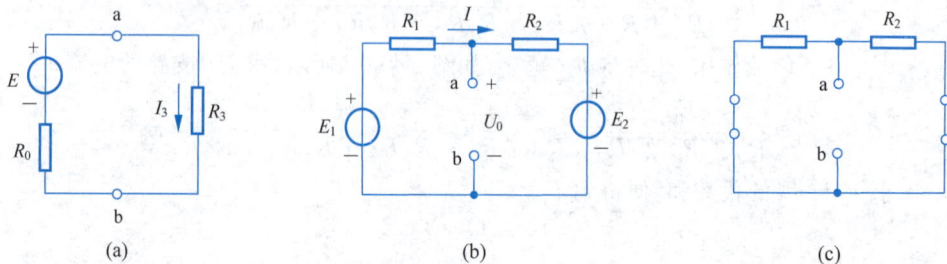

(a)　　　(b)　　　(c)

图 2-31　例 2-4 的图

（2）电动势 E 的确定。E 即开路电压 U_0，它是将负载 R_3 开路后 a、b 两端之间的电压，如图 2-31(b) 所示，由图可得

$$I = \frac{E_1 - E_2}{R_1 + R_2} = \frac{140 - 90}{20 + 5} = 2(A)$$

于是

$$E = U_0 = E_1 - R_1 I = 140 - 20 \times 2 = 100(V)$$

或

$$E = U_0 = E_2 + R_2 I = 90 + 5 \times 2 = 100(V)$$

（3）内阻 R_0 的确定。求 R_0 时应将有源二端网络转换为无源网络，即将有源网络中的独立电压源作短路处理，而独立电流源作开路处理，如图 2-31(c) 所示，由图可以看出，对 a、b 两端来说，R_1、R_2 是并联的，因此

$$R_0 = R_1 /\!/ R_2 = 20 /\!/ 5 = 4(\Omega)$$

（4）求 I_3，由图 2-31(a) 可得

$$I_3 = \frac{E}{R_0 + R_3} = \frac{100}{4 + 6} = 10(A)$$

2. 诺顿定理

任何一个线性有源二端网络均可用一个电流为 I_S 的理想电流源和内阻 R_0 并联的电源来等效代替，如图 2-32 所示，其中等效电源的电流 I_S 就是有源二端网络的短路电流，内阻 R_0 等于去掉有源二端网络中所有独立源后所得到的无源网络 a、b 两端之间的等效电阻。

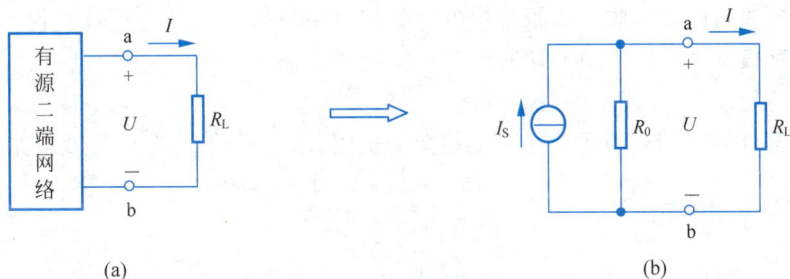

图 2-32 应用诺顿定理的等效电路

下面以举例方式说明该定理的应用。

【例 2-5】 试用诺顿定理求例 2-4 中的支路电流 I_3。

【解】 （1）根据诺顿定理，图 2-28(a) 的电路可化成图 2-33(a) 所示的形式。可见，求解 I_3 的关键问题是确定 I_S 及 R_0。

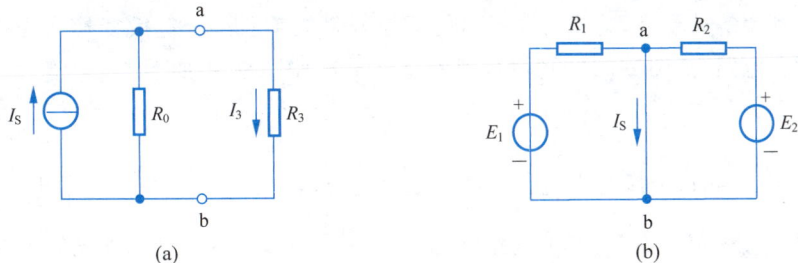

图 2-33 例 2-5 的图

（2）I_S 的确定。I_S 为有源二端网络的短路电流，即将 a、b 两端短接后其中的电流，如图 2-33（b）所示，由图可得

$$I_S = \frac{E_1}{R_1} + \frac{E_2}{R_2} = \frac{140}{20} + \frac{90}{5} = 25（A）$$

（3）内阻 R_0 的确定。方法与例 2-4 相同，此处不再赘述。

$$R_0 = 4\Omega$$

（4）由图 2-33（a）确定 I_3。

$$I_3 = \frac{R_0}{R_0 + R_3}I_S = \frac{4}{4+6} \times 25 = 10（A）$$

可见，应用两种定理求出的 I_3 结果一样，从而给人们一个启示，在分析计算电路时，可以采用不同的方法，应视电路的具体情况确定最简单、最有效的方法。

2.6.3　含受控源电阻电路的分析

在电路分析中，对受控源的处理与独立源无原则区别，前面所介绍的叠加定理和等效电源定理都可以用来分析含受控源的电路。但要注意一些特殊问题，由于受控源具有"受控"这一特性，必须注意以下两点：一是将电路进行化简时，当受控源保留时，同时要保留受控源的控制量；二是在应用叠加定理和等效电源定理时，所有受控源均应保留，不能像独立源那样处理。

1. 受控源的等效变换

受控电压源与电阻串联可以跟受控电流源与电阻并联组合进行等效变换，其方法和独立源的等效互换基本相同。但变换时注意不要消去控制量，只能在把控制量先转换为其他不含被消去的量以后，才能消去控制量。

【例 2-6】　图 2-34（a）所示为含有受控源的电路，求对于端口 ab 的等效电路。

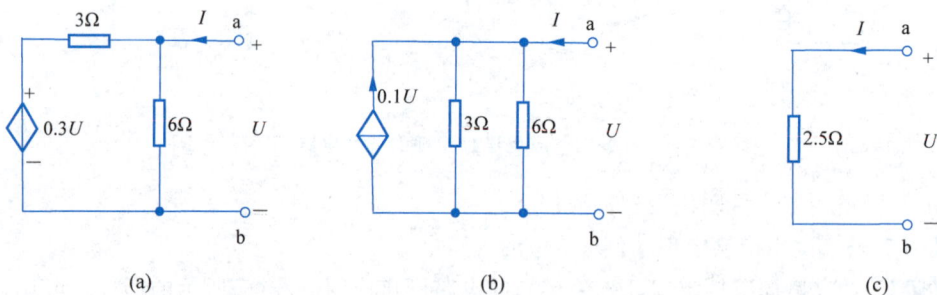

图 2-34　例 2-6 的图

【解】　利用等效变换，首先将受控电压源与电阻的串联组合等效变换为受控电流源与电阻并联组合电路，如图 2-34（b）所示，列出节点 a 的 KCL 方程如下

$$I = \frac{U}{6} + \frac{U}{3} - 0.1U = 0.4U$$

此即为端口 ab 的端口电压与电流的关系。也就是说，若在端口 ab 施加电源电压 U，则端口电流 I 应由上式决定。因此，整个电路好比一个 $\frac{1}{0.4\text{S}} = 2.5\Omega$ 的电阻，如图 2-34（c）所示，它就是原电路的等效电路。

此例说明,通过电路分析可以找到含受控源电路的端口电压与端口电流之间存在的比例关系,这时可以把这个比值作为电阻值,即把该受控源电路等效为一个线性电阻,这种方法常称为"外加电源法"。因此可概括为:**一个无源二端网络对外可等效为一个电阻**,该等效电阻的计算有两种方法:其一是当无源二端网络内不含受控源时,可采用串、并联进行等效变换;其二是当无源二端网络内含有受控源时,可采用外加电源法求等效电阻。

【例 2-7】 图 2-35(a)所示为含有受控源的电路,求 ab 端的等效电路。

【解】 采用外加电源法求电路的等效电阻。端口上的 U 和 I,可认为外加电压源 U,求电流 I,或外加电流源 I 求电压 U,常用前者。列出图 2-35(a)的 KCL、KVL 方程如下

$$\begin{cases} U = 3I + 10I_1 \\ I = I_1 - 3I_1 \end{cases}$$

联立求解得到端口 ab 的电压、电流的关系为:$U = -2I$。由此可得到端口 ab 的电压、电流的比值,即等效电阻 $R_0 = \dfrac{U}{I} = -2\Omega$。整个 ab 端的电路等效为一个负电阻,如图 2-35(b)所示。含受控源电路等效为一个负电阻时,说明该电路向外电路供出能量。

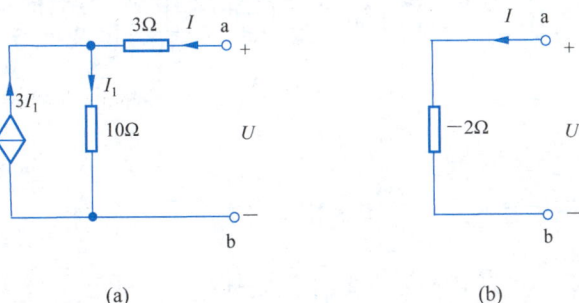

图 2-35 例 2-7 的图

2. 含受控源电阻电路的分析

分析含受控电压源的电阻电路,以前所介绍的电路分析方法均适用,但有些方法要注意一些特殊问题,下面结合例题说明。

【例 2-8】 电路如图 2-36(a)所示,试用叠加定理求电压 U。

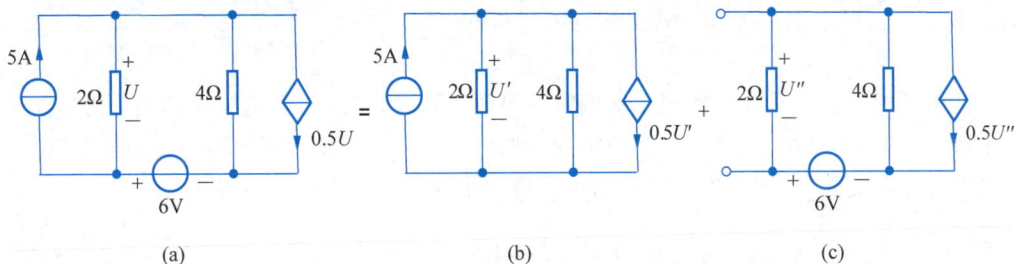

图 2-36 例 2-8 的图

【解】 由于受控源具有"受控"特性,在应用叠加定理时,不能像处理独立源那样处理受控源,在独立源单独作用于电路时,受控源必须保留,且控制关系、控制系数均不变。因此,可按叠加定理画出图 2-36(b)和(c)。

在图 2-36(b)中,可列出 KCL 方程如下

$$\frac{U'}{2}+\frac{U'}{4}+0.5U'=5$$

解得

$$U'=4\text{V}$$

在图 2-36(c)中，可列出 KCL 方程如下

$$\frac{U''}{2}+\frac{U''+6}{4}+0.5U''=0$$

解得

$$U''=-1.2\text{V}$$

所以

$$U=U'+U''=4+(-1.2)=2.8(\text{V})$$

【例 2-9】 图 2-37(a)所示电路，试用戴维南定理求 3V 电压源中的电流 I_0。

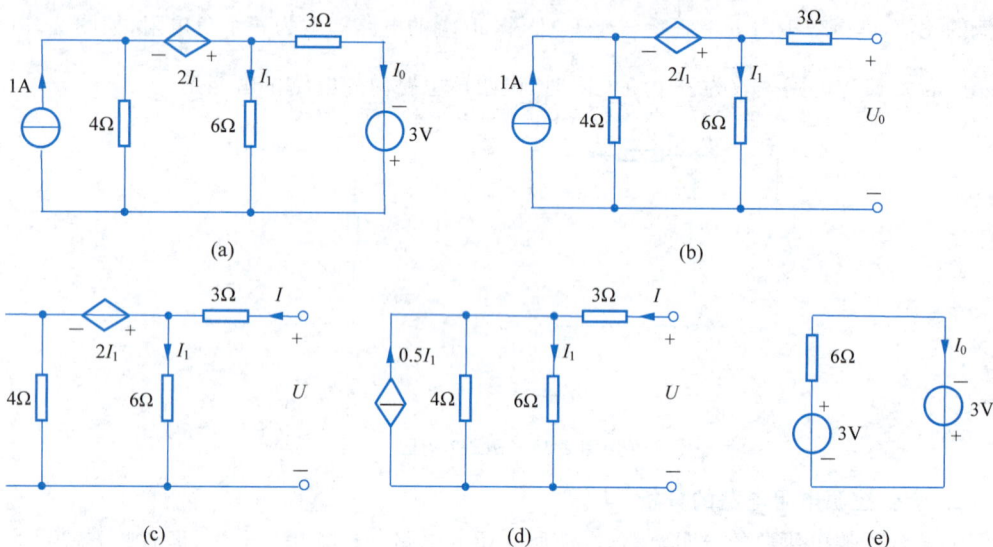

图 2-37　例 2-9 的图

【解】 移去 3V 的电压源支路，得到有源二端网络，如图 2-37(b)所示，在图中应用 KCL 和 KVL，可求出 $I_1=0.5\text{A}$，由此可得开路电压

$$U_0=6I_1=3\text{V}$$

应用外加电源法求含受控源二端网络的等效电阻时，有源二端网络内的独立源应为 0，电路如图 2-37(c)所示。将图 2-37(c)中的受控电压源与电阻的串联支路等效为受控电流源与电阻的并联支路，如图 2-37(d)所示，由图可列出 KCL、KVL 方程如下

$$\begin{cases} 0.5I_1+I-I_1-\dfrac{6I_1}{4}=0 \\ U=3I+6I_1 \end{cases}$$

联立上述方程，可求得电路的等效电阻

$$R_0=\frac{U}{I}=6\Omega$$

应用戴维南定理，接上移去的 3V 电压源支路，得到图 2-37(e)，由此可求出

$$I_0 = \frac{3+3}{6} = 1(\text{A})$$

※2.6.4　非线性电阻电路的分析

包含非线性电阻元件的电路称为非线性电阻电路。严格地说,实际电路元件都是非线性的,**分析非线性电阻电路的基本依据依然是基尔霍夫定律和元件的伏安特性关系。**

1. 非线性电阻元件

非线性电阻元件的伏安关系不满足欧姆定律,而遵循某种特定的非线性函数关系,一般来说,可用下列函数式来表示

$$u = f(i) \tag{2-19}$$

或

$$i = g(u) \tag{2-20}$$

其电路符号如图 2-38(a)所示。

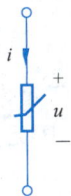

| (a) 非线性电阻的电路符号 | (b) 充气二极管的伏安特性曲线 | (c) 隧道二极管的伏安特性曲线 |

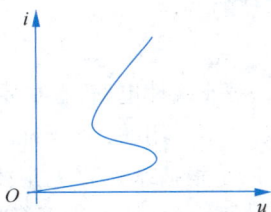

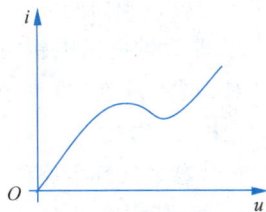

图 2-38　非线性元件符号和伏安特性曲线

对于式(2-19)来说,电阻元件的端电压是其电流的单值函数,对于同一电压,电流可能是多值的,例如图 2-38(b)所示充气二极管的伏安特性,此种元件称为流控型的非线性电阻。

对于式(2-20)来说,电阻元件的电流是其端电压的单值函数,对于同一电流,电压可能是多值的,例如图 2-38(c)所示隧道二极管的伏安特性,此种元件称为压控型的非线性电阻。

另一种非线性电阻属于"单调型",其伏安特性是单调增长或单调下降的,它既是流控型又是压控型。典型的实例是 PN 结二极管,其电路符号及其伏安特性如图 2-39 所示。

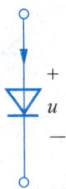

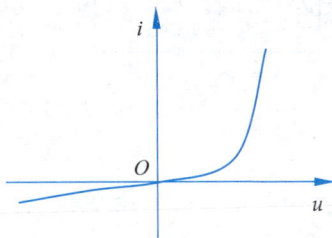

| (a) 电路符号 | (b) 伏安特性曲线 |

图 2-39　二极管的电路符号及其伏安特性曲线

从图 2-39(b)所示的伏安特性看出,当二极管的端电压方向如图 2-39(a)所示时,伏安特性为第一象限的曲线;当外加电压反向时,电流很小,如第三象限的曲线所示。说明施加

于二极管的电压方向不同时，流过它的电流完全不同，故称这种非线性元件具有单向性。如果电流电压关系与方向无关，即伏安特性曲线对称于原点，则称为双向元件。双向元件接入电路时，两个端子互换不会影响电路工作，而互换单向元件的两个端子就会产生完全不同的结果，所以两个端子必须明确区分，不能接错。

非线性电阻的伏安特性不是一条通过原点的直线，特性曲线上每一点的电压与电流的比值不同，且由于电压变化引起的电流变化亦不同。为说明元件某一点的工作特性，满足计算上的需要，引入静态电阻和动态电阻的概念，它们的定义分别为

$$R = \frac{u}{i} \tag{2-21}$$

$$R_\mathrm{d} = \frac{\mathrm{d}u}{\mathrm{d}i} \tag{2-22}$$

显然静态电阻 R 与动态电阻 R_d 一般都是电压和电流的函数。对于图 2-38(b)、图 2-38(c) 的曲线均有一下倾段，在这段范围内，电流随电压的增加而下降，其动态电阻为负值。因而工作在这段范围内的元件具有"负电阻"的特性。

2. 非线性电阻电路的图解法

对非线性电阻，欧姆定律不适用。对非线性电路，叠加定理不适用。以前介绍的线性电路的分析计算方法，对非线性电路一般是不适用的。基尔霍夫定律与元件性质无关，它同样是分析计算非线性电路的依据。图解法是根据基尔霍夫定律、借助于非线性电阻元件的伏安特性曲线，用作图方法求解电路的一种方法，它是分析简单非线性电阻电路的常用方法之一。

图 2-40(a)所示是一非线性电阻电路，已知电源电压 U、线性电阻 R，非线性电阻元件的伏安特性如图 2-40(b)所示，求出电路中的电流 i 和非线性电阻上的电压 u。计算一个非线性电阻与线性电阻串联的电路，常采用图解法。对于非线性电阻电路，应用戴维南定理，一般均能等效变换为图 2-40(a)所示的单回路形式的电路。

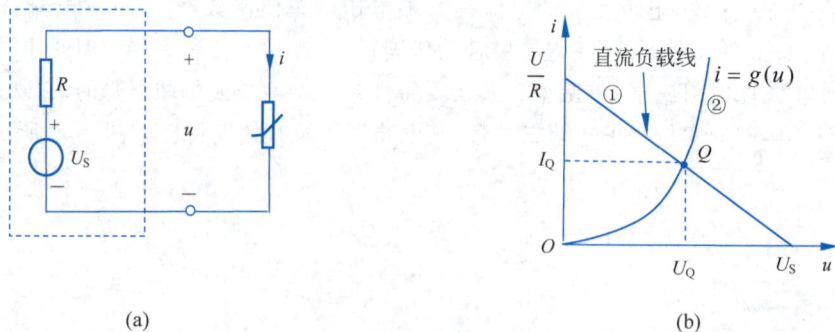

(a)   (b)

图 2-40　含非线性电阻电路的图解法

对于图 2-40(a)，根据 KVL 列出电路方程如下

$$u = U_\mathrm{S} - Ri \tag{2-23}$$

此方程就是图 2-40(a)虚线矩形框所表示的有源二端网络的伏安特性，它在 u-i 平面上表示一条直线，如图 2-40(b)中的直线①，其斜率为 $-\dfrac{1}{R}$，在电子电路中，直流电压源通常表示偏置电压，而 R 表示负载，所以由式(2-23)确定的直线称为直流负载线。

设非线性电阻的伏安特性为

$$i = g(u) \tag{2-24}$$

式(2-24)与图 2-34(b)中的曲线②对应,图中直线①与曲线②的交点 $Q(U_Q、I_Q)$ 同时满足式(2-23)和式(2-24),它就是电路的直流工作点,或称**静态工作点**。利用非线性电阻的伏安特性和线性有源二端网络的外特性直线相交的图解法常称为曲线相交法。

如果图 2-40 所示电路的非线性电阻的伏安特性 $i = g(u)$,如图 2-41 所示,用曲线相交法解得电路有三个解答,即交点 Q_1、Q_2 和 Q_3。

【例 2-10】 图 2-42(a)所示为晶体三极管电路,其电路模型如图 2-42(b)所示。已知 $U_C = 20\text{V}$,$R_C = 6\text{k}\Omega$。三极管的伏安特性曲线如图 2-42(c)所示,它是流入集电极 C 的电流 i_C 与 u_{CE}(集电极与发射极之间的电压)间的关系,这个关系因基极电流 i_B 的不同而不同。图中表示了几个不同的 i_B 值的曲线。现设 $i_B = 40\mu\text{A}$,求三极管的电流 i_C 与电压 u_{CE}。

图 2-41 曲线相交点的三个解答

【解】 由图 2-42(b)可得

$$u_{CE} = U_C - R_C i_C = 20 - 6i_C$$

上式在 u-i 平面上表示为一条直线,画在图 2-42(c)中。找出 $i_B = 40\mu\text{A}$ 时三极管的伏安特性曲线,利用曲线相交法得到交点 Q,该点就是所求的静态工作点。由图 2-42 可求出三极管的电流与电压为

$$i_C = 1.8\text{mA}$$

$$u_{CE} = 9\text{V}$$

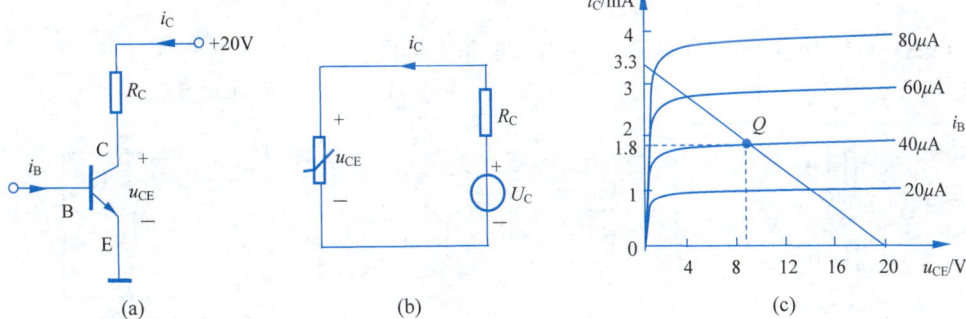

图 2-42 例 2-10 的图

思考题与习题

【2-1】 什么是关联参考方向?什么是非关联参考方向?

【2-2】 在图 2-43 中,$U_{ab} = -3\text{V}$,试问 a、b 两点中哪点电位高?

【2-3】 图 2-44 中各方框均表示闭合电路中的某一元件,其中各电压、电流的参考方向在图中已标出,且已知(a)$U = -1\text{V}$,$I = 2\text{A}$;(b)$U = -2\text{V}$,$I = 3\text{A}$;(c)$U = 4\text{V}$,$I = 2\text{A}$;

(d)$U=-1\mathrm{V}$，$I=2\mathrm{A}$。试判断哪些是电源，哪些是负载。

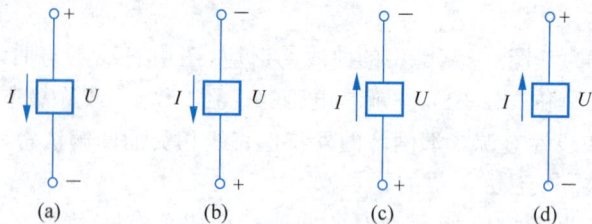

图 2-43 题 2-2 的图   图 2-44 题 2-3 的图

【2-4】 电路如图 2-45 所示，已知 $U_1=5\mathrm{V}$，$U_2=4\mathrm{V}$，$U_6=-3\mathrm{V}$，$U_7=-2\mathrm{V}$；$I_1=5\mathrm{A}$，$I_2=2\mathrm{A}$，$I_7=-3\mathrm{A}$。

（1）试求 U_3、U_4、U_5 和 I_5、I_4。

（2）试写出计算 U_{ad} 的三个表达式，并利用（1）的结果验证：计算电路中任意两点间的电压与所选取的路径无关。

【2-5】 电路如图 2-46 所示，试计算开关 S 断开和闭合时 A 点的电位。

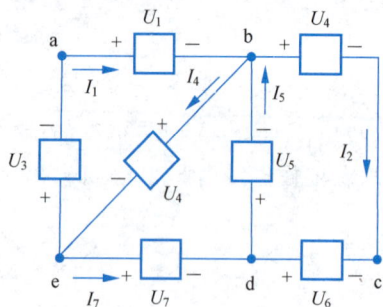

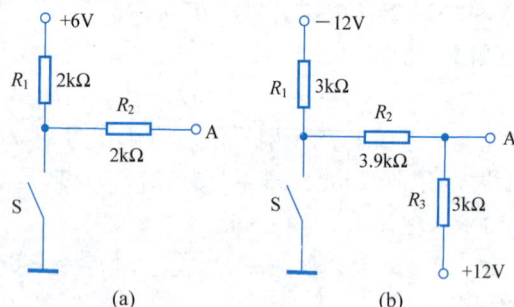

图 2-45 题 2-4 的图   图 2-46 题 2-5 的图

【2-6】 试用叠加原理计算图 2-47 所示电路中标出的电压 U 和电流 I。

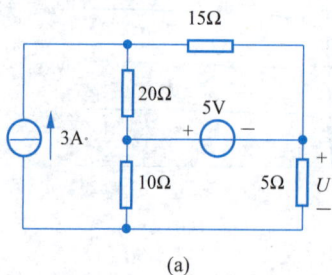

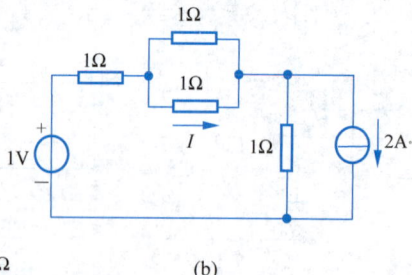

(a)   (b)

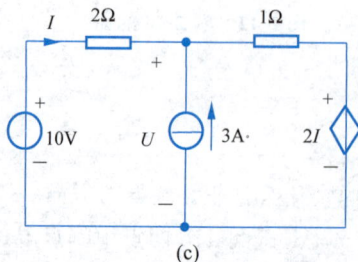

(c)

图 2-47 题 2-6 的图

【2-7】 试用戴维南定理求图 2-48 所示电路中流过 R_L 的电流 I。已知 R_L 分别为 12Ω、24Ω、48Ω。

【2-8】 图 2-49 是常见的分压电路,试分别用戴维南定理和诺顿定理求负载电流 I_L。

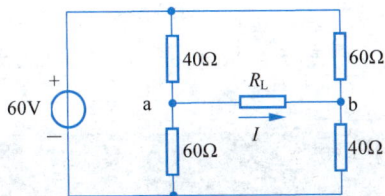

图 2-48 题 2-7 的图

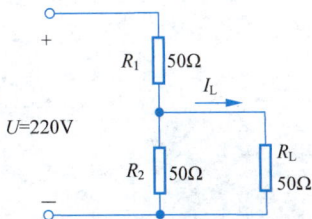

图 2-49 题 2-8 的图

【2-9】 求图 2-50 所示各电路的输入电阻 R_i。

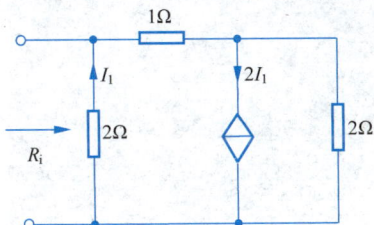

(a)

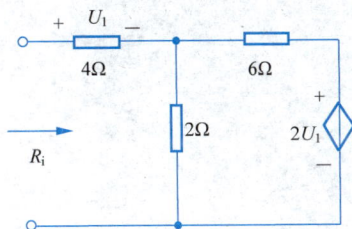

(b)

图 2-50 题 2-9 的图

【2-10】 图 2-51(a)所示电路,非线性电阻伏安关系如图 2-51(b)所示。求电压 u 和电流 i_1。

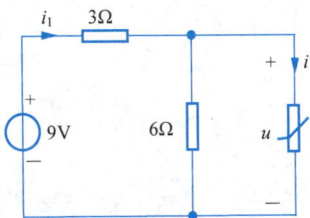

(a)

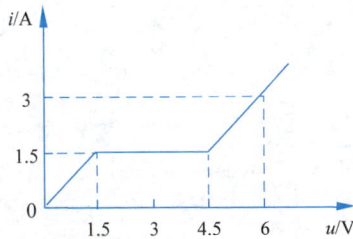

(b)

图 2-51 题 2-10 的图

科学家故事

电路求解大师——古斯塔夫·罗伯特·基尔霍夫(Gustav Robert Kirchhoff)

基尔霍夫是德国物理学家,他一生对科学作出了巨大贡献,尤其是在电磁学领域。1845 年,基尔霍夫提出了稳恒电路网络中电流、电压、电阻关系的两条电路定律,即著名的基尔霍夫电流定律(KCL)和基尔霍夫电压定律(KVL),解决了电器设计中电路方面的难题,因此被称为"电路求解大师"。此外,他还研究了电路中电的流动和分布,阐明了电路中两点间的电势差和静电学的电势这两个物理量在量纲和单位上的一致性，从而使基本电路定律具有更广泛的意义。

1859 年，基尔霍夫提出了热辐射定律，并在 1861 年给出了证明。1862 年，他进一步提出了绝对黑体的概念，这些贡献对 20 世纪物理学的发展产生了深远的影响。

基尔霍夫和化学家本森合作制成了光谱仪，创立了光谱化学分析法，从而发现了元素铯和铷，为元素周期表的完善作出了贡献。

基尔霍夫（左）与本森（右）

本森与基尔霍夫制造的光谱仪

第 3 章

正弦交流电路

科技发展前沿

正弦交流电作为现代电力系统的基本形式,因其产生方便、传输高效、控制灵活、稳定性好、适应性强、分析简便等优势,广泛应用于各种场合。从家庭用电到大型工业设施,再到远程输电网络,都离不开正弦交流电的支持。随着科技的进步,正弦交流电在利用风能、太阳能等可再生能源发电方面也发挥着重要作用,进一步推动了其应用和发展。

所谓正弦交流电路,是指含有正弦电源(激励)而且电路各部分产生的电压和电流(响应)均按正弦规律变化的电路。在生产上和生活上所用的交流电,一般都是指正弦交流电,正弦交流电路是电路理论很重要的一部分内容。本章重点讨论正弦交流电的基本概念、相量分析方法、简单正弦交流电路分析、谐振现象及三相交流电的基本知识。

3.1 交流电的基本概念

交流电是指大小和方向随时间做周期性往复变化的电压和电流。图 3-1 给出了几种周期性交流电的波形。

图 3-1(d)所示的交流电,其大小和方向随时间按正弦规律变化,称为**正弦交流电**,它是最常用的交流电。例如,发电厂提供的电能是正弦交流电的形式;在收音机里为了听到语音广播信号用到的"高频载波"是正弦波形;正弦信号发生器输出的信号电压,也是随时间按正弦规律变化的。

3.1.1 正弦交流电的三要素

图 3-2 示出了正弦量(以电流 i 为例)的一段变化曲线,该曲线可用下式表示

$$i = I_{\mathrm{m}} \sin(\omega t + \varphi_0) \qquad (3\text{-}1)$$

式中,i 表示交流电流的瞬时大小,称瞬时值;I_{m} 是瞬时值中最大的值,称幅值;ω 表示正弦电流的角频率;φ_0 表示正弦电流的初相位。**幅值、角频率、初相位**合称为正弦量的"三要

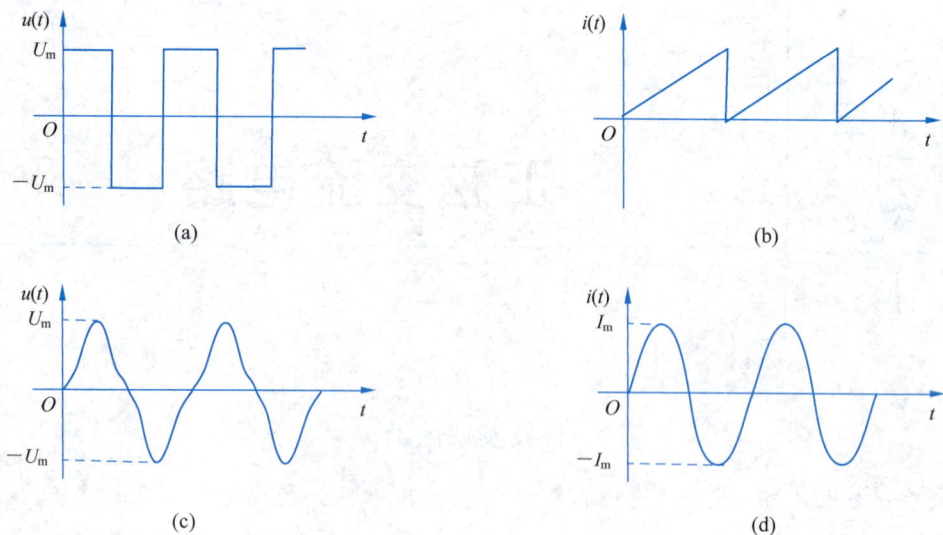

(a)

(b)

(c)

(d)

图 3-1　周期性交流电的一般波形

素"，它们分别表示正弦交流电变化的幅度、快慢和初始状态。下面分别给予详细说明。

1. 幅值

幅值是瞬时值中的最大值，又称为最大值或峰值，通常用 I_m 或 U_m 表示，它们是与时间无关的常数。

2. 角频率

角频率是表示正弦量变化快慢的一个物理量，为了说明角频率的概念，先了解周期 T 和频率 f 的含义。

周期 T 是正弦量变化一周所需要的时间，周期 T 越大，波形变化越慢；反之，周期 T 越小，波形变化越快。周期 T 的单位是 s(秒)。

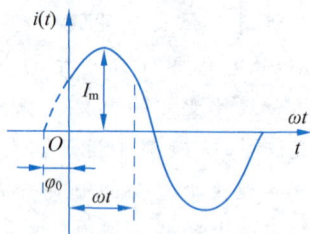

图 3-2　正弦波形

频率 f 表示每秒时间内正弦量重复变化的次数。f 越大，正弦量变化越快，反之越慢。频率的单位是 Hz(赫兹)，较高的频率用 kHz(千赫)和 MHz(兆赫)表示。$1\text{kHz}=10^3\text{Hz}$，$1\text{MHz}=10^6\text{Hz}$。

周期 T 和频率 f 互为倒数，即

$$T=\frac{1}{f} \quad 或 \quad f=\frac{1}{T} \tag{3-2}$$

我国发电厂提供的电能规定频率 $f=50\text{Hz}$，即每变化一周需要的时间为

$$T=\frac{1}{50}=0.02(\text{s})$$

正弦量变化一个周期，相当于正弦函数变化 2π 弧度，角频率 ω 表示正弦量每秒变化的弧度数，单位是 rad/s(弧度/秒)，角频率与周期的关系为

$$\omega T=2\pi$$

即

$$\omega=\frac{2\pi}{T}=2\pi f \tag{3-3}$$

我国电力系统提供的正弦交流电的频率 $f=50\text{Hz}$,即角频率

$$\omega=100\pi\text{rad/s}=314\text{rad/s}$$

3. 初相位

式(3-1)中的 $\omega t+\varphi_0$ 称为正弦量的相位角,简称相位,相位角是时间的函数。当 $t=0$ 时,正弦量的相位称为初相位,又称初相角。**初相位 φ_0 的大小和正负,与选择的时间起点有关。**

通常规定正弦量由负值变化到正值经过的零点为该正弦量的零点,离计时起点($t=0$)最近的正弦量零点到计时起点之间对应的电角度即为初相位 φ_0。φ_0 的正负可以这样确定:当正弦量的初始瞬时值为正时,φ_0 为正;初始瞬时值为负时,φ_0 为负。或从正弦零点所处的位置来看,如果离计时起点最近的正弦零点在纵轴的左侧时,φ_0 为正;若在右侧时,φ_0 为负。两种方法所得结果相同。图 3-3 给出了几种不同初相位的正弦电压波形。

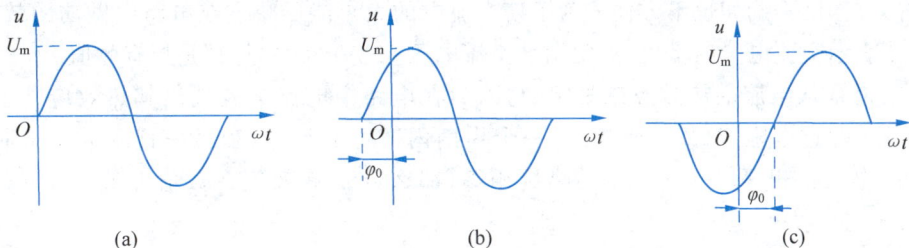

图 3-3 初相位

图 3-3(a)中,$\varphi_0=0$;图 3-3(b)中,$\varphi_0>0$;图 3-3(c)中,$\varphi_0<0$。

由上述初相位 φ_0 的定义可知,其取值范围为 $-\pi<\varphi_0<\pi$。

3.1.2 正弦交流电的相位差

两个同频率的正弦交流电在任何瞬时的相位之差或初相位之差称为相位差,用 φ 表示。

图 3-4 中,u 和 i 的波形可用下式表示

$$\begin{cases}u=U_\text{m}\sin(\omega t+\varphi_1)\\i=I_\text{m}\sin(\omega t+\varphi_2)\end{cases}\quad(3\text{-}4)$$

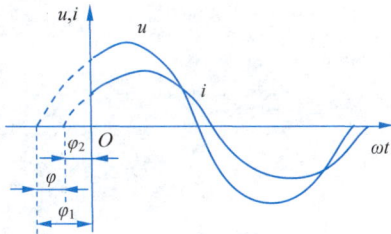

图 3-4 相位差

u 和 i 的相位差为

$$\varphi=(\omega t+\varphi_1)-(\omega t+\varphi_2)=\varphi_1-\varphi_2\quad(3\text{-}5)$$

可见,相位差 φ 的大小与时间 t、角频率 ω 无关,它仅取决于两个同频正弦量的初相位。

当两个同频正弦量的计时起点($t=0$)改变时,它们的相位和初相位随之改变,但两者的相位差始终不变。

由图 3-4 可见,因为 u 和 i 的初相位不同(不同相),所以它们的变化步调是不一致的,即不是同时到达正的幅值和零值。图中 $\varphi>0(\varphi_1>\varphi_2)$,所以 u 较 i 先到达正的幅值,称 u 比 i 超前 φ 角,或者 i 比 u 滞后 φ 角。图 3-5 示出了几种特殊的相位关系。

图 3-5(a)中,$\varphi=0$,称 u_1 和 u_2 同相;图 3-5(b)中,$\varphi=\pi$,称 u_1 和 u_2 反相;图 3-5(c)中,$\varphi=\dfrac{\pi}{2}$,称 u_1 和 u_2 正交。

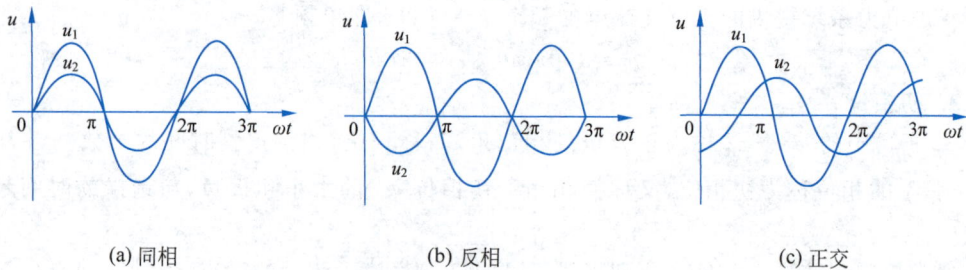

(a) 同相   (b) 反相   (c) 正交

图 3-5　几个特殊的相位关系

3.1.3　正弦交流电的有效值

无论从测量还是使用上，用瞬时值或最大值表示交流电在电路中产生的效果（如热、机械、光等效应）既不确切也不方便。为了使交流电的大小能反映它在电路中做功的效果，常用有效值表示交流电量的量值，如常用的交流电压 220V、380V 等都是指有效值。

有效值是从电流的热效应来规定的，因为在电路中电流常表现出其热效应。若某一周期电流 i 通过电阻 R（如电阻炉）在一个周期内产生的热量，和另一直流电流 I 通过同样大小的电阻在相等时间内产生的热量相等，那么，i 的有效值在数值上就等于 I。因此可得

$$\int_0^T Ri^2 \mathrm{d}t = RI^2T$$

由此得出交流电流的有效值

$$I = \sqrt{\frac{1}{T}\int_0^T i^2 \mathrm{d}t} \tag{3-6}$$

若 $i = I_m\sin\omega t$，则

$$I = \sqrt{\frac{1}{T}\int_0^T I_m^2\sin^2\omega t \mathrm{d}t} = \frac{I_m}{\sqrt{2}} = 0.707I_m \tag{3-7}$$

同理

$$U = \frac{U_m}{\sqrt{2}} = 0.707U_m \tag{3-8}$$

$$E = \frac{E_m}{\sqrt{2}} = 0.707E_m \tag{3-9}$$

式（3-7）～式（3-9）表明，正弦交流电的有效值等于它的最大值的 0.707 倍，按照规定，有效值都用大写字母表示。

所有交流用电设备铭牌上标注的额定电压、额定电流都是有效值，一般交流电流表和电压表的刻度也是根据有效值来标定的。

【例 3-1】　在某电路中，$i = 100\sin\left(6280t - \dfrac{\pi}{4}\right)$ mA。（1）试指出它的频率、周期、角频率、幅值、有效值及初相位各为多少。（2）画出该电流的波形图。

【解】　（1）角频率。

$$\omega = 6280\mathrm{rad/s}$$

频率

$$f = \frac{\omega}{2\pi} = \frac{6280}{2 \times 3.14} = 1000(\mathrm{Hz})$$

周期

$$T = \frac{1}{f} = \frac{1}{1000} = 0.001(\mathrm{s})$$

幅值

$$I_m = 100\mathrm{mA}$$

有效值

$$I = 0.707 I_m = 70.7\mathrm{mA}$$

初相位

$$\varphi_0 = -\frac{\pi}{4}$$

（2）该电流的波形如图3-6所示。

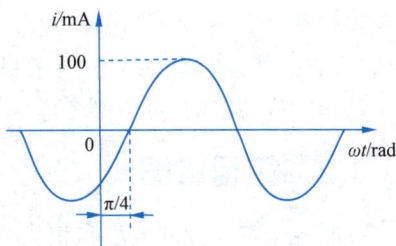
图3-6　例3-1的图

3.2　正弦量的相量表示方法

如3.1节所述，一个正弦量具有幅值、角频率、初相位三个特征量（三要素），它可用三角函数式（见式(3-1)）或正弦波形（见图3-2）来表示，但用这两种方法来计算正弦交流电的和或差时，运算过程烦琐，很不方便。因此，在电路领域，常用相量表示正弦量，相量表示法的基础是复数，就是用复数表示正弦量。

3.2.1　用旋转相量表示正弦量

设有一正弦电压 $u = U_m \sin(\omega t + \varphi_0)$，如图3-7(b)所示，用旋转相量表示的方法如下。

以直角坐标系的 O 点为原点，取相量的长度为振幅 U_m，相量的起始位置与横轴正方向之间的夹角为初相位 φ_0，并以角频率 ω 绕原点按逆时针方向旋转，这样，该相量在旋转的过程中，它每一瞬时在纵轴上的投影即代表正弦电压在该时刻的瞬时值，如图3-7(a)所示。

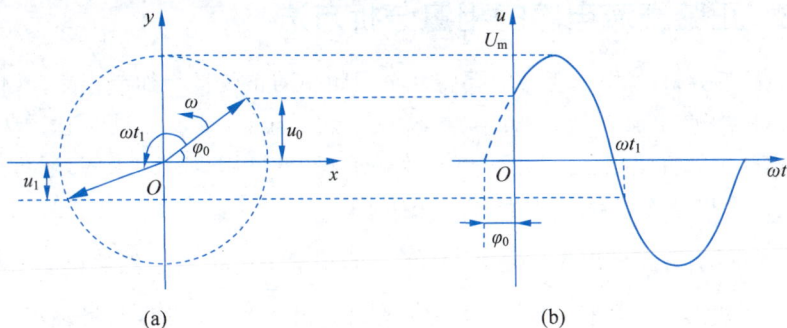
图3-7　用旋转相量表示正弦量

例如，$t=0$ 时，$u_0 = U_m \sin\varphi_0$；$t=t_1$ 时，$u_1 = U_m \sin(\omega t_1 + \varphi_0)$。

如上所述，正弦量可用一条旋转的有向线段表示，而有向线段可用复数表示，所以正弦量也可用复数表示。为了与一般的复数相区别，把表示正弦量的复数称为相量，并在大写字

视频讲解

母上打"·"表示，例如，正弦电压 $u = U_m\sin(\omega t + \varphi_0)$ 的相量表示式为

$$\dot{U}_m = U_m(\cos\varphi_0 + \text{j}\sin\varphi_0) = U_m\text{e}^{\text{j}\varphi_0} = U_m\angle\varphi_0 \tag{3-10}$$

或

$$\dot{U} = U(\cos\varphi_0 + \text{j}\sin\varphi_0) = U\text{e}^{\text{j}\varphi_0} = U\angle\varphi_0 \tag{3-11}$$

$\dot{U}_m$ 是电压的幅值相量，$\dot{U}$ 是电压的有效值相量。注意，**相量只是表示正弦量，而不是等于正弦量**。另外，式(3-10)或式(3-11)中只有两个特征量，即模和幅角，也就是正弦量的幅值(或有效值)和初相位。由于在线性电路中，电路的输入和输出均为同频率的正弦量，频率是已知的或特定的，可不必考虑，只需求出正弦量的幅值(或有效值)和初相位即可。

3.2.2　相量图

按照各个正弦量的大小和相位关系用初始位置的有向线段画出的若干个相量的图形，称为相量图。**在相量图上能形象地看出各个正弦量的大小和相互间的相位关系**。例如，图 3-4 中用正弦波形表示的两个正弦量，若用相量图表示则如图 3-8 所示。

由图 3-8 容易看出，电压相量 $\dot{U}$ 比电流相量 $\dot{I}$ 超前 φ 角，即正弦电压 u 比正弦电流 i 超前 φ 角。

关于相量表示法作以下几点说明。

(1) 只有正弦周期量才能用相量表示，相量不能表示非正弦周期量。

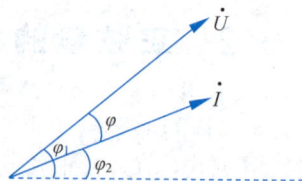

图 3-8　相量图

(2) 只有同频率的正弦量才能画在同一相量图上，不同频率的正弦量不能画在同一相量图上，否则就无法进行比较和计算。

(3) 在相量图中，可以用幅值相量，也可化为有效值相量，但是必须注意，有效值相量在纵轴上的投影不再代表正弦量的瞬时值。

(4) 作相量图时，各相量的相对位置很重要。一般任选一个相量为参考相量，通常把它画在直角坐标系的横轴位置上，其余各相量的位置，则以与这个参考相量之间的相位差来确定，如图 3-8 所示。

3.2.3　正弦交流电路的相量分析方法

在交流电路的分析计算中，常常需要将几个同频率的正弦量相加或相减。如图 3-9 所示的电路中，已知两正弦电流 $i_1 = I_{1m}\sin(\omega t + \varphi_1)$，$i_2 = I_{2m}\sin(\omega t + \varphi_2)$，试确定 $i = i_1 + i_2$。

求解总电流 i 的方法很多，可用三角函数式求解，也可用复数式求解，还可用正弦波形求解，这里仅讨论相量图求解法，其具体方法如下。

如图 3-10 所示，首先做出表示电流 i_1 和 i_2 的相量 $\dot{I}_{1m}$ 和 $\dot{I}_{2m}$，然后以 $\dot{I}_{1m}$ 和 $\dot{I}_{2m}$ 为两邻边做一平行四边形，其对角线即为总电流 i 的幅值相量 $\dot{I}_m$，对角线与横轴正方向(参考相量)之间的夹角即为初相位 φ_0。这就是相量运算中的**平行四边形法则**。

如果要进行正弦量的减法运算，仍可利用平行四边形法则。例如，在图 3-9 中，若已知 $i = I_m\sin(\omega t + \varphi_0)$，$i_2 = I_{2m}\sin(\omega t + \varphi_2)$，求 $i_1 = i - i_2$。

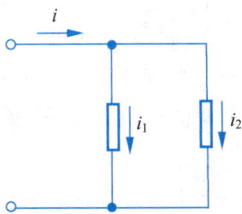

图 3-9 相量运算

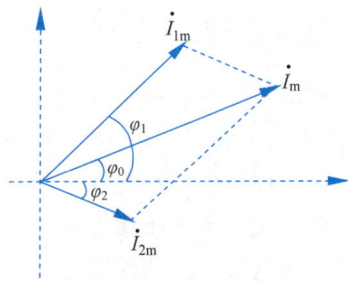

图 3-10 相量的加法运算

这时,首先用相量表示 i 和 i_2。根据相量关系知道,求 $i-i_2$ 可通过求 $\dot{I}_m-\dot{I}_{2m}$ 得到,因减相量等于加负相量,故合成相量 $\dot{I}_{1m}=\dot{I}_m+(-\dot{I}_{2m})$。所以,以 $\dot{I}_m$ 和 $-\dot{I}_{2m}$ 为两邻边作一平行四边形,其对角线即为 i_1 的相量,如图 3-11 所示。

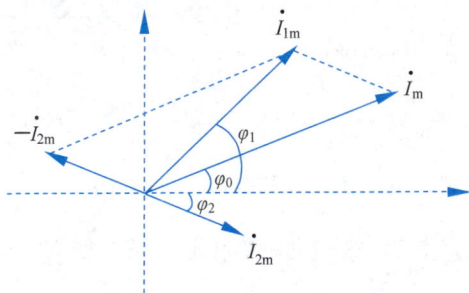

图 3-11 相量的减法运算

由上述可见,利用相量法进行正弦量的加、减运算十分简便,相量法是分析正弦交流电路的常用工具。

3.3 交流电路中的基本元件

电阻、电感与电容是组成电路的基本元件。本节重点讨论在正弦交流电路中,三种元件中电压与电流的一般关系及能量的转换问题。

3.3.1 电阻元件

图 3-12 中,u 和 i 为关联参考方向,根据欧姆定律得出

$$i=\frac{u}{R}$$

或

$$u=Ri \tag{3-12}$$

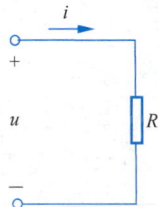

图 3-12 电阻元件

式(3-12)表明,电阻元件上的电压与通过它的电流呈线性关系。

若式(3-12)两边同时乘以 i,并积分,则得

$$\int_0^t ui\,\mathrm{d}t=\int_0^t Ri^2\,\mathrm{d}t$$

上式表明电能全部消耗在电阻上,转换为热能。

3.3.2 电感元件

图 3-13(a)所示是一个电感线圈,图 3-13(b)是电感元件的符号。

当电感线圈中通过电流 i 时,在线圈内部和外部建立磁场形成磁通 Φ(电感具有储存磁场能量的性质),Φ 与线圈 N 匝都交链,线圈各匝相链的磁通总和称为磁链 Ψ,当线圈中没有铁磁材料时,Ψ 或 Φ 与 i 成正比关系,即

$$\Psi = N\Phi = Li \quad \text{或} \quad L = \frac{\Psi}{i} = \frac{N\Phi}{i} \tag{3-13}$$

当通过线圈的磁通(磁链)发生变化时,线圈中要产生感应电动势 e_L,根据法拉第电磁感应定律(感应电动势等于回路包围的磁链变化率的负值)得

$$e_L = -\frac{d\Psi}{dt} = -N\frac{d\Phi}{dt} \tag{3-14}$$

将磁链 $\Psi = Li$ 代入上式中,则得

$$e_L = -L\frac{di}{dt} \tag{3-15}$$

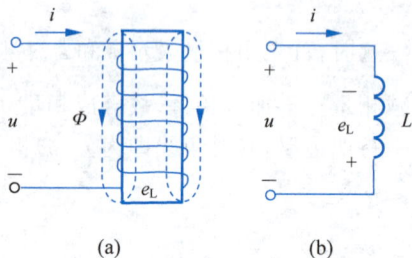

图 3-13 电感元件及其构成

e_L 称为自感电动势。式(3-15)表明,当电流的正值增大,即 $\dfrac{di}{dt}>0$ 时,e_L 为负值,表明 e_L 的实际方向与电流的方向相反,这时 e_L 要阻碍电流的增大;反之,当电流的正值减小,即 $\dfrac{di}{dt}<0$ 时,e_L 为正值,表明 e_L 的实际方向与电流的方向相同,这时 e_L 要阻碍电流的减小。可见,自感电动势具有阻碍电流变化的性质。

电感 L 的单位是 H(亨利)或 mH(毫亨),线圈的电感与线圈的尺寸、匝数以及附近介质的导磁性能有关。例如,有一密绕的长线圈,其横截面积为 $S(\text{m}^2)$,长度为 $l(\text{m})$,匝数为 N,介质的磁导率为 $\mu(\text{H/m})$,则其电感 $L(\text{H})$ 为

$$L = \frac{\mu S N^2}{l} \tag{3-16}$$

由图 3-13(b)可列出 KVL 方程为

$$u + e_L = 0$$

即

$$u = -e_L = L\frac{di}{dt} \tag{3-17}$$

式(3-17)表明,电感元件上的电压与通过它的电流成导数关系。当线圈中通过不随时间变化的恒定电流(即在直流电路稳定状态下)时,其上电压为零,因此,**电感元件在直流电路中可视为短路**。

最后,讨论一下电感元件中的能量转换问题。将式(3-17)两边乘 i,并积分,得

$$\int_0^t ui\,dt = \int_0^t Li\,di = \frac{1}{2}Li^2 \tag{3-18}$$

式中的 $\dfrac{1}{2}Li^2$ 为磁场能量。式(3-18)表明,当电感元件中的电流增大时,磁场能量增大,在

此过程中电能转换为磁能,即电感元件从电源取用能量;当电流减小时,磁能转换为电能,即电感元件向电源放还能量。

3.3.3 电容元件

图 3-14(a)是电容元件的符号,电容元件是实际电容器的理想模型。实际电容器的种类和规格很多,然而就其构成的基本原理来说,都是由被绝缘介质隔离的两片平行金属极板组成的,两极板用金属导线引出,如图 3-14(b)所示。

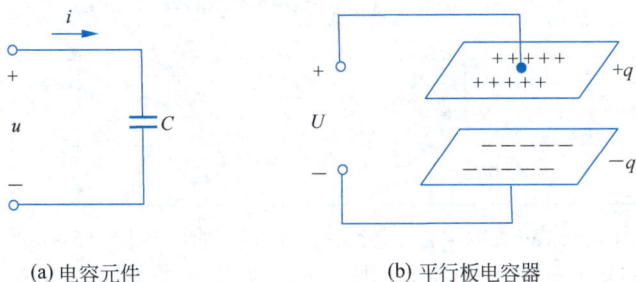

(a) 电容元件　　　　　　(b) 平行板电容器

图 3-14　电容元件及其构成

当两极板间加电源时,与电源正极相连的金属板上就要积聚正电荷$+q$,而与负极相连的金属板上就要积聚负电荷$-q$,正、负电荷的电量是相等的(电容具有储存电场能量的性质)。电容器极板上所积聚的电量q与其上电压成正比,即

$$\frac{q}{u} = C \tag{3-19}$$

式中,C 称为电容,电容的单位是 F(法拉)。当将电容器充上 1V 的电压时,极板上积累了 1C 的电荷量,则该电容器的电容就是 1F。由于法拉的单位太大,工程上多采用 μF(微法)或 pF(皮法),$1\mu F = 10^{-6} F$,$1pF = 10^{-12} F$。

电容器的电容与极板的尺寸及其间介电常数有关。例如,有一极板间距离很小的平行板电容器,其极板面积为 $S(\text{m}^2)$,板间距离为 $d(\text{m})$,其间介质的介电常数为 $\varepsilon(\text{F/m})$,则其电容 $C(\text{F})$ 为

$$C = \frac{\varepsilon S}{d} \tag{3-20}$$

当极板上的电荷量 q 或电压 u 发生变化时,在电路中就要引起电流

$$i = \frac{\mathrm{d}q}{\mathrm{d}t} = C\frac{\mathrm{d}u}{\mathrm{d}t} \tag{3-21}$$

式(3-21)是在 u 和 i 为关联参考方向下(见图 3-14(a))得出的,否则要加一个负号。

当电容器两端加恒定电压(直流稳定状态)时,由式(3-21)可知,$i = 0$,因此,**在直流电路中,电容元件可视作开路**。

将式(3-21)两边乘 u,并积分,可得

$$\int_0^t ui\,\mathrm{d}t = \int_0^t Cu\,\mathrm{d}u = \frac{1}{2}Cu^2 \tag{3-22}$$

式中的 $\frac{1}{2}Cu^2$ 为电容极板间的电场能量。式(3-22)表明,当电容元件上的电压增大时,电场

能量增大,在此过程中电容元件从电源取用能量,电容处于充电状态；当电压减小时,电场能量减小,这时电容元件向电源放还能量,电容处于放电状态。

表 3-1 列出了电阻元件、电感元件和电容元件在几个方面的特征,希望有助于读者以比较的方式加深理解。

表 3-1　电阻、电感和电容元件的特征

特　　征	元　　件		
	电阻元件	电感元件	电容元件
电压与电流的关系	$u = Ri$	$u = L\dfrac{\mathrm{d}i}{\mathrm{d}t}$	$i = C\dfrac{\mathrm{d}u}{\mathrm{d}t}$
参数意义	$R = \dfrac{u}{i}$	$L = \dfrac{N\Phi}{i}$	$C = \dfrac{q}{u}$
能量	$\displaystyle\int_0^t Ri^2\,\mathrm{d}t$	$\dfrac{1}{2}Li^2$	$\dfrac{1}{2}Cu^2$

【例 3-2】　如图 3-15(a)所示电路,电流源 $i(t)$ 的波形如图 3-15(b)所示。(1)试画出电感元件中产生的自感电动势 e_L 和两端电压 u 的波形；(2)试计算在电流增大的过程中电感元件从电源吸取的能量和在电流减小的过程中它放出的能量。

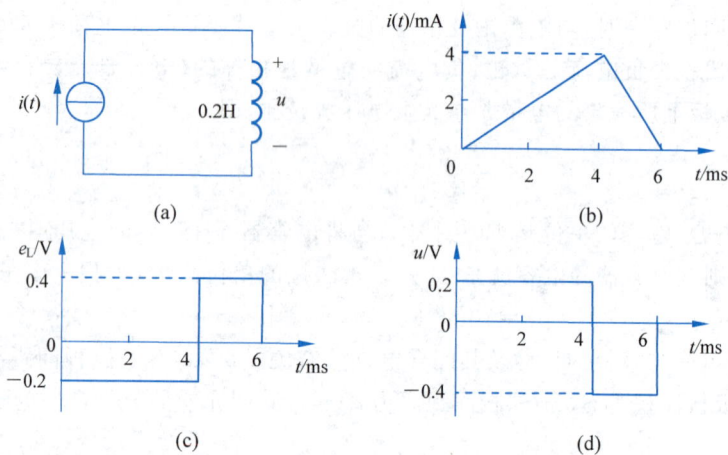

图 3-15　例 3-2 的图

【解】　(1)电流 $i(t)$ 的函数表达式如下。

$$i(t) = \begin{cases} t\,\mathrm{mA}, & 0 \leqslant t \leqslant 4\mathrm{ms} \\ (-2t + 12)\ \mathrm{mA}, & 4\mathrm{ms} \leqslant t \leqslant 6\mathrm{ms} \end{cases}$$

可分段计算 e_L 及 u。

当 $0 \leqslant t \leqslant 4\mathrm{ms}$ 时

$$e_L = -L\frac{\mathrm{d}i}{\mathrm{d}t} = -0.2\mathrm{V}$$

$$u = -e_L = 0.2\mathrm{V}$$

当 $4\mathrm{ms} \leqslant t \leqslant 6\mathrm{ms}$ 时

$$e_L = -L\frac{\mathrm{d}i}{\mathrm{d}t} = -0.2 \times (-2) = 0.4(\mathrm{V})$$

$$u = -e_L = -0.4\text{V}$$

e_L 和 u 的波形分别如图 3-15(c)、图 3-15(d)所示,由图可以看出,当电感电流变化率 $(\mathrm{d}i/\mathrm{d}t)$ 为正值时,电感电压 u 也为正值;当电感电流变化率为负值时,电感电压也为负值。显然,电感电压与电流波形并不相同。

(2) 在电流增大的过程中电感元件所吸取的能量和在电流减小的过程中所放出的能量是相等的,即为 $t \leqslant 4\text{ms}$ 时的磁能。

$$\frac{1}{2}Li^2 = \frac{1}{2} \times 0.2 \times (4 \times 10^{-3})^2 = 1.6 \times 10^{-6}(\text{J})$$

3.4 单一参数的正弦交流电路

分析各种交流电路时,必须首先掌握单一参数(电阻、电感、电容)交流电路中电压与电流之间的关系,因为其他电路无非是一些单一参数电路的组合而已。

3.4.1 纯电阻电路

图 3-16(a)是一个线性电阻元件的交流电路。

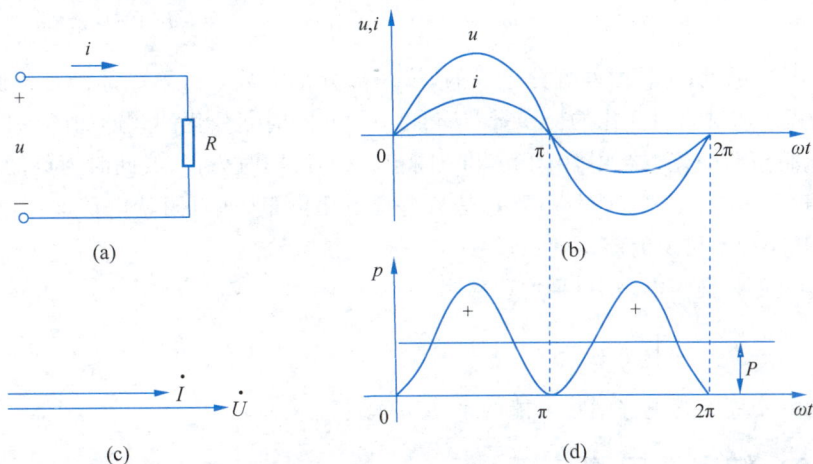

图 3-16 电阻元件的交流电路

电压 u 和电流 i 的参考方向如图 3-16(a)所示,两者的关系由欧姆定律确定,即

$$u = Ri$$

为了分析方便起见,选择电流经过零点并向正值增加的瞬间作为计时起点$(t=0)$,即设

$$i = I_m \sin\omega t \tag{3-23}$$

为参考相量,则

$$u = Ri = RI_m \sin\omega t = U_m \sin\omega t \tag{3-24}$$

也是一个同频率的正弦量。

比较式(3-23)、式(3-24)可以看出,在纯电阻交流电路中,电流与电压是同相的(相位差 $\varphi = 0$),其波形如图 3-16(b)所示。

在式(3-24)中

$$U_m = R I_m$$

或

$$\frac{U_m}{I_m} = \frac{U}{I} = R \tag{3-25}$$

由此可见，在纯电阻正弦交流电路中，电压与电流的幅值（或有效值）的比值，就是电阻 R。

若用相量表示电压与电流的关系，则为

$$\dot{U} = U e^{j0°}, \quad \dot{I} = I e^{j0°}$$

$$\frac{\dot{U}}{\dot{I}} = \frac{U}{I} e^{j0°} = R$$

或

$$\dot{U} = R \dot{I} \tag{3-26}$$

式(3-26)是欧姆定律的相量形式，电压和电流的相量图如图 3-16(c)所示。

下面讨论纯电阻正弦交流电路中的功率问题。在任意瞬间，电压瞬时值 u 与电流瞬时值 i 的乘积，称为**瞬时功率**，用小写字母 p 表示，即

$$p = p_R = ui = U_m I_m \sin^2 \omega t = \frac{U_m I_m}{2}(1 - \cos 2\omega t) = UI(1 - \cos 2\omega t) \tag{3-27}$$

由式(3-27)可见，p 是由两部分组成的，第一部分是常数 UI，第二部分是幅值为 UI 并以 2ω 的角频率随时间而变化的交变量 $UI\cos 2\omega t$。p 随时间变化的波形如图 3-16(d)所示。

在纯电阻正弦交流电路中，由于 u 和 i 同相，它们或同时为正，或同时为负，所以瞬时功率总是正值，即 $p \geqslant 0$。这表明外电路总是从电源取用能量，即电阻从电源取用电能并转换为热能，这是一种不可逆的能量转换过程。

在纯电阻正弦交流电路中，**平均功率**为

$$P = \frac{1}{T}\int_0^T p \, dt = \frac{1}{T}\int_0^T UI(1 - \cos 2\omega t) \, dt = UI = R I^2 = \frac{U^2}{R} \tag{3-28}$$

它表示一个周期内电路消耗电能的平均功率。

3.4.2　纯电感电路

图 3-17(a)为一电感线圈组成的交流电路，假定这个线圈中只有电感，而忽略线圈电阻，此即一纯电感电路。设电流为参考正弦量，即

$$i = I_m \sin \omega t$$

则

$$
\begin{aligned}
u &= L\frac{di}{dt} = L\frac{d(I_m \sin\omega t)}{dt} = \omega L I_m \cos\omega t = \omega L I_m \sin(\omega t + 90°) \\
&= U_m \sin(\omega t + 90°)
\end{aligned} \tag{3-29}
$$

也是一个同频率的正弦量。

比较以上两式可知，在纯电感正弦交流电路中，电流的相位滞后电压 $90°$（相位差 $\varphi = +90°$）。通常规定，当电流滞后于电压时，相位差 φ 为正；当电流超前于电压时，相位差 φ 为负。这样规定是便于说明电路是电感性的还是电容性的。电路波形如图 3-17(b)所示。

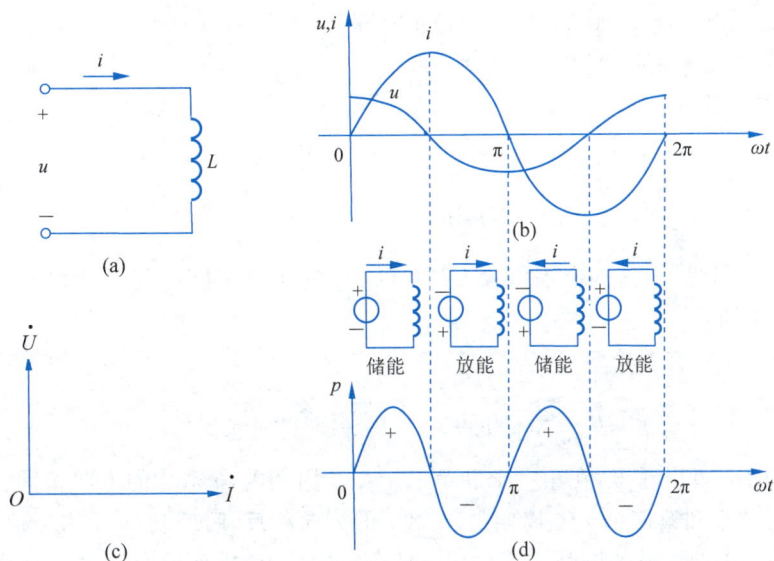

图 3-17 电感元件的交流电路

在式(3-29)中

$$U_m = \omega L I_m$$

或

$$\frac{U_m}{I_m} = \frac{U}{I} = \omega L \tag{3-30}$$

由此可见,在纯电感正弦交流电路中,电压与电流的幅值(或有效值)之比为 ωL,显然,它的单位是 Ω(欧姆)。当电压 U 一定时,ωL 愈大,则电流 I 愈小,可见 ωL 具有阻碍交流电流的性质,故称为**感抗**,通常用 X_L 表示,即

$$X_L = \omega L = 2\pi f L \tag{3-31}$$

式(3-31)表明,感抗 X_L 与电感 L、频率 f 成正比。因此,电感线圈对高频电流的阻碍作用很大,而对直流则可视作短路,即对直流来讲,$X_L = 0$。

当 U 和 L 一定时,X_L 和 I 与 f 的关系如图 3-18 所示。应该注意的一点是,X_L 只是电压与电流的幅值或有效值之比,而非它们的瞬时值之比,即 $X_L \neq \dfrac{u}{i}$。

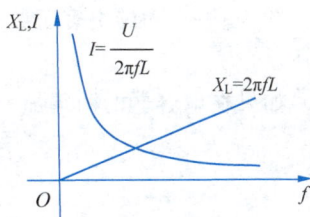

图 3-18 X_L 和 I 与 f 的关系

如果用相量表示电压与电流的关系,则为

$$\dot{U} = U e^{j90°} \quad \dot{I} = I e^{j0°}$$

$$\frac{\dot{U}}{\dot{I}} = \frac{U}{I} e^{j90°} = j X_L$$

或

$$\dot{U} = j X_L \dot{I} = j\omega L \dot{I} \tag{3-32}$$

式(3-32)表明,在纯电感正弦电路中,电压的有效值等于电流的有效值与感抗的乘积,

在相位上电压比电流超前 $90°$，电压和电流的相量图如图 3-17(c)所示。

最后讨论纯电感正弦电路中的功率问题。

瞬时功率 p 为

$$p = p_L = ui = U_m I_m \sin\omega t \sin(\omega t + 90°) = U_m I_m \sin\omega t \cos\omega t$$

$$= \frac{U_m I_m}{2} \sin 2\omega t = UI \sin 2\omega t \tag{3-33}$$

由式(3-33)可见，p 是一个幅值为 UI 并以 2ω 的角频率随时间而变化的交变量，其波形如图 3-17(d)所示。

平均功率（又称**有功功率**）P 为

$$P = \frac{1}{T}\int_0^T p\,\mathrm{d}t = \frac{1}{T}\int_0^T UI \sin 2\omega t\,\mathrm{d}t = 0 \tag{3-34}$$

从图 3-17(d)可以看出，在第一个和第三个 1/4 周期内，u 和 i 的方向相同，瞬时功率 p 为正值；在第二个和第四个 1/4 周期内，u 和 i 的方向相反，瞬时功率 p 为负值。当瞬时功率 p 为正值时，表明电感线圈从电源取用电能，并转换为磁能而储存在线圈的磁场内；当瞬时功率 p 为负值时，表明电感线圈放出原先储存的磁能并转换为电能归还电源。这是一种可逆的能量转换过程，电感从电源取用的能量一定等于它归还给电源的能量，所以平均功率 $P=0$，这一点从功率波形图上也容易看出。

由上述可知，在纯电感正弦电路中，没有能量消耗，只有电源与电感之间的能量互换，这种能量互换的规模可用**无功功率** Q 来衡量。规定无功功率等于瞬时功率 p 的幅值，即

$$Q = UI = X_L I^2 \tag{3-35}$$

无功功率的单位是乏(var，相当于 V·A)或千乏(kvar，相当于 kV·A)。应该注意，它并不等于单位时间内互换了多少能量。

3.4.3　纯电容电路

图 3-19(a)为纯电容正弦交流电路，电路中电流 i 和电容器两端电压 u 的参考方向如图中所示。

如果在电容器的两端加一正弦电压

$$u = U_m \sin\omega t$$

则

$$i = C\frac{\mathrm{d}u}{\mathrm{d}t} = C\frac{\mathrm{d}(U_m \sin\omega t)}{\mathrm{d}t} = \omega C U_m \cos\omega t = \omega C U_m \sin(\omega t + 90°)$$

$$= I_m \sin(\omega t + 90°) \tag{3-36}$$

也是一个同频率的正弦量。

比较以上 u 和 i 的表达式可知，在纯电容正弦交流电路中，电流的相位超前于电压 $90°$（相位差 $\varphi = -90°$）。电压和电流的波形如图 3-19(b)所示。

在式(3-36)中

$$I_m = \omega C U_m$$

或

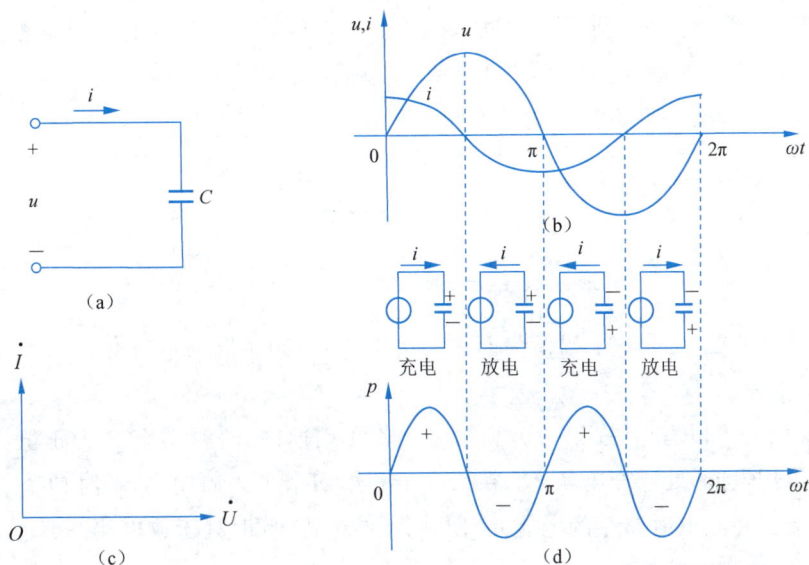

图 3-19 电容元件的交流电路

$$\frac{U_{\mathrm{m}}}{I_{\mathrm{m}}} = \frac{U}{I} = \frac{1}{\omega C} \tag{3-37}$$

由此可见,在纯电容正弦交流电路中,电压与电流的幅值(或有效值)之比为 $\frac{1}{\omega C}$,显然,它的单位是 Ω(欧姆)。当电压 U 一定时,$\frac{1}{\omega C}$ 愈大,则电流 I 愈小,可见 $\frac{1}{\omega C}$ 具有阻碍交流电流的性质,故称为**容抗**,通常用 X_{C} 表示,即

$$X_{\mathrm{C}} = \frac{1}{\omega C} = \frac{1}{2\pi f C} \tag{3-38}$$

式(3-38)表明,容抗 X_{C} 与电容 C、频率 f 成反比。这是因为电容愈大,在同样电压下,电容器所容纳的电荷量就愈大,因而电流愈大;当频率愈高时,电容的充放电速度愈快,在同样电压下,单位时间内电荷的移动量就愈多,因而电流愈大。所以,电容对高频电流所呈现的容抗愈小,而对直流($f=0$)所呈现的容抗 $X_{\mathrm{C}} \rightarrow \infty$,可视为开路,因此,电容具有"通交隔直"的作用。

当电压 U 和电容 C 一定时,X_{C} 和 I 与 f 的关系如图 3-20 所示。

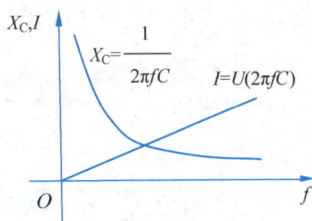

图 3-20 X_{C} 和 I 与 f 的关系

如果用相量表示电压与电流的关系,则为

$$\dot{U} = U\mathrm{e}^{\mathrm{j}0°} \qquad \dot{I} = I\mathrm{e}^{\mathrm{j}90°}$$

$$\frac{\dot{U}}{\dot{I}} = \frac{U}{I}\mathrm{e}^{-\mathrm{j}90°} = -\mathrm{j}X_{\mathrm{C}}$$

或

$$\dot{U} = -\mathrm{j}X_{\mathrm{C}}\dot{I} = -\mathrm{j}\frac{\dot{I}}{\omega C} = \frac{\dot{I}}{\mathrm{j}\omega C} \tag{3-39}$$

式(3-39)表明,在纯电容正弦电路中,电压的有效值等于电流的有效值与容抗的乘积,在相位上电压比电流滞后90°,电压和电流的相量图如图3-19(c)所示。

最后,讨论纯电容正弦电路中的功率问题。

瞬时功率 p 为

$$p = p_C = ui = U_m I_m \sin\omega t \sin(\omega t + 90°) = U_m I_m \sin\omega t \cos\omega t$$

$$= \frac{U_m I_m}{2}\sin 2\omega t = UI\sin 2\omega t \tag{3-40}$$

由式(3-40)可见,p 是一个幅值为 UI 并以 2ω 的角频率随时间变化的交变量,其波形如图3-19(d)所示。

由图3-19(d)可以看出,在第一个和第三个 1/4 周期内,瞬时功率 p 为正值,表明电容此时从电源取用电能,处于充电状态;在第二个和第四个 1/4 周期内,瞬时功率 p 为负值,表明电容释放出在充电时储存的电能并将其归还给电源,此时处于放电状态。

平均功率(或**有功功率**)P 为

$$P = \frac{1}{T}\int_0^T p\,dt = \frac{1}{T}\int_0^T UI\sin 2\omega t\,dt = 0$$

上式说明,电容是不消耗能量的,在电源与电容之间只发生能量的互换,能量互换的规模用无功功率来衡量。

为了同纯电感电路的无功功率相比较,仍设电流为参考相量,即

$$i = I_m\sin\omega t$$

则

$$u = U_m\sin(\omega t - 90°)$$

于是

$$p = p_C = ui = -UI\sin 2\omega t$$

因此,纯电容电路的**无功功率** Q 为

$$Q = -UI = -X_C I^2 \tag{3-41}$$

即电容性电路的无功功率取负值,而电感性电路的无功功率取正值。

3.5　*RLC* 串联电路

3.4 节讨论了单一参数的正弦交流电路,然而,在实际电路中,不但存在电阻性元件,也存在感性及容性元件,本节将讨论电阻、电感与电容串联的正弦交流电路。

RLC 串联电路如图3-21(a)所示,电路中的电流及各电压的参考方向如图中所示,由图可列出 KVL 方程如下

$$u = u_R + u_L + u_C \tag{3-42}$$

设电流 $i = I_m\sin\omega t$ 为参考相量,则

$$u = u_R + u_L + u_C = U_m\sin(\omega t + \varphi) \tag{3-43}$$

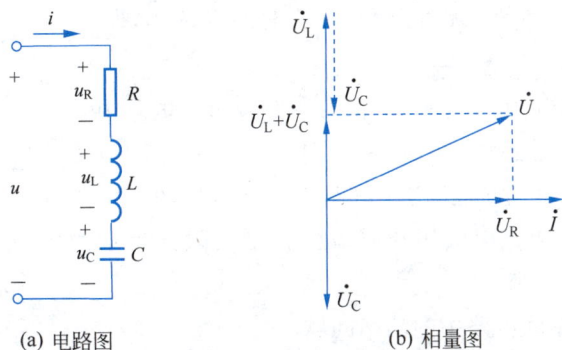

(a) 电路图　　　　　(b) 相量图

图 3-21 RLC 串联电路

也为同频率的正弦量,其幅值为 U_m,与电流 i 之间的相位差为 φ。

将电压 u_R、u_L、u_C 用相量 $\dot{U}_R$、$\dot{U}_L$、$\dot{U}_C$ 表示,把它们相加便得到电源电压 u 的相量 $\dot{U}$,见图 3-21(b)。可见,电压相量 $\dot{U}$、$\dot{U}_R$ 及 ($\dot{U}_L + \dot{U}_C$) 组成一个直角三角形,称为**电压三角形**,利用这个三角形可以方便地确定 u 的有效值 U 及相位差 φ。

$$U = \sqrt{U_R^2 + (U_L - U_C)^2} = \sqrt{(RI)^2 + (X_L I - X_C I)^2}$$
$$= I\sqrt{R^2 + (X_L - X_C)^2}$$

或写为

$$\frac{U}{I} = \sqrt{R^2 + (X_L - X_C)^2} \tag{3-44}$$

由式(3-44)可见,在 RLC 串联正弦交流电路中,电压与电流的有效值(或幅值)之比为 $\sqrt{R^2 + (X_L - X_C)^2}$,它的单位是 Ω。对电流起阻碍作用,称为电路的阻抗模,用 $|Z|$ 表示,即

$$|Z| = \sqrt{R^2 + (X_L - X_C)^2} = \sqrt{R^2 + \left(\omega L - \frac{1}{\omega C}\right)^2} \tag{3-45}$$

可见,$|Z|$、R、$(X_L - X_C)$ 之间也可用一个直角三角形——**阻抗三角形**来表示(见图 3-23)。

电源电压 u 和电流 i 之间的相位差 φ 为

$$\varphi = \arctan \frac{U_L - U_C}{U_R} = \arctan \frac{X_L - X_C}{R} \tag{3-46}$$

由式(3-46)可以看出,φ 的大小取决于电路的参数。如果 $X_L = X_C$,则 $\varphi = 0$,这时电流 i 与电压 u 同相,电路呈电阻性;如果 $X_L > X_C$,则 $\varphi > 0$,这时电流 i 比电压 u 滞后 φ 角,电路呈感性;如果 $X_L < X_C$,则 $\varphi < 0$,这时电流 i 比电压 u 超前 φ 角,电路呈容性。

如果用相量表示电压与电流的关系,则为

$$\dot{U} = \dot{U}_R + \dot{U}_L + \dot{U}_C = R\dot{I} + jX_L\dot{I} - jX_C\dot{I} = [R + j(X_L - X_C)]\dot{I}$$

或

$$\frac{\dot{U}}{\dot{I}} = R + j(X_L - X_C) \tag{3-47}$$

式中的 $R+j(X_L-X_C)$ 称为电路的**阻抗**，用大写的 Z 表示，即

$$Z = R + j(X_L - X_C) = |Z|e^{j\varphi} \tag{3-48}$$

可见，阻抗的实部为"阻"，虚部为"抗"，它既表示了电路中电压与电流之间大小关系（反映在阻抗模 $|Z|$ 上），也表示了相位关系（反映在幅角 φ 上）。"阻抗"是交流电路中非常重要的一个概念，必须很好地理解掌握。用电压和电流的相量及阻抗表示的 RLC 串联电路如图 3-22 所示。

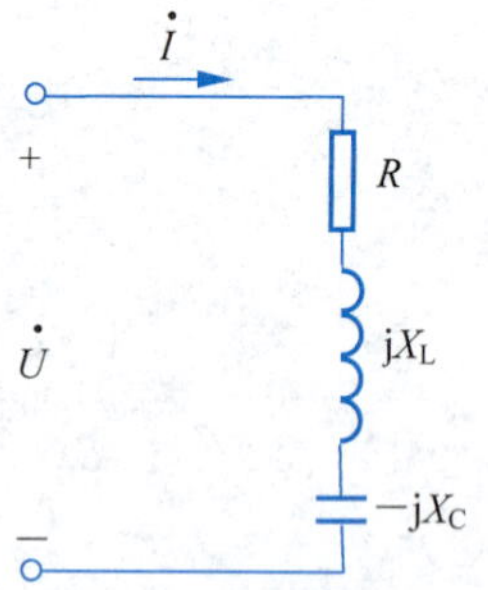

图 3-22 用相量和阻抗表示的 RLC 电路

最后，讨论 RLC 串联电路中的功率问题。

瞬时功率 p 为

$$p = ui = U_m I_m \sin(\omega t + \varphi)\sin\omega t = \frac{U_m I_m}{2}[\cos\varphi - \cos(2\omega t + \varphi)]$$
$$= UI\cos\varphi - UI\cos(2\omega t + \varphi) \tag{3-49}$$

平均功率（有功功率）P 为

$$P = \frac{1}{T}\int_0^T p\,dt = \frac{1}{T}\int_0^T [UI\cos\varphi - UI\cos(2\omega t + \varphi)]\,dt = UI\cos\varphi \tag{3-50}$$

在 RLC 串联电路中，电阻要消耗电能，而电感和电容要储放能量，它们与电源之间要进行能量互换，相应的**无功功率**可由式（3-35）、式（3-41）得出，即

$$Q = U_L I - U_C I = (U_L - U_C)I = (X_L - X_C)I^2 = UI\sin\varphi \tag{3-51}$$

式（3-50）、式（3-51）是计算正弦交流电路中有功功率和无功功率的一般公式。

由上述可知，一个交流发电机输出的功率不仅与发电机的端电压 u 及其输出电流 i 的有效值的乘积有关，而且还与负载的性质有关，所带负载不同（即电路参数不同），u 和 i 之间的相位差 φ 就不同，在相同的 U 和 I 条件下，电路的有功功率和无功功率也就不同。式（3-50）中的 $\cos\varphi$ 称为**功率因数**。

在交流电路中，平均功率一般不等于电压与电流有效值的乘积，若将两者的有效值相乘，则得到所谓的**视在功率** S，即

$$S = UI = |Z|I^2 \tag{3-52}$$

视在功率的单位是 V·A(伏·安)或 kV·A(千伏·安)。

交流电气设备是按照规定了的额定电压 U_N 和额定电流 I_N 来设计和使用的，如变压器的容量就是以额定电压和额定电流的乘积，即所谓的视在功率 $S = U_N I_N$ 表示的。

由式（3-50）、式（3-51）及式（3-52）可知，P、Q、S 这三个功率之间有一定的关系，即

$$S = \sqrt{P^2 + Q^2} \tag{3-53}$$

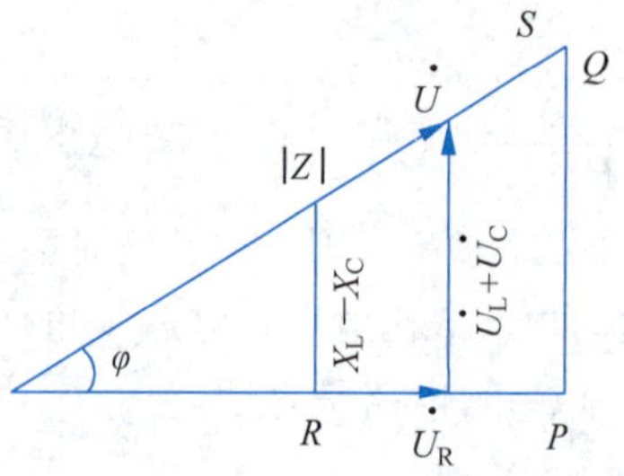

图 3-23 功率、电压、阻抗三角形

显然，它们也可用一个直角三角形——**功率三角形**来表示，如图 3-23 所示。

RLC 串联电路中的阻抗、电压及功率关系可以很直观地从图 3-23 来理解，引出这三个三角形的目的，主要是为了帮助分析和记忆。

【例 3-3】 图 3-21(a)所示电路中,已知 $R=30\Omega,L=127\text{mH},C=40\mu\text{F}$,电源电压 $u=220\sqrt{2}\sin(314t+20°)\text{V}$。(1)求感抗 X_L、容抗 X_C 和阻抗模 $|Z|$;(2)确定电流的有效值 I 和瞬时值 i 的表达式;(3)确定各部分电压的有效值和瞬时值的表达式;(4)做相量图;(5)求有功功率 P 和无功功率 Q。

【解】 (1) $X_L=\omega L=314\times127\times10^{-3}=40(\Omega)$

$$X_C=\frac{1}{\omega C}=\frac{1}{314\times40\times10^{-6}}=80(\Omega)$$

$$|Z|=\sqrt{R^2+(X_L-X_C)^2}=\sqrt{30^2+(40-80)^2}=50(\Omega)$$

(2) $I=\dfrac{U}{|Z|}=\dfrac{220}{50}=4.4(\text{A})$

确定瞬时值 i 的表达式需要知道 u 和 i 之间的相位差 φ。

$$\varphi=\arctan\frac{X_L-X_C}{R}=\arctan\frac{40-80}{30}=-53°$$

因为 $\varphi<0$,所以电路呈容性,电流 i 比电压 u 超前 φ 角,故 i 的表达式为

$$i=4.4\sqrt{2}\sin(314t+20°+53°)=4.4\sqrt{2}\sin(314t+73°)\text{A}$$

(3) $U_R=RI=30\times4.4=132(\text{V})$

$u_R=132\sqrt{2}\sin(314t+73°)\text{V}$

$U_L=X_L I=40\times4.4=176(\text{V})$

$u_L=176\sqrt{2}\sin(314t+73°+90°)$

$\quad=176\sqrt{2}\sin(314t+163°)\text{V}$

$U_C=X_C I=80\times4.4=352(\text{V})$

$u_C=352\sqrt{2}\sin(314t+73°-90°)$

$\quad=352\sqrt{2}\sin(314t-17°)\text{V}$

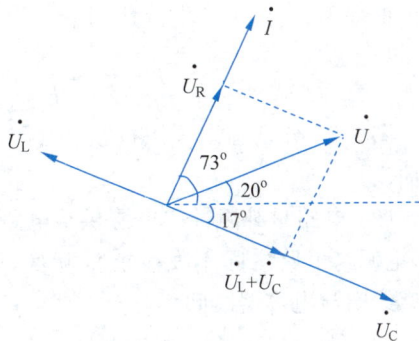
图 3-24 例 3-3 的图

(4)相量图如图 3-24 所示。

(5) $P=UI\cos\varphi=220\times4.4\times\cos(-53°)=220\times4.4\times0.6=580.8(\text{W})$

$Q=UI\sin\varphi=220\times4.4\times\sin(-53°)=220\times4.4\times(-0.8)$

$\quad=-774.4(\text{V}\cdot\text{A})(\text{电容性})$

3.6 正弦交流电路中的谐振

在具有电感和电容元件的交流电路中,电路两端的电压与其中的电流一般是不同相的 $(\varphi\neq0)$。如果调节电路中的元件参数或电源的频率使它们同相 $(\varphi=0)$,这时电路中就会发生**谐振**现象。谐振有其有利的一面,也有其不利的方面,研究谐振的目的在于认识这种客观现象,并在生产实践中充分利用谐振的特征,同时预防它所产生的危害。谐振分为串联谐振和并联谐振,下面分别讨论这两种谐振的产生条件及其特征。

视频讲解

3.6.1　串联电路的谐振

在 3.5 节已经提到，在 RLC 串联电路（图 3-21(a)）中，当

$$X_L = X_C \quad 或 \quad 2\pi f L = \frac{1}{2\pi f C} \tag{3-54}$$

时，$\varphi = \arctan \dfrac{X_L - X_C}{R} = 0$，即电源电压 u 与电路中的电流 i 同相，这时电路发生谐振，称为串联谐振。

1. 串联谐振的条件

式(3-54)是发生串联谐振的条件，并由此得出谐振频率

$$f = f_0 = \frac{1}{2\pi\sqrt{LC}} \tag{3-55}$$

可见，调节 L、C 或电源频率 f 都能使电路发生谐振。

2. 串联谐振的特征

电路发生串联谐振时，具有以下特征。

(1) 电路的阻抗模 $|Z| = |Z_0| = \sqrt{R^2 + (X_L - X_C)^2} = R$，其值最小，在电源电压 U 不变的前提下，电路中的电流达到最大值，即

$$I = I_0 = \frac{U}{R}$$

图 3-25 分别画出了阻抗模 $|Z|$ 和电流 I 随频率 f 变化的曲线。

(2) 电路呈纯阻性。电源供给电路的能量全被电阻所消耗，电源与电路之间不发生能量互换，能量的互换只发生在电感线圈与电容器之间。

(3) U_L 和 U_C 都高于电源电压 U，所以**串联谐振也称电压谐振**。通常用**品质因数** Q 表示 U_L 和 U_C 与 U 的比值，即

$$Q = \frac{U_C}{U} = \frac{U_L}{U} = \frac{1}{\omega_0 CR} = \frac{\omega_0 L}{R} \tag{3-56}$$

它表示在串联谐振时，电容或电感上的电压是电源电压的 Q 倍。

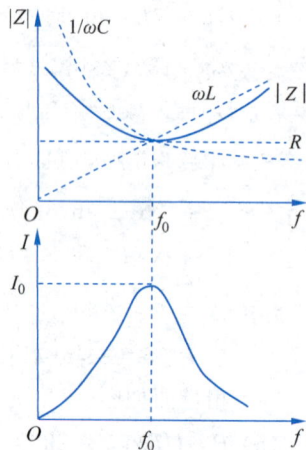

图 3-25　串联谐振时，$|Z|$ 和 I 随 f 变化的曲线

若 U_L 或 U_C 过高，可能会击穿电感线圈或电容器的绝缘材料，因此，在电力工程中应尽力避免发生串联谐振，但在无线电工程中，常利用串联谐振进行选频，并且抑制干扰信号。

3.6.2　并联电路的谐振

图 3-26 所示是电容器与电感线圈并联的电路。电路的等效阻抗为

$$Z = \frac{\dfrac{1}{j\omega C}(R + j\omega L)}{\dfrac{1}{j\omega C} + (R + j\omega L)} = \frac{R + j\omega L}{1 + j\omega RC - \omega^2 LC}$$

1. 并联谐振的条件

若如图 3-26 所示的电路发生谐振,则电压 u 和电流 i 同相,即电路的等效阻抗为实数。一般在谐振时 $\omega L \gg R$,故

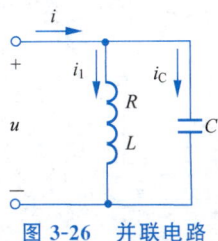

$$Z \approx \frac{\mathrm{j}\omega L}{1+\mathrm{j}\omega RC - \omega^2 LC} = \frac{1}{\dfrac{RC}{L} + \mathrm{j}\left(\omega C - \dfrac{1}{\omega L}\right)} \tag{3-57}$$

图 3-26 并联电路

发生谐振时,$\omega_0 C - \dfrac{1}{\omega_0 L} \approx 0$,由此得并联谐振频率

$$\omega = \omega_0 = \frac{1}{\sqrt{LC}} \quad \text{或} \quad f = f_0 = \frac{1}{2\pi\sqrt{LC}}$$

与串联谐振频率近似相等。

2. 并联谐振的特征

电路发生并联谐振时,具有以下特征。

(1) 电路的阻抗模 $|Z| = |Z_0| = \dfrac{L}{RC}$,其值最大,在电源电压 U 不变的前提下,电路中的电流达到最小值,即

$$I = I_0 = \frac{U}{|Z_0|} = \frac{U}{\dfrac{L}{RC}}$$

图 3-27 为阻抗模 $|Z|$ 和电流 I 的随频率 f 变化的曲线。

(2) 电路呈纯阻性。

(3) 并联支路的电流比总电流大许多倍,所以**并联谐振又称电流谐振**。通常用品质因数 Q 表示支路电流 I_1 和 I_C 与总电流 I_0 的比值,即

图 3-27 并联谐振时,$|Z|$ 和 I 随 f 变化的曲线

$$Q = \frac{I_1}{I_0} = \frac{I_C}{I_0} = \frac{\omega_0 L}{R} = \frac{1}{\omega_0 CR} \tag{3-58}$$

并联谐振在无线电工程和工业电子技术中也常用到,例如利用并联谐振时阻抗模高的特点进行选频或消除干扰信号。

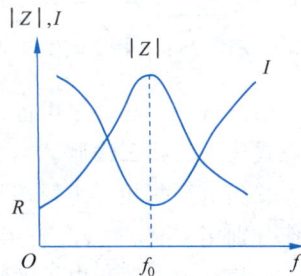

※3.7 三相交流电路

目前,交流电在动力方面的应用几乎都属于三相制。这是由于三相制在发电、输电和用电方面都有许多优点。发电厂均以三相交流电的方式向用户供电。遇到有单相负载时,可以使用三相中的任一相,如日常生活用电便是取自三相制中的一相。

3.7.1 三相交流电源

由三个幅值相等、频率相同、相位互差 120° 的单相交流电源所构成的电源称为三相交流电源。三相交流电源一般来自三相交流发电机或变压器副边的三相绕组。图 3-28 是三相交流发电机的示意图。

发电机的固定部分称为定子,其铁心的内圆周表面冲有沟槽,放置结构完全相同的三相绕组 $U_1 U_2$、$V_1 V_2$、$W_1 W_2$。它们的空间位置互差 120°,分别称为 U 相、V 相、W 相。引出

线的始端用 U_1、V_1、W_1 表示，末端用 U_2、V_2、W_2 表示。

转动的磁极称为转子，转子铁心上绕有直流励磁绕组。当转子被原动机拖动做匀速转动时，三相定子绕组切割转子磁场而产生三相交流电动势。

若将三个绕组的末端 U_2、V_2、W_2 连在一起引出一根连线称为**中性线** N（中性线接地时又称为零线），三个绕组的始端 U_1、V_1、W_1 分别引出的三根线称为**端线** L_1、L_2、L_3（中性线接地时又称为**火线**），这种连接称为电源的星形连接，如图 3-29 所示。

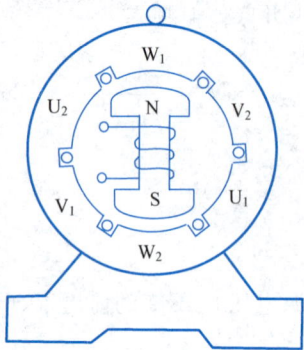

图 3-28　三相交流发电机示意图　　　　图 3-29　三相交流电源的星形连接

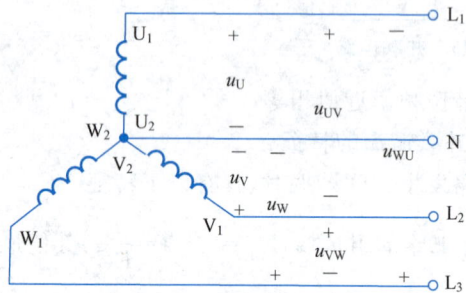

由三根端线和一根中性线所组成的供电方式称为**三相四线制**，只用三根端线组成的供电方式称为**三相三线制**。

三相电源每相绕组两端的电压称为**相电压**，其参考方向规定为从绕组始端指向末端，瞬时值分别用 u_U、u_V、u_W 表示，有效值用 U_P 表示。

三相交流电源相电压的瞬时值表达式为

$$\begin{cases} u_U = \sqrt{2}U_P\sin\omega t \\ u_V = \sqrt{2}U_P\sin(\omega t - 120°) \\ u_W = \sqrt{2}U_P\sin(\omega t - 240°) = \sqrt{2}U_P\sin(\omega t + 120°) \end{cases} \qquad (3\text{-}59)$$

其波形图和相量图如图 3-30 所示。

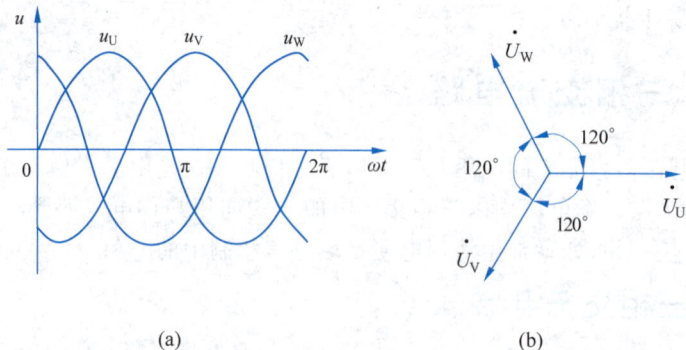

(a)　　　　　　　　　(b)

图 3-30　三相交流电源相电压的波形图和相量图

三相交流电源任意两根端线之间的电压称为**线电压**，分别用 u_{UV}、u_{VW}、u_{WU} 表示，其中的下标 UV、VW、WU 为各电压的参考方向。线电压和相电压之间的关系为

$$\begin{cases} u_{UV} = u_U - u_V \\ u_{VW} = u_V - u_W \\ u_{WU} = u_W - u_U \end{cases} \qquad (3\text{-}60)$$

或用相量表示为

$$\begin{cases} \dot{U}_{UV} = \dot{U}_U - \dot{U}_V \\ \dot{U}_{VW} = \dot{U}_V - \dot{U}_W \\ \dot{U}_{WU} = \dot{U}_W - \dot{U}_U \end{cases} \qquad (3\text{-}61)$$

用相量法进行计算得到三个线电压也是对称
三相电压,如图 3-31 所示。设 U_L 表示线电压的有
效值,从相量图上可以看出

$$\frac{1}{2}U_L = U_P \cos 30^\circ = \frac{\sqrt{3}}{2}U_P$$

即

$$U_L = \sqrt{3}\,U_P \qquad (3\text{-}62)$$

图 3-31 相电压与线电压的相量图

则有

$$\begin{cases} u_{UV} = U_L \sin(\omega t + 30^\circ) = \sqrt{3}\,U_P \sin(\omega t + 30^\circ) \\ u_{VW} = U_L \sin(\omega t - 90^\circ) = \sqrt{3}\,U_P \sin(\omega t - 90^\circ) \\ u_{WU} = U_L \sin(\omega t + 150^\circ) = \sqrt{3}\,U_P \sin(\omega t + 150^\circ) \end{cases} \qquad (3\text{-}63)$$

式(3-63)表明,三个线电压的有效值相等,均为相电压有效值的 $\sqrt{3}$ 倍。线电压的相位超
前对应的相电压相位 30°。**线电压、相电压均为三相电压。**

通常的三相四线制低压供电系统线电压为 380V,相电压为 220V,可以提供两种电压供
负载使用。一般常提到的三相供电系统的电源电压都是指其线电压。

3.7.2 三相负载的连接

根据三相负载所需电压不同,三相负载有两种连接方式:星形(丫)连接和三角形(△)
连接。

若负载所需的电压是电源的相电压,像电照明负载、家用电器等,应当将负载接到端线
与中线之间。当负载数量较多时,应当尽量平均分配到三相电源上,使三相电源得到均衡的
利用,这就构成了负载的星形连接,如图 3-32(a)所示。

若负载所需的电压是电源的线电压,如电焊机、功率较大的电炉等,应当将负载接到端
线与端线之间。当负载数量较多时,应当尽量平均分配到三相电源上,这就构成了负载的三
角形连接,如图 3-32(b)所示。

若三相电源上接入的负载完全相同,即阻抗值相同、阻抗角相等的负载,称为三相对称
负载,如三相电动机、三相变压器等,它们均有三个相同的绕组。

1. 负载的星形连接

图 3-33 为三相负载的星形连接。每相负载两端的电压是电源的相电压,每相负载中的

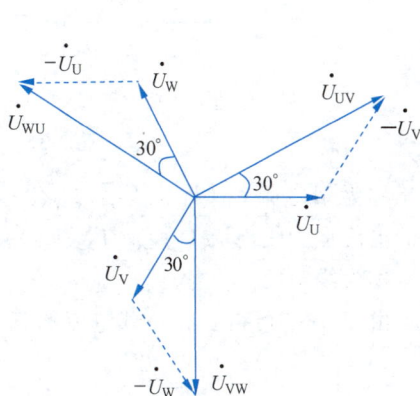

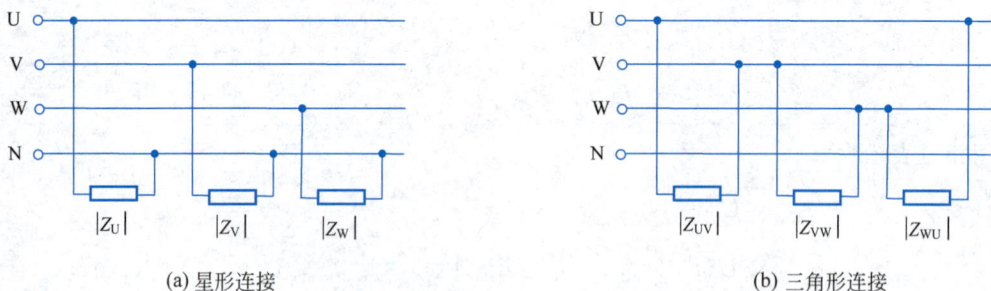

(a) 星形连接　　　　　　　　　　　　　(b) 三角形连接

图 3-32　三相负载的两种连接方式

电流称为**相电流 I_P**（I_{UN}、I_{VN}、I_{WN}）；每根端线上的电流称为**线电流 I_L**（I_U、I_V、I_W）；中线上的电流称为**线电流 I_N**。

由图 3-33 可得各相负载电流的有效值为

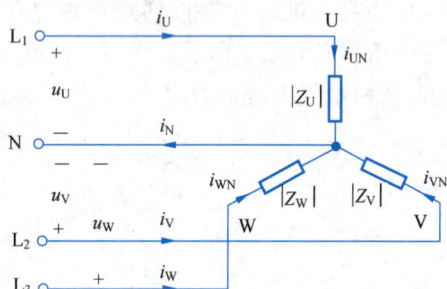

图 3-33　三相负载的星形连接

$$\begin{cases} I_{UN} = \dfrac{U_{UN}}{|Z_U|} \\[2mm] I_{VN} = \dfrac{U_{VN}}{|Z_V|} \\[2mm] I_{WN} = \dfrac{U_{WN}}{|Z_W|} \end{cases} \quad (3\text{-}64)$$

各端线电流等于对应的各相电流，即

$$I_U = I_{UN} \quad I_V = I_{VN} \quad I_W = I_{WN} \tag{3-65}$$

根据 KCL 得中性线电流为

$$i_N = i_{UN} + i_{VN} + i_{WN} = i_U + i_V + i_W \tag{3-66}$$

$$\dot{I}_N = \dot{I}_U + \dot{I}_V + \dot{I}_W \tag{3-67}$$

下面分两种情况讨论。

（1）对称三相负载。

阻抗值相等、阻抗角相等且为同性质的负载即为对称三相负载。即

$$|Z_U| = |Z_V| = |Z_W| = |Z_P| \tag{3-68}$$

$$\varphi_U = \varphi_V = \varphi_W = \varphi_P \tag{3-69}$$

对称三相负载星形连接时，各相电流大小相等，相位依次互差120°，其电流瞬时值代数和、相量和均为零，中线电流为零，电流的波形图和相量图如图 3-34 所示。即

$$I_{UN} = I_{VN} = I_{WN} = I_P \tag{3-70}$$

$$i_N = i_{UN} + i_{VN} + i_{WN} = 0 \tag{3-71}$$

$$\dot{I}_N = \dot{I}_{UN} + \dot{I}_{VN} + \dot{I}_{WN} = 0 \tag{3-72}$$

因此，**星形连接的三相对称负载，中性线可以省去，采用三相三线制供电**。低压供电系统中的动力负载（电动机）就采用这样的供电方式。

（2）不对称三相负载。

三相负载不对称时，中性线电流不为 0，中性线不能省去，**一定采用三相四线制供电**。

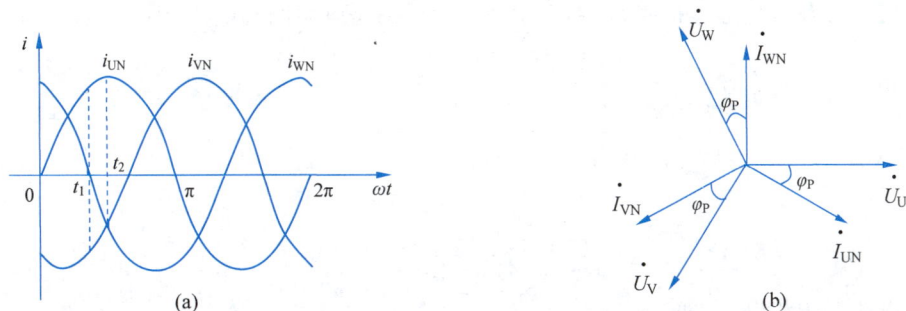

图 3-34 对称三相负载星形连接时电流的波形图和相量图

中性线的存在,保证了每相负载两端的电压是电源的相电压,保证了三相负载能独立正常工作,各相负载有变化时都不会影响到其他相。如果中性线断开,中性线电流被切断,各相负载两端的电压会根据各相负载阻抗值的大小重新分配。有的相可能低于额定电压使负载不能正常工作;有的相可能高于额定电压以至将用电设备损坏,这是不允许的。因此,中性线决不能断开,在中性线上不能安装开关、熔断器等装置。

2. 负载的三角形连接

图 3-35 为三相负载的三角形连接。每相负载两端的电压都是电源的线电压。各负载中流过的电流为负载的相电流,其有效值为

$$I_{UV} = \frac{U_{UV}}{|Z_{UV}|} \quad I_{VW} = \frac{U_{VW}}{|Z_{VW}|} \quad I_{WU} = \frac{U_{WU}}{|Z_{WU}|} \tag{3-73}$$

由基尔霍夫电流定律可确定各端线电流与各相电流之间的关系为

$$\dot{I}_U = \dot{I}_{UV} - \dot{I}_{WU} \quad \dot{I}_V = \dot{I}_{VW} - \dot{I}_{UV} \quad \dot{I}_W = \dot{I}_{WU} - \dot{I}_{VW} \tag{3-74}$$

假设三相负载为对称感性负载,每相负载上的电流均滞后于对应的电压 φ 角。图 3-36 示出了三角形连接时各相电流与各线电流的相量图。

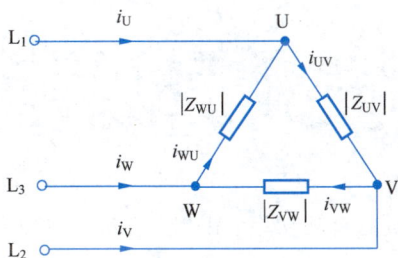

图 3-35 三相负载的三角形连接

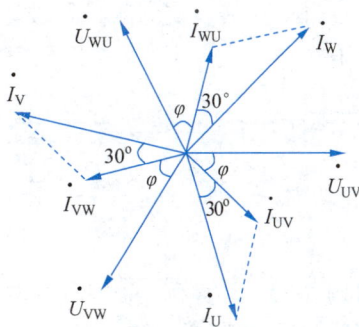

图 3-36 三相对称感性负载三角形连接时各相电流及各线电流的相量图

由相量图可知,三个相电流、三个线电流均为数值相等、相位互差 120° 的三相对称电流,可以证明,线电流等于 $\sqrt{3}$ 倍的相电流,即

$$I_L = \sqrt{3} I_P \tag{3-75}$$

【例 3-4】 三相对称负载,每相 $R = 6\Omega$, $X_L = 8\Omega$,接到 $U_L = 380V$ 的三相四线制电源上,试分别计算负载做星形连接、三角形连接时的相电流和线电流。

【解】 负载做星形连接时,每相负载两端承受的是电源的相电压,即

$$U_{UN} = U_{VN} = U_{WN} = U_P = 220V$$

每相负载的阻抗值为

$$|Z| = \sqrt{R^2 + X_L^2} = \sqrt{6^2 + 8^2} = 10(\Omega)$$

相电流为

$$I_P = \frac{U_P}{|Z|} = \frac{220}{10} = 22(A)$$

线电流等于相电流,即

$$I_L = I_P = 22A$$

负载做三角形连接时,每相负载两端承受的是电源的线电压,即

$$U_{UV} = U_{VW} = U_{WU} = U_L = 380V$$

相电流为

$$I_P = \frac{U_P}{|Z|} = \frac{380}{10} = 38(A)$$

线电流等于$\sqrt{3}$倍相电流,即

$$I_L = \sqrt{3}I_P = \sqrt{3} \times 38 = 66(A)$$

3.7.3　三相电路的功率

三相交流电路可以看成是三个单相交流电路的组合,因此,三相交流电路的有功功率、无功功率为各相电路有功功率、无功功率之和。无论负载是星形连接还是三角形连接,当三相负载对称时,电路总的有功功率、无功功率均是每相负载有功功率、无功功率的3倍,即

$$P = 3P_P = 3U_P I_P \cos\varphi \tag{3-76}$$

$$Q = 3Q_P = 3U_P I_P \sin\varphi \tag{3-77}$$

在实际中,线电流的测量比较容易,因此,三相功率的计算常用线电流I_L、线电压U_L表示,有

$$P = \sqrt{3}U_L I_L \cos\varphi \tag{3-78}$$

$$Q = \sqrt{3}U_L I_L \sin\varphi \tag{3-79}$$

而视在功率

$$S = \sqrt{P^2 + Q^2} = \sqrt{3}U_L I_L \tag{3-80}$$

【例 3-5】 计算例 3-4 中负载做星形、三角形连接时的有功功率、无功功率和视在功率。

【解】 负载做星形连接时

$$I_L = I_P = 22A \quad U_L = \sqrt{3}U_P = 380V$$

$$\cos\varphi = \frac{R}{|Z|} = \frac{6}{10} = 0.6 \quad \sin\varphi = \frac{X_L}{|Z|} = \frac{8}{10} = 0.8 \quad (参考图 3-23 所示阻抗三角形)$$

$$P = \sqrt{3}U_L I_L \cos\varphi = \sqrt{3} \times 380 \times 22 \times 0.6 \approx 8688(W) \approx 8.7(kW)$$

$$Q = \sqrt{3}U_L I_L \sin\varphi = \sqrt{3} \times 380 \times 22 \times 0.8 \approx 11584(V \cdot A) \approx 11.6(kV \cdot A)$$

$$S = \sqrt{P^2 + Q^2} = \sqrt{3}U_L I_L = \sqrt{3} \times 380 \times 22 \approx 14480(V \cdot A) \approx 14.5(kV \cdot A)$$

负载做三角形连接时

$$I_L = 66A \quad U_L = 380V$$

$$P = \sqrt{3}U_L I_L \cos\varphi = \sqrt{3} \times 380 \times 66 \times 0.6 \approx 26063(W) \approx 26(kW)$$

$$Q = \sqrt{3}U_L I_L \sin\varphi = \sqrt{3} \times 380 \times 66 \times 0.8 \approx 34751(V \cdot A) \approx 34.8(kV \cdot A)$$

$$S = \sqrt{P^2 + Q^2} = \sqrt{3}U_L I_L = \sqrt{3} \times 380 \times 66 \approx 43438(V \cdot A) \approx 43(kV \cdot A)$$

思考题与习题

【3-1】 已知 $i_1 = 15\sin(314t + 45°)A$，$i_2 = 10\sin(314t - 30°)A$。

(1) 试问 i_1 和 i_2 的相位差等于多少？

(2) 画出 i_1 和 i_2 的波形图；

(3) 比较 i_1 和 i_2 的相位，谁超前，谁滞后？

【3-2】 已知 $i_1 = 15\sin(100\pi t + 45°)A$，$i_2 = 15\sin(200\pi t - 15°)A$，两者的相位差为 60°，对不对？

【3-3】 10A 的直流电流和最大值 $I_m = 12A$ 的交流电流分别通入阻值相同的电阻，问在一个周期内哪个电阻的发热量大？

【3-4】 已知两正弦电流 $i_1 = 8\sin(314t + 60°)A$，$i_2 = 6\sin(314t - 30°)A$。试画出相量图。

【3-5】 有一个灯泡接在 $u = 311\sin(314t + \pi/6)V$ 的交流电源上，灯丝炽热时电阻为 484Ω。

(1) 试写出流过灯丝的电流瞬时值表达式；

(2) 如果每天用电 4 小时，每月按 30 天计，一个月用电多少？

【3-6】 什么是感抗？它的大小与哪些因素有关？图 3-17(a)所示电路中，已知 $L = 20mH$，$u = 220\sqrt{2}\sin(314t + \pi/6)V$。

(1) 试求感抗 X_L；

(2) 写出电流瞬时值的表达式；

(3) 计算电感的无功功率 Q_L；

(4) 画出 $\dot{U}$、$\dot{I}$ 的相量图；

(5) 若电源频率增大一倍，对感抗 X_L 和电流 i 有何影响？

【3-7】 什么是容抗？它的大小与哪些因素有关？图 3-19(a)所示电路中，已知 $u = 220\sqrt{2}\sin 100\pi t V$，$C = 5\mu F$。

(1) 试求容抗 X_C；

(2) 写出电流瞬时值的表达式；

(3) 计算电容的无功功率 Q_C；

(4) 画出 $\dot{U}$、$\dot{I}$ 的相量图。

【3-8】 日光灯管与镇流器接到交流电源上，可以看成是 R、L 串联电路。若已知灯管的等效电阻 $R_1 = 280Ω$，镇流器的电阻和电感分别为 $R_2 = 20Ω$，$L = 1.65H$，电源电压 $U = 220V$。

（1）试求电路中的电流；

（2）计算灯管两端与镇流器上的电压，这两个电压加起来是否等于 220V？

【3-9】　图 3-37 所示电路中，除 A 和 V 外，其余电流表和电压表的读数在图上都已标出（都是指正弦量的有效值），试求电流表 A 和电压表 V 的读数。

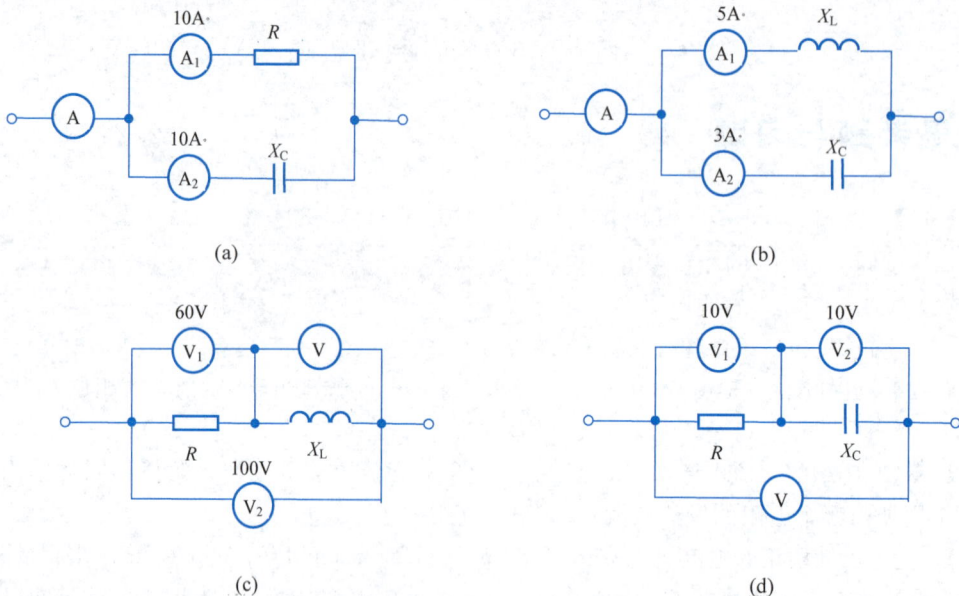

图 3-37　题 3-9 的图

【3-10】　电路如图 3-21(a) 所示，若将其接到 15V 的交流电源上，设电阻 $R=10\Omega$，电感 $L=3\text{mH}$，$C=160\text{pF}$，求谐振时：

（1）f_0 和 Q；

（2）电流 I_0 和电感电压 U_L、电容电压 U_C。

【3-11】　在图 3-38 所示电路中，电源电压 $U=10\text{V}$，角频率 $\omega=3000\text{rad/s}$，调节电容使电路达到谐振。谐振时，电流 $\dot{I}_0=100\text{mA}$，电容电压 $\dot{U}_{C_0}=200\text{V}$，试求 R、L、C 的值及电路的品质因数。

【3-12】　三相交流电源做星形连接，若其相电压为 220V，线电压为多少？若线电压为 220V，相电压为多少？

【3-13】　根据三相交流电源相电压与线电压的关系，若已知线电压，试写出相电压与线电压的关系式。

【3-14】　三相负载的阻抗值相等，是否就可以肯定它们一定是三相对称负载？

【3-15】　如图 3-39 所示，三只额定电压为 220V，功率为 40W 的白炽灯，做星形连接接在线电压为 380V 的三相四线制电源上，若将端线 L_1 上的开关 S 闭合和断开，对 L_2 和 L_3 两相的白炽灯亮度有无影响？若取消中线成为三相三线制，L_1 线上的开关 S 闭合和断开，通过各相灯泡的电流各是多少？

【3-16】　三相对称负载，每相 $R=5\Omega$，$X_L=5\Omega$，接在线电压为 380V 的三相电源上，求三相负载做星形连接、三角形连接时，相电流、线电流、三相有功功率、三相无功功率各是多少？

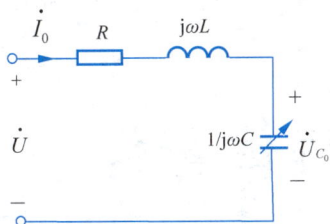

图 3-38　题 3-11 的图

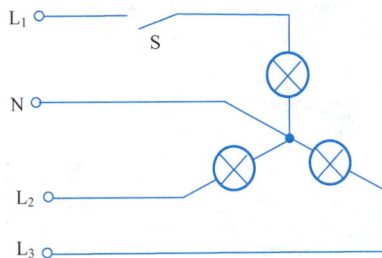

图 3-39　题 3-15 的图

科学家故事

身残志坚的电机工程师——斯坦因梅茨(Charles Proteus Steinmetz)

斯坦因梅茨是德裔美国电机工程师,电力系统的先驱,美国艺术与科学学院院士。他出生即患有残疾,自幼受人嘲弄。但他意志坚强,刻苦学习,1882 年入布雷斯劳大学就读,1888 年入苏黎世联邦综合工科学校深造。1892 年 1 月,在美国电机工程师学会会议上,他提出了计算交流电机的磁滞损耗的公式,这是当时交流电研究方面的一流成果。随后,他又创立了相量法,在电路分析中引入了复数理论,为交流电路的分析和计算提供了重要的数学工具和方法。1893 年,他进入美国通用电气公司工作,负责为尼亚加拉瀑布电站建造发电机,设计了能产生 1 万安电流、10 万伏电压的高压发电机。他一生获近 200 项专利,涉及发电、输电、配电、电照明、电机、电化学等领域,留下了"一线万(千)金"的有趣故事。

斯坦因梅茨(1865—1923)

第 4 章

常用半导体器件

科技发展前沿

自 1947 年美国贝尔实验室发明晶体管以来,半导体器件在电子学领域获得了极为广泛的应用。在此基础上发展起来的集成电路,使电子技术的发展跨入了微电子时代,并且成为当代信息技术的重要组成部分。

AI 的发展与进步紧密依赖于晶体管技术的创新与进步。近年来,科学家们开发的新型晶体管技术,如重构晶体管和类脑晶体管,为 AI 的发展提供了新的动力。可重构场效应晶体管(RFET)可用于构建具有可随时编程功能的电路,从而适应不同的计算需求,这对于提升 AI 系统的灵活性和适应性具有重要意义;类脑晶体管的高速运行、低功耗特性以及断电后仍能保留存储信息的能力,使其成为实现真正类脑计算的理想选择。本章扼要介绍几种常用的半导体器件。

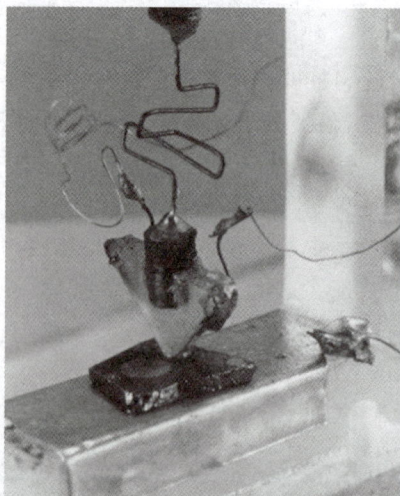

视频讲解

4.1 半导体基础知识

半导体是电阻率介于导体和绝缘体之间的物质,导体的电阻率低于 $10^{-5}\,\Omega \cdot \mathrm{cm}$,绝缘体的电阻率为 $10^{14} \sim 10^{22}\,\Omega \cdot \mathrm{cm}$,半导体的电阻率在 $10^{-2} \sim 10^{9}\,\Omega \cdot \mathrm{cm}$。目前用来制造电子器件的半导体材料主要是硅(Si)、锗(Ge)和砷化镓(GaAs)等,其导电能力介于导体和绝缘体之间,而且,它们的导电性能会随温度、光照或掺杂而发生显著变化,这些迥异的特点说明,半导体的导电机理不同于其他物质,为了深入理解这些特点,必须从半导体的原子结构谈起。

4.1.1 本征半导体

1. 晶体的共价键结构

由原子物理知识可知,原子是由带正电荷的原子核和分层围绕原子核运动的电子组成的。其中,处于最外层轨道上运动的电子称为**价电子**(valence electron)。元素的许多物理和化学性质都是由价电子决定的,如导电性能等。原子序数不同的元素可以具有相同的价电子数,例如硅的原子序数是 14,锗的原子序数是 32,但它们的价电子都是 4 个,因此都是四价元素。硅和锗的原子结构模型分别如图 4-1(a)、图 4-1(b)所示。由于两者价电子数相同,所以呈现出非常相似的导电性能。为了突出价电子对半导体导电性能的影响,常把内层电子和原子核共同看成一个惯性核,硅和锗的惯性核都带 4 个正电子电量,周围是 4 个价电子,其简化原子结构模型如图 4-1(c)所示。

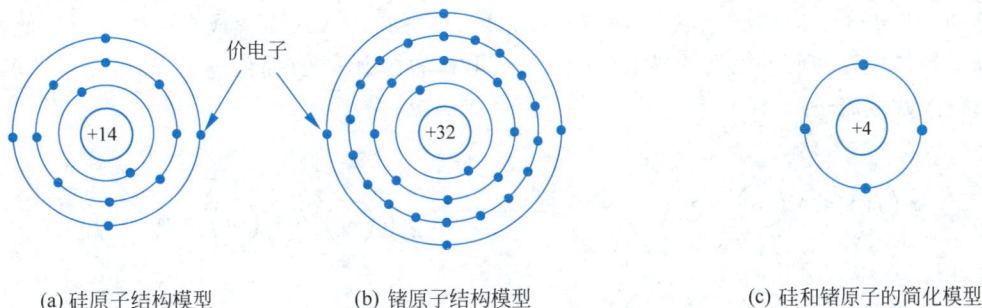

(a) 硅原子结构模型   (b) 锗原子结构模型   (c) 硅和锗原子的简化模型

图 4-1 硅和锗的原子结构模型

半导体与金属和许多绝缘体一样,均具有晶体结构。在硅和锗的单晶中,每个原子均和相邻的 4 个原子通过共用价电子以共价键形式紧密结合在一起,晶体的最终结构是四面体,如图 4-2(a)所示。图 4-2(b)是图 4-2(a)的二维晶格结构示意图。

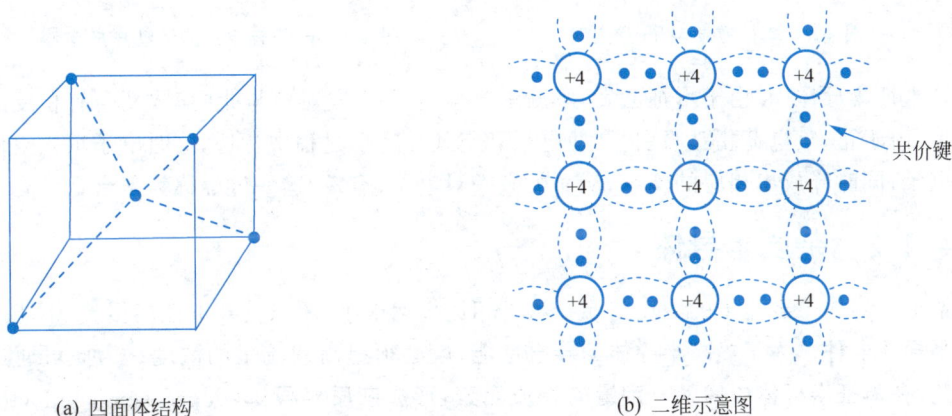

(a) 四面体结构   (b) 二维示意图

图 4-2 硅和锗的共价键结构

纯净而且结构非常完整的单晶半导体称为本征半导体(intrinsic semiconductor)。实际上很难实现理想的本征半导体,在工程上常把杂质浓度很低的单晶半导体称为本征半导体。

2. 本征半导体中的载流子

在热力学温度 $T=0$K(即 -273℃)且没有其他外界能量激发时,本征半导体的所有价电子均被束缚在共价键中,不存在自由运动的电子,因此不导电。当温度升高时,部分价电子获得热能而挣脱共价键的束缚,离开原子而成为**自由电子**(free electron),与此同时在原共价键位置上留下了与自由电子数目相同的空位,称为**空穴**(hole),如图 4-3 所示。原子因失掉一个价电子而带正电,或者说空穴带正电。空穴的出现是半导体区别于导体的一个重要特征。

本征半导体受外界能量激发产生"电子-空穴对"的过程称为**本征激发**。

热、光、电磁辐射等均可导致本征激发,其中热激发是半导体材料中产生本征激发的主要因素。为了摆脱共价键的束缚,价电子必须获得的最小能量 E_{g0} 称为禁带宽度。禁带宽度在 3~6eV 的物质属于绝缘体,半导体的禁带宽度在 1eV 左右。锗的 $E_{g0}=0.68\text{eV}$,硅的 $E_{g0}=1.1\text{eV}$。

如图 4-4 所示,若在本征半导体两端外加一电场,自由电子将产生定向运动,形成电子电流;同时,由于空穴失去了一个电子而呈现出一个正电荷的电性,所以相邻共价键内的电子在正电荷的吸引下会填补这个空穴,从而把空穴移到别处去,即空穴也可在整个晶体内自由移动。价电子定向地填补空穴,使空穴作相反方向的移动,从而形成空穴电流。因此,在本征半导体中存在两种极性的导电粒子:带负电荷的自由电子(简称电子)和带正电荷的空穴,统称为"**载流子**"。

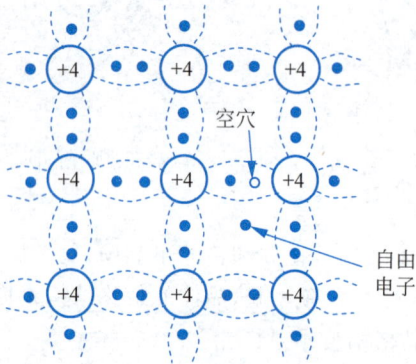

图 4-3 本征激发电子-空穴对   图 4-4 电子与空穴的运动形成电流

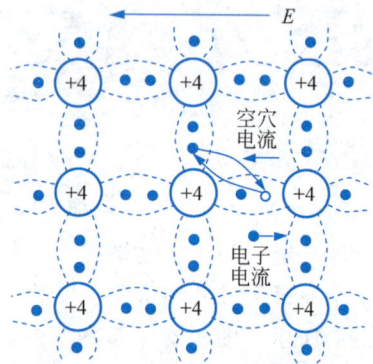

在本征半导体中,由于本征激发,不断地产生电子-空穴对。与此同时,又会有相反的过程发生,由于正、负电荷相互吸引,会使电子和空穴在运动过程中相遇,这时电子填入空位成为价电子,同时释放出相应的能量,从而失去一对电子、空穴,这一过程称为**复合**。

4.1.2 杂质半导体

本征半导体中载流子的浓度与原子浓度相比仍然很小,所以其导电性能很差,不能用来制造半导体器件。为了提高半导体的导电性能,就必须提高载流子的浓度。为此可通过扩散工艺,**在本征半导体中掺入一定量的杂质元素**,形成杂质半导体(doped semiconductor),就能产生大量的载流子,从而使其导电性能发生明显的变化。根据所掺入杂质的不同,杂质半导体分为 N 型半导体和 P 型半导体两大类。

1. N 型半导体(电子型半导体)

在本征硅(或锗)晶体中掺入少量的五价元素,如磷、砷、锑等,便构成了 N 型半导体。此时,杂质原子替代了晶格中的某些硅原子,它的 5 个价电子中,除 4 个与周围相邻的硅原子组成共价键外,还多余 1 个价电子只能位于共价键外,如图 4-5 所示。由于这个键外电子受杂质原子的束缚很弱,以致在室温条件下,就能挣脱杂质原子核而成为自由电子,原来的中性杂质原子成为不能移动的正离子,此过程称为电离。五价杂质元素给出多余的价电子,称为**施主杂质**(donor)。施主杂质只产生自由电子而不产生空穴,这是与本征激发的区别。

N 型半导体中,自由电子的浓度远大于空穴浓度,所以称自由电子为多数载流子,简称**多子**(majority carriers),空穴为少数载流子,简称**少子**(minority carriers)。由于 N 型半导体主要依靠电子导电,所以又称为电子型半导体。

2. P型半导体(空穴型半导体)

在本征硅(或锗)晶体中掺入少量的三价元素,如硼、铝、铟等,便构成了P型半导体。此时,杂质原子替代了晶格中的某些硅原子,它的3个价电子和相邻的4个硅原子组成共价键时,只有3个价电子是完整的,第4个共价键因缺少1个价电子而出现一个空穴,如图4-6所示。显然,这个空穴不是释放价电子形成的,因而它不会同时产生自由电子。可见,在P型半导体中,空穴是多子,电子是少子。由于P型半导体主要依靠空穴导电,所以又称为空穴型半导体。

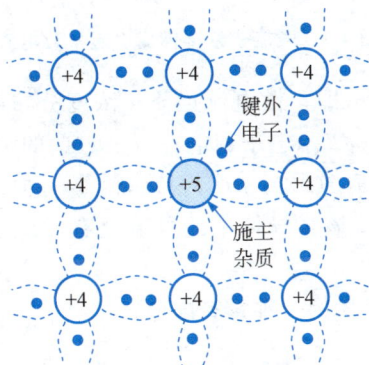

图4-5　N型半导体　　　　　图4-6　P型半导体

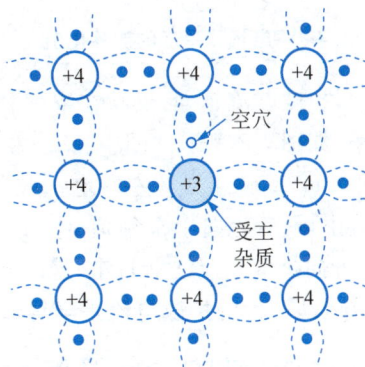

三价杂质原子形成的空穴由相邻共价键中的价电子填补时,能"接受"一个电子,所以称为**受主杂质**(acceptor)。受主杂质接受一个电子后成为不能移动负离子,负离子不参与导电。

在N型半导体和P型半导体中的多子主要由杂质提供,与温度几乎无关,其浓度由掺入的杂质浓度决定;少子由本征激发产生,与温度和光照等外界因素有关。N型和P型半导体多子所带电荷与少子及离子所带电荷相等,极性相反,故**杂质半导体对外整体呈电中性**。

4.1.3　半导体的导电机理

半导体和导体的导电机理不同。导体中只有一种载流子——电子,而半导体中有两种载流子——电子和空穴,其运动形式有两种——漂移和扩散,从而形成两种电流——漂移电流和扩散电流。

1. 漂移与漂移电流

在外电场作用下,半导体中的电子将逆电场方向运动,空穴顺电场方向运动,如图4-7所示。载流子在外电场作用下产生的定向运动称为**漂移运动**,由此形成的电流称为**漂移电流**(drift current)。漂移电流与导体中电子在外电场作用下定向运动形成电流的机理类似。

2. 扩散与扩散电流

在半导体中,因某种原因(如不均匀光照)使载流子浓度分布不均匀时,载流子会从浓度大的地方向浓度小的地方做**扩散运动**,从而形成**扩散电流**(diffusion current)。

半导体中某处的扩散电流主要取决于该处载流子的浓度梯度,而与浓度本身无关。浓

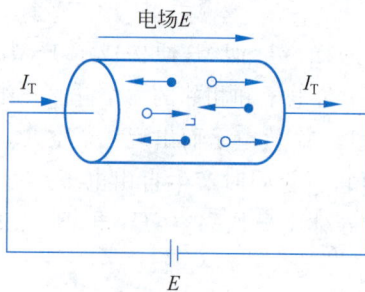

图 4-7　电场作用下的漂移电流

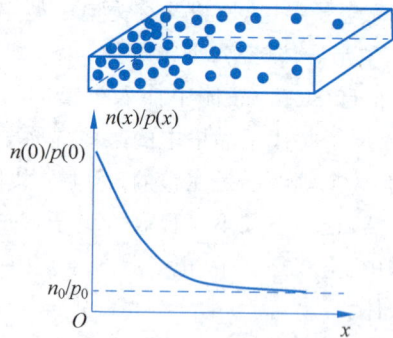

图 4-8　载流子浓度梯度引起扩散电流

度梯度越大,扩散电流越大,反映在浓度分布曲线上,即扩散电流正比于浓度分布曲线上某点处的斜率,如图 4-8 所示。图中 $n(x)$ 和 $p(x)$ 分别表示电子和空穴沿 x 方向的浓度分布。

由图 4-8 可知,该半导体左端电子或空穴的浓度 $n(0)$ 或 $p(0)$ 最大,沿 x 方向的浓度按指数规律减小,最后趋向于平衡值 n_0 或 p_0。因此,该半导体中的电流也有类似的变化规律,即沿 x 方向扩散电流逐渐减小,最后趋向于零。

由扩散运动产生的**扩散电流是半导体区别于导体的一种特有电流**。

4.1.4　PN 结的形成及特性

通过掺杂工艺,把本征硅(或锗)片的一边做成 P 型半导体,另一边做成 N 型半导体,这样在它们的交界面处会形成一个很薄的特殊物理层,称为 PN 结。

1. PN 结的形成

当 P 型半导体和 N 型半导体相接触时,由于 P 区一侧的空穴多,而 N 区一侧的电子多,所以在其交界面处存在载流子的浓度差,由此将引起载流子的**扩散**运动,使 P 区的空穴向 N 区扩散,N 区的电子向 P 区扩散,从而形成了由 P 区流向 N 区的扩散电流 I_D,如图 4-9(a)所示(为了简化,图中未画出少数载流子)。由 P 区扩散到 N 区的空穴遇 N 区的电子被**复合**,而由 N 区扩散到 P 区的电子遇 P 区的空穴被复合,这样,在交界面附近的 P 区和 N 区分别留下了不能移动的等量的受主负离子和施主正离子,通常把充满正、负离子的这个区域叫**空间电荷区**,如图 4-9(b)所示。

由于空间电荷区的出现,在交界面处产生了势垒电压,形成了一个由 N 区指向 P 区的内电场 E。该电场将阻碍上述的多子扩散运动,但它却有利于少子的漂移运动,使 P 区的电子向 N 区漂移,N 区的空穴向 P 区漂移,从而形成了由 N 区流向 P 区的漂移电流 I_T。

可见,在交界面处发生着多子的扩散和少子的漂移两种相对对立的运动。开始时,多子的扩散运动占优势,随着扩散运动的不断进行,交界面两侧留下的正、负离子逐渐增多,空间电荷区展宽,使内电场不断增强,结果使多子的扩散运动减弱,少子的漂移运动却逐渐增强。少子的漂移会使交界面两侧的正、负离子成对减少,空间电荷区变窄。当扩散运动和漂移运动达到动态平衡($I_D = I_T$)时,通过空间电荷区的净载流子数为零,因而流过 PN 结的净电流为零。平衡状态下,空间电荷区的宽度一定,如图 4-9(b)所示。

由于空间电荷区内没有载流子,所以也称为**耗尽区**(depletion region)。又因为空间电

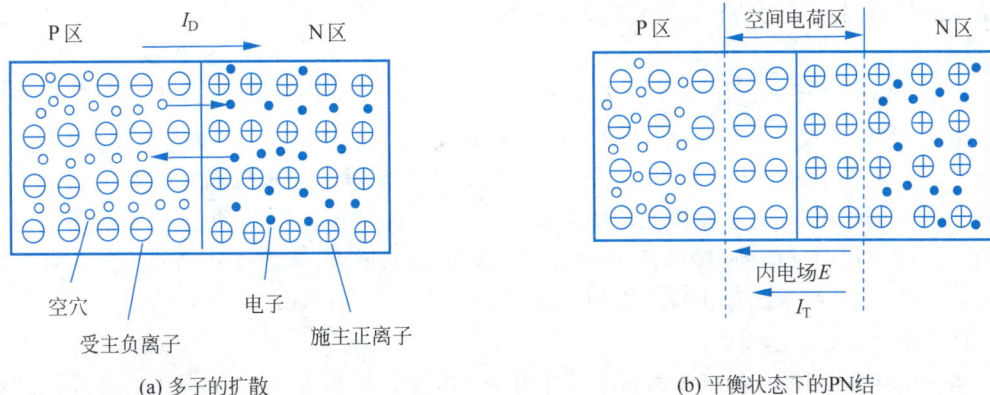

(a) 多子的扩散

(b) 平衡状态下的PN结

图 4-9　PN 结的形成

荷区形成的内电场对多子的扩散有阻挡作用,好像壁垒一样,所以又称它为**阻挡层**或**势垒区**(barrier region)。

2. PN 结的单向导电性

当 PN 结上无外加电压时,它处于动态平衡状态,称为平衡 PN 结。

当 PN 结外加正向电压 U_F(电源正极接 P 区,负极接 N 区),也叫**正向偏置**时,内电场被外电场削弱,空间电荷区变窄。有利于多子的相互扩散,不利于少子的相互漂移,平衡状态被打破,多子扩散起主要作用,流过 PN 结的正向电流 I_F 较大,PN 结导通,如图 4-10(a)所示。此时 PN 结上的压降较小,基本不随外电压的变化而变化。

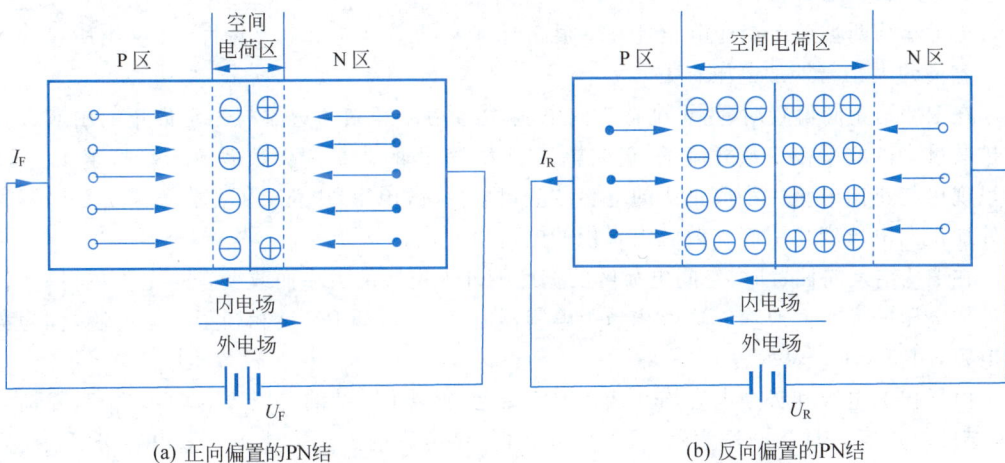

(a) 正向偏置的PN结

(b) 反向偏置的PN结

图 4-10　PN 结的单向导电性

当 PN 结外加反向电压 U_R(电源正极接 N 区,负极接 P 区),也叫**反向偏置**时,内电场被外电场增强,空间电荷区变宽。不利于多子的相互扩散,却有利于少子的相互漂移。平衡状态被打破,少子漂移起主要作用,流过 PN 结的反向电流 I_R(又称饱和电流 I_S)很小,可以认为 PN 结截止,即不导通。如图 4-10(b)所示。此时 PN 结上的压降随外电压的变化而变化。

3. PN 结的击穿特性

当加在 PN 结上的反向电压 U_R 超过一定值时,反向饱和电流急剧增大,这种现象称为击穿(breakdown)。发生击穿时所对应的反向电压 U_{BR} 称为**反向击穿电压**。PN 结发生反向击穿的机理可以分为两种：雪崩击穿和齐纳击穿。

（1）雪崩击穿。

当 PN 结外加反向电压增大时，阻挡层内部的电场增强，少子（即 N 区中的空穴和 P 区中的电子）漂移通过阻挡层时被加速，致使其动能增大，与晶体原子发生碰撞，从而把束缚在共价键中的价电子碰撞出来，产生电子-空穴对，这种现象称为**碰撞电离**。新产生的电子和空穴在强电场作用下，再去碰撞其他中性原子，又产生新的电子-空穴对，这就是载流子的倍增效应。如此连锁反应使得阻挡层中载流子的数量急剧增大，就像在陡峭的积雪山坡上发生雪崩一样，因此称为雪崩击穿。雪崩击穿发生在轻掺杂的 PN 结中。

（2）齐纳击穿。

当 PN 结宽度较窄时，其中载流子与中性原子相碰撞的机会极小，因而不容易发生雪崩击穿。但是，在这种阻挡层内，加上不大的反向电压，就能建立很强的电场（例如，加上 1V 反向电压时，阻挡层内的电场强度可达 $2.5 \times 10^5 \text{V/cm}$），足以把阻挡层内中性原子的价电子直接从共价键中拉出来，产生电子-空穴对，这个过程称为**场致激发**。场致激发能够产生大量的载流子，使 PN 结的反向电流剧增，这种击穿称为齐纳击穿。

一般而言，对硅材料的 PN 结，$U_{BR} > 7\text{V}$ 时为雪崩击穿；$U_{BR} < 5\text{V}$ 时为齐纳击穿；U_{BR} 为 5～7V 时，两种击穿都有。

当 PN 结击穿后，若降低反偏压，PN 结仍可恢复，这种击穿称为**电击穿**。电击穿是可以利用的，稳压二极管便是根据这一原理制成的。当 PN 结击穿后，若继续增大反偏压，会使 PN 结因过热而损坏，这种击穿称为**热击穿**，应力求避免。

4. PN 结的电容特性

当 PN 结两端加上交变电压且频率很高时，PN 结会呈现出电容特性。PN 结所表现出的电容量的大小与外加电压有关。

在 PN 结正向偏置时，为了维持正向电流，需要在 PN 结两边累积一定数量的由对方区域扩散过来的非平衡少数载流子，正向电流越大，累积的非平衡少数载流子数目越多。PN 结呈现出与正向电流大小成正比的电容效应，称为**扩散电容**，用符号 C_D 表示。扩散电容反映外加正向电压变化引起扩散区内累积的电荷量变化。

在 PN 结反向偏置时，空间电荷区的宽度随外加电压的大小而改变，即空间电荷的数目随外加电压的大小而改变。这就相当于电容器的充放电，即 PN 结相当于一个电容，称为**势垒电容**，用符号 C_B 表示。

由于扩散电容和势垒电容均并接在 PN 结上，所以 PN 结的总电容为两者之和，并称为 PN 结的结电容，用符号 C_J 表示。PN 结正偏时，结电容的大小主要由扩散电容决定；反偏时结电容的大小主要由势垒电容决定。

利用 PN 结的电容特性可以制造出变容二极管。

5. PN 结的温度特性

PN 结的特性对温度变化很敏感，当环境温度升高时，本征激发加剧，少数载流子的数目增多，反向饱和电流随之增大。

4.2　晶体二极管

将 PN 结加上相应的电极引线和管壳，便构成了晶体二极管，简称二极管。图 4-11 所

视频讲解

示为几种常见二极管的外形。

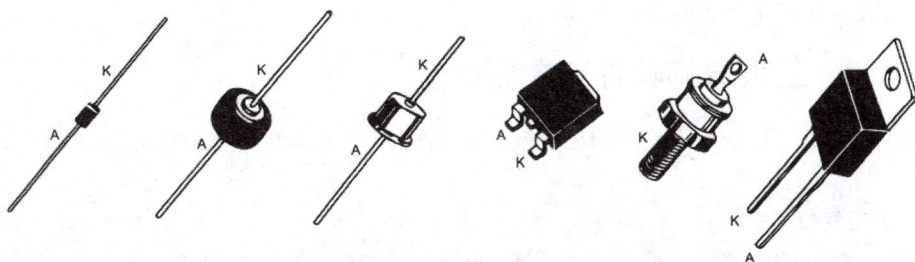

图 4-11 几种常见二极管的外形

4.2.1 二极管的分类、结构和符号

二极管的种类很多,可按不同的方式分类。

(1) 根据结构的不同,二极管可分为点接触型、面接触型和平面型。点接触型二极管由一根金属细丝和一块半导体的表面接触,并熔结在一起构成 PN 结,外加引线和管壳密封而成,如图 4-12(a)所示,由于其 PN 结面积很小,所以结电容很小,适用于在高频(几百兆赫)和小电流(几十毫安以下)条件下工作。面接触型二极管是用合金或扩散工艺制成 PN 结,外加引线和管壳密封而成,如图 4-12(b)所示,其 PN 结面积大,故结电容也大,适宜在低频条件下工作,可允许通过较大电流(可达上千安)。图 4-12(c)所示是硅工艺平面型二极管的结构图,是集成电路中常见的一种形式。

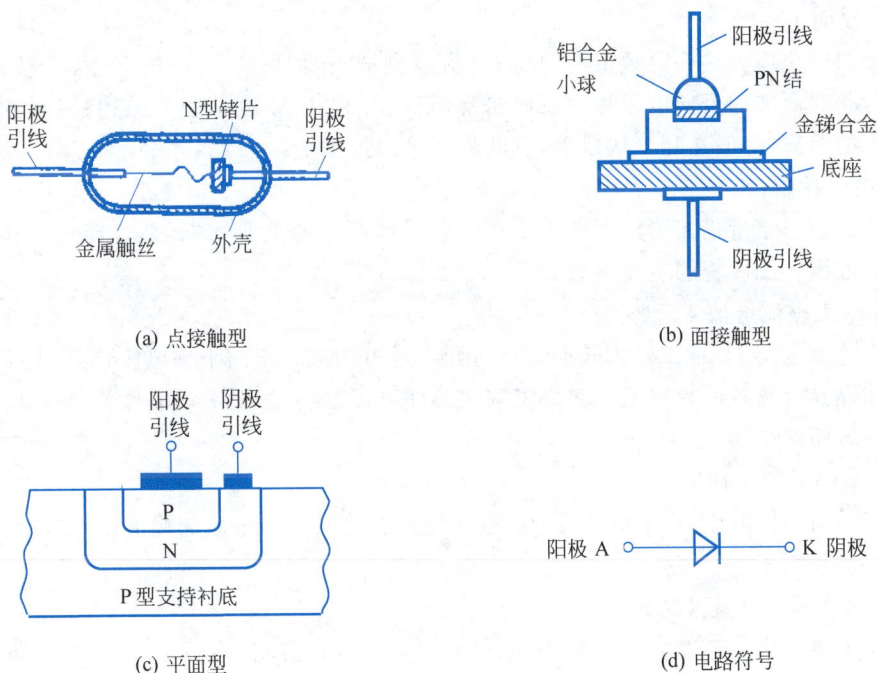

(a) 点接触型

(b) 面接触型

(c) 平面型

(d) 电路符号

图 4-12 晶体二极管的结构及符号

(2) 根据半导体材料的不同,二极管可分为硅管、锗管、砷化镓管等。

(3) 根据用途的不同,二极管可分为整流、检波、开关及特殊用途二极管等。

图 4-12(d)是二极管的电路符号,其中 P 区引线称为阳极(A),N 区引线称为阴极(K),箭头方向表示正向电流方向。

4.2.2　二极管的特性和主要参数

二极管实质上是一个 PN 结,具有单向导电性,其详细特性可根据伏安特性和性能参数来说明。

1. 伏安特性

实际二极管的伏安特性曲线如图 4-13 所示,由图可以看出**二极管是非线性器件**,其主要特性如下。

（1）正向特性。

当正向电压超过某一数值时,才有明显的正向电流,该电压称为门槛电压(又称**死区电压**)U_{th}。在室温下,硅管的 U_{th} 约为 0.5V,锗管约为 0.1V。正向导通时,硅管的压降为 0.6~0.8V,锗管为 0.1~0.3V。正向特性对应于图 4-13 中的①段。

（2）反向特性。

对应于图 4-13 中的②段,此时反向电流极小(硅管约在 0.1μA 以下,锗管约为几十微安),可认为二极管处于截止状态。

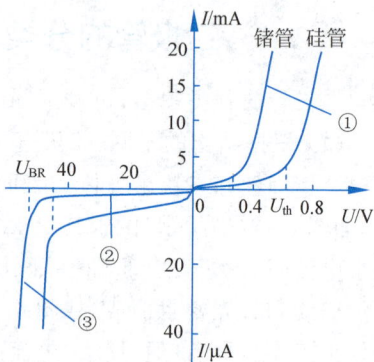

图 4-13　二极管的伏安特性曲线

（3）反向击穿。

当反向电压增大到一定数值时,反向电流急剧增大,如图 4-13 中的③段,二极管被“反向击穿”,此时所加的反向电压称为**反向击穿电压** U_{BR}。U_{BR} 因管子的结构、材料的不同而存在很大的差异,一般在几十伏以上,有的甚至可超过千伏。

2. 主要参数

器件参数是定量描述器件性能质量和安全工作范围的重要数据,是合理选择和正确使用器件的依据。二极管的主要参数如下。

（1）最大整流电流 I_F。

最大整流电流 I_F 指二极管长期运行时允许通过的最大正向平均电流,其值与 PN 结的结面积和外界散热条件等有关。在规定散热条件下,二极管正向平均电流若超过此值,它会因结温升高而被烧坏。

（2）最高反向工作电压 U_{RM}。

最高反向工作电压 U_{RM} 指二极管不被击穿所容许的反向电压的峰值,一般取反向击穿电压的 1/2 或 2/3。

（3）最大反向电流 I_{RM}。

最大反向电流 I_{RM} 指二极管加最高反向工作电压时的反向电流。I_{RM} 越小,说明二极管的单向导电性越好,并且受温度的影响也越小。由图 4-13 可以看出,锗管的反向电流比硅管的大,其值为硅管的几十到几百倍。

除上述主要参数外,二极管还有结电容和最高工作频率等参数。

4.2.3　几种特殊的二极管

特殊二极管主要包括稳压二极管和发光二极管。

1. 稳压二极管

稳压二极管简称稳压管，它是利用特殊工艺制造的面结合型硅二极管，在电路中可以实现限幅、稳压等功能，其伏安特性曲线及电路符号如图4-14所示。

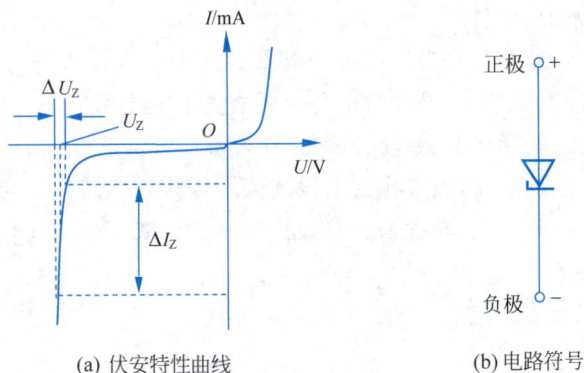

(a) 伏安特性曲线　　　(b) 电路符号

图 4-14　稳压管的伏安特性曲线和电路符号

稳压管工作在反向击穿区，由图4-14(a)可以看出，此时尽管反向电流有很大的变化（ΔI_Z），而反向电压的变化（ΔU_Z）极小，利用这一特性可以实现稳压。反向击穿特性曲线愈陡，稳压性能愈好。需要说明的一点是，只要在外电路上采取限流措施，使反向击穿不致引起热击穿，稳压管就不会损坏，当外加反偏压撤除后，稳压管仍可恢复其单向导电性。稳压管的电路符号如图4-14(b)所示。

稳压管的主要参数如下。

(1) 稳定电压 U_Z。

稳定电压 U_Z 指稳压管正常工作时，稳压管两端的反向击穿电压。由于制作工艺的原因，即使同一型号的稳压管，其 U_Z 值的分散性也较大。使用时可根据需要测试挑选。

(2) 稳定电流 I_Z。

稳定电流 I_Z 指稳压管正常工作时的参考电流。工作电流小于此值时，稳压效果差，大于此值时，稳压效果好。

(3) 最大稳定电流 I_{ZM}。

最大稳定电流 I_{ZM} 指稳压管的最大允许工作电流，若超过此值，稳压管可能因过热而损坏。

(4) 动态电阻 r_Z。

定义为稳压管的电压变化量与电流变化量之比，即

$$r_Z = \frac{\Delta U_Z}{\Delta I_Z} \tag{4-1}$$

r_Z 越小，表明稳压管的稳压性能越好。

稳压管常用于提供基准电压或用于电源设备中，国产稳压管的常见型号为2CW××和2DW××。

2. 发光二极管

发光二极管（Light-Emitting Diode，LED）**是将电能转换为光能的一种半导体器件。它**

是用砷化镓、磷化镓、磷砷化镓等半导体发光材料所制成的，其电路符号如图 4-15 所示。按发光类型的不同，LED 可分为可见光 LED、红外线 LED 和激光 LED。下面介绍常用的可见光 LED。

当发光二极管的 PN 结正向偏置时，载流子复合释放能量并以光子的形式放出，其发光的颜色决定于所用的半导体材料，常见的发光颜色有红、绿、黄、橙等，主要用于家用电器、电子仪器、电子仪表中做指示用。

图 4-15　发光二极管的符号

发光二极管的主要参数可分为光参数和电参数两类。电参数与普通二极管相同，不过其正向导通电压较高，为 2～6V，具体数值与材料有关。光参数有发光强度、发光波长等。

国产常见的发光二极管有 FG、BT、2EF、LD 等系列可供选择。

发光二极管除单作显示外，还常作为七段式或矩阵式显示器件。与其他显示器件相比，它具有体积小、重量轻、寿命长、光度强、工作稳定等优点，缺点是功耗较大。

4.3　晶体三极管

视频讲解

晶体三极管又称双极型晶体管（Bipolar Junction Transistor，BJT），简称三极管，是一种应用很广泛的半导体器件。

4.3.1　三极管的分类、结构和符号

三极管的种类很多。按照工作频率分，有高频管、低频管；按照功率分，有大、中、小功率管；按照制作材料分，有硅管、锗管等；按照管子内部 PN 结组合方式的不同，可分为 NPN 型管和 PNP 型管两种。其中硅管多为 NPN 型管，锗管几乎全是 PNP 型管。虽然种类繁多，但从其外形来看，它们都有三个电极，常见的三极管外形如图 4-16 所示。

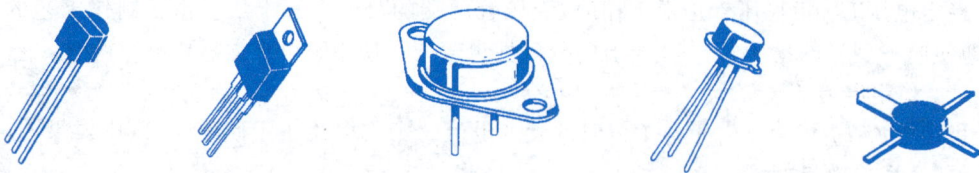

图 4-16　几种常见三极管的外形

图 4-17 是三极管的结构示意图和相应的电路符号。由图可以看出，它是由三层半导体构成的，形成了三个区，分别是**发射区**、**基区**和**集电区**；由三个区引出了三个电极，即**发射极** E（emitter）、**基极** B（base）和**集电极** C（collector）；在三个区的交界面形成了两个 PN 结，即**发射结** J_e 和**集电结** J_c。

为了保证三极管具有电流放大作用，其结构工艺上应具备以下特点。

（1）发射区重掺杂，其掺杂浓度远远高于基区和集电区的掺杂浓度。

（2）基区很薄（几微米）且为轻掺杂。

（3）集电区的面积比发射区大。

由此可见，三极管在结构上不具备电对称性，其 C、E 极不能互换使用。

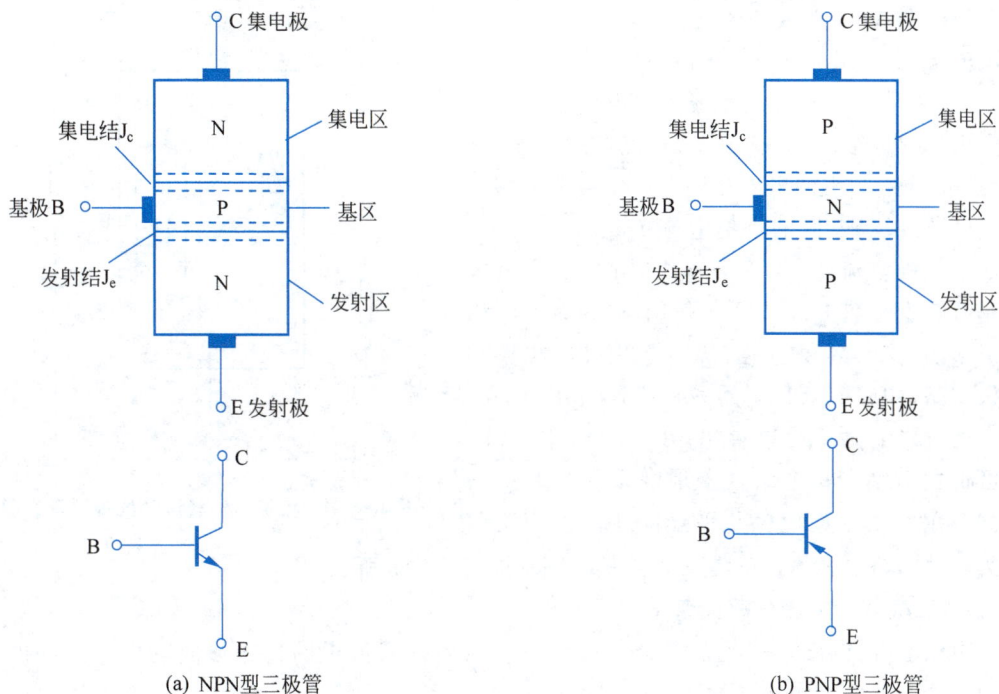

(a) NPN型三极管　　　　　　　　　　(b) PNP型三极管

图 4-17　三极管的结构及符号

NPN 型和 PNP 型三极管的符号区别在于发射极所标箭头的指向,**发射极箭头的指向表明了三极管导通时发射极电流的实际流向**。

4.3.2　三极管的电流分配与放大作用

三极管的电流放大作用是由内、外两种因素决定的,其内因就是 4.3.1 节中所述的结构特点,而外因是必须给三极管加合适的偏置电压,即给发射结加正向偏置电压,集电结加反向偏置电压。

1. 三极管内部载流子的传输过程

以 NPN 型三极管为例,在**发射结正偏,集电结反偏**的条件下,三极管内部载流子的运动情况可用图 4-18 说明。

(1) 发射区向基区注入电子。

由于发射结 J_e 正偏,所以 J_e 两侧多子的扩散占优势,因而发射区的电子源源不断地越过 J_e 注入基区,形成电子注入电流 I_{EN};与此同时,基区的空穴也向发射区注入,形成空穴注入电流 I_{EP}。由于发射区相对于基区是重掺杂,所以发射区电子的浓度远大于基区空穴浓度,因而满足 $I_{EN} \gg I_{EP}$,若忽略 I_{EP},发射极电流 $I_E \approx I_{EN}$,其方向与电子注入方向相反。

(2) 电子在基区边扩散边复合。

注入基区的电子,成为基区的非平衡少子,它在 J_e 处浓度最大,而在 J_c 处浓度最小(J_c 反偏,其边界处电子浓度近似为零),因此,在基区形成了非平衡电子的浓度差。在该浓度差的作用下,由发射区注入基区的电子将继续向 J_c 扩散。在扩散过程中,非平衡电子会与基区中的多子空穴相遇,使部分电子因复合而失去。但由于基区很薄且掺杂浓度又低,所以在基区被复合掉的电子数极少,绝大部分电子都能扩散到 J_c 边沿。基区中与电子复合的空穴由基极电源提供,形成基区复合电流 I_{BN},它是基极电流 I_B 的主要部分。

（3）扩散到集电结的电子被集电区收集。

由于集电结 J_c 反偏,形成了较强的电场,所以,扩散到 J_c 边沿的电子在该电场作用下漂移到集电区,形成集电区的收集电流 I_{CN}。该电流是构成集电极电流 I_C 的主要部分。此外,集电区和基区的少子在 J_c 反偏压的作用下,向对方漂移形成 J_c 的反向饱和电流 I_{CBO},并流过集电极和基极支路,构成 I_B 和 I_C 的另一部分电流。

通过以上讨论可以看出,在三极管中,薄的基区将发射结和集电结紧密地联系在一起。它能把发射结的正向电流几乎全部地传输到反偏的集电结回路中去。这正是三极管实现放大作用的关键所在。

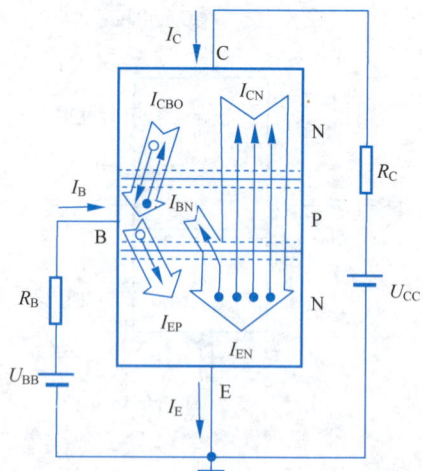

图 4-18 三极管内部载流子的传输示意图

2. 三极管的电流分配关系

由以上分析可知,三极管三个电极的电流与内部载流子的传输形成的电流之间的关系为

$$\begin{cases} I_E = I_{EN} + I_{EP} = I_{BN} + I_{CN} + I_{EP} \approx I_{BN} + I_{CN} & (4\text{-}2a) \\ I_B = I_{EP} + I_{BN} - I_{CBO} \approx I_{BN} - I_{CBO} & (4\text{-}2b) \\ I_C = I_{CN} + I_{CBO} & (4\text{-}2c) \end{cases}$$

式(4-2)表明:在 J_e 正偏,J_c 反偏的条件下,三极管三个电极上的电流不是孤立的,它们能反映非平衡少子在基区扩散与复合的比例关系。这一比例关系主要由基区宽度、掺杂浓度等因素决定,三极管做好后就基本确定了。一旦知道了这个比例关系,就不难确定三个电极电流之间的关系,从而为定量分析三极管电路提供了方便。

为了反映扩散到集电区的电流 I_{CN} 与基区复合电流 I_{BN} 之间的比例关系,定义共发射极直流电流放大系数 $\bar{\beta}$ 为

$$\bar{\beta} = \frac{I_{CN}}{I_{BN}} = \frac{I_C - I_{CBO}}{I_B + I_{CBO}} \tag{4-3}$$

其含义是:基区每复合一个电子,则有 $\bar{\beta}$ 个电子扩散到集电区去。$\bar{\beta}$ 值一般在 20～200。

确定了 $\bar{\beta}$ 值后,由式(4-2)和式(4-3)可得三极管三个电极电流的表达式为

$$\begin{cases} I_E = I_B + I_C & (4\text{-}4a) \\ I_C = \bar{\beta} I_B + (1 + \bar{\beta}) I_{CBO} = \bar{\beta} I_B + I_{CEO} & (4\text{-}4b) \\ I_E = (1 + \bar{\beta}) I_B + (1 + \bar{\beta}) I_{CBO} = (1 + \bar{\beta}) I_B + I_{CEO} & (4\text{-}4c) \end{cases}$$

其中

$$I_{CEO} = (1 + \bar{\beta}) I_{CBO} \tag{4-5}$$

称为**穿透电流**。由于 I_{CBO} 很小,常忽略其影响,所以有

$$\begin{cases} I_C \approx \bar{\beta} I_B & \text{(4-6a)} \\ I_E \approx (1+\bar{\beta}) I_B & \text{(4-6b)} \end{cases}$$

式(4-6)是以后电路分析中常用的关系式。

为了反映扩散到集电区的电流 I_{CN} 与发射极电流 I_E 之间的比例关系,定义共基极直流电流放大系数 $\bar{\alpha}$ 为

$$\bar{\alpha} = \frac{I_{CN}}{I_E} = \frac{I_C - I_{CBO}}{I_E} \tag{4-7}$$

它表征了发射极电流 I_E 转换为集电极电流 I_C 的能力。显然,$\bar{\alpha} < 1$,一般为 $0.97 \sim 0.99$。

引入 $\bar{\alpha}$ 后,由式(4-2)和式(4-7)可得晶体三极管三个电极电流的表达式为

$$\begin{cases} I_E = I_B + I_C & \text{(4-8a)} \\ I_C = \bar{\alpha} I_E + I_{CBO} \approx \bar{\alpha} I_E & \text{(4-8b)} \\ I_B = (1-\bar{\alpha}) I_E - I_{CBO} \approx (1-\bar{\alpha}) I_E & \text{(4-8c)} \end{cases}$$

由于 $\bar{\beta}$ 和 $\bar{\alpha}$ 都是反映三极管基区中电子扩散与复合的比例关系,只是选取的参考量不同,所以两者之间必然有内在的联系。由 $\bar{\beta}$ 和 $\bar{\alpha}$ 的定义可得

$$\bar{\beta} = \frac{I_{CN}}{I_{BN}} \approx \frac{I_{CN}}{I_E - I_{CN}} = \frac{\bar{\alpha} I_E}{I_E - \bar{\alpha} I_E} = \frac{\bar{\alpha}}{1-\bar{\alpha}} \tag{4-9}$$

$$\bar{\alpha} = \frac{I_{CN}}{I_E} \approx \frac{I_{CN}}{I_{EN}} = \frac{I_{CN}}{I_{BN} + I_{CN}} = \frac{\bar{\beta} I_{BN}}{I_{BN} + \bar{\beta} I_{BN}} = \frac{\bar{\beta}}{1+\bar{\beta}} \tag{4-10}$$

3. 三极管的放大作用

三极管的放大作用可用图 4-18 来说明,假设在图中 U_{BB} 上叠加一幅度为 100mV 的正弦电压 Δu_I,则引起三极管发射结电压产生相应的变化,因而发射极会产生一个较大的注入电流 Δi_E,例如为 1mA。若 $\bar{\beta} = 99$,则基极复合电流 Δi_B 约为 $10\mu\text{A}$,集电极收集的电流 Δi_C 约为 0.99mA。若取 $R_C = 2\text{k}\Omega$,则 R_C 上得到的信号电压 $\Delta u_O = \Delta i_C \cdot R_C = 0.99 \times 2 = 1.98(\text{V})$,相比之下,信号电压放大了约 20 倍。另外,$R_C$ 得到的信号功率为

$$P_o = \frac{1}{2} \cdot \Delta i_C \cdot \Delta u_O = \frac{1}{2} \times 0.99 \times 10^{-3} \times 1.98 \approx 1(\text{mW})$$

比信号源的输入功率

$$P_i = \frac{1}{2} \cdot \Delta i_B \cdot \Delta u_I = \frac{1}{2} \times 10 \times 10^{-6} \times 100 \times 10^{-3} = 0.5(\mu\text{W})$$

大出约 2000 倍。信号功率的放大体现了三极管的放大作用。

4.3.3 三极管的特性曲线和工作状态

三极管的特性曲线描述了各电极电压与电流之间的关系,全面反映了三极管的性能。下面讨论最常用的共发射极接法的输入、输出特性曲线。

1. 输入特性曲线

当集-射极间的电压 u_{CE} 为某一常数时,基极电流 i_B 与基-射电压 u_{BE} 之间的关系称为三极管的输入特性曲线,即

$$i_B = f(u_{BE}) \big|_{u_{CE}=\text{常数}} \tag{4-11}$$

通常可利用晶体管特性测试仪测出。图 4-19 是 NPN 型硅三极管的输入特性曲线。由图可见，它与二极管的正向特性曲线相似。当改变 u_{CE} 时可得到一簇曲线。当 u_{CE} 增大时，集电极收集电子的能力增强，在基区要获得相应的 i_B 值，所需的电压 u_{BE} 相应增大，即曲线随 u_{CE} 的增大而右移；当 $u_{CE} \geqslant 1V$ 后，各曲线已经很接近了，通常用 $u_{CE} > 1V$ 的一条输入特性曲线就可以代表 $u_{CE} \geqslant 1V$ 以后的各种情况。

三极管的输入特性曲线也有一段死区电压，硅管约为 0.5V，锗管约为 0.1V。正常工作时，硅管的发射结电压 U_{BE} 为 0.6～0.7V，锗管的 U_{BE} 为 0.2～0.3V。

2. 输出特性曲线和工作状态

输出特性是指基极电流 i_B 为常数时，集电极电流 i_C 与集-射电压 u_{CE} 的关系，即

$$i_C = f(u_{CE}) \mid_{i_B=常数} \qquad (4-12)$$

图 4-20 是三极管的输出特性曲线。由图可见，当 i_B 不同时，输出特性可用一簇曲线表示。根据三极管工作状态的不同，输出特性可分为以下几个区域。

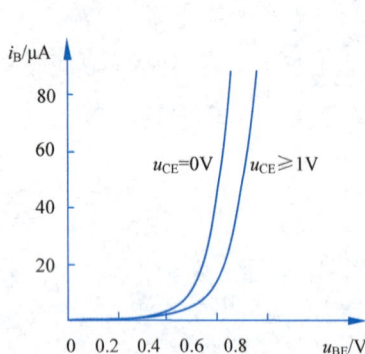

图 4-19　三极管的输入特性曲线

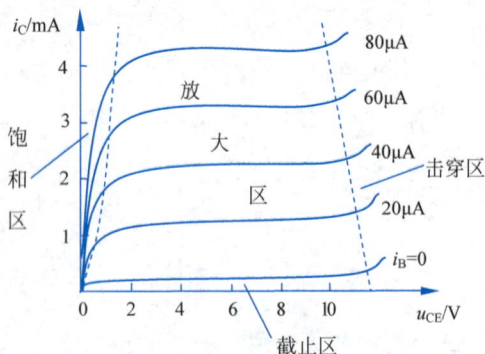

图 4-20　三极管的输出特性曲线

（1）截止区。

一般把 $i_B = 0$ 那条曲线以下的区域称为截止区，此时 $i_C \approx 0$。为了使三极管可靠截止，通常在发射结上加反向电压，这样，三极管截止时，发射结和集电结均处于反向偏置。

（2）放大区。

特性曲线平坦的区域叫放大区，在放大区，各条输出特性曲线间隔均匀，随着 u_{CE} 的增加而略微向上倾斜；i_B 增加，i_C 成比例地增加，$i_C \approx \beta i_B$。i_C 的变化基本与 u_{CE} 无关，主要受 i_B 的控制，三极管相当于一个受控的电流源。

（3）饱和区。

特性曲线靠近纵轴的区域是饱和区。此时，发射结和集电结均处于正向偏置，三极管失去了电流放大作用，$i_C < \beta i_B$。饱和时集-射极间的饱和压降 $U_{CE(sat)}$ 值很小，硅管约为 0.3V，锗管约为 0.1V。

（4）击穿区。

三极管发射结正向偏置，集电结反向击穿时的工作状态：当 u_{CE} 足够大时，三极管集电结被击穿，i_C 迅速增大。

由三极管的输入、输出特性曲线不难看出，**三极管也是典型的非线性器件**。

4.3.4　三极管的主要参数

三极管的参数是用来表征管子性能优劣和适应范围的，它是选用三极管的依据。了解

这些参数的意义,对于合理使用和充分利用三极管以达到设计电路的经济性和可靠性是十分必要的。三极管的参数很多,大致可分为以下几类。

1. 表征放大性能的参数

(1) 共射极直流电流放大系数 $\bar{\beta}$。

$$\bar{\beta} = \frac{I_C}{I_B}$$

(2) 共射极交流电流放大系数 β。

$$\beta = \frac{\Delta i_C}{\Delta i_B} \tag{4-13}$$

虽然 $\bar{\beta}$ 和 β 的含义不同,但当输出特性曲线(见图 4-20)平行等距且忽略 I_{CEO} 时,则 $\bar{\beta} \approx \beta$,工程上常利用这一关系进行近似估算。

2. 表征稳定性能的参数

(1) I_{CBO}。

指发射极开路时,集电极-基极之间的反向饱和电流。

(2) I_{CEO}。

指基极开路时,集电极-发射极之间的穿透电流。

$$I_{CEO} = (1 + \beta) I_{CBO}$$

选用三极管时,一般希望极间反向电流越小越好,以减小温度的影响,硅管的 I_{CBO} 比锗管小 2~3 个数量级,所以在要求较高的场合常选硅管。

3. 表征安全极限性能的参数

(1) 集电极最大允许电流 I_{CM}。

三极管工作时,β 值基本不变。但当 I_C 超过一定值时,β 值将明显降低。I_{CM} 是指 β 值下降到正常值的 2/3 时所对应的集电极电流 I_C 值。

(2) 集电极最大允许耗散功率 P_{CM}。

指集电结上允许损耗功率的最大值,P_{CM} 与管子的散热条件和环境温度有关,三极管不能超温使用,否则其性能将恶化,甚至损坏。

(3) 反向击穿电压。

① $U_{(BR)EBO}$。$U_{(BR)EBO}$ 指集电极开路时,发射结的反向击穿电压,此值较小,一般只有几伏,有的甚至不到 1V。

② $U_{(BR)CBO}$。$U_{(BR)CBO}$ 指发射极开路时,集电结的反向击穿电压。此值较大,一般为几十伏,有的可达几百伏甚至上千伏。

③ $U_{(BR)CEO}$。$U_{(BR)CEO}$ 指基极开路时,集电极-发射极之间的反向击穿电压。其大小与三极管的穿透电流有直接的关系,一般为几伏至几十伏。

通常将 I_{CM}、P_{CM}、$U_{(BR)CEO}$ 三个参数所限定的区域称为三极管的安全工作区,如图 4-21 所示。为了确保管子正常、安全工作,使用时不应超出这

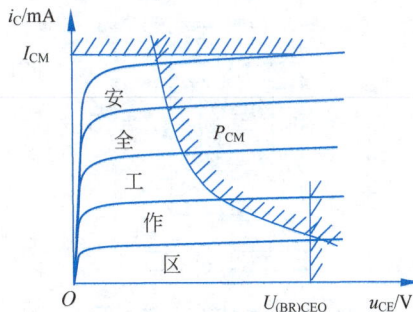

图 4-21　三极管的安全工作区

个范围。

4.3.5 三极管的温度特性

严格来讲，温度对三极管的所有参数几乎都有影响，但受影响最大的是以下三个参数。

（1）β。三极管的 β 值会随温度的升高而增大，温度每升高 1℃，β 值增大 0.5%～1%。

（2）U_{BE}。三极管的发射结电压 U_{BE} 值具有负的温度系数，温度每升高 1℃，$|U_{BE}|$ 值减小 2～2.5mV。

（3）I_{CBO}。实验表明，I_{CBO} 随温度按指数规律变化，温度每升高 10℃，I_{CBO} 值约增加一倍，即 $I_{CBO}(T_2) = I_{CBO}(T_1) \times 2^{(T_2 - T_1)/10}$。

4.4 场效应管

视频讲解

场效应管（field effect transistor，FET）是一种较新型的半导体器件，其外形与普通三极管相似，但两者的控制特性却截然不同。普通三极管是电流控制器件，通过控制基极电流达到控制集电极电流的目的，即信号源必须提供一定的电流才能工作，因此它的输入电阻较低，仅有 $10^2 \sim 10^4 \Omega$。场效应管则是电压控制器件，其输出电流取决于输入电压的大小，基本上不需要信号源提供电流，所以它的输入阻抗很高，可达 $10^9 \sim 10^{14} \Omega$，这是它的突出优点。此外，它还具有噪声低、热稳定性好、抗辐射能力强、制造工艺简单、集成度高等优点，已经成为当今集成电路的主流器件。

4.4.1 场效应管的分类、结构、符号和特性曲线

根据结构的不同，场效应管可分为两大类：结型场效应管（JFET）和金属-氧化物-半导体场效应管（MOSFET）。

1. 结型场效应管

结型场效应管（junction field effect transistor，JFET）是利用半导体内的电场效应进行工作的，所以又称体内场效应器件，它有 N 沟道和 P 沟道之分。图 4-22 为 N 沟道结型场效应管的结构及工作原理示意图。

由图 4-22 可见，它在一块 N 型半导体材料两边高浓度扩散制造了两个重掺杂的 P^+ 区，形成了两个 PN 结。两个 P^+ 区接在一起引出栅极 G，两个 PN 结之间的 N 型半导体构

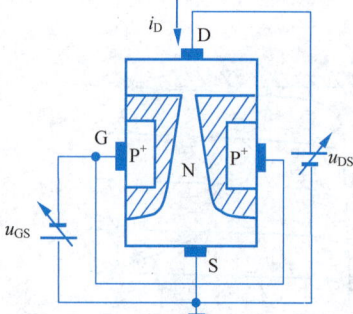

图 4-22 N 沟道 JFET 的结构及工作原理示意图

成导电沟道，在 N 型半导体的两端分别引出源极 S 和漏极 D。由于 N 型区结构对称，所以其源极和漏极可以互换使用。

N 沟道结型场效应管工作时，为了保证其高输入电阻的特性，栅-源之间需加一负电压 u_{GS}。使栅极与沟道之间的 PN 结反偏。在漏-源之间加一正电压 u_{DS}，N 沟道中的多数载流子（电子）将源源不断地由源极向漏极运动，从而形成漏极电流 i_D。u_{GS} 和 u_{DS} 的大小直接影响着导电沟道的变化，因而影响着漏极电流的变化。u_{GS} 控制沟道的宽窄，当 u_{GS} 由零向负值增大时，沟道由

宽变窄,沟道电阻由小变大,当$|u_{GS}|$增大到"**夹断电压**"$U_{GS(off)}$时,沟道被全部"夹断",沟道电阻趋于无穷。u_{DS}控制沟道的形状,在u_{GS}为一固定值时,若$u_{DS}=0$,沟道由漏极到源极呈等宽性,$i_D=0$;当$u_{DS}>0$时,由于$|u_{GD}|>|u_{GS}|$,沟道不再呈等宽性,而呈楔形,如图4-20所示,此时,i_D随u_{DS}的增大而增大;当u_{DS}增大到使$u_{GD}=u_{GS(off)}$时,沟道首先在靠近漏极处被夹断,此后,若继续增大u_{DS},夹断点由漏极向源极移动,i_D基本不再增加,趋于饱和电流I_{DSS}。

实验证明,当管子工作在饱和区时,i_D与u_{GS}之间近似呈平方律关系,即

$$i_D = I_{DSS}\left(1-\frac{u_{GS}}{U_{GS(off)}}\right)^2, \quad U_{GS(off)} \leqslant u_{GS} \leqslant 0 \tag{4-14}$$

2. MOS 场效应管

MOS场效应管简称MOS管,它是利用半导体表面的电场效应进行工作的,也称表面场效应管。由于其栅极处于绝缘状态,故又称绝缘栅场效应管。MOS管可分为增强型与耗尽型两种类型,每类又有N沟道和P沟道之分,所以共有四类MOS管。

图4-23为增强型NMOS管的结构及工作原理示意图。它以P型硅片作为衬底,其上扩散两个重掺杂的N^+区,分别作为源区和漏区,并引出源极S和漏极D,在源区和漏区之间的衬底表面覆盖一层很薄(约$0.1\mu m$)的绝缘层(SiO_2),并在其上蒸铝引出栅极G。从垂直衬底的角度看,这种场效应管由金属(铝)-氧化物(SiO_2)-半导体构成,故称为MOSFET (metal-oxide-semiconductor field effect transistor)。

由图4-23可以看出,当$u_{GS}=0$时,源区和漏区之间被P型衬底所隔开,形成了两个背靠背的PN结,不论u_{DS}的极性如何,其中总有一个PN结是反偏的,电流总为零,管子处于截止状态。当$u_{GS}>0$时,栅极与衬底之间以SiO_2为介质构成的电容器被充电,产生垂直于半导体表面的电场,该电场吸引P型衬底的电子并排斥空穴,当u_{GS}达到一定值(称为**开启电压**$U_{GS(th)}$)时,在栅极附近的P型硅表面便形成了一个N型(电子)薄层,沟通了源区和漏区,形成了沿半导体表面的导电沟道。漏-源电压u_{DS}将使导电沟道产生不等宽性,靠近源极处沟道较宽,靠近漏极处沟道较窄。显然,u_{GS}越高,电场越强,导电沟道越宽,漏极电流i_D越大,因此通过改变u_{GS}的大小就可控制i_D的大小。

实验证明,当增强型MOS管工作在饱和区(恒流区)时,i_D与u_{GS}之间也近似呈平方律关系,即

$$i_D = K(u_{GS}-U_{GS(th)})^2 \tag{4-15}$$

其中,K为电导常数,单位为mA/V^2。对于N沟道增强型MOS管,$K=K_n=\frac{\mu_n C_{ox}}{2}\cdot\frac{W}{L}$;对于P沟道增强型MOS管,$K=K_p=\frac{\mu_p C_{ox}}{2}\cdot\frac{W}{L}$。$\mu_n$、$\mu_p$分别为沟道电子运动的迁移率和沟道空穴运动的迁移率;C_{ox}为单位面积的栅极电容量;W为沟道宽度;L为沟道长度;W/L为MOS管的沟道宽长比。在MOS集成电路设计中,宽长比是一个极为重要的参数。

图4-24为耗尽型NMOS管的结构及工作原理示意图。这种器件在制造过程中,在SiO_2绝缘层中掺入了大量正离子,即使在$u_{GS}=0$时,半导体表面也有垂直电场作用,并形成N型导电沟道。因为它有原始导电沟道,故称为耗尽型管。当$u_{GS}>0$时,指向衬底的电场增强,沟道变宽,漏极电流i_D将会增大;当$u_{GS}<0$时,指向衬底的电场削弱,沟道变窄,

i_D 将会减小，当 u_{GS} 继续变负并等于某一定值（称为夹断电压 $U_{GS(off)}$）时，沟道消失，$i_D =$ 0，管子进入截止状态。耗尽型 MOS 管工作在饱和区（恒流区）时的特性可用式（4-14）表示。

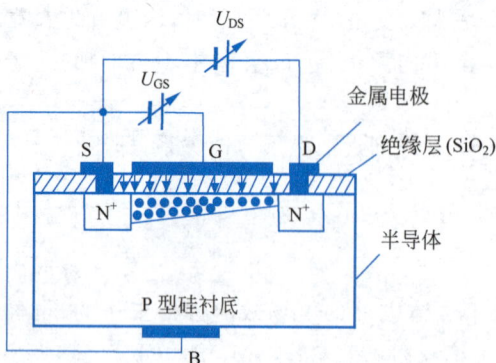

图 4-23　增强型 NMOS 管的结构及原理示意图

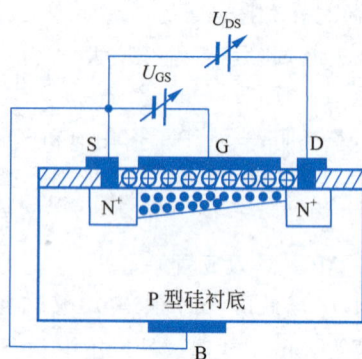

图 4-24　耗尽型 NMOS 管的结构及原理示意图

以上简要介绍了几种 N 沟道场效应管，P 沟道管子的结构和工作过程与其类似，此处不再赘述。

表 4-1 列出了各种场效应的符号和特性曲线，希望有助于读者进一步理解其特点。由特性曲线可以看出，**场效应管也是非线性器件**。

3. 互补型 MOS 场效应管

在集成 MOS 电路中，常采用 N 沟道 MOS 管和 P 沟道 MOS 管组成的互补型 MOS 器件，简称 CMOS 管。图 4-25 是用 P 型阱技术制造的 CMOS 晶体管的截面图。

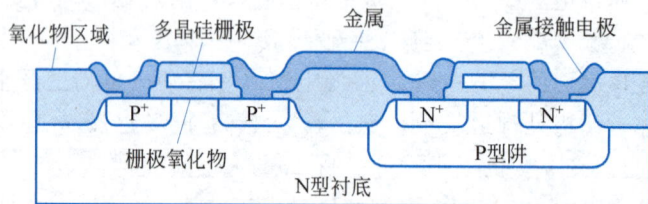

图 4-25　用 P 型阱技术制造的 CMOS 晶体管的截面图

要在一块 N 型衬底上制造电特性相同的 N 沟道和 P 沟道器件，必须保证它们的门限电压（开启电压或夹断电压）相等，由于一般情况下 μ_n 和 μ_p 并不相等，所以设计 CMOS 管时要调节 N 沟道管和 P 沟道管的沟道宽长比，这比在一块 N 型衬底上单独制作 NMOS 管或 PMOS 管的情况要复杂得多。

4.4.2　场效应管的主要参数

各种场效应的符号和特性曲线如表 4-1 所示。场效应管的参数主要有以下几个。

1. 开启电压 $U_{GS(th)}$、夹断电压 $U_{GS(off)}$

$U_{GS(th)}$ 指在一定的漏-源电压 u_{DS} 下，使管子由不导通变为导通所需的临界栅-源电压 u_{GS} 值，该参数是针对增强型 MOS 管定义的。

表 4-1 各种场效应的符号和特性曲线

分 类		符号特性		
		符 号	转移特性曲线 $I_D = f(U_{GS})\vert_{U_{DS}=常数}$	漏极特性曲线 $I_D = f(U_{DS})\vert_{U_{GS}=常数}$
结型场效应管	N 沟道	D G S	i_D/mA, I_{DSS}, $U_{GS(off)}$, O, u_{GS}/V	i_D/mA, 0V, $-1V$, $-2V$, $U_{GS}=-3V$, O, u_{DS}/V
	P 沟道	D G S	O, $U_{GS(off)}$, u_{GS}/V, I_{DSS}, i_D/mA	$U_{GS}=3V$, 2V, 1V, 0V, O, u_{DS}/V, i_D/mA
绝缘栅场效应管	N 沟道 增强型	D G B S	i_D/mA, O, $U_{GS(th)}$, u_{GS}/V	i_D/mA, 5V, 4V, 3V, $U_{GS}=2V$, O, u_{DS}/V
	N 沟道 耗尽型	D G B S	i_D/mA, I_{DSS}, $U_{GS(off)}$, O, u_{GS}/V	i_D/mA, 1V, 0V, $-1V$, $U_{GS}=-2V$, O, u_{DS}/V
绝缘栅场效应管	P 沟道 增强型	D G B S	$U_{GS(th)}$, O, u_{GS}/V, i_D/mA	$U_{GS}=-2V$, $-3V$, $-4V$, $-5V$, O, u_{DS}/V, i_D/mA
	P 沟道 耗尽型	D G B S	O, $U_{GS(off)}$, u_{GS}/V, i_D/mA	$U_{GS}=2V$, 1V, 0V, $-1V$, O, u_{DS}/V, i_D/mA

$U_{GS(off)}$ 指在一定的漏-源电压 u_{DS} 下，管子原始导电沟道夹断时所需的 u_{GS} 值，该参数是针对结型场效应管和耗尽型 MOS 管定义的。

2. 饱和漏极电流 I_{DSS}

I_{DSS} 是结型场效应管和耗尽型 MOS 管的参数，是指在 $u_{GS}=0$ 的情况下产生预夹断时的漏极电流。

3. 直流输入电阻 R_{GS}

R_{GS} 表示栅-源电压与栅极电流之比。结型场效应管的 R_{GS} 大于 $10^7\,\Omega$，MOS 管的 R_{GS} 可超过 $10^9\,\Omega$。由于 MOS 管的栅源电阻很高，所以栅极电容上积累的电荷不易放掉，因而，外界静电感应极容易在栅极上产生很高的电压，致使 SiO_2 绝缘层击穿，损坏 MOS 管。为此，MOS 管的栅极不能悬空，使用时需在栅极加保护电路，如在栅-源之间加反向二极管或稳压二极管等。

4. 低频跨导 g_m

g_m 是表征场效应管放大能力的参数，它定义为在特定的静态点下，漏极电流的变化量与引起这一变化的栅-源电压的变化量之比，即

$$g_m = \frac{\Delta i_D}{\Delta u_{GS}}\bigg|_Q \tag{4-16}$$

5. 交流输出电阻 r_{ds}

其定义为

$$r_{ds} = \frac{\Delta u_{DS}}{\Delta i_D}\bigg|_Q \tag{4-17}$$

6. 栅-源击穿电压 $U_{(BR)GSO}$

栅-源击穿电压 $U_{(BR)GSO}$ 指漏极开路，栅-源之间所允许加的最大电压。对于结型场效应管，它是使栅极与沟道间的 PN 结反向击穿的 u_{GS} 值；对于 MOS 管，它是使 SiO_2 绝缘层击穿的 u_{GS} 值。

4.4.3　场效应管与三极管的比较

表 4-2 列出了场效应管与三极管的区别，希望有助于读者以比较的方式掌握二者的主要特点。

表 4-2　场效应管与三极管的比较

指　　标	场　效　应　管	三　极　管
载流子	只有一种极性的载流子（电子或空穴）参与导电，故称为单极型晶体管	两种不同极性的载流子（电子与空穴）同时参与导电，故称为双极型晶体管
控制方式	电压控制	电流控制
类型	N 沟道 P 沟道两种	NPN 和 PNP 型两种
放大参数	$g_m=1\sim 5\text{mA/V}$	$\beta=20\sim 100$
输入电阻	$10^9\sim 10^{14}\,\Omega$	$10^2\sim 10^4\,\Omega$

指 标	场 效 应 管	三 极 管
输出电阻	r_{ds} 很高	r_{ce} 很高
热稳定性	好	差
制造工艺	简单,成本低	较复杂
对应电极	基极-栅极,发射极-源极,集电极-漏极	

4.5 用 Multisim 分析晶体管的特性

【例 4-1】 电路如图 4-26 所示,用 Multisim 仿真场效应管 2N5486 的转移特性曲线及输出特性曲线(参考电压范围: V_{DS}: 0~15V, V_{GS}: −10~0V)。

【解】 本题用来熟悉场效应管转移及输出特性曲线的测试方法。

测试转移特性曲线的电路如图 4-27(a)所示,使用分析中的 DC sweep(直流扫描分析)。设置 VGS 扫描范围为 −10~−1V,增量为 0.01V,VDS 扫描范围为 4~12V,增量为 3V,如图 4-27(b)所示。查看输出 Id,仿真结果如图 4-27(c)所示。

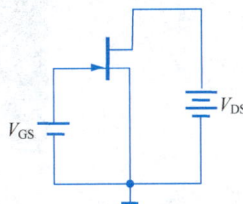

测试输出特性曲线的电路如图 4-28(a),N 沟道场效应管 2N5486 连接伏安特性分析仪,伏安特性分析仪的测试端由左向右

图 4-26 例 4-1 的图

分别连接 2N5486 的 G、S、D 极,在 Simulate param 中设置 Vds 扫描范围为 0~15V,增量为 100mV,Vgs 扫描范围为 −10V~−0.001μV,如图 4-28(b)所示。扫描 10 次,运行仿真并查看伏安特性分析仪,仿真结果如图 4-28(c)所示。

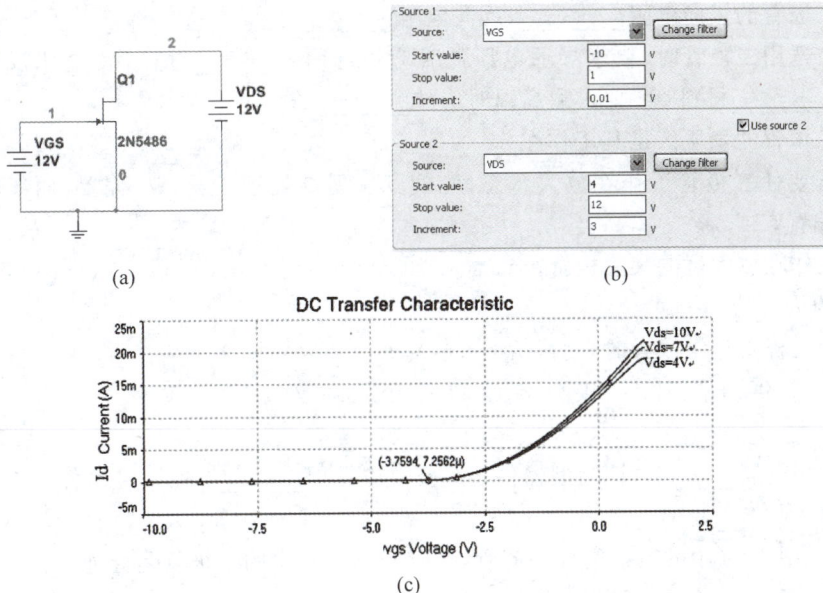

(a)

(b)

(c)

图 4-27 例 4-1 转移特性的测试

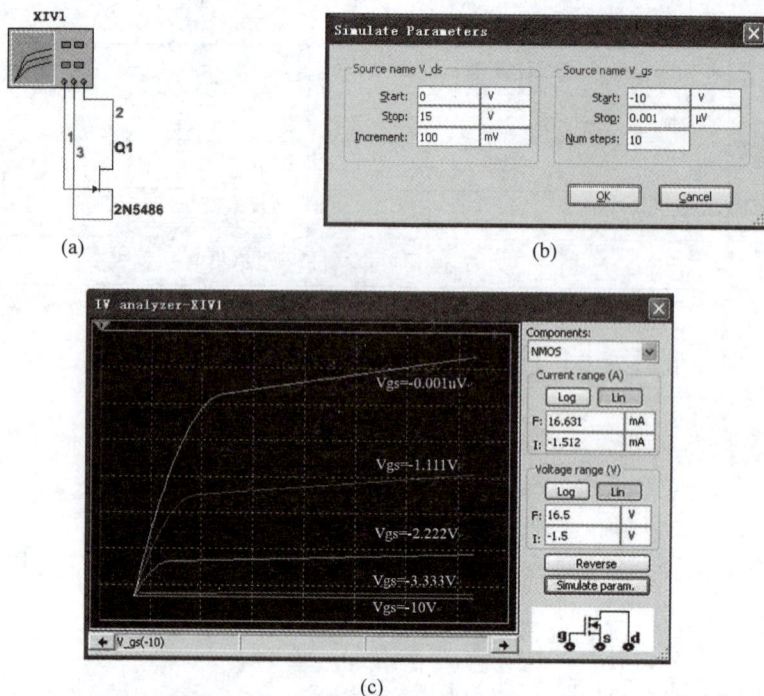

图 4-28　例 4-1 输出特性的测试

思考题与习题

【4-1】　填空。

（1）二极管的正向电阻_____，反向电阻_____。

（2）在选用二极管时，要求导通电压低时应该选用_____材料管；要求反向电流小时应选用_____材料管；要求耐高温时应选_____管。

（3）稳压管的稳压区是其工作在_____。

（4）若要使三极管工作在放大状态，应使其发射结处于_____偏置，而集电结处于_____偏置。

（5）工作在放大区的某三极管，当 I_B 从 $20\mu A$ 增大到 $40\mu A$ 时，I_C 从 $1mA$ 变到 $2mA$，则其 β 值约为_____。

（6）某三极管正常放大时，测得 $I_E = 1mA$，$I_B = 20\mu A$，则 $I_C = $ _____。

（7）当温度升高时，三极管各参数的变化趋势为 β _____；I_{CEO} _____；U_{BE}_____。

（8）三极管属_____控制型器件；而场效应管属_____控制型器件；场效应管的突出特点是_____。

【4-2】　图 4-29 中的二极管均为硅管，试判断哪个图中的二极管是导通的？

【4-3】　图 4-30 所示电路中，发光二极管的导通电压 $U_D = 1.5V$，正向电流在 $5\sim15mA$ 时才能正常工作。试问：

（1）开关 S 在什么位置时发光二极管才能发光？

（2）R 的取值范围是多少？

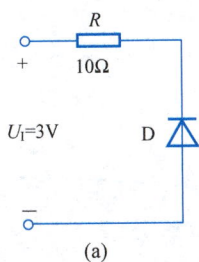 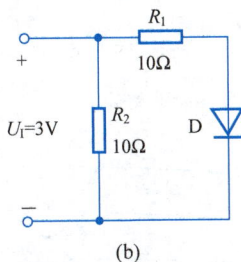 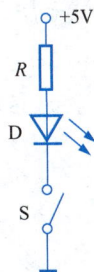

图 4-29 题 4-2 的图　　　　　　　　　图 4-30 题 4-3 的图

【4-4】 现有两只稳压管,它们的稳定电压分别为 6V 和 8V,正向导通电压均为 0.7V。
（1）若将它们串联连接,可得到几种稳压值？各为多少？
（2）若将它们并联连接,可得到几种稳压值？各为多少？

【4-5】 测得放大电路中四个三极管各极电位分别如图 4-31 所示,试判断它们各是
NPN 管还是 PNP 管？是硅管还是锗管？并确定每管的 B、E、C 极。

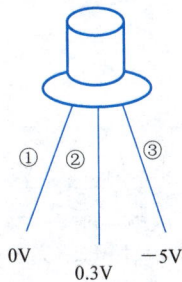 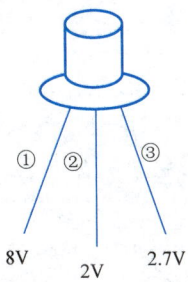 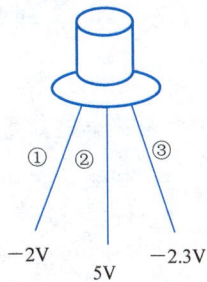 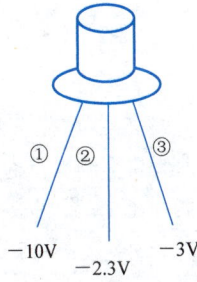

图 4-31 题 4-5 的图

【4-6】 有两只三极管,其中一只的 $\beta=200, I_{CEO}=200\mu A$,另一只的 $\beta=100, I_{CEO}=10\mu A$,其他参数大致相同,你认为应该选哪只三极管？为什么？

【4-7】 试判断图 4-32 所示各电路中的三极管是否有可能工作在放大状态？

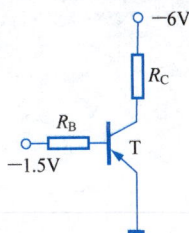 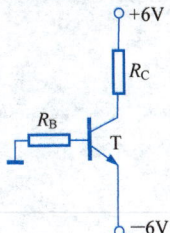 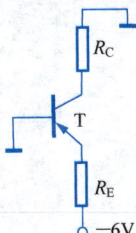 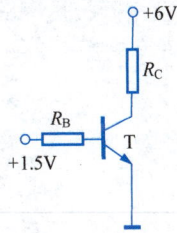 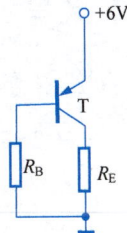

图 4-32 题 4-7 的图

【4-8】 某放大电路中三极管三个电极①、②、③的电流如图 4-33 所示,现测得 $I_1=-1.2mA, I_2=1.23mA, I_3=-0.03mA$,由此可知:

（1）电极①、②、③分别为_____。

（2）β 约为_____。

（3）管子类型为_____。

【4-9】　图 4-34 是两个场效应管的特性曲线，试指出它们分别属于哪种场效应管，并画出相应的电路符号，指出每只管子的 $U_{GS(off)}$ 或 $U_{GS(th)}$ 或 I_{DSS} 的大小。

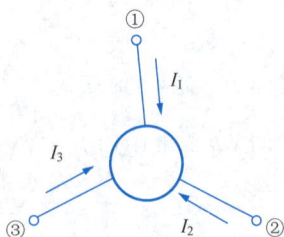

图 4-33　题 4-8 的图

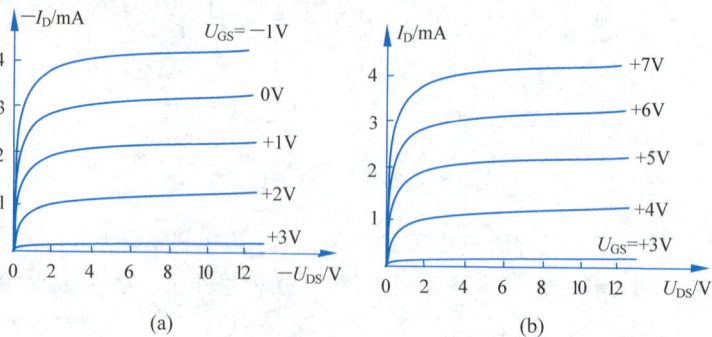

图 4-34　题 4-9 的图

科学家故事

两次获得诺贝尔物理学奖的科学家——约翰·巴丁（John Bardeen）

约翰·巴丁是 20 世纪最重要的物理学家之一，对固体物理和超导领域作出了巨大贡献，曾两次获得诺贝尔物理学奖。第一次是与威廉·肖克利（William Shockley）和沃特·布拉顿（Walter Brattain）因发现晶体管效应而共同获得 1956 年的诺贝尔物理学奖；第二次是与利昂·库珀（LeonN Cooper）和约翰·罗伯特·施里弗（John Robert Schrieffer）共同创立了 BCS 理论，对超导电性做出了合理的解释，并因此共同获得 1972 年的诺贝尔物理学奖。约翰·巴丁 1951 年离开贝尔实验室到伊利诺伊大学厄巴纳-香槟分校（UIUC）任教，该校建有他的一座雕塑，以纪念他在物理学领域的卓越贡献。

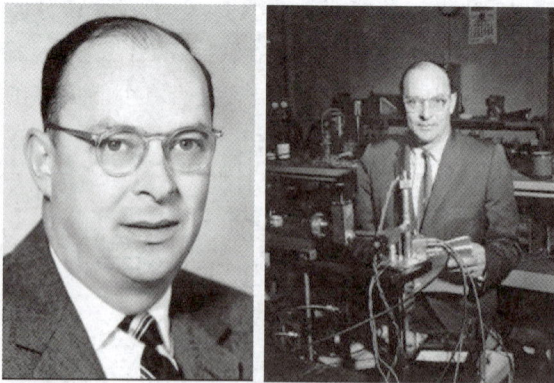

约翰·巴丁（1908—1991）

约翰·巴丁是一个合作型科学家的典型，他 1980 年访问中国科学院物理所，在回答一个中国朋友的提问时半开玩笑地说："你要想得到诺贝尔奖的话，应该具备三个条件：第一，努力；第二，机遇；第三，合作精神。"

第 5 章

放大电路基础

科技发展前沿

放大电路是最基本、最常用的电子线路,它利用三极管或场效应管的放大作用,将微弱的电信号进行放大,从而驱动负载工作。例如,从收音机天线接收到的信号或者从传感器获得的信号,通常只有毫伏甚至微伏数量级,必须经过放大才能驱动喇叭或者执行元件。放大电路的应用非常广泛,从人们日常生活接触比较多的家用电器到工程上用到的精密测量仪表、复杂的控制系统等,其中都有各种各样不同类型、不同要求的放大电路。

随着物联网和人工智能的发展,放大器朝着高功率和宽频带、低功耗和小型化、集成化和智能化的方向不断突破。如图所示为 Qorvo 公司的一款用于雷达和卫星通信系统的 Ku 段高功率放大器 TGA2218-SM 芯片。

视频讲解

5.1　放大电路概述

根据工作频率的不同,放大电路可分为高频放大电路和低频放大电路。本章主要讨论低频放大电路。

5.1.1　放大的概念

为了准确理解电子学中放大的概念,下面举例进行说明。

图 5-1 所示为扩音机的原理框图。话筒将微弱的声音信号转换成电信号,经过放大电路放大成足够强的电信号后,驱动扬声器,使其发出较原来强得多的声音。扬声器所获得的能量(或输出功率)远大于话筒送出的能量(输入功率),可见,**电子电路放大的基本特征是功率放大,其实质就是一种能量的控制和转换作用。**具体来讲,放大电路是利用半导体器件(三极管或场效应管)的放大和控制作用,将直流电源的能量转换成负载所获得的能量。

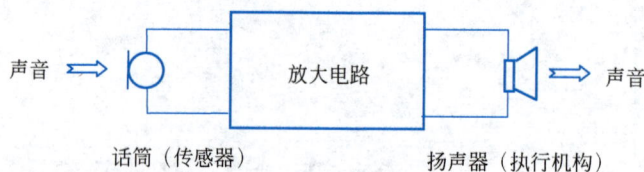

图 5-1　扩音机原理框图

5.1.2　放大电路的主要性能指标

为了衡量一个放大电路质量的优劣,规定了若干性能指标。对于低频放大电路而言,一般在放大电路的输入端加正弦电压对电路进行测试,如图 5-2 所示。放大电路的主要性能指标有以下几项。

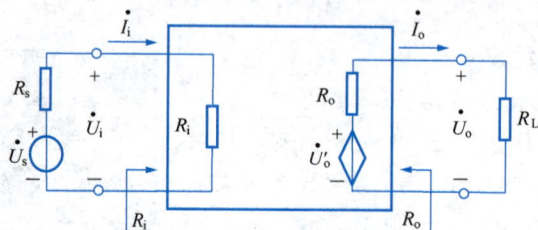

图 5-2　放大电路性能指标的测试电路

1. 放大倍数

放大倍数(也称**增益**)是衡量放大电路放大能力的重要指标。有四种不同类型的放大倍数。

(1) 电压放大倍数 $\dot{A}_u$。

$$\dot{A}_u = \frac{\dot{U}_o}{\dot{U}_i} \tag{5-1}$$

式中,$\dot{U}_o$ 与 $\dot{U}_i$ 分别表示放大电路输出端和输入端的正弦电压相量。电压放大倍数表示放大电路放大电压信号的能力。

此外,还常用源电压放大倍数 $\dot{A}_{us}$。

$$\dot{A}_{us} = \frac{\dot{U}_o}{\dot{U}_s} \tag{5-2}$$

式中,$\dot{U}_s$ 为输入源电压相量。

(2) 电流放大倍数 $\dot{A}_i$。

$$\dot{A}_i = \frac{\dot{I}_o}{\dot{I}_i} \tag{5-3}$$

式中,$\dot{I}_o$ 与 $\dot{I}_i$ 分别表示放大电路的输出端和输入端的正弦电流相量。电流放大倍数表示放大电路放大电流信号的能力。

此外,还常用源电流放大倍数 $\dot{A}_{is}$。

$$\dot{A}_{is} = \frac{\dot{I}_o}{\dot{I}_s} \tag{5-4}$$

式中，$\dot{I}_s$ 为输入源电流相量。

（3）互阻放大倍数 $\dot{A}_r$。

$$\dot{A}_r = \frac{\dot{U}_o}{\dot{I}_i} \tag{5-5}$$

（4）互导放大倍数 $\dot{A}_g$。

$$\dot{A}_g = \frac{\dot{I}_o}{\dot{U}_i} \tag{5-6}$$

工程上，常用**分贝**(dB)表征放大电路的放大能力，其定义为

$$|\dot{A}_u|(\text{dB}) = 20\lg|\dot{A}_u| \tag{5-7}$$

$$|\dot{A}_i|(\text{dB}) = 20\lg|\dot{A}_i| \tag{5-8}$$

2. 输入电阻 R_i

由图 5-2 可见，当输入电压加到放大电路的输入端时，在该端口产生一个相应的输入电流，也就是说，从放大电路的输入端向内看进去相当于有一个等效电阻，这个电阻就是放大电路的输入电阻，它定义为外加输入电压与相应的输入电流的有效值之比，即

$$R_i = \frac{U_i}{I_i} \tag{5-9}$$

R_i 表征了放大电路对信号源的负载特性。对输入为电压信号的放大电路，R_i 越大，放大电路对信号源的影响越小；而对输入为电流信号的放大电路，R_i 越小，放大电路对信号源的影响越小。因此，放大电路输入电阻的大小应视需要而定。

3. 输出电阻 R_o

在放大电路的输入端加信号，如果改变接到输出端的负载，则输出电压 U_o 也要随之改变。这种情况就相当于从输出端看进去，好像有一个具有内阻 R_o 的电压源 U'_o，如图 5-2 所示，通常把 R_o 称为输出电阻。

在实际中，输出电阻 R_o 可按如下方法获得，测出负载开路时的输出电压 U'_o，再测出接上负载 R_L 时的输出电压 U_o，由图 5-2 可得

$$U_o = \frac{R_L}{R_o + R_L}U'_o$$

于是

$$R_o = \frac{U'_o - U_o}{U_o}R_L \tag{5-10}$$

R_o 是表征放大电路带负载能力的指标。若为电压型负载，R_o 愈小，带载能力愈强（见图 5-2）；若为电流型负载，R_o 愈大，带载能力愈强。因此放大电路输出电阻的大小应视负载的需要而设计。

4. 最大输出幅度 $U_{omax}(I_{omax})$

最大输出幅度表示在输出波形没有明显失真的情况下，放大电路能够提供给负载的最大输出电压（或最大输出电流）。

5. 最大输出功率 P_{om} 和效率 η

P_{om} 表示在输出波形基本不失真的情况下，放大电路能够向负载提供的最大输出功率。

η 定义为放大电路的最大输出功率 P_{om} 与直流电源提供的功率 P_V 之比，即

$$\eta = \frac{P_{om}}{P_V} \times 100\% \tag{5-11}$$

前面已经指出，放大电路负载上所获得的较大的能量，是利用放大元件的控制作用，由放大电路中直流电源的能量转换而来的。η 便是表征此转换效率的一项指标。

6. 通频带 BW

通频带用于衡量放大电路对不同频率信号的放大能力。 它定义为放大倍数下降到中频放大倍数 A_m 的 0.707 倍时所对应的频率范围，如图 5-3 所示。

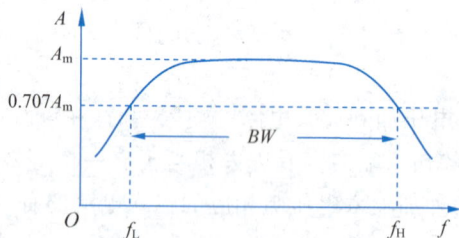

图 5-3　放大电路的通频带

$$BW = f_H - f_L \tag{5-12}$$

式中，f_H 称为上限截止频率，f_L 称为下限截止频率。

除了以上介绍的几项性能指标外，在实际工作中还可能涉及放大电路的其他性能指标，如非线性失真系数、温度漂移、信噪比、允许工作温度范围等，请读者自行参阅有关文献资料。

5.2　放大电路的构成原则和工作原理

5.2.1　放大电路的构成原则

无论何种类型的放大电路，均可用如图 5-4 所示的框图来表示。为了保证放大电路能够正常工作，应遵循以下几条构成原则。

（1）放大电路中必须包含具有放大作用的半导体器件，如三极管、场效应管。

（2）放大电路中必须有直流电源，以保证放大管被合理偏置在线性放大区，进行不失真放大；同时为放大电路提供能源。

（3）耦合电路应保证将输入信号源和负载分别连接到放大管的输入端和输出端。

图 5-5 是以 NPN 型管为核心组成的基本放大电路，整个电路分为输入回路和输出回路两部分，输入、输出回路共用三极管的发射极（见图中"⊥"），故称为共发射极放大电路。

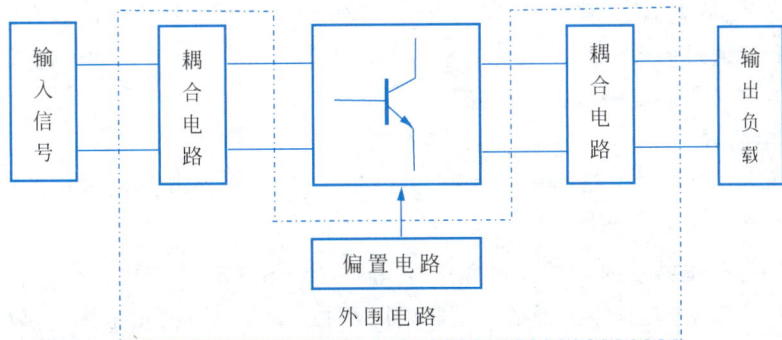

图 5-4 放大电路的组成框图

其中各元件的作用说明如下。

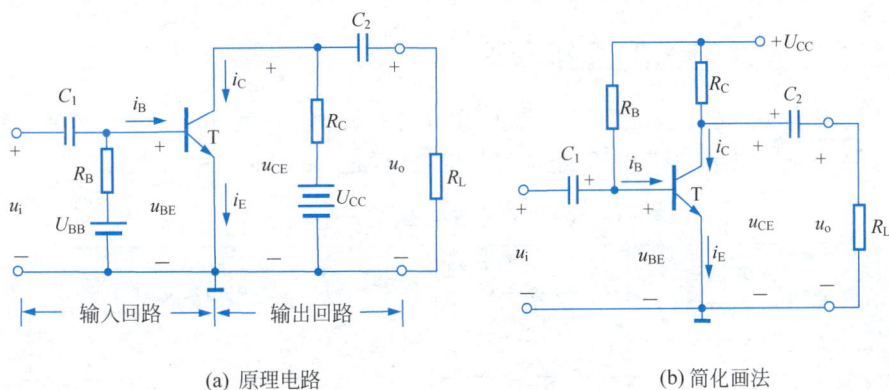

(a) 原理电路

(b) 简化画法

图 5-5 基本共发射极放大电路

1. 三极管 T

它是整个放大电路的核心元件,用来实现放大作用。

2. 基极直流电源 U_{BB}

基极直流电源 U_{BB} 保证三极管的发射结处于正向偏置,为基极提供偏置电流。

3. 基极偏置电阻 R_B

基极偏置电阻 R_B 的作用是为三极管提供合适的基极偏置电流,并使发射结获得必需的正向偏置电压。调节 R_B 的大小可使放大电路获得合适的静态工作点(Q 点),R_B 的阻值一般在几十千欧至几百千欧的范围内。

4. 集电极直流电源 U_{CC}

集电极直流电源 U_{CC} 保证三极管的集电结处于反向偏置,以确保三极管工作在放大状态。同时为放大电路提供能源。

5. 集电极负载电阻 R_C

集电极负载电阻 R_C 的作用是将集电极电流 i_C 的变化转换成集-射电压 u_{CE} 的变换,以实现电压放大。同时,电源 U_{CC} 通过 R_C 加到三极管上,使三极管获得合适的工作电压,所以 R_C 也起直流负载的作用。R_C 的阻值一般在几千欧到几十千欧的范围内。

6. 耦合电容 C_1 和 C_2

耦合电容 C_1 和 C_2 的作用是"**隔离直流,传送交流**"。C_1 和 C_2 一方面用来隔断放大电路与信号源之间、放大电路与负载之间的直流通路，另一方面还起着交流耦合的作用，保证交流信号顺利地通过放大电路。C_1 和 C_2 通常选用容量大（一般为几微法到几十微法）、体积小的电解电容，连接时电容的正极接高电位，负极接低电位。

7. 负载电阻 R_L

负载电阻 R_L 是放大电路的外接负载，可以是耳机、扬声器或其他执行机构，也可以是后级放大电路的输入电阻。

图 5-5(b)是基本共发射极放大电路的简化形式。图 5-5(a)需要两个直流电源（U_{CC}、U_{BB}）供电，这在实际中是很不方便的。其实，基极回路不必单独使用电源，可以通过 R_B 直接从 U_{CC} 来获得基极直流电压，以使发射结处于正向偏置。这样，整个电路就只用一个直流电源 U_{CC}。另外，画电路时可省略直流电源的符号，而仅用其电位的极性和数值来表示，如+ U_{CC} 表示该点接电源的正极，而参考零电位（"⊥"）接电源的负极。

5.2.2 放大电路的工作原理

放大电路是以直流为基础进行交流放大的，其中既含有直流分量又含有交流分量，为了讨论的方便，对放大电路中各电压、电流符号的规定如表 5-1 所示。

表 5-1　放大电路中各电压、电流符号的规定

分　类	直流量（静态值）	交流量		总电压或总电流	基本表达式
		瞬时值	有效值		
基极电流	I_B	i_b	I_b	i_B	$i_B = I_B + i_b$
集电极电流	I_C	i_c	I_c	i_C	$i_C = I_C + i_c$
基-射电压	U_{BE}	u_{be}	U_{be}	u_{BE}	$u_{BE} = U_{BE} + u_{be}$
集-射电压	U_{CE}	u_{ce}	U_{ce}	u_{CE}	$u_{CE} = U_{CE} + u_{ce}$

1. 静态工作情况

放大电路输入端不加信号，即 $u_i = 0$ 时，由于直流电源的存在，电路中存在直流电压和直流电流，放大电路的这种工作状态称之为静态。放大电路静态值的大小反映了电路是否具有进行交流放大的合适的直流基础。静态值的确定可按如下所述方法进行。

（1）电路估算法。

画出放大电路的**直流通路**（画直流通路时，电容视为开路，电感视为短路），如图 5-6(a)所示。列输入、输出回路的 KVL 方程，进而确定静态电流（I_{BQ}、I_{CQ}）和静态电压（U_{BEQ}、U_{CEQ}）。

对输入回路，应用 KVL 得

$$R_B I_{BQ} + U_{BEQ} = U_{CC} \tag{5-13}$$

故

$$I_{BQ} = \frac{U_{CC} - U_{BEQ}}{R_B} \approx \frac{U_{CC}}{R_B} \tag{5-14}$$

则有

$$I_{CQ} \approx \beta I_{BQ} \tag{5-15}$$

对输出回路，应用 KVL 得

$$R_{\mathrm{C}}I_{\mathrm{CQ}} + U_{\mathrm{CEQ}} = U_{\mathrm{CC}}$$

故

$$U_{\mathrm{CEQ}} = U_{\mathrm{CC}} - I_{\mathrm{CQ}}R_{\mathrm{C}} \tag{5-16}$$

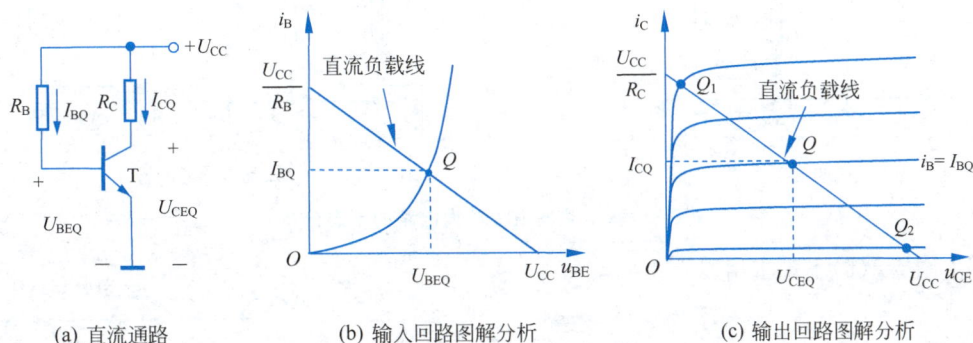

(a) 直流通路　　　　　　(b) 输入回路图解分析　　　　　(c) 输出回路图解分析

图 5-6　基本共发射极放大电路的静态分析

（2）图解法。

在三极管的输入特性曲线上作输入回路直流负载线（式（5-13）即为输入回路直流负载线方程），由二者的交点即可确定 U_{BEQ} 和 I_{BQ}，如图 5-6(b)所示。在三极管的输出特性曲线上作输出回路直流负载线（式（5-16）即为输出回路直流负载线方程），它与三极管某条输出特性曲线（由 I_{BQ} 确定）的交点即可确定 U_{CEQ} 和 I_{CQ}，如图 5-6(c)所示。

图解法可以很直观地分析和了解放大电路的 Q 点是否合适。 对于放大电路,要求获得尽可能大的 U_{omax} 或 I_{omax},Q 点的设置非常重要,若 Q 点过低(见图 5-6(c)中 Q_2 的位置),输出波形易产生截止失真,表现为输出电压顶部失真;反之,若 Q 点过高(见图 5-6(c)中 Q_1 的位置),输出波形易产生饱和失真,表现为输出电压底部失真。

2. 动态工作情况

当放大电路加上输入信号 u_{i} 时,电路中的电压和电流均在静态值的基础上作相应的变化,放大电路的这种工作状态称为动态。工程上常用"**微变等效电路法**"分析放大电路的动态工作情况。"微变等效"是指在低频小信号条件下,将非线性三极管等效成线性电路模型,如图 5-7 所示。

图 5-7　三极管的简化微变等效电路

放大电路的动态分析步骤如下。首先画出放大电路的**交流通路**(耦合电容、旁路电容做短路处理,直流电源亦视为短路),如图 5-8(a)所示,之后用三极管的等效模型代替三极管,见图 5-8(b),进而求出放大电路几项重要的动态指标,如 $\dot{A}_u$、R_{i} 和 R_{o}。

(a) 交流通路

(b) 微变等效电路

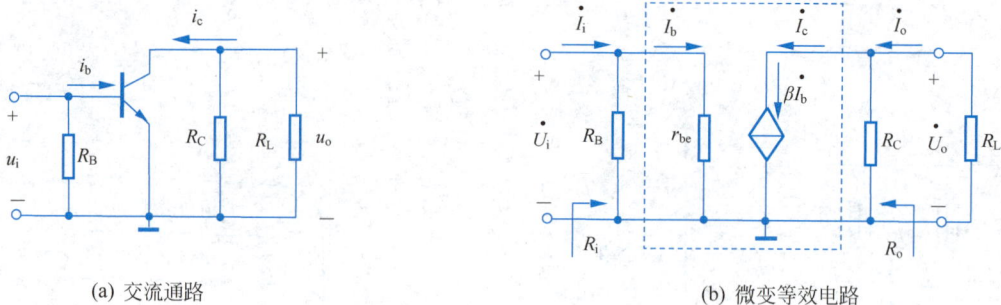

图 5-8　基本共发射极放大电路的动态分析

由图 5-8(b)不难求出以下指标

$$(1)\qquad \dot{A}_u=\frac{\dot{U}_o}{\dot{U}_i}=\frac{-\dot{I}_c R'_L}{\dot{I}_b r_{be}}=-\frac{\beta R'_L}{r_{be}}\qquad (5\text{-}17)$$

式中

$$R'_L=R_C\ /\!/\ R_L$$

$$r_{be}=r_{bb'}+(1+\beta)\frac{U_T}{I_{EQ}}\approx r_{bb'}+(1+\beta)\frac{26(\mathrm{mV})}{I_{CQ}(\mathrm{mA})}$$

$$(5\text{-}18)$$

式中，r_{be} 是三极管的输入电阻。其中，U_T 是热电压，常温下，$U_T=26\mathrm{mV}$；$r_{bb'}$ 是三极管的基区体电阻，对于低频小功率管，$r_{bb'}$ 通常取 300Ω。

式(5-17)中的负号表示共发射极放大电路的输出电压与输入电压反相，是反相电压放大器。

$$(2)\qquad R_i=\frac{\dot{U}_i}{\dot{I}_i}=R_B/\!/r_{be}\qquad (5\text{-}19)$$

$$(3)\qquad R_o\approx R_C\qquad (5\text{-}20)$$

图 5-9 示出了共发射极放大电路中各电压、电流的波形，希望有助于读者进一步理解放大电路的整体工作情况。

由图 5-9 可以看出，放大电路是以直流(Q)点为基础，进行交流信号放大的。

除了用"微变等效电路"方法分析放大电路的动态工作情况外，还可以用图解法进行分析，具体分析过程如下。

(1) 在输入特性曲线上以 U_{BEQ} 为基础加 u_i，确定 i_B 的动态范围 Δi_B，如图 5-10(a)所示。

(2) 在输出特性曲线上画出"**交流负载线**"。交流负载线应满足两方面的约束：一方面，当输入电压过零时它必然过静态工作点 Q；另一方面，由图 5-8(b)可知，集电极输出回路交流电压和电流的约束关系为 $\Delta u_{CE}=-\Delta i_C R'_L$，其中，$R'_L=R_C/\!/R_L$。因此，交流负载线的斜率为

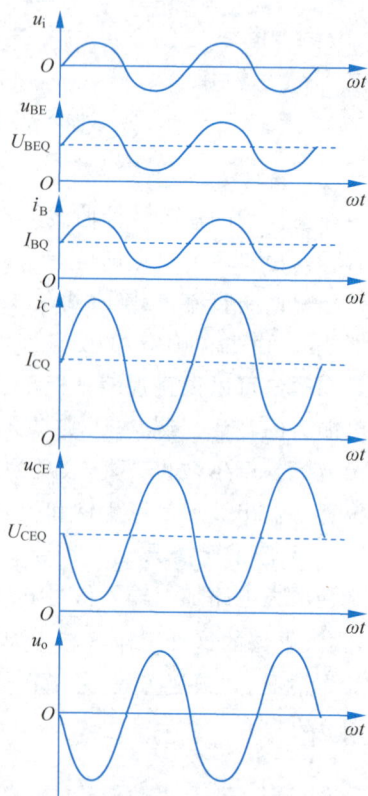

图 5-9　共发射极放大电路中的电压和电流波形图

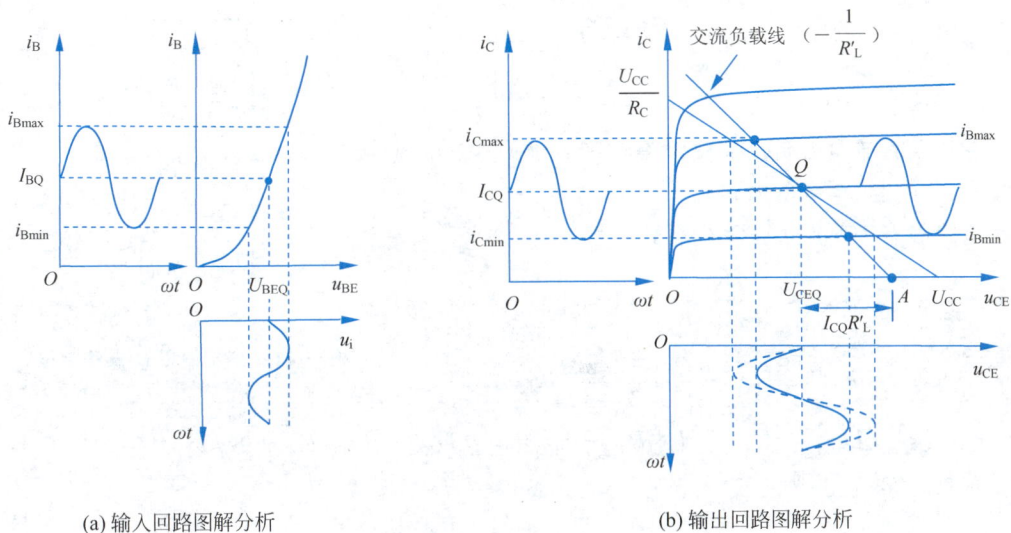

(a) 输入回路图解分析　　　　　　(b) 输出回路图解分析

图 5-10　共发射极放大电路的动态图解分析

$$k = \frac{\Delta i_{\mathrm{C}}}{\Delta u_{\mathrm{CE}}} = -\frac{1}{R'_{\mathrm{L}}} \tag{5-21}$$

由此可见,交流负载线是一条过 Q 点且斜率为 $-1/R'_{\mathrm{L}}$ 的直线。具体做法是:令 $\Delta i_{\mathrm{C}} = I_{\mathrm{CQ}}$,在横坐标上从 U_{CEQ} 点处向右量取一段数值为 $I_{\mathrm{CQ}}R'_{\mathrm{L}}$ 的电压,得 A 点,连接 AQ 两点即得交流负载线,如图 5-10(b)所示。

(3) 在输出回路交流负载上,根据 i_{B} 的动态范围确定 i_{C} 的动态范围 Δi_{C} 和 u_{CE} 的动态范围 Δu_{CE},如图 5-10(b)所示。

最后根据图 5-10(a)读出 u_{i} 的幅值,根据图 5-10(b)读出 Δu_{CE}(即 u_{o})的幅值,即可确定电路的电压放大倍数。

若负载开路,则交流负载线和直流负载线重合,相应的 u_{CE} 的动态范围(即 u_{o})增大,如图 5-10(b)中虚线所示,电路的电压放大倍数增大,称此时的放大倍数为开路电压放大倍数。

5.3　三种基本的三极管放大电路

三极管有三个电极,在组成放大电路时,根据输入输出回路共用电极的不同,可形成三种基本的放大电路,分别称**共发射极**、**共集电极**和**共基极**放大电路。图 5-5 是基本的共发射极放大电路。

5.3.1　分压偏置 Q 点稳定电路

图 5-5 所示共发射极放大电路的直流偏置电路见图 5-6(a),它虽然简单,但由于三极管的 U_{BE}、β、I_{CEO} 等都是温敏参数,所以当温度变化时,Q 点会产生波动,严重时将使放大电路不能正常工作,因此,常采用如图 5-11 所示的分压偏置 Q 点稳定电路。

图 5-11 中,在 $I_1 \gg I_{\mathrm{BQ}}$ 的条件下,U_{BQ} 由电源 U_{CC} 经 R_{B1} 和 R_{B2} 的分压所决定,其值不受温度的影响,且与三极管的参数无关,电路稳定 Q 点的过程为

视频讲解

$$T(\text{℃})\uparrow \rightarrow I_{CQ}(I_{EQ})\uparrow \rightarrow U_{EQ} \xrightarrow{U_{BEQ}=U_{BQ}-U_{EQ}} U_{BEQ}\downarrow \rightarrow I_{BQ}\downarrow$$

$$I_{CQ}\downarrow \longleftarrow \qquad \qquad \qquad$$

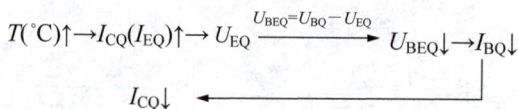

它采用直流电流负反馈技术稳定了 **Q** 点（关于负反馈技术可参阅第 7 章的内容）。

电路静态工作点可按下列各式计算。

$$U_{BQ} \approx \frac{R_{B2}}{R_{B1}+R_{B2}} \cdot U_{CC} \qquad (5\text{-}22)$$

$$I_{CQ} \approx I_{EQ} = \frac{U_{BQ}-U_{BEQ}}{R_E} \qquad (5\text{-}23)$$

$$U_{CEQ} = U_{CC} - I_{CQ}R_C - I_{EQ}R_E \approx U_{CC} - I_{CQ}(R_C + R_E) \qquad (5\text{-}24)$$

若 $U_{BQ} \gg U_{BEQ}$，则

$$I_{CQ} \approx I_{EQ} \approx \frac{U_{BQ}}{R_E} \qquad (5\text{-}25)$$

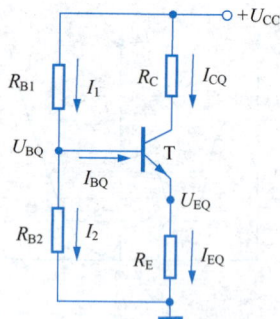

图 5-11　分压偏置 **Q** 点稳定电路

5.3.2　三种基本的三极管放大电路

表 5-2 给出了三种基本三极管放大电路的电路形式、主要特点及应用场合，由表可以看出，三种基本放大电路的性能各具特点，它们是组成多级放大电路和集成电路的基本单元电路。希望读者根据 5.2.2 节阐述的方法对各电路进行较为详细的分析，以加深理解。特别值得一提的是共集电极放大电路（也称射极跟随器），虽然它不具备电压放大能力，但由于其良好的电流放大能力以及高输入电阻和低输出电阻特点，在电子系统设计中应用非常广泛，常用于输入级、输出级以及中间隔离级。

表 5-2　三种基本的三极管放大电路

指　标	共发射极放大电路	共集电极放大电路 （射极跟随器）	共基极放大电路
电路形式			
静态分析	上述三种基本放大电路具有相同的直流通路，均采用了分压偏置 **Q** 点稳定电路，如右图		$U_{BQ} \approx \dfrac{R_{B2}}{R_{B1}+R_{B2}} \cdot U_{CC}$ $I_{CQ} \approx I_{EQ}\dfrac{U_{BQ}-U_{BEQ}}{R_E},\ I_{BQ}=\dfrac{I_{CQ}}{\beta}$ $U_{CEQ} \approx U_{CC} - I_{CQ}(R_C + R_E)$

续表

指 标	共发射极放大电路	共集电极放大电路 （射极跟随器）	共基极放大电路
交流通路	 $R_B = R_{B1} /\!/ R_{B2}$	 $R_B = R_{B1} /\!/ R_{B2}$	 $R_B = R_{B1} /\!/ R_{B2}$
微变等效电路			
$\dot{A}_u$	$-\dfrac{\beta R'_L}{r_{be}}$（大），$R'_L = R_C /\!/ R_L$	$\dfrac{(1+\beta)R'_L}{r_{be}+(1+\beta)R'_L} \approx 1$, $R'_L = R_E /\!/ R_L$	$\dfrac{\beta R'_L}{r_{be}}$（大），$R'_L = R_C /\!/ R_L$
R_i	$R_B /\!/ r_{be}$（中）	$R_B /\!/ [r_{be}+(1+\beta)R'_L]$（大）	$R_E /\!/ \dfrac{r_{be}}{1+\beta}$（小）
R_o	R_C（中）	$R_E /\!/ \dfrac{r_{be}+R'_s}{1+\beta}$（小）， $R'_s = R_s /\!/ R_B$	R_C（中）
$\dot{A}_{in}$	β（大）	$-(1+\beta)$（大）	$-\alpha \approx -1$
特点	输入输出电压反相 既有电压放大作用 又有电流放大作用	输入输出电压同相 有电流放大作用 无电压放大作用	输入输出电压同相 有电压放大作用 无电流放大作用
应用	作多级放大电路的中间级， 提供增益	作多级放大电路的输入级、 输出级、中间隔离级	作电流接续器，构成宽带放 大电路

【例 5-1】 电路如图 5-12(a)所示，已知三极管的 $\beta=50$，$r_{bb'}=200\Omega$，$U_{BE}=0.7\text{V}$。

(1) 试确定静态工作点 Q；

(2) 求放大电路的电压放大倍数 $\dot{A}_u$、源电压放大倍数 $\dot{A}_{us}$、输入电阻 R_i、输出电阻 R_o。

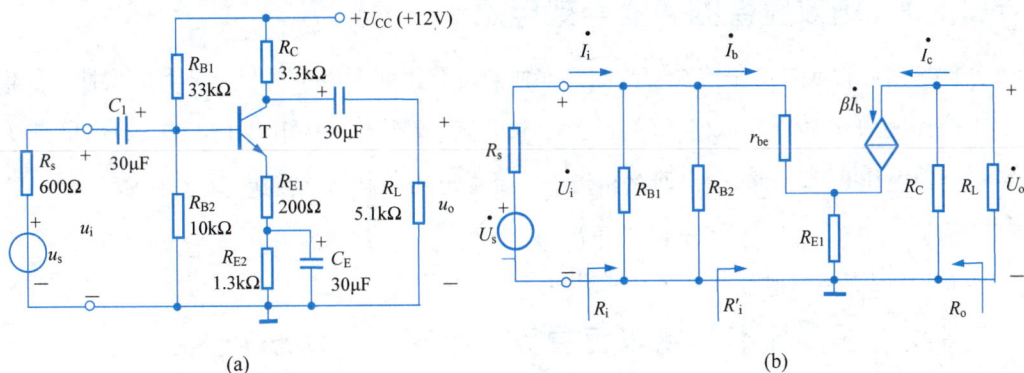

(a)　　　　　　　(b)

图 5-12　例 5-1 的图

【解】　（1）确定 Q 点。

电路的直流通路与图 5-11 类似（请读者自行画出）。由图可得

$$U_{BQ} \approx \frac{R_{B2}}{R_{B1} + R_{B2}} \cdot U_{CC} = \frac{10}{33 + 10} \times 12 \approx 2.79(\text{V})$$

$$I_{CQ} \approx I_{EQ} = \frac{U_{BQ} - U_{BEQ}}{R_{E1} + R_{E2}} = \frac{2.79 - 0.7}{0.2 + 1.3} \approx 1.39(\text{mA})$$

$$U_{CEQ} \approx U_{CC} - I_{CQ}(R_C + R_{E1} + R_{E2}) = 12 - 1.39 \times (3.3 + 0.2 + 1.3) \approx 5.33(\text{V})$$

（2）电路的微变等效电路如图 5-12(b)所示。

由图可得

$$\dot{A}_u = -\frac{\beta(R_C /\!/ R_L)}{r_{be} + (1+\beta)R_{E1}} = -\frac{50 \times (3.3 /\!/ 5.1)}{1.154 + (1+50) \times 0.2} \approx -8.82$$

其中

$$r_{be} = r_{bb'} + (1+\beta)\frac{26(\text{mV})}{I_{EQ}(\text{mA})} = 200 + (1+50) \times \frac{26}{1.39} \approx 1154(\Omega)$$

$$R_i = R_{B1} /\!/ R_{B2} /\!/ R_i' = R_{B1} /\!/ R_{B2} /\!/ [r_{be} + (1+\beta)R_{E1}]$$

$$= 33 /\!/ 10 /\!/ [1.154 + (1+50) \times 0.2] \approx 4.58(\text{k}\Omega)$$

其中

$$R_i' = \frac{\dot{U}_i}{\dot{I}_b} = r_{be} + (1+\beta)R_{E1}$$

$$\dot{A}_{us} = \frac{\dot{U}_o}{\dot{U}_s} = \frac{\dot{U}_o}{\dot{U}_i} \cdot \frac{\dot{U}_i}{\dot{U}_s} = \dot{A}_u \cdot \frac{R_i}{R_i + R_s} = -8.82 \times \frac{4.58}{4.58 + 0.6} \approx -7.8$$

$$R_o \approx R_C = 3.3(\text{k}\Omega)$$

5.4　场效应管放大电路

视频讲解

由于场效应管具有高输入电阻的特点，因此，它适用于作为多级放大电路的输入级，尤其对高内阻的信号源，采用场效应管才能有效地进行电压放大。

5.4.1　场效应管的微变等效电路

分析场效应管放大电路的关键问题是如何理解管子在交流小信号条件下的线性等效模型。由前面的叙述可知，场效应管的栅极不取电流，故输入回路相当于开路；输出电流 $\dot{I}_d$ 受控于栅源电压 $\dot{U}_{gs}$，因此，输出回路相当于一个受电压控制的电流源，其大小为

$$\dot{I}_d = g_m \dot{U}_{gs} \tag{5-26}$$

图 5-13(b)为场效应管的微变等效电路。

5.4.2　三种基本的场效应管放大电路

与三极管放大电路类似，场效应管放大电路有**共源极**、**共漏极**和**共栅极**三种基本接法，

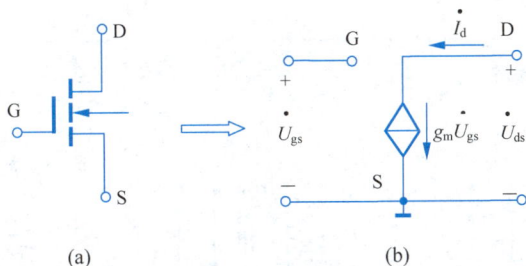

图 5-13 场效应管的微变等效电路

它们分别对应于三极管放大电路的共发射极、共集电极和共基极接法。

场效应管放大电路的组成原理与三极管放大电路一样,分析方法也一样,二者的电路结构也类似。在构造场效应管放大电路时,首要的任务依然是设置合适的静态工作点,以保证管子工作在线性放大区,场效应管的直流偏置可采用自偏压、零偏压和分压偏置方式,如图 5-14 所示。其中,自偏压和零偏压方式仅适用于耗尽型管子,而分压偏置方式适用于所有类型的场效应管。

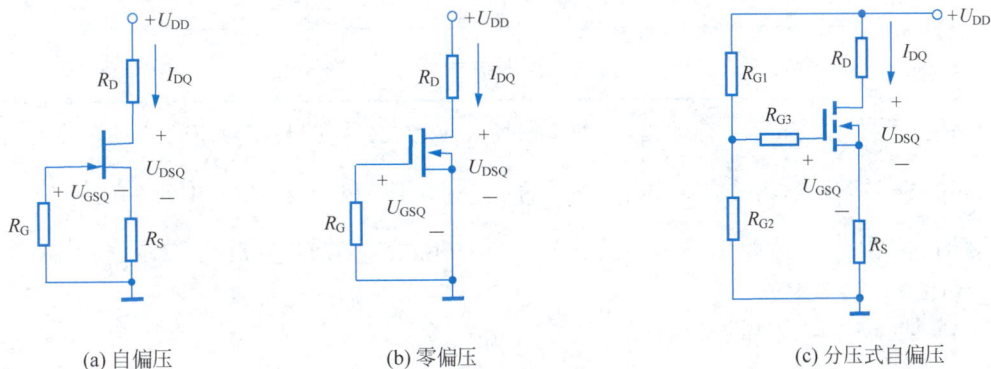

(a) 自偏压　　　　　　　　　(b) 零偏压　　　　　　　　(c) 分压式自偏压

图 5-14 场效应管的直流偏置方式

表 5-3 给出了三种基本场效应管放大电路的电路形式及主要性能指标,希望读者将其与表 5-2 做比较学习。

表 5-3 三种基本的场效应管放大电路

指标	共源极放大电路	共漏极放大电路（源极跟随器）	共栅极放大电路
电路形式			
静态分析	$U_{GSQ} = \dfrac{R_{G2}}{R_{G1}+R_{G2}} \cdot U_{DD} - I_{DQ}R_S$ $I_{DQ} = I_{DSS}\left(1 - \dfrac{U_{GSQ}}{U_{GS(off)}}\right)^2$ $U_{DSQ} = U_{DD} - I_{DQ}(R_D + R_S)$	$U_{GSQ} = \dfrac{R_{G2}}{R_{G1}+R_{G2}} \cdot U_{DD} - I_{DQ}R_S$ $I_{DQ} = I_{DSS}\left(1 - \dfrac{U_{GSQ}}{U_{GS(off)}}\right)^2$ $U_{DSQ} = U_{DD} - I_{DQ}R_D$	$U_{GSQ} = \dfrac{R_{G2}}{R_{G1}+R_{G2}} \cdot U_{DD} - I_{DQ}R_S$ $I_{DQ} = I_{DSS}\left(1 - \dfrac{U_{GSQ}}{U_{GS(off)}}\right)^2$ $U_{DSQ} = U_{DD} - I_{DQ}(R_D + R_S)$

续表

指标	共源极放大电路	共漏极放大电路 （源极跟随器）	共栅极放大电路
交流 通路	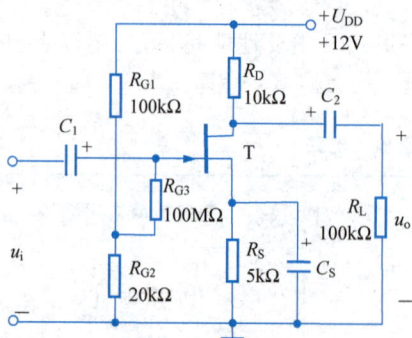		
微变 等效 电路			
$\dot{A}_u$	$-g_m R'_L, R'_L = R_D /\!/ R_L$	$\dfrac{g_m R'_L}{1 + g_m R'_L} \approx 1, R'_L = R_S /\!/ R_L$	$g_m R'_L, R'_L = R_D /\!/ R_L$
R_i	$R_{G3} + R_{G1} /\!/ R_{G2}$	$R_{G3} + R_{G1} /\!/ R_{G2}$	$R_S /\!/ \dfrac{1}{g_m}$
R_o	R_D	$R_S /\!/ \dfrac{1}{g_m}$	R_D

对比表 5-3 和表 5-2，不难看出，三种基本场效应管放大电路与相对应的三极管放大电路有着相似的性能特点，场效应管放大电路中的 g_m 对应于三极管放大电路中的 $\dfrac{\beta}{r_{be}}$ 或 $\dfrac{1+\beta}{r_{be}}$。

【例 5-2】 电路如图 5-15（a）所示，已知场效应管的参数为 $U_{GS(off)} = -5V$，$I_{DSS} = 1mA$。

（1）试确定静态工作点 Q。

（2）求放大电路的电压放大倍数 $\dot{A}_u$、输入电阻 R_i 和输出电阻 R_o。

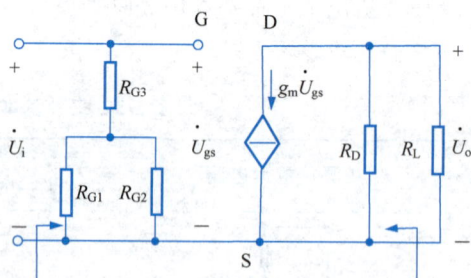

图 5-15 例 5-2 的图

【解】 （1）确定静态工作点 Q。

由电路的直流通路（请读者自行画出）可得：

$$U_{GSQ} = \frac{R_{G2}}{R_{G1} + R_{G2}} \cdot U_{DD} - I_{DQ} R_S = \frac{20}{100 + 20} \times 12 - 5 I_{DQ} = 2 - 5 I_{DQ}$$

$$I_{DQ} = I_{DSS}\left(1 - \frac{U_{GSQ}}{U_{GS(off)}}\right)^2 = 1 \times \left(1 - \frac{U_{GSQ}}{-5}\right)^2 = \left(1 + \frac{U_{GSQ}}{5}\right)^2$$

联立上述方程解得：

$$I_{DQ1} \approx 0.61\text{mA}, \quad I_{DQ2} \approx 3.18\text{mA(舍去)}$$

进而求得

$$U_{GSQ} \approx -1\text{V}, \quad U_{DSQ} = U_{DD} - I_{DQ}(R_D + R_S) = 12 - 0.61 \times (10 + 5) = 2.85(\text{V})$$

（2）画出电路的微变等效电路如图 5-15(b)所示，由图可得

$$\dot{A}_u = \frac{\dot{U}_o}{\dot{U}_i} = -\frac{g_m \dot{U}_{gs}(R_D /\!/ R_L)}{\dot{U}_{gs}} = -g_m(R_D /\!/ R_L)$$

根据低频跨导 g_m 的定义式(4-16)及结型场效应管的电流方程(4-14)可得

$$g_m = -\frac{2I_{DSS}}{U_{GS(off)}}\left(1 - \frac{U_{GSQ}}{U_{GS(off)}}\right) = -\frac{2 \times 1}{-5} \times \left(1 - \frac{-1}{-5}\right) = 0.32(\text{mS})$$

故得

$$\dot{A}_u = -g_m(R_D /\!/ R_L) = -0.32 \times (10 /\!/ 100) \approx -2.9$$

$$R_i \approx R_{G3} + R_{G1} /\!/ R_{G2} = 100\text{M}\Omega + 100\text{k}\Omega /\!/ 20\text{k}\Omega \approx 100\text{M}\Omega$$

$$R_o \approx R_D = 10\text{k}\Omega$$

※5.5　多级放大电路

在实际应用中，常常对放大电路的性能提出多方面的要求。例如，要求某放大电路的输入电阻大于 2MΩ，电压增益大于 2000，输出电阻小于 100Ω 等，仅靠前面所讲的任何一种放大电路都不可能同时满足上述要求。这时，就可以选择多个基本放大电路，并将它们合理连接，从而构成多级放大电路。

5.5.1　多级放大电路的组成

多级放大电路通常包括输入级、中间级、推动级和输出级几部分，如图 5-16 所示。

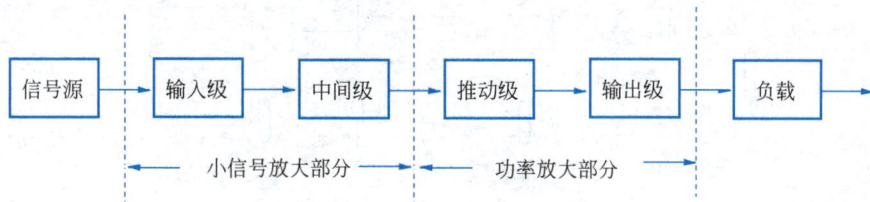

图 5-16　多级放大电路框图

多级放大电路的第一级称为输入级，它与信号源的性质有关。中间级用来提高放大倍数，通常由多级放大电路组成。输入级和中间级共同来放大小信号。多级放大电路的最后一级称为输出级，与负载直接相连，它与负载的性质有关。如果负载要求提供较大功率，则用功率放大电路构成输出级。推动级的作用是实现小信号到大信号的过渡和转换。

5.5.2 多级放大电路的级间耦合方式

耦合方式是指放大电路级与级之间的连接方式。多级放大电路中常见的耦合方式主要有三种：阻容耦合、变压器耦合和直接耦合。

1. 阻容耦合

将放大电路前级的输出端通过电容接到后级的输入端，称为阻容耦合。如图 5-17 所示为两级阻容耦合放大电路，其中，第一级为共发射极放大电路，第二级为射极输出器。电容 C_1、C_2、C_3 称为耦合电容，分别将信号源与放大电路的第一级、第一级与第二级、第二级与负载连接起来。其优点是各级静态点相互独立，避免了温漂信号的逐级传输和放大；缺点是不能放大直流和变化缓慢的信号，也不易集成。

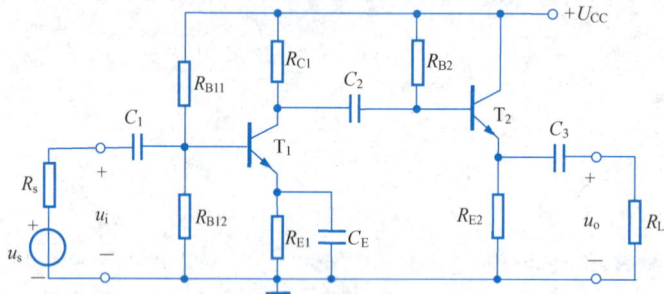

图 5-17　阻容耦合放大电路

在由分立元件构成的多级放大电路中多采用阻容耦合方式。

2. 变压器耦合

变压器耦合是将前后级间用变压器连接的一种耦合方式。变压器耦合放大电路如图 5-18 所示。其优点是各级静态点相互独立，可进行阻抗变换，使后级获得最大功率。缺点是体积较大、生产成本高，不能集成，且不能放大缓慢变化的信号。

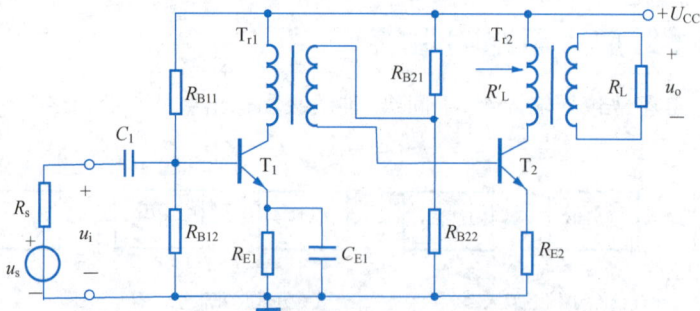

图 5-18　变压器耦合放大电路

变压器耦合现仅限应用于多级放大电路的功率输出级。

3. 直接耦合

直接耦合是将前后级直接相连的一种耦合方式。

图 5-19 为直接耦合放大电路。该电路没有采用电抗性元件，因此不但能放大交流信号，而且还能放大缓慢变化的超低频信号及直流信号，在集成运放电路中得到了广泛的应用。其缺点是各级静态工作点相互影响，而且还存在零点漂移现象。

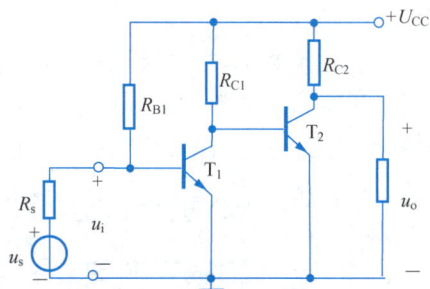

图 5-19　直接耦合放大电路

5.5.3　多级放大电路的分析计算

1. 静态工作点的分析计算

阻容耦合放大电路的各级电路之间是通过电容互相连接的,如图 5-17 所示。由于电容的隔直作用,各级静态工作点彼此独立,互不影响。因此可以画出每一级的直流通路,分别计算各级的静态工作点。

直接耦合放大电路的各级静态工作点相互影响,因此静态工作点的分析要比阻容耦合放大电路复杂。可以运用电路理论的知识,通过列电压、电流方程组联立求解,从而确定各级的静态工作点。

2. 动态性能指标的分析计算

多级放大电路的动态性能指标一般可通过计算每一单级电路的动态性能指标来获得。一个 n 级放大电路的交流等效电路可用图 5-20 所示的方框图表示。

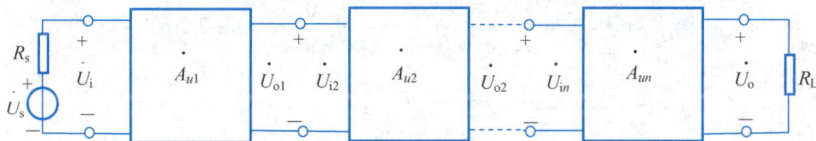

图 5-20　多级放大电路的方框图

由图可知,多级放大电路中前级的输出电压就是后级的输入电压,即 $\dot{U}_{o1}=\dot{U}_{i2}$,$\dot{U}_{o2}=\dot{U}_{i3}$,$\cdots$,$\dot{U}_{o(n-1)}=\dot{U}_{in}$,所以,多级放大电路的电压增益为

$$\dot{A}_u=\frac{\dot{U}_o}{\dot{U}_i}=\frac{\dot{U}_{o1}}{\dot{U}_i}\cdot\frac{\dot{U}_{o2}}{\dot{U}_{i2}}\cdot\cdots\cdot\frac{\dot{U}_o}{\dot{U}_{in}}=\dot{A}_{u1}\cdot\dot{A}_{u2}\cdot\cdots\cdot\dot{A}_{un} \tag{5-27}$$

可见,总的电压放大倍数为各级电压放大倍数的乘积。需要强调的是,在计算每一级的电压放大倍数时,应注意级间的相互影响,即应把后级的输入电阻作为前级的负载来考虑。

根据放大电路输入电阻的定义,多级放大电路的输入电阻就是第一级的输入电阻 R_{i1}。不过在计算 R_{i1} 时应将第二级的输入电阻作为第一级的负载,即

$$R_i=R_{i1}\ \big|_{R_{L1}=R_{i2}} \tag{5-28}$$

根据放大电路输出电阻的定义,多级放大电路的输出电阻就是最后一级的输出电阻 R_{on}。不过在计算 R_{on} 时应将次后级的输出电阻作为最后一级的信号源内阻,即

$$R_{\text{o}} = R_{on} \mid_{R_{sn}=R_{\text{o}(n-1)}} \tag{5-29}$$

【例 5-3】 两级放大电路如图 5-21 所示，假设场效应管的 $g_{\text{m}}=1\text{mS}$，$I_{\text{DSS}}=1\text{mA}$，三极管的 $\beta=50$，$U_{\text{BE}}=0.7\text{V}$，$r_{\text{bb}'}=100\Omega$，各电容器的电容量都足够大。

（1）计算各管的静态工作点。

（2）求放大电路的电压放大倍数 $\dot{A}_u$、输入电阻 R_{i} 和输出电阻 R_{o}。

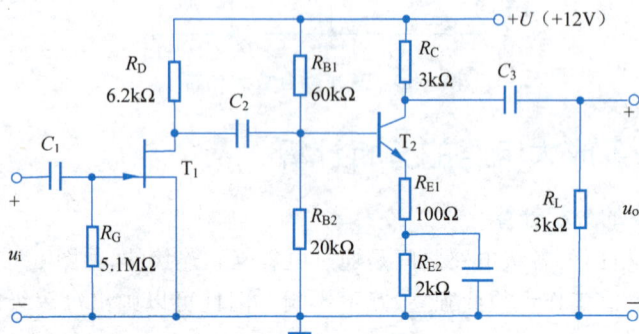

图 5-21 例 5-3 的图

【解】 （1）画出放大电路的直流通路（请读者自行画出），可分别计算两级放大电路各自的 Q 点。

对 T_1 管

$$U_{\text{GSQ}} \approx 0\text{V}, \quad I_{\text{DQ}}=I_{\text{DSS}}=1\text{mA}, \quad U_{\text{DSQ}}=U-I_{\text{DQ}}R_{\text{D}}=12-1\times6.2=5.8(\text{V})$$

对 T_2 管

$$I_{\text{CQ}} \approx I_{\text{EQ}}=\frac{U_{\text{BQ}}-U_{\text{BEQ}}}{R_{\text{E1}}+R_{\text{E2}}}=\frac{3-0.7}{0.1+2}\approx1.1(\text{mA})$$

其中，$U_{\text{BQ}} \approx \dfrac{R_{\text{B2}}}{R_{\text{B1}}+R_{\text{B2}}} \cdot U=\dfrac{20}{60+20}\times12=3(\text{V})$

$$I_{\text{BQ}}=I_{\text{CQ}}/\beta=1.1/50=22(\mu\text{A})$$

$$U_{\text{CEQ}} \approx U-I_{\text{CQ}}(R_{\text{C}}+R_{\text{E1}}+R_{\text{E2}})=12-1.1\times(3+0.1+2)\approx6.4(\text{V})$$

（2）画出电路的微变等效电路如图 5-22 所示。由图可得，电压放大倍数为

$$\dot{A}_u=\dot{A}_{u1} \cdot \dot{A}_{u2}=-2.6\times(-11.7)\approx30.4$$

其中

$$\dot{A}_{u1}=-g_{\text{m}}R'_{\text{L1}}=-g_{\text{m}}R'_{\text{L1}}(R_{\text{D}} /\!/ R_{i2})=-1\times(6.2 /\!/ 4.49)\approx-2.6$$

$$R_{i2}=R_{\text{B1}} /\!/ R_{\text{B2}} /\!/ [r_{\text{be}}+(1+\beta)R_{\text{E1}}]=60 /\!/ 20 /\!/ [1.31+(1+50)\times0.1]$$

$$\approx4.49(\text{k}\Omega)$$

$$\dot{A}_{u2}=-\frac{\beta(R_{\text{C}} /\!/ R_{\text{L}})}{r_{\text{be}}+(1+\beta)R_{\text{E1}}}=-\frac{50\times(3 /\!/ 3)}{1.31+(1+50)\times0.1}\approx-11.7$$

$$r_{\text{be}}=r_{\text{bb}'}+(1+\beta)\frac{26(\text{mV})}{I_{\text{EQ}}(\text{mA})}=100+(1+50)\times\frac{26}{1.1}\approx1.31(\text{k}\Omega)$$

输入电阻 $R_{\text{i}}=R_{\text{G}}=5.1\text{M}\Omega$，输出电阻 $R_{\text{o}} \approx R_{\text{C}}=3\text{k}\Omega$

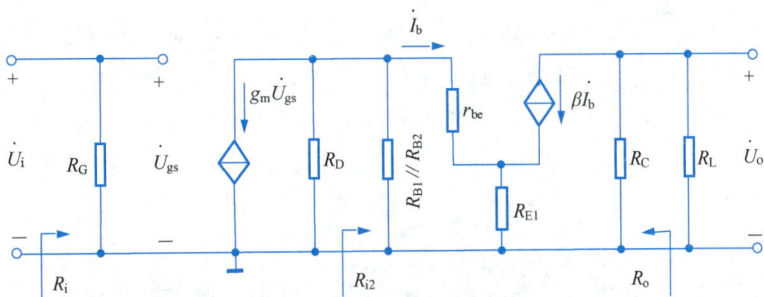

图 5-22　例 5-3 的图解

5.6　低频功率放大电路

视频讲解

多级放大电路中最后一级(又称为输出级)通常在大信号下工作,其任务是在允许的失真范围内,向负载提供尽可能大的输出功率,用来推动负载工作(使喇叭发声、继电器动作、执行电机运转等)。这类电路称为功率放大电路。

5.6.1　功率放大电路的特点和分类

1. 功率放大电路的特点

(1) 输出功率大。在规定的非线性失真范围内,能向负载提供尽可能大的输出功率。

(2) 效率高。功率转换效率 η 是功率放大电路的一项重要指标,见式(5-11)。

(3) 非线性失真尽可能小。

(4) 散热好。

2. 功率放大电路的分类

通常按照三极管静态工作点所处位置的不同,低频功率放大电路可分为**甲类**、**乙类**、**甲乙类**三种,如图 5-23 所示。

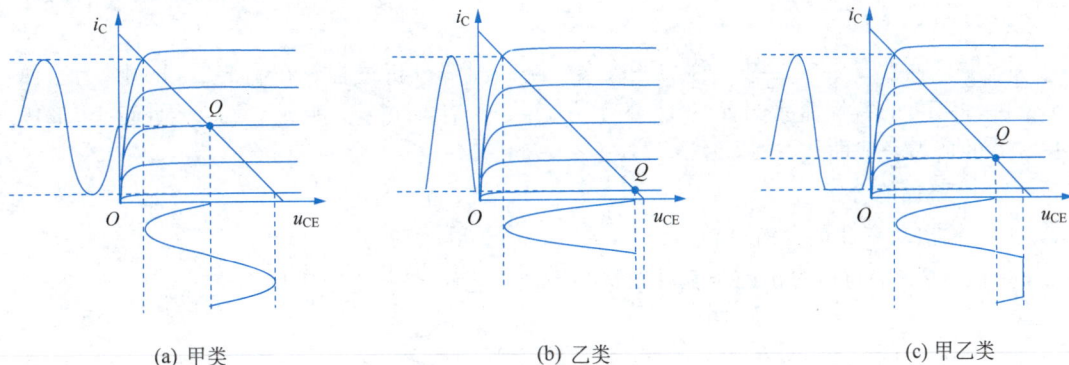

(a) 甲类　　　　　　　　(b) 乙类　　　　　　　　(c) 甲乙类

图 5-23　低频功率放大电路的分类

图 5-23(a)中,Q 点处在交流负载线的中点,在信号的一个周期内,功放管始终导通,其导电角 $\theta=360°$,称这种工作状态为甲类。此时,不论有无输入信号,电源提供的功率 $P_V=U_{CC}I_C$ 总是不变的。当 $u_i=0$ 时,P_V 全部消耗在管子和电阻上;当 $u_i\neq0$ 时,P_V 的一部分转换为有用的输出功率 P_o,u_i 愈大,P_o 也愈大。可以证明,在理想情况下,电容耦合甲类功率放大电路的效率只有 25%,即使用变压器耦合输出,效率也只能提高到 50%。

由式(5-11)可以看出，欲提高效率，需从两方面着手：一是通过增大功放管的动态工作范围增加输出功率 P_o；二是减小电源供给的功率 P_V。而后者要在 U_{CC} 一定的条件下使静态电流 I_C 减小，也就是使 Q 点沿交流负载线下移，如图 5-23(c) 所示，此时功放管的导电角 $180° < \theta < 360°$，称这种工作状态为甲乙类。若将 Q 点再向下移到静态集电极电流 $I_C \approx 0$ 处，则此时功放管的导电角 $\theta = 180°$，其静态管耗为最小，称这种工作状态为乙类，如图 5-23(b) 所示。

功率放大电路工作在甲乙类和乙类状态时，虽然降低了静态管耗，提高了效率，却产生了波形失真，为此，在电路形式上一般采用互补对称射极跟随器的输出方式。

5.6.2　乙类互补对称功率放大电路

1. 电路组成

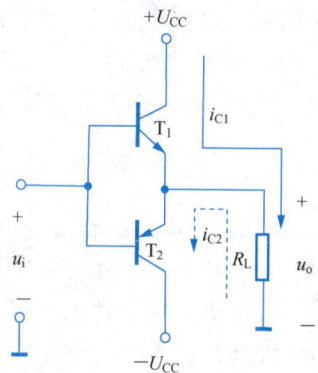

图 5-24 是乙类互补对称功率放大电路的原理图。其中，T_1 是 NPN 型三极管，T_2 是 PNP 型三极管，它们的基本特性参数值要很相近。该电路是一个具有正、负电源的射极跟随器，信号由两管的基极输入，从两管的发射极输出。

2. 工作原理

静态（$u_i = 0$）时，两管均处于截止状态，负载 R_L 上没有电流流过，输出电压 $u_o = 0$。由于两管电流均为 0，故乙类功放在静态工作时，直流电源不消耗能量。

图 5-24　乙类互补对称功率放大电路

动态（$u_i \neq 0$）时，在信号的正半周，T_1 管导通，T_2 管截止，$i_L = i_{C1}$；在信号的负半周，T_1 管截止，T_2 管导通，$i_L = i_{C2}$。可见，当输入正弦电压 u_i 时，两管轮流导通，使得负载 R_L 上获得了一个完整的正弦电压波形。两管一通、一断，轮流导电的工作方式常常称为"**推挽**"方式。

图 5-25 示出了乙类互补对称功率放大电路的图解分析过程。在图 5-25(b) 中，为了便于分析，将 T_2 的特性曲线倒置在 T_1 的下方，并令二者在 Q 点，即 $u_{CE} = U_{CC}$ 处重合，形成 T_1、T_2 的所谓合成曲线。

3. 电路性能分析

（1）输出功率和最大输出功率。

由图 5-25(b) 可以写出乙类互补对称功率放大电路的输出功率为

$$P_o = \frac{1}{2} U_{cem} I_{cm} \tag{5-30}$$

不难理解，乙类互补推挽功放的输出功率与激励信号的大小有关，激励信号越大，输出功率就越大。输出功率也可以表示为

$$P_o = \frac{1}{2} \cdot \frac{U_{cem}^2}{R_L} = \frac{1}{2} \cdot \frac{U_{CC}^2}{R_L} \xi^2 \tag{5-31}$$

式中

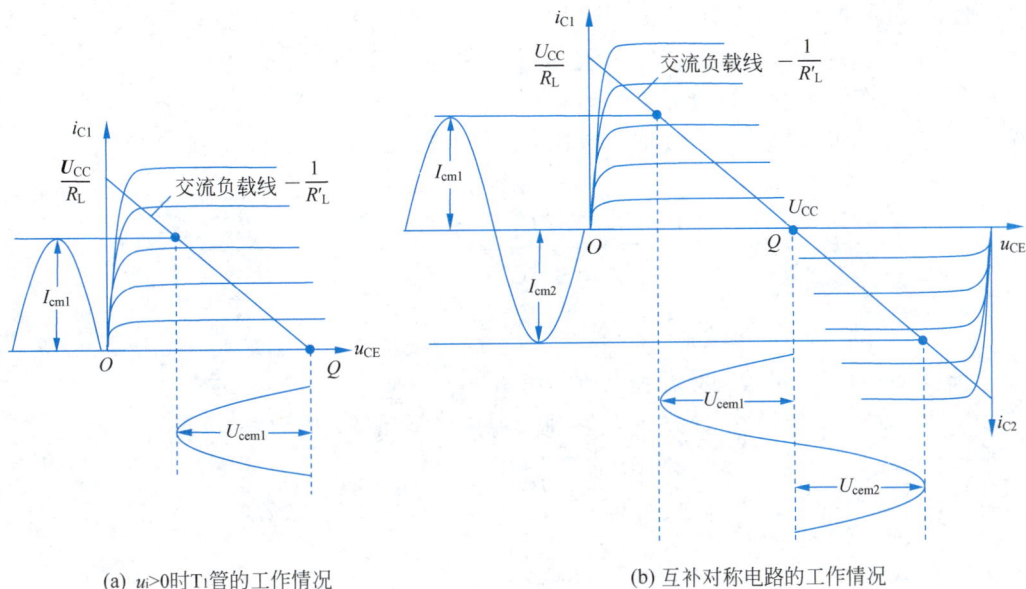

(a) $u_i > 0$时T_1管的工作情况　　　　　　(b) 互补对称电路的工作情况

图 5-25　乙类功率放大电路的图解分析

$$\xi = \frac{U_{cem}}{U_{CC}} \tag{5-32}$$

其中,ξ 表示三极管 u_{ce} 变化的幅值和 U_{CC} 的比例关系,称为**电压利用系数**。显然,激励信号越大,电压利用系数就越高,输出功率就越大。若忽略三极管的饱和压降$U_{CE(sat)}$,ξ 最大为 1。

乙类互补对称功放的最大输出功率为

$$P_{om} = \frac{1}{2} \cdot \frac{U_{CC}^2}{R_L} \tag{5-33}$$

（2）效率与最高效率。

求效率时应首先求出直流电源供给的功率。乙类功放的静态电流为零,静态时直流电源不消耗功率。当有交流信号输入时,T_1、T_2 管轮流导通,使两个直流电源轮流提供能量,两直流电源提供的平均功率为

$$P_V = \frac{1}{\pi} \int_0^\pi U_{CC} I_{cm} \sin\omega t \, dt = \frac{2}{\pi} U_{CC} I_{cm} = \frac{2}{\pi} \cdot \frac{U_{CC}^2}{R_L} \xi \tag{5-34}$$

因此,乙类互补对称功率放大电路的效率为

$$\eta = \frac{P_o}{P_V} = \frac{\dfrac{1}{2} \cdot \dfrac{U_{CC}^2}{R_L} \xi^2}{\dfrac{2}{\pi} \cdot \dfrac{U_{CC}^2}{R_L} \xi} = \frac{\pi}{4} \xi \tag{5-35}$$

式（5-35）表明:电压利用系数 ξ 越大,效率 η 就越高。若忽略三极管的饱和压降$U_{CE(sat)}$,乙类功放的最高效率为

$$\eta_{max} = \frac{\pi}{4} = 78.5\% \tag{5-36}$$

（3）功率管的管耗。

在功率放大电路中,直流电源提供的能量,一部分转换成信号功率输送给了负载,另一

部分则以热量形式消耗在晶体三极管上，即

$$P_V = P_o + P_T \tag{5-37}$$

式中，P_T 为功率管所消耗的功率。

由式(5-37)，并结合式(5-31)和式(5-34)可得单管的管耗为

$$P_{T1} = P_{T2} = \frac{P_T}{2} = \frac{P_V - P_o}{2} = \frac{\dfrac{2}{\pi} \cdot \dfrac{U_{CC}^2}{R_L}\xi - \dfrac{1}{2} \cdot \dfrac{U_{CC}^2}{R_L}\xi^2}{2}$$

$$= P_{om}\left(\frac{2}{\pi}\xi - \frac{1}{2}\xi^2\right) \tag{5-38}$$

由此可见，每只三极管的管耗和电压利用系数 ξ 有关。

式(5-38)对 ξ 求导，并令导数等于零，则可以求出管耗最大时的 ξ 值，即

$$\frac{\mathrm{d}P_{T1}}{\mathrm{d}\xi} = P_{om}\left(\frac{2}{\pi} - \xi\right) \tag{5-39}$$

令

$$\frac{\mathrm{d}P_{T1}}{\mathrm{d}\xi} = 0$$

则得

$$\xi = \frac{2}{\pi} \approx 0.6 \tag{5-40}$$

由式(5-40)可知，当 $\xi \approx 0.6$，即 $U_{om} \approx 0.6U_{CC}$ 时，三极管的管耗最大。将 $\xi \approx 0.6$ 代入式(5-38)，可得最大管耗为

$$P_{T1m} = P_{T2m} = P_{om}\left(\frac{2}{\pi} \times 0.6 - \frac{1}{2} \times 0.6^2\right) \approx 0.2P_{om} \tag{5-41}$$

4. 功率管参数的确定

根据上述分析，当忽略三极管的饱和压降 $U_{CE(sat)}$ 时，功率管的主要参数应满足的条件为

$$|U_{(BR)CEO}| > 2U_{CC} \tag{5-42}$$

$$I_{CM} > \frac{U_{CC}}{R_L} \tag{5-43}$$

$$P_{CM} > 0.2P_{om} \tag{5-44}$$

5. 交越失真

乙类互补对称功放将静态工作点 Q 设置在三极管特性曲线的截止处，即 $I_C = 0$ 处。由于三极管为非线性元件，当输入电压 u_i 小于三极管发射结的死区电压时，两管都不导通。只有当 u_i 上升到超过死区电压时，三极管才导通，因此，在正、负半周交接处，输出波形产生了交越失真，如图 5-26 所示。

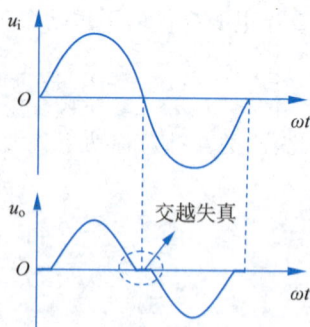

图 5-26　乙类互补对称功放的交越失真

5.6.3　甲乙类互补对称功率放大电路

为了克服交越失真，应将 Q 点稍微上移，使功放管工作在甲乙类状态，如图 5-27 所示。

其中，R_1、D_1、D_2 和 R_2 组成分压偏置电路，给 T_1 和 T_2 管的发射结提供正向偏置电压，使 T_1 和 T_2 管在静态时处于**微导通**状态，这样，即使在输入电压 u_i 很小时，也总能保证功放管始终导通，从而消除了交越失真。

在图 5-27 所示电路中，由于功放管与负载之间无输出耦合电容，所以，该电路通常称为 **OCL**（output capacitorless）电路。OCL 电路需要双电源供电。

具体实践中为提高工作效率，在设置偏置电压时，尽可能使电路的工作状态接近乙类。因此甲乙类双电源互补对称功放的性能指标计算可近似按照乙类来处理。

为了不用双电源供电，采用如图 5-28 所示的 **OTL**（output transformerless）电路，它省掉了负电源，接入了一个大电容 C。在静态时，适当选择 R_1 和 R_2 使 E 点的电位为 $U_{CC}/2$，则电容上所充直流电压为 $U_{CC}/2$，以代替 OCL 电路中的负电源 $-U_{CC}$，所以 OTL 电路实际上是具有 $\pm U_{CC}/2$ 电源供电的 OCL 电路。

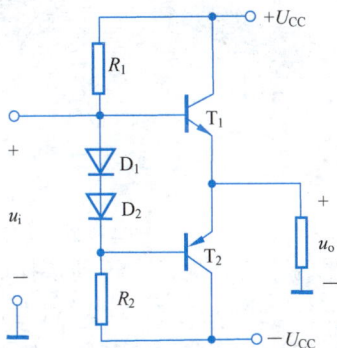

图 5-27 OCL 电路　　　　　图 5-28 OTL 电路

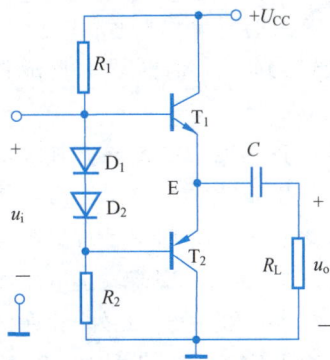

若忽略功放管的饱和压降 $U_{CE(sat)}$，单电源供电的甲乙类功放的最大输出功率为

$$P_{om} = \frac{1}{8} \cdot \frac{U_{CC}^2}{R_L}$$

5.6.4　功放管的散热问题

在功率放大电路中，功放管既要流过大电流，又要承受高电压，因此容易损坏。功率管损坏的重要原因是其实际耗散功率超过额定值 P_{CM}。而管子的允许管耗受其结温（主要是集电结）的限制，因此改善功放管的散热条件，可以保证管子安全工作，并提高其输出功率。两种散热器如图 5-29 所示。经验表明，当散热器垂直或水平放置时，有利于通风，散热效果好；散热器表面钝化涂黑，有利于热辐射。在产品资料中给出的最大集电极耗散功率是在指定散热器（材料、尺寸等）及一定环境温度下的允许值，若改善散热条件，如加大散热器、用电风扇强制风冷，则可获得更大一些的耗散功率。

※5.6.5　集成功率放大器

随着线性集成电路的发展，集成功率放大器的应用也日益广泛。目前，OTL 和 OCL 功放均有各种不同输出功率和不同电压增益的多种型号的集成电路。应当注意，在使用 OTL 集成功放时，需外接输出电容。下面简单介绍一款典型的集成音频功率放大器。

LM384 是美国半导体公司生产的典型的小功率音频放大器，它是一个标准的 14 引脚

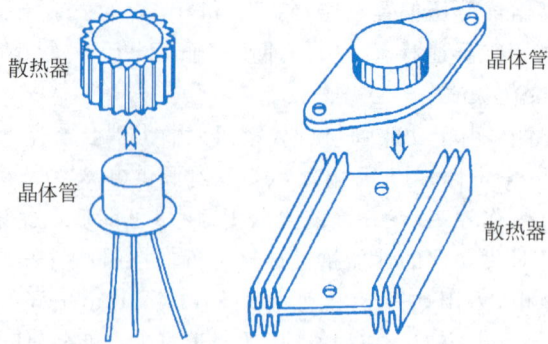

图 5-29　两种散热器

双列直插式封装,包含一个金属散热片,如图 5-30 所
示。每边中间的三个引脚(3、4、5 引脚和 10、11、12
引脚)被连接到一个铜框架上形成散热片,散热片
接地。

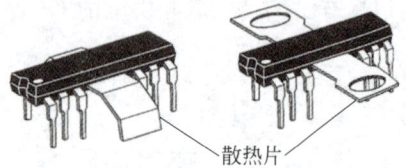

图 5-30　双列直插式封装的 LM384

　　LM384 内部电路包括一个射极跟随器和一个差
分电压放大电路,之后是一个共射驱动级和一个单端
推挽输出级,所有级之间都是直接耦合。内部电路固定增益为 50,以单电源供电方式工作,
电压范围为 9~24V。交流输出电压以电源电压的一半为中心。电源电压的选择取决于所
需要的输出功率和负载。此外,和许多集成功放一样,它具有短路保护和热关机电路。在合
适的散热条件下,它能提供最高 5W 的功率给负载,如果没有外部散热,其最大输出功率只
有 1.5W。它有两个输入端:一个是反相输入端(标有"—"),另一个是同相输入端(标有
"+")。

　　LM384 只需加入一些简单的外部电路,便可构成实际的音频电子系统,用 LM384 构成
的对讲机系统如图 5-31 所示。图 5-31 中,一个 1∶25 的小升压变压器将 LM384 的基本增
益由 50 放大到 1 250。一个扬声器作为传声器,另一个作为传统的扬声器。双刀双掷开关
控制哪个扬声器是说话者,哪个扬声器是听者。在说话的位置,扬声器 1 是传声器而扬声器
2 是扬声器;而在听者的位置,情况正好相反。电容 C_3 为输出端耦合电容,电位器 R_1 用于
音量控制,由 R_2 和 C_2 组成的低通滤波器用于抑制高频振荡。

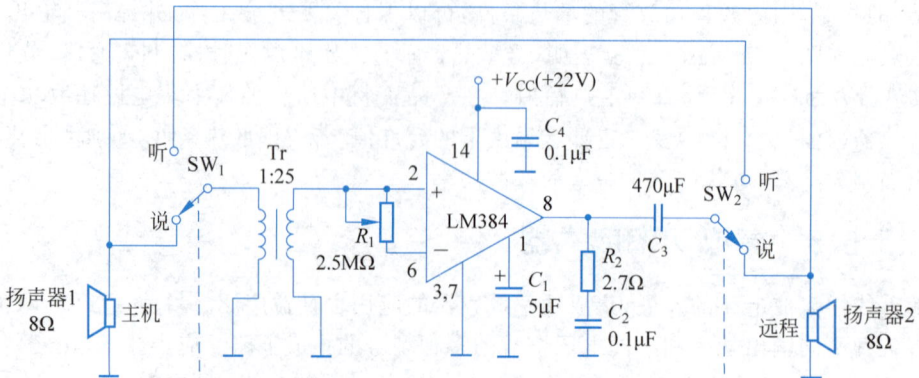

图 5-31　一个用 LM384 作为放大器的基本对讲机系统

5.7 放大电路的频率响应

待放大的信号,如语音信号、电视信号、生物信号等都不是简单的单频信号,它们都是由许多不同相位、不同频率分量组成的复杂信号,即占有一定的频谱。由于实际的放大电路中存在电抗元件(如耦合电容、旁路电容、晶体管的极间电容、电路的负载电容、分布电容、引线电感等),所以当输入信号的频率过高或过低时,不仅放大倍数的大小会变化,而且还将产生超前或滞后的相移。这说明放大电路的放大倍数是信号频率的函数,这种函数关系称为频率响应(frequency response)。

5.7.1 频率响应的一般概念

1. 频率响应的表示方法

放大电路的频率响应可直接用放大电路的放大倍数与频率的关系来描述,即

$$\dot{A}_u = A_u(\mathrm{j}f) = A_u(f)\,\mathrm{e}^{\mathrm{j}\varphi(f)} \tag{5-45}$$

式中,$A_u(f)$表示电压放大倍数的模与频率f的关系,称为幅频特性;$\varphi(f)$表示放大电路输出电压与输入电压之间的相位差与频率f的关系。两者综合起来可全面表征放大电路的频率响应。

图 5-32 示出了典型的共发射极放大电路的幅频特性和相频特性。

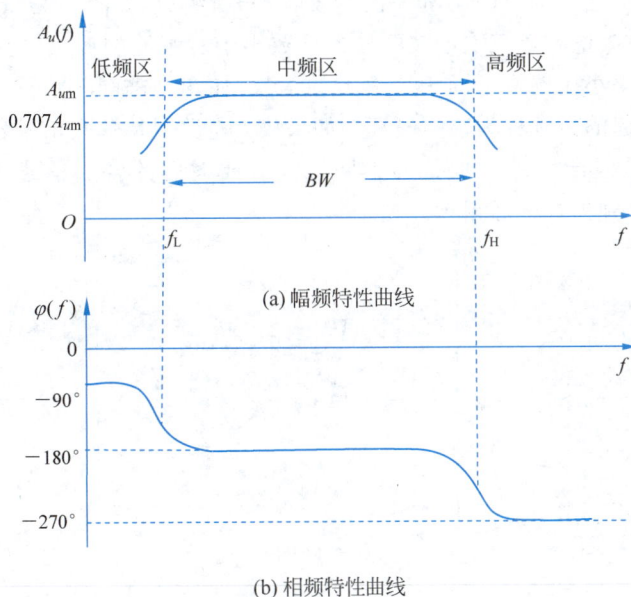

图 5-32 单管共发射极放大电路的频率特性曲线

由幅频特性可知,低频段,随着频率f的减小,放大倍数下降;高频段,随着频率f的增大,放大倍数下降。下面定性分析产生的原因。

在低频段,随着频率f的减小,耦合电容的容抗增大,其分压作用增强,导致放大管的输入电压u_{be}减小,输出电压u_{ce}减小,最后使得放大倍数下降;而在高频段,随着频率f的增大,三极管极间电容的容抗减小,其分流作用增强,导致流入放大管的电流(即实际被放大

的电流）减小，输出电压 u_{ce} 减小，最后使得放大倍数下降。由相频特性可知，低频段与中频段相比，会产生 $0°\sim90°$ 的超前附加相移 $\Delta\varphi$；高频段与中频段相比，会产生 $0°\sim-90°$ 的滞后附加相移 $\Delta\varphi$。

由于信号的频率范围很宽（从几赫兹到几百兆赫兹以上），放大电路的放大倍数也很大（可达百万倍），为压缩坐标，在画频率特性曲线时，频率坐标采用对数刻度 $\lg f$，而幅值和相角采用线性刻度。其中幅频特性的纵轴用 $20\lg A_u(f)$ 表示，单位是分贝（dB）；相频特性的纵轴用 $\varphi(f)$ 表示，单位是度（°）或弧度（rad）。这种半对数坐标特性曲线称为对数幅频特性或**波特图**。在工程上，波特图通常采用渐近直线近似表示。

2. 下限截止频率、上限截止频率和通频带

当中频电压放大倍数下降到 0.707 倍（即下降 3dB）时对应的低频频率和高频频率分别称为下限截止频率 f_L 和上限截止频率 f_H，二者之间的范围称为**通频带**（带宽）BW，如图 5-32(a)所示。

由于 $BW=f_H-f_L$，而通常有 $f_H\gg f_L$，所以有 $BW\approx f_H$。

通频带表征了放大电路对不同频率输入信号的响应能力，其值越大，对不同频率输入信号的响应能力越强。

3. 频率失真与非线性失真

由于受通频带的限制，放大电路对不同频率信号的放大倍数和相移不同，当输入信号包含多次谐波时，输出波形会产生失真，称为频率失真。**频率失真包含幅频失真和相频失真**。

设某待放大的信号由基波（f_1）和三次谐波（$3f_1$）所组成，如图 5-33(a)所示。由于电抗元件的存在，如果放大电路对三次谐波的放大倍数小于对基波的放大倍数，那么，放大后的信号各频率分量的大小比例将不同于待放大的信号，如图 5-33(b)所示。这种由于放大倍数随频率变化而引起的失真称为幅频失真。如果放大电路对待放大信号各频率分量信号的放大倍数虽然相同，但产生的附加相移不同，那么，放大后的合成信号也将产生失真，如图 5-33(c)所示。这种失真称为相频失真。

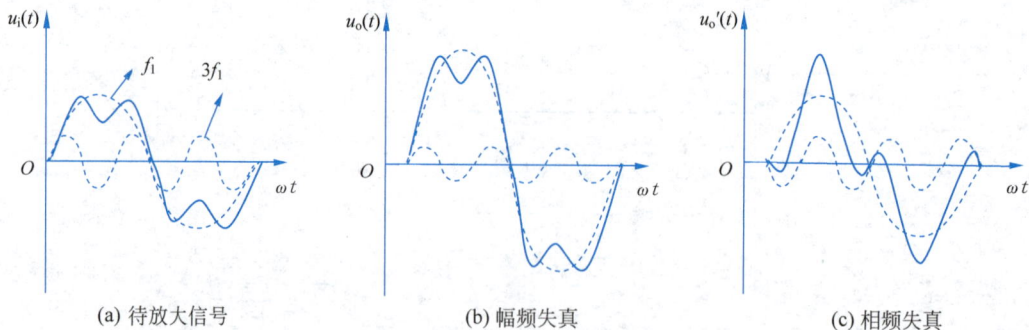

(a) 待放大信号　　　　　　(b) 幅频失真　　　　　　(c) 相频失真

图 5-33　频率失真

频率失真是由于放大电路的通频带不够宽，由于线性电抗元件的存在而引起的，属于线性失真，其显著的特点是不会产生新的频率分量。

非线性失真是由放大器件的非线性特性引起的，即放大器件的工作点进入了特性曲线的非线性区，使输入信号和输出信号不再保持线性关系，这样产生的失真称为非线性失真，它会产生新的频率分量。当要求信号的幅值较大，如多级放大电路的末级，特别是功率放大

电路,非线性失真难以避免。当电路产生非线性失真时,输入正弦信号,输出将变成非正弦信号。而该非正弦信号是由基波和一系列谐波组成的。前面所讲的截止失真和饱和失真均属于非线性失真。

5.7.2 三极管的频率特性参数及其混合 π 型等效电路

三极管由两个 PN 结组成,而 PN 结是有电容效应的,如图 5-34 所示。

信号频率不太高(如低频和中频)时,由于结电容容抗很大,可视为开路,故结电容不影响电压放大倍数。当频率较高时,结电容容抗减小,其分流作用增大,使得集电极电流 i_c 减小,进而使得三极管电流放大倍数 β 降低,电压放大倍数降低。同时由于 i_b 和 i_c 之间存在相位差,电压放大倍数还会产生附加相移。

因此,当信号处于低频和中频时,共发射极电流放大倍数 β 是常数;高频时,β 可表示为频率 f 的函数,即

$$\dot{\beta} = \frac{\beta_0}{1 + j\dfrac{f}{f_\beta}} \tag{5-46}$$

式中,β_0 是低频时共发射极电流放大倍数,$\dot{\beta}$ 的模可表示为

$$|\dot{\beta}| = \frac{\beta_0}{\sqrt{1 + \left(\dfrac{f}{f_\beta}\right)^2}} \tag{5-47}$$

其随频率变化的特性曲线如图 5-35 所示。

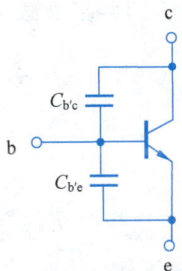

图 5-34 三极管的极间电容

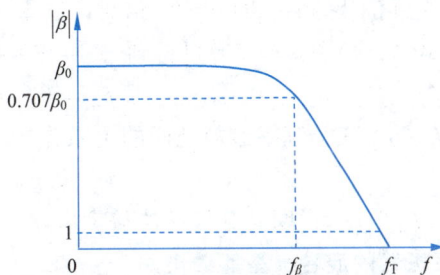

图 5-35 $\dot{\beta}$ 的幅频特性

1. 三极管的几个频率参数

(1) 共发射极截止频率 f_β。

当 $|\dot{\beta}|$ 值下降到 β_0 的 0.707 倍时的频率 f_β 定义为三极管的**共发射极截止频率**。

(2) 特征频率 f_T。

当 $|\dot{\beta}|$ 值下降到 1 时的频率 f_T 定义为三极管的**特征频率**。

当信号频率 $f > f_T$ 时,$|\dot{\beta}| < 1$,三极管将无放大能力。

将 $f = f_T$ 时的 $|\dot{\beta}| = 1$ 代入式(5-47),得到特征频率 f_T 与截止频率 f_β 的关系为

$$1 = \frac{\beta_0}{\sqrt{1 + \left(\dfrac{f_T}{f_\beta}\right)^2}}$$

通常 $f_T \gg f_\beta$，所以可近似得到

$$f_T \approx \beta_0 f_\beta \tag{5-48}$$

（3）共基极截止频率 f_α。

共基极电流放大系数 $\dot{\alpha}$ 和共发射极电流放大系数 $\dot{\beta}$ 的关系是

$$\dot{\alpha} = \frac{\dot{\beta}}{1 + \dot{\beta}} \tag{5-49}$$

将式(5-46)代入式(5-49)，得到

$$\dot{\alpha} = \frac{\dfrac{\beta_0}{1 + \beta_0}}{1 + \mathrm{j} \dfrac{f}{(1 + \beta_0) \cdot f_\beta}} \tag{5-50}$$

令

$$\dot{\alpha} = \frac{\alpha_0}{1 + \mathrm{j} \dfrac{f}{f_\alpha}} \tag{5-51}$$

$\dot{\alpha}$ 的模可表示为

$$|\dot{\alpha}| = \frac{\alpha_0}{\sqrt{1 + \left(\dfrac{f}{f_\alpha}\right)^2}} \tag{5-52}$$

式中，当 $|\dot{\alpha}|$ 值下降到 α_0 的 0.707 倍时的频率 f_α 定义为三极管的**共基极截止频率**。

对比式(5-51)和式(5-50)可得到

$$f_\alpha = (1 + \beta_0) f_\beta \tag{5-53}$$

f_β、f_T、f_α 三个频率参数之间的关系为

$$f_\alpha \approx f_T = \beta_0 f_\beta \tag{5-54}$$

可见，$f_\alpha \gg f_\beta$，说明共基极接法放大电路的频率响应比共发射极接法的好。

2. 三极管的混合 π 型等效电路

（1）三极管的混合 π 型等效电路的导出。

考虑三极管极间电容的影响，三极管内部实际结构如图 5-36(a)所示。图中，b′为三极管内部等效节点。$r_{b'c}$ 为集电结反向电阻，其值很大，可视为开路。$r_{bb'}$ 为基区体电阻，$r_{b'e}$ 为发射区正向电阻，$C_{b'e}$ 为发射结等效电容，发射结正偏时主要是扩散电容，$C_{b'c}$ 为集电结等效电容，集电结反偏时主要是势垒电容。

根据半导体物理的分析，集电结受控电流与发射结电压 $\dot{U}_{b'e}$ 呈线性关系，且与信号频率无关，所以可用 $g_m \dot{U}_{b'e}$ 表示基极回路对集电极回路的控制作用，其中 g_m 称为跨导，单位为西门子(S)。

由此可得到三极管的混合 π 型等效电路如图 5-36(b)所示。

（2）g_m 的确定。

低频和中频时，三极管的极间电容可不予考虑，其混合 π 型等效电路如图 5-37 所示。

比较图 5-37 及图 5-7(b)可得

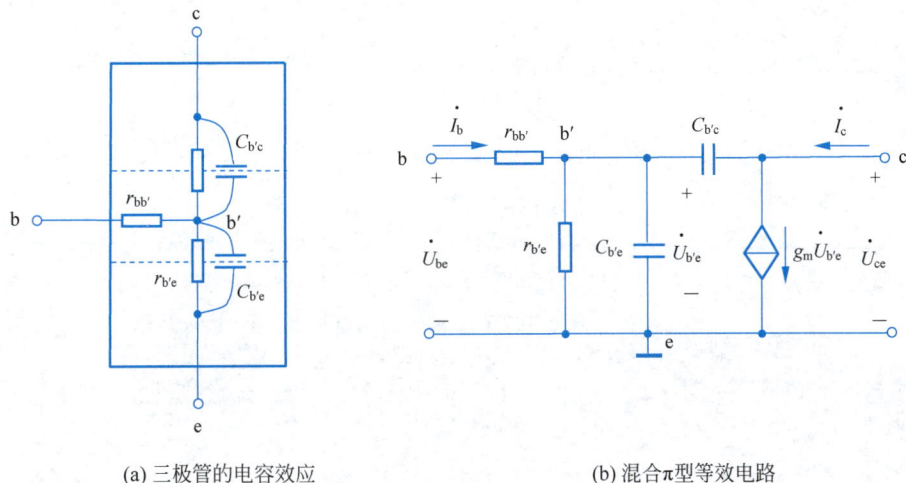

(a) 三极管的电容效应　　　(b) 混合π型等效电路

图 5-36　三极管的混合 π 型等效电路

$$r_{be} = r_{bb'} + r_{b'e}$$
$$= r_{bb'} + (1+\beta)\frac{26(\text{mV})}{I_{EQ}(\text{mA})} \quad (5\text{-}55)$$

即有

$$r_{b'e} = (1+\beta)\frac{26(\text{mV})}{I_{EQ}(\text{mA})}$$
$$\approx \beta \cdot \frac{26(\text{mV})}{I_{EQ}(\text{mA})} \quad (5\text{-}56)$$

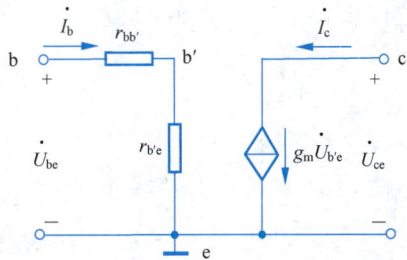

图 5-37　不考虑极间电容的混合 π 型等效电路

比较两图可得

$$g_m \dot{U}_{b'e} = g_m r_{b'e} \dot{I}_b = \beta \dot{I}_b \quad (5\text{-}57)$$

由式(5-56)和式(5-57)可得

$$g_m = \frac{\beta}{r_{b'e}} = \frac{I_{EQ}(\text{mA})}{26(\text{mV})} \quad (5\text{-}58)$$

（3）$C_{b'e}$ 的确定。

通常根据下式来计算发射结电容 $C_{b'e}$。即

$$C_{b'e} \approx \frac{g_m}{2\pi f_T} \quad (5\text{-}59)$$

（4）简化的混合 π 型等效电路。

在混合 π 型等效电路中，由于 $C_{b'c}$ 跨接在 b′ 和 c 之间，使电路的求解过程很复杂，为此可利用**密勒等效定理**将 $C_{b'c}$ 分别等效为 b′ 和 e 之间的电容 C_{M1} 和 c、e 之间的电容 C_{M2}，如图 5-38 所示。

$$\dot{I}' = (\dot{U}_{b'e} - \dot{U}_{ce})j\omega C_{b'c} = \dot{U}_{b'e}\left(1 - \frac{\dot{U}_{ce}}{\dot{U}_{b'e}}\right)j\omega C_{b'c}$$

令

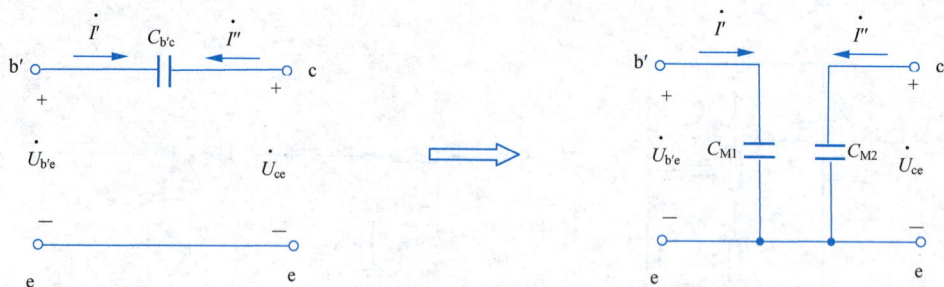

图 5-38 $C_{b'c}$ 的等效电路

$$\frac{\dot{U}_{ce}}{\dot{U}_{b'e}} = A$$

则

$$\dot{I}' = \dot{U}_{b'e}(1-A)j\omega C_{b'c} = \dot{U}_{b'e}j\omega(1-A)C_{b'c}$$

所以，从 b′、e 两端看进去，存在一个等效电容，即

$$C_{M1} = (1-A)C_{b'c} \tag{5-60}$$

同理

$$\dot{I}'' = (\dot{U}_{ce} - \dot{U}_{b'e})j\omega C_{b'c} = \dot{U}_{ce}\left(1 - \frac{\dot{U}_{b'e}}{\dot{U}_{ce}}\right)j\omega C_{b'c}$$

$$= \dot{U}_{ce}\left(1 - \frac{1}{A}\right)j\omega C_{b'c} = \dot{U}_{ce}j\omega\left(1 - \frac{1}{A}\right)C_{b'c}$$

所以，从 c、e 两端看进去，存在一个等效电容，即

$$C_{M2} = \left(1 - \frac{1}{A}\right)C_{b'c} \tag{5-61}$$

由于

$$A = \frac{\dot{U}_{ce}}{\dot{U}_{b'e}} = -g_m R'_L \gg 1 \tag{5-62}$$

因而

$$C_{M1} \gg C_{b'c}, \quad C_{M2} \approx C_{b'c}$$

最后得到简化的混合 π 型等效电路如图 5-39 所示。图中

$$C'_{b'e} = C_{b'e} + (1-A)C_{b'c}$$

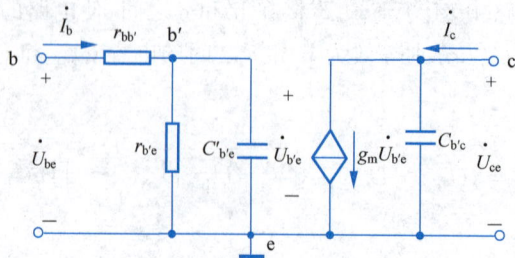

图 5-39 简化的混合 π 型等效电路

※5.7.3　单管放大电路的频率响应

本节以单管共发射极电路(重画于图 5-40)为例,讨论其频率响应。

1. 中频段

中频时,耦合电容容抗较小,可视为短路,三极管极间电容很大,可视为开路,其混合 π 型等效电路如图 5-41 所示。

由图可得

$$\dot{U}_o = -g_m \dot{U}_{b'e} R_C$$

$$\dot{U}_i = \frac{r_{bb'} + r_{b'e}}{r_{b'e}} \cdot \dot{U}_{b'e}$$

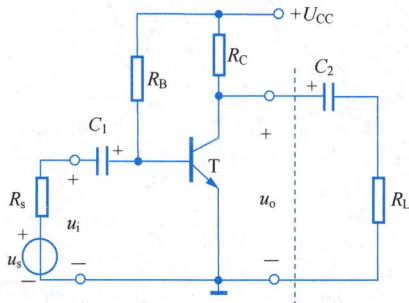

图 5-40　单管共发射极放大电路　　　　图 5-41　共发射极放大电路的中频等效电路

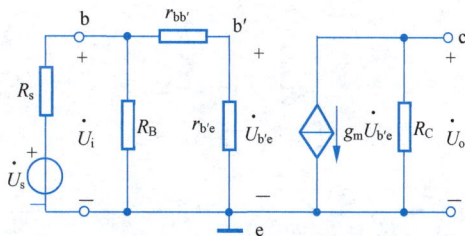

故得中频电压放大倍数为

$$\dot{A}_{um} = \frac{\dot{U}_o}{\dot{U}_i} = -\frac{g_m R_C}{(r_{bb'} + r_{b'e})/r_{b'e}} \tag{5-63}$$

将 $g_m = \dfrac{\beta}{r_{b'e}}$ 代入式(5-63)可得

$$\dot{A}_{um} = -\frac{\beta R_C}{r_{bb'} + r_{b'e}} \tag{5-64}$$

由于 $r_{be} = r_{bb'} + r_{b'e}$,所以式(5-64)与 5.2.2 节用微变等效电路分析的结果一致(注意图 5-41 为负载开路情况)。

中频源电压放大倍数为

$$\dot{A}_{usm} = \frac{\dot{U}_o}{\dot{U}_s} = \dot{A}_{um} \cdot \frac{\dot{U}_i}{\dot{U}_s} = \dot{A}_{um} \cdot \frac{R_i}{R_i + R_s} \tag{5-65}$$

其中

$$R_i = R_B \mathbin{/\mkern-5mu/} (r_{bb'} + r_{b'e})$$

2. 高频段

高频时,耦合电容容抗较小,可视为短路,三极管极间电容容抗很小,不可忽略,其混合 π 型等效电路如图 5-42 所示。

由于 $C'_{b'e} \gg C_{b'c}$,所以可忽略输出回路的电容效应。再利用戴维南定理将输入回路简化,则可得到共发射极放大电路的高频简化等效电路如图 5-43 所示。

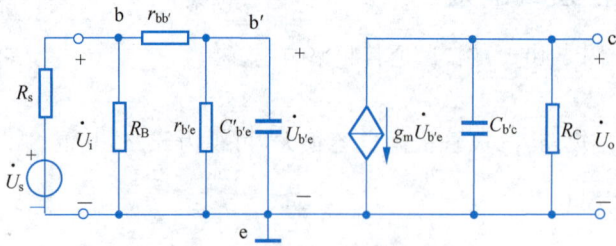

图 5-42　共发射极放大电路的高频等效电路

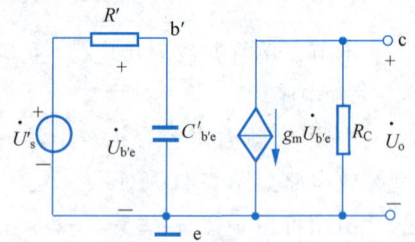

图 5-43　共发射极放大电路的高频
简化等效电路

图 5-43 中

$$\dot{U}_s' = \frac{R_i}{R_i + R_s} \cdot \frac{r_{b'e}}{r_{be}} \cdot \dot{U}_s$$

$$R' = r_{b'e} \mathbin{/\mkern-5mu/} [r_{bb'} + (R_s \mathbin{/\mkern-5mu/} R_B)]$$

$$C_{b'e}' = C_{b'e} + (1-A)C_{b'c}$$

（1）确定源电压放大倍数 $\dot{A}_{ush}$。

$$\dot{U}_{b'e} = \frac{\dot{U}_s'}{R' + 1/j\omega C_{b'e}'} \cdot (1/j\omega C_{b'e}') = \frac{\dot{U}_s'}{1 + j\omega R' C_{b'e}'} = \frac{R_i}{R_i + R_s} \cdot \frac{r_{b'e}}{r_{be}} \cdot \frac{\dot{U}_s}{1 + j\omega R' C_{b'e}'}$$

$$\dot{U}_o = -g_m \dot{U}_{b'e} R_C = -g_m \cdot \frac{R_i}{R_i + R_s} \cdot \frac{r_{b'e}}{r_{be}} \cdot \frac{\dot{U}_s}{1 + j\omega R' C_{b'e}'} \cdot R_C$$

$$\dot{A}_{ush} = \frac{\dot{U}_o}{\dot{U}_s} = \dot{A}_{usm} \cdot \frac{1}{1 + j\omega R' C_{b'e}'} = \dot{A}_{usm} \cdot \frac{1}{1 + j\dfrac{f}{f_H}} \tag{5-66}$$

式中

$$f_H = \frac{1}{2\pi R' C_{b'e}'} \tag{5-67}$$

幅频特性为

$$A_{ush}(f) = A_{usm} \cdot \sqrt{\frac{1}{1 + (f/f_H)^2}} \tag{5-68}$$

相频特性为

$$\varphi(f) = -180° - \arctan(f/f_H) \tag{5-69}$$

当 $f = f_H$ 时,$A_{ush}(f) = \dfrac{1}{\sqrt{2}} A_{usm}$,$f_H$ 为上限截止频率。显然,上限截止频率主要取决于电容 $C_{b'e}'$ 所在回路的时间常数 $\tau_H = R' C_{b'e}'$。

（2）确定频率特性。

画对数幅频特性（波特图）。将幅频特性取对数,得

$$20\lg A_{ush}(f) = 20\lg A_{usm} - 20\lg\sqrt{1 + (f/f_H)^2} \text{ (dB)}$$

① 当 $f \ll f_H(f \leqslant 0.1 f_H)$ 时,$20\lg A_{ush}(f) = 20\lg A_{usm}$,幅值不随频率变化;

② 当 $f \gg f_H$ ($f \geqslant 10f_H$) 时, $20\lg A_{ush}(f) = 20\lg A_{usm} - 20\lg(f/f_H)$, 频率增大十倍, 幅值下降 20dB;

③ 当 $f = f_H$ 时, $20\lg A_{ush}(f) = 20\lg A_{usm} - 3\text{dB}$, 幅值比中频时低 3dB。

根据上述讨论, 可画出幅频特性曲线, 如图 5-44(a) 所示(图中虚线为实际的幅频特性曲线)。

相频特性由下列步骤绘出。

① 当 $f \ll f_H$ ($f \leqslant 0.1f_H$) 时, $\varphi(f) \approx -180°$。

② 当 $f \gg f_H$ ($f \geqslant 10f_H$) 时, $\varphi(f) \approx -270°$。

③ 当 $f = f_H$ 时, $\varphi(f) \approx -225°$。

根据上述讨论, 可画出相频特性曲线, 如图 5-44(b) 所示。可见, 当 $0.1f_H < f < 10f_H$ 时, $\varphi(f)$ 是斜率为 $-45°$/十倍频程的直线(图中虚线为实际的相频特性曲线)。

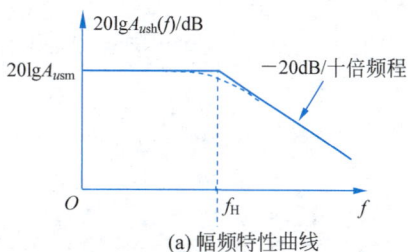

(a) 幅频特性曲线

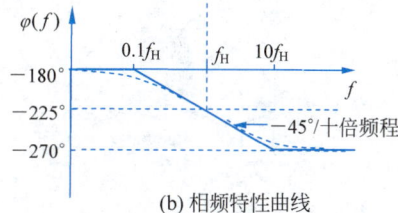

(b) 相频特性曲线

图 5-44　共发射极放大电路的高频频率特性曲线

3. 低频段

低频时, 耦合电容容抗较大, 其分压作用较大, 不可忽略, 三极管极间电容容抗很大, 可视为开路, 其混合 π 型等效电路如图 5-45 所示。

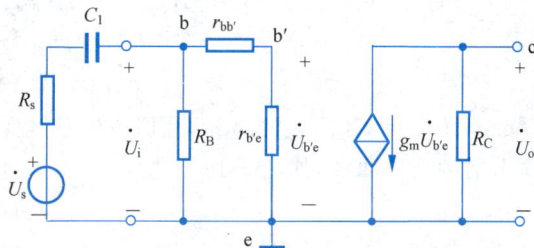

图 5-45　共发射极放大电路的低频等效电路

(1) 确定源电压放大倍数 $\dot{A}_{usl}$。

由图 5-45 可得

$$\dot{U}_o = -g_m \dot{U}_{b'e} R_C$$

$$\dot{U}_i = \frac{r_{bb'} + r_{b'e}}{r_{b'e}} \cdot \dot{U}_{b'e}$$

故得低频电压放大倍数为

$$\dot{A}_{ul} = \frac{\dot{U}_o}{\dot{U}_i} = -\frac{g_m R_C}{(r_{bb'} + r_{be'})/r_{b'e}}$$

低频源电压放大倍数为

$$\dot{A}_{usl} = \frac{\dot{U}_o}{\dot{U}_s} = \dot{A}_{ul} \cdot \frac{\dot{U}_i}{\dot{U}_s} = \dot{A}_{ul} \cdot \frac{R_i}{R_i + R_s + 1/j\omega C_1}$$

$$= \dot{A}_{u1} \cdot \frac{R_i}{R_i + R_s} \cdot \frac{1}{1 - \mathrm{j}\dfrac{1}{\omega(R_i + R_s)C_1}} \tag{5-70}$$

令 $\tau_L = (R_i + R_s)C_1$，则有

$$f_L = \frac{1}{2\pi(R_i + R_s)C_1} \tag{5-71}$$

比较式(5-65)和式(5-70)可得

$$\dot{A}_{usl} = \dot{A}_{usm} \cdot \frac{1}{1 - \mathrm{j}\dfrac{1}{\omega(R_i + R_s)C_1}} = \dot{A}_{usm} \cdot \frac{1}{1 - \mathrm{j}(f_L/f)} \tag{5-72}$$

幅频特性为

$$A_{usl}(f) = A_{usm} \cdot \sqrt{\frac{1}{1 + (f_L/f)^2}} \tag{5-73}$$

相频特性为

$$\varphi(f) = -180° + \arctan(f_L/f) \tag{5-74}$$

（2）确定频率特性。

画对数幅频特性（波特图）。将幅频特性取对数，得

$$20\lg A_{usl}(f) = 20\lg A_{usm} - 20\lg\sqrt{1 + (f_L/f)^2}\,(\mathrm{dB})$$

① 当 $f \ll f_L (f \leqslant 0.1f_L)$ 时，$20\lg A_{usl}(f) = 20\lg A_{usm} - 20\lg(f_L/f)$，频率减小十倍，幅值下降 20dB；

② 当 $f \gg f_L (f \geqslant 10f_L)$ 时，$20\lg A_{usl}(f) = 20\lg A_{usm}$，幅值不随频率变化；

③ 当 $f = f_L$ 时，$20\lg A_{usl}(f) = 20\lg A_{usm} - 3\mathrm{dB}$，幅值比中频区低 3dB。

根据上述讨论，可画出幅频特性曲线，如图 5-46(a)所示。

相频特性由下列步骤绘出。

① 当 $f \ll f_L (f \leqslant 0.1f_L)$ 时，$\varphi(f) \approx -90°$；

② 当 $f \gg f_L (f \geqslant 10f_L)$ 时，$\varphi(f) \approx -180°$；

③ 当 $f = f_L$ 时，$\varphi(f) \approx -135°$。

根据上述讨论，可画出相频特性曲线，如图 5-46(b)所示。当 $0.1f_L < f < 10f_L$ 时，$\varphi(f)$ 是斜率为 $-45°/$十倍频程的直线。

4. 完整的频率特性

将中频段、高频段和低频段的源电压放大倍数综合起来，可得到共发射极放大电路在整个频率范围内源电压放大倍数的表达式为

$$\dot{A}_{us} = \frac{\dot{A}_{usm}}{\left(1 - \mathrm{j}\dfrac{f_L}{f}\right)\left(1 + \mathrm{j}\dfrac{f}{f_H}\right)} \tag{5-75}$$

其幅频特性和相频特性的表达式分别为

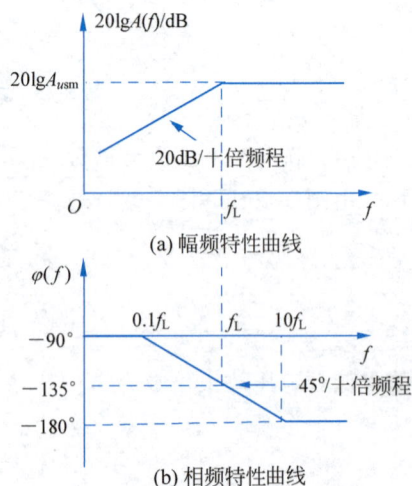

(a) 幅频特性曲线

(b) 相频特性曲线

图 5-46 共发射极放大电路的低频频率特性曲线

$$A_{us}(f) = \frac{A_{usm}}{\sqrt{1+(f_L/f)^2}\sqrt{1+(f/f_H)^2}} \tag{5-76}$$

$$20\lg A_{us}(f) = 20\lg A_{usm} - 20\lg\sqrt{1+(f_L/f)^2} - 20\lg\sqrt{1+(f/f_H)^2} \tag{5-77}$$

$$\varphi(f) = -180° + \arctan(f_L/f) - \arctan(f/f_H) \tag{5-78}$$

分别画出式(5-77)及式(5-78)中每一项表示的频率特性的波特图,再将它们叠加起来,即可得到共发射极放大电路完整的频率特性的波特图,如图 5-47 所示。

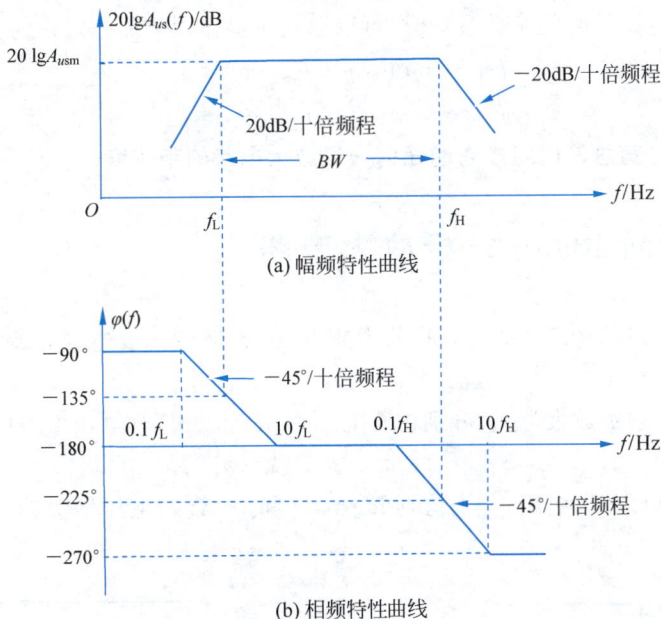

(a) 幅频特性曲线

(b) 相频特性曲线

图 5-47 共发射极放大电路完整的频率特性曲线

5. 增益带宽积

中频增益和带宽是放大电路的两项重要指标。放大电路中,通常有 $f_H \gg f_L$,因而通频带宽 $BW = f_H - f_L \approx f_H$,因此提高 BW 的关键是提高 f_H。由式(5-67)可知,要提高 f_H,需减小 $C'_{b'e}$。根据 $C'_{b'e} = C_{b'e} + (1-A)C_{b'c}$ 可知,当管子选定后,为减小 $C'_{b'e}$,需减小 $g_m R'_L$,而减小 $g_m R'_L$ 将使中频电压增益 A_{usm} 减小。可见,f_H 的提高与 A_{usm} 的增大是矛盾的。为了综合考查增益和带宽这两方面的性能,引入增益带宽积,即

$$G_{BW} = |A_{usm} \cdot BW| \approx |A_{usm} \cdot f_H| \tag{5-79}$$

理论分析证明,当放大电路的晶体管选定以后,其**增益带宽积基本不变**,即增益增大多少倍,带宽就变窄多少倍。

※5.7.4 多级放大电路的频率响应

1. 多级放大电路的幅频特性和相频特性

在多级放大电路中,总的电压放大倍数是各级电压放大倍数的乘积,即

$$\dot{A}_u = \dot{A}_{u1} \cdot \dot{A}_{u2} \cdots \dot{A}_{un}$$

其幅频特性为

$$20\lg A_u(f) = 20\lg A_{u1}(f) + 20\lg A_{u2}(f) + \cdots + 20\lg A_{un}(f) \tag{5-80}$$

相频特性为

$$\varphi(f) = \varphi_1(f) + \varphi_2(f) + \cdots + \varphi_n(f) \tag{5-81}$$

式(5-80)和式(5-81)表明,多级放大电路的对数增益,等于各级对数增益的代数和;总相位也是各级相位的代数和。因此,在绘制多级放大电路的幅频特性和相频特性时,只要把各级的特性曲线在同一横轴上的纵坐标值叠加起来即可。

2. 多级放大电路的上限截止频率 f_H 和下限截止频率 f_L 的估算

当多级放大电路的时间常数悬殊时,可以取起主要作用的那一级作为估算依据,即

$$f_H \approx \min(f_{H1}, f_{H2}, \cdots, f_{Hn}) \tag{5-82}$$

$$f_L \approx \max(f_{L1}, f_{L2}, \cdots, f_{Ln}) \tag{5-83}$$

多级放大电路的带宽总是比组成它的任何一级放大电路的带宽窄。

5.8 用 Multisim 分析放大电路

【例 5-4】 研究如图 5-48 所示的共发射极电路与共基极电路的频率特性,三极管用 2N2222。

(1) 对于共发射极放大电路,分别仿真 $C_{jc} = 1\text{pF}$ 和 8pF 时电压增益的频率特性,求出通频带;

(2) 对于共基极放大电路,分别仿真 $R_b = 1\Omega$ 和 100Ω 时电压增益的频率特性,求出通频带。

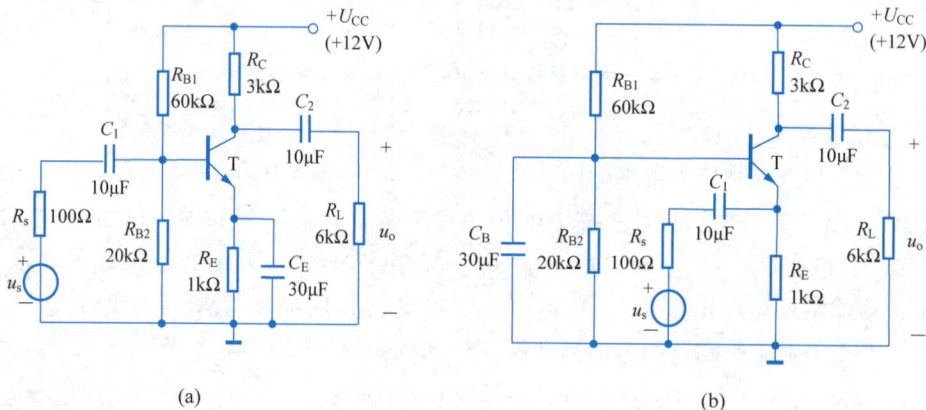

图 5-48 例 5-4 的图

【解】 (1) $C_{jc} = 1\text{pF}$ 时,图 5-48(a)所示的共发射极放大电路的幅频特性如图 5-49(a)所示,由图可求得其通频带

$$\text{BW} = f_H - f_L = 13.0982\text{MHz} - 325.9865\text{Hz} \approx 13.1\text{MHz}$$

$C_{jc} = 8\text{pF}$ 时,图 5-48(a)所示的共发射极放大电路的幅频特性如图 5-49(b)所示。由图可求得其通频带

$$\text{BW} = f_H - f_L = 2.3306\text{MHz} - 325.9865\text{Hz} \approx 2.3\text{MHz}$$

可见,在共发射极放大电路中,集电结电容增大,密勒倍增效应随之增大,因此导致上限

截止频率降低,通频带变窄。

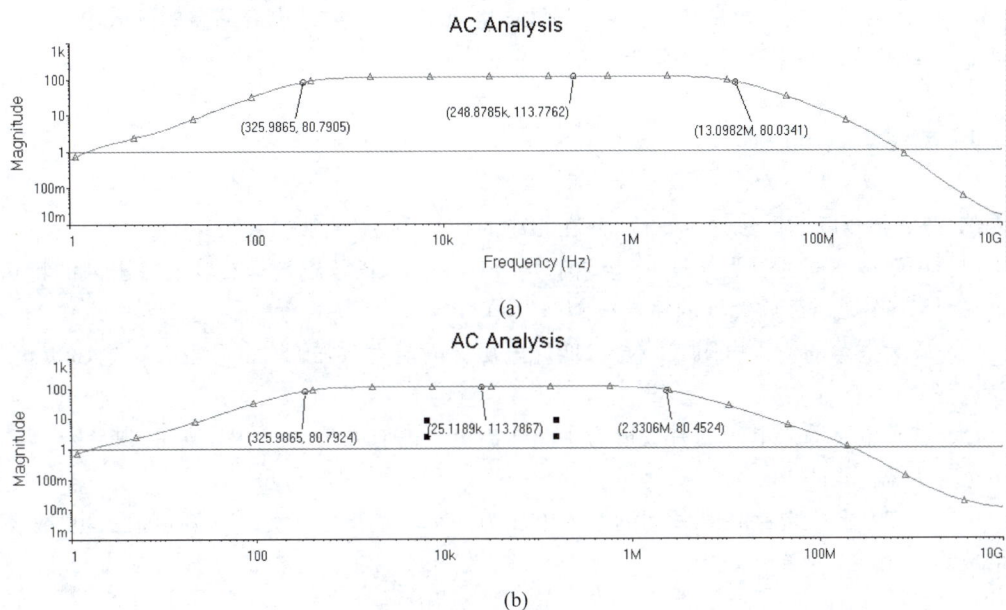

AC Analysis

(a)

AC Analysis

(b)

图 5-49 例 5-4 图解(1)

（2）$R_b=1\Omega$ 时,图 5-48(b)所示的共基极放大电路的幅频特性如图 5-50(a)所示,由图可求得其通频带

$$\mathrm{BW}=f_H-f_L=14.0894\mathrm{MHz}-139.1911\mathrm{Hz}\approx14.1\mathrm{MHz}$$

$R_b=100\Omega$ 时,图 5-48(b)所示的共基极放大电路的幅频特性如图 5-50(b)所示,由图可求得其通频带

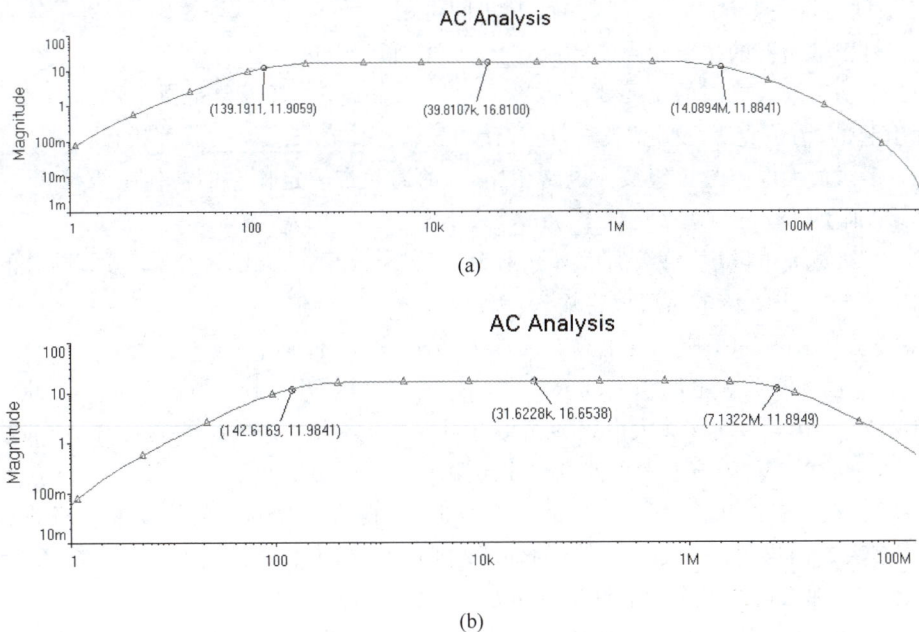

AC Analysis

(a)

AC Analysis

(b)

图 5-50 例 5-4 图解(2)

$$BW = f_H - f_L = 7.1322\text{MHz} - 142.6169\text{Hz} \approx 7.1\text{MHz}$$

可见，在共基极放大电路中，晶体管基区体电阻增大，发射结电容回路的等效电阻增大，因此导致上限截止频率降低，通频带变窄。

思考题与习题

【5-1】 判断以下说法是否正确，并在相应的括号中打"√"或"×"。

(1) 在两种不同的放大元件（三极管和场效应管）中，场效应管具有输入电阻高的特点，因此，适用于作为多级放大器的输入级。（　　）

(2) 放大电路的输入电阻 R_i 愈大，匹配电压源的能力愈强；输出电阻 R_o 愈大，带负载能力愈强。（　　）

(3) 若某电路输入电压的有效值为 1V，输出电压的有效值为 0.9V，则可判断该电路不是一个放大器。（　　）

(4) 已知某放大电路在某瞬间的输入电压为 0.7V，输出电压为 7V，则该放大电路的放大倍数等于 10。（　　）

(5) 在基本单管共射放大电路中，因为 $\dot{A}_u = -\dfrac{\beta R_L'}{r_{be}}$，所以换上一只 β 比原来大一倍的三极管，则 $|A_u|$ 也基本增大一倍。（　　）

【5-2】 填空。

(1) 放大电路的静态工作状态是指_____；动态工作状态是指_____。放大电路的直流通路是指_____；交流通路是指_____。在放大电路中，若 Q 点偏低，容易出现_____失真；若 Q 点偏高，容易出现_____失真。画三极管的微变等效电路时，三极管的 B、E 极间可用一个_____等效；C、E 极间可用一个_____等效。

(2) 射极输出器的主要特点是_____，它主要可用作_____。

(3) 对功率放大电路的主要要求是_____；"交越"失真现象是由于器件的_____特性而引起的，为了克服"交越"失真，通常让功放管工作在_____放大状态。

(4) 多级放大电路与单级放大电路相比，总的通频带一定比它的任何一级都_____；级数越多，则上限截止频率 f_H 越_____。

(5) 三级放大电路中，每级的增益分别为：$A_{u1}=A_{u2}=30\text{dB}$，$A_{u3}=20\text{dB}$，则总的电压增益为_____dB；该电路可以将输入信号放大_____倍。

【5-3】 判断图 5-51 所示各电路有无放大作用，并简述理由。

【5-4】 已知某放大电路当负载 $R_L=\infty$ 时，输出电压 $U_o'=1\text{V}$，当接上 $R_L=10\text{k}\Omega$ 的负载电阻时，$U_o=0.5\text{V}$，问该放大电路的输出电阻 R_o 为多大？如果要求接上 $10\text{k}\Omega$ 的负载电阻 R_L 后，$U_o=0.9\text{V}$，则该放大电路的输出电阻 R_o 应为多大？

【5-5】 在图 5-2 中，当 $U_s=1\text{V}$，$R_s=1\text{k}\Omega$ 时，测得 $U_i=0.6\text{V}$，问该放大电路的输入电阻 R_i 为多大？如果另一个放大电路的输入电阻 $R_i=10\text{k}\Omega$，接在同一信号源（$U_s=1\text{V}$，$R_s=1\text{k}\Omega$）上，那么可获得多大的输入电压 U_i？

【5-6】 图 5-52 给出了两个放大电路，若它们的输出发生同样的波形失真，试回答：

(1) 各发生了什么失真？

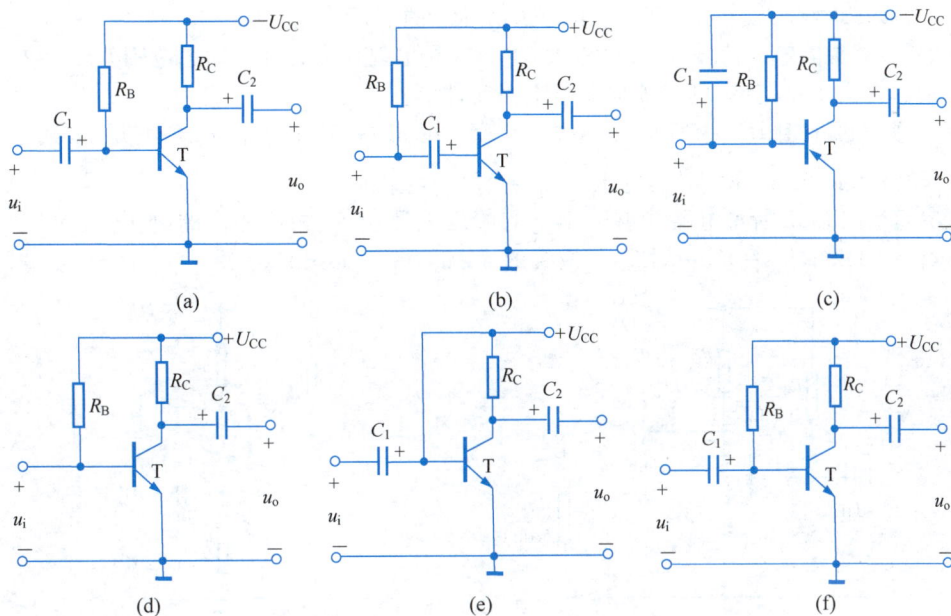

图 5-51 题 5-3 的图

（2）若使其不失真，应调节什么元件？

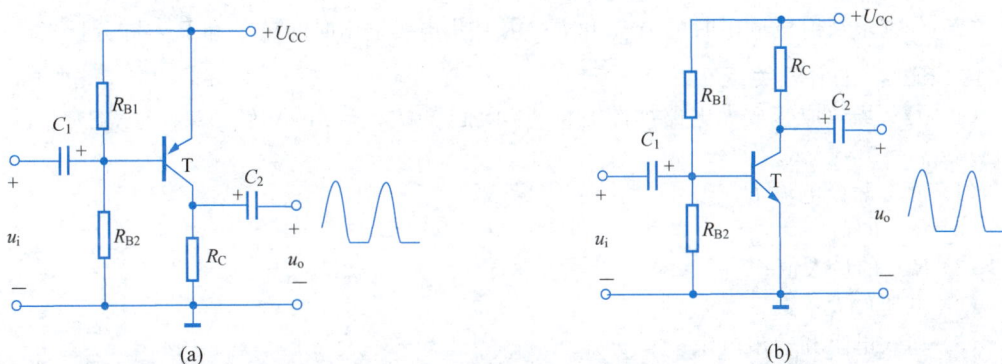

图 5-52 题 5-6 的图

【5-7】 放大电路如图 5-53（a）所示，已知 $U_{CC} = |U_{EE}|$，要求交、直流负载线如题图 5-53（b）所示，试回答如下问题：

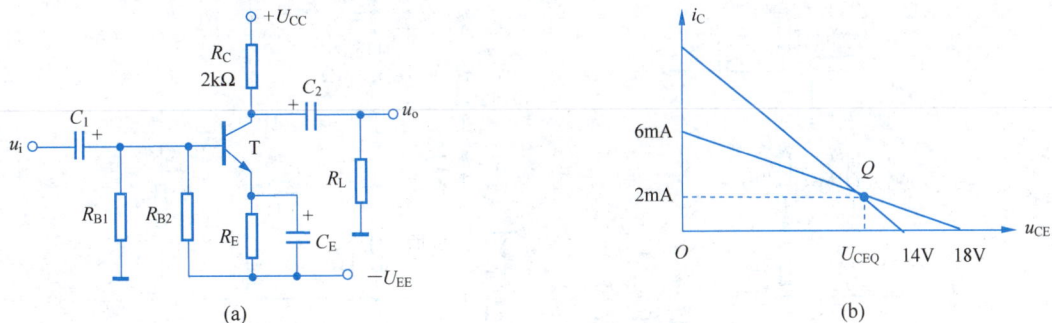

图 5-53 题 5-7 的图

(1) 求 $U_{CC} = |U_{EE}|$、R_E、U_{CEQ}、R_{B1}、R_{B2}、R_L 的值；

(2) 如果交流输入信号 u_i 幅度较大,将会首先出现什么失真？动态范围 $U_{opp}=?$ 若要减小失真,增大动态范围,则应如何调节电路元件值？

【5-8】 电路如图 5-54 所示,其中,三极管选用 3DG100,$\beta=45$,$r_{be}=1.5\text{k}\Omega$,试分别计算 R_L 开路和 $R_L=5.1\text{k}\Omega$ 时的电压放大倍数 $\dot{A}_u$。

【5-9】 图 5-55 所示电路能够输出一对幅度大致相等、相位相反的电压。已知 $U_{CC}=12\text{V}$,$R_B=300\text{k}\Omega$,$R_C=R_E=2\text{k}\Omega$,三极管的 $\beta=50$,$r_{be}=1.5\text{k}\Omega$。

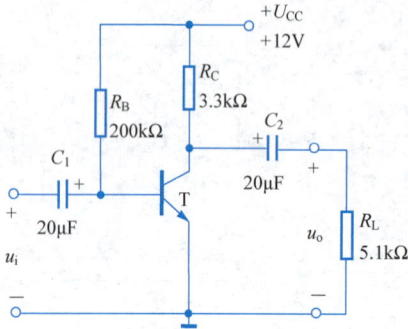

图 5-54 题 5-8 的图

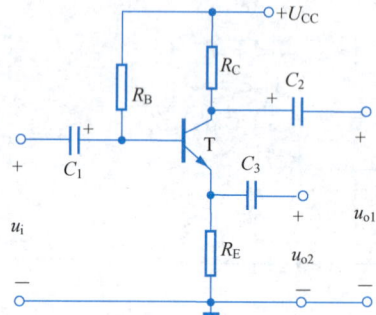

图 5-55 题 5-9 的图

(1) 画出电路的微变等效电路；

(2) 分别求从射极输出时的 $\dot{A}_{u2}$ 和 R_{o2} 及从集电极输出时的 $\dot{A}_{u1}$ 和 R_{o1},并分析当 $\beta\gg1$ 时,$\dot{A}_{u1}$ 和 $\dot{A}_{u2}$ 有什么关系？

【5-10】 场效应管放大电路如图 5-56 所示,已知 $I_{DSS}=4\text{mA}$,$U_{GSQ}=-2\text{V}$,$U_{GS(off)}=-4\text{V}$,$U_{DD}=20\text{V}$。试求：

(1) 静态漏极电流 I_{DQ}；

(2) R_{S1} 的值；

(3) R_{S2} 的最大值；

(4) 电压放大倍数；

(5) 输入电阻和输出电阻。

【5-11】 在图 5-57 所示的共栅极放大电路中,已知场效应管的 $g_m=1.5\text{mS}$,$r_{ds}=100\text{k}\Omega$,各电容对交流信号呈短路。试画出低频小信号等效电路,并求当 $u_s=5\text{mV}$ 时的输出电压 u_o。

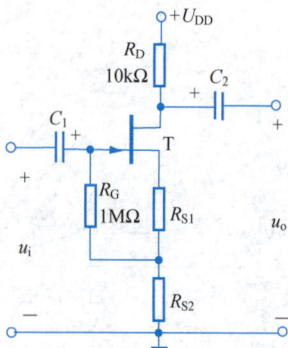

图 5-56 题 5-10 的图

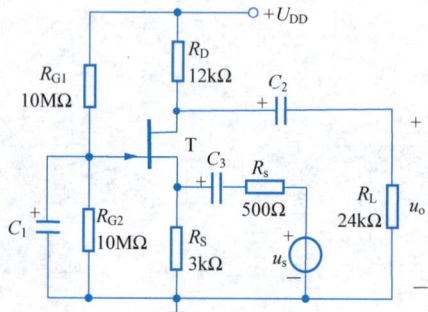

图 5-57 题 5-11 的图

【5-12】 电路如图 5-58 所示,已知 $U_{BEQ}=0.7V$,$\beta=100$,试回答:

(1) 若要求 $U_{OQ}=0$,估算偏置电阻 R_2 应取何值?

(2) 若 $u_i=100\sin\omega t$ mV,试求 u_o。

(3) 求输入电阻 R_i 和输出电阻 R_o。

【5-13】 电路如图 5-59 所示,场效应管和晶体三极管都工作在放大状态,写出电压放大倍数 $\dot{A}_u$,输入电阻 R_i 和输出电阻 R_o 的表达式。

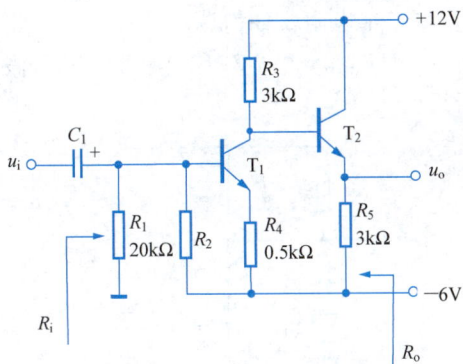

图 5-58 题 5-12 的图

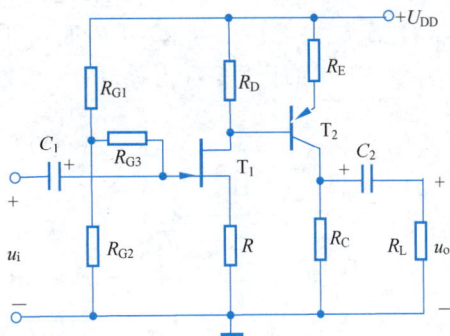

图 5-59 题 5-13 的图

【5-14】 电路如图 5-60 所示,已知 $\beta=100$,$U_{BEQ}=0.7V$,$r_{bb'}$ 可忽略,试回答:

(1) T_1、T_2、T_3 各是何种组态的放大电路?

(2) 若要求输出直流电位为零($U_{OQ}=0$),则 T_1、T_2、T_3 的集电极电流各等于多少? 第一级偏置电阻 R_{B1} 应调到多大?

(3) 计算总的电压放大倍数 $\dot{A}_u$;

(4) 计算总的输入电阻和输出电阻。

【5-15】 在图 5-61 所示的电路中,已知 u_i 为正弦电压,$R_L=16\Omega$,要求最大输出功率为 10W。试在晶体三极管的饱和压降可以忽略不计的条件下,求出下列各值:

(1) 正、负电源 U_{CC} 的最小值(取整数);

(2) 根据 U_{CC} 的最小值,确定晶体三极管的 I_{CM}、$|U_{(BR)CEO}|$ 的最小值;

(3) 当输出功率最大时,电源供给的功率;

(4) 每个管子的管耗 P_{CM} 的最小值;

(5) 当输出功率最大时的输入电压有效值。

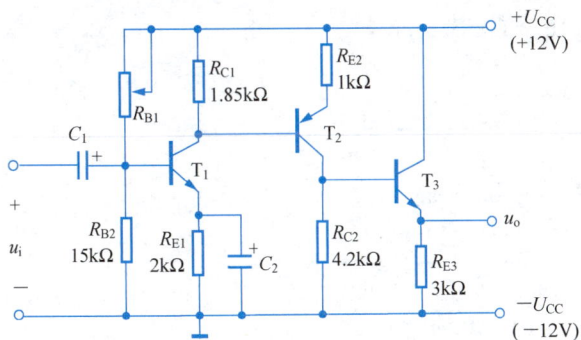

图 5-60 题 5-14 的图

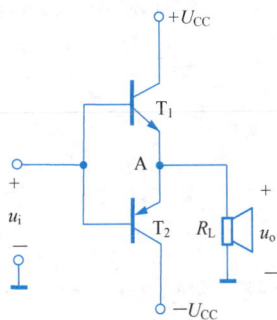

图 5-61 题 5-15 的图

【5-16】 图 5-62 所示的功放电路中，T_1、T_2 的 $U_{CE(sat)}=2V$，$R_L=16\Omega$。求：

(1) 负载上的最大输出功率；

(2) 确定功放管 T_1、T_2 的极限参数 P_{CM}、$U_{(BR)CEO}$ 和 I_{CM}。

【5-17】 OTL 放大电路如图 5-63 所示，设 T_1 和 T_2 的特性完全对称，u_i 为正弦波，$U_{CC}=10V$，$R_L=16\Omega$。试回答下列问题：

(1) 静态时，电容 C_2 两端的电压应是多少？调整哪个电阻能满足这个要求？

(2) 动态时，若输出波形产生交越失真，应调整哪一个电阻？如何调？

(3) 若 $R_1=R_3=1.2k\Omega$，T_1 和 T_2 管的 $\beta=50$，$|U_{BE}|=0.7V$，$P_{CM}=200mW$，假设 D_1、D_2 和 R_2 中的任何一个开路，将会产生什么后果？

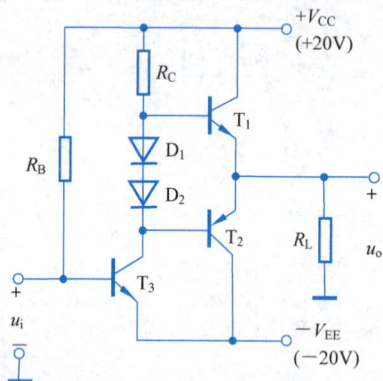

图 5-62　题 5-16 的图　　　　图 5-63　题 5-17 的图

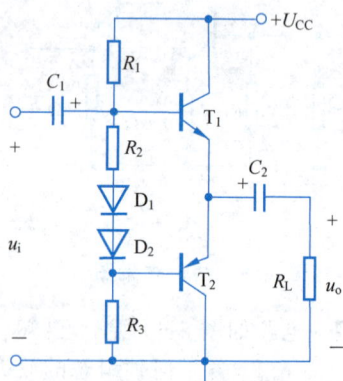

【5-18】 OTL 放大电路如图 5-63 所示，已知 $U_{CC}=35V$，$R_L=35\Omega$，流过负载电阻的电流为 $i_o=0.45\cos\omega t$ A。求：

(1) 负载上得到的输出功率 P_o；

(2) 电源供给的平均功率 P_V；

(3) 管子 T_1、T_2 的管耗 P_{T1}、P_{T2}。

【5-19】 某放大电路的幅频特性如图 5-64 所示，当分别输入以下信号时，试判断放大电路的输出是否产生非线性失真。

(1) $u_i=10\sin20\pi t$ mV；

(2) $u_i=30\cos20\pi\times10^6 t$ mV；

(3) $u_i=10\sin20\pi t+30\cos20\pi\times10^6 t$ (mV)；

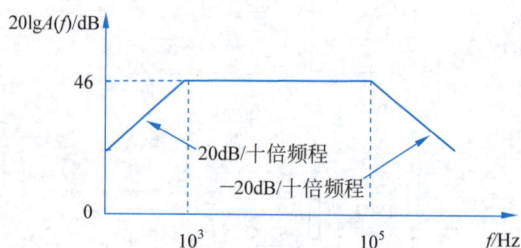

图 5-64　题 5-19 的图

(4) u_i 为语音信号；

(5) u_i 为频率等于 20kHz 的方波信号；

(6) u_i 为视频信号。

【5-20】 测得某放大管 3 个电极上的静态电流分别为 2mA、2.02mA、0.02mA。已知该管的 $r_{be}=1.5k\Omega$，$C_{b'c}=5pF$，$f_T=180MHz$。试求该管混合 π 型等效电路的参数 $r_{b'e}$、$r_{bb'}$、g_m、$C_{b'e}$。

【5-21】 在图 5-65 所示电路中，$R_B=377k\Omega$，$R_C=6k\Omega$，$R_s=1k\Omega$，$R_L=3k\Omega$，$C_1=2\mu F$，$C_2=5\mu F$，晶体三极管的 $\beta=36$，$r_{bb'}=100\Omega$，$r_{be}=1k\Omega$，$f_T=150MHz$，$C_{b'c}=5pF$。计算放大电路的中频源电压放大倍数 $\dot{A}_{usm}$、上限截止频率 f_H、下限截止频率 f_L 及增益带宽积 G_{BW}，并画出幅频和相频特性曲线。

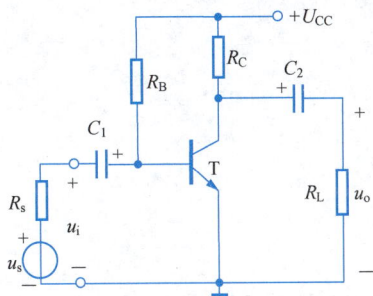

(a) 基本共发射极放大电路　　　(b) 基本共发射极放大电路的高频等效电路

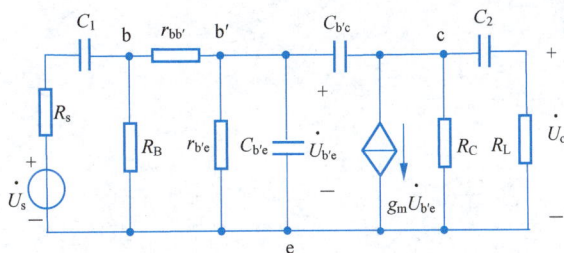

图 5-65 题 5-21 的图

科学家故事

集成电路发明者——罗伯特·诺伊斯(Robert Noyce)和杰克·基尔比(Jack Kilby)

罗伯特·诺伊斯(1908—1990)　　　杰克·基尔比(1923—2005)

　　罗伯特·诺伊斯作为集成电路的发明者，于1959年申请了硅集成电路，在科学史上名垂青史。此外，他还被许多人视为"硅谷之父"，这源于他生前与别人共同创办了世界上最重要的两家芯片公司：仙童半导体（Fairchild Semiconductor）和英特尔（Intel），第一家是半导体工业的摇篮，第二家是如今全球最大的计算机零件和CPU制造企业。

　　1958年9月12日，美国得克萨斯州达拉斯市德州仪器公司的实验室里，工程师杰克·基尔比成功地实现了把电子器件集成在一块半导体材料上的构想，这一天，被视为集成电路的诞生日，基尔比也因此获得了2000年的诺贝尔物理学奖。诺贝尔奖评审委员会这样评价基尔比："为现代信息技术奠定了基础"。

第6章

集成运算放大器

集成电路是20世纪50年代末发展起来的一种新型器件,它采用半导体集成工艺,把众多晶体管、电阻、电容及连线制作在一块硅片上,做成具有特定功能的独立电子线路。与分立元器件电路相比,集成电路具有性能好、可靠性高、体积小、耗电少、成本低等优点,因此,自它诞生起便得到了飞速的发展并获得了广泛的应用。

目前,集成电路是支撑国家经济社会发展的战略性、基础性、先导性产业。随着电子信息产业的快速发展,近年来人工智能逐渐成为新质生产力的引擎之一,在"无芯不 AI"的背景下,不断呈现出集成电路与人工智能相互促进,共同发展的新格局。

6.1 集成运算放大器的组成

视频讲解

集成运算放大器(operational amplifier)简称运放,是一种模拟集成电路,由于它最初被用于模拟计算机,实现各种数学运算而得名,该名称一直沿用至今。目前,集成运放的应用已远远超出了模拟运算的范畴,它作为一种通用集成器件被广泛用于各种电子系统及设备中。

集成运算放大器实质上是一种高增益的多级直接耦合放大电路。集成运放的类型很多,电路也不一样,但结构具有共同之处,通常由输入级、中间级、输出级和偏置电路四部分组成,图 6-1 示出了其内部电路组成原理框图。

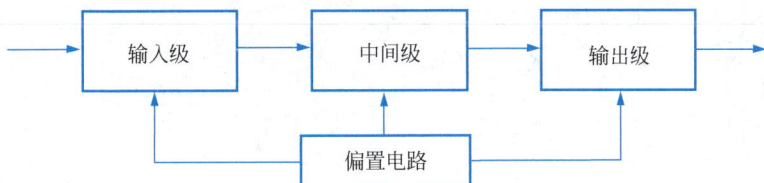

图 6-1 集成运放的内部电路组成框图

对电压模(电压型)集成运放而言,对输入级的要求是输入电阻大、噪声低、零漂小,一般是由三极管或场效应管组成的差动式放大电路组成；中间级的主要作用是提供电压增益，它可由一级或多级放大电路组成；输出级一般由电压跟随器或互补电压跟随器组成，以降低输出电阻，提高带负载能力；偏置电路为各级电路提供合适的偏置电流。此外还有一些辅助环节，如单端化电路、相位补偿环节、电平移动电路、输出保护电路等。

6.2 电流源电路

电流源（current source）电路是广泛应用于集成电路中的一种单元电路。在集成电路中，电流源除了作为偏置电路提供恒定的静态偏置电流外，还可利用其输出电阻大的特点，做有源电阻使用，以提高单级放大电路的放大倍数。

6.2.1 常用的电流源电路

电流源电路可由三极管组成，也可由场效应管组成，以下仅介绍三极管电流源电路，关于场效应管电流源电路，读者可参阅相关书籍。

1. 单路电流源

表 6-1 给出了几种三极管单路电流源电路，以供读者学习和比较。

表 6-1 常见的几种三极管电流源

类　型	电路结构	I_O 与 I_{REF} 的关系式	输出电阻	特　点
基本镜像电流源		$I_{REF} = \dfrac{U_{CC} - U_{BE}}{R} \approx \dfrac{U_{CC}}{R}$ $I_O = \dfrac{\beta}{\beta+2} I_{REF} \approx I_{REF}$	$R_o = r_{ce2}$	当 β、U_{CC} 较小时，I_O 的精度较低、热稳定性较差
改进型镜像电流源		$I_{REF} = \dfrac{U_{CC} - 2U_{BE}}{R}$ $I_O = \dfrac{\beta^2+\beta}{\beta^2+\beta+2} I_{REF}$ $\approx I_{REF}$	$R_o = r_{ce2}$	有 T_3 管隔离，在 β 较小时也有 $I_O \approx I_{REF}$，I_O 精度提高
比例式电流源		$I_{REF} = \dfrac{U_{CC} - U_{BE}}{R+R_1} \approx \dfrac{U_{CC}}{R+R_1}$ $I_O = \dfrac{R_1}{R_2} I_{REF} + \dfrac{U_T}{R_2} \ln \dfrac{I_{REF}}{I_O}$ $\approx \dfrac{R_1}{R_2} I_{REF}$	$R_o \approx \left(1 + \dfrac{\beta R_2}{R_2 + r_{be2} + R_1 /\!/ R}\right) r_{ce2}$	按比例输出毫安级电流，I_O/I_{REF} 与发射极电阻成反比。R_o 增大，I_O 精度提高

类　型	电路结构	I_O 与 I_{REF} 的关系式	输出电阻	特　点
微电流源		$I_{REF} = \dfrac{U_{CC} - U_{BE}}{R} \approx \dfrac{U_{CC}}{R}$ $I_O = \dfrac{U_T}{R_2} \ln \dfrac{I_{REF}}{I_O}$	$R_o \approx \left(1 + \dfrac{\beta R_2}{R_2 + r_{be2}}\right) r_{ce2}$	提供微安级电流，$I_O \ll I_{REF}$。 R_o 增大，I_O 精度提高
威尔逊电流源		$I_{REF} = \dfrac{U_{CC} - 2U_{BE}}{R}$ $I_O = \dfrac{\beta^2 + 2\beta}{\beta^2 + 2\beta + 2} I_{REF}$ $\approx I_{REF}$	$R_o \approx \dfrac{\beta}{2} r_{ce}$	I_O 精度高。因为有负反馈，所以 I_O 稳定性也好

2. 多路电流源

表 6-1 中的电流源电路都是以一个参考电流对应一个输出电流。实际电路设计中，常常以一个参考电流对应多个输出电流，如图 6-2 所示。

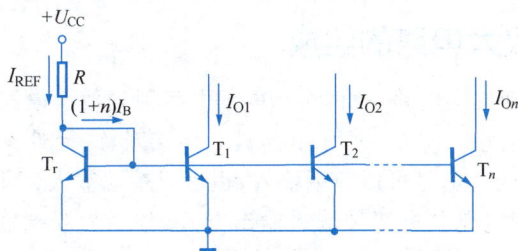

图 6-2　多路镜像电流源电路

在图 6-2 中，若所有三极管的特性参数都相同，则有

$$I_{O1} = I_{O2} = \cdots = I_{On} = \frac{I_{REF}}{1 + \dfrac{1+n}{\beta}}$$

式中，n 是多路镜像电流源电路中输出三极管的个数。

在集成电路中，多路镜像电流源电路是由多集电极三极管实现的。

6.2.2　电流源电路作为有源负载

由于电流源电路具有直流电阻小而交流（动态）电阻大的特点，所以，在模拟集成电路中广泛地把它作为负载使用，称为**有源负载**。

在图 6-3 所示电路中，由 T_2、T_3 管组成的镜像电流源作为 T_1 管（共发射极放大电路）的集电极有源负载。因为电流源电路的交流电阻很大，所以它可使单

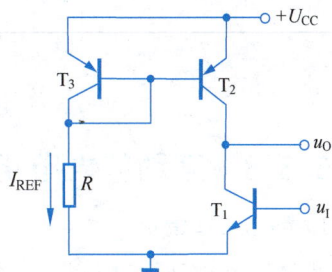

图 6-3　电流源电路作为有源负载

级共发射极放大电路的电压增益达 10^3 甚至更高。电流源电路也常作为发射极负载。

6.3 差动放大电路

差动放大电路是一种可提供两个输入端和两个输出端的放大电路，这种电路为系统中的不同接口提供了方便。差动放大电路由于具有抑制零漂（温漂）的能力，因而被广泛地应用在运算放大器等集成电路中。

6.3.1 直接耦合放大电路的主要问题

直接耦合放大电路可以放大直流信号。如果一个电路的输入信号为零时，而输出信号却不为零，称为**零点漂移**，简称零漂。

零漂是直接耦合放大电路中存在的主要问题。当温度变化时，晶体三极管的各项参数也随之变化，从而造成静态工作点的漂移。因温度变化引起的零点漂移称为**温漂**。由于直接耦合放大电路中各级静态工作点相互影响，故前级的漂移可经放大后送至末级，造成输出端产生较大的电压波动，即产生零漂。若零漂很严重，有用信号将被完全**淹没**于噪声中，电路不能正常工作。零漂越小，电路性能越稳定。

在多级放大电路中，第一级电路的零漂决定整个放大电路的零漂指标。所以，为了提高放大电路放大微弱信号的能力，在提高放大倍数的同时，必须减小输入级的零点漂移。集成电路的输入级大多采用差动放大电路，它能有效地抑制因温度变化引起的零点漂移。

6.3.2 差动放大电路的组成

视频讲解

图 6-4 为常用的差动放大电路，由两个相同的共发射极放大电路组成，发射极共用电阻 R_E，因此常称为长尾式电路。图 6-4 所示电路具有**结构对称**、**元件参数对称**的特点，电路有两个输入端和两个输出端。信号可以双端输入，也可以单端输入；可以双端输出，也可以单端输出。因此，差动放大电路共有四种输入输出方式，分别为双端输入、双端输出；双端输入、单端输出；单端输入、双端输出；单端输入、单端输出。

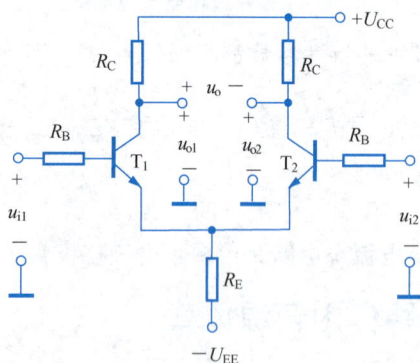

图 6-4 典型差动放大电路

6.3.3 差动放大电路的工作原理

1. 静态工作情况

静态时，$u_{i1} = u_{i2} = 0$，由于电路结构及元件参数的对称性，两边的集电极电流相等，集电

极电位也相等,即

$$I_{C1} = I_{C2}, \quad U_{C1} = U_{C2}$$

故输出电压

$$U_O = U_{C1} - U_{C2} = 0$$

当温度升高时,两管的集电极电流增大,集电极电位下降,且两边的变化量相等,即

$$\Delta I_{C1} = \Delta I_{C2}, \quad \Delta U_{C1} = \Delta U_{C2}$$

虽然每只管子都产生了零点漂移,但是在双端输出时,两管集电极电位的变化相互抵消,所以输出电压仍为零,即

$$U_O = (U_{C1} + \Delta U_{C1}) - (U_{C2} + \Delta U_{C2}) = 0$$

可见,零点漂移完全被抑制了,对称差动放大电路对两管所产生的同向漂移(不管是什么原因引起的)都具有抑制作用,这是它的突出优点。

2. 动态工作情况

当有信号输入时,差动放大电路的工作情况可分为下列情形来讨论。

(1)共模输入。

差动放大电路两个输入端作用着大小相等、极性相同的两个信号时,即 $u_{i1} = u_{i2}$ 时,称为**共模输入**。此时,对于完全对称的差动放大电路而言,两管的集电极电位变化相同,因而双端输出时电压等于零,即差动放大电路对共模信号有抑制作用。差动放大电路对零漂的抑制就是抑制共模信号的一个特例。

实际上,由于电路元件参数值的微小差异,晶体管特性的差异,输入共模信号 u_{ic} $\left(u_{ic} = \dfrac{u_{i1} + u_{i2}}{2} \right)$ 时,共模输出电压 u_{oc} 不等于零。u_{oc} 与 u_{ic} 之比定义为共模电压增益 A_{uc},即

$$A_{uc} = \frac{u_{oc}}{u_{ic}} \tag{6-1}$$

A_{uc} 越小,表明差动放大电路抑制共模信号的能力越强。

(2)差模输入。

差动放大电路两输入端作用着大小相等、极性相反的信号时,即 $u_{i1} = -u_{i2}$ 时,称为**差模输入**。此时,两输出端电位的变化量 Δu_{C1} 和 Δu_{C2} 也是大小相等、极性相反的。因此差模输出电压 $u_{od} = u_{C1} - u_{C2} = (U_{C1} + \Delta u_{C1}) - (U_{C2} + \Delta u_{C2}) = 2\Delta u_{C1} = -2\Delta u_{C2}$,差动放大电路能有效地放大差模信号,定义差模输出电压 u_{od} 与差模输入电压 u_{id} ($u_{id} = u_{i1} - u_{i2}$) 之比为差模电压增益 A_{ud},即

$$A_{ud} = \frac{u_{od}}{u_{id}} \tag{6-2}$$

可见,双端输出时,差动放大电路放大差模信号,抑制共模信号,即"**有差则动,无差不动**",故称为差动放大电路。

(3)共模抑制比。

对差动放大电路而言,差模信号是有用信号,要求对它有较大的放大倍数;而共模信号是需要抑制的,因此,对它的放大倍数要越小越好。对共模信号的放大倍数越小,就意味着电路的零点漂移越小,抗共模干扰能力越强。为了综合衡量差动放大电路的性能,通常引入

共模抑制比 K_{CMR}，其定义为

$$K_{CMR} = \left| \frac{A_{ud}}{A_{uc}} \right| \tag{6-3}$$

或用对数形式表示

$$K_{CMR} = 20\lg \left| \frac{A_{ud}}{A_{uc}} \right| (dB) \tag{6-4}$$

显然，K_{CMR} 越大，差动放大电路放大差模信号的能力越强，而受共模信号的影响越小。对于双端输出的差动放大电路，若电路完全对称，则有 $A_{uc}=0$，$K_{CMR} \rightarrow \infty$，这是理想情况。而实际上电路不可能完全对称，$K_{CMR}$ 也不可能趋于无穷大。

6.3.4 差动放大电路的分析

1. 静态工作点的分析

静态分析的任务是在输入信号为零的情况下确定差动放大电路的直流工作点，它是动态分析的基础。静态分析应在差动放大电路的直流通路上进行，图 6-4 的直流通路如图 6-5 所示。

静态时，$u_{i1}=u_{i2}=0$，由于 T_1、T_2 两管特性相同，而且电路元件参数对称，所以两管电流相等，即

$$I_{CQ1}=I_{CQ2}, \quad I_{BQ1}=I_{BQ2}, \quad I_{EQ1}=I_{EQ2}$$

同时两管的集电极电位也相同，即

$$U_{CQ1}=U_{CQ2}$$

因此，静态时差动放大电路的输出电压为零，即

$$U_O=U_{CQ1}-U_{CQ2}=0$$

差动放大电路静态工作点的计算应首先从公共射极支路入手，即先求出 I_{EQ}，由图 6-5 可得

$$U_{EE}=I_{BQ}R_B+U_{BEQ}+I_{EQ}R_E$$

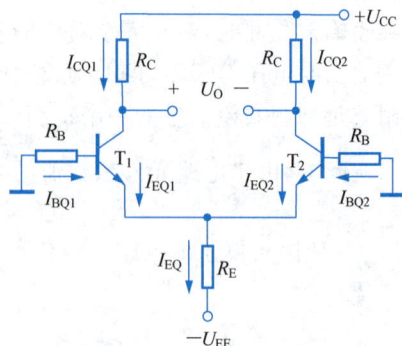

图 6-5 图 6-4 的直流通路

通常 $\beta \gg 1$，$U_{EE} \gg U_{BEQ}$，$I_{EQ}R_E \gg I_{BQ}R_B$，所以有

$$I_{EQ} \approx \frac{U_{EE}}{R_E} \tag{6-5}$$

因此得到两管的集电极电流为

$$I_{CQ1}=I_{CQ2} \approx \frac{I_{EQ}}{2} \tag{6-6}$$

两管的基极电流为

$$I_{BQ}=\frac{I_{CQ}}{\beta} \tag{6-7}$$

两管集-射间的电压为

$$U_{CEQ} \approx U_{CC}+U_{EE}-I_{CQ}(R_C+2R_E) \tag{6-8}$$

2. 动态指标的分析

在差动放大电路中，由于差模输入 $u_{id}=u_{i1}-u_{i2}$，共模输入 $u_{ic}=\dfrac{u_{i1}+u_{i2}}{2}$，所以，其两输

入端的信号可以分别表示为

$$u_{i1} = \frac{u_{id}}{2} + u_{ic} \tag{6-9}$$

$$u_{i2} = -\frac{u_{id}}{2} + u_{ic} \tag{6-10}$$

式(6-9)和式(6-10)表明,一对任意信号可以分解为差模信号和共模信号,电路中差模和共模信号是共存的。下面分别讨论差模和共模两种情况。

(1) 差模输入。

双端输入双端输出差模输入电路如图 6-6 所示。若要进行差模分析,首先应画出其差模交流通路。

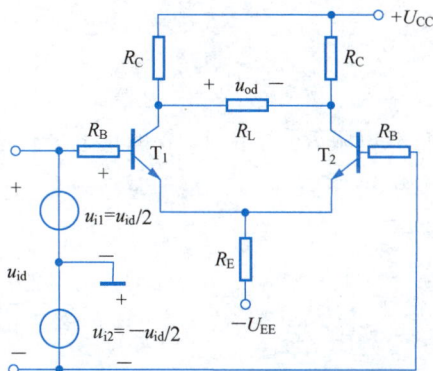

图 6-6 双端输入、双端输出差动放大电路的差模输入

由于 $u_{i1} = -u_{i2}$,因此,若 T_1 管的集电极电流增加 Δi_C,则 T_2 管的集电极电流便减少 Δi_C,即在差模输入电压作用下,$i_{C1} = I_{CQ1} + \Delta i_C$,$i_{C2} = I_{CQ2} - \Delta i_C$,那么,流过公共发射极电阻 R_E 的差模交流电流为零,R_E 上的差模交流电压也等于零,因此,**R_E 对差模交流信号相当于短路**。

在差模输入电压作用下,负载电阻 R_L 上的交流电位一边升高,一边降低,而且升高和降低的幅度一样,因此,**R_L 的中点是交流接地电位**。

由此可画出图 6-6 所示的差模交流通路如图 6-7 所示。

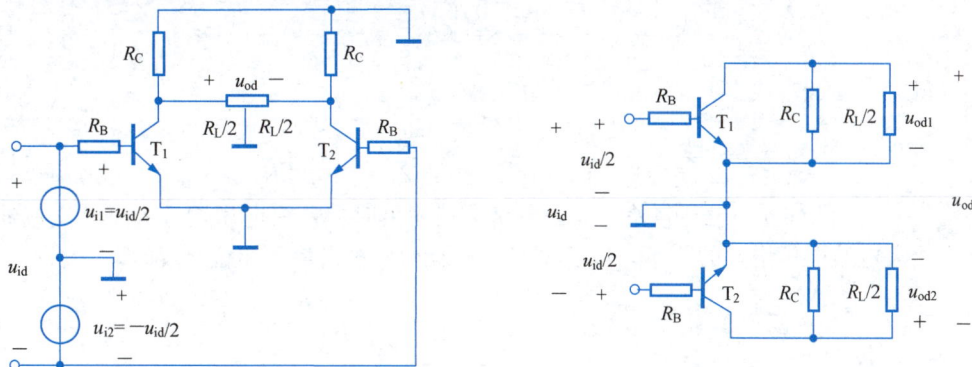

(a) 交流通路画法(一)

(b) 交流通路画法(二)

图 6-7 双端输入、双端输出差动放大电路的差模交流通路

由图 6-7(b)可以看出,图 6-6 所示差动放大电路的差模交流通路由两个完全对称的共发射极电路组成,因此,差模放大电路的性能分析可采用所谓的"**半电路分析法**"。

① 差模电压增益。

由图 6-7(b)可得双端输入双端输出差动放大电路的差模电压增益为

$$A_{ud} = \frac{u_{od}}{u_{id}} = \frac{u_{od1} - u_{od2}}{u_{id}/2 - (-u_{id}/2)} = \frac{2u_{od1}}{2 \times (u_{id}/2)} = \frac{u_{od1}}{u_{id}/2} = A_{u1} \tag{6-11}$$

式(6-11)表明,双端输入双端输出差动放大电路的差模电压增益等于其差模交流通路中单边放大电路的电压增益,即

$$A_{ud} = A_{u1} = -\frac{\beta R'_L}{R_B + r_{be}} \tag{6-12}$$

其中

$$R'_L = R_C \mathbin{/\mkern-5mu/} \frac{R_L}{2}$$

若电路为单端输出(以负载电阻 R_L 接在 T_1 管的集电极到地之间为例),如图 6-8(a)所示,则其差模交流通路如图 6-8(b)所示。

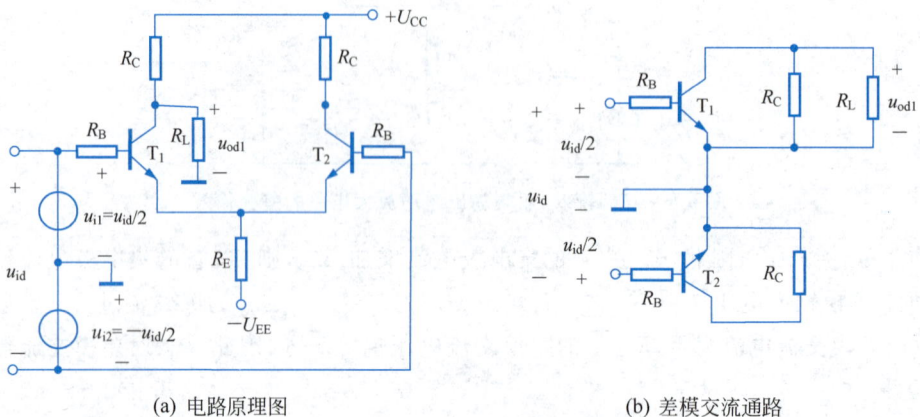

(a) 电路原理图　　　　　　　　　　　　(b) 差模交流通路

图 6-8　双端输入、单端输出差动放大电路

由图 6-8(b)不难得到,单端输出时的差模电压增益为

$$A_{ud1} = \frac{u_{od1}}{u_{id}} = \frac{u_{od1}}{2 \times (u_{id}/2)} = \frac{1}{2}A_{u1} = -\frac{1}{2} \cdot \frac{\beta R'_L}{R_B + r_{be}} \tag{6-13a}$$

同理可得

$$A_{ud2} = \frac{u_{od2}}{u_{id}} = \frac{u_{od2}}{2 \times (-u_{id}/2)} = -\frac{1}{2}A_{u2} = \frac{1}{2}\frac{\beta R'_L}{R_B + r_{be}} \tag{6-13b}$$

式(6-13a)、式(6-13b)表明,差动放大电路单端输出时的差模电压增益等于其交流通路中单边放大电路电压增益的一半,且从不同端口输出时,输出信号相位相反,即

$$A_{ud1} = -A_{ud2} = \frac{1}{2}A_{u1} = -\frac{1}{2} \cdot \frac{\beta R'_L}{R_B + r_{be}} \tag{6-14}$$

其中,$R'_L = R_C \mathbin{/\mkern-5mu/} R_L$。

请读者注意式(6-14)与式(6-12)中 R'_L 的不同。

② 差模输入电阻。

由图 6-7(b)和图 6-8(b)可以看出,无论是双端输出还是单端输出,双端输入差动放大电路的差模输入电阻是相同的,都等于单边放大电路输入电阻之和,即

$$R_{id} = 2(R_B + r_{be}) \tag{6-15}$$

③ 差模输出电阻。

由图 6-7(b)可知,双端输出时,差动放大电路的差模输出电阻为

$$R_{od} \approx 2R_C \tag{6-16a}$$

由图 6-8(b)可知,单端输出时,差动放大电路的差模输出电阻为

$$R_{od1} = R_{od2} \approx R_C \tag{6-16b}$$

(2) 共模输入。

图 6-9(a)是双端输入、双端输出差动放大电路加共模信号时的电路图。

由于 $u_{i1} = u_{i2} = u_{ic}$,因此,T_1、T_2 管集电极电流的变化是完全相同的,流过公共发射极电阻 R_E 的电流的变化量是每个三极管电流变化量的两倍,R_E 上的电压变化量为 $\Delta u_E = \Delta i_E R_E = 2\Delta i_{E1} R_E$,即对每管而言,**相当于发射极接了 $2R_E$ 的电阻**。由此得到图 6-9(a)所示电路的共模交流通路如图 6-9(b)所示。

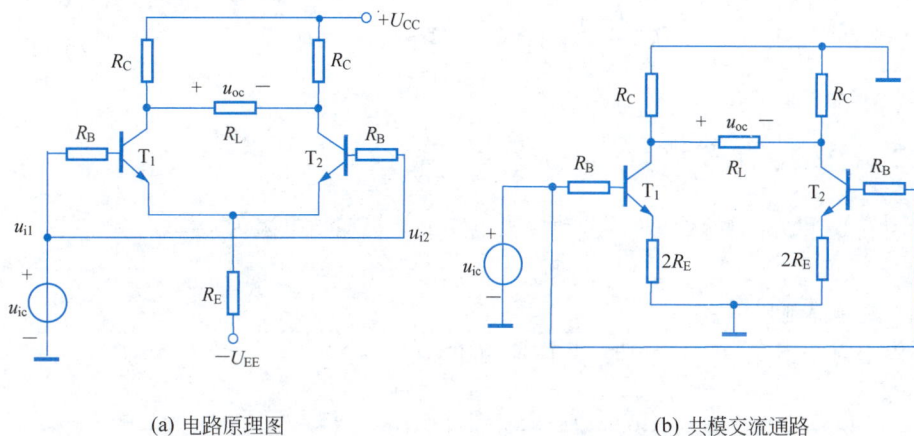

(a) 电路原理图　　　　　　　　　　　　　(b) 共模交流通路

图 6-9　双端输入、双端输出差动放大电路的共模输入

① 共模电压增益。

由图 6-9(b)可知,在共模输入电压作用下,T_1、T_2 管的集电极电压的变化完全相同,因此,共模输出电压为

$$u_{oc} = u_{c1} - u_{c2} = 0$$

故得差动放大电路双端输出时的共模电压增益为

$$A_{uc} = \frac{u_{oc}}{u_{ic}} = 0 \tag{6-17}$$

式(6-17)表明,双端输出时,差动放大电路对共模信号无放大能力。而共模信号实质上是加在差分对管上的同向信号,如温漂信号或者伴随输入信号一起混入的干扰信号。因此,**差动放大电路在双端输出时有很强的抑制共模信号的能力**。这种抑制能力是依靠电路的对称性获得的。

若为单端输出(以 T_1 管集电极输出为例),共模交流通路如图 6-10 所示。

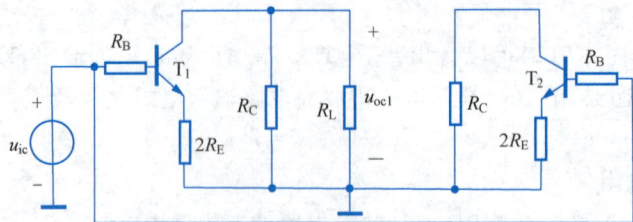

图 6-10   单端输出差动放大电路的共模交流通路

由图 6-10 可知，差动放大电路单端输出时的共模电压增益为

$$A_{uc1} = -\frac{\beta R'_L}{R_B + r_{be} + 2(1+\beta)R_E} \approx -\frac{R'_L}{2R_E} \tag{6-18}$$

式(6-18)表明，单端输出时差动放大电路的共模电压增益比双端输出时增大，抑制共模信号的能力下降。要想提高单端输出时的共模抑制能力，应使 R_E 越大越好。

② 共模输入电阻。

由图 6-9(b)和图 6-10 可以看出，无论是双端输出还是单端输出，从输入端看进去的共模输入电阻均为

$$R_{ic} = \frac{1}{2}[R_B + r_{be} + 2(1+\beta)R_E] \tag{6-19}$$

③ 共模输出电阻。

由图 6-9(b)可知，双端输出时，差动放大电路的共模输出电阻为

$$R_{oc} \approx 2R_C \tag{6-20a}$$

由图 6-10 可知，单端输出时，差动放大电路的共模输出电阻为

$$R_{oc1} = R_{oc2} \approx R_C \tag{6-20b}$$

（3）共模抑制比 K_{CMR}。

由以上讨论可知，双端输出时，共模抑制比为

$$K_{CMR} = \left|\frac{A_{ud}}{A_{uc}}\right| = \infty \tag{6-21a}$$

单端输出时，共模抑制比为

$$K_{CMR} = \left|\frac{A_{ud1}}{A_{uc1}}\right| \approx \frac{\beta R_E}{R_B + r_{be}} \tag{6-21b}$$

6.3.5   恒流源差动放大电路

视频讲解

在图 6-4 所示的典型差动放大电路中，R_E 愈大，抑制共模信号的能力愈强，但是若 R_E 过大，R_E 上的直流压降增大，相应地要求负电源 U_{EE} 的电压很高；而且，在集成电路中制造大电阻十分困难。为了达到既能增强负反馈（**R_E 起共模负反馈的作用**），又不必使用大电阻，也不致要求 U_{EE} 电压过高的目的，采用恒流源电路替代 R_E 在电路中的作用，如图 6-11(a)所示。图 6-11(b)为其简化画法。

在图 6-11(a)中，当 T_3 工作在放大区时，其集电极电流几乎仅决定于基极电流而与其管压降无关，若基极电流是一个不变的直流电流时，集电极电流就是一个恒定的电流。因此，利用 T_3 管组成的恒流源电路可以为差分对管 T_1、T_2 提供稳定的静态工作电流。若忽

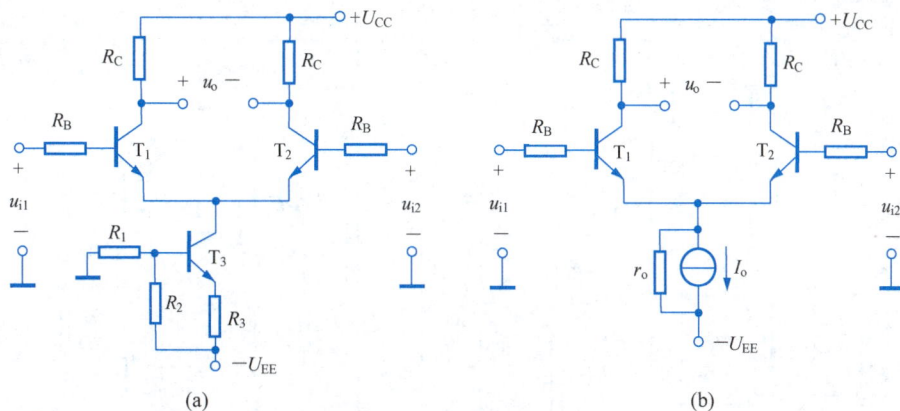

图 6-11 恒流源差动放大电路

略 T_3 管的基极电流,电阻 R_2 的电压为

$$U_{R_2} \approx \frac{R_2}{R_1 + R_2} \cdot U_{EE} \tag{6-22}$$

T_3 管的集电极电流为

$$I_{C3} \approx I_{E3} = \frac{U_{R_2} - U_{BE3}}{R_3} \tag{6-23}$$

T_1、T_2 管的集电极静态电流为

$$I_{CQ1} = I_{CQ2} \approx \frac{I_{C3}}{2} \tag{6-24}$$

当 T_3 管的输出特性为理想特性(放大区的输出特性曲线与横轴平行)时,恒流源的动态输出电阻为无穷大,这相当于在 T_1、T_2 管的发射极接了一个阻值为无穷大的电阻,因此,差动放大电路即使在单端输出时共模电压增益也趋于零,共模抑制比趋于无穷大。

6.4 集成运算放大器

6.4.1 集成运算放大器的结构、符号及封装形式

1. 结构

集成运算放大器品种繁多,内部电路结构也各不相同,但它们的基本组成部分、结构形式、组成原则基本一致。图 6-12 为第二代通用型运放 μA741 的内部电路,其各部分功能简述如下。

(1)偏置电路。

集成运放采用电流源偏置技术,电流源电路包含在各级电路中,它不仅为各级电路提供稳定的恒流偏置,而且也作为放大级的有源负载。其中 T_{10}、T_{11}、T_{12} 管和 R_4、R_5 组成的微电流源,作为整个集成运放的主偏置级;T_8、T_9 为一对横向 PNP 型管,它们组成镜像电流源,为输入级 T_1、T_2 管提供偏置电流;T_{12}、T_{13} 管组成双输出的镜像电流源,其中 T_{13} 管为双集电极的横向 PNP 型管,可以看作是两个三极管。一路输出为 T_{13B} 的集电极,为中间放大级提供静态偏置并作为其有源负载;另一路输出为 T_{13A} 的集电极,供给输出级的偏置电

视频讲解

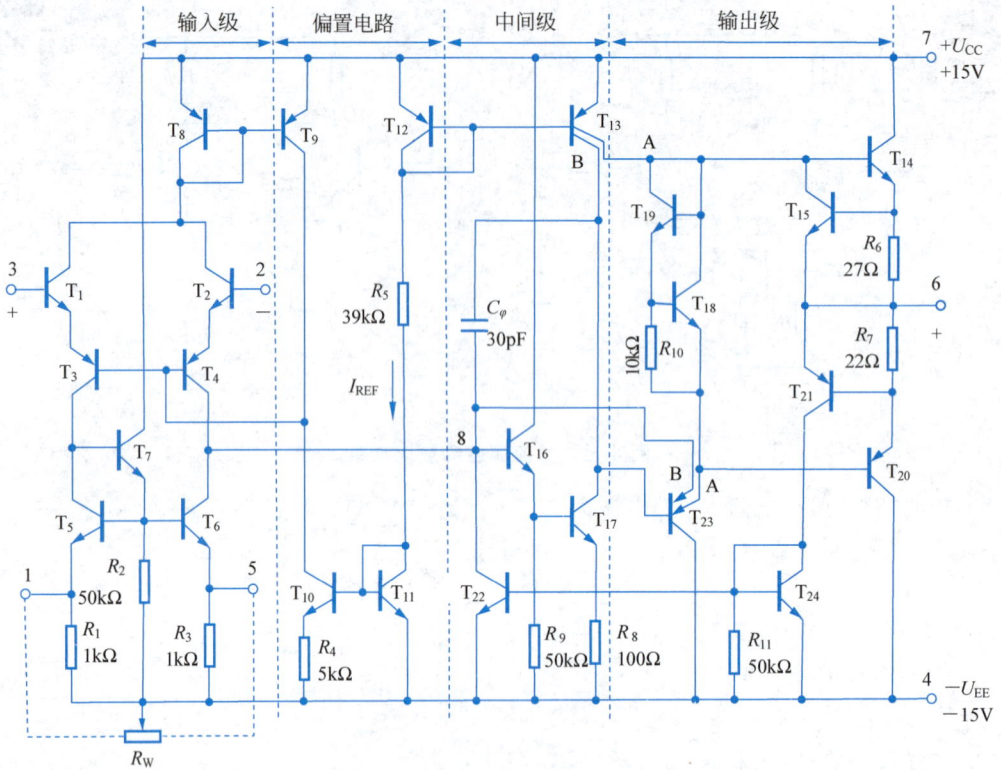

图 6-12　集成运放 μA741 的内部电路

流，使 T_{14}、T_{20} 工作在甲乙类放大状态，同时也作为 T_{23A} 的有源负载。

（2）差动输入级。

输入级是由 $T_1 \sim T_7$ 管组成的差动放大电路组成，其中，T_1、T_3 和 T_2、T_4 组成共集-共基组合差动放大电路，T_5、T_6、T_7 组成的改进型镜像电流源作为其有源负载。输入级为双端输入、单端输出，其中，T_1 管的基极为同相输入端，T_2 管的基极为反相输入端；引自 T_4、T_6 公共集电极的单端输出是中间放大级的输入信号。

（3）中间增益级。

中间增益级由 T_{16}、T_{17} 管组成。其中，T_{16} 管构成射极输出器，因此，中间级的输入电阻很高，这样，就可大大降低中间级对输入级的负载效应，从而保证了输入级的高电压增益。从这个意义上讲，T_{16} 管是用作输入级和中间级的隔离级。中间级的增益主要是由 T_{17} 管组成的共发射极电路提供，T_{13B} 和 T_{12} 组成的镜像电流源为其集电极有源负载，本级的电压增益可达 55dB。

此外，为了消除运放在深度负反馈时的自激振荡，在中间级采用了频率补偿技术，C_φ 为密勒补偿电容。

（4）互补功率输出级和保护电路。

输出级采用了互补推挽功率放大电路，由 T_{14}、T_{20} 管组成。T_{18}、T_{19} 和 R_{10} 组成的电路用于提供 T_{14}、T_{20} 管的静态偏置电压，使其工作在甲乙类状态，以克服交越失真。

T_{23} 为射极输出器，其中，T_{13A} 作为 T_{23A} 的射极有源负载，因此其输入电阻很大，将它插在中间级和输出级之间作为隔离级，可以减小输出级对中间级的负载效应，以保证中间级的高电压增益。

为了防止因输入级信号过大或输出负载过小甚至短路而造成的功放管损坏,在输出级设置了过流保护元件。其中 T_{15}、R_6 为 T_{14} 提供过流保护,T_{21}、R_7、T_{24} 和 T_{22} 为 T_{20} 提供过流保护。当电路输出正常时,各保护三极管均不导通。

当正向输出电流过大,即流过 T_{14}、R_6 的电流过大时,R_6 上的电压增大,使 T_{15} 管由截止变为导通,T_{15} 管的导通分流了 T_{14} 管的基极电流,从而使 T_{14} 管的集电极电流也减小,起到了保护 T_{14} 管的作用。

当负向输出电流过大,即流过 T_{20}、R_7 的电流过大时,R_7 上的电压增大,使 T_{21} 管由截止变为导通,同时 T_{24}、T_{22} 也导通,T_{22} 管的导通分流了 T_{16} 管的基极电流,使 T_{16}、T_{17} 管的基极电位降低,导致 T_{17} 管的集电极电位升高,T_{23} 管的发射极电位,也即 T_{20} 管的基极电位升高,T_{20} 管趋于截止,因而限制了流过 T_{20} 管的电流,起到了保护作用。

综上所述,μA741 是一种较理想的电压放大器件,它具有高增益、高输入电阻、低输出电阻、高共模抑制比、低失调等优点。

2. 符号

图 6-13 所示为集成运放的电路符号。由于集成运放的输入级一般由差动放大电路组成,因此有两个输入端,其中一个输入端的信号与输出信号之间为反相关系,称为**反相输入端**,在图中用符号"-"标注;另一个输入端的信号与输出信号之间为同相关系,称为**同相输入端**,在图中用符号"+"标注。

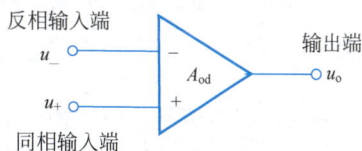

图 6-13 集成运放的电路符号

μA741 是一款双极型(BJT)通用运放的典型范例,虽然它的诞生已经历了半个多世纪,但是直到今天,其经典的设计思想依然能给予人们很好的启迪。除了 BJT 运放,还有单极型 CMOS 运放以及混合的 Bi-MOS 型、Bi-CMOS 型和 Bi-JFET 型运放等。

3. 封装形式

集成运放是一种集器件与电路于一体的组件,集成芯片封装方式通常有金属圆壳式、双列直插式和扁平式三种,分别如图 6-14(a)、(b)、(c)所示。

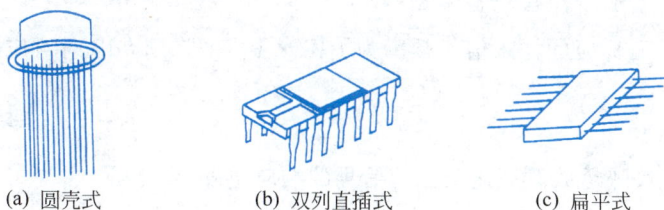

(a) 圆壳式　　　(b) 双列直插式　　　(c) 扁平式

图 6-14 集成运放芯片的封装形式

6.4.2 集成运算放大器的主要参数

为了正确挑选和使用集成运放,必须弄清其主要参数的含义。

1. 与运算精度有关的参数

(1) 交流参数。

① 开环差模电压增益 A_{od}。

指在规定负载的情况下,运放开环(不加反馈)时的差模电压增益。常用分贝(dB)表

示，其分贝数为 $20\lg|A_{od}|$。A_{od} 一般为 $10^4 \sim 10^7$，即 $80 \sim 140\text{dB}$。A_{od} 越大，所构成的运算电路越稳定，运算精度也越高。

② 共模抑制比 K_{CMR}。

K_{CMR} 指运放的开环差模电压增益与开环共模电压增益之比，通常用分贝表示，即

$$K_{CMR} = 20\lg \left| \frac{A_{od}}{A_{oc}} \right| (\text{dB}) \tag{6-25}$$

K_{CMR} 愈大，表示运放对共模信号的抑制能力愈强。一般运放的 K_{CMR} 在 80dB 以上，优质运放的 K_{CMR} 可达 160dB。

③ 差模输入电阻 R_{id}。

R_{id} 指当运放加差模信号时，从运放两个输入端看进去的等效电阻。以三极管为输入级的运放 R_{id} 一般最大为数兆欧。输入级采用场效应管的运放，R_{id} 可高达 $10^6 \text{M}\Omega$。

（2）直流参数。

① 输入偏置电流 I_{IB}。

输入偏置电流 I_{IB} 是指集成运放两个输入端静态电流的平均值，即

$$I_{IB} = \frac{1}{2}(I_{B1} + I_{B2}) \tag{6-26}$$

输入偏置电流越小，信号源内阻对输出电压的影响越小。

② 输入失调电压 U_{IO} 及其温漂 $\Delta U_{IO}/\Delta T$。

由于差动输入级的不完全对称，在输入电压为零时，为使输出电压也为零而在输入端所加的补偿电压，称为失调电压 U_{IO}。**U_{IO} 值越大，说明电路的对称程度越差**。失调电压 U_{IO} 随温度而变化，其比值 $\Delta U_{IO}/\Delta T$ 称为失调电压温漂。

③ 输入失调电流 I_{IO} 及其温漂 $\Delta I_{IO}/\Delta T$。

输入失调电流 I_{IO} 是指集成运放输出电压为零时，两个输入端静态电流的差，即 $I_{IO} = |I_{B1} - I_{B2}|$。输入失调电流 I_{IO} 随温度而变化，其比值 $\Delta I_{IO}/\Delta T$ 称为失调电流温漂。

2. 与工作速率和工作频率有关的主要参数

（1）开环带宽 BW 及单位增益带宽 BW_G。

A_{od} 下降 3dB 时对应的输入信号频率为 BW。A_{od} 下降到 0dB 时对应的输入信号频率为 BW_G。

（2）转换速率 S_R。

转换速率 S_R 反映运放对高速变化的信号的响应速度，定义为

$$S_R = \frac{du_o(t)}{dt} \bigg|_{max} \tag{6-27}$$

通常要求运放的 S_R 值大于信号变化斜率的绝对值，否则输出会出现失真。

3. 与器件安全工作有关的参数

（1）最大差模输入电压 U_{idmax}。

指的是保证集成运放正常工作，反相和同相输入端之间所能承受的最大电压值，它对应于差放对管中三极管发射结的反向击穿电压。

（2）最大共模输入电压 U_{icmax}。

指的是保证集成运放正常工作，反相和同相输入端同时加入电压的最大电压值，它对应

于差放对管中三极管饱和或截止时所对应的输入电压值。

以上介绍了集成运放的几项主要技术指标。除此之外,还有其他许多指标,读者可自行查阅相关的文献,此处不再赘述。

6.4.3 理想运算放大器的概念及其特点

分析集成运放的各种应用电路时,在保证所需要的精度的前提下,为简便起见,常常将电路中的集成运放视为理想的。所谓理想化运放就是将集成运放的各项技术指标理想化。

1. 集成运放理想化的条件

(1) 开环差模电压增益 $A_{od} \to \infty$。
(2) 差模输入电阻 $R_{id} \to \infty$。
(3) 差模输出电阻 $R_{od} \to 0$。
(4) 共模抑制比 $K_{CMR} \to \infty$。
(5) 输入偏置电流 $I_{IB} \to 0$。
(6) 输入失调电压 U_{IO}、失调电流 I_{IO} 及它们的温漂均为 0。

2. 理想运放的特点

图 6-15 为集成运算放大器的电压传输特性曲线,其中实线代表理想运放的特性,虚线表示实际运放的特性。由图可以看出,**运放的工作区域可分为线性区和饱和区**,运放可以工作在线性区,也可以工作在饱和区。运放在不同的工作区域呈现出不同的特点,这些特点是分析各类运放电路的重要依据。

(1) 线性区的特点。

理想运放工作在线性区时有两个重要的特点:"虚短"和"虚断"。

① 虚短。

当运放工作在线性区时,其输出电压与两个输入端的电压之间存在线性关系,即

$$u_o = A_{od}(u_+ - u_-) \qquad (6\text{-}28)$$

由于理想运放的 $A_{od} \to \infty$,而其输出电压 u_o 为有限值,所以有

$$u_+ \approx u_- \qquad (6\text{-}29)$$

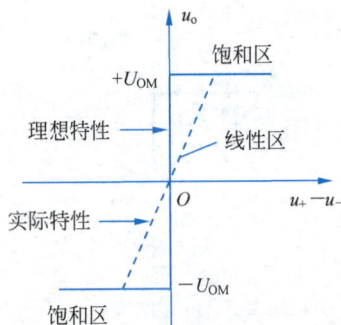

图 6-15 集成运放的电压
传输特性曲线

式(6-29)表明,运放反相输入端和同相输入端电位几乎相等,如同短路一样,称此种情况为"**虚短**"。若运放其中一个输入端接"地",则有 $u_+ \approx u_- = 0$,这时称"**虚地**"。

需要说明的一点是:为了使运放工作在线性区,通常要引入深度负反馈(关于反馈的概念,将在下一章讨论)。

② 虚断。

由于理想运放的 $R_{id} \to \infty$,所以流入运放反相输入端与同相输入端的电流近似等于零,即

$$i_+ = i_- \approx 0 \qquad (6\text{-}30)$$

式(6-30)表明,运放反相输入端和同相输入端如同断开一样,称此种情况为"**虚断**"。

(2) 饱和区的特点。

理想运放工作在饱和区时,"虚断"的概念依然成立,但"虚短"的概念不再成立。这时,

输出电压的取值只有两种可能,即

$$\begin{cases} u_O = +U_{OM}, & u_+ > u_- \\ u_O = -U_{OM}, & u_+ < u_- \end{cases} \tag{6-31}$$

若运放处在开环状态或引入正反馈(关于反馈的概念,将在下一章讨论),则表明其工作在饱和区。

6.4.4 集成运算放大器的使用注意事项

1. 集成运放的分类和选用

集成运放根据应用来分可分为两大类:一类为通用型运放;另一类为专用型运放。通用型运放适用于一般无特殊要求的场合;专用型运放是为了适应各种不同的特殊需要而设计的,其中有高速型、高阻型、低功耗型、大功率型、高精度型等。集成运放按其内部电路可分为双极型(由三极管组成)和单极型(由场效应管组成)两大类。按每一集成片中运算放大器的数目可分为单运放、双运放、四运放。

通常是根据实际要求来选用运算放大器。选好后,根据引线端子图和符号图连接外部电路,包括电源、外接偏置电阻、消振电路及调零电路等。

2. 集成运放的保护

使用集成运放时,为了防止损坏,应在电路中采取适当的保护措施,常用的保护有输入端保护、输出端保护和电源保护,如图 6-16(a)～图 6-16(c)所示。

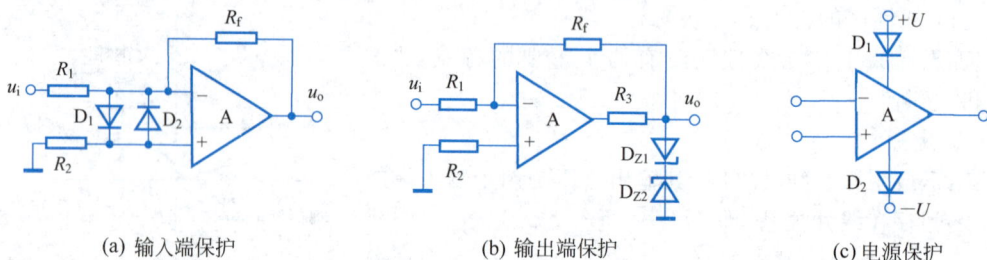

(a) 输入端保护   (b) 输出端保护   (c) 电源保护

图 6-16　集成运放的保护

当输入端所加的差模或共模电压过高时会损坏输入级的三极管。为此,在输入端接入反向并联的二极管,将输入电压限制在二极管的正向压降以下,如图 6-16(a)所示。

为了防止输出电压过大,可利用稳压管来保护,将两个稳压管反向串联,把输出电压限制在 $(U_Z + U_D)$ 的范围内,其中,U_Z 是稳压管的稳定电压,U_D 是它的正向压降,如图 6-16(b)所示。

为了防止因电源极性接反而损坏运放,可分别在正、负两路电源和运放电源端之间串入二极管进行保护,如图 6-16(c)所示。

3. 调零

由于运算放大器内部管子的参数不可能完全对称,所以当输入信号为零时,仍有输出信号,为此,在使用时要外接调零电路,图 6-17 为 μA741 的调零电路。

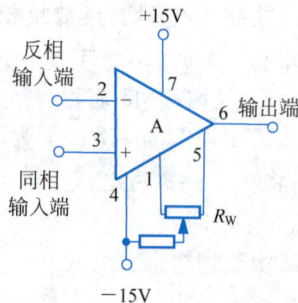

图 6-17　集成运放 μA741 的调零电路

有时可能碰到运放无法调零的异常现象,产生该现象的原因有:调零电位器 R_W 不起作用;调零电路接线有误;反馈极性接错或负反馈开环;存在虚焊点;运放已损坏等。这时,应仔细分析原因并及时排除故障。

4. 消振

由于运算放大器内部管子的极间电容和其他寄生电容的影响,很容易产生自激振荡,破坏正常工作。为此,在使用时要注意消振。通常是外接 RC 消振电路或消振电容,用它来破坏产生自激振荡的条件。是否已消振,可将输入端接"地",用示波器观察输出有无振荡波形。目前,由于集成工艺水平的提高,运算放大器内部已有消振元件,无须外部消振。

6.5 用 Multisim 分析差动放大电路

【例 6-1】 差动放大电路如图 6-18 所示,T_1、T_2 管均用 2N2222,$\beta_1=\beta_2=50$,其他参数按默认值。试用 Multisim 分析该电路。

(1) 求静态工作点;

(2) 仿真 $R_{E1}=R_{E2}=0$ 和 $R_{E1}=R_{E2}=300\Omega$ 时的电压传输特性曲线;

(3) 若输入信号是差模信号,分别求出双端输出时的差模电压增益 A_{ud} 和单端输出时的差模电压增益 A_{ud1};

(4) 若输入信号是共模信号,分别求出双端输出时的共模电压增益 A_{uc} 和单端输出时的共模电压增益 A_{uc1}。

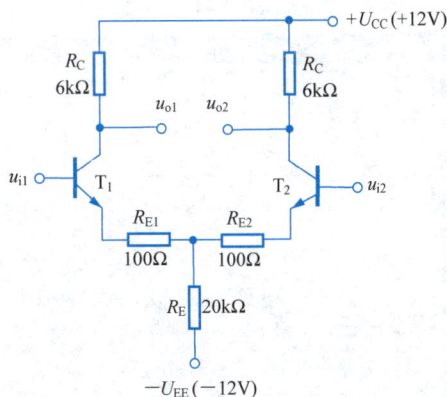

图 6-18 例 6-1 的图

【解】 (1) 静态时,输入信号接地,如图 6-19(a) 所示。作直流工作点分析,结果如图 6-19(b) 所示,由图可得静态时三极管的集电极电位约为 10.32V,发射极电位约为 -584.79mV。

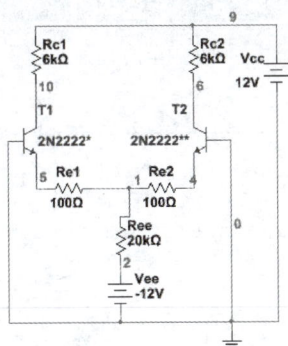

DC Operating Point Analysis

	Variable	Operating point value
1	V(1)	-613.25191 m
2	V(10)	10.31668
3	V(4)	-584.78504 m
4	V(5)	-584.78504 m
5	V(6)	10.31668

(a) (b)

图 6-19 例 6-1 图解(1)

(2) $R_{E1}=R_{E2}=0$ 时,仿真电压传输特性曲线的电路及结果如图 6-20 所示,其中,图 6-20(a) 和图 6-20(b) 分别为 T_1、T_2 管的仿真电路,图 6-20(c) 和图 6-20(d) 分别为 T_1、T_2 管的电压传输特性曲线。

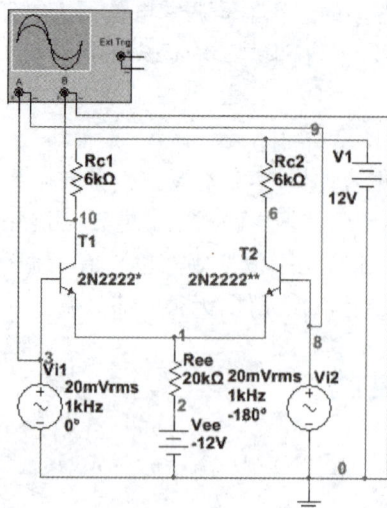

(a) u_{id}-u_{o1} 特性测试电路

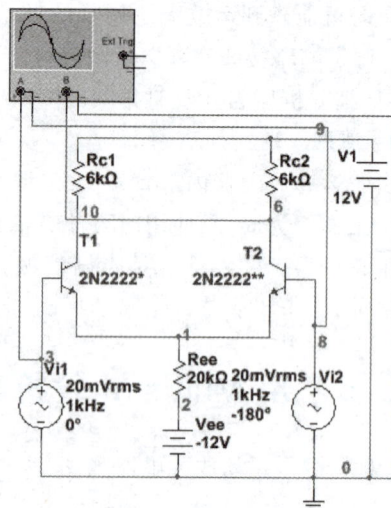

(b) u_{id}-u_{o2} 特性测试电路

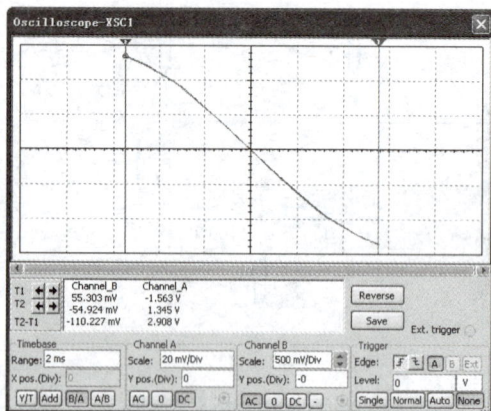

(c) R_{E1}=R_{E2}=0 时的 u_{id}-u_{o1} 曲线

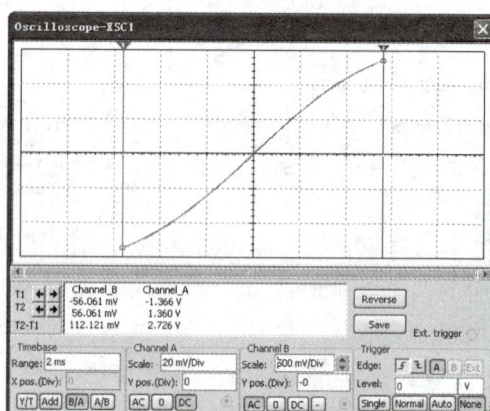

(d) R_{E1}=R_{E2}=0 时的 u_{id}-u_{o2} 曲线

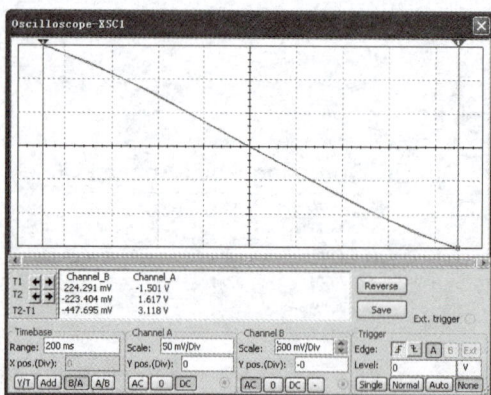

(e) R_{E1}=R_{E2}=300Ω 时的 u_{id}-u_{o1} 曲线

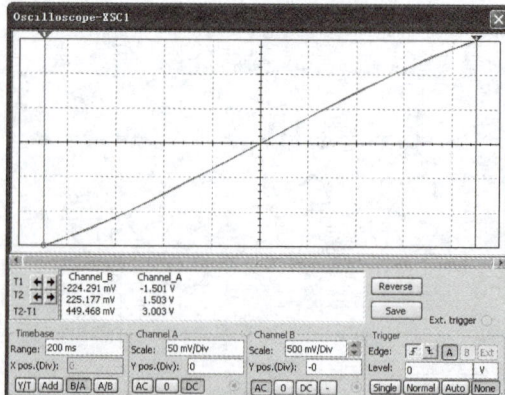

(f) R_{E1}=R_{E2}=300Ω 时的 u_{id}-u_{o2} 曲线

图 6-20 例 6-1 图解（2）

R_{E1}＝R_{E2}＝300Ω 时，仿真电压传输特性曲线的电路与图 6-20（a）和图 6-20（b）类似，T_1、T_2 管的电压传输特性曲线分别如图 6-20（e）和图 6-20（f）所示。

比较图 6-20(e)、图 6-20(f)和图 6-20(c)、图 6-20(d)不难看出,**增大差分对管发射极电阻 R_E 的值,可扩大差动放大电路的线性输入范围**。

（3）差模输入且 $R_{E1}=R_{E2}=300\Omega$ 时,测试双端输出差模电压增益的电路如图 6-21(a)所示,相应的示波器测试结果如图 6-21(b)所示,由图 6-21(b)可得双端输出差模电压增益为

$$A_{ud}=1.693\mathrm{V}/-112.454\mathrm{mV}\approx-15.06$$

测试单端输出差模电压增益的电路如图 6-21(c)所示,相应的示波器测试结果如图 6-21(d)所示,由图 6-21(d)可得单端输出差模电压增益为

$$A_{ud1}=846.53\mathrm{mV}/-112.454\mathrm{mV}\approx-7.53$$

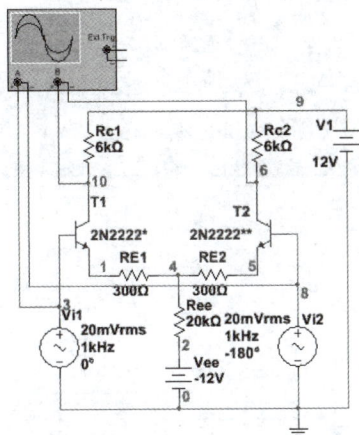

(a) 双端输出差模电压增益测试电路

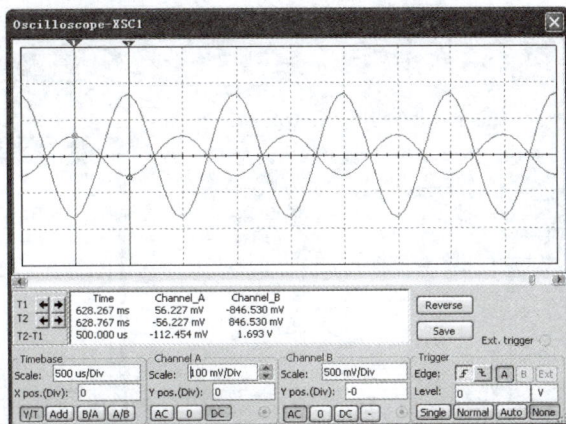

(b) 双端输出差模电压增益测试结果

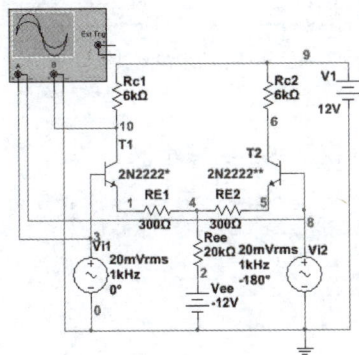

(c) 单端输出差模电压增益测试电路

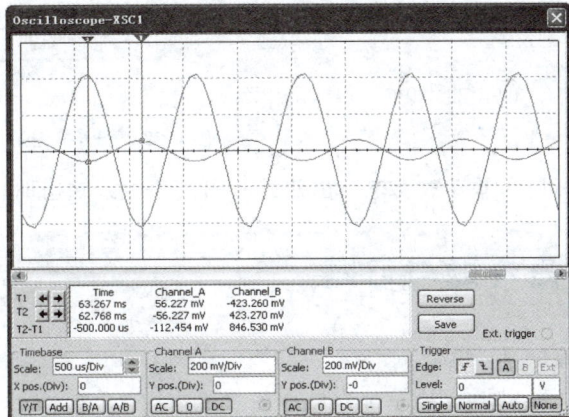

(d) 单端输出差模电压增益测试结果

图 6-21 例 6-1 图解（3）

可见,差动放大电路单端输出时的差模增益近似为双端输出时的一半。

（4）输入共模信号且 $R_{E1}=R_{E2}=100\Omega$ 时,测试双端输出共模电压增益的电路如图 6-22(a)所示,相应的示波器测试结果如图 6-22(b)所示,由图 6-22(b)可得双端输出共模电压增益为

$$A_{uc}=-11.321\mathrm{pV}/281.135\mathrm{mV}\approx4\times10^{-11}$$

测试单端输出共模电压增益的电路如图 6-22(c)所示,相应的示波器测试结果如图 6-22(d)所示,由图 6-22(d)可得单端输出差模电压增益为

$$A_{uc1}=-41.024\mathrm{mV}/281.135\mathrm{mV}\approx0.146$$

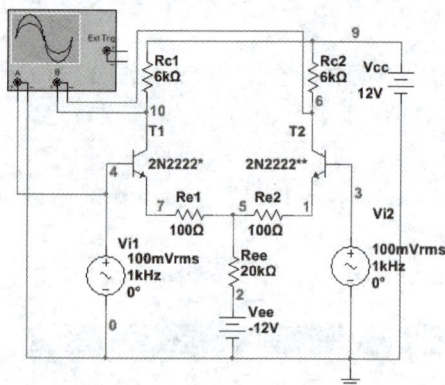

(a) 双端输出共模电压增益测试电路　　　　(b) 双端输出共模电压增益测试结果

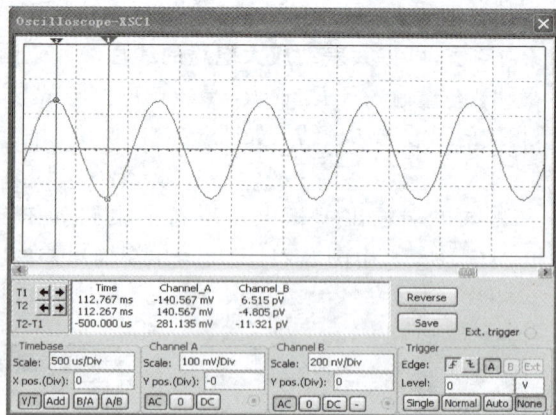

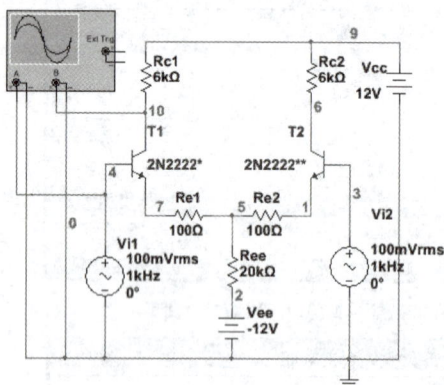

(c) 单端输出共模电压增益测试电路　　　　(d) 单端输出共模电压增益测试结果

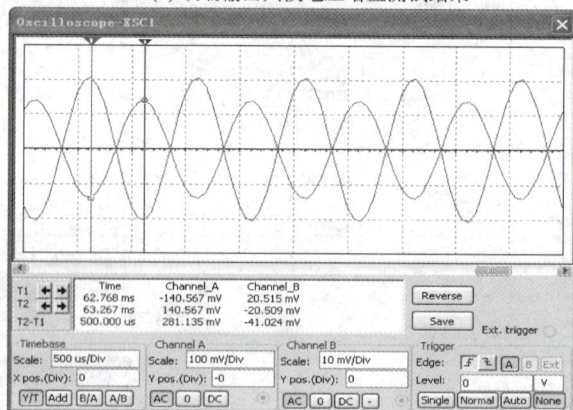

图 6-22　例 6-1 图解（4）

可见，差动放大电路由双端输出改为单端输出时，抗共模干扰能力减小。

思考题与习题

【6-1】　填空。

（1）电流源在集成电路中的主要作用是_____。

（2）差动放大电路的 A_{ud} 越_____越好，而 A_{uc} 越_____越好；共模抑制比 K_{CMR} 是_____之比，K_{CMR} 越大，表明电路的_____能力越强。

（3）带 R_E 的（长尾式）差动放大电路中，R_E 越大，则 A_{ud} _____，A_{uc} _____，K_{CMR} _____。

（4）差动放大电路由双端输出改为单端输出，其 A_{ud} _____，A_{uc} _____，K_{CMR} _____。

（5）差动放大电路由双端输入改为单端输入，其空载差模电压增益_____。

（6）集成运放内部一般包括四个组成部分，它们是_____、_____、_____和_____。集成运放的输入级几乎都采用_____电路，其目的是_____；输出级通常采用_____电路,其目的是_____。

(7) 集成运放的两个输入端分别为_____和_____,其含义是_____,_____。

(8) 输入失调电压 U_{IO} 是_____,U_{IO} 越大,表示运放输入级的对称程度越_____。

(9) 理想运放的主要技术指标为_____。

(10) 理想运放工作在线性区和饱和区的重要结论分别是:线性区_____;饱和区_____。

【6-2】 电流源电路如图 6-23 所示,设各三极管特性一致,$|U_{BE}|=0.7V$。

(1) 若 T_3、T_4 管的 $\beta=2$,试求 I_{C4};

(2) 若要求 $I_{C1}=26\mu A$,则 R_1 为多少?

【6-3】 由电流源组成的电流放大电路如图 6-24 所示,试估算电流放大倍数 $A_i=I_o/I_i=?$

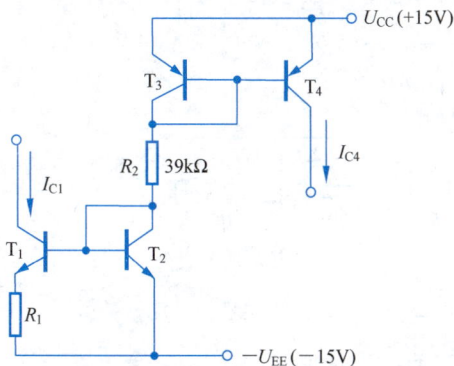

图 6-23 题 6-2 的图

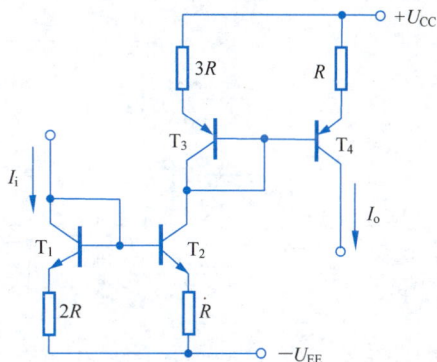

图 6-24 题 6-3 的图

【6-4】 差动放大电路如图 6-25 所示,已知 $U_{CC}=U_{EE}=12V$,$\beta_1=\beta_2=50$,$R_{C1}=R_{C2}=3k\Omega$,$R_{B1}=R_{B2}=10k\Omega$,$R_E=5.6k\Omega$,$R_L=20k\Omega$。求:

(1) 静态工作点;

(2) 差模电压增益;

(3) 差模输入和输出电阻。

【6-5】 差动放大电路如图 6-26 所示,已知 $\beta=100$,$U_{BE}=0.7V$,$r_{bb'}$ 影响可忽略,试求:

(1) 各管的静态工作点 I_{CQ} 和 U_{CEQ};

(2) 最大差模输入电压 U_{idmax}(设管子发射结反向击穿电压 $U_{BR(EBO)}=6V$);

(3) 最大正向共模输入电压 U_{icmax},最大负向共模输入电压 U_{icmax}。

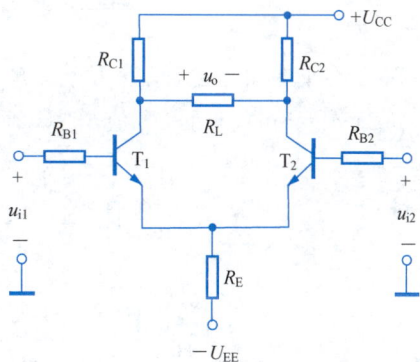

图 6-25 题 6-4 的图

【6-6】 差动放大电路如图 6-27 所示,试求:

(1) u_o 的直流电位 U_{OQ};

(2) 差模电压增益 $A_u=\dfrac{u_o}{u_{i1}-u_{i2}}$。

【6-7】 电路如图 6-28 所示,T_1、T_2、T_3 均为硅管,$\beta_1=\beta_2=50$,$\beta_3=80$,静态时输出端电压为零,试求:

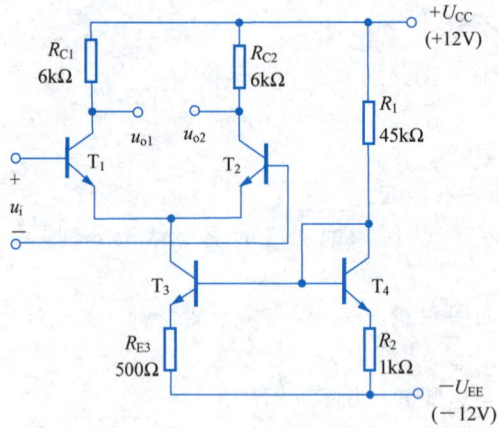

图 6-26　题 6-5 的图

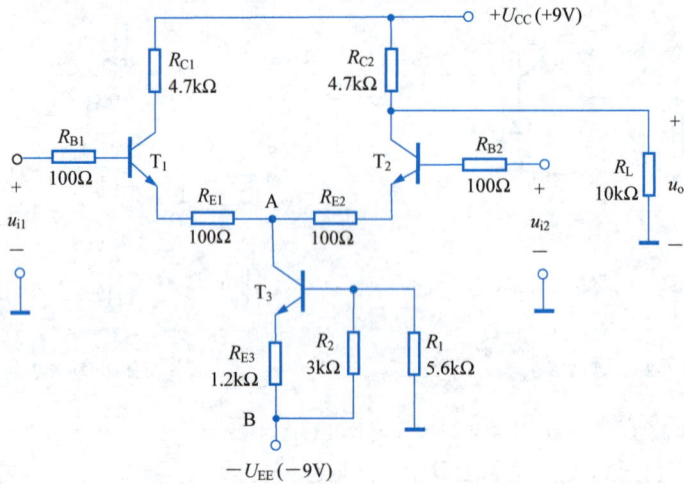

图 6-27　题 6-6 的图

（1）各管的静态电流、管压降及 R_{E2} 的阻值；

（2）$u_i=5\text{mV}$ 时的 U_o 值。

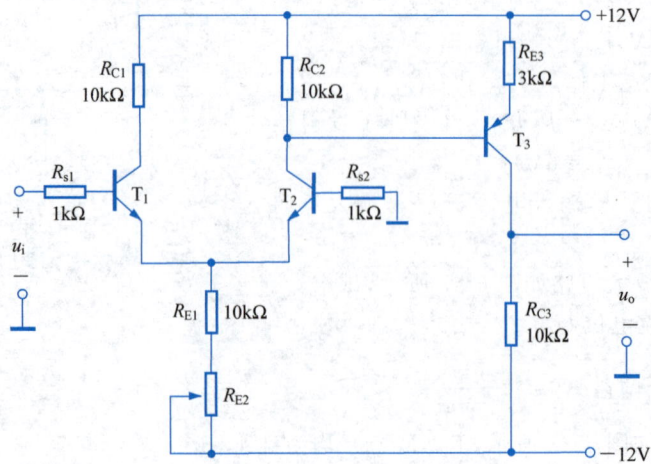

图 6-28　题 6-7 的图

【6-8】 集成运放 5G23 的电路原理图如图 6-29 所示。

(1) 简要叙述电路的组成原理；

(2) 说明二极管 D_1 的作用；

(3) 判断 2、3 端哪个是同相输入端，哪个是反相输入端。

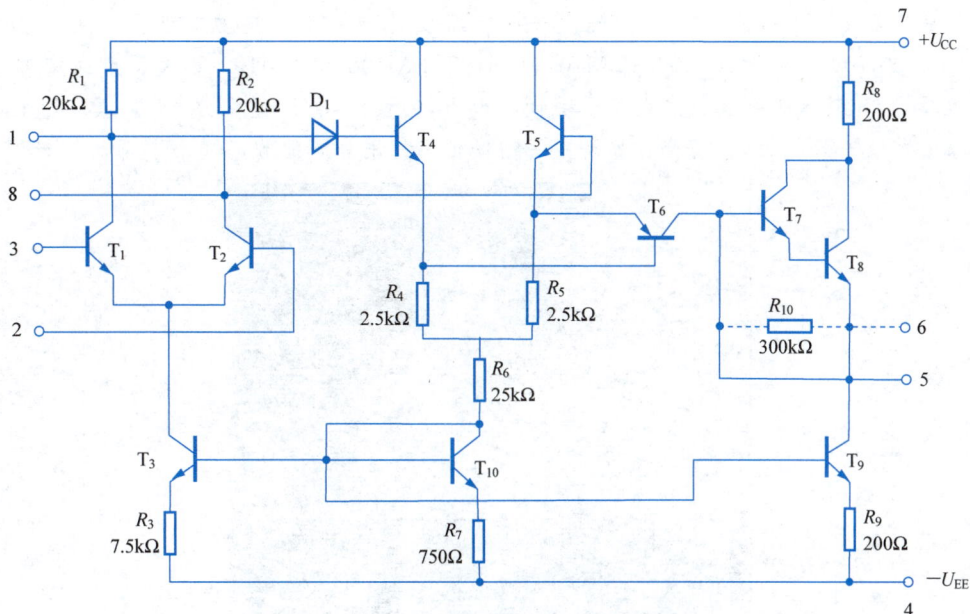

图 6-29　题 6-8 的图

【6-9】 低功耗型集成运放 LM324 的简化原理电路如图 6-30 所示。试说明：

(1) 输入级、中间级和输出级的电路形式和特点；

(2) 电路中 T_8、T_9 和电流源 I_{o1}、I_{o2}、I_{o3} 各起什么作用？

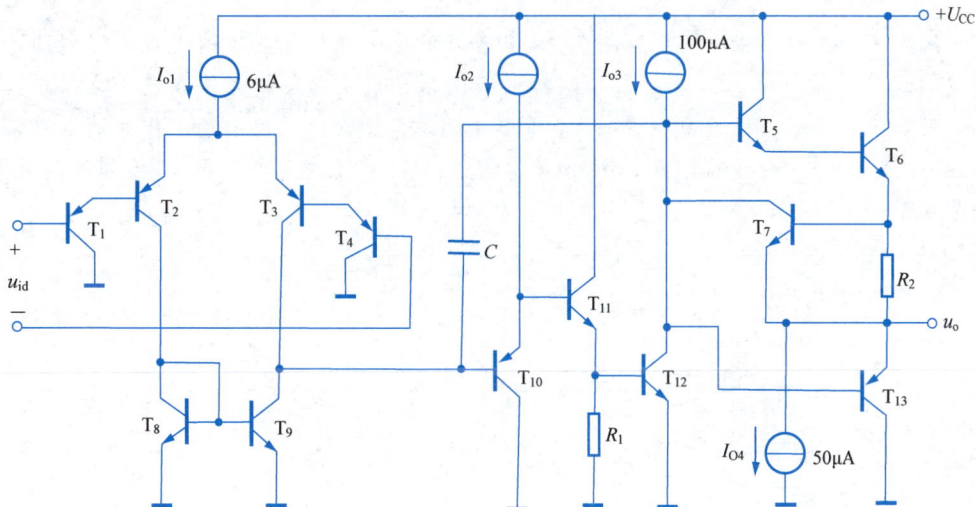

图 6-30　题 6-9 的图

科学家故事

模拟集成电路的设计天才——鲍勃·韦德勒(Bob Widlar)

鲍勃·韦德勒因其杰出的设计,如第一个线性集成运算放大器 μA702 和第一个大功率调压器 LM109,奠定了他在模拟集成电路设计领域不可撼动的地位。凭借着在 μA702、μA709、μA710、LM100、LM101、LM107、LM108 和 LM109 等众多产品中的开创性设计,鲍勃·韦德勒彻底改变了现代模拟 IC 的设计,被广泛认为是"模拟单片集成电路之父". 有人统计,目前全世界有一半的模拟芯片用到了他的电路。

鲍勃·韦德勒(1937—1991)

鲍勃·韦德勒出生于美国克利夫兰,他的父亲是一位自学成才的无线电工程师,留给他的遗产是设计超高频发射器。鲍勃·韦德勒自出生起便被包围在电子产品中,其设计灵感来自即兴的创造力和现实世界的其他维度,他设计了近乎艺术作品的电路,正如《半导体工程史》一书的作者 Bo Lojek 所描述:"与其说他是个工程师,不如说他更像个艺术家……"

第7章

反馈及其稳定性

科技发展前沿

反馈(feedback)理论首先诞生在电子学领域,1927 年,美国西部电子公司的电子工程师 Harold Black 在研究中继放大电路增益的稳定方法时,发明了反馈放大电路。到今天为止,反馈的概念及理论不仅超越了电子学领域,而且也超越了工程领域,渗透到各个科学领域,包括社会科学和人工智能领域,如图所示是 2024 年诺贝尔物理学奖获得者 John J. Hopfield 及其在 1982 年发明的递归神经网络——Hopfield 网络,其中,任一神经元的输出均通过连接权重反馈到所有神经元作为输入,从而使各神经元的输出能够相互制约,具有联想记忆功能,不仅能够提取信息,还能存储信息。

约翰·霍普菲尔德(John J. Hopfield,1933—)   Hopfield网络的拓扑结构

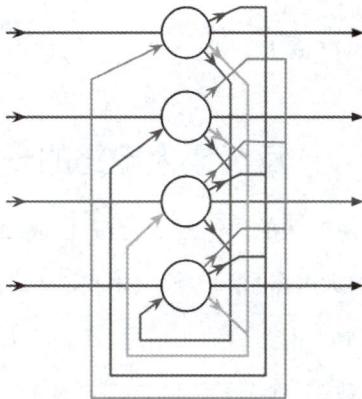

反馈理论及反馈技术在自动控制、信号处理、电子电路及电子设备中有着十分重要的作用。在放大电路中,负反馈作为改善其性能的重要手段而备受重视。

本章从反馈的基本概念出发,介绍了反馈的分类方法,推导出负反馈放大电路增益的基本方程式,给出了四种基本的负反馈结构,研究了负反馈对放大电路性能的影响,讨论了深度负反馈放大电路的近似估算方法以及负反馈放大电路的稳定性问题。

7.1 反馈的基本概念及反馈放大电路的一般框图

7.1.1 反馈的基本概念

视频讲解

在电子电路中,反馈现象是普遍存在的。下面以放大电路为例介绍反馈的概念。

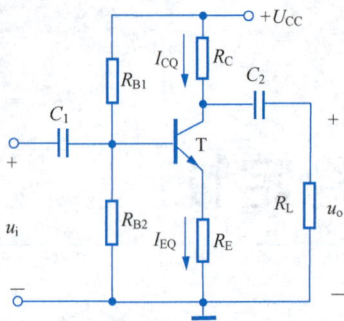

图 7-1　负反馈稳定 Q 点电路

所谓反馈，就是指将放大电路输出量（电压或电流）的一部分或全部，通过一定网络（称为反馈网络），以一定方式（与输入信号串联或并联）返送到输入回路，来影响电路性能的技术。

虽然在前面的章节并没有系统研究反馈现象，但已经接触到了反馈的例子。例如，在第 5 章位于共发射极电路的射极电阻 R_E，当晶体管的参数随温度变化时，它们可用来稳定 Q 点。这种稳定机理，恰恰是利用了负反馈的理论。重新回顾一下分压式偏置 Q 点稳定电路，如图 7-1 所示。

放大电路的输出电流 I_{CQ} 受控于基极电流 I_{BQ}，而 I_{BQ} 的大小取决于基-射电压 U_{BEQ} 的大小。

$$U_{BEQ} = U_{BQ} - U_{EQ}$$

式中

$$U_{BQ} \approx \frac{R_{B2}}{R_{B1} + R_{B2}} U_{CC}$$

基本不变。但 U_{EQ} 则不同，$U_{EQ} = I_{EQ}R_E \approx I_{CQ}R_E$，它携带着放大电路输出电流 I_{CQ} 的变化信息。如果因为某种因素（例如温度升高）使 I_{CQ} 增大时，U_{EQ} 也相应增大，导致 U_{BEQ} 反而减小，从而使 I_{BQ} 减小，进而牵制了 I_{CQ} 的增大，结果使 I_{CQ} 趋于稳定。这里，发射极电阻 R_E 将输出电流 I_{CQ} 的变化反馈到输入回路，引进了一种自动调节的机制，这种技术称为反馈。

7.1.2　反馈放大电路的一般框图

为了使问题的讨论更具普遍性，将反馈放大电路抽象为图 7-2 所示的方框图。由图可见，反馈放大电路由基本放大电路、反馈网络和比较环节组成。其中，$\dot{X}_i$、$\dot{X}_i'$、$\dot{X}_o$、$\dot{X}_f$ 分别表示反馈放大电路的输入信号、净输入信号、输出信号和反馈信号；$\dot{A}$ 表示基本放大电路的放大倍数，又称为**开环增益**；$\dot{F}$ 表示反馈网络的传输系数，称为**反馈系数**。放大电路和反馈网络中信号的传递方向如图中箭头所示。对输出量取样得到的信号经过反馈网络后成为反馈信号。符号⊗表示比较（叠加）环节，反馈信号和外加输入信号经过比较环节后得到净输入信号 $\dot{X}_i'$，然后送至基本放大电路。符号⊗下的"＋"号表示将 $\dot{X}_i$ 与 $\dot{X}_f$ 同相相加，即 $\dot{X}_i' > \dot{X}_i$，称为**正反馈**；符号⊗下的"－"号表示将 $\dot{X}_i$ 与 $\dot{X}_f$ 反相相加（即相减），即 $\dot{X}_i' < \dot{X}_i$，称为**负反馈**。反馈信号的极性不同，对放大电路性能的影响不同，本章主要讨论负反馈。

在图 7-2 所示的框图中，$\dot{X}_i$、$\dot{X}_i'$、$\dot{X}_o$、$\dot{X}_f$ 可以是电压量，也可以是电流量。$\dot{A}$ 和 $\dot{F}$ 是广义的增益和反馈系数，由于其物理含义的不同，形成了不同的反馈类型。

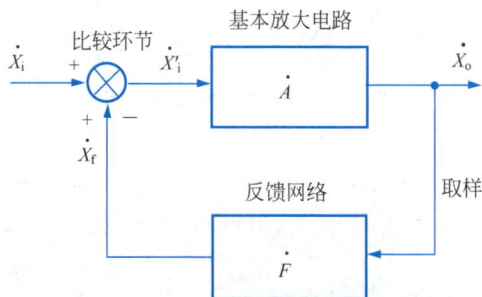

图 7-2 反馈放大电路的基本框图

7.2 反馈的分类及判别方法

在实际的放大电路中,可以根据不同的要求引入不同类型的反馈,按照考虑问题的不同角度,反馈有各种不同的分类方法。

1. 直流反馈和交流反馈

根据反馈信号中包含的交、直流成分来分,可以分为直流反馈和交流反馈。

在放大电路的输出量(输出电压和输出电流)中通常是交、直流信号并存的。如果反馈回来的信号是直流成分,称为直流反馈;如果反馈回来的信号是交流成分,则称为交流反馈。当然也可以将输出信号中的直流成分和交流成分都反馈回去,同时得到交、直流两种性质的反馈。

直流负反馈的作用是稳定静态工作点,对放大电路的动态性能没有影响;**交流负反馈用于改善放大电路的动态性能**。

判别交、直流反馈的方法是,首先画出放大电路的交流通路和直流通路,若反馈网络存在于直流通路中,则为直流反馈;若反馈网络存在于交流通路中,则为交流反馈;若反馈既存在于直流通路又存在于交流通路中,则为交、直流反馈。

如图 7-3 所示电路中,R_{E1}、R_{E2}、C_E 构成了反馈网络,在直流通路中,C_E 开路,R_{E1}、R_{E2} 构成了直流反馈;在交流通路中,由于 C_E 交流短路,反馈元件只剩下 R_{E1},它构成了交流反馈。

2. 电压反馈和电流反馈

根据反馈信号从输出端的取样对象(取自放大电路的哪一种输出电量)来分类,可以分为电压反馈(voltage feedback)和电流反馈(current feedback)。

如果反馈信号取自输出电压,即反馈信号与输出电压成正比,称为**电压反馈**;如果反馈信号取自输出电流,即反馈信号与输出电流成正比,称为**电流反馈**。

判别反馈属于电压反馈还是电流反馈,可采用以下方法。

(1) 负载短路法。

将负载短路,若反馈消失,则为电压反馈;若反馈依

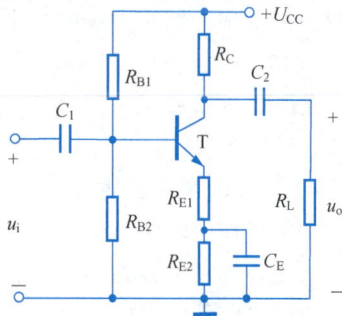

图 7-3 直流反馈和交流反馈

然存在,为电流反馈。

（2）结构判断法。

在输出回路,除公共地线外,若反馈线与输出线接在同一个点上,则为电压反馈;若反馈线与输出线接在不同点上,则为电流反馈。

例如,在图 7-4(a)所示电路中,用上述方法两种方法判断可知,R_E 构成了电流反馈;在图 7-4(b)所示电路中,用上述方法两种方法判断可知,R_E 构成了电压反馈。

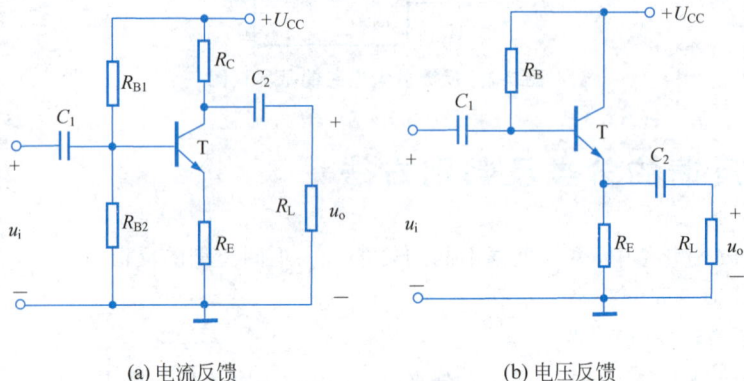

(a) 电流反馈   (b) 电压反馈

图 7-4   电流反馈和电压反馈

3. 串联反馈和并联反馈

根据反馈信号与外加输入信号在放大电路输入回路的连接方式来分类,可以分为串联反馈(series feedback)和并联反馈(shunt feedback)。

在放大电路的输入回路中,如果反馈信号与外加输入信号以电压的形式相比较(叠加),也就是说反馈信号与外加输入信号二者相互串联,则称为**串联反馈**;如果反馈信号与外加输入信号以电流的形式相比较(叠加),也就是说两种信号在输入回路并联,则称为**并联反馈**。

判别反馈属于串联反馈还是并联反馈,可采用以下方法。

（1）反馈节点对地短路法。

将输入回路的反馈节点对地短路,若输入信号仍能送入放大电路中去,则为串联反馈;若信号源被短路,输入信号不能送入放大电路中,则为并联反馈。

（2）结构判断法。

在输入回路,除公共地线外,若反馈线与输入信号线接在同一个点上,则为并联反馈;若反馈线与输入线接在不同点上,则为串联反馈。

例如,在图 7-5(a)所示电路中,用上述方法两种方法判断可知,R_f 和 R_{E2} 构成了并联反馈;在图 7-5(b)所示电路中,用上述方法两种方法判断可知,R_f 和 R_{E1}、R_{E3} 构成了串联反馈。

4. 正反馈和负反馈

根据反馈的极性分类,可以分为正反馈(positive feedback)和负反馈(negative feedback)。

放大电路引入反馈后,若反馈信号削弱了外加输入信号的作用,使增益降低,称为**负反馈**;若反馈信号增强了外加输入信号的作用,使增益提高,称为**正反馈**。

引入负反馈可以改善放大电路的性能指标,因此在放大电路中被广泛采用;正反馈多

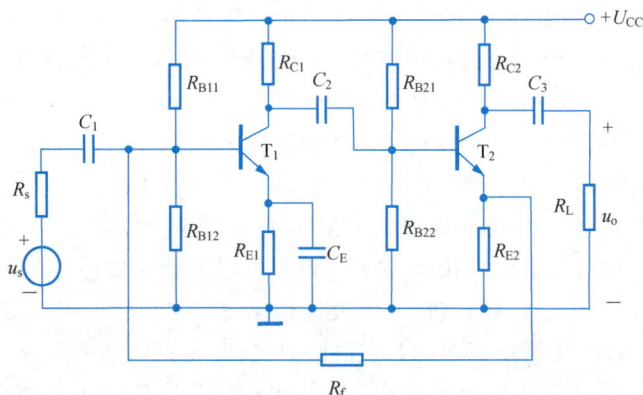

(a) 并联反馈

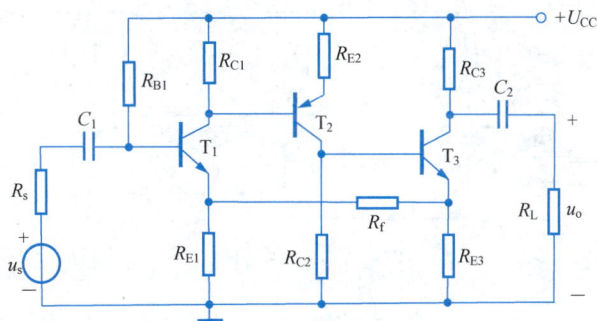

(b) 串联反馈

图 7-5　并联反馈和串联反馈

用于振荡和脉冲电路中。

判别正、负反馈常用的方法是**瞬时极性法**,即假设输入信号的变化处于某一瞬时极性(用符号⊕或⊖表示),沿闭环系统,逐一标出放大电路各级输入和输出的瞬时极性(这种标示要符合放大电路的基本原理)。最后将反馈信号的瞬时极性和输入信号的极性相比较。若反馈量的引入使净输入量增加,为正反馈;反之,为负反馈。

由于串联反馈和并联反馈在输入回路所比较的电量不同,因此又可以得到以下具体的判别法则。

(1) 对串联反馈。若反馈信号和输入信号的极性相同,为负反馈;若相反,为正反馈。

(2) 对并联反馈。若反馈信号和输入信号的极性相反,为负反馈;若相同,为正反馈。

需要注意的是:分析各级电路输入和输出之间的相位关系时,只考虑通带内的情况,即对电路中各种耦合、旁路电容的影响暂不考虑,将它们做短路处理。

例如,在图 7-6(a)所示的两级放大电路中,假设输入电压 u_i 的瞬时极性为正(用符号⊕表示),因为 u_i 加在差动对管 T_1 的基极,差动放大电路由 T_2 管的集电极单端输出,其瞬时极性为正。差动放大电路的输出直接驱动 T_3 管的基极,所以 T_3 管基极的瞬时极性也为正,三极管的基极与发射极同相位,故 T_3 管发射极的瞬时极性亦为正。反馈信号由 T_3 管的发射极引回,因此,反馈电压 u_f 的瞬时极性为正。反馈信号与输入信号在输入回路以电压形式相比较,二者极性相同,故为负反馈。若加在 T_3 管基极上的输入电压取自 T_1 管的集电极(如图中虚线所示),则电路变为正反馈。

在图 7-6(b)所示的两级放大电路中,同样假设输入电压 u_i 的瞬时极性为正(用符号 $\oplus$ 表示),u_i 加在差动对管 T_1 的基极,差动放大电路由 T_1 管的集电极单端输出,所以 T_1 管集电极的瞬时极性为负,T_1 管的集电极输出驱动 T_3 管的基极,所以 T_3 管基极的瞬时极性也为负,三极管的基极与发射极同相位,故 T_3 管发射极的瞬时极性亦为负。反馈信号与输入信号在输入回路以电流形式相比较,二者极性相反,故为负反馈。图 7-6(b)中标出了 T_1 管基极处的各电流流向,根据所标出的各点的瞬时极性,可以判断流过 R_f 的电流 i_f 的流向如图中所示,该电流削弱了外加输入电流 i_i,使放大电路的净输入电流 i_i' 减小,因此为负反馈。

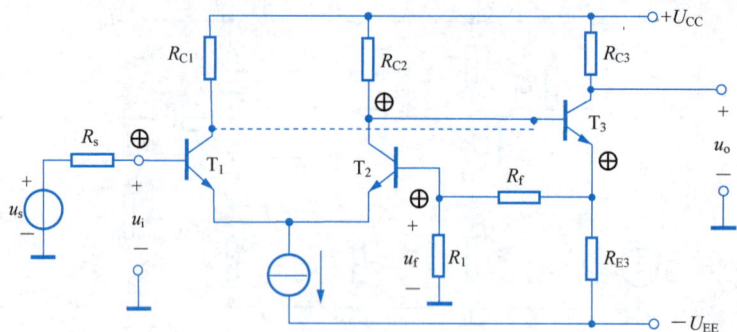

(a) 串联负（正）反馈

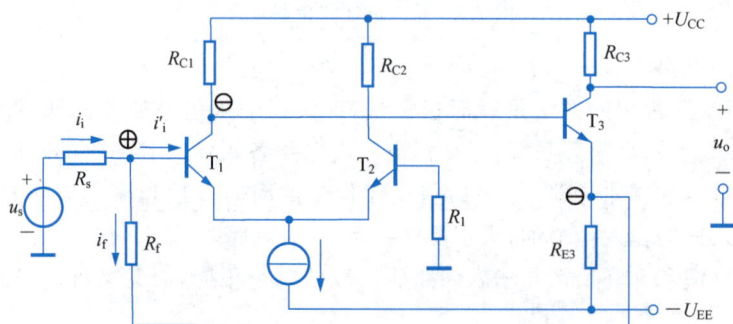

(b) 并联负反馈

图 7-6　正反馈和负反馈

除了上述分类方法之外,反馈还可以分为**本级反馈**和**级间反馈**。本级反馈表示反馈信号从某一级放大电路的输出端取样,只引回到本级放大电路的输入回路,本级反馈只能改善一个放大电路内部的性能;级间反馈表示反馈信号从多级放大电路某一级的输出端取样,引回到前面另一个放大电路的输入回路中去,级间反馈可以改善整个反馈环路内放大电路的性能。

反馈电路类型的判断是一个难点,只有多分析、多练习、多总结才能熟练掌握。判断放大电路反馈类型的基本步骤如下:首先判断是本级反馈还是级间反馈,是直流反馈还是交流反馈;然后判断反馈在放大电路输出端的取样方式,是电压反馈还是电流反馈;接着判断反馈在放大电路输入端的连接方式,是串联反馈还是并联反馈;最后确定反馈的极性,是正反馈还是负反馈。下面举几个例子具体说明。

【例 7-1】 一个反馈放大电路如图 7-7 所示,试说明电路中存在哪些反馈,并判断各反馈的类型。

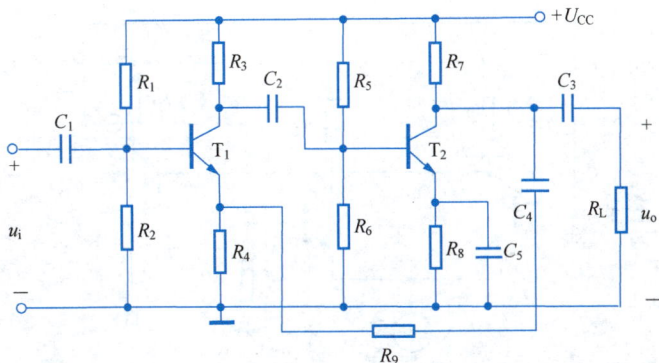

图 7-7 例 7-1 的图

【解】 该电路为两级阻容耦合放大电路。T_1、T_2 均为分压式偏置共发射极电路,其中 R_4 构成了第一级的本级反馈,由上述方法容易判断该反馈为交、直流并存的电流串联负反馈;R_8、C_5 构成了第二级的本级反馈,它属于直流电流串联负反馈;R_4、R_9、C_4 构成了级间反馈,容易看出,该反馈通路存在于放大电路的交流通路,因此,属于交流反馈,下面详细说明其反馈类型的判别方法。图 7-7 的交流通路如图 7-8 所示。

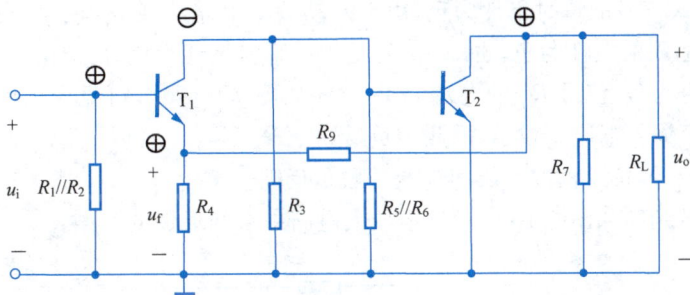

图 7-8 图 7-7 的交流通路

由图 7-8 可见,在输出回路,将负载 R_L 短路后,R_9 的一端也接地了,这时 R_4 和 R_9 并联,使放大电路的输入端和输出端无关联,无法将放大电路的输出量反送回输入端,反馈消失,因此,该反馈在输出端的取样方式为电压取样(请读者用结构法判断,看是否能得到同样的结论)。

将输入回路的反馈节点对地短路,则 T_1 管的发射极接地,不影响外加输入信号由 T_1 管的基极送入,所以,该反馈在输入端的连接方式为串联(同样请读者用结构法判断,看结论是否一致)。

用瞬时极性法判断反馈的极性。假设输入信号 u_i 的瞬时极性为正,用符号 ⊕ 表示,由于两级放大电路均为共发射极放大电路,而共发射极放大电路的输出电压与输入电压的相位相反,所以,T_1 管的集电极的极性为负,T_2 管的基极的极性也为负,T_2 管的集电极的极性为正,因而反馈电压 u_f 的瞬时极性为正。对串联反馈,输入信号与反馈信号同极性,所以为负反馈。

综上所述，R_4、R_9、C_4 构成了级间交流电压串联负反馈。

【例 7-2】　反馈放大电路如图 7-9 所示，试判断级间反馈的类型。

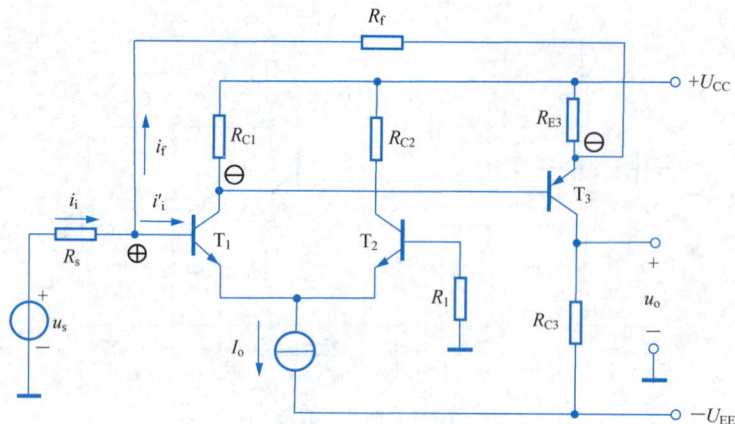

图 7-9　例 7-2 的图

【解】　该电路为两级放大电路，第一级为 T_1、T_2 组成的差动放大电路，第二级为 T_3 组成的共发射极电路，R_f 和 R_{E3} 构成了级间反馈。由图可以看出，输出信号由 T_3 管的集电极引出，而反馈信号由 T_3 管的发射极引回，二者不在同一点，所以，该反馈为电流反馈；输入信号送至 T_1 管的基极，反馈也引回至 T_1 管的基极，二者在同一点上，所以，该反馈为并联反馈；假设输入信号的瞬时极性为正，由于差动放大电路从 T_1 管的集电极单端输出，所以 T_1 管集电极的瞬时极性为负，也即 T_3 管基极的瞬时极性为负，反馈由 T_3 管的发射极引回，其瞬时极性也为负，流过 R_f 的电流 i_f 的流向如图 7-9 所示，可见。该电流削弱了外加输入电流 i_i，使净输入电流 i'_i 减小，因此为负反馈。

综上所述，R_f 和 R_{E3} 构成了级间电流并联负反馈。

【例 7-3】　试判断如图 7-10 所示反馈放大电路中级间反馈的类型。

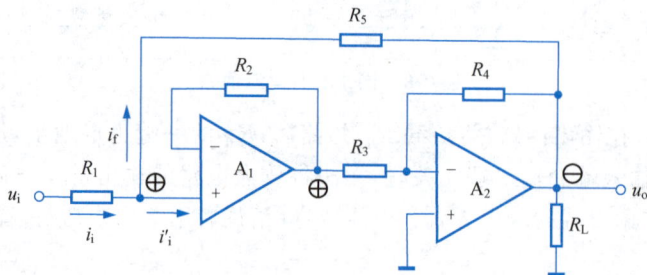

图 7-10　例 7-3 的图

【解】　该电路是由运放组成的两级放大电路，R_5 构成了级间反馈。在输出回路，将 R_L 短路，R_5 的一端接地，反馈消失，所以该反馈为电压反馈（用结构判断法也可得到同样的结论）；在输入回路，将反馈节点对地短路，输入信号不能送入 A_1 的同相端，所以该反馈为并联反馈（用结构判断法也可得到同样的结论）；假设输入信号的瞬时极性为正，由于输入信号送至运放 A_1 的同相输入端，所以 A_1 输出端的瞬时极性为正，也即 A_2 反相输入端的瞬时极性为正，输出信号取自 A_2 的输出端，其瞬时极性为负，电路中各点的瞬时极性如

图 7-10 所示。流过 R_5 的电流 i_f 的流向如图 7-10 所示,可见。该电流削弱了外加输入电流 i_i,使净输入电流 i_i' 减小,因此为负反馈。

综上所述,R_5 构成了级间电压并联负反馈。

7.3　负反馈放大电路的一般表达式及四种基本组态

视频讲解

根据输出端采样方式的不同和输入端连接方式的不同,负反馈可分为四种基本组态,即**电压串联负反馈、电压并联负反馈、电流串联负反馈、电流并联负反馈**。不管什么类型的负反馈放大电路,都可以用如图 7-2 所示的方框图表示。根据图 7-2 可推导出负反馈放大电路的一般表达式。

7.3.1　负反馈放大电路的一般表达式

由图 7-2 可得开环增益为

$$\dot{A}=\frac{\dot{X}_o}{\dot{X}_i'} \tag{7-1}$$

反馈系数为

$$\dot{F}=\frac{\dot{X}_f}{\dot{X}_o} \tag{7-2}$$

对于负反馈,净输入信号为

$$\dot{X}_i'=\dot{X}_i-\dot{X}_f \tag{7-3}$$

由式(7-1)～式(7-3)可得

$$\dot{X}_o=\dot{A}\dot{X}_i'=\dot{A}(\dot{X}_i-\dot{X}_f)=\dot{A}(\dot{X}_i-\dot{F}\dot{X}_o)$$

整理可得

$$\dot{A}_f=\frac{\dot{X}_o}{\dot{X}_i}=\frac{\dot{A}}{1+\dot{A}\dot{F}} \tag{7-4}$$

式中,$\dot{A}_f$ 称为**闭环增益**；$\dot{A}\dot{F}$ 称为**环路增益**,常用 $\dot{T}$ 表示；$1+\dot{A}\dot{F}$ 称为**反馈深度**,是一个反映反馈强弱的物理量,也是对负反馈放大电路进行定量分析的基础。

当环路增益 $\dot{A}\dot{F}\gg1$ 时,式(7-4)可近似写为

$$\dot{A}_f\approx\frac{1}{\dot{F}} \tag{7-5}$$

由式(7-5)可以看出,当 $\dot{A}\dot{F}\gg1$ 时,反馈放大电路的闭环增益与基本放大电路无关,只与反馈网络有关,这种反馈称为**深度负反馈**。

7.3.2　负反馈放大电路的四种组态

不同类型的负反馈放大电路,由于在输出端的取样方式及输入端的连接方式不同,因此其结构框图也有所不同,图 7-11 示出了四种基本负反馈放大电路的结构框图。

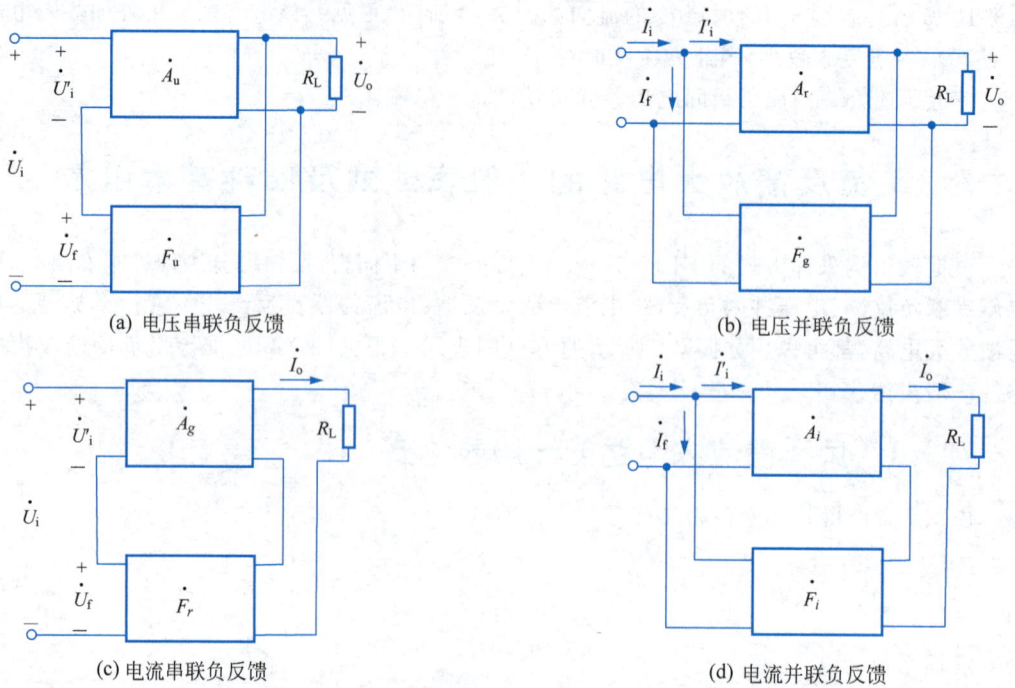

(a) 电压串联负反馈

(b) 电压并联负反馈

(c) 电流串联负反馈

(d) 电流并联负反馈

图 7-11　负反馈放大电路的四种基本组态的结构框图

对于负反馈放大电路，放大的概念是广义的，引入不同类型的负反馈，放大电路增益的物理意义不同，反馈系数的物理意义也不同。四种负反馈放大电路中各参数的定义及名称如表 7-1 所示。

表 7-1　四种负反馈放大电路各参数的定义及名称

参　数		组　态			
		电压串联负反馈	电压并联负反馈	电流串联负反馈	电流并联负反馈
$\dot{A}=\dfrac{\dot{X}_o}{\dot{X}'_i}$	名称	开环电压增益	开环互阻增益	开环互导增益	开环电流增益
	定义	$\dot{A}_u=\dfrac{\dot{U}_o}{\dot{U}'_i}$	$\dot{A}_r=\dfrac{\dot{U}_o}{\dot{I}'_i}(\Omega)$	$\dot{A}_g=\dfrac{\dot{I}_o}{\dot{U}'_i}(S)$	$\dot{A}_i=\dfrac{\dot{I}_o}{\dot{I}'_i}$
$\dot{F}=\dfrac{\dot{X}_f}{\dot{X}_o}$	名称	电压反馈系数	互导反馈系数	互阻反馈系数	电流反馈系数
	定义	$\dot{F}_u=\dfrac{\dot{U}_f}{\dot{U}_o}$	$\dot{F}_g=\dfrac{\dot{I}_f}{\dot{U}_o}(S)$	$\dot{F}_r=\dfrac{\dot{U}_f}{\dot{I}_o}(\Omega)$	$\dot{F}_i=\dfrac{\dot{I}_f}{\dot{I}_o}$
$\dot{A}_f=\dfrac{\dot{A}}{1+\dot{A}\dot{F}}$	名称	闭环电压增益	闭环互阻增益	闭环互导增益	闭环电流增益
	定义	$\dot{A}_{uf}=\dfrac{\dot{U}_o}{\dot{U}_i}$	$\dot{A}_{rf}=\dfrac{\dot{U}_o}{\dot{I}_i}(\Omega)$	$\dot{A}_{gf}=\dfrac{\dot{I}_o}{\dot{U}_i}(S)$	$\dot{A}_{if}=\dfrac{\dot{I}_o}{\dot{I}_i}$

可见，在运用式(7-4)时，对于不同的反馈类型，$\dot{A}$、$\dot{F}$、$\dot{A}_f$ 必须采用相应的表示形式，切不可混淆。

7.4 负反馈对放大电路性能的影响

视频讲解

负反馈以牺牲增益为代价,换来了放大电路许多方面性能的改善。本节将详细讨论负反馈对放大电路性能的影响。

7.4.1 提高增益的稳定性

由于多种原因,例如环境温度的变化,器件的老化和更换以及负载的变化等,都能导致电路元件参数和放大器件的特性参数发生变化,因而引起电路增益的变化,引入负反馈后,能显著提高增益的稳定性。由式(7-5)可知,当引入深度负反馈后,放大电路的闭环增益仅仅取决于反馈网络,而与基本放大电路几乎无关,当然也就和放大器件的参数无关了,所以增益的稳定性会大大提高。

在一般情况下,为了从数量上表示增益的稳定程度,常用有、无反馈两种情况下放大倍数的相对变化之比来衡量。由于增益的稳定性是用它的绝对值的变化来表示的,在不考虑相位关系时,式(7-4)中的各量均用正实数表示,即

$$A_f = \frac{A}{1+AF} \tag{7-6}$$

对 A 求导得

$$\frac{\mathrm{d}A_f}{\mathrm{d}A} = \frac{(1+AF)-AF}{(1+AF)^2} = \frac{1}{(1+AF)^2}$$

即

$$\mathrm{d}A_f = \frac{\mathrm{d}A}{(1+AF)^2}$$

用式(7-6)来除上式,得

$$\frac{\mathrm{d}A_f}{A_f} = \frac{1}{1+AF} \cdot \frac{\mathrm{d}A}{A} \tag{7-7}$$

式(7-7)表明,引入负反馈后,闭环增益的相对变化是开环增益相对变化的 $\dfrac{1}{1+AF}$。

【例 7-4】 已知一反馈系统的开环增益 $A=10^6$,闭环增益 $A_f=100$,如果 A 下降 20%,试问 A_f 下降多少?

【解】 由于 $A_f = \dfrac{A}{1+AF}$,所以,$1+AF = \dfrac{A}{A_f} = \dfrac{10^6}{100} = 10^4$,由式(7-7)可得

$$\frac{\mathrm{d}A_f}{A_f} = \frac{1}{1+AF} \cdot \frac{\mathrm{d}A}{A} = \frac{1}{10^4} \times 20\% = 0.002\%$$

可见,与开环增益相比,闭环增益变化的百分比要小得多。引入负反馈后,增益减小了,但却极大地提高了增益的稳定度。

应当指出的是,这里的 A_f 是广义的增益,引入不同类型的负反馈,只能稳定相应的增益。例如,电压串联负反馈只能稳定电压增益;电流串联负反馈只能稳定互导增益等。

7.4.2　减小非线性失真

放大电路的非线性失真是由于放大器件（如三极管，场效应管）的非线性特性引起的。当放大电路存在非线性失真时，若输入信号为单一频率的正弦波，输出信号将是非正弦波，除了基波以外，还含有一系列的谐波成分。

负反馈减小放大电路非线性失真的机理可用图 7-12 说明。

基本放大电路存在非线性失真时，其信号传输波形如图 7-12(a)所示。由图可见，由于放大器件的非线性特性，当基本放大电路输入正弦波时，输出信号产生了非线性失真，使正半周放大的幅度大于负半周放大的幅度，其形状为"上大下小"。引入负反馈后，如图 7-12(b)所示，反馈信号 x_f 正比于输出信号 x_o，其波形也是"上大下小"。反馈信号 x_f 与输入正弦信号 x_i 相减（负反馈）后，使净输入信号 x_i' 的波形为"上小下大"，即产生了**预失真**。预失真的净输入信号与放大器件非线性特性的作用正好相反，其结果使输出信号的非线性失真减小了。

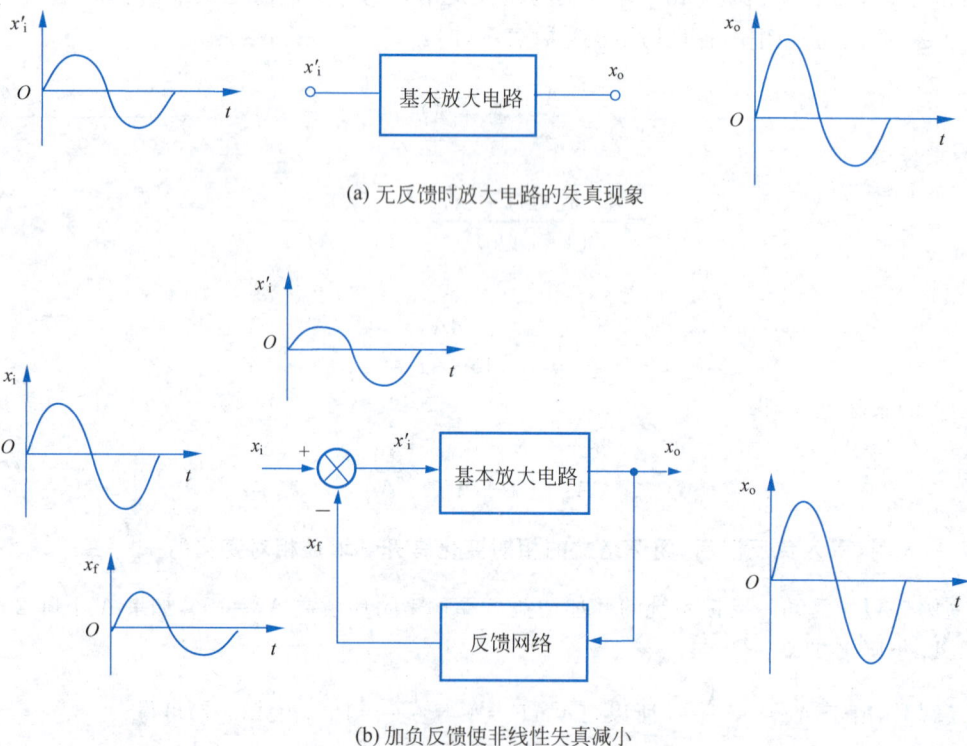

(a) 无反馈时放大电路的失真现象

(b) 加负反馈使非线性失真减小

图 7-12　负反馈减小放大电路的非线性失真

应当注意的是，**负反馈只能改善由放大电路本身所引起的非线性失真**，对外加输入信号本身所固有的非线性失真，负反馈将无能为力。

7.4.3　扩展通频带

频率响应是放大电路的重要特性之一，而通频带是它的重要技术指标。在有些场合，往往需要放大电路有较宽的通频带。**引入负反馈是展宽通频带的有效措施之一**,下面介绍负反馈展宽通频带的原理。

假设基本放大电路在高频段的增益为

$$\dot{A} = \frac{A_\mathrm{m}}{1 + \mathrm{j}\dfrac{f}{f_\mathrm{H}}} \tag{7-8}$$

式中,A_m 是基本放大电路的中频增益;f_H 是它的上限截止频率。

为讨论问题的简便,假设引入线阻性负反馈,即反馈系数 F 为实数时,负反馈放大电路的闭环增益为

$$\dot{A}_\mathrm{f} = \frac{\dot{A}}{1 + \dot{A}F} = \frac{\dfrac{A_\mathrm{m}}{1 + \mathrm{j}\dfrac{f}{f_\mathrm{H}}}}{1 + \dfrac{A_\mathrm{m}}{1 + \mathrm{j}\dfrac{f}{f_\mathrm{H}}}F} = \frac{\dfrac{A_\mathrm{m}}{1 + A_\mathrm{m}F}}{1 + \mathrm{j}\dfrac{f}{f_\mathrm{H}(1 + A_\mathrm{m}F)}} \tag{7-9}$$

式(7-9)可写成

$$\dot{A}_\mathrm{f} = \frac{A_\mathrm{mf}}{1 + \mathrm{j}\dfrac{f}{f_\mathrm{Hf}}} \tag{7-10}$$

比较式(7-9)和式(7-10)可得

$$A_\mathrm{mf} = \frac{A_\mathrm{m}}{1 + A_\mathrm{m}F} \tag{7-11}$$

$$f_\mathrm{Hf} = (1 + A_\mathrm{m}F)f_\mathrm{H} \tag{7-12}$$

可见,**引入负反馈后,中频增益减小了$(1 + A_\mathbf{m}F)$倍,而上限截止频率增大了$(1 + A_\mathbf{m}F)$倍**。

7.4.4 改变输入电阻和输出电阻

负反馈可以改变放大电路的输入电阻和输出电阻,不同类型的负反馈对放大电路的输入、输出电阻的影响不同。

1. 负反馈对输入电阻的影响

由于输入电阻和放大电路的输出端无关,只与反馈放大电路输入端的连接方式有关,因此,讨论输入电阻时,可以不考虑放大电路在输出端的取样方式。

(1) 串联负反馈。

串联负反馈放大电路的框图如图 7-13 所示。图中,$\dot{X}_\mathrm{o}$ 可能是电压也可能是电流,R_i 是基本放大电路的输入电阻,即

$$R_\mathrm{i} = \frac{\dot{U}_\mathrm{i}'}{\dot{I}_\mathrm{i}} \tag{7-13}$$

反馈放大电路的输入电阻为

$$R_{if} = \frac{\dot{U}_i}{\dot{I}_i} = \frac{\dot{U}_i' + \dot{U}_f}{\dot{I}_i} = \frac{\dot{U}_i'}{\dot{I}_i}\left(1 + \frac{\dot{U}_f}{\dot{U}_i'}\right) = R_i(1 + \dot{A}\dot{F}) \tag{7-14}$$

式(7-14)表明，**引入串联负反馈，放大电路的输入电阻将增大$(1 + \dot{A}\dot{F})$倍。**

（2）并联负反馈。

并联负反馈放大电路的框图如图 7-14 所示。图中，基本放大电路的输入电阻为

$$R_i = \frac{\dot{U}_i}{\dot{I}_i'} \tag{7-15}$$

反馈放大电路的输入电阻为

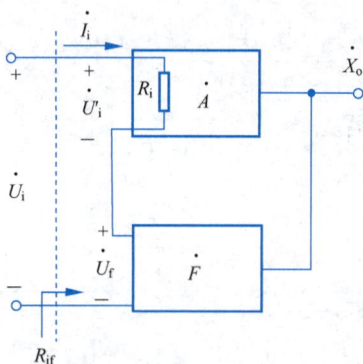

图 7-13 串联负反馈的框图

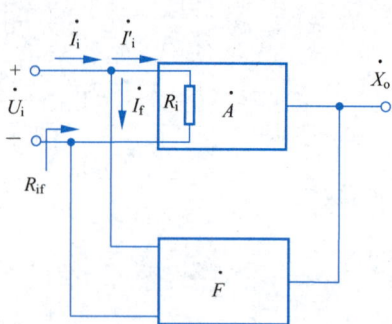

图 7-14 并联负反馈的框图

$$R_{if} = \frac{\dot{U}_i}{\dot{I}_i} = \frac{\dot{U}_i}{\dot{I}_i' + \dot{I}_f} = \frac{\dot{U}_i}{\dot{I}_i'\left(1 + \frac{\dot{I}_f}{\dot{I}_i'}\right)} = \frac{R_i}{1 + \dot{A}\dot{F}} \tag{7-16}$$

式(7-16)表明，**引入并联负反馈，放大电路的输入电阻将减小$1 + \dot{A}\dot{F}$倍。**

由以上讨论可知，在设计放大电路时，若要求输入电阻大，可引入串联负反馈；若要求输入电阻小，可引入并联负反馈。

2. 负反馈对输出电阻的影响

输出电阻是从放大电路输出端看进去的等效内阻，所以负反馈对输出电阻的影响取决于基本放大电路与反馈网络在输出端的连接方式，即取决于电路引入的是电压负反馈还是电流负反馈。

（1）电压负反馈。

电压负反馈放大电路的框图如图 7-15 所示。其中，图 7-15(a)为电压串联负反馈的框图，图 7-15(b)为电压并联负反馈的框图。

求反馈放大电路的输出电阻时，要将信号源短路并且将负载去掉，在输出端加信号电压$\dot{U}_T$，因此，求图 7-15 所示电路输出电阻的框图如图 7-16 所示。

在图 7-16(a)中，反馈放大电路的输出电阻为

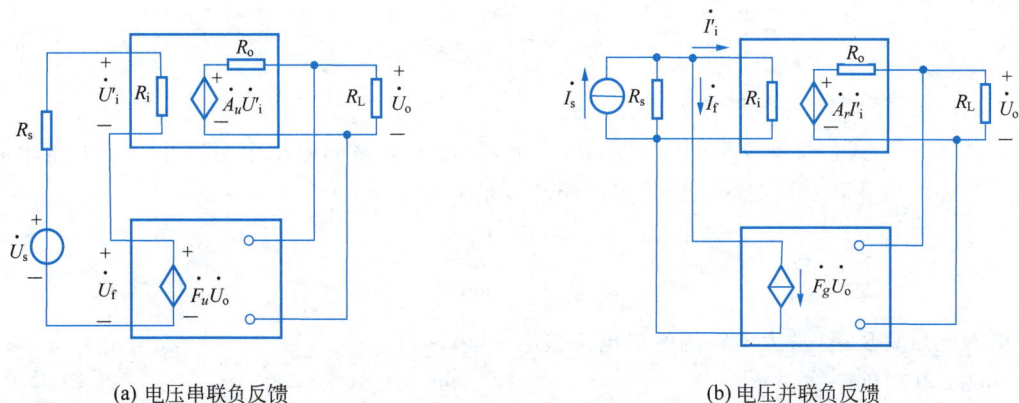

(a) 电压串联负反馈

(b) 电压并联负反馈

图 7-15 电压负反馈的框图

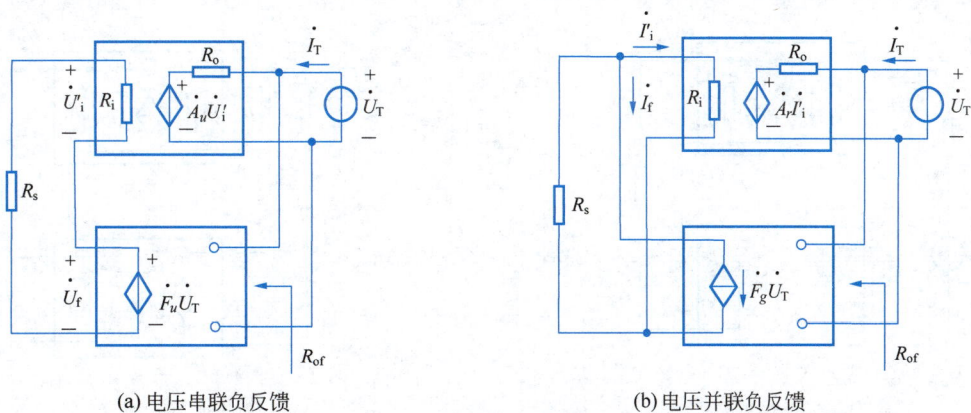

(a) 电压串联负反馈

(b) 电压并联负反馈

图 7-16 求电压负反馈放大电路输出电阻的框图

$$R_{of} = \frac{\dot{U}_T}{\dot{I}_T} \tag{7-17}$$

由图 7-16(a)可得

$$\dot{I}_T = \frac{\dot{U}_T - \dot{A}_u \dot{U}_i'}{R_o} \tag{7-18}$$

由于电压串联负反馈放大电路用的信号源是电压源，R_s 很小，可以忽略，因此有

$$\dot{U}_i' \approx -\dot{U}_f \tag{7-19}$$

而

$$\dot{U}_f = \dot{F}_u \dot{U}_T \tag{7-20}$$

将式(7-19)、式(7-20)代入式(7-17)并整理可得

$$R_{of} = \frac{\dot{U}_T}{\dot{I}_T} = \frac{R_o}{1 + \dot{A}_u \dot{F}_u} \tag{7-21}$$

同理，可推导出图 7-16(b)所示反馈放大电路的输出电阻为

$$R_{of} = \frac{R_o}{1 + \dot{A}_r \dot{F}_g} \qquad (7\text{-}22)$$

关于式(7-22)的具体推导请读者自己完成。

式(7-21)、式(7-22)表明，引入电压负反馈，使放大电路的输出电阻减小。将电压串联负反馈和电压并联负反馈的输出电阻可统一表示为如下形式

$$R_{of} = \frac{R_o}{1 + \dot{A}\dot{F}} \qquad (7\text{-}23)$$

即引入电压负反馈，放大电路的输出电阻减小 $1+\dot{A}\dot{F}$ 倍。

(2) 电流负反馈。

电流负反馈放大电路的框图如图 7-17 所示。其中，图 7-17(a)为电流串联负反馈的框图，图 7-17(b)为电流并联负反馈的框图。

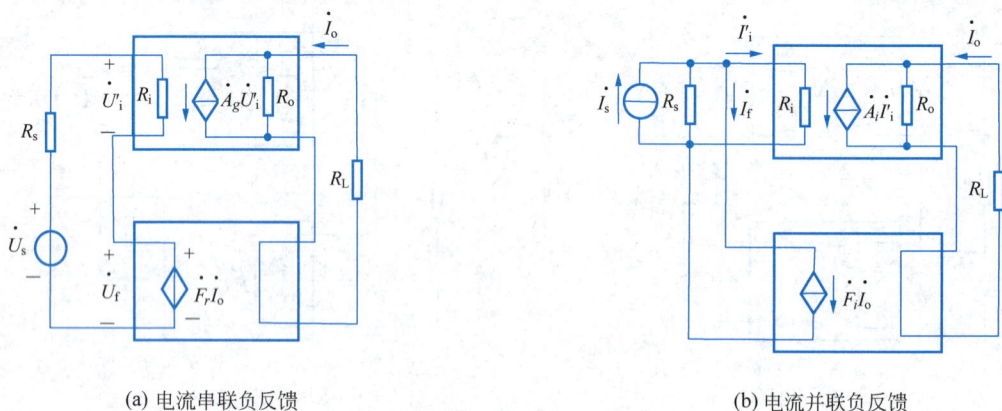

(a) 电流串联负反馈　　　(b) 电流并联负反馈

图 7-17　电流负反馈的框图

求电流负反馈放大电路输出电阻的框图如图 7-18 所示。

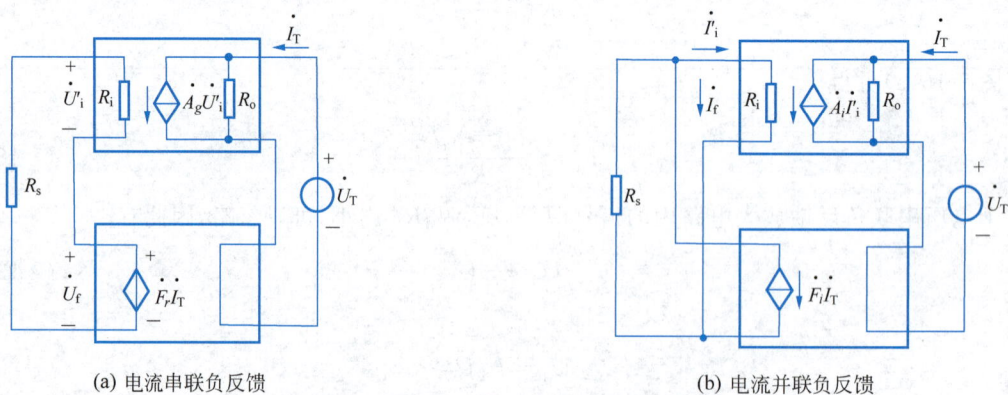

(a) 电流串联负反馈　　　(b) 电流并联负反馈

图 7-18　求电流负反馈放大电路输出电阻的框图

类似于电压负反馈放大电路输出电阻的推导方法，可求得图 7-18(a)、(b)反馈放大电路的输出电阻分别为

$$R_{of} = R_o(1 + \dot{A}_g \dot{F}_r) \qquad (7\text{-}24)$$

$$R_{of} = R_o(1 + \dot{A}_i \dot{F}_i) \tag{7-25}$$

式(7-24)、式(7-25)可统一表示为

$$R_{of} = R_o(1 + \dot{A}\dot{F}) \tag{7-26}$$

式(7-26)表明,**引入电流负反馈,放大电路的输出电阻增大$(1+\dot{A}\dot{F})$倍**。

由以上讨论可知,在设计放大电路时,若要求输出电阻大,可引入电流负反馈;若要求输出电阻小,可引入电压负反馈。

7.5 深度负反馈放大电路的近似估算

视频讲解

放大电路引入负反馈后,信号的传输不仅有正向传输(在基本放大电路中从输入到输出),也有反向传输(在反馈回路中从输出到输入),这就给电路的分析计算带来了困难。但在深度负反馈条件下,可对电路进行近似估算,从而使问题大为简化。由于实用的放大电路中多引入深度负反馈,因此,本节重点讨论深度负反馈放大电路的近似估算方法。

1. 深度负反馈的实质

前面曾经提到,在满足深度负反馈的条件$(\dot{A}\dot{F} \gg 1)$时,可知

$$\dot{A}_f \approx \frac{1}{\dot{F}}$$

$\dot{A}_f$和$\dot{F}$的定义为

$$\dot{A}_f = \frac{\dot{X}_o}{\dot{X}_i}, \quad \dot{F} = \frac{\dot{X}_f}{\dot{X}_o}$$

由$\dot{F}$的定义式可得

$$\dot{A}_f \approx \frac{1}{\dot{F}} = \frac{\dot{X}_o}{\dot{X}_f}$$

将上式与$\dot{A}_f$的定义式相比较可得

$$\dot{X}_i \approx \dot{X}_f \tag{7-27}$$

式(7-27)表明,深度负反馈的实质是在近似分析中可忽略净输入量$\dot{X}_i'$。但引入不同的反馈组态,所忽略的净输入量将不同。当电路引入深度串联负反馈时

$$\dot{U}_i \approx \dot{U}_f \tag{7-28}$$

认为净输入电压$\dot{U}_i'$可忽略不计。

当电路引入深度并联负反馈时

$$\dot{I}_i \approx \dot{I}_f \tag{7-29}$$

认为净输入电流$\dot{I}_i'$可忽略不计。

利用式(7-5)、式(7-28)、式(7-29)可以近似求出四种不同组态负反馈放大电路的闭环增益。

2. 深度负反馈放大电路的近似计算

下面举例说明深度负反馈放大电路的近似估算方法。

【例 7-5】 分压式偏置 Q 点稳定电路如图 7-19(a)所示，假设满足深度负反馈条件，试估算其闭环电压增益 $\dot{A}_{uf}$。

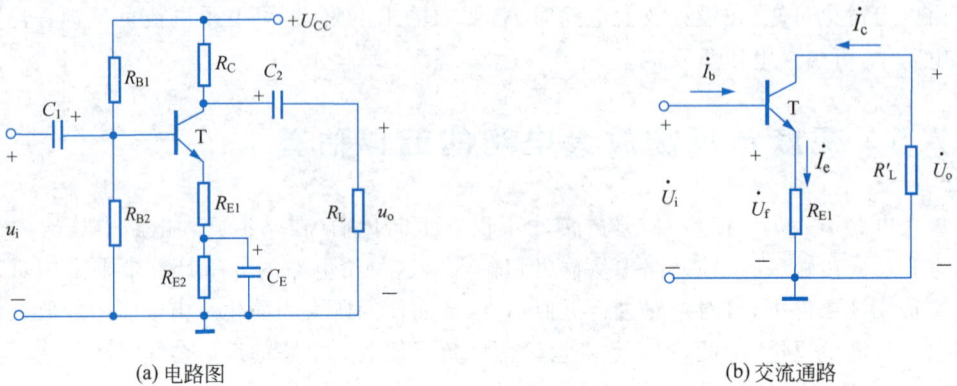

(a) 电路图　　　　　　　　　　(b) 交流通路

图 7-19　例 7-5 的图

【解】 画出如图 7-19(a)所示电路的交流通路如图 7-19(b)所示（注意图中省去了基极偏置电阻）。图中，$R_L' = R_C /\!/ R_L$。可见，交流通路中由 R_{E1} 引入了电流串联负反馈。

由于是串联负反馈，所以，在满足深度负反馈的条件下，有

$$\dot{U}_i \approx \dot{U}_f$$

由图 7-19(b)可得

$$\dot{U}_o = -\dot{I}_c R_L', \quad \dot{U}_f = \dot{I}_e R_{E1}$$

而

$$\dot{I}_c \approx \dot{I}_e$$

所以有

$$\dot{A}_{uf} = \frac{\dot{U}_o}{\dot{U}_i} \approx \frac{\dot{U}_o}{\dot{U}_f} \approx -\frac{R_L'}{R_{E1}} \tag{7-30}$$

将式(7-30)与例 7-1 的分析结果 $\dot{A}_u = -\dfrac{\beta(R_C /\!/ R_L)}{r_{be} + (1+\beta)R_{E1}}$ 做一比较可知，当电路处于深度负反馈（例如 β 值很大）时，两种方法分析的结果吻合。

【例 7-6】 反馈放大电路如图 7-20(a)所示。

(1) 试判断电路中引入的级间反馈的类型；

(2) 求在深度负反馈条件下的 $\dot{A}_f$ 和 $\dot{A}_{usf}$。

【解】 (1) 画出图 7-20(a)电路的交流通路如图 7-20(b)所示。由图可以判断由 R_{E2} 和 R_f 引入了电流并联负反馈。

(2) 由于电路引入的是电流并联负反馈，所以闭环增益 $\dot{A}_f$ 的具体形式应为闭环电流增益 $\dot{A}_{if}$。在深度负反馈条件下

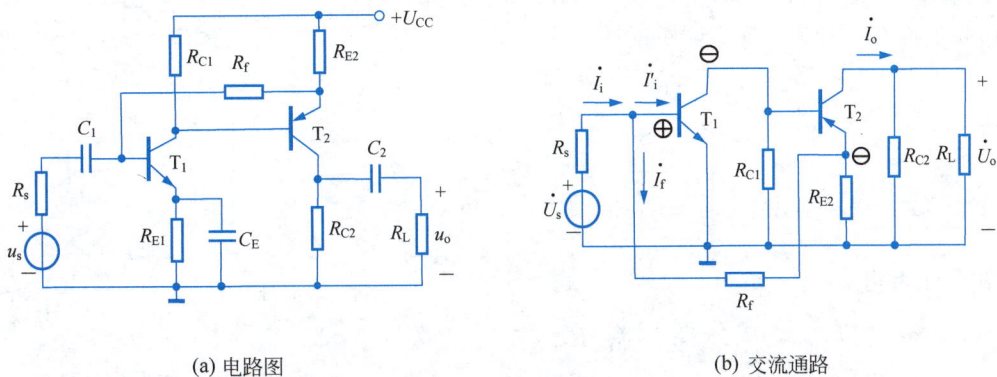

(a) 电路图　　　　　　　　　　　　(b) 交流通路

图 7-20　例 7-6 的图

$$\dot{A}_{if} \approx \frac{1}{\dot{F}_i}$$

而

$$\dot{F}_i = \frac{\dot{I}_f}{\dot{I}_o}$$

由图 7-20(b)可得

$$\dot{I}_f = \frac{R_{E2}}{R_{E2}+R_f}\dot{I}_{e2} \approx \frac{R_{E2}}{R_{E2}+R_f}\dot{I}_{c2} = \frac{R_{E2}}{R_{E2}+R_f}\dot{I}_o$$

所以有

$$\dot{A}_{if} \approx \frac{1}{\dot{F}_i} = 1 + \frac{R_f}{R_{E2}}$$

闭环源电压增益为

$$\dot{A}_{usf} = \frac{\dot{U}_o}{\dot{U}_s}$$

由图 7-20 可知

$$\dot{U}_o = \dot{I}_o(R_{C2} \ /\!/ \ R_L)$$

下面考虑 $\dot{U}_s$ 的求法。由于引入了深度并联负反馈,所以 $\dot{I}_i \approx \dot{I}_f, \dot{I}_i' \approx 0$。因为流入 T_1 管基极的净输入电流约为 0,因此,T_1 管基极的交流电位约为 0。故得

$$\dot{U}_s \approx \dot{I}_i R_s \approx \dot{I}_f R_s$$

因此求得

$$\dot{A}_{usf} = \frac{\dot{U}_o}{\dot{U}_s} = \frac{\dot{I}_o(R_{C2} \ /\!/ \ R_L)}{\dot{I}_f R_s} = \left(1 + \frac{R_f}{R_{E2}}\right) \cdot \frac{R_{C2} \ /\!/ \ R_L}{R_s}$$

【例 7-7】　反馈放大电路如图 7-21 所示,已知 $R_1 = 10\text{k}\Omega, R_2 = 100\text{k}\Omega, R_3 = 2\text{k}\Omega, R_L = 5\text{k}\Omega$。试求在深度负反馈条件下的 $\dot{A}_{uf}$。

【解】 由图 7-21 可知,电路由 R_1、R_2、R_3 引入了电流串联负反馈。对于深度串联负反馈,有

$$\dot{U}_i \approx \dot{U}_f$$

所以

$$\dot{A}_{uf} = \frac{\dot{U}_o}{\dot{U}_i} \approx \frac{\dot{U}_o}{\dot{U}_f}$$

由图 7-21 可得

$$\dot{U}_o = \dot{I}_c R_L, \quad \dot{U}_f = \dot{I}_{R_1} R_1$$

而

$$\dot{I}_{R_1} = \frac{R_3}{R_1 + R_2 + R_3} \dot{I}_e \approx \frac{R_3}{R_1 + R_2 + R_3} \dot{I}_c$$

所以可得

$$\dot{A}_{uf} = \frac{R_1 + R_2 + R_3}{R_1 R_3} R_L = \frac{10 + 100 + 2}{10 \times 2} \times 5 = 28$$

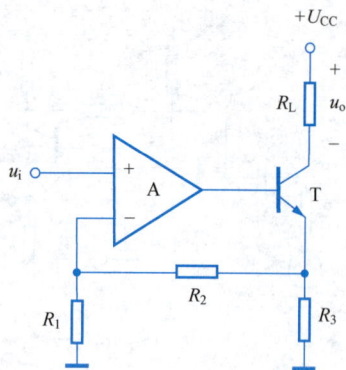

图 7-21 例 7-7 的图

【例 7-8】 估算如图 7-22 所示深度负反馈放大电路的电压增益 $\dot{A}_{uf}$,已知 $R_1 = 100\text{k}\Omega$, $R_2 = 100\text{k}\Omega$,$R_3 = 50\text{k}\Omega$。

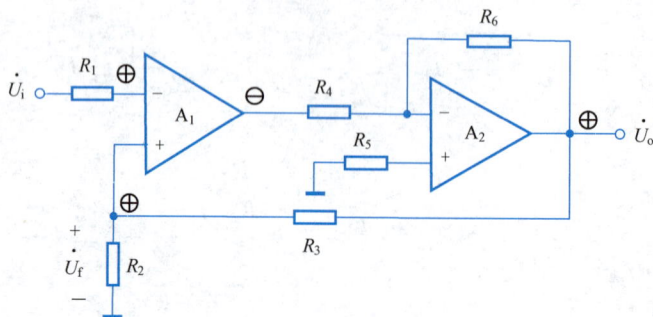

图 7-22 例 7-8 的图

【解】 该电路由运放组成了两级放大电路,级间由 R_2、R_3 引入了电压串联负反馈。若满足深度负反馈条件,则有 $\dot{U}_i \approx \dot{U}_f$。由图 7-22 可得

$$\dot{U}_f = \frac{R_2}{R_2 + R_3} \dot{U}_o$$

所以有

$$\dot{A}_{uf} = \frac{\dot{U}_o}{\dot{U}_i} \approx \frac{\dot{U}_o}{\dot{U}_f} = 1 + \frac{R_3}{R_2} = 1 + \frac{50}{100} = 1.5$$

【例 7-9】 电路如图 7-23 所示。

(1) 试判断级间反馈的类型;

(2) 假设满足深度负反馈条件,试求 $\dot{A}_f$ 和 $\dot{A}_{uf}$。

【解】 (1) 该电路由两级放大电路组成,第一级是由 $T_1 \sim T_4$ 组成的恒流源差动放大

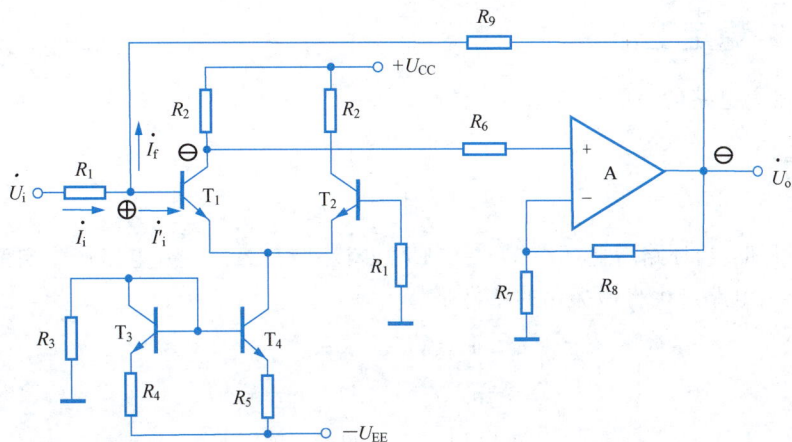

图 7-23　例 7-9 的图

电路,其中,T_1、T_2 管为差动放大管,T_3、T_4 管组成的比例式电流源为其提供恒流偏置;第二级是由运放组成的放大电路。级间通过 R_9,R_1 引入了电压并联负反馈。图中标出了电路各点的瞬时极性。

（2）由于引入的是电压并联负反馈。所以闭环增益 $\dot{A}_f$ 的具体形式应为闭环互阻增益 $\dot{A}_{rf}$。在深度负反馈条件下,有

$$\dot{A}_{rf} \approx \frac{1}{\dot{F}_g} = \frac{1}{\dfrac{\dot{I}_f}{\dot{U}_o}} = \frac{\dot{U}_o}{\dot{I}_f} = \frac{-R_9 \dot{I}_f}{\dot{I}_f} = -R_9$$

注意,上式中 $\dot{U}_o = -R_9 \dot{I}_f$,这是因为,对于深度并联负反馈,$\dot{I}'_i \approx 0$。流入 T_1 管基极的净输入电流约为零,因此,T_1 管基极的交流电位约为零。

$$\dot{A}_{uf} = \frac{\dot{U}_o}{\dot{U}_i} = \frac{-R_9 \dot{I}_f}{R_1 \dot{I}_i} \approx \frac{-R_9 \dot{I}_f}{R_1 \dot{I}_f} = -\frac{R_9}{R_1}$$

7.6　负反馈放大电路的稳定性

由 7.4 节的讨论可知,反馈越深,负反馈对放大电路性能的影响越强。然而,事物总是具有两面性,**若反馈过深,则负反馈放大电路会产生自激振荡**。其原因是,施加负反馈后,展宽了通频带,由于电路中各种电抗元件(如耦合电容、旁路电容及晶体管的极间电容等)的存在,放大电路会在低频段和高频段产生附加相移。在中频区施加的负反馈,有可能在高频区和低频区变成正反馈。当形成正反馈时,即使外加输入信号为零,由于某种电扰动(如合闸通电),输出端也会产生一定频率和一定幅度的信号。电路一旦产生自激振荡将无法正常放大,自激振荡使负反馈放大电路处于不稳定状态。本节主要讨论负反馈放大电路稳定工作的条件以及保证负反馈放大电路稳定工作的技术手段。

视频讲解

7.6.1　稳定工作条件

负反馈放大电路的一般表达式为

$$\dot{A}_{\mathrm{f}} = \frac{\dot{A}}{1 + \dot{A}\dot{F}}$$

由上式可知：当环路增益 $\dot{T} = \dot{A}\dot{F} = -1$ 时，闭环增益 $\dot{A}_{\mathrm{f}} \to \infty$，电路产生**自激振荡**。因此，负反馈放大电路产生自激振荡的条件是

$$\dot{T} = \dot{A}\dot{F} = -1 \tag{7-31}$$

或同时满足

$$T(\omega) = 1, \quad \varphi_{\mathrm{T}}(\omega) = \pm\pi \tag{7-32}$$

其中，$T(\omega) = 1$ 称为自激振荡的振幅条件，$\varphi_{\mathrm{T}}(\omega) = \pm\pi$ 称为自激振荡的相位条件。

为了保证负反馈放大电路稳定工作，应破坏上述自激振荡条件，或破坏振幅条件，或破坏相位条件。因此，负反馈放大电路稳定工作的条件可表述如下

$$\begin{cases} \text{当 } \varphi_{\mathrm{T}}(\omega) = \pm\pi \text{ 时，} T(\omega) < 1 \text{ 或 } 20\lg T(\omega) < 0\mathrm{dB} & \text{(7-33a)} \\ \text{当 } T(\omega) = 1 \text{ 或 } 20\lg T(\omega) = 0\mathrm{dB} \text{ 时，} |\varphi_{\mathrm{T}}(\omega)| < \pi & \text{(7-33b)} \end{cases}$$

式(7-33a)和式(7-33b)所表示的稳定条件是等价的。

式(7-33)表明，可以用环路增益的波特图来判断负反馈系统是否稳定，如图 7-24 所示。

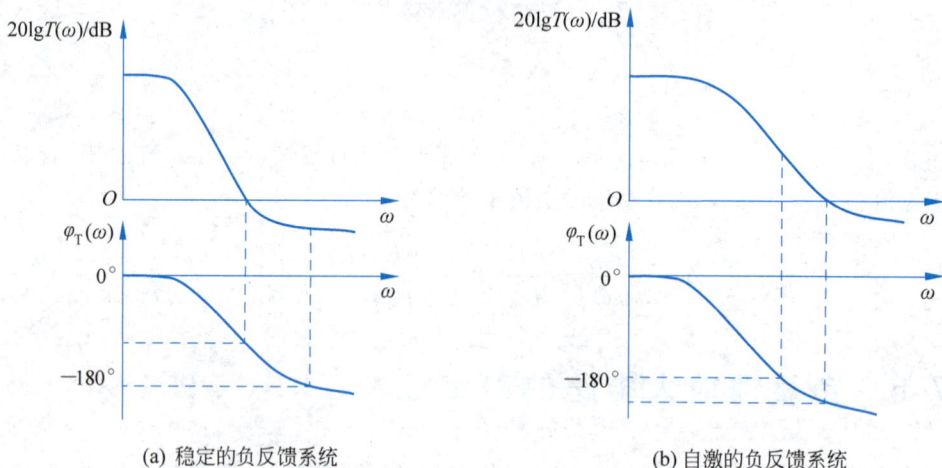

(a) 稳定的负反馈系统　　　　　　　　(b) 自激的负反馈系统

图 7-24　负反馈放大电路的稳定性

在图 7-24(a) 中，当 $20\lg T(\omega) = 0\mathrm{dB}$ 时，$|\varphi_{\mathrm{T}}(\omega)| < 180°$；当 $\varphi_{\mathrm{T}}(\omega) = -180°$ 时，$20\lg T(\omega) < 0\mathrm{dB}$。所以图 7-24(a) 所示的负反馈放大电路是稳定的。在图 7-24(b) 中，当 $20\lg T(\omega) = 0\mathrm{dB}$ 时，$|\varphi_{\mathrm{T}}(\omega)| > 180°$；当 $\varphi_{\mathrm{T}}(\omega) = -180°$ 时，$20\lg T(\omega) > 0\mathrm{dB}$。所以图 7-24(b) 所示的负反馈放大电路是不稳定的。

7.6.2　稳定裕量

事实上，为了保证负反馈放大电路稳定工作，仅仅满足上述稳定条件是不充分的。因

为,一旦放大电路接近自激,其性能将严重恶化。这时,若电源电压、温度等外界因素发生变化,将导致环路增益变化,放大电路就有可能满足自激条件。因此,要保证负反馈放大电路稳定工作,必须使它远离自激状态,远离自激状态的程度可用**稳定裕量**来表示。稳定裕量有**增益裕量**(gain margin)和**相位裕量**(phase margin)之分。它们的定义如图 7-25 所示。

如前所述,当 $\varphi_T(\omega)=\pm\pi$ 时,对应环路增益 $T(\omega)=1$ 或 $20\lg T(\omega)=0\text{dB}$ 是负反馈放大电路稳定和不稳定的界限,若 $T(\omega)<1$ 或 $20\lg T(\omega)<0\text{dB}$,则负反馈放大电路稳定。在稳定的负反馈放

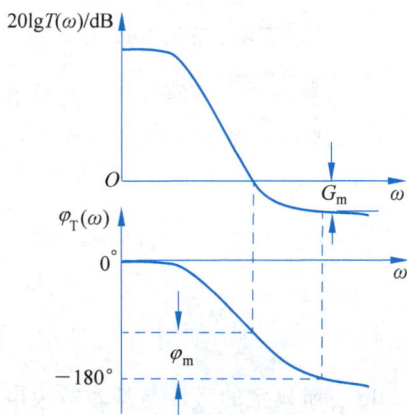

图 7-25 稳定裕量

大电路环路增益的波特图中,$\varphi_T(\omega)=\pm\pi$ 时所对应的 $20\lg T(\omega)$ 值与 0dB 之间的差称为增益裕量,用 G_m 表示。即

$$G_m=20\lg T(\omega)\Big|_{\varphi_T(\omega)=\pm\pi} \tag{7-34}$$

稳定的负反馈放大电路 $G_m<0$,而且 $|G_m|$ 越大,电路越稳定。

当 $T(\omega)=1$ 或 $20\lg T(\omega)=0\text{dB}$ 时,$\varphi_T(\omega)=\pm\pi$ 是负反馈放大电路稳定和不稳定的界限,若 $|\varphi_T(\omega)|<\pi$,则负反馈放大电路是稳定的。在稳定的负反馈放大电路环路增益的波特图中,180°与环路增益为 0dB 时所对应的 $\varphi_T(\omega)$ 绝对值之间的差值称为相位裕量,用 φ_m 表示。即

$$\varphi_m=180°-|\varphi_T(\omega)|\Big|_{20\lg T(\omega)=0\text{dB}} \tag{7-35}$$

稳定的负反馈放大电路 $\varphi_m>0$,而且 φ_m 越大,电路越稳定。

在工程实践中,通常要求 $G_m\leqslant-10\text{dB}$,$\varphi_m>45°$。按此要求设计的负反馈放大电路,不仅可以在预定的工作情况下满足稳定条件,而且当环境温度、电路参数及电源电压等因素发生变化时,也能稳定工作。

7.6.3 稳定性分析

在分析负反馈放大电路的稳定性时,若假设反馈网络是纯电阻性的,不需要对环路增益的波特图进行分析,而只需要从基本放大电路的波特图入手进行分析。

若反馈网络是纯电阻性的,则式(7-33b)可写为

$$|\varphi_A(\omega)|<\pi,\quad A(\omega)F=1\quad \text{或}\quad 20\lg A(\omega)F=0\text{dB}$$

其中,$A(\omega)$ 和 $\varphi_A(\omega)$ 分别表示基本放大电路的幅频特性和相频特性。

负反馈放大电路的稳定性可用其开环增益的频率特性表示如下

$$|\varphi_A(\omega)|<\pi,\quad \text{当 } 20\lg A(\omega)=20\lg\frac{1}{F}\text{ 时} \tag{7-36}$$

若要求留有 45°的相位裕量,则要求

$$|\varphi_A(\omega)|<135°,\quad \text{当 } 20\lg A(\omega)=20\lg\frac{1}{F}\text{ 时} \tag{7-37}$$

式(7-37)表明，当基本放大电路的幅频特性值为 $20\lg\dfrac{1}{F}$ dB，对应的相移的绝对值小于 135°时，负反馈放大电路处于稳定状态。

若考虑一个无零三极点的基本放大电路，其三个极点角频率分别为 ω_{p1}、ω_{p2}、ω_{p3}，且满足 $\omega_{p2}=10\omega_{p1}$，$\omega_{p3}=10\omega_{p2}$ 的条件；中频增益为 A_m，则该放大电路的增益表达式为

$$A(\mathrm{j}\omega)=\frac{A_m}{\left(1+\mathrm{j}\dfrac{\omega}{\omega_{p1}}\right)\left(1+\mathrm{j}\dfrac{\omega}{\omega_{p2}}\right)\left(1+\mathrm{j}\dfrac{\omega}{\omega_{p3}}\right)} \tag{7-38}$$

画出其波特图，如图 7-26 所示。由图可知，当施加电阻性负反馈时，限制反馈系数 F，使 $20\lg\dfrac{1}{F}$ 所确定的直线与基本放大电路幅频特性波特图相交于一20dB/10 倍频程段内，就能保证所构成的负反馈放大电路稳定工作。

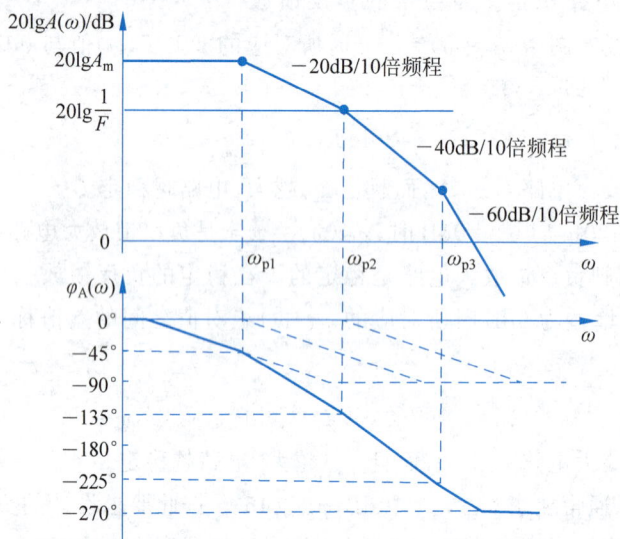

图 7-26　无零三极点系统的波特图

集成运放是电子系统中最常用的单元电路，它是由大量电子元器件构成的复杂电路。从系统观点来看，它是含有众多零极点的高阶系统。不过，它的前三个极点角频率一般都满足 $\omega_{p3}\geqslant10\omega_{p2}$，$\omega_{p2}\geqslant10\omega_{p1}$ 的条件，而其他零极点频率都离得较远。因此，作为工程分析，在集成运放应用电路中，当施加电阻性负反馈时，可根据图 7-26 方便地判断其稳定性。

7.6.4　相位补偿技术

如前所述，在负反馈放大电路中，反馈深度受到稳定性的限制。而要改善放大电路的性能，往往需要加深度负反馈。这是一对矛盾，为了解决这对矛盾，需要用到**相位补偿**（phase compensation）技术。相位补偿的实质就是在基本放大电路或反馈网络中添加适当的电阻、电容等元器件，修改环路增益的波特图，使在一定要求的反馈深度下能保证负反馈放大电路稳定工作。相位补偿有时也称为**频率补偿**（frequency compensation）。

在电阻性负反馈系统中，相位补偿的基本出发点是在保持基本放大电路中频增益不变的前提下，增大其幅频特性波特图上第一个极点角频率与第二个极点角频率之间的距离，或

者说拉长－20dB/10 倍频程的线段距离。常用的补偿方法有滞后补偿和超前补偿。

1. 滞后补偿

滞后补偿的基本思想是压低基本放大电路的最低极点(即主极点)频率。下面以集成运放 μA741 为例简要介绍滞后补偿的基本原理。

图 7-27 是 μA741 的内部简化电路。它包括三级放大电路,通常每一级对应一个极点,由于中间增益级(由 T_{16}、T_{17} 管组成)的输入、输出节点均为高阻抗节点,所以 μA741 的最低极点角频率 ω_{p1} 是由第二级产生的。因此,将补偿电容 C_φ 接在中间级的输入和输出端之间。由于中间级为共发射极放大电路,C_φ 的密勒电容效应使其输入端的电容增加了,增加的部分为

$$C_M = C_\varphi(1 + g_m R'_L) \tag{7-39}$$

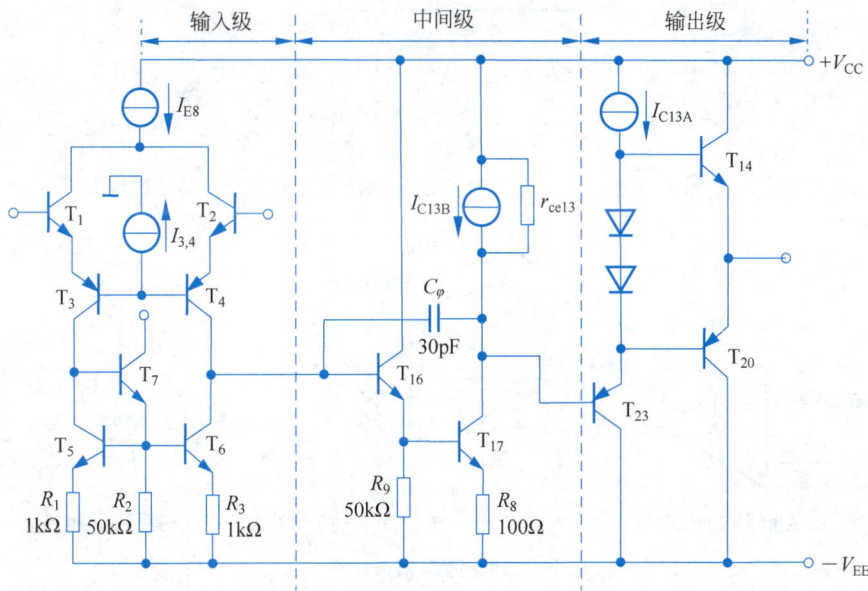

图 7-27　集成运放 μA741 的内部简化电路

这样就使 ω_{p1} 降低。补偿前、后 μA741 的幅频及相频特性波特图如图 7-28 中虚线和实线所示。

在 μA741 的设计中,内置 30pF 的小电容,利用密勒倍增效应,将主极点频率压至 7Hz,这也意味着其开环带宽只有 7Hz。然而,由图 7-28 可以看到,μA741 可以施加深度负反馈,当电压增益为 1,即构成电压跟随器时,系统依然是稳定的。

2. 超前补偿

滞后补偿是以牺牲基本放大电路的通频带为代价的。若要求补偿后仍能保证基本放大电路的通频带,则可采用超前补偿。其基本思想是在电路中引入一个超前相移的零点,以抵消原来的滞后相移,从而达到消振的目的。

超前补偿的原理电路如图 7-29(a)所示。补偿前、后环路增益的波特图如图 7-29(b)所示。

在图 7-29(a)中,设集成运放为无零三极点系统,三个极点角频率分别为 ω_{p1}、ω_{p2}、ω_{p3},补偿前环路增益的波特图如图 7-29(b)中虚线所示。将补偿电容 C 加在反馈网络中,则反馈系数不再是实数而是复数了。

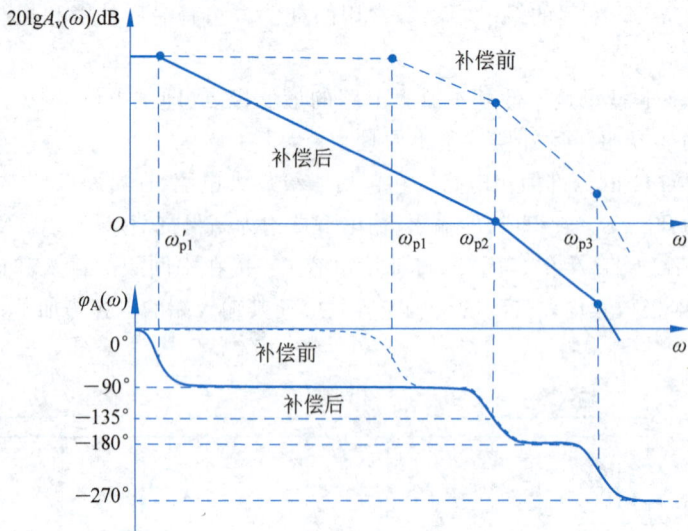

图 7-28　加入补偿电容前、后集成运放 μA741 的幅频及相频特性波特图

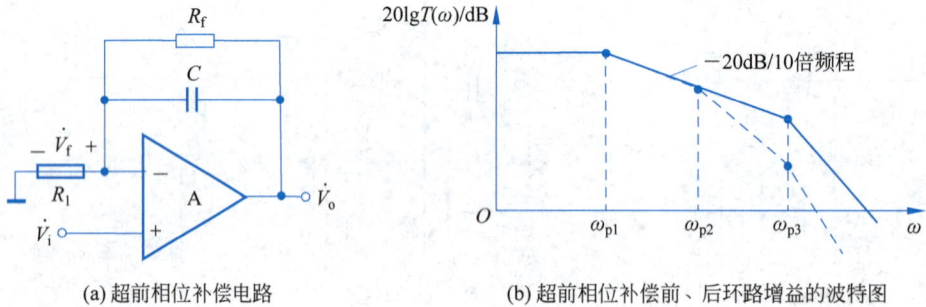

(a) 超前相位补偿电路　　　　　　(b) 超前相位补偿前、后环路增益的波特图

图 7-29　超前相位补偿

由图 7-29(a)可得

$$\dot{F}_v = \frac{\dot{V}_f}{\dot{V}_o} = \frac{R_1}{R_1 + R_f \, /\!/ \, \dfrac{1}{j\omega C}} = \frac{R_1}{R_1 + \dfrac{R_f}{1 + j\omega R_f C}} = \frac{R_1(1 + j\omega R_f C)}{(R_1 + R_f)\left(1 + \dfrac{j\omega R_1 R_f C}{R_1 + R_f}\right)}$$

上式可以写成

$$\dot{F}_v = \frac{R_1}{R_1 + R_f} \cdot \frac{1 + j\dfrac{\omega}{\omega_z}}{1 + j\dfrac{\omega}{\omega_p}} \tag{7-40}$$

式中，$\omega_z = \dfrac{1}{R_f C}$，$\omega_p = \dfrac{1}{(R_1 /\!/ R_f)C}$。

　　由式(7-40)可知，加补偿电容 C 之后，反馈网络中引入了一个零点和一个极点。若选择合适的补偿电容值，使新增零点 $\omega_z = \omega_{p2}$，新增极点 $\omega_p \gg \omega_{p3}$，这样就可在不降低 ω_{p1} 的前提下，加长 $-20\text{dB}/10$ 倍频程的特性范围，补偿后环路增益的波特图如图 7-29(b)中实线所示。可见，补偿后，第二个极点角频率 ω_{p2} 被新增零点 ω_z 抵消，第三个极点角频率 ω_{p3} 变成了补偿后的第二个极点角频率，第一个极点角频率 ω_{p1} 不变，从而保证了系统的通频带基本不变。

7.7 用 Multisim 分析负反馈放大电路

【例 7-10】 电流并联负反馈电路如图 7-30 所示，T_1、T_2 管用 2N2222，其他参数按默认值。输入信号频率 $f=1\text{kHz}$，幅值为 12mV 的正弦信号。

(1) 用 Multisim 观察加入反馈前后输出端波形的变化；

(2) 用 Multisim 仿真加入反馈前后电路的电压增益。

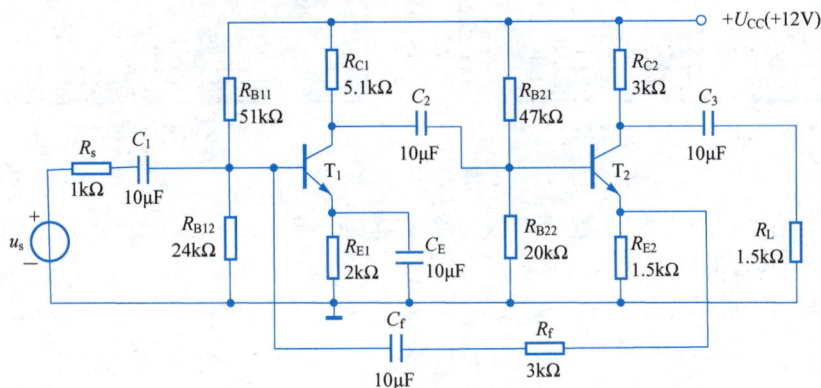

图 7-30 例 7-10 的图

【解】 Multisim 仿真电路如图 7-31(a)所示。

(1) 开关打开，即不加反馈时，用示波器观察输出波形，其最大不失真输出电压波形如图 7-31(b)所示。开关闭合，加入反馈后，用示波器观察到输出电压波形如图 7-31(c)所示。

(2) 不加反馈时，由图 7-31(b)可得输出电压的峰-峰值 $U_{\text{opp}}=1.631\text{V}$，此时，用示波器可测得输入电压（图 7-31(a)中的 13 点电压）的峰-峰值 $U_{\text{ipp}}=1.226\text{mV}$，信号源电压（图 7-31(a)中的 3 点电压）的峰-峰值 $U_{\text{spp}}=33.84\text{mV}$，因此可得开环电压增益以及源电压增益分别为

$$A_u=1.631\text{V}/1.226\text{mV}\approx1330.34 \quad \text{和} \quad A_{us}=1.631\text{V}/33.84\text{mV}\approx48.2$$

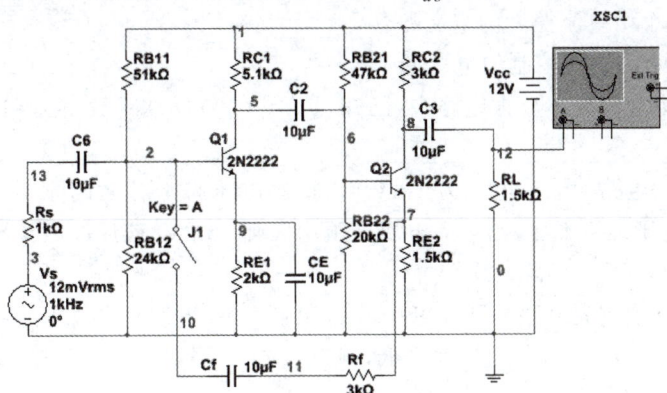

(a) 仿真电路

图 7-31 例 7-10 的图解

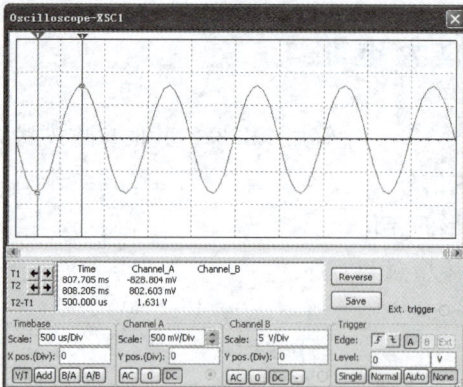

(b) 开关打开时的输出电压波形

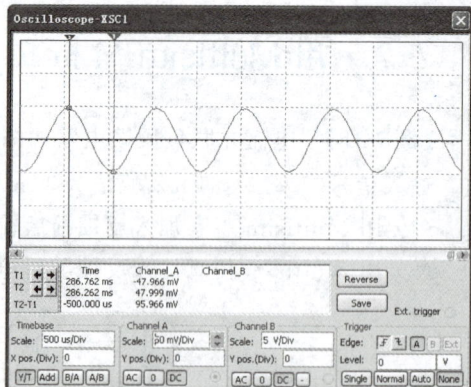

(c) 开关闭合时的输出电压波形

图 7-31 （续）

加入反馈后，由图 7-31(c)可得输出电压的峰-峰值 $U_{opp}=95.966\text{mV}$，因此可得闭环电压增益以及源电压增益分别为

$$A_{uf}=95.966\text{mV}/1.226\text{mV}\approx 78.28 \quad \text{和} \quad A_{usf}=95.966\text{mV}/33.84\text{mV}\approx 2.84$$

由上述分析结果可知，引入负反馈后，电路的电压增益和源电压增益都下降很多。

思考题与习题

【7-1】 填空。

(1) 为了分别达到以下要求，应该引入何种类型的反馈。

a. 降低放大电路对信号源索取的电流：_____；

b. 农村广播系统中的放大电路，当在其输出端并联上不同数目的喇叭时，要求音量基本保持不变：_____；

c. 某传感器产生的是电压信号(几乎不能提供电流)，经放大后希望输出电压与信号电压成正比，所使用的放大电路中应引入_____；

d. 需要一个阻抗变换电路，要求 R_i 大，R_o 小：_____；

e. 要得到一个由电流控制的电流源：_____；

f. 要得到一个由电流控制的电压源：_____。

(2) 在电压串联负反馈放大电路中，已知 $A_u=80$，负反馈系数 $F_u=1\%$，$U_o=15\text{V}$，则 $U_i=$ _____，$U_i'=$ _____，$U_f=$ _____。

(3) 已知放大电路的输入电压为 1mV 时，输出电压为 1V。当引入电压串联负反馈以后，若要求输出电压维持不变，则输入电压必须增大到 10mV，该反馈的深度等于_____，反馈系数等于_____。

(4) 有一负反馈放大电路的开环电压增益 $|A_u|=10^4$，反馈系数 $|F_u|=0.001$。则闭环电压增益 $|A_{uf}|$ 为_____，若因温度降低，静态点 Q 下降，使 $|A_u|$ 下降 10%，则闭环电压增益 $|A_{uf}|$ 为_____。

【7-2】 判断如图 7-32 所示电路中级间反馈的极性和组态。

【7-3】 电路如图 7-33 所示。

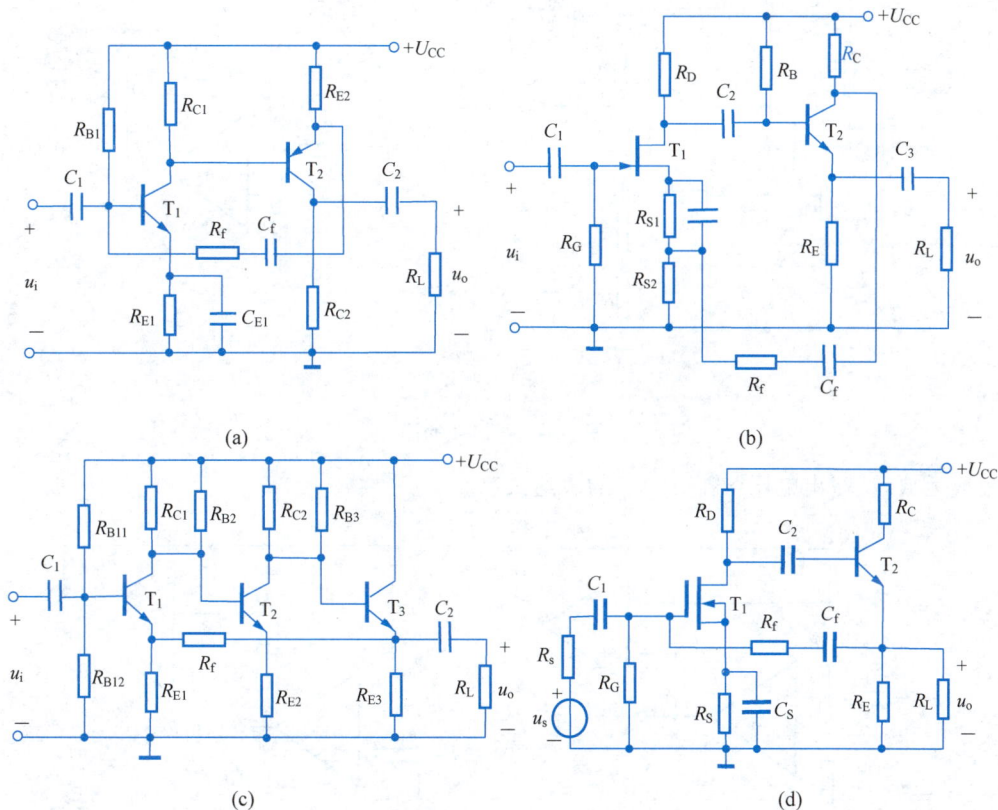

(a)

(b)

(c)

(d)

图 7-32　题 7-2 的图

（1）为使电路构成负反馈，试标出运算放大器的同相端和反相端；

（2）指出该电路的反馈类型。

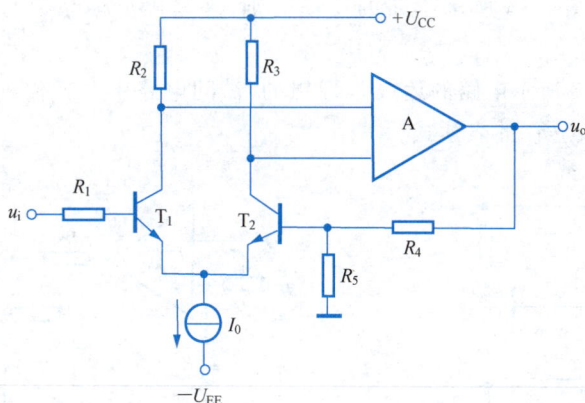

图 7-33　题 7-3 的图

【7-4】 试说明如图 7-34 所示各电路中分别存在哪些反馈支路（包括级间反馈和本级反馈）。指出反馈元件，并分析反馈类型。假设电路中各电容的容抗均可忽略。

【7-5】 图 7-35 为两个反馈放大电路。试指出在这两个电路中，哪些元件组成了放大电路？哪些元件组成了反馈通路？是正反馈还是负反馈？属于何种组态？设 A_1、A_2 为理

(a)   (b)

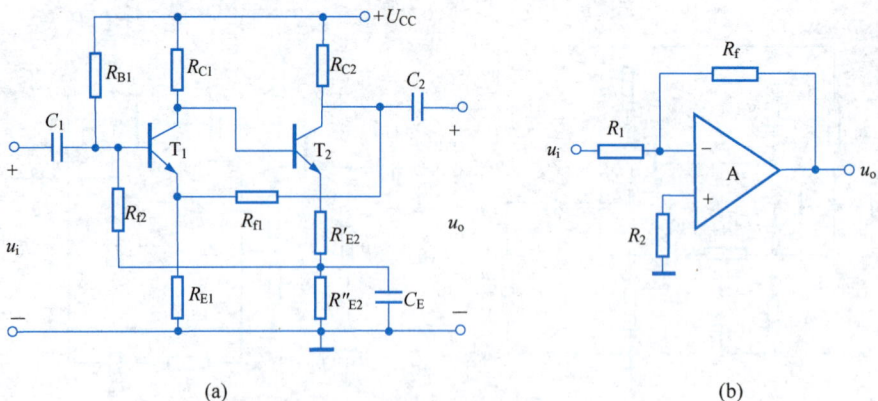

图 7-34　题 7-4 的图

想集成运放，试写出电压增益 u_o/u_i 的表达式。

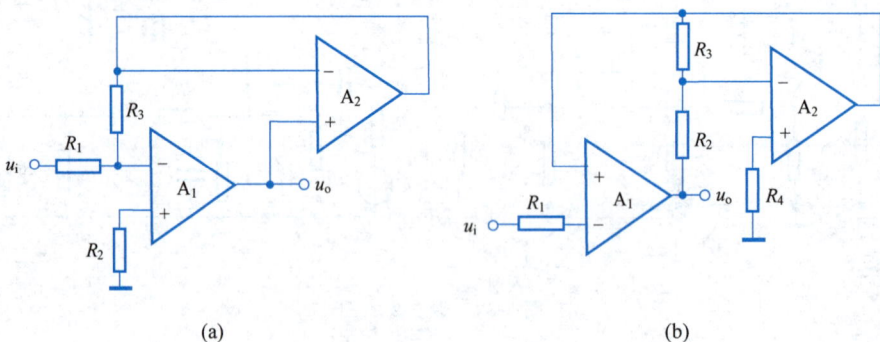

(a)   (b)

图 7-35　题 7-5 的图

【7-6】　判断如图 7-36 所示电路的反馈类别，并写出反馈系数与反馈网络元件的关系式。

【7-7】　设图 7-37 所示电路的运放是理想的，试问电路中存在何种极性和组态的级间反馈？推导出 $A_u=u_o/u_i$ 的表达式。

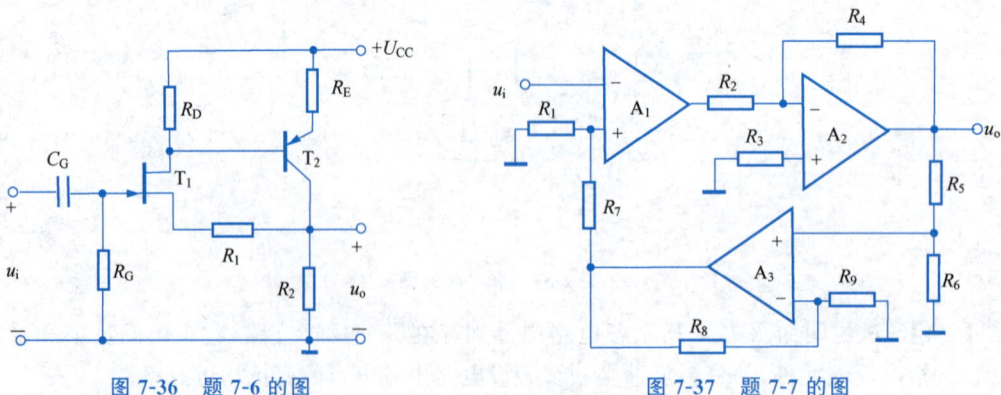

图 7-36　题 7-6 的图

图 7-37　题 7-7 的图

【7-8】　在图 7-38 所示电路中：

（1）计算在未接入 T_3 且 $u_i=0$ 时 T_1 管的 U_{CQ1} 和 U_{EQ1}（设 $\beta_1=\beta_2=100$，$U_{BE1}=$

$U_{BE2}=0.7\text{V}$）。

（2）计算当 $u_i=5\text{mV}$ 时，u_{C1}、u_{C2} 各是多少？给定 $r_{be}=10.8\text{k}\Omega$。

（3）如接入 T_3 并通过 c_3 经 R_f 反馈到 b_2，说明 b_3 应与 c_1 还是 c_2 相连才能实现负反馈。

（4）在第（3）小题的情况下，在深度负反馈的条件下，试计算 R_f 应是多少才能使引入负反馈后的电压增益 $A_{uf}=10$。

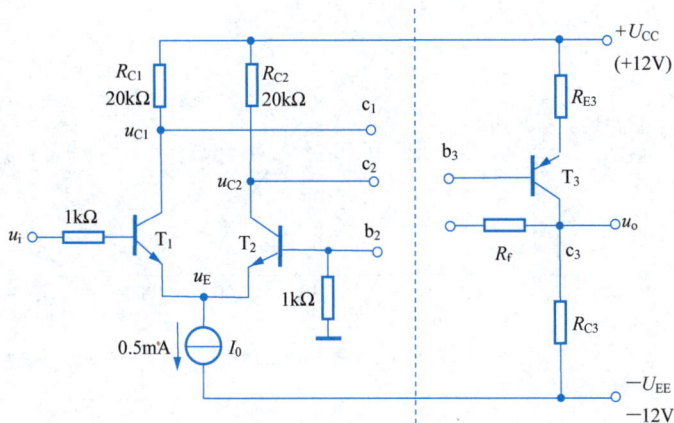

图 7-38 题 7-8 的图

【7-9】 由差动放大电路和运算放大器组成的反馈放大电路如图 7-39 所示，回答下列问题：

（1）当 $u_i=0$ 时，$U_{C1}=U_{C2}=$？（设 $U_{BE}=0.7\text{V}$）。

（2）要使由 u_o 到 b_2 的反馈为电压串联负反馈，则 c_1 和 c_2 应分别接至运放的哪个输入端（在图中用＋、－号标出）？

（3）引入电压串联负反馈后，闭环电压增益 A_{uf} 是多少？设 A 为理想运放。

（4）若要引入电压并联负反馈，则 c_1、c_2 又应分别接至运放的哪个输入端？R_f 应接到何处？若 R_f、R_{B1}、R_{B2} 数值不变，则 $A_{uf}=$？

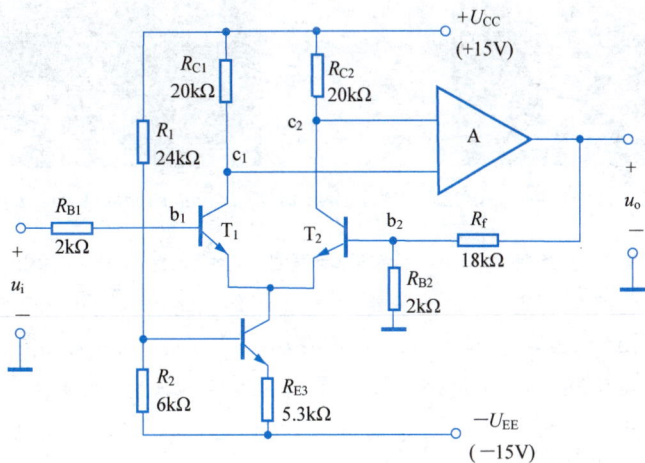

图 7-39 题 7-9 的图

【7-10】 某放大电路的开环幅频波特图如图 7-40 所示。

（1）当施加 $F=0.001$ 的负反馈时，反馈放大电路是否能稳定工作？若稳定，相位裕量等于多少？

（2）若要求闭环增益为 40dB，为保证相位裕量大于 45°，试画出密勒补偿后的开环幅频特性曲线。

（3）指出补偿前和补偿后的开环带宽 BW 各为多少。

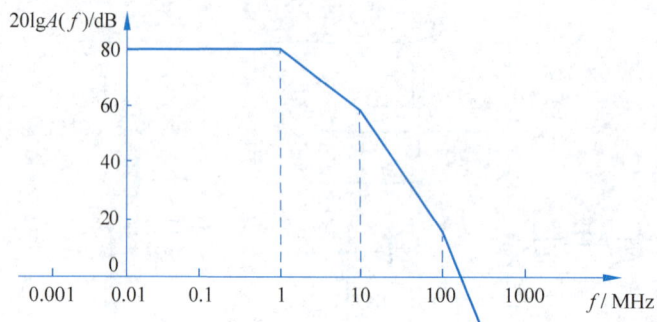

图 7-40　题 7-10 的图

科学家故事

电路频域分析方法的开创者——亨德里克·韦德·波特（H. W. Bode）

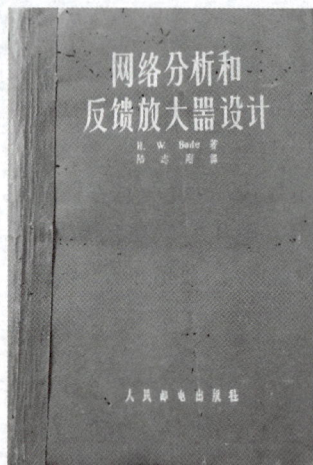

亨德里克·韦德·波特（1905—1982）　*Network Analysis and Feedback Amplifier Design* 中译本

亨德里克·韦德·波特是美国贝尔实验室的荷兰裔科学家。1928 年，波特在开发一种新的同轴电缆通信系统时，带领一组数学家研究能充分利用 Black 放大器优点的系统设计方法。1940 年，波特在其经典论文 *Relations Between Attenuation and Phase in Feedback Amplifier Design* 中进一步提出了利用频域的波特图、幅值裕度、相位裕度等相对稳定性概念来设计负反馈放大器的方法，并指出了系统增益与带宽的极限关系。1945 年波特的经典著作 *Network Analysis and Feedback Amplifier Design* 问世，标志着电路频域分析方法的诞生。

第 8 章

集成运算放大器的应用

集成运算放大器作为一种通用器件，有着十分广泛的用途，从功能来看，它可构成信号的运算、处理和产生电路。信号运算电路包括比例、求和、微分和积分、对数和反对数(指数)以及乘法和除法运算电路等；信号处理电路包括有源滤波、电压比较器等；信号的产生电路包括正弦波和非正弦波产生电路。

随着人工智能技术的快速发展，智能化集成电路应运而生。通过内置的智能算法，智能化集成电路能够根据外部环境的变化或预设的条件自动调整工作状态，实现自适应控制，因而在智能家居、自动驾驶、智能制造、智能医疗诊断等领域发挥着举足轻重的作用。

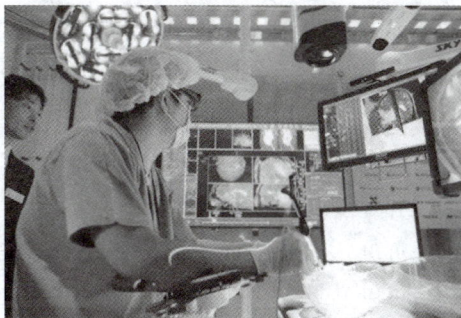

8.1 基本的信号运算电路

视频讲解

集成运算放大器的应用首先表现在它能构成各种运算电路上，并因此而得名。

8.1.1 比例运算电路

比例运算电路的输出电压和输入电压之间存在比例关系。根据输入信号接到运放的输入端不同，可将比例运算电路分为三种基本形式：反相比例运算电路、同相比例运算电路和差动比例运算电路。

1. 反相比例运算电路

反相比例运算电路如图 8-1 所示。输入电压 u_i 通过电阻 R_1 作用于运放的反相输入端，故输出电压 u_o 与 u_i 反相。电阻 R_f 跨接在运放的输出端和反相输入端，引入了电压并联负反馈，故运放工作在线性区。同相输入端通过电阻 R' 接地，R' 为**补偿电阻**，以保证运放输入级差动放大电路的对称性，其值为 $u_i = 0$ 时反相输入端总的等效电阻，即

$$R' = R_1 /\!/ R_f$$

由于运放工作在线性区，所以有

$$u_+ \approx u_-, \quad i_+ = i_- \approx 0$$

由图可得：$u_+ = R'i_+ = 0$，因此有

$$u_+ \approx u_- = 0 \qquad (8\text{-}1)$$

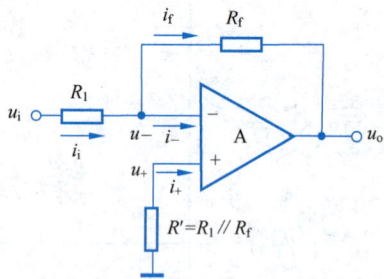

图 8-1　反相比例运算电路

式(8-1)表明，运放两个输入端的电位均为零，但它们并没有真正接地，故称为"**虚地**"。"虚地"是"虚短"的一种特例。

列出运放反相端的节点电流方程为

$$i_i = i_- + i_f$$

而

$$i_- \approx 0$$

所以有

$$i_i = i_f$$

即

$$\frac{u_i - u_-}{R_1} = \frac{u_- - u_o}{R_f}$$

上式中 $u_- = 0$，整理得到

$$u_o = -\frac{R_f}{R_1} u_i \qquad (8\text{-}2)$$

可见，u_o 与 u_i 成比例关系，比例系数为 $-R_f/R_1$，负号表示 u_o 与 u_i 反相。比例系数的数值可以是大于、等于和小于1的任何值。

因为电路引入了深度电压负反馈，所以输出电阻 $R_o = 0$，电路带负载后运算关系不变。

因为从电路输入端到地看进去的等效电阻等于从输入端到虚地之间看进去的等效电阻，所以电路的输入电阻为

$$R_i = R_1 \qquad (8\text{-}3)$$

可见，虽然理想运放的输入电阻为无穷大，但是由于电路引入的是并联负反馈，反相比例运算电路的输入电阻却不大。

2. 同相比例运算电路

同相比例运算电路如图 8-2 所示。由图可见，将反相比例运算电路中的输入端和接地端互换，便得到了同相比例运算电路。电路引入了电压串联负反馈，运放工作在线性区。

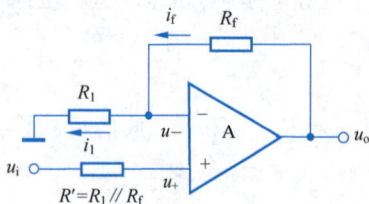

图 8-2　同相比例运算电路

根据"虚短"和"虚断"的概念，可得

$$u_+ \approx u_- = u_i$$

$$i_1 = i_f$$

由图 8-2 可得

$$i_1 = \frac{u_- - 0}{R_1}, \quad i_f = \frac{u_o - u_-}{R_f}$$

所以有

$$\frac{u_- - 0}{R_1} = \frac{u_o - u_-}{R_f}$$

整理上式,并考虑到 $u_- = u_i$,可得

$$u_o = \left(1 + \frac{R_f}{R_1}\right)u_i \qquad (8\text{-}4)$$

式(8-4)表明,u_o 与 u_i 同相且 $u_o > u_i$。

由于电路引入了电压串联负反馈,所以可认为同相比例运算电路的输入电阻为无穷大,输出电阻为零,这是它的优点。但应当指出,由于 $u_+ \approx u_- = u_i$,所以运放有共模输入,为了提高运算精度,要选用高共模抑制比的运放。

在图 8-2 所示电路中,若将输出电压全部反馈到反相输入端,就得到了如图 8-3 所示的电压跟随器。

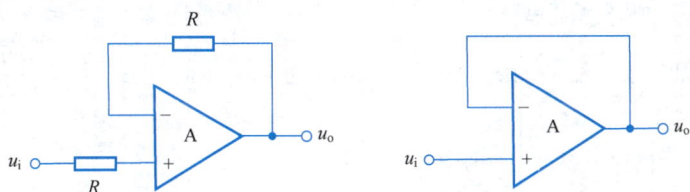

图 8-3 电压跟随器

电路引入了电压串联负反馈,反馈系数为 1,所以 $u_- = u_o$。根据"虚短"和"虚断"的概念,可得 $u_- \approx u_+ = u_i$。因此,电压跟随器输出电压与输入电压之间的关系为

$$u_o = u_i \qquad (8\text{-}5)$$

由于理想运放的开环差模电压增益为无穷大,所以**电压跟随器具有比射极输出器好得多的跟随特性**。

3. 差动比例运算电路

差动比例运算电路如图 8-4 所示。输入电压 u_{i1}、u_{i2} 分别通过电阻加在集成运放的反相端和同相端,为了保证运放两个输入端对地电阻的平衡,同时为了避免降低共模抑制比,通常要求 $R_1 = R_1'$,$R_f = R_f'$。

根据"虚断"的特点和叠加原理,反相端的电压为

$$u_- = \frac{R_f}{R_1 + R_f}u_{i1} + \frac{R_1}{R_1 + R_f}u_o$$

而同相端的电压为

$$u_+ = \frac{R_f'}{R_1' + R_f'}u_{i2} = \frac{R_f}{R_1 + R_f}u_{i2}$$

根据"虚短"的特点 $u_+ = u_-$,得到差动比例运算电路的电压放大倍数为

$$A_{uf} = \frac{u_o}{u_{i1} - u_{i2}} = -\frac{R_f}{R_1} \qquad (8\text{-}6)$$

电路的输出电压与两个输入电压的差值成正比,实现了差动比例运算。

在实际应用中,经常要对一些物理量如温度、压力、流量等进行测量。一般先利用传感器将它们转换为电信号(电压或电流),再将这些微弱的电信号进行放大,之后进行后续处

理。由于传感器现场工作环境一般比较恶劣，经常会受到较强的干扰信号，它们和转换得到的电信号叠加在一起。此外，电信号从传感器到放大电路，需要通过屏蔽电缆进行传输，外层屏蔽上也不可避免地会接收到一些干扰信号。这些干扰信号往往大于有用的电信号，它们一起加到放大电路上，如图 8-5 所示。一般的放大电路不能有效地抑制干扰，同时放大有用的电信号，必须采用专用的**测量放大器**（或称为**仪用放大器**）。

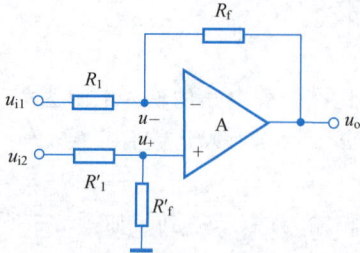

图 8-4　差动比例运算电路

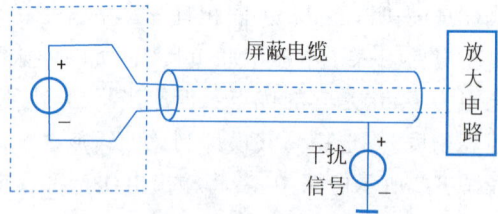

图 8-5　数据放大电路

【**例 8-1**】　测量放大器如图 8-6 所示，求输出电压 u_o 的表达式（设运放均为理想的）。

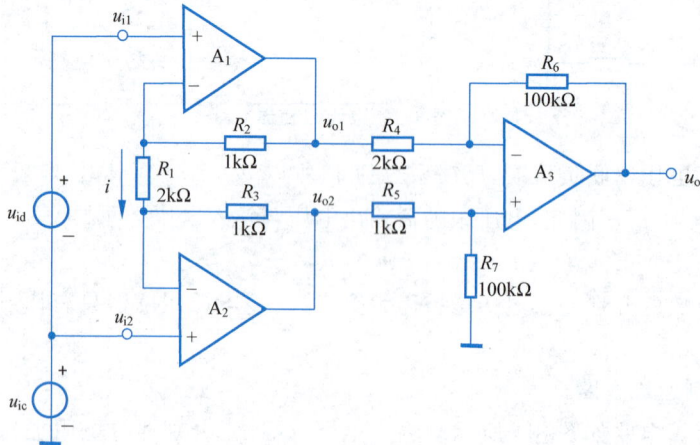

图 8-6　测量放大器

【**解**】　运放 A_1、A_2 组成第一级放大，均接成同相输入方式，由于电路结构对称，它们的漂移和失调能相互抵消。运放 A_3 构成差动放大级，将差分输入转换成单端输出。

$$\begin{cases} u_{i1} = u_{id} + u_{ic} \\ u_{i2} = u_{ic} \end{cases}$$

运放 A_1、A_2、A_3 都是理想的，且都工作在线性区，均具有"虚短"和"虚断"的特点。

由于"虚短"，所以电阻 R_1 两端的电压为 $u_{i1} - u_{i2}$，流过 R_1 的电流为

$$i = \frac{u_{i1} - u_{i2}}{R_1}$$

由于"虚断"，因此流过 R_1 的电流也即流过 R_2 和 R_3 的电流，注意 $R_2 = R_3$，所以有

$$u_{o1} - u_{o2} = (R_1 + R_2 + R_3)i = \left(1 + \frac{2R_2}{R_1}\right)(u_{i1} - u_{i2})$$

由于 $R_4 = R_5$，$R_6 = R_7$，所以 A_3 构成的差动比例运算电路的电压放大倍数为

$$\frac{u_{\text{o}}}{u_{\text{o1}} - u_{\text{o2}}} = -\frac{R_6}{R_4}$$

该测量放大器的输出电压为

$$u_{\text{o}} = -\frac{R_6}{R_4}\left(1 + \frac{2R_2}{R_1}\right)(u_{\text{i1}} - u_{\text{i2}}) = -\frac{R_6}{R_4}\left(1 + \frac{2R_2}{R_1}\right)u_{\text{id}} = -100u_{\text{id}}$$

从 u_{o} 的表达式可以看出,输出电压与差模信号 u_{id} 成正比,与共模信号 u_{ic} 无关,表明该测量放大器具有很强的共模抑制能力。

8.1.2 求和运算电路

用集成运放可实现信号相加(求和)的功能。根据信号加到运放输入端的不同,可分为反相求和与同相求和。

1. 反相求和运算电路

反相求和运算电路的多个输入信号均作用于运放的反相输入端,如图 8-7 所示。

根据"虚短"和"虚断"的概念,有

$$u_+ \approx u_- = 0$$
$$i_1 + i_2 + i_3 = i_{\text{f}}$$

上述电流方程又可写为

$$\frac{u_{\text{i1}}}{R_1} + \frac{u_{\text{i2}}}{R_2} + \frac{u_{\text{i3}}}{R_3} = -\frac{u_{\text{o}}}{R_{\text{f}}}$$

整理上式可得

$$u_{\text{o}} = -R_{\text{f}}\left(\frac{u_{\text{i1}}}{R_1} + \frac{u_{\text{i2}}}{R_2} + \frac{u_{\text{i3}}}{R_3}\right) \tag{8-7}$$

式(8-7)表明,电路实现了反相加法的运算功能。该电路中,**各信号源互不影响**,这是它的优点。

对于运放的线性应用电路,若为多输入信号,还可利用叠加原理进行分析。例如,对如图 8-7 所示电路,设 u_{i1} 单独作用,此时将 u_{i2}、u_{i3} 接地,如图 8-8 所示。由于电阻 R_2、R_3 的一端接"地",另一端是"虚地",所以

$$i_2 = 0, \quad i_3 = 0$$

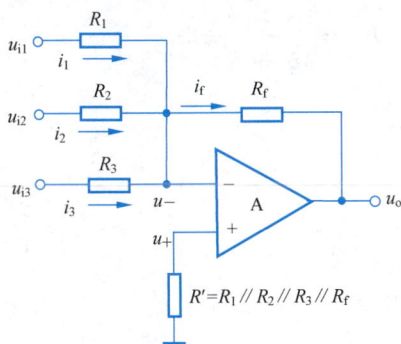

图 8-7 反相求和运算电路 　　图 8-8 利用叠加原理分析图 8-7

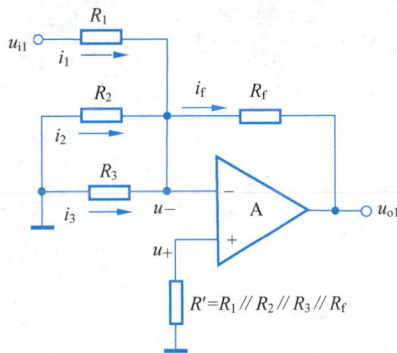

电路实现的是反相比例运算,输出电压为

$$u_{o1} = -\frac{R_f}{R_1}u_{i1}$$

利用同样的方法，可分别求出 u_{i2} 和 u_{i3} 单独作用时的输出电压 u_{o2} 和 u_{o3} 为

$$u_{o2} = -\frac{R_f}{R_2}u_{i2}, \quad u_{o3} = -\frac{R_f}{R_3}u_{i3}$$

当 u_{i1}、u_{i2} 和 u_{i3} 同时作用时，则有

$$u_o = u_{o1} + u_{o2} + u_{o3} = -R_f\left(\frac{u_{i1}}{R_1} + \frac{u_{i2}}{R_2} + \frac{u_{i3}}{R_3}\right)$$

上式与式(8-7)相同。若 $R_1 = R_2 = R_3 = R_f$，则有

$$u_o = -(u_{i1} + u_{i2} + u_{i3}) \tag{8-8}$$

2. 同相求和运算电路

同相求和运算电路的多个输入信号均作用于运放的同相输入端，如图 8-9 所示。

利用同相比例运算电路的分析结果可得

$$u_o = \left(1 + \frac{R_f}{R}\right)u_+ \tag{8-9}$$

根据"虚断"的概念，可列出同相端的电流方程为

$$i_1 + i_2 + i_3 = i_4$$

上式又可写为

$$\frac{u_{i1} - u_+}{R_1} + \frac{u_{i2} - u_+}{R_2} + \frac{u_{i3} - u_+}{R_3} = \frac{u_+}{R_4}$$

整理上式可得到同相输入端电位 u_+ 为

$$u_+ = R_+\left(\frac{u_{i1}}{R_1} + \frac{u_{i2}}{R_2} + \frac{u_{i3}}{R_3}\right) \tag{8-10}$$

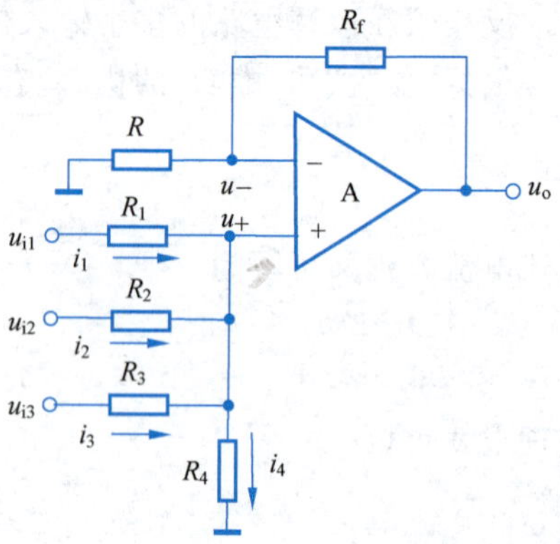

图 8-9　同相求和运算电路

式中

$$R_+ = R_1 \mathbin{/\mkern-5mu/} R_2 \mathbin{/\mkern-5mu/} R_3 \mathbin{/\mkern-5mu/} R_4$$

将式(8-10)代入式(8-9)，并整理得到

$$u_o = \left(1 + \frac{R_f}{R}\right)R_+\left(\frac{u_{i1}}{R_1} + \frac{u_{i2}}{R_2} + \frac{u_{i3}}{R_3}\right) = \left(1 + \frac{R_f}{R}\right) \cdot \frac{R_f}{R_f} \cdot R_+\left(\frac{u_{i1}}{R_1} + \frac{u_{i2}}{R_2} + \frac{u_{i3}}{R_3}\right)$$

$$= R_f \cdot \frac{R + R_f}{RR_f} \cdot R_+\left(\frac{u_{i1}}{R_1} + \frac{u_{i2}}{R_2} + \frac{u_{i3}}{R_3}\right) = R_f \cdot \frac{R_+}{R_-} \cdot \left(\frac{u_{i1}}{R_1} + \frac{u_{i2}}{R_2} + \frac{u_{i3}}{R_3}\right) \tag{8-11}$$

式中

$$R_- = R \mathbin{/\mkern-5mu/} R_f$$

若 $R_- = R_+$，则有

$$u_o = R_f\left(\frac{u_{i1}}{R_1} + \frac{u_{i2}}{R_2} + \frac{u_{i3}}{R_3}\right) \tag{8-12}$$

式(8-12)与式(8-7)相比，仅差符号。应当说明，式(8-12)只有在 $R_- = R_+$ 的条件下才成立。否则，应按式(8-11)求解。

在图 8-9 中，若 $R_1 \mathbin{/\mkern-5mu/} R_2 \mathbin{/\mkern-5mu/} R_3 = R \mathbin{/\mkern-5mu/} R_f$，则可省去 R_4。

式(8-10)表明,同相求和运算电路中同相端的电位与各信号源的串联电阻(可理解为信号源内阻)有关,**各信号源互不独立**,这是人们所不希望的。

【例 8-2】 试用一只集成运放实现运算:$u_o = 3u_{i1} + 0.5u_{i2} - 3u_{i3}$。

【解】 由运算关系知,可将 u_{i1}、u_{i2} 经电阻从同相端输入,u_{i3} 经电阻从反相端输入,电路如图 8-10 所示。

根据叠加原理,u_o 为 u_{i1}、u_{i2}、u_{i3} 分别单独作用时产生的输出电压(设为 u_{o1}、u_{o2}、u_{o3})的代数和,由电路图 8-10 可知

$$u_{o3} = -\frac{R_f}{R_3}u_{i3} = -3u_{i3}$$

$$R_f = 3R_3 \qquad \qquad ①$$

$$u_{o1} = \left(1 + \frac{R_f}{R_3}\right)\left(\frac{R_2 /\!/ R_4}{R_1 + R_2 /\!/ R_4}\right)u_{i1} = 3u_{i1}$$

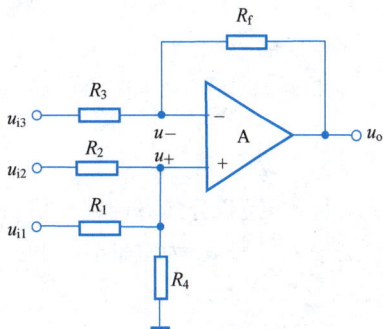

图 8-10 例 8-2 的图

$$\left(1 + \frac{R_f}{R_3}\right)\left(\frac{R_2 /\!/ R_4}{R_1 + R_2 /\!/ R_4}\right) = 3 \qquad \qquad ②$$

$$u_{o2} = \left(1 + \frac{R_f}{R_3}\right)\left(\frac{R_1 /\!/ R_4}{R_2 + R_1 /\!/ R_4}\right)u_{i1} = 0.5u_{i2}$$

$$\left(1 + \frac{R_f}{R_3}\right)\left(\frac{R_1 /\!/ R_4}{R_2 + R_1 /\!/ R_4}\right) = 0.5 \qquad \qquad ③$$

联立方程①、②、③可得

$$R_2 = 6R_1, \quad R_4 = 6R_1$$

R_1、R_2、R_3、R_4、R_f 按求得的关系式取值即可实现要求的运算。

8.1.3 积分和微分运算电路

积分和微分运算电路互为逆运算,其应用非常广泛。在自动控制系统中,常用积分和微分电路作为调节环节,除此之外,它们还广泛应用于波形的产生和变换以及仪器仪表之中。以集成运放作为放大电路,利用电阻和电容作为反馈网络,可以实现这两种运算电路。

1. 积分运算电路

图 8-11 为积分运算电路。根据"虚短"和"虚断"的概念,可得

$$u_- \approx u_+ = 0$$

$$i_C = i_R$$

电路中,输出电压与电容上电压的关系为

$$u_o = -u_C$$

而电容上电压等于其电流的积分,即

$$u_o = -\frac{1}{C}\int i_C \, \mathrm{d}t$$

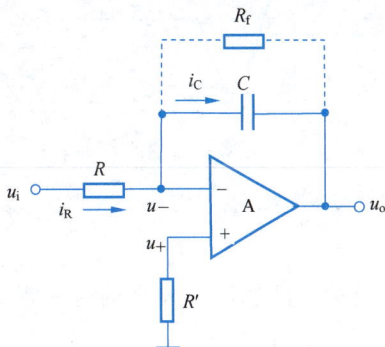

图 8-11 积分运算电路

由图可得 $i_C = i_R = \dfrac{u_i}{R}$，将此式代入上式得到

$$u_o = -\frac{1}{RC}\int u_i \mathrm{d}t \tag{8-13}$$

式(8-13)表明，输出电压 u_o 是输入电压 u_i 对时间的积分，负号表示输入和输出电压在相位上是相反的。

在求解 t_1 到 t_2 时间段的积分值时，有

$$u_o = -\frac{1}{RC}\int_{t_1}^{t_2} u_i \mathrm{d}t + u_o(t_1) \tag{8-14}$$

式中，$u_o(t_1)$ 是积分运算的起始值，积分的终值是 t_2 时刻的输出电压。

若输入信号 u_i 为常量时，则有

$$u_o = -\frac{1}{RC}u_i(t_2 - t_1) + u_o(t_1) \tag{8-15}$$

在实用电路中，为了防止低频信号增益过大，常在电容上并联一个电阻加以限制，如图 8-11 中虚线所示。

由于运放输入失调电压、输入失调电流及输入偏置电流的影响，常常出现积分误差，因此做积分运算时，要选用 U_{IO}、I_{IO}、I_{IB} 较小和低漂移的运放，并在同相输入端接入可调平衡电阻；或选用输入级为场效应管组成的 Bi-FET 混合型运放。除此之外，积分电容器 C 存在的漏电流也是产生积分误差的来源之一，选用泄漏电阻大的电容器，如薄膜电容、聚苯乙烯电容器可减少这种误差。

下面给出了几种典型输入信号作用下积分输出电压的波形。当输入为阶跃信号且假设电容上无初始电压时，输出电压波形如图 8-12(a) 所示。当输入信号为方波和正弦波时，输出波形分别如图 8-12(b)、图 8-12(c) 所示。

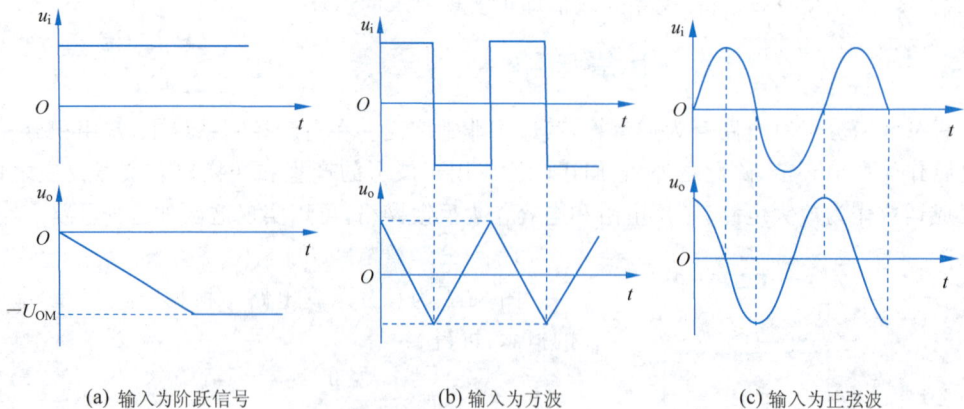

(a) 输入为阶跃信号   (b) 输入为方波   (c) 输入为正弦波

图 8-12　积分运算电路在不同输入信号下的输出波形

2. 微分运算电路

将如图 8-11 所示电路中的电阻 R 和电容 C 的位置互换，并选取比较小的时间常数 RC，便得到了微分运算电路，如图 8-13 所示。

根据"虚短"和"虚断"的概念，可得

$$u_- \approx u_+ = 0$$

$$i_C = i_R$$

由图可得电容 C 两端电压的 $u_C = u_i$，因而有

$$i_C = C \frac{\mathrm{d}u_i}{\mathrm{d}t}$$

电路的输出电压 $u_o = -i_R R = -i_C R$，将 i_C 的表达式代入 u_o 的表达式得到

$$u_o = -RC \frac{\mathrm{d}u_i}{\mathrm{d}t} \tag{8-16}$$

式(8-16)表明，输出电压 u_o 正比于输入电压 u_i 对时间的微分，负号表示输入和输出电压在相位上是相反的。

若输入电压为方波，且 $RC \ll T/2$（T 为方波的周期），则输出变换为尖顶脉冲波，如图 8-14 所示。

若输入信号是正弦函数 $u_i = \sin\omega t$，则输出信号 $u_o = -RC\omega\cos\omega t$，该式表明，输出电压的幅度将随频率的增加而线性增加。因此，微分电路对高频噪声特别敏感，以致有可能使输出噪声完全淹没微分信号。

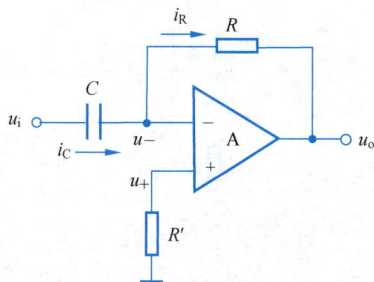

图 8-13 微分运算电路

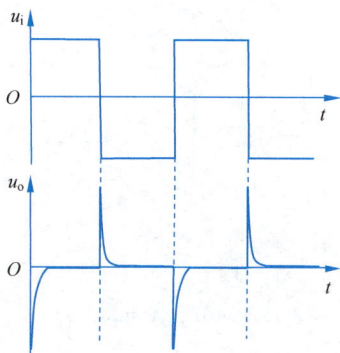

图 8-14 微分运算电路在方波输入下的波形

8.1.4 对数和指数运算电路

利用 PN 结伏安特性所具有的指数规律，将二极管或者三极管分别接入运放的反馈回路和输入回路，可以实现对数和指数运算电路。

1. 对数运算电路

图 8-15 是由三极管组成的对数运算电路。

根据"虚短"和"虚断"的概念，可得

$$u_- \approx u_+ = 0$$
$$i_C = i_R$$

由图 8-15 可得

$$u_o = -u_{BE}$$

而三极管的 $i_C \sim u_{BE}$ 的关系为

$$i_C \approx I_S e^{u_{BE}/U_T} \quad \text{或} \quad u_{BE} \approx U_T \ln\frac{i_C}{I_S}$$

其中，I_S 为发射结的反向饱和电流转化到集电极上的电流值。

由图 8-15 又可得

$$i_C = i_R = \frac{u_i}{R}$$

故

$$u_o \approx -U_T \ln \frac{u_i}{I_S R} \tag{8-17}$$

式(8-17)表明，输出电压与输入电压呈对数关系。但该电路存在两个问题：一是 u_i 必须为正；二是 I_S、U_T 都是温度的函数，其运算结果受温度的影响较大。改善性能常用的方法是：用对管消除 I_S 的影响，用热敏电阻补偿 U_T 的温度影响，感兴趣的读者可参考书后参考文献[4]。

2. 指数运算电路

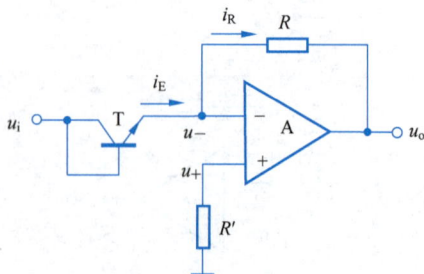

将如图 8-15 所示对数运算电路中的电阻和三极管的位置互换，便得到了指数运算电路，如图 8-16 所示。

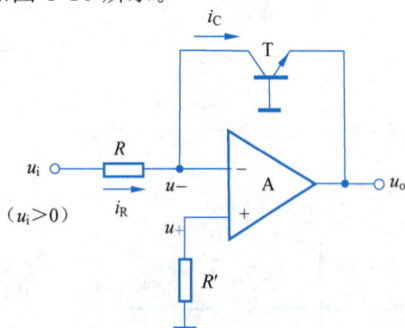

图 8-15　对数运算电路　　　　　图 8-16　指数运算电路

根据"虚短"和"虚断"的概念，可得

$$u_- \approx u_+ = 0$$

$$i_R = i_E$$

由图 8-16 可得

$$u_o = -i_R R = -i_E R$$

而

$$i_E \approx I_S e^{u_{BE}/U_T} \approx I_S e^{u_i/U_T}$$

故得

$$u_o \approx -R I_S e^{u_i/U_T} \tag{8-18}$$

式(8-18)表明，输出电压与输入电压成指数关系。为了使三极管 T 导通，u_i 应大于零，且只能在发射结导通电压范围内，故其变化范围很小。同时，从式(8-18)可以看出，运算结果与温度敏感的因子 U_T 和 I_S 有关，所以指数运算的精度也与温度有关。实用的指数运算电路同样需要采用温度补偿电路。

8.1.5　乘法和除法运算电路

利用对数和指数运算电路，可以实现乘法和除法运算电路。图 8-17 是利用对数和指数运算电路实现乘法运算和除法运算的电路框图。

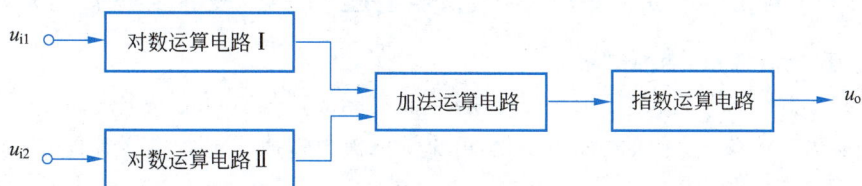

(a) 实现乘法运算的框图

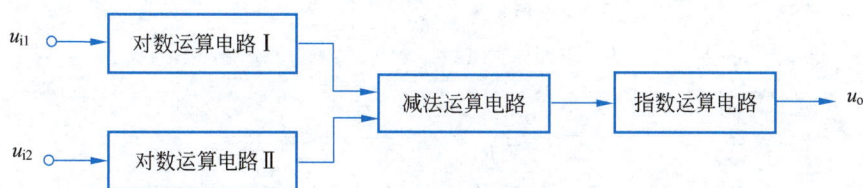

(b) 实现除法运算的框图

图 8-17　利用对数和指数运算电路实现乘、除法运算的框图

图 8-18 是一个可实现乘法运算的实际电路。图中，A_1、A_2 组成对数运算电路，A_3 组成反相求和电路，A_4 组成指数运算电路。若各三极管特性相同，则有

$$u_{o1} \approx -U_T \ln \frac{u_{i1}}{I_S R}, \quad u_{o2} \approx -U_T \ln \frac{u_{i2}}{I_S R}$$

$$u_{o3} = -(u_{o1} + u_{o2}) \approx U_T \ln \frac{u_{i1} u_{i2}}{(I_S R)^2}$$

$$u_o \approx -I_S R e^{u_{o3}/U_T} \approx -\frac{u_{i1} u_{i2}}{I_S R}$$

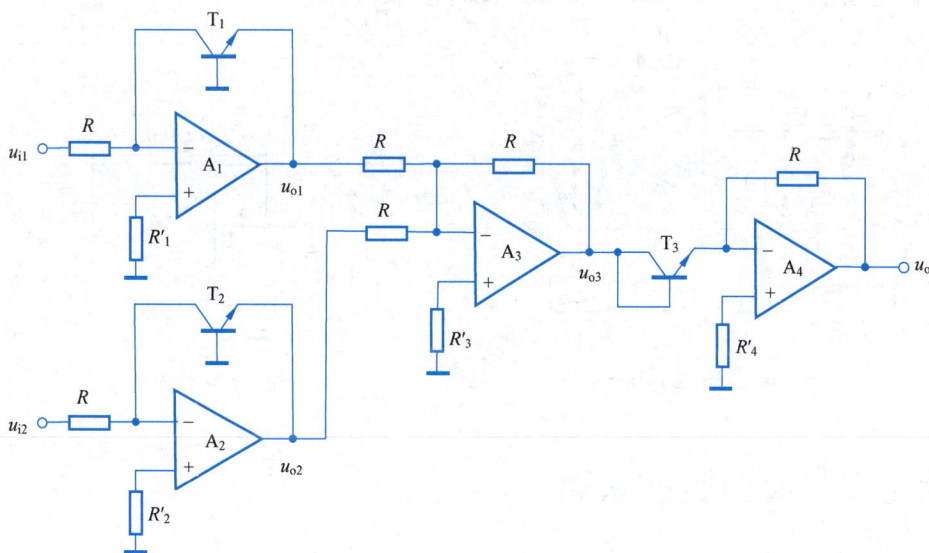

图 8-18　乘法运算电路

可见，电路实现了乘法运算。若将图 8-18 中的加法运算电路换为减法运算电路，则可得到除法运算电路，此处不再赘述。

8.1.6 电压-电流(V/I)和电流-电压(I/V)变换电路

1. 电压-电流(V/I)变换电路

在一些控制系统中，负载要求电流源驱动，而实际的信号有可能是电压源，这就要求将电压源变换为电流源，不论负载如何变化，电流源电流只取决于输入电压源信号，而与负载大小无关。

电路如图 8-19 所示，由图可得

$$u_+ = i_2 R_2 = \left(\frac{u_o - u_+}{R_3} - I_L \right) R_2$$

$$u_- = \frac{R_f}{R_1 + R_f} u_i + \frac{R_1}{R_1 + R_f} u_o$$

由 $u_+ \approx u_-$，且设 $R_1 R_3 = R_2 R_f$，可得

$$I_L = -\frac{u_i}{R_2}$$

可见，负载电流 I_L 与输入电压成正比，与负载 R_L 无关。

2. 电流-电压(I/V)变换电路

某些器件如光敏二极管或光敏三极管的输出为微弱的电流信号，需要将电流信号转换为电压信号。

如图 8-20 所示电路中，根据运放"虚断"和"虚地"的特性可知

$$i_f = i_i$$

$$u_o = -i_f R_f = -i_i R_f$$

可见，输出电压 u_o 与输入电流 i_i 成正比，实现了电流-电压转换。

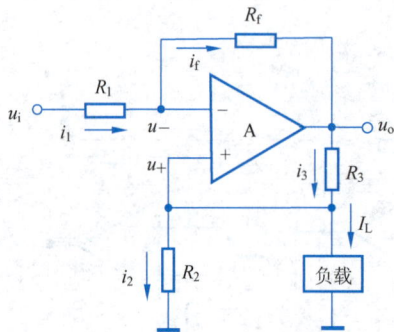

图 8-19 V/I 变换电路　　　　　图 8-20 I/V 变换电路

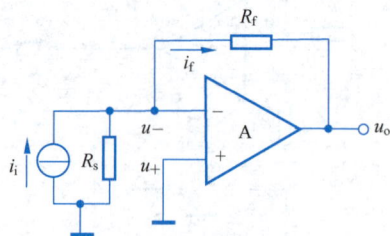

※8.2   有源滤波电路

滤波电路(filter)允许一定范围内的信号通过，对不需要的频率范围内的信号进行有效的抑制，是一种具有频率选择功能的电路。滤波电路在通信、信号处理、测控仪表等领域有着广泛的应用。用无源元件(R、L、C 等)构成的滤波电路称为**无源滤波器**，用集成运放和 R、L、C 构成的滤波电路称为**有源滤波器**。有源滤波器和无源滤波器相比除了具有体积小、

轻便的特点之外,更重要的是在滤波的过程中具有信号放大能力。此外,由于运放的输出阻抗低,所以可以使滤波器的负载效应很小。

8.2.1 有源滤波器的分类

通常把能通过的信号频率范围称为通带,把受阻或衰减的信号频率范围称为阻带,通带和阻带的界限频率称为截止频率。滤波器常分为以下几种类型。

1. 低通滤波器

低通滤波器的理想幅频特性如图 8-21(a)所示,在 $0 \sim \omega_{\mathrm{H}}$ 的低频信号通过,大于 ω_{H} 的所有频率信号完全衰减,滤波器的带宽 $BW = \omega_{\mathrm{H}}$。

2. 高通滤波器

高通滤波器的理想幅频特性如图 8-21(b)所示,小于 ω_{L} 的所有频率信号完全衰减,大于 ω_{L} 的所有频率信号通过。理论上带宽 $BW = \infty$。

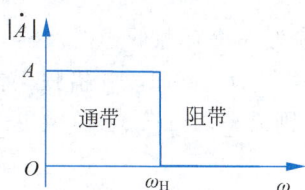

(a) 低通滤波器

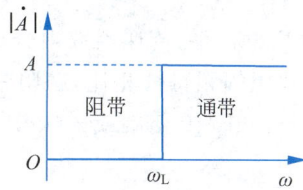

(b) 高通滤波器

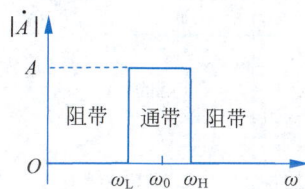

(c) 带通滤波器

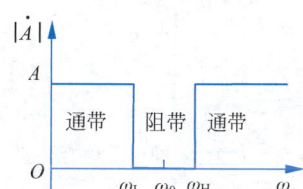

(d) 带阻滤波器

图 8-21 各种滤波器的理想幅频特性曲线

3. 带通滤波器

带通滤波器的理想幅频特性如图 8-21(c)所示,ω_0 为中心角频率,ω_{L} 为下限截止频率,ω_{H} 为上限截止频率,滤波器的带宽 $BW = \omega_{\mathrm{H}} - \omega_{\mathrm{L}}$。

4. 带阻滤波器

带阻滤波器的理想幅频特性如图 8-21(d)所示,ω_0 为中心角频率,$\omega < \omega_{\mathrm{L}}$ 和 $\omega > \omega_{\mathrm{H}}$ 为通带,$\omega_{\mathrm{L}} < \omega < \omega_{\mathrm{H}}$ 为阻带。

8.2.2 有源低通滤波器

1. 一阶有源低通滤波器

由运放、R、C 构成的一阶有源低通滤波器如图 8-22(a)所示。由图可以看出,电路由两大部分组成:一部分是由电阻和电容组成的无源低通滤波器;另一部分是由运放组成的同相比例放大电路。根据电路结构可求得其传递函数为

$$A_u(s) = \frac{u_o(s)}{u_i(s)} = \frac{u_o(s)}{u_+(s)} \cdot \frac{u_+(s)}{u_i(s)} = \left(1 + \frac{R_f}{R_1}\right) \cdot \frac{1}{1 + sRC} = \frac{A_0}{1 + s/\omega_n} \tag{8-19}$$

式中

$$A_0 = 1 + \frac{R_f}{R_1} \tag{8-20}$$

$$\omega_n = \frac{1}{RC} \tag{8-21}$$

分别为**通带电压增益**和滤波器 **3dB 截止频率**。

用 $j\omega$ 取代式(8-19)中的 s，则得到电路的频率响应为

$$A_u(j\omega) = \frac{u_o(j\omega)}{u_i(j\omega)} = \frac{A_0}{1 + j\omega/\omega_n} \tag{8-22}$$

图 8-22(b)为滤波器的归一化幅频特性，其中实线表示实际的幅频特性，虚线为采用渐近线的波特图表示。

式(8-19)所示的传递函数中分母为 s 的一次幂，故称为一阶有源低通滤波器。和低通滤波器的理想幅频特性相比，在阻带内幅频特性的衰减率仅为 $-20\text{dB}/10$ 倍频。若要求响应曲线以 $-40\text{dB}/10$ 倍频或 $-60\text{dB}/10$ 倍频的斜率变化，则需采用二阶、三阶或更高阶次的滤波器。

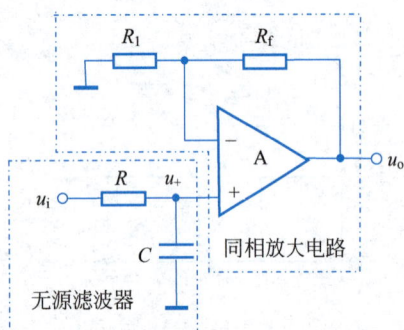

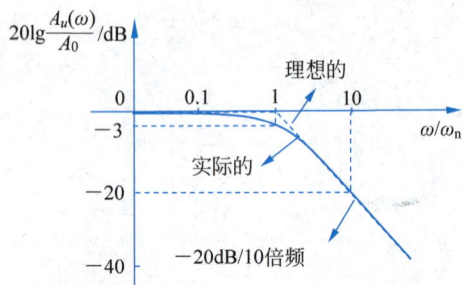

(a) 电路图　　　　　　　　　　　(b) 幅频特性曲线

图 8-22　一阶有源低通滤波器

2. 二阶有源低通滤波器

二阶有源低通滤波器如图 8-23(a)所示。根据集成运放"虚短"和"虚断"的特性以及电路结构，可导出其传递函数为

$$A_u(s) = \frac{A_0 \omega_n^2}{s^2 + \dfrac{\omega_n}{Q}s + \omega_n^2} \tag{8-23}$$

式中

$$A_0 = 1 + \frac{R_b}{R_a} \tag{8-24}$$

$$\omega_n = \frac{1}{\sqrt{R_1 R_2 C_1 C_2}} \tag{8-25}$$

$$Q = \frac{\sqrt{R_1 R_2 C_1 C_2}}{C_2 (R_1 + R_2) + R_1 C_1 (1 - A_0)} \tag{8-26}$$

分别为**通带电压增益**、**特征角频率**和**等效品质因数**。

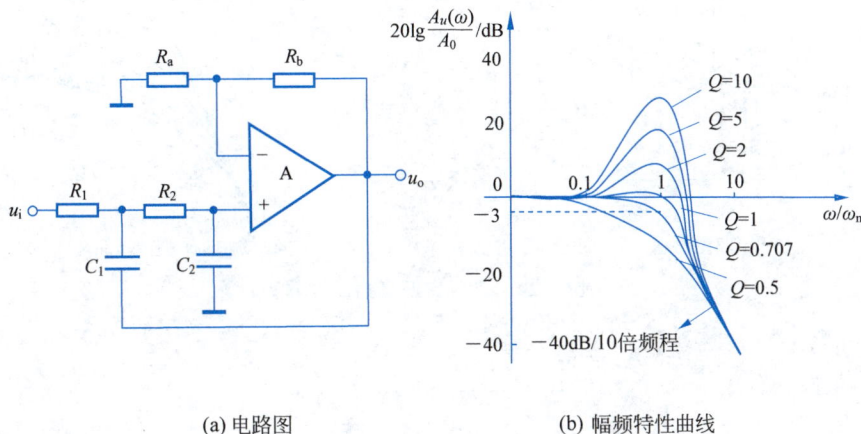

(a) 电路图   (b) 幅频特性曲线

图 8-23 二阶有源低通滤波器

用 $j\omega$ 取代式 (8-23) 中的 s，可得到二阶有源低通滤波器的幅频特性和相频特性分别为

$$A_u(\omega) = \frac{A_0}{\sqrt{\left[1 - \left(\dfrac{\omega}{\omega_n}\right)^2\right] + \dfrac{\omega^2}{Q^2 \omega_n^2}}} \tag{8-27}$$

$$\varphi(\omega) = -\arctan\left[\frac{\omega/(Q\omega_n)}{1 - (\omega/\omega_n)^2}\right] \tag{8-28}$$

归一化后的幅频特性取对数表示为

$$20\lg \frac{A_u(\omega)}{A_0} = -10\lg\left\{\left[1 - \left(\frac{\omega}{\omega_n}\right)^2\right]^2 + \frac{\omega^2}{Q^2 \omega_n^2}\right\} \tag{8-29}$$

画出不同 Q 值时电路的幅频特性曲线如图 8-23(b) 所示。由图可见，当 $Q = 0.707$ 时，幅频特性最为平坦，且当 $\omega = \omega_n$ 时，增益下降 3dB；当 $Q > 0.707$ 时，幅频特性将出现峰值。当 $\omega/\omega_n = 10$ 时，$20\lg \dfrac{A_u(\omega)}{A_0} = -40$dB，显然其滤波效果比一阶滤波器要好得多。

8.2.3 有源高通滤波器

高通滤波器和低通滤波器具有对偶关系，只要把图 8-23 中电阻、电容的位置互换，就可以得到二阶有源高通滤波器，如图 8-24(a) 所示。

根据电路结构并利用运放的特性，可导出传递函数的表达式为

$$A_u(s) = \frac{A_0 s^2}{s^2 + \dfrac{\omega_n}{Q} s + \omega_n^2} \tag{8-30}$$

式中

$$A_0 = 1 + \frac{R_b}{R_a} \tag{8-31}$$

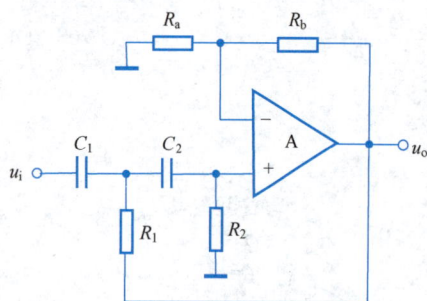

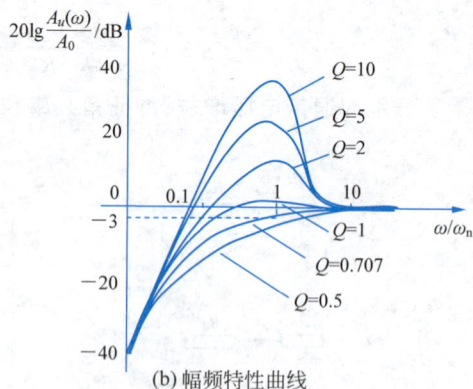

(a) 电路图   (b) 幅频特性曲线

图 8-24 二阶有源高通滤波器

$$\omega_n = \frac{1}{\sqrt{R_1 R_2 C_1 C_2}} \tag{8-32}$$

$$Q = \frac{\sqrt{R_1 R_2 C_1 C_2}}{R_1(C_1 + C_2) + R_2 C_2(1 - A_0)} \tag{8-33}$$

用 $j\omega$ 取代式(8-30)中的 s，可得到二阶有源高通滤波器的幅频特性和相频特性分别为

$$A_u(\omega) = \frac{A_0 \omega^2}{\sqrt{(\omega_n^2 - \omega^2)^2 + \dfrac{\omega_n^2 \omega^2}{Q^2}}} \tag{8-34}$$

$$\varphi(\omega) = -180° - \arctan\left(\frac{\omega_n \omega / Q}{\omega_n^2 - \omega^2}\right) \tag{8-35}$$

归一化后的幅频特性取对数表示为

$$20\lg\frac{A_u(\omega)}{A_0} = -10\lg\left\{\left[1 - \left(\frac{\omega_n}{\omega}\right)^2\right]^2 + \frac{\omega_n^2}{Q^2 \omega^2}\right\} \tag{8-36}$$

图 8-24(b)画出了不同 Q 值时电路的幅频特性。当 $Q=0.707$ 时，幅频特性最为平坦，且当 $\omega=\omega_n$ 时，增益下降 3dB；当 $Q>0.707$ 时，幅频特性将出现峰值。幅频特性在阻带内以 -40dB/10 倍频下降。

8.2.4 带通滤波器

带通滤波器的电路如图 8-25(a)所示，可以看成是 R_1、C_2 组成的低通网络，R_3、C_1 组成的高通网络共同组合而成。

由图可推导出带通滤波器的传递函数为

$$A_u(s) = \frac{A_0 \cdot \dfrac{\omega_0 s}{Q}}{s^2 + \dfrac{\omega_0}{Q}s + \omega_0^2} \tag{8-37}$$

式中

$$A_0 = \cfrac{1 + R_b/R_a}{R_1 C_2 \left[\cfrac{1}{R_3 C_1} + \cfrac{1}{R_3 C_2} + \cfrac{1}{R_1 C_2} + \cfrac{1}{R_2 C_2} \left(-\cfrac{R_b}{R_a} \right) \right]} \qquad (8\text{-}38)$$

$$\omega_0 = \sqrt{\frac{R_1 + R_2}{R_1 R_2 R_3 C_1 C_2}} \qquad (8\text{-}39)$$

$$Q = \frac{\sqrt{R_1 + R_2}\, \sqrt{R_1 R_2 R_3 C_1 C_2}}{R_1 R_2 (C_1 + C_2) + R_3 C_1 \left[R_2 + R_1 (-R_b/R_a) \right]} \qquad (8\text{-}40)$$

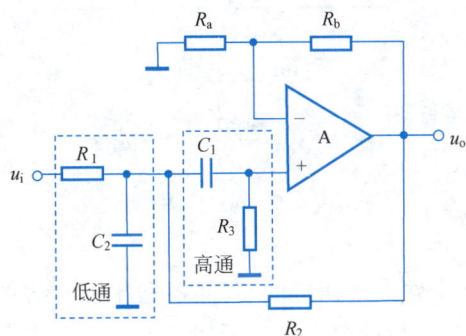

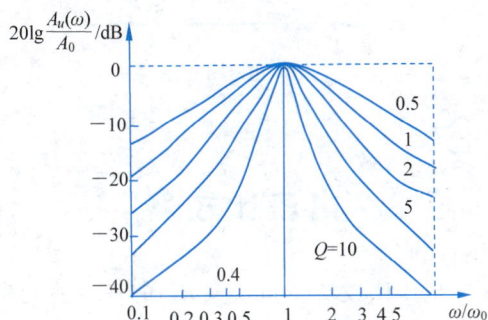

(a) 电路图   (b) 幅频特性曲线

图 8-25 二阶带通滤波器

用 $j\omega$ 取代式(8-37)中的 s,可画出二阶带通滤波器的幅频特性如图 8-25(b)所示。

已知 Q 和 ω_0 时,可利用 $BW = \dfrac{\omega_0}{2\pi Q}$ 计算出带通滤波器的带宽。Q 值越高,通频带越窄。但 Q 值不能太大,否则电路将产生自激振荡。

8.2.5 带阻滤波器

带阻滤波器如图 8-26(a)所示,用双 T 网络实现选频。可推导出带阻滤波器的传递函数为

$$A_u(s) = \frac{A_0 \cdot (s^2 + \omega_0^2)}{s^2 + \dfrac{\omega_0}{Q}s + \omega_0^2} \qquad (8\text{-}41)$$

式中

$$\omega_0 = \frac{1}{RC} \qquad (8\text{-}42)$$

$$A_0 = 1 + \frac{R_b}{R_a} \qquad (8\text{-}43)$$

$$Q = \frac{1}{2(2 - A_0)} \qquad (8\text{-}44)$$

用 $j\omega$ 取代式(8-41)中的 s,可画出二阶带阻滤波器的幅频特性如图 8-26(b)所示。

当 $A_0 = 1$ 时,$Q = 0.5$。增大 A_0,Q 随之增大,当 A_0 趋近于 2 时,Q 趋向于无穷大,带阻滤波器的选频特性越好(即阻断的频率范围越窄)。

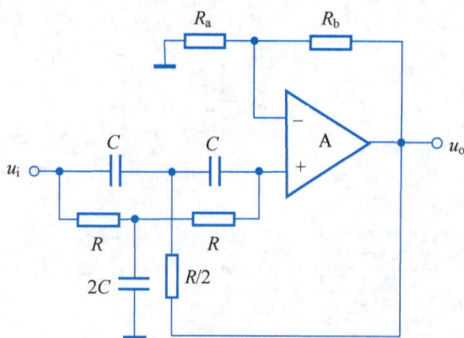

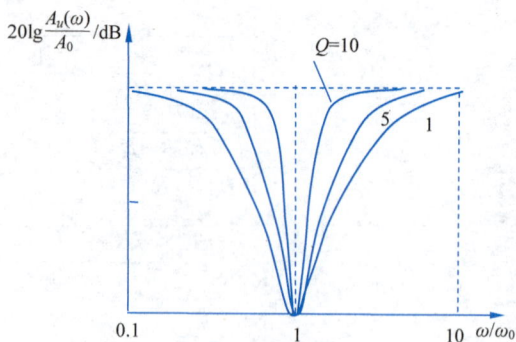

(a) 电路图   (b) 幅频特性曲线

图 8-26   二阶带阻滤波器

8.3   电压比较器

电压比较器(comparator)的基本功能是比较两个输入电压的大小，并根据比较的结果决定输出是高电平还是低电平，其输出电压常用于控制后续电路。电压比较器广泛应用于自动控制、波形变换、取样保持等电路中。

电压比较器可以用运放构成，也可用专用芯片构成。用运放组成电压比较器时，运放通常工作在开环或正反馈状态，若不加限幅措施，其输出高电平可接近正电源电压 $+U_{CC}$，输出低电平可接近负电源电压 $-U_{EE}$。专用比较器的输出电平一般与数字电路兼容。

根据输出电压发生跃变的特征，电压比较器可分为单限电压比较器、滞回电压比较器和窗口电压比较器。下面将具体讨论这三种比较器。

8.3.1   单限电压比较器

单限电压比较器只有一个阈值电压 U_T，在输入电压 u_i 逐渐增大或减小的过程中，当通过 U_T 时，输出电压 u_o 发生跃变。

图 8-27(a)为常见的单限电压比较器。图中，输入电压 u_i 加在运放的反相输入端，参考电压 U_{REF} 加在运放的同相输入端，所以该电路又称为反相输入电压比较器。若将 u_i 和 U_{REF} 的位置互换，则电路称为同相输入电压比较器。图中 R 为限流电阻，稳压管 D_{Z1}、D_{Z2} 用于限幅，其稳压值均应小于运放的最大输出电压。

假设稳压管 D_{Z1}、D_{Z2} 的稳压值分别为 U_{Z1}、U_{Z2}，它们的正向导通电压均为 U_D。当 $u_i<U_{REF}$ 时，$u_o'=+U_{OM}$，D_{Z1} 工作在稳压状态，D_{Z2} 工作在正向导通状态，比较器的输出电压 $u_o=U_{OH}=+(U_{Z1}+U_D)$；当 $u_i>U_{REF}$ 时，$u_o'=-U_{OM}$，D_{Z2} 工作在稳压状态，D_{Z1} 工作在正向导通状态，比较器的输出电压 $u_o=U_{OL}=-(U_{Z2}+U_D)$。由此可画出如图 8-27(a)所示电路的电压传输特性，如图 8-27(b)所示，该比较器的阈值电压 $U_T=U_{REF}$。

需要指出的是，图 8-27(a)所示电路中的参考电压 U_{REF} 可正、可负，也可为零。当 $U_{REF}=0$ 时，称为反相输入**过零电压比较器**。

请读者自行画出同相输入单限电压比较器的电压传输特性，并与图 8-27(b)做比较。

(a) 电路图　　　　　　　　　(b) 电压传输特性曲线

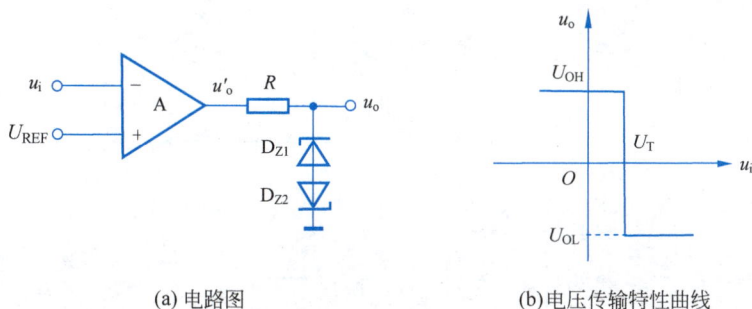

图 8-27　反相输入单限电压比较器

【例 8-3】 求如图 8-28 所示电压比较器的阈值电压 U_T，并画出其电压传输特性曲线。

【解】 在图 8-28 中，输入电压 u_i 和参考电压 U_{REF} 均加在运放的同相输入端，根据叠加原理可确定运放同相输入端的电位为 $u_+ = \dfrac{R_1}{R_1+R_2}u_i + \dfrac{R_2}{R_1+R_2}U_{REF}$，而运放反相输入端的电位 $u_- = 0$。

当 $u_+ > u_-$，即 $u_i > -\dfrac{R_2}{R_1}U_{REF}$ 时，$u_o' = +U_{OM}$，$u_o = U_{OH} = U_Z$；

当 $u_+ < u_-$，即 $u_i < -\dfrac{R_2}{R_1}U_{REF}$ 时，$u_o' = -U_{OM}$，$u_o = U_{OL} = -U_Z$。

由以上分析可知，该比较器的阈值电压 $U_T = -\dfrac{R_2}{R_1}U_{REF}$，其电压传输特性曲线如图 8-29 所示。

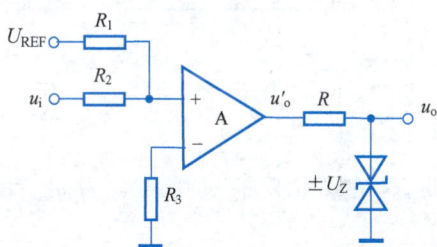

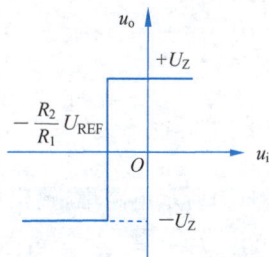

图 8-28　例 8-3 的图　　　　　图 8-29　图 8-28 的电压传输特性曲线

单限电压比较器电路简单，灵敏度高，但它的抗干扰能力很差。例如，在图 8-27(a) 所示的电路中，当 u_i 中含有噪声或干扰电压时，其输入和输出电压波形如图 8-30 所示。由于在 $u_i = U_T = U_{REF}$ 附近出现干扰，u_o 将时而为 U_{OH}，时而为 U_{OL}，导致比较器输出不稳定。如果用这个输出电压 u_o 去控制电机，电机将频繁起停，这种情况是不允许的。提高比较器抗干扰能力的一种方案是采用滞回电压比较器。

8.3.2　滞回电压比较器

滞回电压比较器有两个阈值电压，在输入电压 u_i 逐渐由小增大以及逐渐由大减小的过程中，输出电压 u_o 经过不同的阈值电压发生跃变，电路具有滞回特性，即具有惯性，因而具有一定的抗干扰能力，而且可以通过改变电路参数控制抗干扰能力的大小。反相输入滞

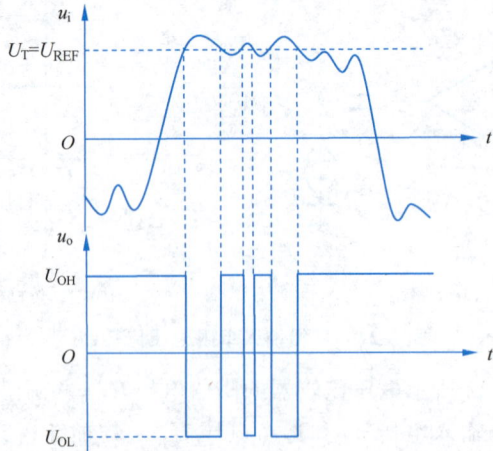

图 8-30 单限电压比较器在输入中包含干扰时的输出波形

回电压比较器的电路如图 8-31(a)所示。由图可见，**滞回电压比较器电路中引入了正反馈**。

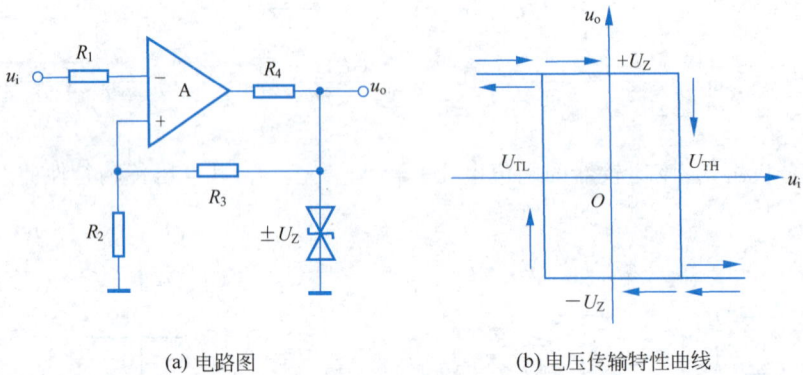

(a) 电路图　　　　　　　　(b) 电压传输特性曲线

图 8-31 滞回电压比较器

在图 8-31(a)所示电路中，输出电压 $u_o = \pm U_Z$。运放反相输入端的电位为 $u_- = u_i$，同相输入端的电位为

$$u_+ = \frac{R_2}{R_2 + R_3} u_o = \pm \frac{R_2}{R_2 + R_3} U_Z$$

当输入电压 u_i 很小时，输出电压 $u_o = +U_Z$，运放同相输入端的电位

$$u_+ = +\frac{R_2}{R_2 + R_3} U_Z$$

如果 u_i(即 u_-)逐渐由小增大到略大于 u_+ 时，输出电压 u_o 由 $+U_Z$ 跳变到 $-U_Z$。由此可得到比较器由高电平跳变到低电平时所通过的阈值电压为

$$U_{TH} = +\frac{R_2}{R_2 + R_3} U_Z \qquad (8\text{-}45a)$$

当输入电压 u_i 很大时，输出电压 $u_o = -U_Z$，运放同相输入端的电位

$$u_+ = -\frac{R_2}{R_2 + R_3} U_Z$$

如果 u_i (即 u_-) 逐渐由大减小到略低于 u_+ 时,输出电压 u_o 由 $-U_Z$ 跳变到 $+U_Z$。由此可得比较器由低电平跳变到高电平时所通过的阈值电压为

$$U_{TL} = -\frac{R_2}{R_2 + R_3}U_Z \tag{8-45b}$$

由以上分析可知,滞回电压比较器输出电压由高到低及由低到高跳变时经过不同的阈值电压。图 8-31(a)电路的电压传输特性如图 8-31(b)所示。

定义**回差电压** ΔU_T 为

$$\Delta U_T = U_{TH} - U_{TL} \tag{8-46}$$

则图 8-31(a)所示电路的回差电压为

$$\Delta U_T = \frac{2R_2}{R_2 + R_3}U_Z \tag{8-47}$$

可见,只要改变 R_2、R_3 和 U_Z 的值就可改变 ΔU_T。

回差电压的大小表明了滞回电压比较器抗干扰能力的大小。ΔU_T 越大,表明抗干扰能力越强,相应地,比较器的灵敏度越低。抗干扰能力和灵敏度是相互矛盾的,在滞回电压比较器的设计中,应根据实际需求适当地设计 ΔU_T 的大小。

【例 8-4】 在图 8-31(a)所示电路中,已知 $\pm U_Z = \pm 10\text{V}$,$R_1 = 10\text{k}\Omega$,$R_2 = R_3 = 20\text{k}\Omega$,$R_4 = 1\text{k}\Omega$。输入电压 u_i 的波形如图 8-32(a)所示。试画出电压传输特性及输出电压 u_o 的波形。

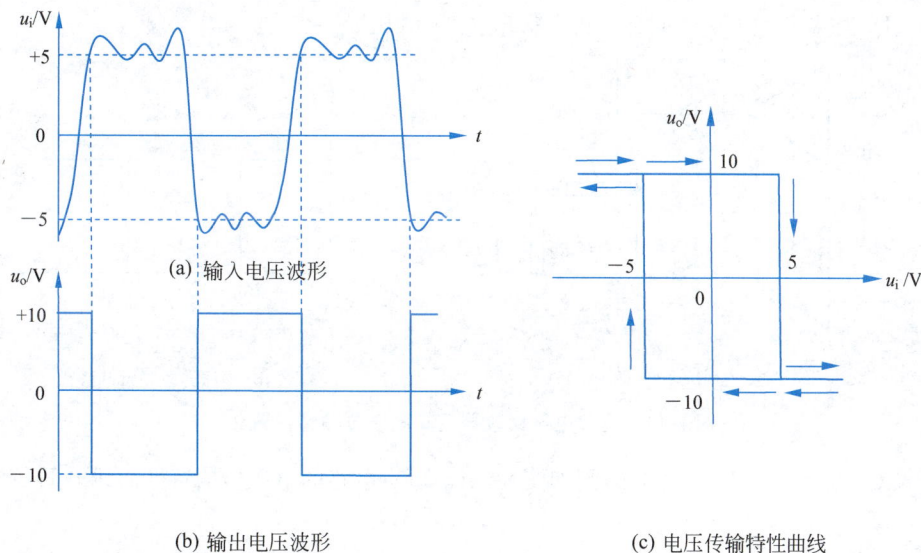

(a) 输入电压波形

(b) 输出电压波形

(c) 电压传输特性曲线

图 8-32 例 8-4 的图

【解】 比较器的输出高、低电平分别为:$U_{OH} = +10\text{V}$,$U_{OL} = -10\text{V}$。

两个阈值电压分别为

$$U_{TH} = +\frac{R_2}{R_2 + R_3}U_Z = +\frac{20\text{k}\Omega}{20\text{k}\Omega + 20\text{k}\Omega} \times 10\text{V} = 5\text{V}$$

$$U_{TL} = -\frac{R_2}{R_2 + R_3}U_Z = -\frac{20\text{k}\Omega}{20\text{k}\Omega + 20\text{k}\Omega} \times 10\text{V} = -5\text{V}$$

由此可画出电压传输特性如图 8-32(c) 所示。根据电压传输特性可画出 u_o 的波形如图 8-32(b) 所示。

比较图 8-32(a)、图 8-32(b) 可见，虽然输入电压 u_i 的波形很不"整齐"，但输出电压 u_o 的波形近似为矩形波，滞回电压比较器可用于波形整形。此外，具有滞回特性的比较器在控制系统、信号甄别和波形产生电路中应用较广。

8.3.3 窗口电压比较器

窗口电压比较器有两个阈值电压，与单限电压比较器和滞回电压比较器所不同的是，在输入电压 u_i 由小变大或由大变小的过程中，输出电压 u_o 产生两次跃变。图 8-33(a) 所示为一种窗口电压比较器电路，有两个参考电压 U_{REF1}、U_{REF2}，且有 $U_{REF1} > U_{REF2}$。电阻 R_1、R_2 和稳压管 D_Z 构成限幅电路。

(1) 当 $u_i > U_{REF1}$ 时，$u_{+1} > u_{-1}$，$u_{o1} = +U_{OM}$；$u_{+2} < u_{-2}$，$u_{o2} = -U_{OM}$。二极管 D_1 导通，D_2 截止，电流通路如图 8-33(a) 中实线所示，稳压管工作在稳压状态，输出电压 $u_o = +U_Z$。

(2) 当 $u_i < U_{REF2}$ 时，$u_{+1} < u_{-1}$，$u_{o1} = -U_{OM}$；$u_{+2} > u_{-2}$，$u_{o2} = +U_{OM}$。二极管 D_1 截止，D_2 导通，电流通路如图 8-33(a) 中虚线所示，稳压管依然工作在稳压状态，输出电压 $u_o = +U_Z$。

(3) 当 $U_{REF2} < u_i < U_{REF1}$ 时，$u_{+1} < u_{-1}$，$u_{o1} = -U_{OM}$；$u_{+2} < u_{-2}$，$u_{o2} = -U_{OM}$。二极管 D_1、D_2 均截止，稳压管亦处于截止状态，输出电压 $u_o = 0$。

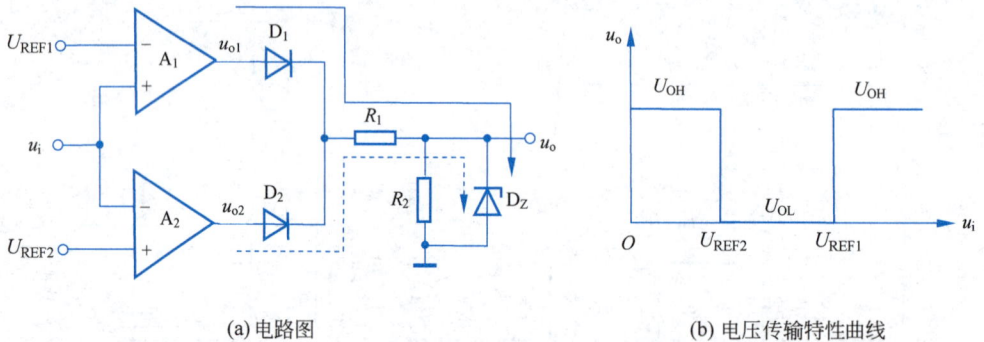

(a) 电路图　　　　　　　　　　　　　(b) 电压传输特性曲线

图 8-33　窗口电压比较器及其电压传输特性曲线

若设 U_{REF1} 和 U_{REF2} 均大于 0，则如图 8-33(a) 所示电路的电压传输特性曲线如图 8-33(b) 所示。

由图 8-33(b) 可见，窗口电压比较器可用来判断输入电压是否处于两个已知电平之间，因此，常用于自动测试、故障检测等场合。

8.4 波形产生电路

波形产生电路在无外加输入信号的情况下，能自动产生一定波形、一定频率和一定振幅的交流信号。按波形来分，可分为正弦波和非正弦波两大类。非正弦波包括矩形波、三角波和锯齿波等。

8.4.1 正弦波产生电路

为了改善放大电路的性能,常采用负反馈措施。在波形产生电路(振荡器)中,为了产生振荡,必须引入正反馈。

1. 振荡的基本原理

振荡器包括基本放大电路和选频网络两部分,如图 8-34 所示。虽然实际振荡器中没有输入信号 $\dot{X}_i$,这里为了便于理解,假定有输入信号 $\dot{X}_i$。

若环路增益满足

$$\dot{T} = \dot{A}\dot{F} = 1 \tag{8-48}$$

即 $\dot{X}_i' = \dot{X}_f$,意味着没有输入信号 $\dot{X}_i$,电路也会有输出信号 $\dot{X}_o$。式(8-48)是持续振荡的**平衡条件**。可以用幅度平衡条件和相位平衡条件来表示。即

$$|\dot{A}\dot{F}| = 1 \tag{8-49a}$$
$$\varphi_A + \varphi_F = 2n\pi, \quad n = 0, \pm 1, \pm 2, \cdots \tag{8-49b}$$

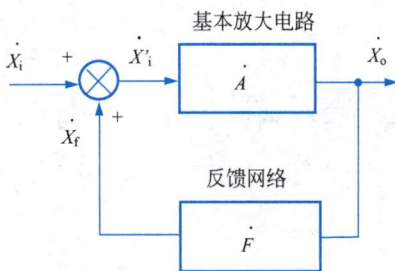

图 8-34 振荡器的原理框图

那么振荡是怎样从无到有逐步建立起来的呢?一个实际的振荡器的初始信号是由电路内噪声或瞬态过程的扰动引起的。这些噪声或扰动的频谱很宽,选频网络把所需频率分量选择出来,这时只要环路增益

$$\dot{T} = \dot{A}\dot{F} > 1 \tag{8-50}$$

振荡就可以从无到有逐步地建立起来。式(8-50)为正弦波振荡的**起振条件**,也可以用幅度起振条件和相位起振条件来表示。即

$$|\dot{T}| = |\dot{A}\dot{F}| > 1 \tag{8-51a}$$
$$\varphi_A + \varphi_F = 2n\pi, \quad n = 0, \pm 1, \pm 2, \cdots \tag{8-51b}$$

振荡一旦建立起来,信号就由小到大不断增大,最终受放大电路非线性的限制,幅度增大时 $|\dot{T}|$ 逐渐减小,最终达到平衡状态 $|\dot{T}| = 1$。

2. 文氏桥振荡器

文氏桥振荡器如图 8-35 所示。运放 A 和 R_1、R_2 组成负反馈放大电路作为基本放大电路,增益为 $\dot{A} = 1 + \dfrac{R_2}{R_1}$,$RC$ 串并联网络作为选频网络同时实现正反馈,反馈系数为 $\dot{F} = \dfrac{Z_P}{Z_P + Z_S}$,式中 Z_S 和 Z_P 分别为 RC 网络的串并联阻抗。即

$$Z_P = \frac{R}{1 + sRC}$$
$$Z_S = \frac{1 + sRC}{sC}$$

环路增益为

$$\dot{T} = \dot{A}\dot{F} = \left(1 + \frac{R_2}{R_1}\right)\left(\frac{Z_P}{Z_P + Z_S}\right) \tag{8-52}$$

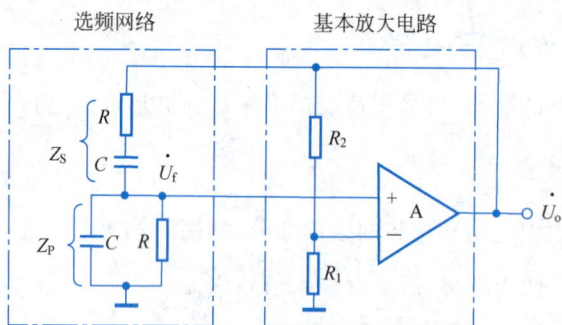

图 8-35　文氏桥振荡器电路

把 Z_S 和 Z_P 的表达式代入 $\dot{T}$，可得

$$\dot{T} = \left(1 + \frac{R_2}{R_1}\right) \cdot \cfrac{1}{3 + sRC + \cfrac{1}{sRC}}$$

令 $s = j\omega$，得到文氏桥振荡器环路增益的频率响应为

$$T(j\omega) = \left(1 + \frac{R_2}{R_1}\right) \cdot \cfrac{1}{3 + j\omega RC + \cfrac{1}{j\omega RC}} \tag{8-53}$$

当 $j\omega RC + \dfrac{1}{j\omega RC} = 0$，即 $\omega = \omega_0 = \dfrac{1}{RC}$ 时，则

$$T(j\omega_0) = \frac{1}{3}\left(1 + \frac{R_2}{R_1}\right) \tag{8-54}$$

选取 $\dfrac{R_2}{R_1} = 2$，文氏桥振荡器满足振荡的平衡条件，振荡频率由 RC 串并联网络的谐振频率决定，即

$$f_0 = \frac{1}{2\pi RC} \tag{8-55}$$

为了便于起振，必须选择

$$\frac{R_2}{R_1} > 2$$

3. 石英晶体振荡器

石英晶体是一种各向异性的结晶体，化学成分是二氧化硅。从晶体上按一定的方位角切下的薄片称为晶片，在晶片两边涂敷银层，接上引线，用金属或玻璃壳封装即构成石英晶体产品。

（1）石英晶体的压电效应及其等效电路。

若在石英晶体的两个电极间加一电场，晶片就会产生机械变形；反之，若在晶片两侧加机械力。晶片就会在相应的方向上产生电场，这种机电相互转换的物理现象称为**压电效应**。

石英晶片有一固有振荡频率，其值极其稳定，仅与晶片的切割方法、几何形状、尺寸有关。当外加交变电压的频率与晶片的固有频率相等时，机械振动与它所产生的交变电压都会显著增大，这种现象称为**压电谐振**。

石英晶体的压电谐振现象与 LC 谐振电路的谐振现象十分相似,压电现象可用图 8-36(a)所示的等效电路来模拟。图 8-36(b)为石英晶体的电路符号。

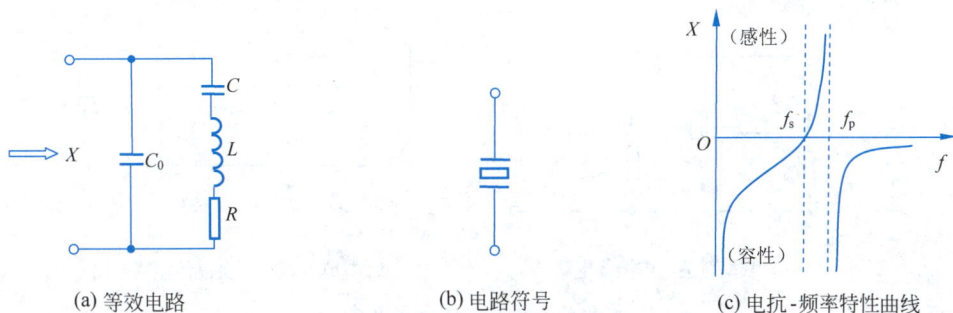

(a) 等效电路   (b) 电路符号   (c) 电抗-频率特性曲线

图 8-36 石英晶体谐振器

当晶体不振动时,相当于一个平板电容 C_0;当晶体振动时,用电感 L 模拟机械振动的惯性,用电容 C 模拟晶片的弹性,用电阻 R 模拟晶片振动的是摩擦损耗。

晶片的等效电感 L 很大($10^{-3} \sim 10^2 \mathrm{H}$),等效电容 C 很小($10^{-2} \sim 10^{-2} \mathrm{pF}$),摩擦损耗 R 很小,因而回路的品质因数 Q 很大,可达 $10^4 \sim 10^6$,故其频率的稳定性很高,所构成的石英晶体振荡器频率稳定度可达 $10^{-6} \sim 10^{-11}$ 数量级。

由等效电路可知,石英晶体有两个谐振频率,当 R、L、C 支路串联谐振时,该支路的等效阻抗为纯电阻 R,**串联谐振频率**为

$$f_s = \frac{1}{2\pi\sqrt{LC}} \tag{8-56}$$

当 L、C、C_0 并联谐振时,石英晶体等效为一个很大的纯电阻,**并联谐振频率**为

$$f_p = \frac{1}{2\pi\sqrt{L\dfrac{CC_0}{C+C_0}}} = \frac{1}{2\pi\sqrt{LC}}\sqrt{1+\frac{C}{C_0}} = f_s\sqrt{1+\frac{C}{C_0}} \tag{8-57}$$

由于 $C \ll C_0$,所以 f_s 和 f_p 非常接近。石英晶体的电抗-频率特性如图 8-36(c)所示。

(2) 石英晶体振荡电路。

石英晶体振荡电路可归结为串联型和并联型两类。前者发生振荡时,石英晶体工作在串联谐振频率 f_s 处,呈现小电阻;后者发生振荡时,石英晶体工作在 f_s 和 f_p 之间,呈现感抗。

图 8-37(a)为**串联型石英晶体振荡电路**。T_1、T_2 组成两级放大,晶体接在正反馈回路中,当 $f = f_s$ 时,晶体产生串联谐振,呈小电阻特性,正反馈最强,电路满足自激振荡条件,该电路的振荡频率为 f_s。

图 8-37(b)为**并联型石英晶体振荡电路**。石英晶体相当于电感,和 C_1、C_2 一起构成并联谐振回路,振荡频率由 C_1、C_2 和石英晶体的等效电感决定。由于 C_1、C_2、C_0(晶体静态电容)均远大于 C(晶体弹性电容),电路谐振频率主要由 L、C 决定,即

$$f_0 \approx \frac{1}{2\pi\sqrt{LC}} = f_s$$

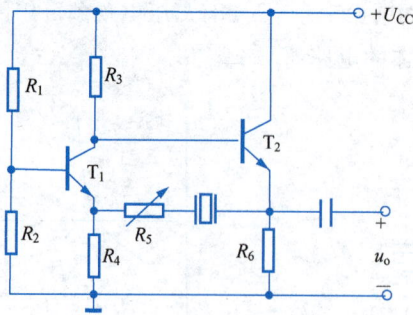 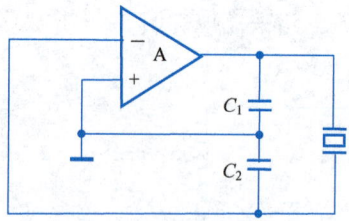

(a) 串联型石英晶体振荡电路　　　　　　　　　　(b) 并联型石英晶体振荡电路

图 8-37　石英晶体振荡电路

8.4.2　非正弦波产生电路

1. 方波发生器

方波是占空比为 50% 的矩形波,在数字系统中有广泛的应用。由迟滞比较器和 RC 电路构成的方波发生器如图 8-38(a)所示。

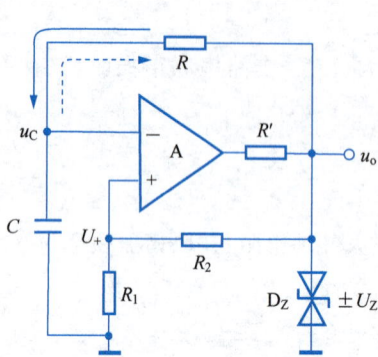 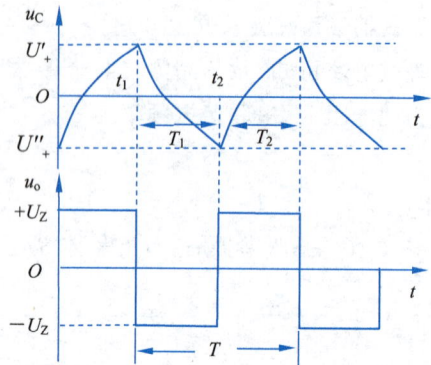

(a) 电路图　　　　　　　　　　　　　　　　(b) 波形图

图 8-38　方波发生器

设 $t=0$ 时,电源接通,电容 C 的起始电压为 0,$u_o=+U_Z$,运放同相端对地的电压为

$$U'_+=\frac{R_1}{R_1+R_2}U_Z \tag{8-58}$$

$u_o=+U_Z$ 通过 R 对 C 充电,u_C 呈指数规律增加。当 $t=t_1$,$u_C\geqslant U'_+$ 时,u_o 跳变为 $-U_Z$,这时运放同相端对地的电压为

$$U''_+=-\frac{R_1}{R_1+R_2}U_Z \tag{8-59}$$

$u_o=-U_Z$,C 通过 R 放电,u_C 呈指数规律下降。当 $t=t_2$,$u_C\leqslant U''_+$ 时,u_o 跳变为 $+U_Z$,电容 C 又被充电。如此周而复始即可在输出端得到 $\pm U_Z$ 的方波。电路工作波形如图 8-38(b)所示。

电容放电时间常数 $\tau=RC$,终值 $u_C(\infty)=-U_Z$,根据**三要素法**求得从 U'_+ 到 U''_+ 的放电时间为

$$T_1 = \tau \ln \frac{u_C(\infty) - U'_+}{u_C(\infty) - U''_+} = RC \ln \frac{-U_Z - \dfrac{R_1}{R_1 + R_2} U_Z}{-U_Z + \dfrac{R_1}{R_1 + R_2} U_Z} = RC \ln\left(1 + \frac{2R_1}{R_2}\right) \qquad (8\text{-}60)$$

充电时间 T_2 和放电时间 T_1 相等,方波周期为

$$T = 2T_1 = 2RC \ln\left(1 + \frac{2R_1}{R_2}\right) \qquad (8\text{-}61)$$

方波频率为

$$f = \frac{1}{T} = \frac{1}{2RC \ln\left(1 + \dfrac{2R_1}{R_2}\right)} \qquad (8\text{-}62)$$

式(8-62)表明,方波频率与 R、C、$\dfrac{R_1}{R_2}$ 有关,与输出电压幅度 U_Z 无关,可通过调节 R、C、R_1、R_2 来改变方波频率。

2. 三角波发生器

三角波可通过方波积分来得到,如图 8-39(a)所示为三角波发生器。

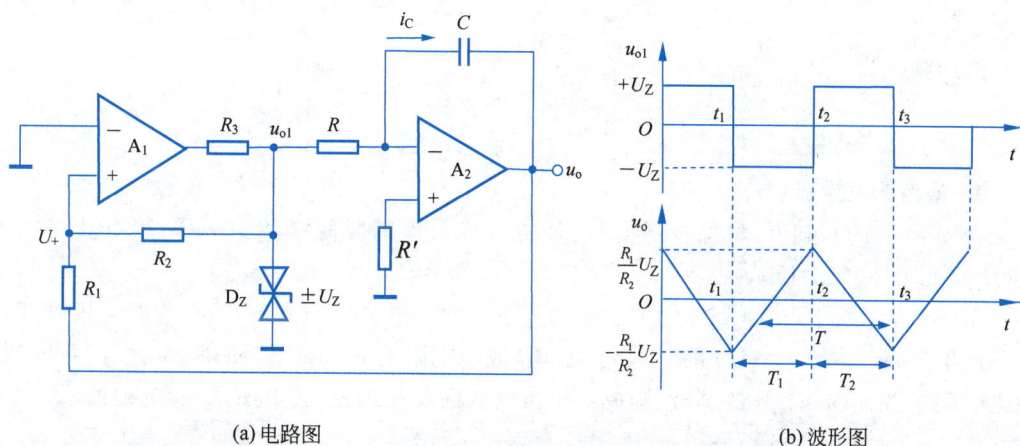

(a)电路图   (b)波形图

图 8-39   三角波发生器

设 $t=0$ 时,电源接通,$u_{o1} = +U_Z$,电容 C 的起始电压为 0,$u_o = 0$,运放 A_1 的同相端对地的电压为

$$U_+ = \frac{R_1}{R_1 + R_2} U_Z$$

$u_{o1} = +U_Z$ 通过 R 对 C 恒流充电,u_o 线性下降,U_+ 依据式(8-63)亦不断减小。

$$U_+ = \frac{R_1}{R_1 + R_2} U_Z + \frac{R_2}{R_1 + R_2} u_o \qquad (8\text{-}63)$$

当 $t = t_1$ 时,U_+ 下降为 0,即 $u_o = -\dfrac{R_1}{R_2} U_Z$,$u_{o1}$ 由 $+U_Z$ 跳变为 $-U_Z$。此时运放 A_1 的同相端对地的电压变为

$$U_+ = -\frac{R_1}{R_1+R_2}U_Z + \frac{R_2}{R_1+R_2}u_o \tag{8-64}$$

C 通过 R 恒流放电，u_o 线性上升，U_+ 依据式(8-64)亦不断增大。当 $t=t_2$ 时，U_+ 上升到 0，即 $u_o = \frac{R_1}{R_2}U_Z$，u_{o1} 由 $-U_Z$ 跳变为 $+U_Z$。u_{o1} 又通过 R 对 C 充电。如此周而复始，可在 u_o 端得到幅度为 $\pm\frac{R_1}{R_2}U_Z$ 的三角波，电路的工作波形如图 8-39(b)所示。

在 T_1 期间，C 恒流放电，放电电流为 $i_C = -\frac{U_Z}{R}$，电容上电压的变化量为 $\Delta U_C = -\frac{2R_1}{R_2}U_Z$，放电时间为

$$T_1 = \frac{C\Delta U_C}{i_C} = \frac{C\left(-\frac{2R_1}{R_2}U_Z\right)}{\frac{U_Z}{R}} = 2RC\frac{R_1}{R_2} \tag{8-65}$$

充电时间 T_2 与放电时间 T_1 相等，三角波的周期为

$$T = T_1 + T_2 = 4RC\frac{R_1}{R_2} \tag{8-66}$$

三角波的频率为

$$f = \frac{1}{T} = \frac{R_2}{4RR_1C} \tag{8-67}$$

3. 锯齿波发生器

在图 8-39 的基础上，附加少量元件，使电容充放电的时间常数不一样，就可获得锯齿波，电路如图 8-40(a)所示。

由图 8-40(a)可见，当 $u_{o1}=+U_Z$ 时，电容 C 充电，充电电阻为 $R//R_4$（忽略二极管的正向导通电阻）；当 $u_{o1}=-U_Z$ 时，电容 C 放电，放电电阻为 R。充电时间常数小，u_o 下降快，放电时间常数大，u_o 上升慢，分别构成了锯齿波的**回程**和**正程**，波形如图 8-40(b)所示。

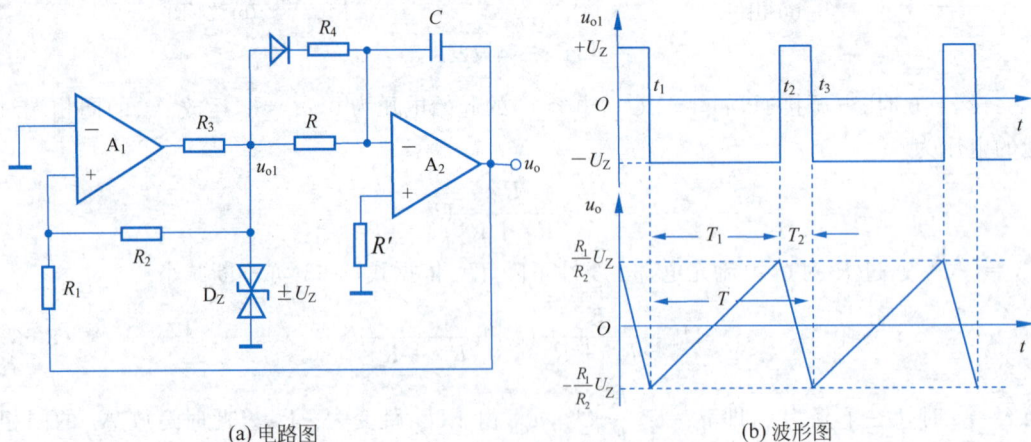

(a) 电路图　　　(b) 波形图

图 8-40　锯齿波发生器

锯齿波的幅值为 $\pm\dfrac{R_1}{R_2}U_Z$，可计算出上升和下降时间分别为

$$T_1 = \frac{2R_1RC}{R_2} \tag{8-68}$$

$$T_2 = \frac{2R_1(R/\!/ R_4)C}{R_2} \tag{8-69}$$

锯齿波的周期为

$$T = T_1 + T_2 = \frac{2R_1RC}{R_2} + \frac{2R_1(R/\!/ R_4)C}{R_2} \tag{8-70}$$

4. 压控振荡器

在前面几种波形发生器中，无论方波、三角波还是锯齿波，要改变输出信号的频率，可通过人为的方法去调节电阻或电容。在某些系统中这是不现实的，而压控振荡器能很好地解决这一问题。

压控振荡器通过外加的电压控制端来控制信号的振荡频率，能实现频率与控制电压成正比。

压控的三角波、方波发生器如图 8-41 所示。A_1、A_2 构成两个相互串联的反相器，它们的输出电压大小相等、方向相反，即 $u_{o2} = -u_{o1} = u_i$。D_1、D_2 的工作状态受 A_4 输出的控制，设 D_1、D_2 的正向压降可以忽略，当 A_4 输出高电平时，其值大于 u_i，D_1 截止，D_2 导通，积分器 A_3 对 $u_{o2}(u_i)$ 积分。反之，当 A_4 输出低电平时，其值小于 $u_{o1}(-u_i)$，D_1 导通，D_2 截止，积分器 A_3 对 $u_{o1}(-u_i)$ 积分。工作波形如图 8-42 所示。

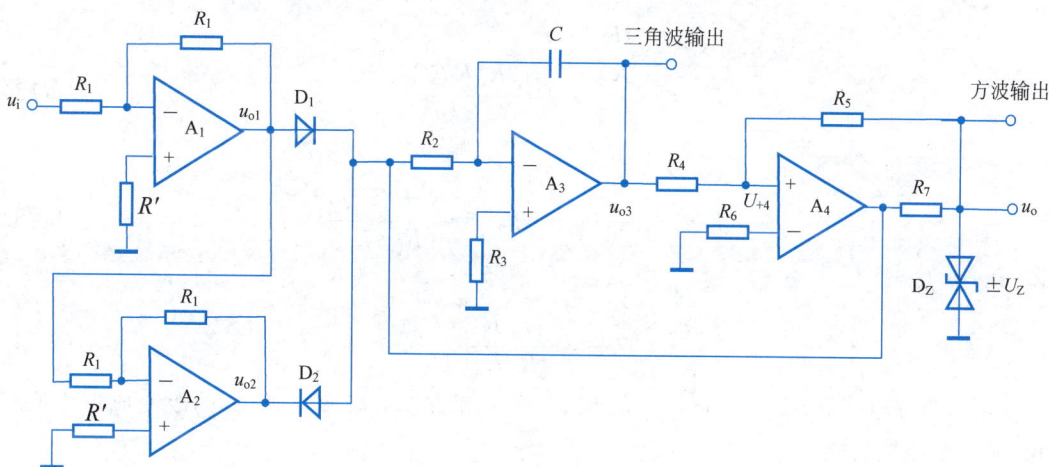

图 8-41　压控三角波、方波发生器

当 $u_{o4} = +U_Z$ 时，A_4 的同相端电位为

$$U_{+4} = \frac{R_4}{R_4 + R_5}U_Z + \frac{R_5}{R_4 + R_5}u_{o3} \tag{8-71}$$

当 u_{o3} 达到 $-\dfrac{R_4}{R_5}U_Z$ 时，u_{o4} 从 $+U_Z$ 跳变到 $-U_Z$。当 $u_{o4} = -U_Z$ 时，A_4 的同相端电位为

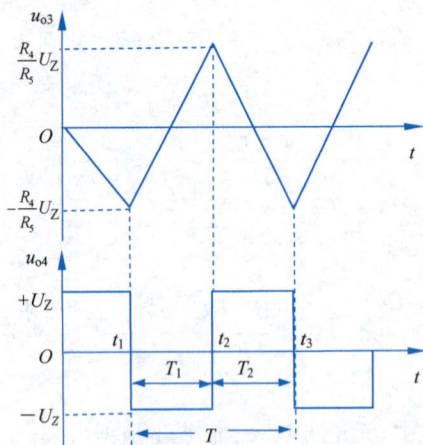

图 8-42 压控三角波、方波发生器的波形图

$$U_{+4} = -\frac{R_4}{R_4 + R_5}U_Z + \frac{R_5}{R_4 + R_5}u_{o3}$$

当 u_{o3} 达到 $\frac{R_4}{R_5}U_Z$ 时，u_{o4} 从 $-U_Z$ 跳变到 $+U_Z$。

在 T_1 期间，电容上的电压变化量为 $\Delta U_C = \frac{2R_4}{R_5}U_Z$，电容的充放电电流为 $i_C = \frac{u_i}{R_2}$，由 $T_1 = \frac{C\Delta U_C}{i_C}$ 得

$$T_1 = \frac{C\dfrac{2R_4}{R_5}U_Z}{\dfrac{u_i}{R_2}} = \frac{2R_2R_4CU_Z}{R_5u_i} \tag{8-72}$$

$$T = T_1 + T_2 = 2T_1 = \frac{4R_2R_4CU_Z}{R_5u_i} \tag{8-73}$$

振荡频率为

$$f = \frac{1}{T} = \frac{R_5}{4R_2R_4CU_Z}u_i \tag{8-74}$$

由式(8-74)可见，改变外加电压 u_i 时，三角波和方波的频率 f 随 u_i 的改变成正比地变化，实现了压控功能。

随着大规模集成电路的发展，已出现了集成多功能信号（函数）发生器，其中常用的有 5G8038 等。外接适当的电阻、电容，可方便地得到矩形波、三角波、正弦波和锯齿波等。

8.5　用 Multisim 分析集成运放的应用电路

【例 8-5】 RC 正弦波振荡电路如图 8-43 所示，其中运放选用 μA741，其电源电压 $+U_{CC}=12$V，$-U_{EE}=-12$V。D_1、D_2 用 1N4148，其他参数改为：$R_1=15$kΩ，$R_2=10$kΩ，$R=5.1$kΩ，$C=0.033\mu$F，R_W 为 100kΩ 的可调电阻。试用 Multisim 做如下分析：

（1）观察输出电压波形由小到大的起振和稳定到某一幅度的全过程，求出振荡频率 f_0；

（2）分析输出波形的谐波失真情况。

【解】 Multisim 仿真电路如图 8-44 所示，用示波器 XSC1 观察振荡波形，用频率计 XFC1 测量振荡频率。

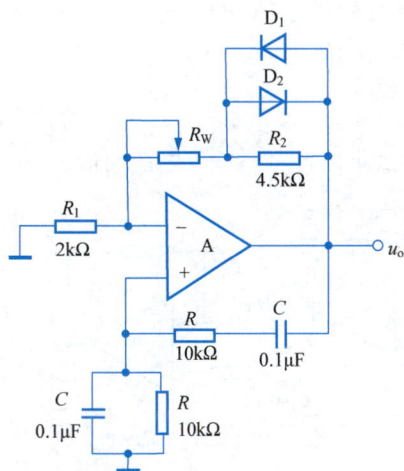
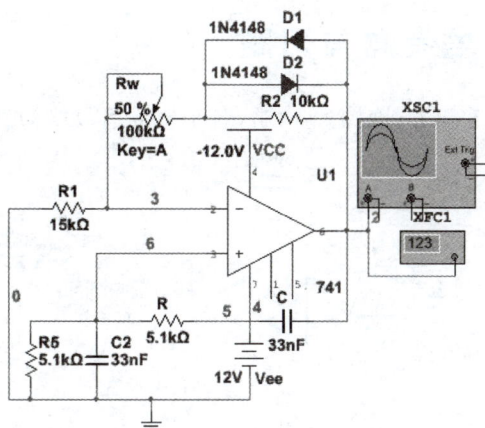

图 8-43　例 8-5 的图　　　　　　　　　　图 8-44　例 8-5 的仿真图

（1）文氏桥振荡器起振时，要求放大电路的增益 $|\dot{A}_u| > 3$，在给定的电路参数下，滑动变阻器使其接入反馈支路的电阻值为 25kΩ 时，用示波器观察到电路输出电压波形由小到大的起振和稳定到某一幅度的全过程如图 8-45(a) 所示，图中，示波器的刻度为 2V/每格。

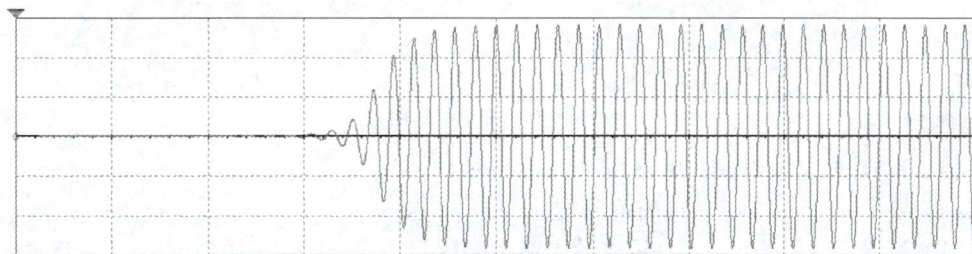

(a)

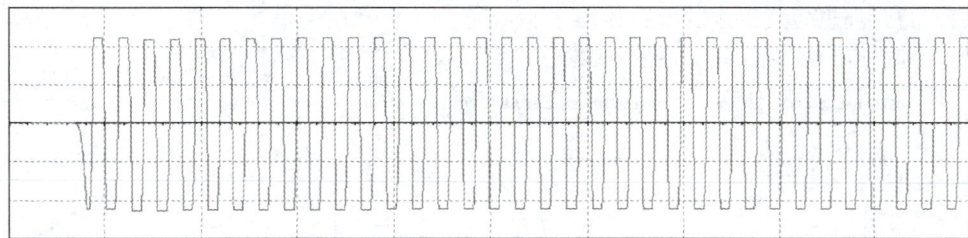

(b)

图 8-45　例 8-5 的图解

稳定振荡时，用频率计测得振荡频率 $f_0 = 937.675\text{Hz}$。该值与理论计算值

$$f_0 = \frac{1}{2\pi RC} = \frac{1}{2 \times 3.14 \times 5.1 \times 10^3 \times 0.033 \times 10^{-6}}\text{Hz} \approx 946\text{Hz}$$

相吻合。

（2）谐波失真是与 RC 文氏桥振荡电路中基本放大电路的增益大小相关，也与反馈电阻值相关，滑动变阻器使其接入反馈支路的电阻值增大，随之增益值增大，当增益值过大时，会导致运放脱离线性区，电路产生非线性失真。当调整滑动变阻器，使接入反馈支路的阻值为 50kΩ 时，失真波形如图 8-45(b)所示，图中，示波器的刻度为 5V/格。

思考题与习题

【8-1】 在图 8-46 中，各个集成运放均为理想的，试求出各电路输出电压的值。

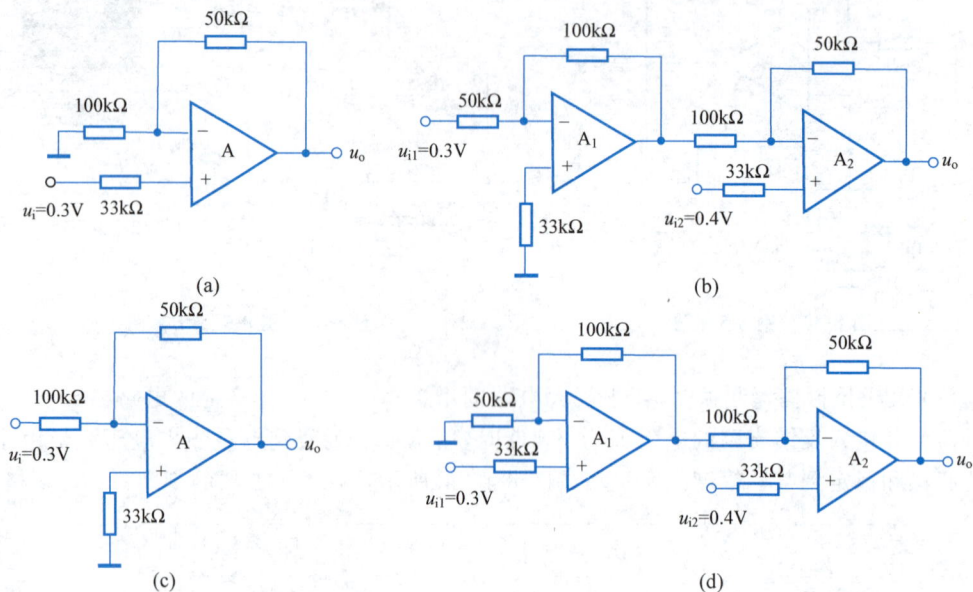

图 8-46 题 8-1 的图

【8-2】 理想运放组成的电路如图 8-47 所示。

（1）导出 $u_{o1} \sim u_i$、$u_o \sim u_i$ 的关系式；

（2）当 $R_2 = 2R_1$，$R_3 = R_4$，运放最大输出电压 $U_{omax} = \pm 15V$，画出 $u_{o1} \sim u_i$、$u_o \sim u_i$ 的电压传输特性曲线。

【8-3】 理想运放组成的电路如图 8-48 所示。

（1）试导出 $u_o \sim u_i$ 的关系式；

（2）说明电阻 R_1 的大小对电路性能的影响。

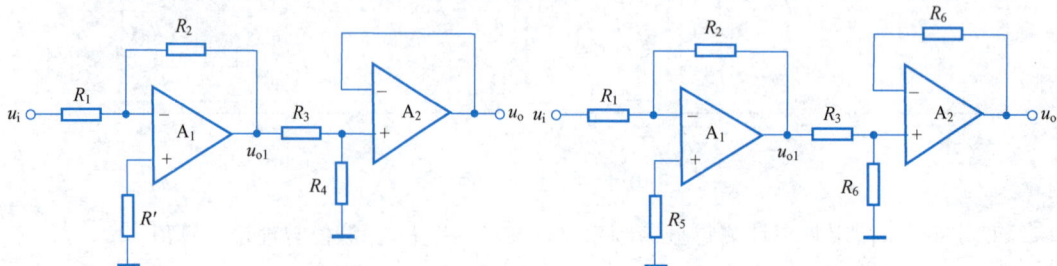

图 8-47 题 8-2 的图

图 8-48 题 8-3 的图

【8-4】 试用集成运放和若干电阻组成运算电路,要求实现以下运算:

$$u_o = -(2u_{i1} + 2u_{i2}) + 10u_{i3}$$

【8-5】 设图 8-49 中的 A 为理想运放,其共模和差模输入范围都足够大,$+U_{CC}$ 和 $-U_{EE}$ 同时也是运放 A 的电源电压。已知晶体三极管的 $r_{be2} = r_{be2} = 1\text{k}\Omega$,$\beta_1 = \beta_2 = 50$,$I$ 为理想恒流源,求电压放大倍数 $A_u = \dfrac{u_o}{u_i}$。

【8-6】 在图 8-50 中,已知运放是理想的,电阻 $R_1 = 10\text{k}\Omega$,$R_2 = R_3 = R_5 = 20\text{k}\Omega$,$R_4 = 0.5\text{k}\Omega$,试求输出电压 $u_o = f(u_i)$ 的表达式。

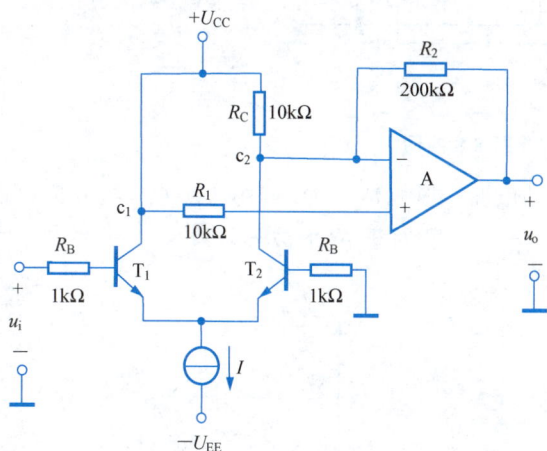

图 8-49　题 8-5 的图

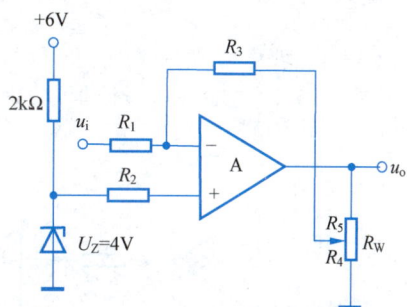

图 8-50　题 8-6 的图

【8-7】 电路如图 8-51(a)所示。A 为理想运算放大器。

(1) 求 u_o 与 u_{i1}、u_{i2} 的运算关系式;

(2) 若 $R_1 = 1\text{k}\Omega$,$R_2 = 2\text{k}\Omega$,$C = 1\mu\text{F}$,u_{i1} 和 u_{i2} 的波形如图 8-51(b)所示,$t = 0$ 时,$u_C = 0$,画出 $u_o(0 \leqslant t \leqslant 5\text{ms})$ 的波形图,并标明电压值。

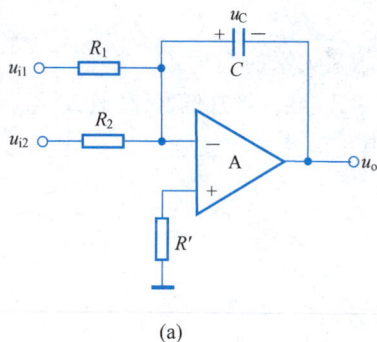

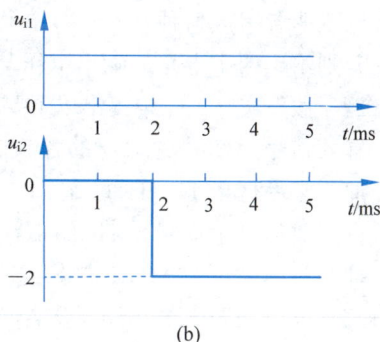

(a)　　　　　　　　(b)

图 8-51　题 8-7 的图

【8-8】 图 8-52 所示为理想运放和 T 形电阻网络组成的 T 形网络 D/A 转换电路,其中 S_i 为电子开关,当相应的 d_i 端接高电平时,S_i 自动打向左侧接通 $-U_{ref}$,反之当 d_i 端为低电平时,打向右端接地。

(1) 简述 T 形电阻网络的特点;

（2）导出输出 u_o 和输入 $d_{n-1}, d_{n-2}, \cdots, d_0$ 的关系式；

（3）电阻网络为 8 位时，$U_{ref}=10.04\text{V}, R=20\text{k}\Omega, R_f=60\text{k}\Omega$，求输出 u_o 的范围。

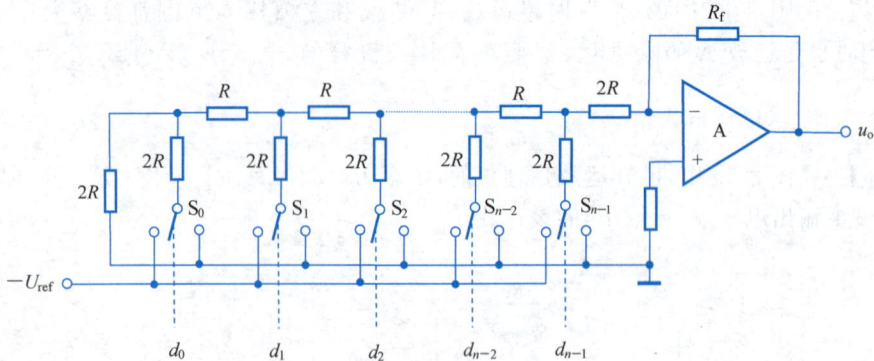

图 8-52　题 8-8 的图

【8-9】　理想运放组成图 8-53(a)所示的电路，其中，$R_1=R_2=100\text{k}\Omega, C_1=10\mu\text{F}, C_2=5\mu\text{F}$，图 8-53(b)为输入信号波形，分别画出 u_{o1}、u_o 相对于 u_i 的波形。

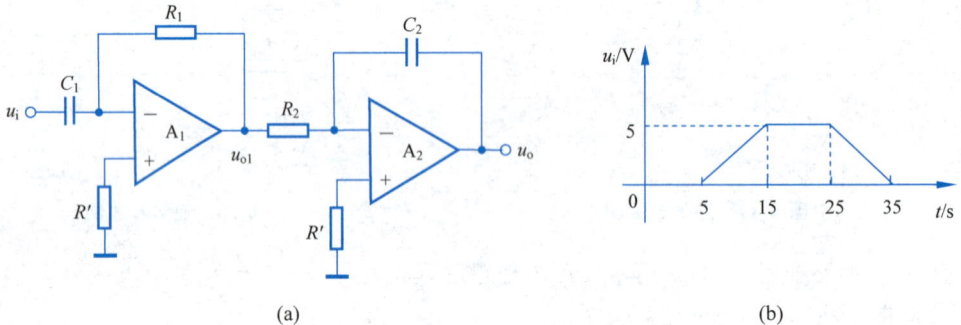

(a)　　　　　　　　　　　　　(b)

图 8-53　题 8-9 的图

【8-10】　设图 8-54 中各晶体管的参数相同，各个输入信号都大于 0。

（1）试说明各组成何种基本运算电路；

（2）分别给出两个电路的输出电压与输入电压之间关系的表达式。

【8-11】　假设实际工作中提出以下要求，试选择滤波器的类型（低通、高通、带通、带阻）：

（1）有效信号为 20～200Hz 的音频信号，消除其他频率的干扰噪声；

（2）抑制频率低于 100Hz 的信号；

（3）在有效信号中抑制 50Hz 的工频干扰；

（4）抑制频率高于 20MHz 的噪声。

【8-12】　电路如图 8-55 所示，设 A_1、A_2 为理想运放。

（1）求 $A_1(s)=u_{o1}(s)/u_i(s)$ 及 $A(s)=u_o(s)/u_i(s)$；

（2）根据导出的 $A_1(s)$ 和 $A(s)$ 的表达式判断它们分别属于什么类型的滤波电路。

【8-13】　将正弦信号 $u_i=U_m\sin\omega t$ 分别加到图 8-56(a)、(b)、(c)三个电路的输入端，试画出它们的输出电压的波形，并在波形图上标明电压值。已知 $U_m=15\text{V}$。

（1）图 8-56(a)中稳压管的稳压值 $U_Z=\pm7\text{V}$；

（2）图 8-56(b)中稳压管的参数同上，且参考电压 $U_{REF}=6\text{V}, R_1=R_2=10\text{k}\Omega$；

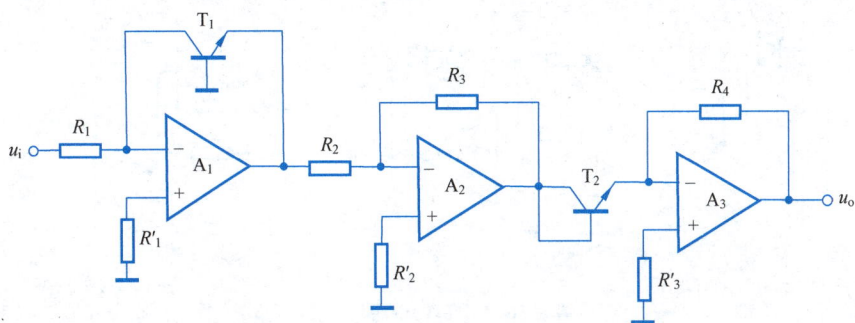

(a)

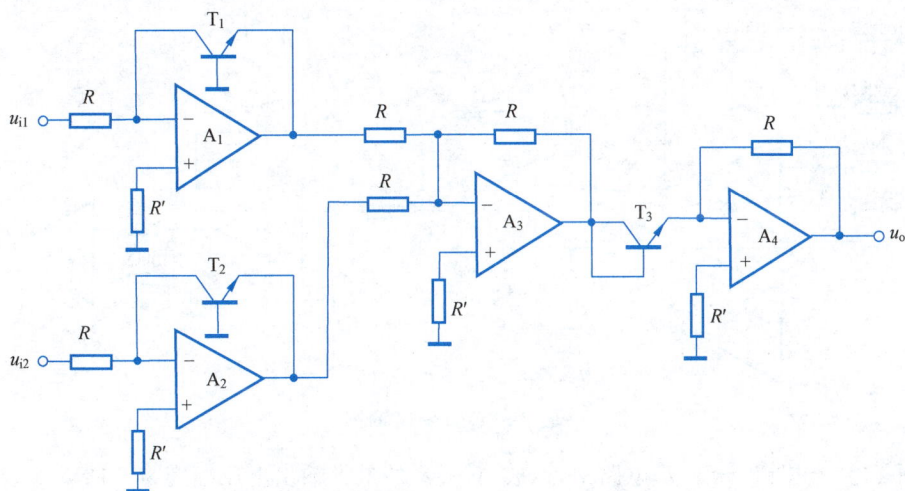

(b)

图 8-54 题 8-10 的图

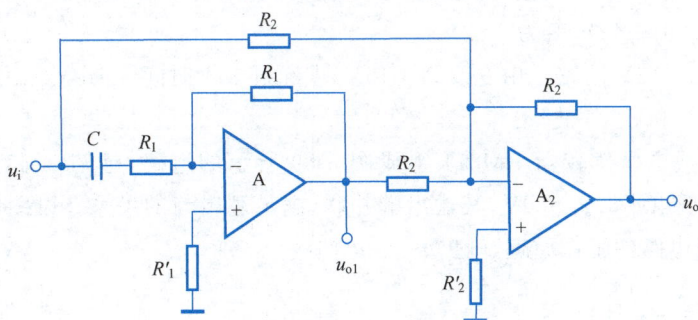

图 8-55 题 8-12 的图

（3）图 8-56(c)中稳压管的参数同上,且参考电压 $U_{REF}=6V$, $R_1=8.2k\Omega$, $R_2=50k\Omega$, $R_f=10k\Omega$。

【8-14】 设图 8-57 中各个集成运放均为理想运放。

（1）分析 A_1、A_2、A_3、A_4 是否虚地或虚短;

（2）各集成运放分别组成何种基本应用电路;

（3）根据电路参数值写出 u_{o1}、u_{o2}、u_{o3}、u_{o4} 的表达式;

（4）假设 $u_{i1}=1V$, $u_{i2}=-1V$, $u_{i3}=-0.5V$, $u_{i4}=0.5V$,试问当 $t=0.1s$ 时,u_{o4}、u_{o5} 分

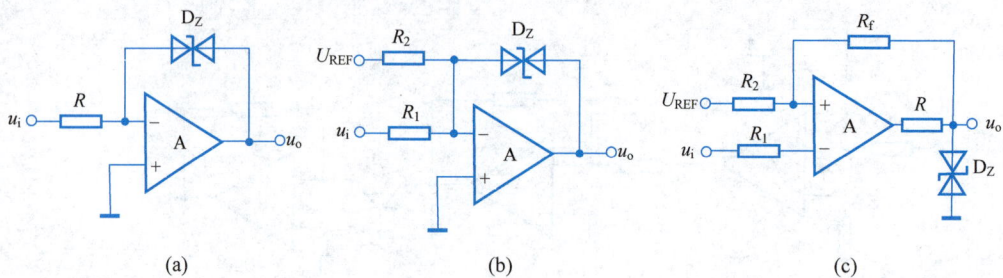

图 8-56　题 8-13 的图

别等于多少？已知运放的最大输出幅度为±15V，当 $t=0$ 时，电容 C 上的电压为 0。

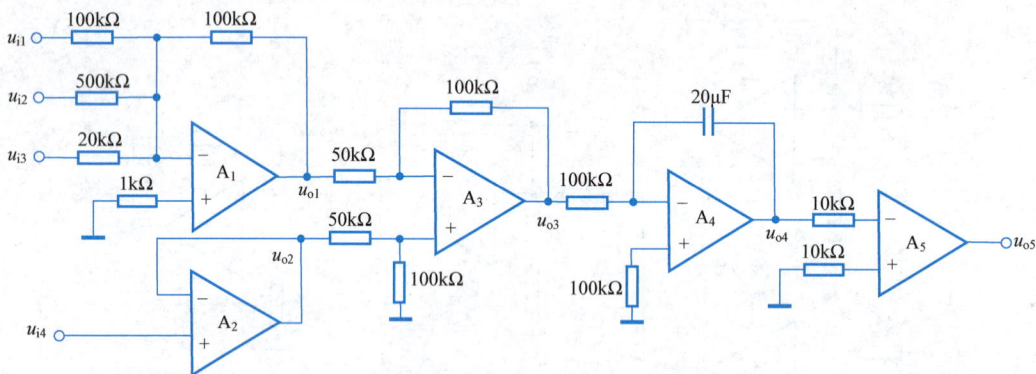

图 8-57　题 8-14 的图

【8-15】　在图 8-58 所示电路中，运放 A_1、A_2 的最大输出电压幅度为±12V。

（1）分析电路由哪些基本单元组成；

（2）设 $u_{i1}=u_{i2}=0$ 时，电容上的电压 $u_C=0$，$u_o=12V$。求当 $u_{i1}=-10V$，$u_{i2}=0$ 时，经过多长时间 u_o 由+12V 变为−12V；

（3）u_o 变成−12V 时，u_{i2} 由 0 改为+15V，求经过多长时间 u_o 由−12V 变为+12V；

（4）画出 u_{o1} 和 u_o 的波形。

【8-16】　集成电压比较器 LM311 组成图 8-59 所示的电路，已知 LM311 输出高电平 $U_{OH}=5V$，输出低电平 $U_{OL}=0V$，其输出端并联，满足逻辑与的关系。设图中 $U_A=+5V$，$U_B=2.5V$，分析电路的工作原理，画出 $u_o \sim u_i$ 曲线。

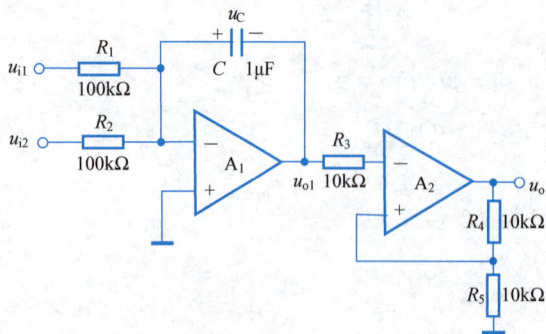

图 8-58　题 8-15 的图

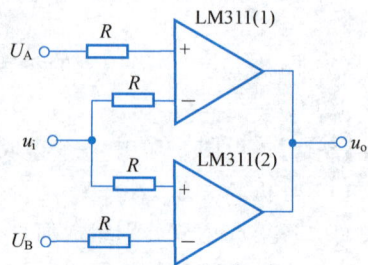

图 8-59　题 8-16 的图

【8-17】 电路如图 8-60(a)所示，$A_1 \sim A_3$ 均为理想运放，其电源电压为 $\pm 15V$。晶体管 T 的饱和压降 $U_{CE(sat)} = 0.3V$，穿透电流 $I_{CEO} = 0$，电流放大系数 $\beta = 100$。当 $t = 0$ 时，电容器的初始电压 $u_C(0) = 0V$，输入电压 u_i 的波形如图 8-60(b)所示，试画出对应于 u_i($0 \leqslant t \leqslant 4s$)的 u_{o1} 和 u_{o2} 的波形。

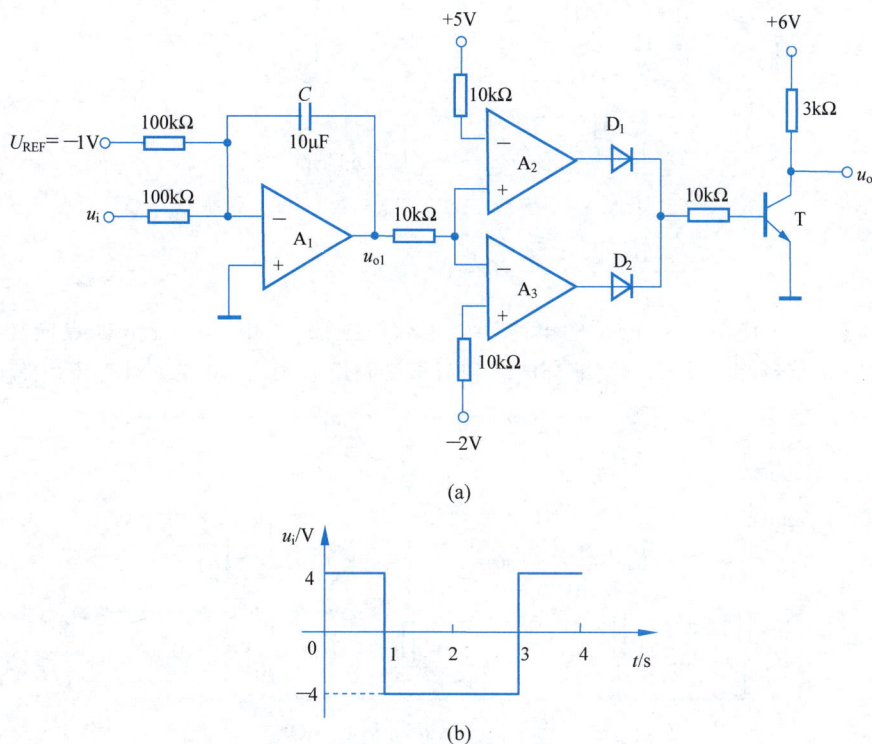

(a)

(b)

图 8-60 题 8-17 的图

【8-18】 用相位平衡条件判断图 8-61 所示的电路是否有可能产生正弦波振荡，并简述理由。假设耦合电容和射极旁路电容很大，可视为对交流短路。

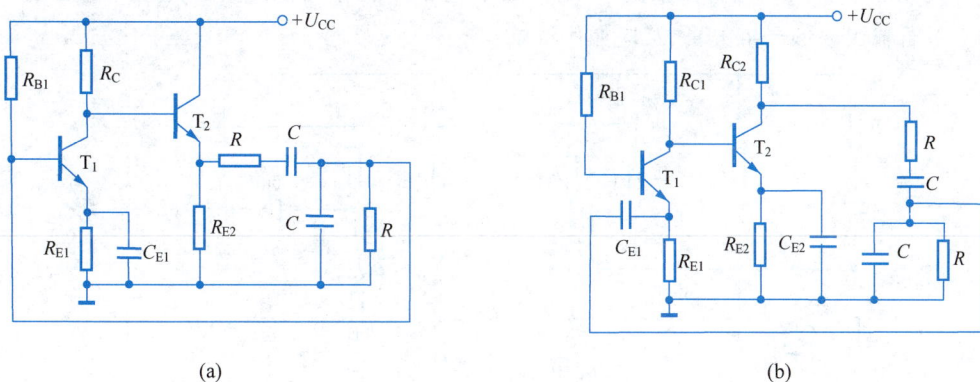

(a)

(b)

图 8-61 题 8-18 的图

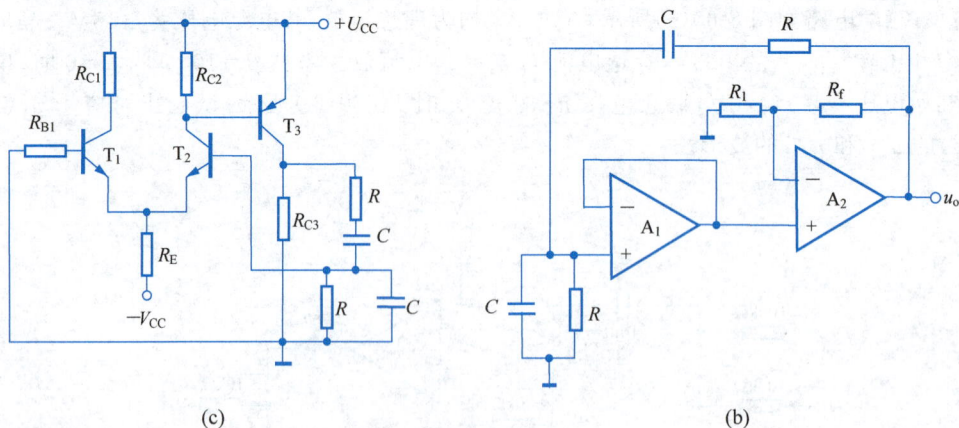

图 8-61 （续）

【8-19】 为了使图 8-62 所示的电路产生正弦波振荡，图中 j、k、m、n 四点应如何连接（或不连）？振荡频率为多少？设耦合电容和射极旁路电容很大，可视为对交流短路。

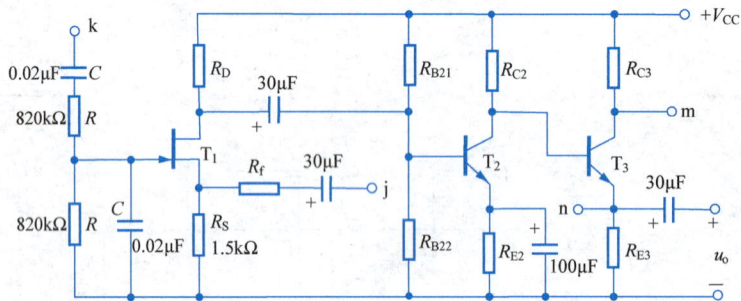

图 8-62 题 8-19 的图

【8-20】 正弦波振荡电路如图 8-63 所示。

（1）设 $R_1=R_2=R=8.2\mathrm{k}\Omega$，$C_1=C_2=C=0.2\mu\mathrm{F}$，估算振荡频率 f_0。

（2）若电路接线无误且静态工作点正常，但不能产生振荡，可能是什么原因？调整电路中哪个参数最为合适？调大还是调小？

（3）若输出波形严重失真，又应如何调整？

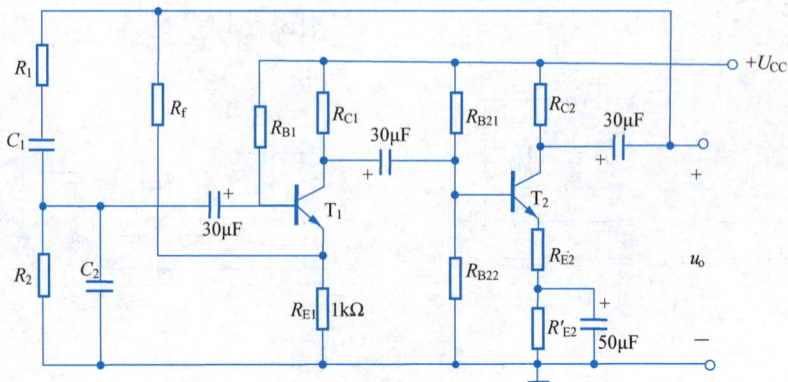

图 8-63 题 8-20 的图

【8-21】 试用相位平衡条件判断图 8-64 所示的电路能否产生正弦波振荡。如可能振荡,指出是属于串联型还是并联型石英晶体振荡电路;如不能振荡,则加以改正。图中 C_E 为旁路电容,C_C 为耦合电容。

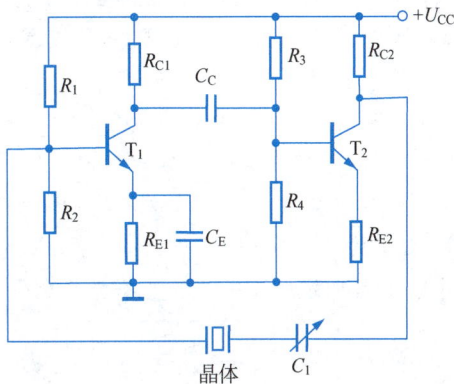

【8-22】 图 8-65 是一个三角波发生电路,为了实现以下几点不同的要求,U_R、U_S 应做哪些调整?

(1) u_{o1} 端输出对称矩形波,u_o 端输出对称三角波;

(2) 矩形波以及三角波的电平可以移动(如使波形上移);

(3) 输出矩形波的占空比可以改变(如占空比减少)。

图 8-64 题 8-21 的图

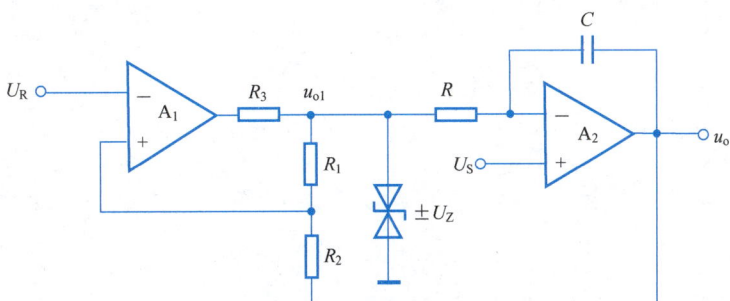

图 8-65 题 8-22 的图

科学家故事

世界上第一台心电图仪的发明者——威廉·埃因托芬(Willem Einthoven)

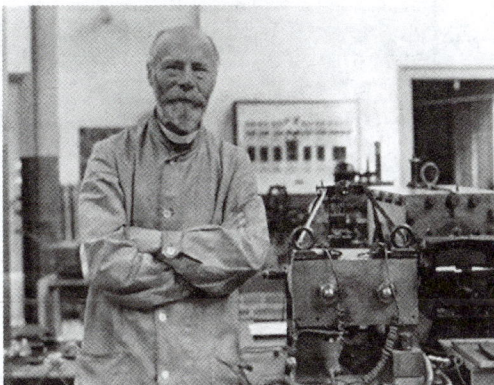

威廉·埃因托芬(1860—1927)和他发明的心电图仪

威廉·埃因托芬，荷兰生理学家，西班牙犹太人的后裔，因对心电图学的开创性工作和无与伦比的贡献而被誉为"心电图之父"，并于1924年获得诺贝尔生理学或医学奖。

埃因托芬不仅在科学研究中有着天才的智慧、非凡的才能、顽强执着的精神和坚韧不拔的毅力，更令人敬重的是他的大师风范和崇高人品。他常常自喻为"一个非常普通的小教授，虽然在工作中尽职尽能，但有时还是不能胜任自己的工作"。他不仅谦虚，而且与同事有着极好的协作关系，并尽力突出别人的功绩。他在诺贝尔获奖演讲结束时说"心脏病的科学进入了新的篇章，它不是靠一个人的工作，而是许多天才的科学家共同潜心专研而成"，并将诺贝尔奖奖金的一半赠送给已去世助手的亲属。

第 9 章

直流稳压电源

科技发展前沿

直流电在 19 世纪后期便被广泛应用于照明、通信和工业生产等领域。自尼古拉·特斯拉于 1893 年在芝加哥博览会上点亮 9 万只灯泡向世人展示交流电的优越性后,交流电逐渐成为电力系统的主角。然而,在某些场合,例如电解、电镀、蓄电池充电、直流电动机供电、同步电机励磁等,都需要直流电源。为了获得直流电,除了利用直流发电机外,在大多数情况下,广泛采用各种半导体直流电源。

高频开关整流逆变及一体化直流电源技术的发展,不仅提高了电力转换效率,还促进了电力系统的智能化和自动化水平。随着可再生能源的兴起和电动汽车等新型负载的增加,直流电源技术也在不断发展创新,以适应新的能源利用方式和直流供电需求。

9.1 直流稳压电源的组成

视频讲解

一般小功率半导体直流稳压电源由**电源变压器**、**整流电路**、**滤波电路**和**稳压电路**四部分组成,其原理框图及各部分输出波形如图 9-1 所示。

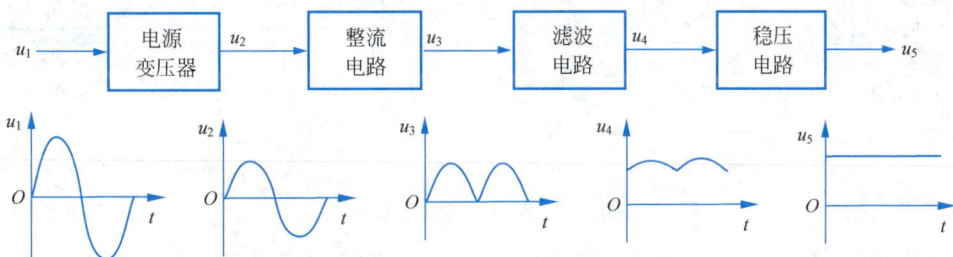

图 9-1 小功率直流稳压电源的组成框图

图 9-1 中,电源变压器的作用是将电网供给的交流电压变换为符合电子设备所要求的电压值。比如,它可将 220V 的电压变换为十几伏或几十伏的电压值。目前,有些电路不用

变压器,而采用其他方法降压。

整流电路的作用是将变压器次级正、负交替变化的交变电压 u_2 变换为单向脉动的直流电压 u_3,通常由具有单向导电性能的元件组成。

滤波电路的作用是滤除整流输出 u_3 中的脉动成分,从而获得比较平滑的直流电压 u_4。一般由电容、电感等储能元件组成。

稳压电路的作用是当电网电压波动、负载和温度变化时,维持输出直流电压稳定,以获得足够高的稳定性。它是半导体直流电源的重要组成部分,其性质的优劣往往决定着直流电源的主要技术性能。

9.2 单相桥式整流电路

整流电路有多种形式。从所用交流电源的相数,可把整流电路分为单相和三相整流电路;从电路的结构形式,可把整流电路分为半波、全波和桥式整流电路。本节只讨论常用的单相桥式整流电路。

9.2.1 电路组成及工作原理

单相桥式整流电路如图 9-2(a)所示,它由 4 只二极管组成,并接成电桥的形式,故称为桥式整流电路。图 9-2(b)是电路的简化画法。

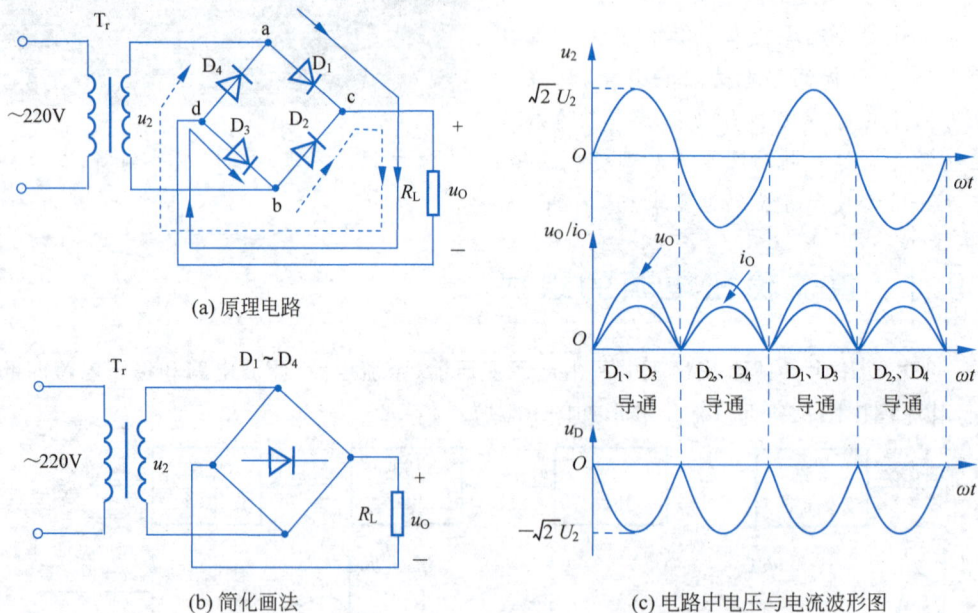

(a) 原理电路

(b) 简化画法

(c) 电路中电压与电流波形图

图 9-2 单相桥式整流电路

为了使问题简化,假定负载为纯电阻性,整流二极管和变压器都是理想的,即认为二极管的正向压降为 0,正向电阻为 0,反向电阻为无穷大,变压器无内部压降等。

设变压器副边电压 $u_2=\sqrt{2}U_2\sin\omega t$,$U_2$ 为其有效值。

在 u_2 的正半周,变压器副边电压的极性上正(+)下负(−),二极管 D_1、D_3 导通,D_2、

D_4 截止,电流由 a 经 $D_1 \to R_L \to D_3 \to b$ 形成通路,如图 9-2(a)中实线所示。这时,二极管 D_2、D_4 承受反向电压。

在 u_2 的负半周,变压器副边电压的极性上负(一)下正(+),二极管 D_2、D_4 导通,D_1、D_3 截止,电流由 b 经 $D_2 \to R_L \to D_4 \to a$ 形成通路,如图 9-2(a)中虚线所示。这时,二极管 D_1、D_3 承受反向电压。

由上述分析可以看出,尽管 u_2 的方向是交变的,但通过负载 R_L 的电流 i_O 及其两端电压 u_O 的方向不变,因此,负载上得到了大小变化而方向不变的脉动直流电流和电压。u_O、$i_O(i_D)$ 及二极管承受的电压 u_D 的波形如图 9-2(c)所示。

负载上得到的脉动直流电压,常用一个周期的平均值来说明它的大小,即

$$U_O = \frac{1}{T}\int_0^{2\pi} u_O \mathrm{d}(\omega t) = \frac{1}{2\pi}\int_0^{2\pi} \sqrt{2}U_2 \sin\omega t\, \mathrm{d}(\omega t) = \frac{2\sqrt{2}U_2}{\pi} \approx 0.9U_2 \tag{9-1}$$

$$I_O = \frac{U_O}{R_L} = 0.9\frac{U_2}{R_L} \tag{9-2}$$

9.2.2　整流二极管的选择

由工作原理的分析可知,每个周期中,D_1、D_3 串联与 D_2、D_4 串联各轮流导电半周,故每个二极管中流过的平均电流只有负载电流的一半,即

$$I_D = \frac{1}{2}I_O = 0.45\frac{U_2}{R_L} \tag{9-3}$$

由图 9-2(a)可以看出,二极管截止时承受的最高反向电压为 u_2 的最大值,即

$$U_{RM} = \sqrt{2}U_2 \tag{9-4}$$

因此,选用整流二极管时,应使

$$U_{RM} > \sqrt{2}U_2 \tag{9-5}$$

$$I_F > \frac{1}{2}I_O \tag{9-6}$$

在工程实际中,为了保证电路安全、可靠地工作,在选择二极管时应留有充分的余量,避免整流管处于极限运用状态。

目前,器件生产厂商已经将 4 个整流二极管封装在一起,构成模块化的整流桥,使用起来十分方便。

9.3　滤波电路

整流电路的输出电压虽然是单一方向的,但是脉动较大,含有较大的谐波成分(交流分量),不能适应大多数电子电路和设备的要求,因此,需要用滤波电路滤除交流分量,以得到比较平滑的直流电压。本节介绍几种常用的滤波电路。

9.3.1　电容滤波电路

电容滤波电路是最常见、最简单和最有效的一种滤波电路,其基本工作原理就是利用电

视频讲解

容的充放电作用，使负载电压趋于平滑。

1. 电路组成及工作原理

如图 9-3(a)所示为单相桥式整流电容滤波电路。整流电路不接滤波电容 C 时，负载 R_L 上的脉动电压 u_O 的波形如图 9-3(b)中虚线所示。

考虑电路接入滤波电容 C 时的情况。设 C 上无初始储能，且电源在 $t=0$ 时接通。

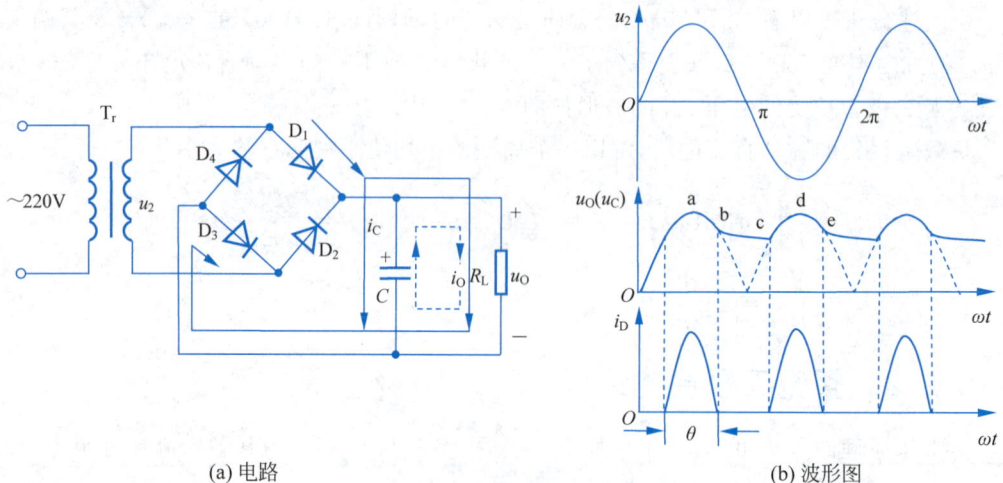

(a) 电路   (b) 波形图

图 9-3　单相桥式整流电容滤波电路及其波形

在 u_2 的正半周，D_1 和 D_3 导通，电源除向负载 R_L 提供电流 i_O 外，也给电容 C 充电，电容上电压 u_C 的极性上正（＋）下负（－），且 $u_C = u_2$。当 u_2 上升到峰值 $\sqrt{2}U_2$（图 9-3 中 a 点）时，u_C 充电到最大值 $\sqrt{2}U_2$。此后，u_2 按正弦规律从峰值开始下降，电容因放电其两端电压 u_C 也开始下降。由于电容以时间常数 $\tau = R_L C$ 按指数规律放电，所以当 u_2 下降到一定值时，u_C 的下降速度就会小于 u_2 的下降速度，使 $u_C > u_2$（如图 9-3 中 b 点），此后，D_1、D_3 因承受反向电压而截止，电容 C 继续通过 R_L 放电，u_O 呈指数规律缓慢下降。

在 u_2 的负半周，当 u_2 的数值大于 u_C（图 9-3 中 c 点）时，D_2 和 D_4 导通，电源再次向电容 C 充电，当 u_C 达到峰值（图中 d 点）之后，随着 u_2 数值的减小，电容再次放电，直到 u_2 的数值小于 u_C（图 9-3 中 e 点），此后，D_2、D_4 截止，u_O 呈指数规律缓慢下降。

上述过程周而复始地循环，在输出端便得到了比较平滑的直流电压，如图 9-3(b)中实线所示。

2. 电容滤波电路的特点

（1）电容滤波电路放电时间常数（$\tau = R_L C$）愈大，放电过程愈慢，输出中脉动成分愈小，输出电压愈高，滤波效果愈好。

（2）滤波电容的选取。实验证明，为了获得较好的滤波效果，一般按下式选择滤波电容

$$R_L C \geqslant (3 \sim 5)\frac{T}{2} \tag{9-7}$$

其中，T 为电网交流电的周期。一般情况下滤波电容的容量都比较大，从几十微法到几千微法，所以通常选用有极性的电解电容器，在接入电路时，应注意极性不要接反，电容的耐压值应大于 $\sqrt{2}U_2$。

（3）输出电压的平均值。在整流电路的内阻不太大（几欧姆）和放电时间常数满足式(9-7)时，单相桥式整流电容滤波电路输出电压的平均值约为

$$U_{O} \approx 1.2U_2 \tag{9-8}$$

（4）整流二极管的选取。未加滤波电容 C 之前，每只整流二极管均有半个周期处于导通状态，即其导通角 $\theta = \pi$。加滤波电容后，只有当 $|u_2| > u_C$ 时，整流管才导通，因此每只整流管的导通角都小于 π。并且 $R_L C$ 的值愈大，θ 愈小，整流管在短暂的导通时间内有很大的**冲击电流**流过，如图 9-3(b)所示。这对于管子的使用寿命不利，因此应选取较大容量的二极管，要求它承受正向电流的能力应大于输出平均电流的 2～3 倍。

（5）电容滤波电路适用于输出电压较高，负载电流较小而且变化不大的场合。

9.3.2 电感滤波电路

在大电流负载的情况下，若采用电容滤波，使得整流管及电容器的选择很困难，有时甚至不可能，这时，可采用电感滤波。电感滤波就是在整流电路与负载电阻之间串联一个电感线圈 L，如图 9-4 所示。

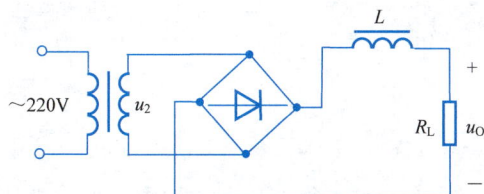

图 9-4 电感滤波电路

在第 3 章已经讲过，当通过电感线圈的电流变化时，电感线圈将产生自感电动势阻止电流的变化。当通过电感线圈的电流增加时，电感线圈产生的自感电动势与电流方向相反，阻止电流的增加；当通过电感线圈的电流减小时，自感电动势与电流方向相同，阻止电流的减小，从而使负载电流的脉动成分大大降低，波形变得平滑。

L 愈大，R_L 愈小，滤波效果愈好，**电感滤波适用于负载电流比较大的场合。**

9.3.3 复式滤波电路

无论是电容滤波电路还是电感滤波电路，它们都有各自的优点及不足。为了提高滤波效果，进一步减小输出电压中的脉动成分，可用电容和电感组成复合式滤波电路。表 9-1 给出了几种复式滤波电路的形式、性能特点及适用场合，可供选用时参考。

表 9-1 几种常用的复式滤波电路

指 标	LC 滤波	LC-π 滤波	RC-π 滤波
电路形式			

续表

指　　标	*LC* 滤波	*LC*-π 滤波	*RC*-π 滤波
U_O	$\approx 1.2U_2$	$\approx 1.2U_2$	$\approx 1.2\dfrac{R_L}{R+R_L}U_2$
整流管冲击电流	小	大	大
适用场合	大电流且变动大的负载	小电流负载	小电流负载

【例 9-1】　单相桥式整流电容滤波电路如图 9-5 所示,已知交流电源频率 $f=50\text{Hz}$,负载电阻 $R_L=200\Omega$,要求直流输出电压 $U_O=30\text{V}$,试选择整流二极管和滤波电容器。

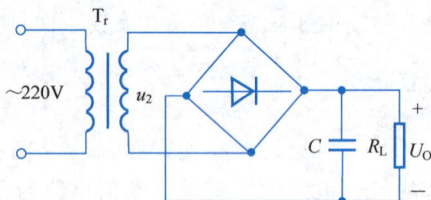

图 9-5　例 9-1 的图

【解】　(1) 选择整流二极管。

流过二极管的电流为

$$I_D = \frac{1}{2}I_O = \frac{1}{2}\times\frac{U_O}{R_L} = \frac{1}{2}\times\frac{30}{200}\text{A} = 0.075\text{A} = 75\text{mA}$$

根据式(9-8),取 $U_O=1.2U_2$,可求得变压器副边电压的有效值为

$$U_2 = \frac{U_O}{1.2} = \frac{30}{1.2}\text{V} = 25\text{V}$$

二极管承受的最大反向电压为

$$U_{RM} = \sqrt{2}U_2 = \sqrt{2}\times 25\text{V} \approx 35\text{V}$$

因此可选用二极管 2CP11,其最大整流电流为 100mA,最高反向工作电压为 50V。

(2) 选择滤波电容。

根据式(9-7),取

$$R_L C = 5\times\frac{T}{2} = 5\times\frac{0.02}{2}\text{s} = 0.05\text{s}$$

则

$$C = \frac{0.05}{R_L} = \frac{0.05}{200}\text{F} = 250\times 10^{-6}\text{F} = 250\mu\text{F}$$

电容的耐压值应大于

$$\sqrt{2}U_2 \approx 35\text{V}$$

所以,选用容量为 $250\mu\text{F}$,耐压为 50V 的电解电容器。

9.4　稳压电路

整流滤波后得到的平滑直流电压会随着电网电压的波动和负载的变化而改变,这种电压不稳定会引起负载工作的不稳定,甚至不能正常工作。而精密的电子测量仪器、自动控

制、计算装置等都要求有稳定的直流电源供电。为了得到稳定的直流输出电压,需要采取稳压措施。稳压电路的种类很多,下面扼要介绍几种稳压电路的原理及特点。

9.4.1 硅稳压管稳压电路

最简单的直流稳压电源是采用稳压管来稳定电压的,如图 9-6 所示。经过桥式整流电容滤波后得到的直流电压 U_I,再经过由限流电阻 R 和稳压管 D_Z 组成的稳压电路接到负载电阻 R_L 上,这样,负载上得到的就是一个比较稳定的电压。

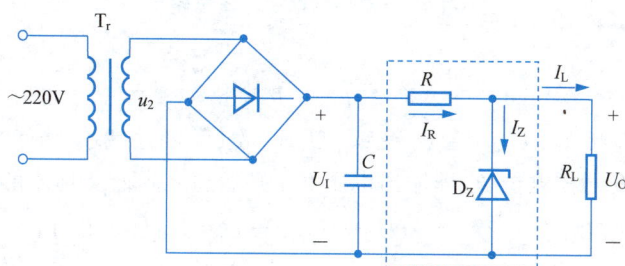

图 9-6 硅稳压管稳压电路

下面简述该稳压电路的稳压作用。

当电网电压升高而使 U_I 上升时,输出电压 U_O 应随之上升。但稳压管两端反向电压(U_O)的微小增量,会引起稳压管电流 I_Z 的急剧增加(见图 4-14(a)),从而使 I_R 增大,相应地,R 的压降 U_R 也增大,以抵偿 U_I 的上升,使输出电压 U_O($U_O = U_I - U_R$)基本保持不变。相反,当因电网电压降低而使 U_I 减小时,输出电压 U_O 应随之减小,这时稳压管的电流 I_Z 急剧减小,从而使 I_R 减小,U_R 也减小,仍然保持输出电压 U_O 基本不变。

同理,当因负载变动而引起输出电压 U_O 波动时,电路仍能起到稳压作用。例如,当因负载电阻 R_L 减小即负载电流 I_L 增大时,I_R 随之增大,U_R 亦随之增大,在电网电压稳定的前提下,输出电压 U_O 会有所下降。而 U_O 的微小下降,导致 I_Z 的显著减小,若参数选择恰当,可使 $\Delta I_Z = -\Delta I_L$,从而使 I_R 基本不变,U_R 基本不变,因此输出电压 U_O 也基本保持不变。

可见,稳压管的电流调节作用是如图 9-6 所示电路能够稳压的关键。它利用稳压管电压的微小变化,引起电流的较大变化,通过电阻 R 实现电压的调整作用,从而保证输出电压基本恒定。

选择稳压管时,一般取

$$\begin{cases} U_Z = U_O \\ I_{ZM} = (1.5 \sim 3) I_{OM} \\ U_I = (2 \sim 3) U_O \end{cases} \tag{9-9}$$

硅稳压管稳压电路的优点是结构简单,缺点是负载电流变化范围小,输出电压不能调节,且电压稳定性不够高,因此,**仅适用于输出电压固定且要求不高的场合**。

9.4.2 串联反馈式稳压电路

串联反馈式稳压电路如图 9-7 所示,其稳压原理可简述如下。

当由于某种原因使输出电压 U_O 升高时,由图 9-7 可知

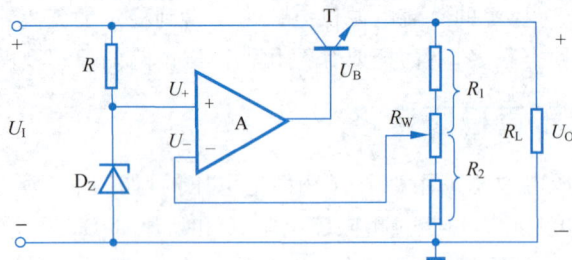

图 9-7　串联反馈式稳压电路

$$U_- = \frac{R_2}{R_1 + R_2} U_O$$

也升高，而 $U_B = A_{od}(U_+ - U_-) = A_{od}(U_Z - U_-)$，故 U_B 随之减小，由于 T 接成射极跟随器的形式，所以 T 的发射极电位，也即输出电压 U_O 必然随之降低。具体稳压过程如下：

$$U_O \uparrow \rightarrow \ U_- \uparrow \rightarrow (U_+ - U_-) \downarrow \rightarrow U_B = A_{od}(U_+ - U_-) \downarrow$$

$$U_O \downarrow \xleftarrow{\qquad \text{T 为射极跟随器} \qquad}$$

当输出电压降低时，其稳压过程相反。

可见输出电压的变化量经过运放放大后去调整晶体三极管 T（通常称为**调整管**）的输出，从而达到稳定输出电压的目的。这个自动调整过程实质上是一个负反馈过程，图 9-7 引入的是电压串联负反馈。由于负载与调整管串联，故该电路称为串联反馈式稳压电路。

根据同相比例运算电路（见式(8-4)）的输入输出关系可得

$$U_O = \left(1 + \frac{R_1}{R_2}\right) U_Z \tag{9-10}$$

可见调节电位器 R_W 便可调节输出电压 U_O。当 R_W 的滑动端移到最上端时，输出电压最小；移到最下端时，输出电压最大。

9.4.3　线性集成稳压电路

随着集成电路工艺的发展，目前已生产出各种类型的集成稳压器，并得到了广泛应用。集成稳压器的类型很多，按结构形式可分为串联型、并联型和开关型；按输出电压类型可分为固定式和可调式；按封装引线端的多少可分为三端式和多端式。目前常用的集成稳压器除开关型稳压器外，基本上是串联型三端固定和可调稳压器，其中，可调三端稳压器的性能优于固定三端稳压器的性能。

1. 三端固定式稳压器

三端固定式稳压器的输出电压是固定的，如果不采取其他的方法，其输出电压一般是不可调的。三端固定式稳压器有 W78×× 和 W79×× 两个系列。**W78×× 为正电压输出，W79×× 为负电压输出**。×× 为集成稳压器输出电压的标称值，78 或 79 系列集成稳压器的输出电压有 5V、6V、8V、9V、10V、12V、15V、18V、24V 等。其额定输出电流以 78 或 79 后面所加的字母来区分。L 表示 0.1A，M 表示 0.5A，无字母表示 1.5A。如 W78L05 表示该稳压器输出电压为 +5V，最大输出电流为 0.1A。三端固定式稳压器的外形及引线排列如图 9-8 所示。

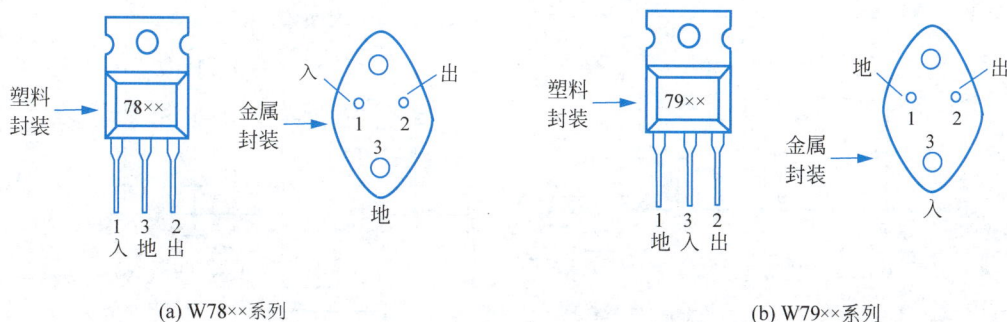

(a) W78××系列　　　　　　　　　　　　　　　(b) W79××系列

图 9-8　三端固定式稳压器的外形及引线排列

三端固定式稳压器的使用非常方便,图 9-9 给出了几种典型应用电路。

图 9-9(a)为基本应用电路。其中,C_1 用以减小纹波以及抵消输入端接线较长时的电感效应,防止自激振荡,并抑制高频干扰,其值一般取 $0.1 \sim 1\mu F$。C_2 用以改善由于负载电流瞬时变化而引起的高频干扰,其值可取 $1\mu F$。二极管 D 用作保护。

图 9-9(b)所示电路能使输出电压高于固定输出电压。它是采用稳压管来提高输出电压的,其中,$U_{\times\times}$ 为 W78×× 稳压器的固定输出电压,显然

$$U_O = U_{\times\times} + U_Z \tag{9-11}$$

图 9-9(c)是一种扩展稳压器输出电流的电路。当直流电源要求的输出电流超过稳压器的额定输出电流时,可采用外接功率管 T 的方法来扩大输出电流。图中,I_2 为稳压器的输出电流,I_C 为功率管的集电极电流,I_R 是电阻 R 上的电流,一般 I_3 很小,可忽略不计,则 $I_1 \approx I_2$,因而得出

$$I_C = \beta I_B = \beta(I_1 - I_R) \approx \beta(I_2 - I_R) \tag{9-12}$$

可见电路的输出电流比稳压器的输出电流大得多。图 9-8 中的电阻 R 的阻值要使功率管只能在输出电流较大时才导通。

图 9-8(d)是一种输出电压可调的电路。图中,$U_- \approx U_+$,于是由 KVL 定律可得

$$\frac{R_3}{R_3 + R_4} U_{\times\times} = \frac{R_1}{R_1 + R_2} U_O$$

即

$$U_O = \left(1 + \frac{R_2}{R_1}\right) \times \frac{R_3}{R_3 + R_4} U_{\times\times} \tag{9-13}$$

可见,用可调电阻来调整 R_2 与 R_1 的比值,便可调节输出电压 U_O 的大小。

图 9-9(e)是利用 W7815 与 W7915 相配合,得到正、负输出电压的稳压电路,其中,W7815 与 W7915 的使用方法相同,只是要特别注意输入与输出电压的极性以及外引线的正确连接。

2. 三端可调式稳压器

三端可调式稳压器是在三端固定式稳压器基础上发展起来的一种性能更为优异的集成稳压组件。它除了具备三端固定式稳压器的优点外,可用少量的外接元件,实现大范围的输出电压连续可调(调节范围为 $1.2 \sim 37V$),应用更为灵活。其典型产品有输出正电压的 W117、W217、W317 系列和输出负电压的 W137、W237、W337 系列。同一系列的内部电路

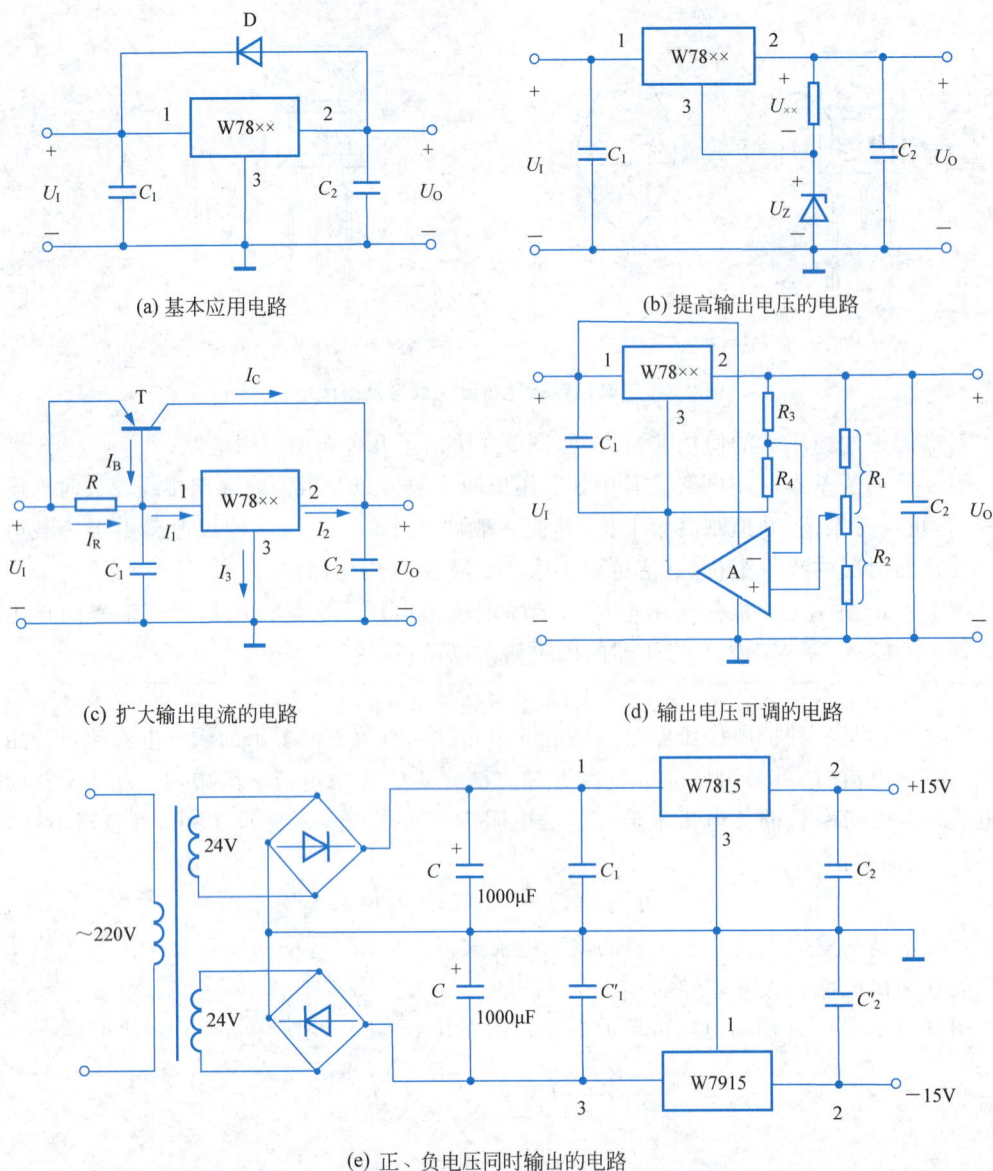

(a) 基本应用电路

(b) 提高输出电压的电路

(c) 扩大输出电流的电路

(d) 输出电压可调的电路

(e) 正、负电压同时输出的电路

图 9-9　三端固定式稳压器的典型应用电路

和工作原理基本相同，只是工作温度不同，如 W117、W217、W317 的工作温度分别为 $-55\sim$ 150℃、$-25\sim150$℃、$0\sim125$℃。根据输出电流的大小，每个系列又分为 L 型系列（$I_O\leqslant$ 0.1A）、M 型系列（$I_O\leqslant0.5$A），如果不标 M 或 L，则表示该器件的 $I_O\leqslant1.5$A。三端可调式稳压器的外形及引脚排列如图 9-10 所示。

　　正常工作时，三端可调式稳压器输出端与调整端之间的电压为基准电压 U_{REF}，其典型值为 1.25V。流过调整端的电流的典型值 $I_{adj}=50\mu$A。三端可调式稳压器的基本应用电路如图 9-11 所示。由图可知

$$U_O=U_{REF}+\left(\frac{U_{REF}}{R_1}+I_{adj}\right)R_2=U_{REF}\left(1+\frac{R_2}{R_1}\right)+I_{adj}R_2\approx1.25\times\left(1+\frac{R_2}{R_1}\right) \quad (9\text{-}14)$$

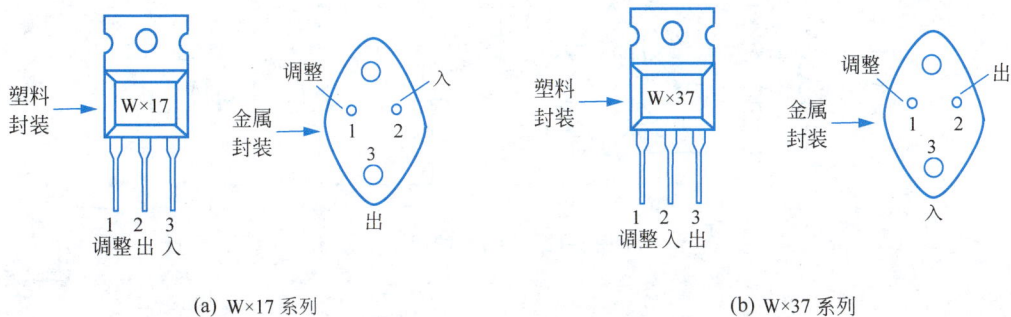

(a) W×17 系列   (b) W×37 系列

图 9-10　三端可调式稳压器的外形及引线排列

调节电位器 R_W 可改变 R_2 的大小,从而调节输出电压 U_O 的大小。

需要强调的是,在使用集成稳压器时,要正确选择输入电压的范围,保证其输入电压比输出电压至少高 $2.5\sim3\mathrm{V}$,即要有一定的压差。另一个不容忽视的问题是散热,因为三端集成稳压器工作时有电流通过,且其本身又具有一定的压差,所以就有一定的功耗,而这些功耗一般又转换为热量。因此,使用

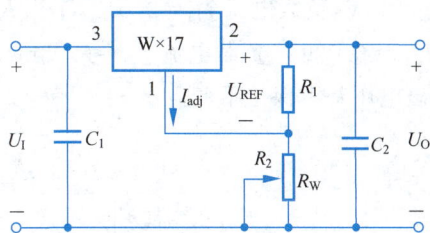

图 9-11　三端可调式稳压器的基本应用电路

中、大电流三端稳压器时,应加装足够大尺寸的散热器,并保证散热器与稳压器的散热头(或金属底座)之间接触良好,必要时两者之间要涂抹导热胶以加强导热效果。

※9.4.4　开关型稳压电路

由于串联型线性稳压电路中的调整管工作在放大区,工作时调整管中一直有电流通过,所以自身功耗很大,电源效率一般只能达到 $30\%\sim50\%$。开关型稳压电路中调整管工作在开关状态(饱和或截止),自身功耗小,所以电源效率可提高到 $75\%\sim85\%$ 以上,而且它体积小、重量轻、使用方便。目前,开关型稳压电源已成为宇航、计算机、通信和功率较大电子设备中电源的主流,应用日趋广泛。

随着集成技术的发展,开关型稳压电源已逐渐集成化。集成开关型稳压电源可分为脉宽调制型(PWM)、频率调制型(PFM)和混合调制(脉宽-频率调制)型三大类,其中脉宽调制型开关电源使用较为普遍。限于篇幅,关于各类开关型稳压电路的工作原理此处不再赘述,有兴趣的读者可参阅相关文献。

9.5　用 Multisim 分析直流电源电路

【例 9-2】　某电源电路如图 9-12 所示,设二极管用 1N4002,稳压管用 1N750A,其稳压值 $U_Z=6\mathrm{V}$,$I_{ZM}=30\mathrm{mA}$。若输入电压 $u_2=8\sin\omega t\,\mathrm{V}$,滑动电位器 R_W 处于中间位置,试用 Multisim 做如下分析。

(1) 当 R_W 的阻值变化时,观察负载电流和输出电压的变化情况,并求稳压电源的输出电阻 R_o;

(2) 当输入电压 u_2 变化 20% 时,观察输出电压的变化情况,并求该稳压电源的稳压系

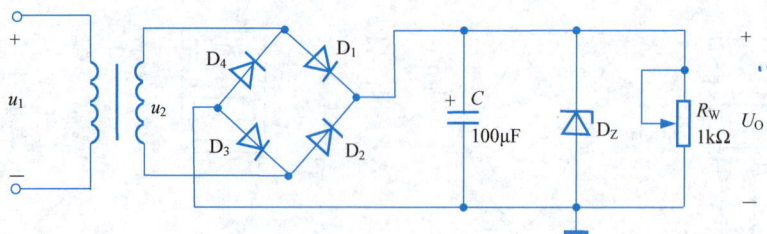

图 9-12　例 9-2 的图

数 S_r。

【解】　（1）当 R_W 为 0.5kΩ 时，仿真结果如图 9-13（a）所示，测得负载电压 $U_O =$ 6.013V，负载电流 $I_O = 0.012$A；当 R_W 为 1kΩ 时，仿真结果如图 9-13（b）所示，测得载电压 $U_O = 6.029$V，负载电流 $I_O = 6.03$mA。可见，负载电阻变化时，负载电流会随之变化，但输出电压基本保持不变。

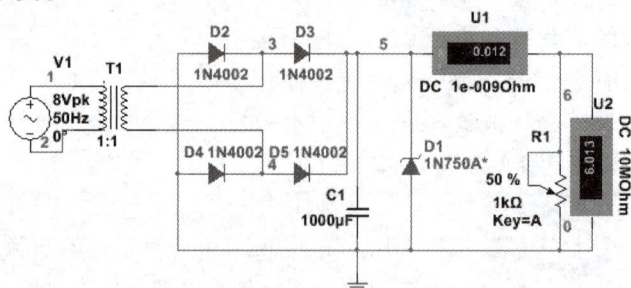

(a) R_W=0.5kΩ

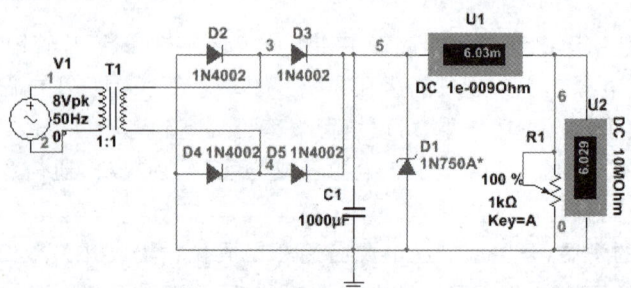

(b) R_W=1kΩ

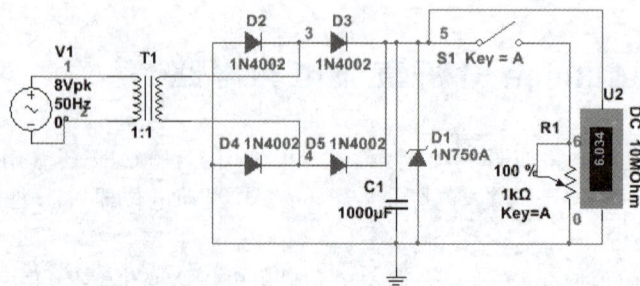

(c) R_W=5kΩ

图 9-13　例 9-2 图解（1）

求稳压电源输出电阻 R_o 的电路如图 9-13(c) 所示。开关打开时,测得 $U'_O=6.034$V,开关闭合时,测得 $U_O=6.024$V,因此求得

$$R_o = \frac{U'_O - U_O}{U_O} \cdot R_L = \frac{6.034 - 6.024}{6.024} \times 1\text{k}\Omega \approx 1.66\Omega$$

(2) 取 R_W 为 1kΩ,当输入电压 u_2 增大 20% 时,仿真电路如图 9-14 所示,测得负载电压 $U_O=6.391$V。

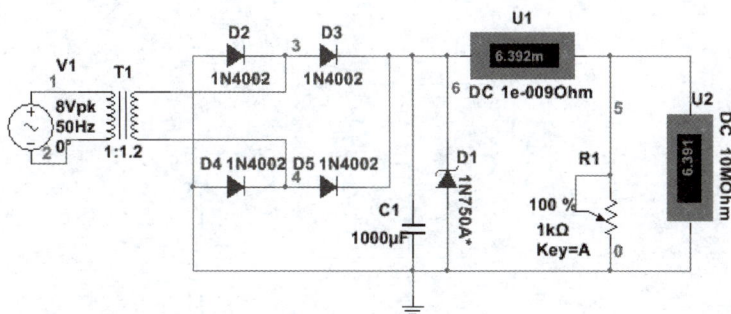

图 9-14   例 9-2 图解(2)

比较图 9-14 和图 9-13(b) 的测试结果,由稳压系数的定义可求得稳压系数为

$$S_r = \frac{\Delta U_O/U_O}{\Delta U_I/U_I} \times 100\% = \frac{(6.391 - 6.029)/6.029}{0.2} \times 100\% \approx 30\%$$

思考题与习题

【9-1】 判断下列说法是否正确,并在相应的括号中填√或×。

(1) 单相桥式整流电路中,因为有四只二极管,所以流过每只二极管的平均电流 I_D 等于总平均电流 I_O 的四分之一(   )。由于电流通过的两只二极管串联,故每管承受的最大反向电压 U_{RM} 应为 $\frac{\sqrt{2}}{2}U_2$(   )。如果有一只二极管的极性接反了,则会使变压器次级短路,造成器件损坏(   )。

(2) 整流电路加了滤波电容后,输出电压的直流成分提高了(   )。二极管的导通时间加大了(   )。

(3) 由于整流滤波电路的输出电压中仍存在交流分量,所以需要加稳压电路(   )。利用稳压管实现稳压时,稳压管应与负载并联连接(   )。

【9-2】 单相桥式整流电容滤波电路如图 9-15 所示。电网频率 $f=50$Hz。为了使负载能得到 20V 的直流电压,试完成下列各题:

(1) 计算变压器二次侧电压的有效值 U_2;

(2) 试选择整流二极管;

(3) 试选择滤波电容。

【9-3】 电路如图 9-16 所示。若 $U_{21}=U_{22}=20$V,试回答下列问题:

(1) 标出 u_{O1} 和 u_{O2} 对地的极性。u_{O1} 和 u_{O2} 中的平均值各为多大?

(2) u_{O1} 和 u_{O2} 的波形是全波整流还是半波整流?

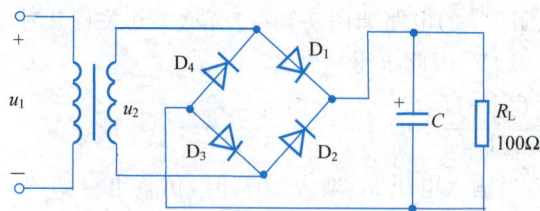

图 9-15　题 9-2 的图

（3）若 $U_{21}=18\text{V}$，$U_{22}=22\text{V}$，画出 u_{O1} 和 u_{O2} 的波形，并计算 u_{O1} 和 u_{O2} 的平均值。

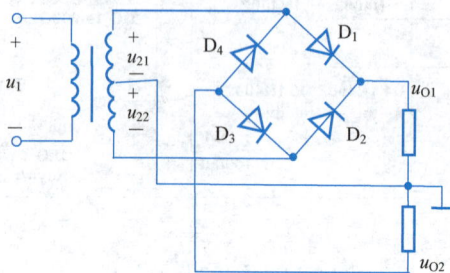

图 9-16　题 9-3 的图

【9-4】　某稳压电源如图 9-17 所示，试问：

（1）输出电压的极性和大小如何？

（2）电容器 C_1 和 C_2 的极性如何？

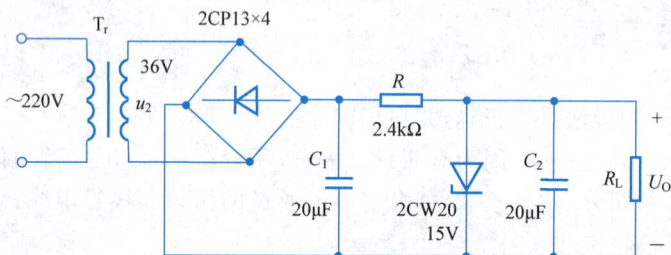

图 9-17　题 9-4 的图

【9-5】　如图 9-18 所示是由三端集成稳压电路 W7805 组成的恒流源电路。已知 W7805 的引脚 2 输出电流 $I=5\text{mA}$，$R=1\text{k}\Omega$，$R_L=100\sim200\Omega$，求流过负载 R_L 上的电流 I_O 值及输出电压 U_O 的范围。

【9-6】　可调恒流源电路如图 9-19 所示。假设 $I_{adj}\approx0$，当 $U_{21}=U_{REF}=1.2\text{V}$，$R$ 从 $0.8\sim120\Omega$ 变化时，恒流电流 I_O 的变化范围是多少？

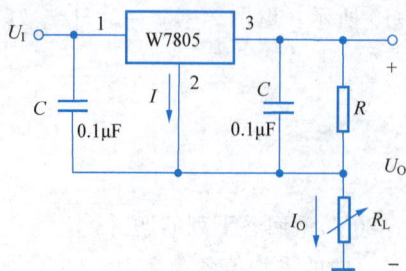

图 9-18　题 9-5 的图

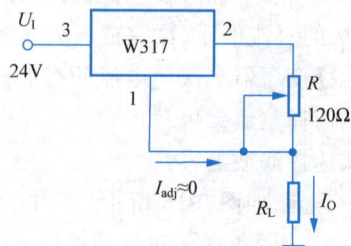

图 9-19　题 9-6 的图

【9-7】 电路如图 9-20 所示。已知 u_2 的有效值足够大,合理连线,使之构成一个 5V 的直流电源。

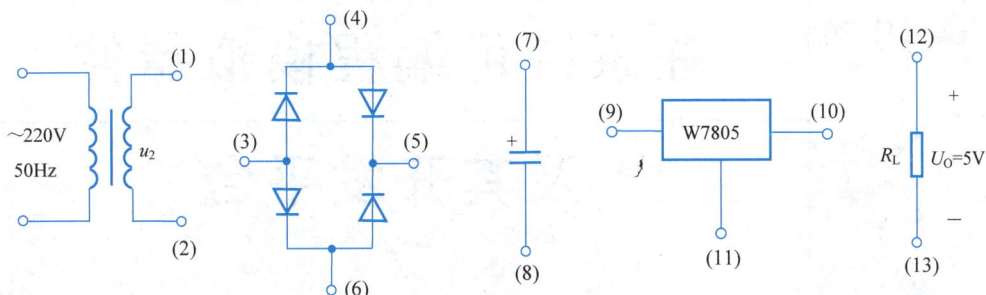

图 9-20 题 9-7 的图

科学家故事

勤奋的天才——尼古拉·特斯拉(Nikola Tesla)

尼古拉·特斯拉,塞尔维亚裔美籍发明家、物理学家、机械工程师、电气工程师。他毕生致力于科学研究,终身未婚,每天只睡 2 个小时,最终独自取得 700 多项发明专利。

尼古拉·特斯拉(1856—1943)

特斯拉的研究领域十分广泛,包括交流电系统、无线电系统、无线电能传输、球状闪电、涡轮机、放大发射机、粒子束武器、太阳能发动机、X 光设备、电能仪表、导弹科学、遥感技术、飞行器、宇宙射线、雷达系统、机器人等。因其在与安迪生的"交直流电之争"中将交流电成功带给世人而被誉为"交流电之父";以他的名字命名的磁密度单位,表明他在磁学上的重大贡献;世界第一大电动车公司以特斯拉命名,是为了纪念他在电力和电磁学领域的杰出贡献,并以此彰显公司科技创新的追求。

第 10 章

在系统可编程模拟器件及其开发平台

科技发展前沿

可编程模拟器件是 20 世纪末诞生的一类新型集成电路,它结合了模拟集成电路的特性与可编程逻辑器件的灵活性,可由用户通过现场编程和配置来改变其内部连接和元件参数从而获得所需要的电路功能。配合相应的开发工具,其设计和使用方便、灵活、快捷。与数字器件相比,具有简洁、经济、高速度、低功耗等优势;与普通模拟电路相比,具有全集成化,适用性强,便于开发和维护等显著优点,并可作为模拟 ASIC 开发的中间媒介和低风险过渡途径。因此,它特别适用于小型化、低成本电子系统的设计和实现。

通用型可编程模拟器件主要包括现场可编程模拟阵列(FPAA)、在系统可编程模拟器件(ispPAC)两大类。本章主要讨论在系统可编程模拟器件及其软件开发平台,介绍了 ispPAC 的特性及 PAC-Designer 软件的使用,并给出了几个开发实例。

10.1 引言

1999 年 11 月,美国 Lattice 公司率先推出在系统可编程模拟集成电路(in system programmable analog circuit)及其软件开发平台,从而开拓了模拟可编程技术的广阔前景。在系统可编程模拟器件允许设计者使用开发软件在计算机上设计、修改电路,进行电路特性的仿真。仿真合格后,通过编程电缆将设计的电路下载到芯片中即可完成硬件设计。

在系统可编程模拟器件把高集成度、高精确度的设计集于一片 ispPAC 中,取代了许多传统的独立标准器件所能实现的电路功能。它的功能有:对信号进行放大、衰减、滤波、求和、求差、积分等,并且可以将数字信号转换为模拟信号;还可以把器件中的多个功能块进行互连,对电路进行重构;能简单容易地调整电路的增益、带宽、偏移等。**ispPAC 器件的最大优点是可以反复编程**,次数可达 10000 次之多。

10.2 主要 ispPAC 器件的特性及应用

Lattice 公司发布的 ispPAC 系列模拟可编程器件共有 5 种,其特性及应用如表 10-1 所示。

表 10-1 主要可编程模拟器件的特性及应用

器 件 名 称	特 性	应 用
ispPAC10	内含 8 个可编程增益放大器、4 个输出放大器(可构成放大、低通滤波、积分电路),电路可编程互连	放大器 差分信号与单路信号的相互转换 低通滤波器(1~4 阶) 带通滤波器(2~4 阶)
ispPAC20	内含 4 个可编程增益放大器、两个输出放大器、调制器、8 位 DAC、两个模拟比较器,模拟多路器(可构成放大、低通滤波、积分电路),电路可编程互连	放大器 差分信号与单路信号的相互转换 低通滤波器(1~4 阶) 带通滤波器(2 阶) 自校正电路 同步解调电路 脉宽调制电路 电压频率转换电路 温度控制电路
ispPAC30	内含 4 个可编程增益放大器、两个输出放大器、两个模拟多路器、两个复合 8 位 DAC(可构成放大、低通滤波、积分电路),电路可编程互连	放大器 差分信号与单路信号的相互转换 可编程电压源 可编程电流源 自适应电路 激光及射频电路的偏置电路 温度控制电路
ispPAC80	内含 5 阶低通滤波器核,支持多种滤波器的类型:贝塞尔(Bessel)滤波器、巴特沃思(Butterworth)滤波器、切比雪夫(Chebyshev)滤波器、椭圆(elliptical)滤波器、线性(linear)滤波器,50~750kHz 1/2/5/10 可编程增益放大器	5 阶低通滤波器 抗混叠滤波器 放大器
ispPAC81	内含 5 阶低通滤波器核,支持多种滤波器的类型:巴特沃思(Butterworth)滤波器、切比雪夫(Chebyshev)滤波器、椭圆(elliptical)滤波器,10~750kHz 1/2/5/10 可编程增益放大器	5 阶低通滤波器 放大器 DSP 系统前端传感器信号调节

其中,ispPAC10 和 ispPAC20 是通用型的,ispPAC80/81 是高阶滤波器。虽然这些器件的规模和功能有差别,但内部结构、制造工艺和工作原理等基本相似,下面将分别予以简要介绍。

10.2.1　ispPAC10

ispPAC10 的内部结构框图如图 10-1(a)所示。其中包括 4 个独立的 PAC 块、配置存储器、模拟布线池、参考电压和自动校正单元及 isp 接口等。器件用＋5V 电源供电。ispPAC10 为 28 引脚双列直插封装，引脚排列如图 10-1(b)所示。

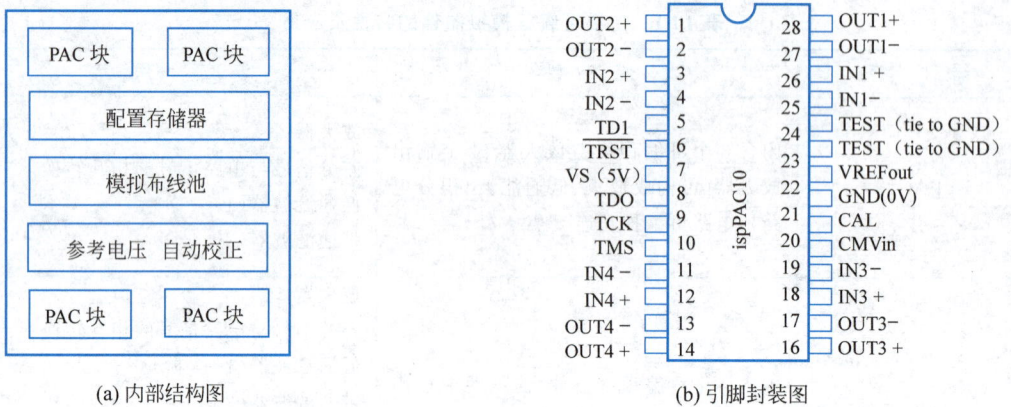

(a) 内部结构图　　　　　　　　　　　　　　(b) 引脚封装图

图 10-1　ispPAC10 的内部结构图及引脚封装图

基本单元 PAC 的简化电路如图 10-2 所示。

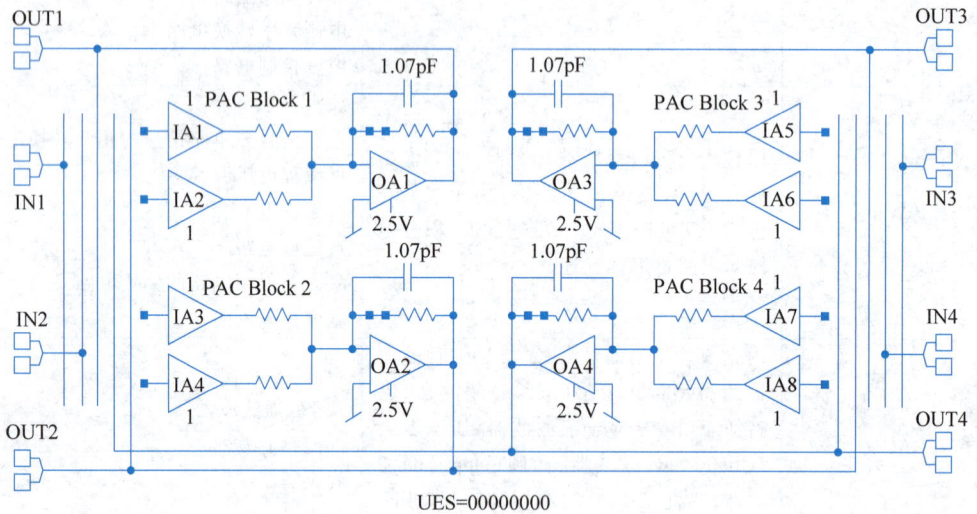

UES=00000000

图 10-2　ispPAC10 内部 PAC 块的简化电路

每个 PAC 块由两个差分输入的仪用放大器(IA)和一个双端输出的输出放大器组成。输入阻抗高达 $10^9\Omega$，共模抑制比为 69dB，增益调节范围为 $-10\sim+10$dB。输出放大器的反馈电容 C_f 有 128 种值($1.07\sim62$pF)，可以在 $10\sim100$kHz 的范围内实现 120 多个极点位置。反馈电阻 R_f 可接入或断开。各 PAC 块或 PAC 块之间可通过模拟布线池实现可编程和级联，以构成 $1\sim10\,000$ 倍的放大器或复杂的滤波器电路。

10.2.2　ispPAC20

ispPAC20 的内部结构框图如图 10-3(a)所示。它有两个基本单元 PAC 块、两个比较器、一个 8 位 D/A 转换器、配置存储器、参考电压、自动校正单元、模拟布线池及 isp 接口所组成。该器件为 44 引脚封装,引脚排列如图 10-3(b)所示。该器件具有独特的自动校准能力,可以达到很低的失调误差(PAC 块增益为 10 时,输入失调<100μV)。

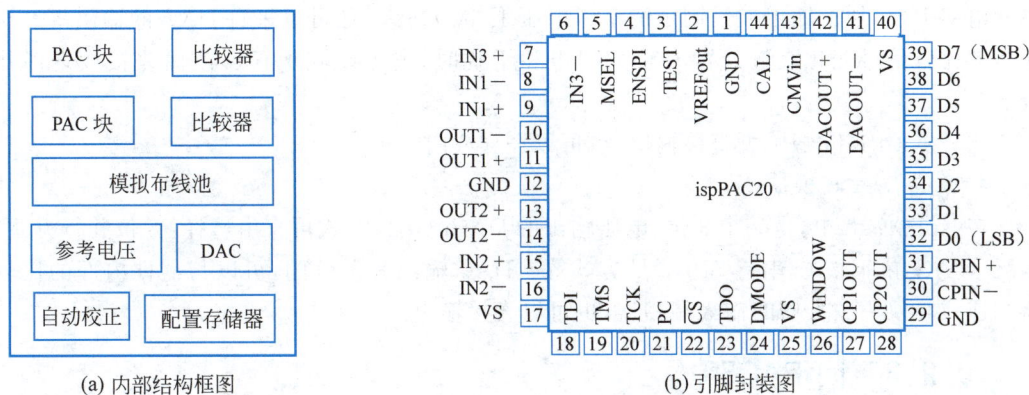

(a) 内部结构框图   (b) 引脚封装图

图 10-3　ispPAC20 的内部结构框图及引脚封装图

ispPAC20 的内部电路原理图如图 10-4 所示,其性能特点简述如下。

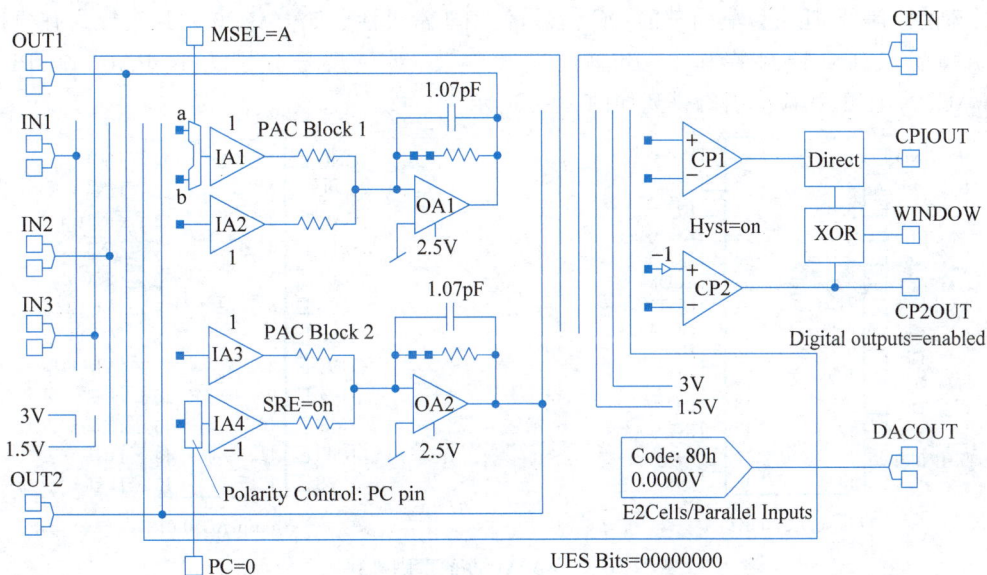

图 10-4　ispPAC20 内部电路

1. 输入控制

如图 10-4 所示,当外部引脚 MSEL=0 时,输入 IN1 被接至 IA1 的 a 端;反之,MSEL=1 时,输入 IN1 被接至 IA1 的 b 端。

2. 极性控制

在 ispPAC20 中,前置互导放大器 IA1、IA2、IA3 的增益为—10~+10;而 IA4 的增益范围限制为—10~—1,没有正增益,这样做的原因在于可以通过 IA4 的输入信号反相来实现正增益,其输入信号是否反相由外部引脚 PC 控制,当外部引脚 PC=1 时,增益调整范围为—10~—1,而当外部引脚 PC=0 时,增益调整范围为+10~+1。

3. 比较器 CP1 和 CP2

在 ispPAC20 中，有两个可编程双差分比较器 CP1 和 CP2。该电压比较器与普通的电压比较器没有太大的差别，只是它们的输入是可编程的，即可来自外部输入，也可以是基本单元电路 PAC 块的输出或是固定的参考电压 1.5V 或 3V，还可以来自 DAC 的输出等。当输入的比较信号变化缓慢或混有较大噪声和干扰时，也可以施加正反馈而改接成迟滞比较器。

比较器 CP1 和 CP2 可直接输出，也可以经异或门输出。

4. 8 位 D/A 转换器

在 ispPAC20 中，是一个 8 位、电压输出的 DAC。接口方式可自由选择：8 位并行方式、串行 JTAG 寻址方式、串行 SPI 寻址方式等。DAC 输出是差分的，可以与器件内部的比较器相连或与仪用放大器的输入端相连，也可以直接输出。

10.2.3 ispPAC30

ispPAC30 的内部包含 4 个输入仪表放大器，两个独立的内部可控参考源（可分为 7 级，64mV～2.5V）和两个复合 8 位 DAC。其中 DAC 的输入信号可以为外部模拟信号，也可以为内部模拟信号，还可以是内部的 DC 信号，使用非常灵活。ispPAC30 的封装形式有两种，28 引脚的双列直插封装和 24 引脚的贴片封装，对应型号分别为 ispPAC30-01PI 和 ispPAC30-01SI，相应的引脚排列如图 10-5 所示。

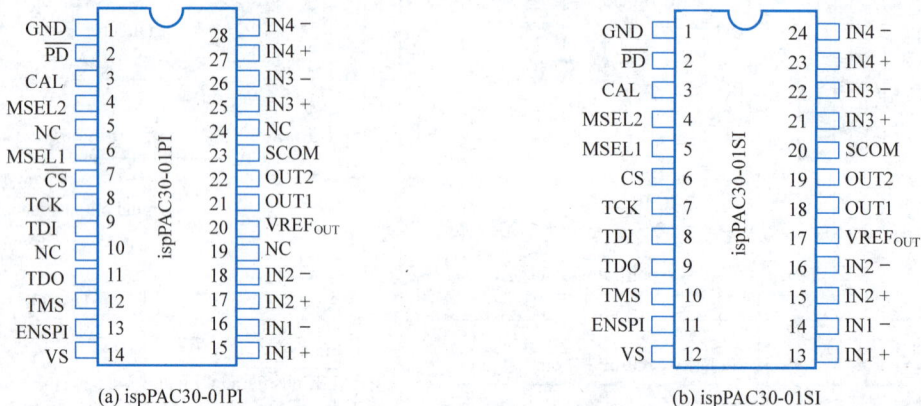

(a) ispPAC30-01PI   (b) ispPAC30-01SI

图 10-5　ispPAC30 的引脚排列

10.2.4 ispPAC80/81

ispPAC80/81 的内部包含 5 阶低通滤波器核，支持多种滤波器的类型。两个配置存储器 CfgA、CfgB 用来存放各种类型的 5 阶低通滤波器的参数。两个配置存储器存放的滤波器参数经选择器送给 5 阶低通滤波器。此外，ispPAC80/81 的内部还包括可编程增益放大器。ispPAC80、ispPAC81 的主要差别是滤波频率范围不同。图 10-6 是 ispPAC80 的引脚排列图，它也有两种封装形式：

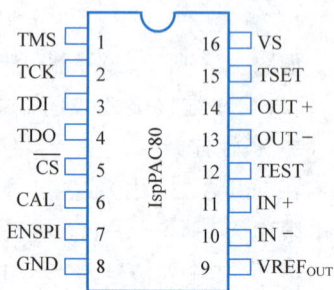

图 10-6　ispPAC80 的引脚排列

双列直插式封装和贴片式封装,对应的型号分别是 ispPAC80-01PI 和 ispPAC80-01SI。

10.3　PAC-Designer 软件及开发实例

PAC-Designer 是 Lattic 公司专为 ispPAC 系列器件开发而配备的工具软件,可提供支持 ispPAC 器件设计、仿真和编程等全过程的集成开发环境。该套软件还附带有大量的设计实例、技术文档,并可产生用于 PSpice 仿真的器件模型,是开发 ispPAC 系列器件的必备工具和有力手段。

10.3.1　PAC-Designer 的基本用法

1. 主要功能

PAC-Designer 是工作于 Microsoft Windows 环境下的集成化应用软件,支持现有的全部 ispPAC 器件,包括如图 10-7 所示的基本功能。

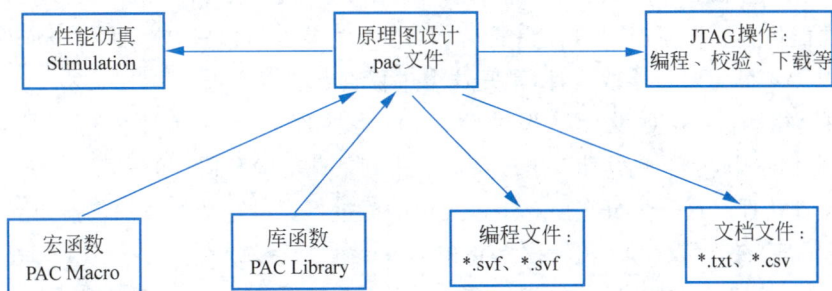

图 10-7　PAC-Designer 软件功能框图

(1) 原理图设计。以对应于器件内部结构的基本原理图为基础(该图由 PAC-Designer 软件自动画出,简称器件原图),通过确定内部连线、各单元工作模式、工作参数等方式描述电路设计。

(2) 性能仿真。原理图设计完后需借助仿真来验证电路的功能。该软件同时给出 4 组幅频、相频特性曲线,特别适合于放大器、衰减器及滤波器的仿真。4 组曲线的参数(包括输入、输出、起始频率、数据点数)均可独立设置,以便更细致地观察设计者所关心的频率范围等。

(3) 只需配备下载电缆和电路板上的 ISP 接口、+5V 电源,便可利用在系统编程方式将设计结果下载至用户系统中。

(4) 可生成第三方编程器编程所需的 JED 文件。

(5) 可生成存档所需的原理图文件、格式化文本文件、仿真数据文件。

(6) 可生成 PSpice 软件需要的仿真模型库文件,用于对含有 ispPAC 器件的电路进行仿真。

2. 设计过程

PAC-Designer 的设计过程主要包括 4 大步骤,如图 10-8 所示。

(1) 原理图设计。这一步是整个设计过程的核心,主要有 4 种设计方法。

① 在器件基本原理图上直接连接内部连线并修改各单元的电路参数。内部连线主要

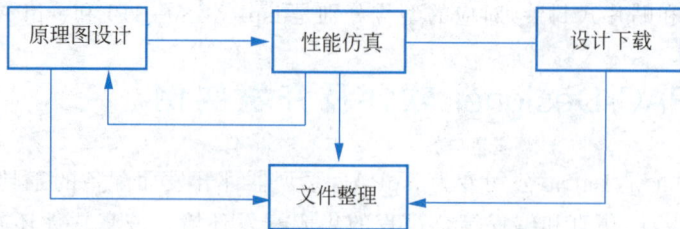

图 10-8　PAC-Designer 软件设计流程图

是与放大器单元、DAC 单元和比较器的输入、输出等有关的连线，它反映信号的传递关系。可修改的电路参数包括放大器增益、DAC 的 E^2CMOS 配置、滤波器电容取值、比较器工作方式、UES(用户电子标签)等。

② 引用 PAC-Designer 软件提供的库函数(仅对 ispPAC10、ispPAC20 等适用)。

③ 引用 PAC-Designer 软件提供的宏函数(仅对 ispPAC10、ispPAC20 等适用)。

④ 引用 PAC-Designer 软件提供的滤波器库(仅对 ispPAC80 等适用)。

(2) 功能仿真。在原理图设计完成后，利用软件提供的幅频特性曲线验证设计结果。当对设计结果不满意时可修改设计，重复这个过程直到满意为止。

(3) 下载设计。当对设计结果满意后，可将器件的配置文件传送到器件内部的 E^2CMOS 存储器中，即下载设计。这一步需要用到下载电缆和器件的 JTAG 接口。

(4) 文件整理。这一步可在前 3 步过程中随时进行。可存档的文件包括如下 6 种。

① *.pac 文件。设计原理图文件，可由 Open 命令直接调入。

② *.txt 文件。设计原理图文本格式，可用于存档等。

③ *.jed 文件。提供给第三方编程器用的文件，可由 Import 命令调入原理图中。

④ *.csv 文件。仿真结果文本输出形式，可由 Microsoft Excel 打开。

⑤ *.lib 文件。提供 PSpice 软件仿真使用的元件库文件。

⑥ *.svf 文件。也称为串行矢量文件，可直接用于 JTAG 编程。

3. 用户界面

PAC-Designer 是一个完全集成的图形化设计软件，支持 ispPAC 系列产品从设计到性能仿真、芯片配置的开发全过程。图 10-9 为该软件的基本界面，主要由菜单栏、工具栏、显示窗口和状态行等组成。

菜单栏中列出了所有的下拉菜单的标题，单击菜单标题或按下相应的快捷键(Alt＋首字母)，即可弹出下拉菜单，各下拉菜单的名称和作用如下。

(1) File　提供 PAC-Designer 软件需要的文件类的全部操作，包括文件的创建、打开、导入、导出、存盘、打印及打印机设置等。

(2) Edit　可设计、修改原理图参数及器件的安全属性。

(3) View　控制编辑区的显示内容(工具栏、状态行)及原理图显示尺寸。

(4) Tools　执行原理图的幅频特性仿真、JTAG 操作(下载、上传、校验等)。

(5) Options　完成仿真选项、JTAG 配置的设置。

(6) Windows　设置窗口显示方式，包括重叠、平铺等。

(7) Help　提供帮助信息，包括器件特点、软件使用等。

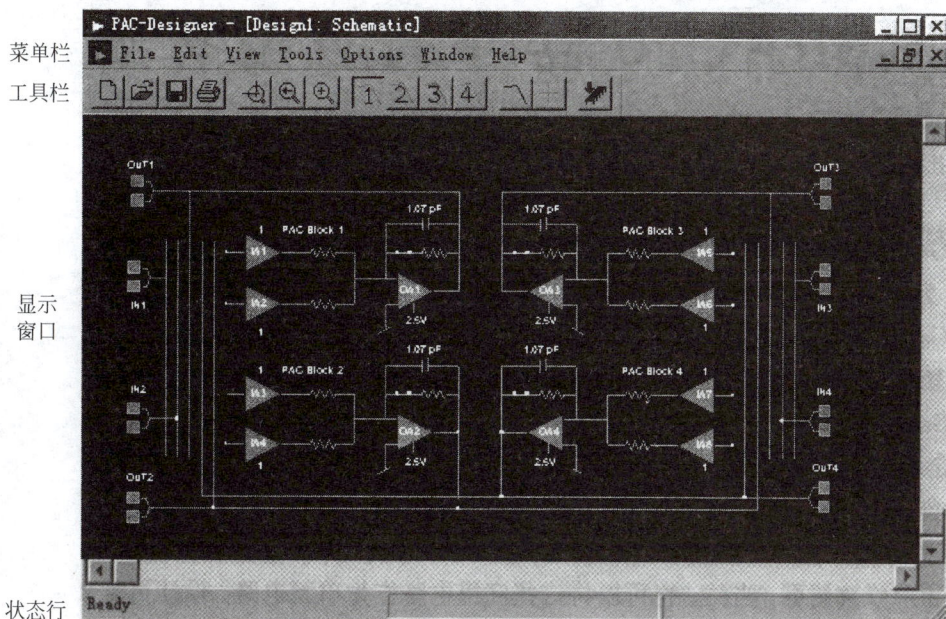

图 10-9　PAC-Designer 软件的基本界面

10.3.2　设计实例

本节通过两个设计实例简要介绍一下 PAC-Designer 软件的设计及仿真过程。

1. 用 ispPAC10 设计加法器

设计要求：

用 ispPAC10 设计一个两路输入的加法器，电路原理框图如图 10-10 所示。第一路信号 U_1 从 IN1 端输入，需放大 4 倍；第二路信号 U_2 从 IN2 端输入，需放大 10 倍；结果 U_{OUT} 从 OUT1 输出。

设计过程：

（1）启动 PAC-Designer 软件。依次选择命令"开始"→"程序"→Lattice Semiconductor→ PAC-Designer。

（2）建立新的设计文件。在 File 菜单下选择 New 命令，弹出如图 10-11 所示的对话框，从中选择 ispPAC10 Schematic，即指定使用 ispPAC10 和原理图描述方式。此后，界面中的窗口便会显示 ispPAC10 的基本原理图。

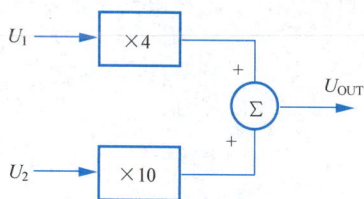

图 10-10　简单加法器原理框图

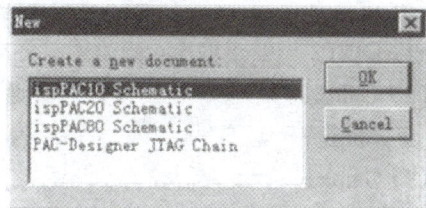

图 10-11　建立新设计文件对话框

（3）编辑原理图，包括连线和设置电路参数。如图 10-12 所示，需要指定选用 PAC

Block1；两个输入分别用 IN1、IN2，直接连接到两个输入级 IA1、IA2 上；输出为 OUT1。具体操作如下。

① 将光标移至 IA1 的输入端处，光标形状变为 ▉（元件有效编辑处）。双击鼠标左键，在对话框中选择 IN1，单击 OK 按钮，便可完成 IN1 与 IA1 的连接。

② 将光标移至 IA2 的输入端处，光标形状变为 ▉。双击鼠标左键，在对话框中选择 IN2，单击 OK 按钮，便可完成 IN2 与 IA2 的连接。

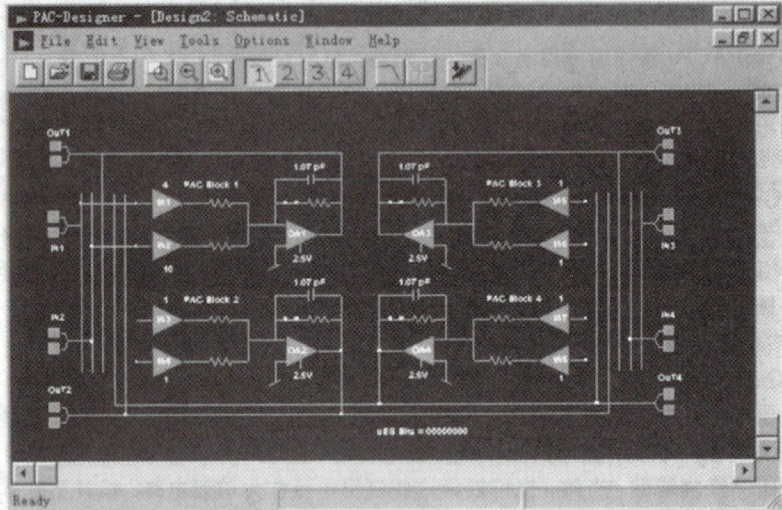

图 10-12　用 ispPAC10 实现加法器

③ 将光标移至 OA1 上方的反馈元件连接处，光标形状变为 ▉。双击鼠标左键，将对话框中的 Feedback Path Enabled 属性选中，使两端连接起来。

④ 将光标移至 IA1 上，光标形状变为 ▉。双击鼠标左键，在对话框中选择 4，单击 OK 按钮，便可指定对 IN1 信号的放大倍数为 4。

⑤ 将光标移至 IA2 上，光标形状变为 ▉。双击鼠标左键，在对话框中选择 10，单击 OK 按钮，便可指定对 IN2 信号的放大倍数为 10。

上述五步也可利用 Edit 菜单下的 Symbol 命令，逐一选择实现。

（4）将设计存盘。在 File 菜单下选择 Save 命令即可将设计存盘。

2. 用 ispPAC10 实现双二次电路

双二次电路用于实现二阶滤波，图 10-13 给出了利用 ispPAC10 实现双二次电路的结构框图。其中，U_{IN} 为输入，U_{OUT1} 和 U_{OUT2} 为输出。可以看出，双二次电路由加法器、积分器和有损积分器构成。由图可推得其传递函数为

$$H_1(s) = \frac{U_{OUT1}(s)}{U_{OUT2}(s)} = \frac{\rho B s}{s^2 + \rho s + \rho AB} \tag{10-1}$$

$$H_2(s) = \frac{U_{OUT2}(s)}{U_{IN}(s)} = \frac{\rho \dfrac{B}{A}}{s^2 + \rho s + \rho AB} \tag{10-2}$$

式（10-1）表明，U_{OUT1} 为带通滤波输出；式（10-2）表明，U_{OUT2} 为低通滤波输出。

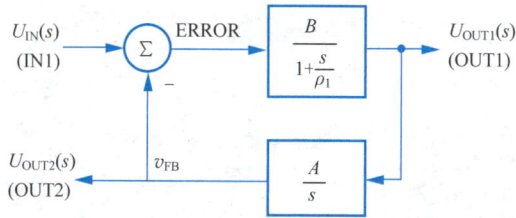

图 10-13　实现双二次电路的结构框图

实现及仿真过程如下。

（1）启动 PAC-Designer 软件。

（2）执行菜单命令：File→New，在对话框中选择 ispPAC10 Schematic，单击 OK 按钮，窗口中便会显示 ispPAC10 的基本原理图，如图 10-14 所示。

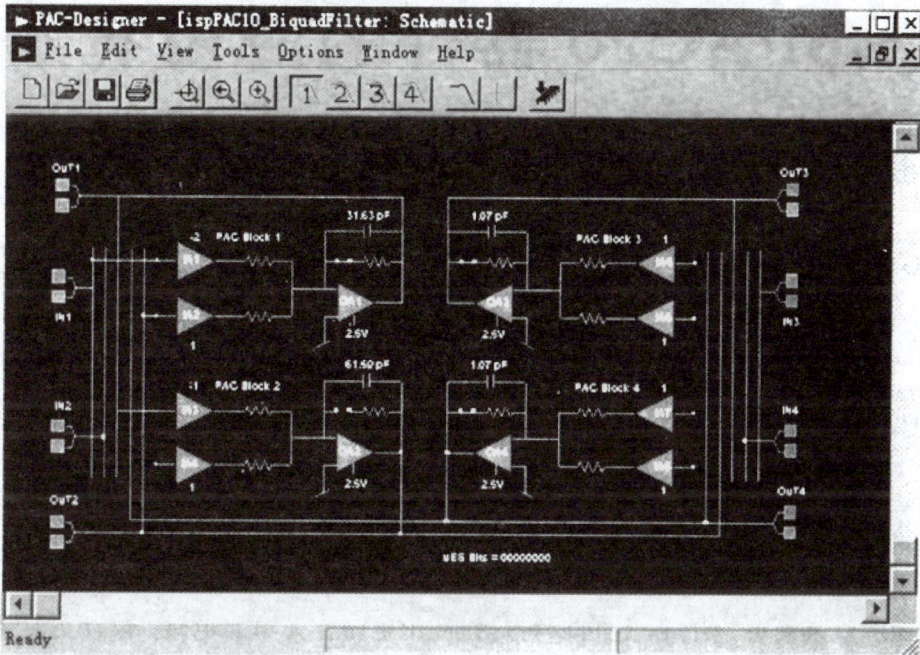

图 10-14　ispPAC10 实现双二次滤波的原理图

（3）执行菜单命令：File→Browse Library，选择 ispPAC10 Biquad Filter. pac，单击 Open File 按钮，便可得到如图 10-14 所示的双二次滤波原理图，修改原理图的增益及电容量便可得到不同的滤波特性。对于本例中的双二次滤波器应用特例，还有一种更方便的输入方法，即利用软件提供的宏函数：执行 Tools→Run Macro 命令，选择 ispPAC10 Biquad Filter，修改 F0、Q、G 等参数即可。其中 IN1 为输入，OUT1 为带通输出，OUT2 为低通输出，加法器和有损耗积分器由 PAC Block1 实现，理想积分器由 PAC Block2 实现。

（4）进行特性仿真。

① 仿真设定。执行 Options→Simulator 菜单命令，在如图 10-15 所示的对话框中设置各曲线参数。

第 1 条曲线：单击标签 Curve 1，设置输入 Input＝$V_{in}1$，输出 Output＝$V_{out}1$，起始频率

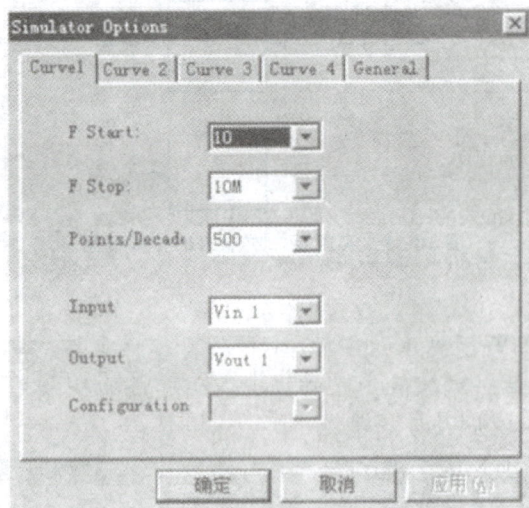

图 10-15　双二次滤波器仿真曲线参数设定

F Start＝10，终止频率 F Stop＝10M，数据密度 Points/Decade＝500。

第 2 条曲线：单击标签 Curve 2，设置输入 Input＝$V_{in}2$，输出 Output＝$V_{out}2$，起始频率 F Start＝10，终止频率 F Stop＝10M，数据密度 Points/Decade＝500。

设置完毕后单击 ▭确定 按钮。

② 仿真。单击工具栏中的快捷按钮 ▭，然后按仿真按钮 ▭，给出第 1 条曲线；单击工具栏中的快捷按钮 ②，然后单击仿真按钮 ▭，给出第 2 条曲线；单击工具栏快捷按钮 ▭，可以查看当前光标处的幅度、相位数值，如图 10-16 所示。修改 PAC 块的电容和增益取值，直到获得满意的结果为止。

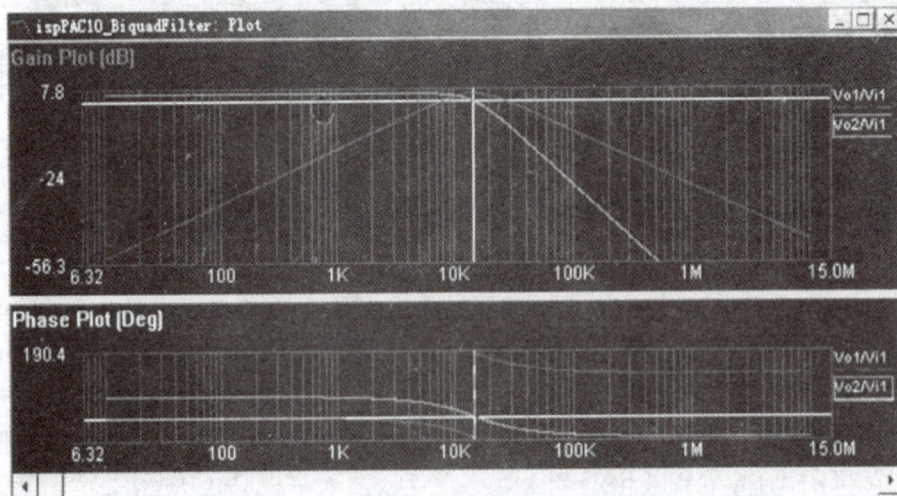

图 10-16　ispPAC10 实现 Biquad Filter 的仿真结果

（5）原理图文件的存盘。执行 File→Save 命令，输入文件名及路径，单击"保存"按钮即可。

（6）产生其他文档。执行 File→Export 命令，可产生所需要的 *.jed、*.csv、*.txt 等文件。

（7）器件下载。先连接好下载电缆，插入芯片，接通＋5V 电源，再执行 Tools→Download 命令，按照提示操作即可。

思考题与习题

【10-1】 用 ispPAC10 器件分别构成增益为 4、20、－40 的放大器。

【10-2】 用 ispPAC10 器件设计一个上限截止频率 $f_H=50\text{kHz}$，$Q=4$，通带内增益为 20dB 的二阶低通滤波器，并且进行幅频特性和相频特性的仿真。

科学家故事

第一款 FPGA 的发明者——罗斯·弗里曼（Ross Freeman）

罗斯·弗里曼（1948—1989）

罗斯·弗里曼，美国电子工程师，是赛灵思（Xilinx）联合创始人之一，他在 1985 年发明了 FPGA（Field-Programmable Gate Array，现场可编程门阵列），因此在 1986 年被《圣何塞水星报》认定为硅谷的新星之一，并于 2006 年入选国家发明家名人堂，被后人铭记为一位精通媒体、聪明、热情的领导者，他对行业的贡献一直持续到今天。

FPGA 是一种可以根据用户需求现场编程的半导体器件，能够在不改变硬件电路的情况下，通过修改软件代码来实现不同的逻辑功能，因其在能效和处理延迟方面表现出色，成为适应 AI 时代的计算芯片方案之一。FPGA 的诞生改变了集成电路行业，随着 AI、IoT 等技术的不断发展，对计算能力和灵活性的需求日益增长，作为连接软件与硬件的桥梁，其重要性愈发凸显。

电路仿真软件

——Multisim 软件简介

Multisim 电路仿真软件是美国国家仪器(NI)有限公司推出的一个专门用于电子线路仿真与设计的仿真工具软件。Multisim 是以 Windows 为基础,符合工业标准,具有 SPICE 的仿真标准环境,它可以对数字电路、模拟电路以及模拟/数字混合电路进行仿真,克服了传统电子产品设计受实验室客观条件的局限性,用虚拟元件搭建各种电路,用虚拟仪表进行各种参数和性能指标的测试。Multisim 9 版本之后增加了单片机和 LabVIEW 虚拟仪器的仿真,可通过 Multisim 和 LabVIEW 软件进行电路设计和联合仿真。

Multisim 14 中增加了探针功能、可编程逻辑图和新的嵌入式硬件的集成,同时还增加了 MPLAB 的联合仿真的接口,下载和安装相关环境和套件后可以在 Multisim 中进行 PIC 微处理器的电路仿真。MPLAB 的联合仿真中包括高阶工程应用,可实现模拟电路、数字电路和嵌入式系统与微处理器的结合。推出和实物近似的虚拟实验面包板以提升电路的感性认识,Ultiboard 中新增 Gerber 和 PCB 制造文件导出函数以完成高级设计项目。同时,新版软件具有直观的原理图捕捉和交互式仿真,拥有 SPICE 分析功能和 3D ELVIS 虚拟原型。

A.1 Multisim 集成环境

1. 基本界面

Multisim 软件安装后,在 Windows 窗口选择“开始”→“所有程序”命令找到 National Instruments 中的 Circuit Design Suite 下包含电路仿真软件 Multisim 和 PCB 制作软件 Ultiboard,选择 Multisim 就会出现如图 A-1 所示的界面。

在 Multisim 界面中,第 1 行为菜单栏,包含电路仿真的各种命令,第 2、3 行为快捷工具栏,其上显示了电路仿真常用的命令,且都可以在菜单中找到对应的命令,可用菜单 View 下的 Toolsbar 命令来显示或隐藏这些快捷工具。快捷工具栏的下方从左到右依次是元器件栏、设计工具栏、电路仿真工作区和仪器仪表栏。元器件栏中每个按钮对应一类元器件,分类方式与 Multisim 元器件数据库中的分类相对应,通过按钮上的图标可快捷选择元器件;设计工具栏用于操作设计项目中各种类型的文件(如原理图文件、PCB 文件、报告清单等);电路仿真工作区是用户搭建电路的区域;仪器仪表栏显示 Multisim 能够提供的各种仪表。最下方的窗口是电子表格视窗,主要用于快速地显示编辑元件的参数,如封装、参考值、属性和设计约束条件等。

对于文件基本操作,Multisim 与 Windows 常用的文件操作一样,也有 New(新建)文

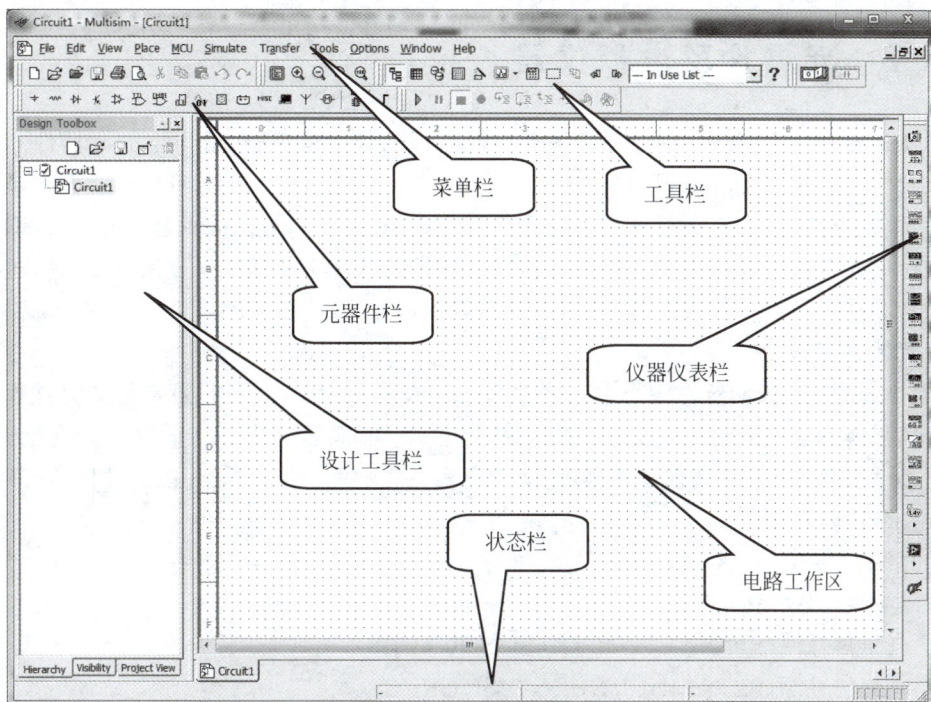

图 A-1　Multisim 用户界面

件、Open(打开)文件、Save(保存)文件、Save As(另存为)文件、Print(打印)文件、Print Setup(打印设置)和 Exit(退出)等相关操作。这些操作可以通过菜单栏 File 子菜单进行选择，也可以使用快捷键或工具栏的图标进行快捷操作。

对于元器件的基本操作，常用的元器件编辑功能有：顺时针旋转 90°(90 Clockwise)、逆时针旋转 90°(90 CounterCW)、水平翻转(Flip Horizontal)、垂直翻转(Flip Vertical)、元器件属性(Component Properties)等。对元器件的操作可以通过菜单栏 Edit 子菜单进行选择，也可以使用快捷键进行快捷操作。

2. 创建电路

运行 Multisim 后，软件会自动打开文件名为 Circuit1 的电路图。在这个电路图的绘制区中，没有任何元件及连线，初始的绘图区类似于做实验的面包板，电路图需要用户来创建。首先在绘图区放置元件，软件提供 3 个元器件数据库：主元器件库(Master Database)、用户元器件库(User Database)和合作元器件库(Corporate Database)。一般来说，电路图文件中均采用主元器件库，其他两个元器件库是由用户或者合作人创建的，在新安装的软件中为空元件库，需要用户添加元件。

在元器件栏中单击要选择的元器件库图标，打开该元器件库，在屏幕出现的元器件库对话框中选择所需的元器件。常用元器件库有 13 个，单击元器件，可选中该元器件，单击鼠标右键，可通过菜单进行操作。

同样，也可以双击元件对它的基本属性进行设置，通过仪器仪表栏对电路添加仪器，通过电路仿真分析菜单设置电路的分析内容等。

A.2 元器件及虚拟仪器

Multisim 除了保持原有的 EWB 图形界面直观的特点外，还包含丰富的元器件和众多虚拟仪器。Multisim 自带元器件库中的元器件数量已超过 17 000 个，不仅含有大量虚拟分立元件、集成电路，还含有大量的实物元器件模型。同时，用户可以编辑这些元件参数，并利用模型生成器及代码模式创建自己的元器件。虚拟仪器从最早的 7 个发展到 22 种，这些仪器的设置和使用与真实仪表一样，能动态交互显示。

1. 元器件库

Multisim 中默认元器件库为主元器件库（Master Database），也是最常用的元件库。库中又分信号源库、基本元件库、二极管库、晶体管库、模拟器件库、TTL 数字集成电路库、CMOS 数字集成电路库、其他数字器件库、混合器件库、指示器件库、其他器件库、射频器件库、机电器件库等。

信号源库共有 7 个系列，分别是：

- 电源（POWER_SOURCES）；
- 电压信号源（SIGNAL_VOLTAGE_SOURCES）；
- 电流信号源（SIGNAL_CURRENT_SOURCES）；
- 函数控制模块（CONTROL_FUNCTION_BLOCKS）；
- 受控电压源（CONTROLLED_VOLTAGE_SOURCES）；
- 受控电流源（CONTROLLED_CURRENT_SOURCES）；
- 数字信号源（DIGITAL_SOURCE）。

每个系列又含有许多电源或信号源。

基本元件库有 16 个系列，包含：

- 基本虚拟器件（BASIC_VIRTUAL）；
- 设置额定值的虚拟器件（RATED_VIRTUAL）；
- 电阻（RESISTOR）、排阻（RESISTOR_PACK）；
- 电位器（POTENTIONMETER）；
- 电容（CAPACITOR）；
- 电解电容（CAP_ELECTROLIT）；
- 可变电容（VARIABLE CAPACITO）；
- 电感（INDUCTOR）；
- 可变电感（VARIABLE INDUCTOR）；
- 开关（SWITCH）；
- 变压器（TRANSFORMER）；
- 非线性变压器（NONLINEAR TRANSFORMER）；
- 继电器（RELAY）、连接器（CONNECTOR）和插座（SOCKET）等。

二极管库中有：

- 虚拟二极管（DIODE_VIRTUAL）；
- 二极管（DIODE）；

- 齐纳二极管(ZENER)；
- 发光二极管(LED)；
- 全波桥式整流器(FWB)；
- 可控硅整流器(SCR)；
- 双向开关二极管(DIAC)；
- 三端开关可控硅开关(TRIAC)；
- 变容二极管(VARACTOR)和 PIN 二极管(PIN_DIODE)等。

晶体管库有 20 个系列,分别是:

- 虚拟晶体管(BJT_NPN_VIRTUAL)；
- NPN 晶体管(BJT_NPN)；
- PNP 晶体管(BJT_PNP)；
- 达灵顿 NPN 晶体管(DARLINGTON_NPN)；
- 达灵顿 PNP 晶体管(DARLINGTON_PNP)；
- 达灵顿晶体管阵列(DARLINGTON_ARRAY)；
- 含电阻 NPN 晶体管(BJT_NRES)；
- 含电阻 PNP 晶体管(BJT_PRES)；
- BJT 晶体管阵列(ARRAY)；
- 绝缘栅双极型晶体管(IGBT)；
- 三端 N 沟道耗尽型 MOS 管(MOS_3TDN)；
- 三端 N 沟道增强型 MOS 管(MOS_3TEN)；
- 三端 P 沟道增强型 MOS 管(MOS_3TEP)；
- N 沟道 JFET(JFET_N)；
- P 沟道 JFET(JFET_P)；
- N 沟道功率 MOSFET(POWER_MOS_N)；
- P 沟道功率 MOSFET(POWER_MOS_P)；
- 单结晶体管(UJT)；
- MOSFET 半桥(POWER_MOS_COMP)；
- 热效应管(THERMAL_MODELS)。

模拟器件库含有 6 个系列,分别是:

- 模拟虚拟器件(ANALOG_VIRTUAL)；
- 运算放大器(OPAMP)；
- 诺顿运算放大器(OPAMP_NORTON)；
- 比较器(COMPARATOR)；
- 宽带放大器(WIDEBAND_AMPS)；
- 特殊功能运算放大器(SPECIAL_FUNCTION)。

TTL 数字集成电路库含有 9 个系列,分别是:

- 74STD；
- 74STD_IC；
- 74S；

- 74S_IC；
- 74LS；
- 74LS_IC；
- 74F；
- 74ALS；
- 74AS。

CMOS 数字集成电路库有 14 个系列，包括：

- CMOS_5V；
- CMOS_5V_IC；
- CMOS_10V_IC；
- CMOS_10V；
- CMOS_15V；
- 74HC_2V；
- 74HC_4V；
- 74HC_4V_IC；
- 74HC_6V；
- Tiny_logic_2V；
- Tiny_logic_3V；
- Tiny_logic_4V；
- Tiny_logic_5V；
- Tiny_logic_6V。

其他数字器件库中的元器件是按元器件功能进行分类排列的，它包含 TIL 系列、Line_Drive 系列和 Line_Transceiver 系列。

混合器件库中有 5 个系列，分别是：

- 虚拟混合器件库（Mixed_Virtual）；
- 模拟开关（Analog_Switch）；
- 定时器（Timer）；
- 模数-数模转换器（ADC_DAC）；
- 多谐振荡器（MultiviBrators）。

指示器件库有 8 个系列，分别是：

- 电压表（Voltmeter）；
- 电流表（Ammeter）；
- 探测器（Probe）；
- 蜂鸣器（Buzzer）；
- 灯泡（Lamp）；
- 虚拟灯泡（Lamp_Virtual）；
- 十六进制计数器（Hex Display）；
- 条形光柱（Bar Graph）。

2. 虚拟仪器

1）数字万用表

数字万用表(Multimeter)的外观与操作和实际万用表相似,有正极和负极两个引线端,如图 A-2 所示,可以测量直流或交流信号,例如电流 A、电压 V、电阻 Ω 和分贝值 dB 等。

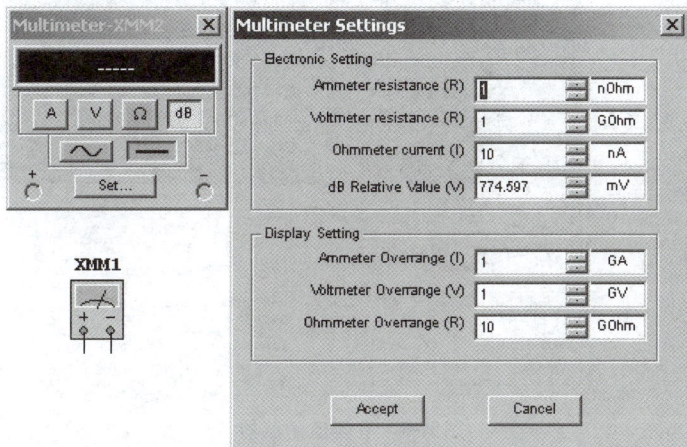

图 A-2　数字万用表

2）函数发生器

函数发生器(Function Generator)如图 A-3 所示。它可以产生正弦波、三角波和方波。

信号频率可在 1Hz～999MHz 调整,信号的幅值以及占空比等参数也可以进行调节。信号发生器有三个引线端口:正极、负极和公共端。

3）瓦特表

瓦特表(Wattmeter)有四个引线端口:电压正极和负极、电流正极和负极,如图 A-4 所示。瓦特表可以用来测量电路的交流或者直流功率。

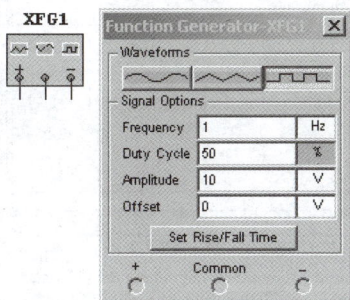

图 A-3　函数发生器

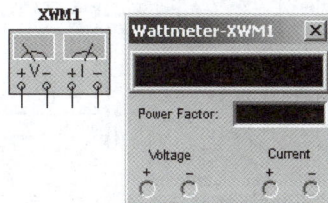

图 A-4　瓦特表

4）双通道示波器

双通道示波器(Oscilloscope)与实际的示波器的外观和基本操作基本相同,如图 A-5 所示。它不仅用来显示信号的波形,还可以用来测量信号的频率、幅度和周期等参数,时间基准可在秒和纳秒之间调节。示波器图标上有三组接线端:A、B 两组端点分别为两个通道,Ext. Trigger 是外触发输入端。

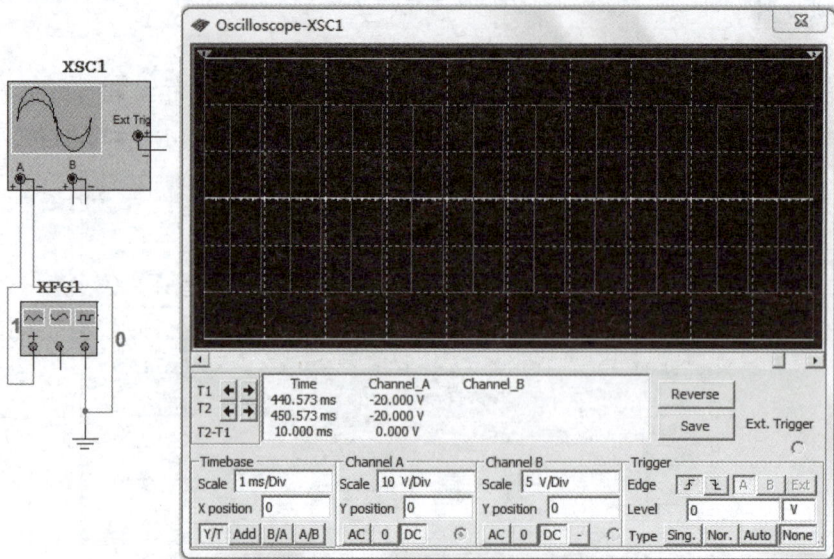

图 A-5　双通道示波器

5）四通道示波器

四通道示波器（4 Channel Oscilloscope）如图 A-6 所示，它与双通道示波器的使用方法和内部参数设置方式完全一样，只是多了一个通道控制器旋钮，当旋钮拨到某个通道位置，才能对该通道的参数进行设置。

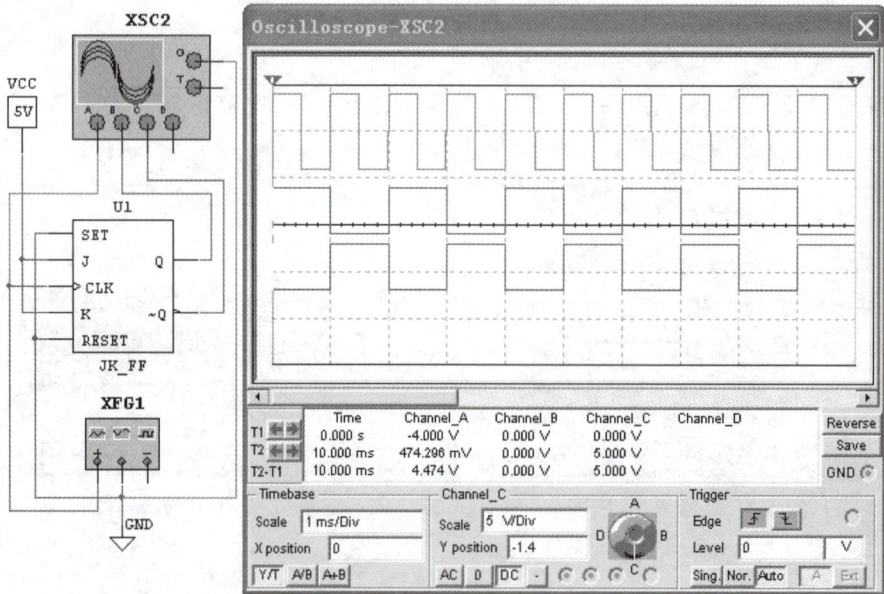

图 A-6　四通道示波器

6）波特图仪

波特图仪（Bode Plotter）是一种测量和显示被测电路幅频、相频特性曲线的仪表。波特图仪控制面板如图 A-7 所示，有幅值（Magnitude）或相位（Phase）的选择、横轴（Horizontal）设置、纵轴（Vertical）设置、显示方式的其他控制信号，面板中的 F 指的是终值，I 指的是初值。

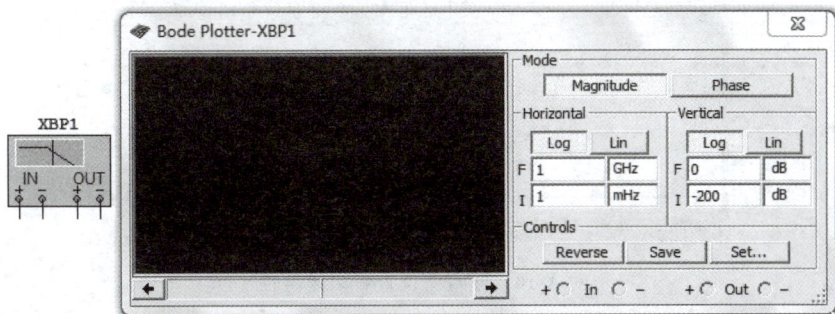

图 A-7　波特图仪

　　波特图仪适合于分析滤波电路或电路的频率特性,特别易于观察截止频率。波特图仪需要连接两路信号:一路是电路输入信号(需要接交流信号);另一路是电路输出信号。例如:构造一阶 RC 滤波电路,如图 A-8 所示。输入端加入正弦波信号源,电路输出端与示波器相连,可观察不同频率的输入信号经过 RC 滤波电路后输出信号的变化情况。

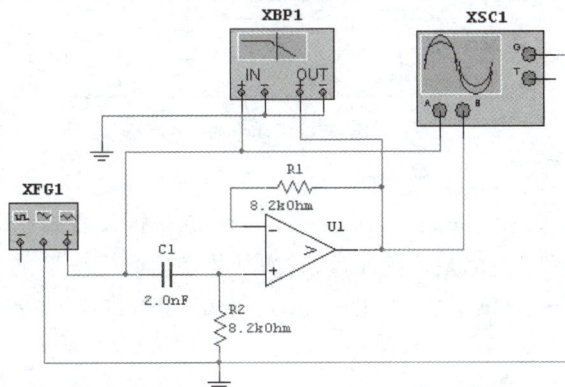

图 A-8　波特图仪在一阶 RC 滤波电路中的使用

　　打开仿真开关,单击幅频特性,在观察窗口可以看到幅频特性曲线,如图 A-9 所示;单击相频特性,可以在观察窗口显示相频特性曲线,如图 A-10 所示。

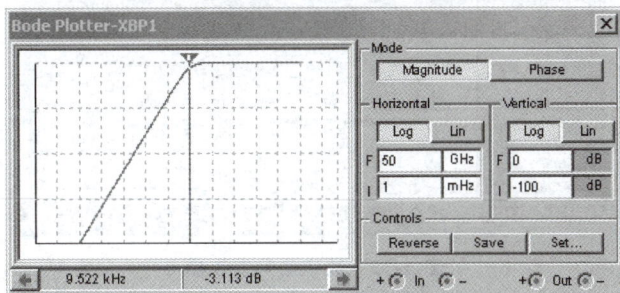

图 A-9　波特图仪查看幅频特性

　　7)频率计

　　频率计(Frequency Counter)如图 A-11 所示,主要用来测量信号的频率、周期、相位,脉冲信号的上升沿和下降沿,频率计只有 1 个接线端用于连接被测电路节点,使用过程中需要

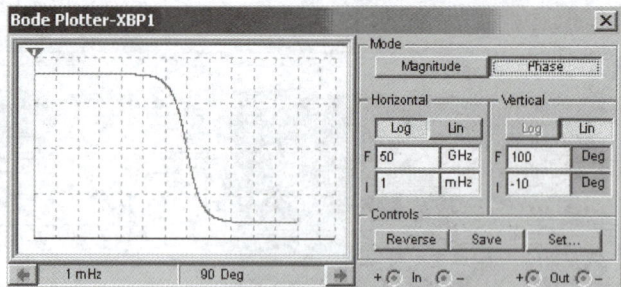

图 A-10　波特图仪查看相频特性

根据输入信号的幅值调整频率计的灵敏度（Sensitivity）和触发电平（Trigger Level）。

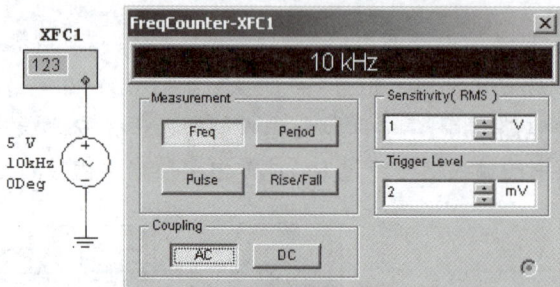

图 A-11　频率计

8）数字信号发生器

数字信号发生器（Word Generator）是一个产生 32 位同步逻辑信号的通用数字激励源编辑器，如图 A-12 所示。左侧是控制面板，右侧是数字信号发生器的字符窗口。控制面板分为控制方式（Controls）、显示方式（Display）、触发（Trigger）、频率（Frequency）等几个部分。

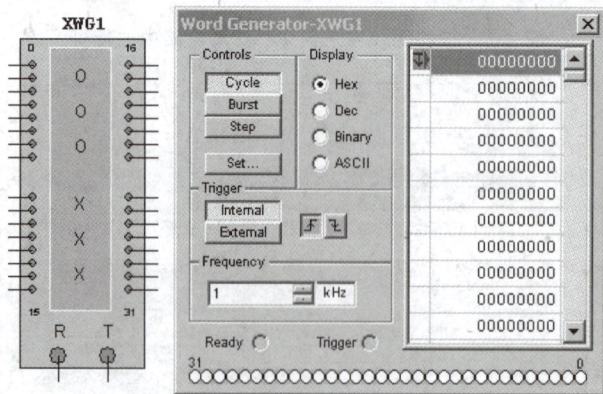

图 A-12　数字信号发生器

9）逻辑分析仪

逻辑分析仪（Logic Analyzer）可以同步记录和显示 16 路逻辑信号，常用于数字逻辑电路的时序分析和大型数字系统的故障分析。逻辑分析仪的图标如图 A-13 所示。逻辑分析仪的连接端口有：16 路信号输入端、外部时钟输入端 C、时钟控制输入端 Q 以及触发控制输入端T。显示面板分两个部分：上半部分是显示窗口；下半部分是逻辑分析仪的控制窗口。控制信号有停止(Stop)、复位(Reset)、反相显示(Reverse)、时钟(Clock)设置和触发(Trigger)。

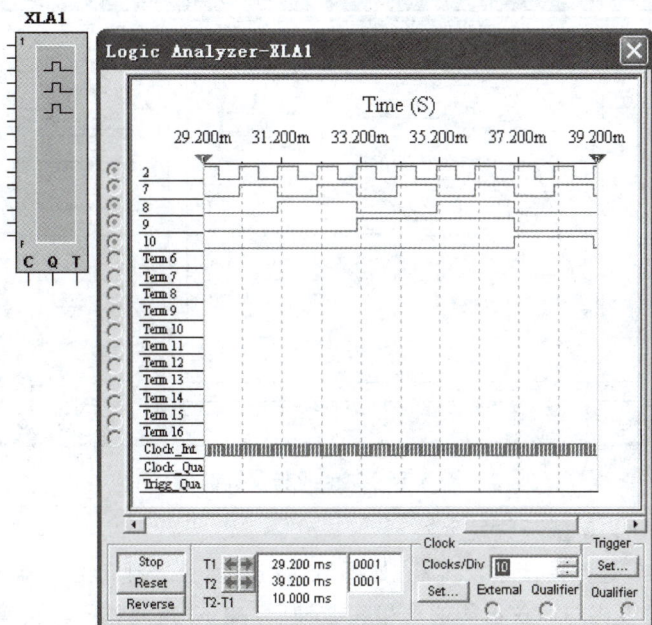

图 A-13 逻辑分析仪

10) 逻辑转换器

逻辑转换器(Logic Converter)是虚拟仪表，实际中并不存在，逻辑转换器可以在逻辑电路、真值表和逻辑表达式之间进行转换。它有8路信号输入端，1路信号输出端，如图 A-14 所示。其转换功能有：逻辑电路转换为真值表、真值表转换为逻辑表达式、真值表转换为最简表达式、逻辑表达式转换为真值表、逻辑表达式转换为逻辑电路、逻辑表达式转换为与非门电路。

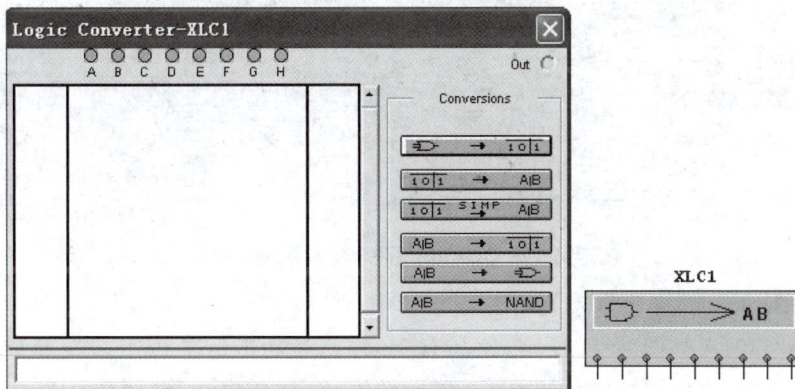

图 A-14 逻辑转换器

11) 伏安特性分析仪

伏安特性分析仪(IV Analyzer)如图 A-15 所示。它专门用来分析晶体管的伏安特性曲线，如二极管、晶体管和 MOS 等器件。伏安特性分析仪相当于实验室的晶体管图示仪，需要将晶体管与连接电路完全断开，才能进行伏安特性分析仪的连接和测试。伏安特性分析仪有三个连接点，实现与晶体管的连接。

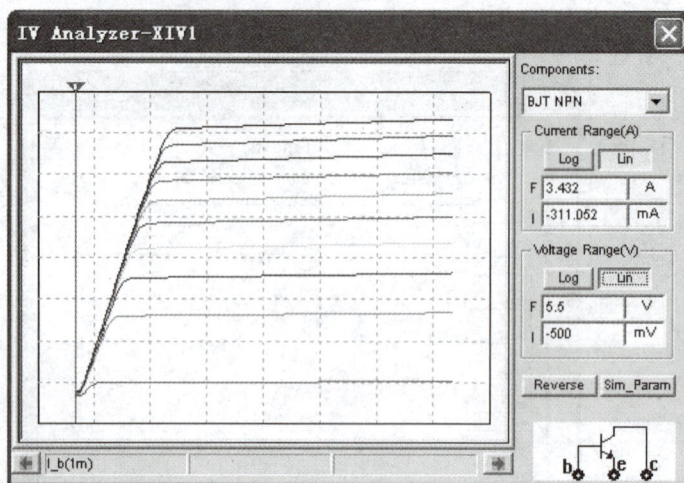

图 A-15　伏安特性分析仪

12）Agilent33120A 型函数发生器

Agilent33120A 是常用函数发生器，如图 A-16 所示，由安捷伦公司生产，这里虚拟仪器面板和真实仪器面板相同。仪器能够产生正弦波、方波、三角波、锯齿波、噪声源和直流电压 6 种标准波形，因宽频带、多用途和高性能等特点使用受众广泛。此外，Agilent33120A 还能产生随指数下降和上升的波形、负斜率波函数、Sa（x）和 Cardiac（心律波）等特殊波形，及由 8～256 点描述的任意波形，还提供通用接口总线（GPIB）和 RS-232 标准总线接口。

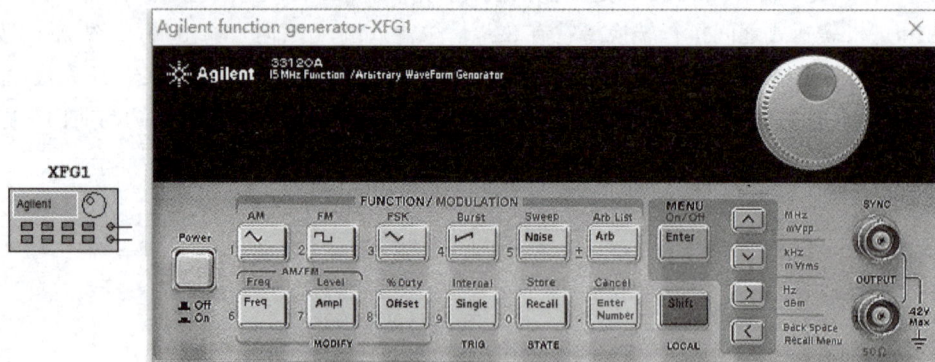

图 A-16　Agilent33120A 型函数发生器

13）Agilent34401A 型数字万用表

Agilent34401A 如图 A-17 所示，是具有 12 种测量功能的 6 位半高性能数字万用表。传统的基本测量功能可在设置面板上直接操作完成，如数字运算、零位、dB、dBm、界限测试、最大最小平均值测量和 512 个读数存储至内部存储器等高级测量，还包含易接入测量系统的 GPIB 和 RS-232 标准总线。

14）Agilent54622D 型数字示波器

Agilent54622D 如图 A-18 所示，是包含 2 个模拟输入通道、16 个逻辑输入通道、带宽为 100MHz，右侧有触发端、数字地和探针补偿输出的高端示波器。

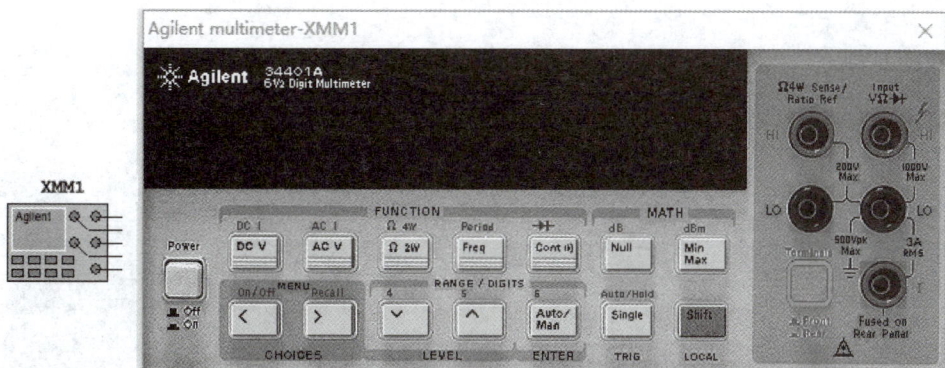

图 A-17   Agilent34401A 型数字万用表

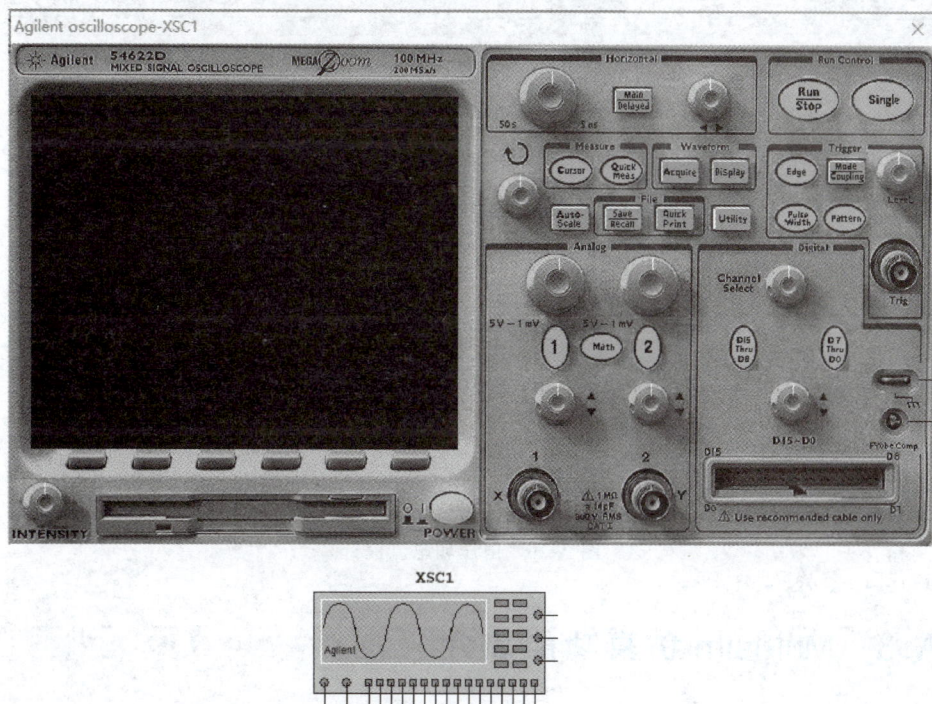

图 A-18   Agilent54622D 型数字示波器

15）TektronixTDS2024 型数字示波器

TektronixTDS2024 如图 A-19 所示，是带宽为 200MHz、取样速率为 2GS/s、四模拟测试通道、可记录 2500 个点的彩色存储示波器。同时，还包含自动设置菜单，实现 11 种自动测量，具有波形平均值和峰值测量，光标自带读数等功能。

16）探针

探针如图 A-20 所示，方便获取电路性能，包括电压、电流、功率和数字探针。其中，增加被测节点的参数可以自动显示在注释框中；在电路分析时，可以放置探针的节点自动出现在分析与仿真的输出页中，运行仿真后可以看到节点的相应输出信息。电流测试探针模拟工业应用中的电流夹，夹住通过有电流的导线，同时将电流夹的输出端口接入示波器的输入端，示波器就可同时测量出该点的电压值。

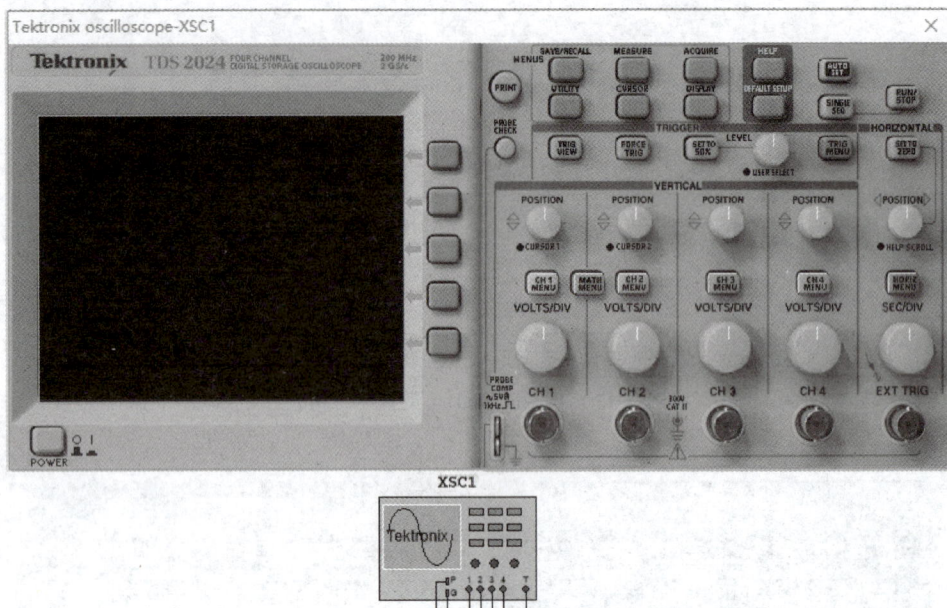

图 A-19　TektronixTDS2024 型数字示波器

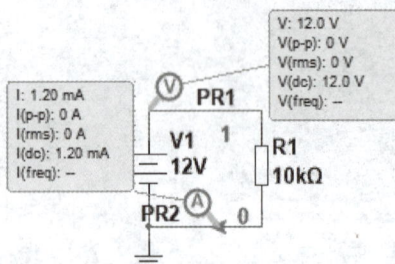

图 A-20　电压和电流探针

A.3　Multisim 仿真功能简介

NI Multisim 教育版菜单中提供了 19 种基本分析方法，分别是：直流工作点分析、交流分析、单一频率交流分析、瞬态分析、傅里叶分析、噪声分析、噪声系数分析、失真分析、直流扫描分析、灵敏度分析、参数扫描分析、温度扫描分析、零-极点分析、传输函数分析、最坏情况分析、蒙特卡罗分析、线宽分析、批处理分析、用户自定义分析等。

1. 直流工作点分析（DC Operating Point Analysis）

当进行直流工作点分析时，电路中的电感全部短路，电容全部开路，电路中交流信号源置零，分析电路仅受电路中直流电压源或直流电流源的作用，分析结果包括电路每个节点相对于参考点的电压值和在此工作点下的有源器件模型的参数值。

2. 交流分析（AC Analysis）

交流分析用于对线性电路进行交流频率响应分析。在交流分析中，先对电路进行直流工作点分析，建立电路中非线性元器件的交流小信号模型，然后对电路进行交流分析，且输入信号都被认为是正弦波信号。

3. 单一频率交流分析（Single Frequency AC Analysis）

单一频率交流分析可以测试电路对某个特定频率的交流频率响应分析，以输出信号的实部/虚部或幅度/相位的形式给出。

4. 瞬态分析（Transient Analysis）

瞬态分析是一种非线性时域分析方法，是在给定输入激励信号时，分析电路输出端的瞬态响应。分析时，电路的初始状态可由用户自行设置，也可以将软件对电路进行直流分析的结果作为电路初始状态。当瞬态分析的对象是节点的电压波形时，结果通常与用示波器观察到的结果相同。

5. 傅里叶分析（Fourier Analysis）

傅里叶分析是一种分析复杂周期性信号的方法，求解一个时域信号的直流分量、基波分量和各谐波分量的幅度。根据傅里叶级数的数学原理，周期函数 $f(t)$ 可以写为

$$f(t) = A_0 + A_1 \cos\omega t + A_2 \cos2\omega t + \cdots + B_1 \sin\omega t + B_2 \sin2\omega t + \cdots$$

傅里叶分析以图表或图形方式给出信号电压分量的幅值频谱和相位频谱。傅里叶分析同时也计算了信号的总谐波失真（THD），THD定义为信号的各次谐波幅度平方和的平方根再除以信号的基波幅度，并以百分数表示，即

$$THD = \left[\left\langle \sum_{i=2} U_i^2 \right\rangle^{\frac{1}{2}} \Big/ U_1 \right] \times 100\%$$

6. 噪声分析（Noise Analysis）

噪声分析用于检测电路输出信号的噪声功率谱密度和总噪声。电路中的电阻和半导体器件在工作时都会产生噪声，噪声分析是将这些电路中的噪声进行定量分析。软件为分析电路建立电路的噪声模型，用电阻和半导体器件的噪声模型代替交流模型，然后在分析对话框指定的频率范围内，执行类似于交流分析，计算每个元器件产生的噪声及其在电路的输出端产生的影响。

7. 噪声系数分析（Noise Figure Analysis）

噪声系数分析是分析元器件模型中噪声参数对电路的影响。在二端口网络（如放大器或衰减器）的输入端不仅有信号，还会伴随噪声，同时电路中的无源器件（如电阻）会增加热噪声，有源器件则增加散粒噪声和闪烁噪声。无论何种噪声，经过电路放大后，将全部汇总到输出端，对输出信号产生影响。信噪比是衡量一个信号质量好坏的重要参数，而噪声系数（F）则是衡量二端口网络性能的重要参数，其定义为：网络的输入信噪比/输出信噪比。

8. 失真分析（Distortion Analysis）

失真分析用于检测电路中那些采用瞬态分析不易察觉的微小失真，其中包括增益的非线性产生的谐波失真和相位不一致产生的互调失真。如果电路中有一个交流信号，失真分析将检测电路中每个节点的二次谐波和三次谐波所造成的失真。如果有两个频率不同的交流信号，则分析 $f_1 + f_2$、$f_1 - f_2$、$2f_1 - f_2$ 三个不同频率上的失真。

9. 直流扫描分析（DC Sweep Analysis）

直流扫描分析用来分析电路中某一节点的直流工作点随电路中一个或两个直流电源变化的情况。利用直流扫描分析的直流电源的变化范围可以快速确定电路的可用直流工作点。在进行直流扫描分析时，电路中的所有电容视为开路，所有电感视为短路。

10. 参数扫描分析（Parameter Sweep Analysis）

参数扫描分析是检测电路中某个元器件的参数在一定取值范围内变化时对电路直流工作点、瞬态特性、交流频率特性等的影响。在参数扫描分析中，变化的参数可以从温度参数扩展为独立电压源、独立电流源、温度、模型参数和全局参数等多种参数。显然，温度扫描分析也可以通过参数扫描分析来完成。在实际电路设计中，可以利用该方法针对电路的某些技术指标进行优化。

11. 温度扫描分析（Temperature Sweep Analysis）

温度扫描分析是研究不同温度条件下的电路特性。在晶体三极管中，电流放大系数 β、发射结导通电压 U_{be} 和穿透电流 I_{ceo} 等参数都是温度的函数，当工作环境温度变化很大时，会导致放大电路性能指标变差。为获得最佳参数，在实际工作中，通常需要把放大电路实物放入烘箱，进行实际温度条件测试，并需要不断调整电路参数直至满意为止。采用温度扫描分析方法则方便了对电路温度特性进行仿真分析和对电路参数的优化设计工作。

12. 灵敏度分析（Sensitivity Analysis）

灵敏度分析是当电路中某个元器件的参数发生变化时，对电路节点电压或支路电流的影响程度。灵敏度分析可分为直流灵敏度分析和交流灵敏度分析，直流灵敏度分析的仿真结果以数值形式显示，而交流灵敏度分析的仿真结果则绘出相应的曲线。

13. 零-极点分析（Pole-Zero Analysis）

零-极点分析可以获得交流小信号电路传递函数中极点和零点的个数和数值，因而广泛应用于负反馈放大器和自动控制系统的稳定性分析中。零-极点分析时，首先计算电路的直流工作点，并求得非线性元器件在交流小信号条件下的线性化模型，然后在此基础上求出电路传递函数中的极点和零点。

14. 传递函数分析（Transfer Function Analysis）

传递函数分析是对电路中一个输入源与两个节点的输出电压之间，或一个输入源和一个输出电流变量之间在直流小信号状态下的传递函数。传递函数分析也具有计算电路输入和输出阻抗的功能。对电路进行传递函数分析时，首先需要计算直流工作点，然后再求出电路中非线性器件的直流小信号线性化模型，最后求出电路传递函数的各参数。

15. 最坏情况分析（Worst Case Analysis）

最坏情况分析是一种统计分析，在电路中的元器件参数在其容差域边界点上取某种组合以造成电路性能的最大误差，也就是在给定电路元器件参数容差的情况下，估算出电路性能相对于标称值时的最大偏差。

16. 蒙特卡罗分析（Monte Carlo Analysis）

蒙特卡罗分析是利用一种统计分析方法，分析电路元器件的参数在一定数值范围内按照指定的误差分布变化时对电路特性的影响，它可以预测电路在批量生产时的合格率和生产成本。进行蒙特卡罗分析时，一般需要进行多次仿真分析。首先按电路元器件参数标称数值进行仿真分析，然后在电路元器件参数标称数值基础上加减一个 σ 值再进行仿真分析，所取的 σ 值大小取决于所选择的概率分布类型。

17. 线宽分析（Trace Width Analysis）

线宽分析是用来确定在设计 PCB 时为使导线有效地传输电流所允许的最小导线宽度。导线所散发的功率不仅与电流有关，还与导线的电阻有关，而导线的电阻又与导线的横截面积有关。在 PCB 制板时,导线的厚度受板材的限制,其电阻主要取决于对导线宽度的设置。

18. 批处理分析(Batched Analysis)

批处理分析是将同一电路的不同分析或不同电路的同一分析放在一起依次执行。如在振荡器电路中,可以先做直流工作点的分析来确定电路的静态工作点,再做交流分析来观测其频率特性,通过瞬态分析来观察其输出波形。

19. 用户自定义分析(User Defined Analysis)

用户自定义分析是用户通过 SPICE 命令来定义某些仿真分析功能,以达到扩充仿真分析的目的。SPICE 是 Multisim 的仿真核心,SPICE 以命令行的形式供用户使用。

A.4　其他功能

1. 虚拟面包板

Multisim 14 中设有虚拟面包板,如图 A-21 所示,可以根据电路的复杂程度设置虚拟面包板的大小和插孔。在面包板上搭建电路,首先要完成 Multisim 软件中的电路原理图设计,然后在当前电路原理图的目录下选择面包板界面,进入所选电路原理图的 3D View 面包板的操作界面。

在 3D 视图中可以采用 3D 元器件搭建电路板,流程与真实电路搭建过程相同,先选择面包板,再选择元器件盒中的某个元器件,拖曳至适当位置,当元器件引脚插入面包板插孔时,面包板的接插孔会变成红色,当红色插孔与其他插孔连通时会显示绿色,方便辨识电路连接状态,如图 A-22 所示。

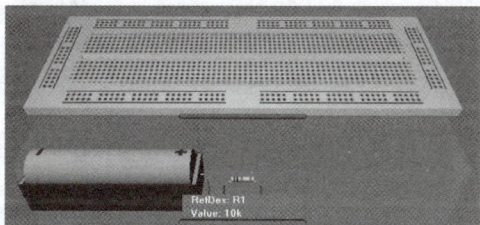

图 A-21　虚拟面包板

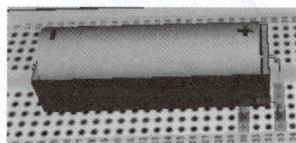

图 A-22　虚拟面包板连接元器件

2. NI ELVIS

NI ELVIS 作为 NI 公司的教学实验室虚拟仪器套件,是设计将硬件和软件组合使用的原型设计平台,可以通过 Multisim 14 中的虚拟 ELVIS Schematic 平台上的电路原理图反映出电路的正确性和进度。其中虚拟 ELVIS 和 NI ELVIS 功能基本一致,操作也和真实的 NI ELVIS 原型平台相同,但真实平台需要实际搭建电路,虚拟 ELVIS 需要在 Schematic 环境中先画好电路原理图,再将电路转移到 Virtual ELVIS 的面包板上,才能用虚拟 3D 电子元器件搭建电路。当通过 ELVIS 虚拟环境搭建电路后,就可在 NI ELVIS 原型设计板的真实环境中搭建电路。

3. LabView 虚拟仪器使用

LabView 是采用图形化的 G 编程语言,编写框图形式的程序,用于简化开发环境,和学习创建自定义的自动化测量虚拟仪器。好处是电路仿真结果与测试结果比较直观。在 NI

电路设计套件中选择安装 LabView 8.0 和相应运行引擎,就可以在 Multisim 14 中使用虚拟仪器。可以在菜单项"仿真"中找到"仪器"后选择 LabView 仪器,就能看到可以使用的 7 种虚拟仪器,如图 A-23 所示。其中,包括 BJT 分析仪(BJT Analysis)、阻抗计(Impedance Meter)、麦克风(Microphone)、Speaker(扬声器)、信号分析仪(Signal Analyzer)、信号发生器(Signal Generator)和流信号发生器(Streaming Signal Generator)。当然也可以通过输入模板将 LabView 中创建好的虚拟仪器导入 Multisim 中。

4. 梯形图程序仿真

Multisim 14 中可通过梯形图(Ladder Diagrams,LA)进行可编程序控制器的设计和仿真,如图 A-24 所示。在软件中涉及的控制器和被控制对象和真实情况相同,可用于 PLC 实验,绘制梯形图,然后按所需逻辑控制设置梯形图中的各种继电器触点、继电器线圈等梯形图元器件。可先在主菜单放置中选择 place Ladder Rungs 选择梯形图。

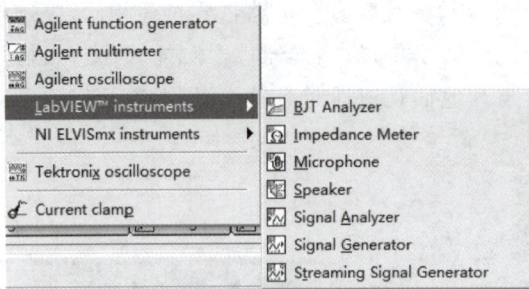

图 A-23　LabView 虚拟仪器

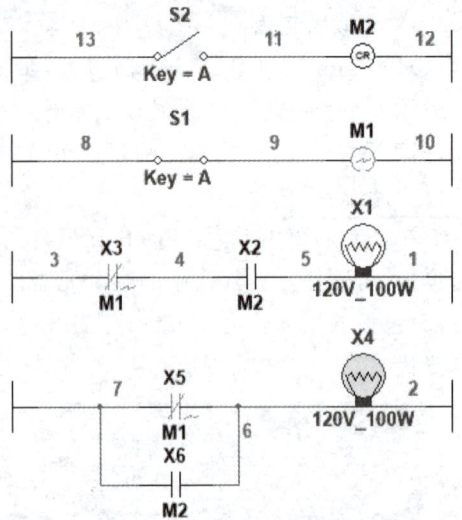

图 A-24　简单梯形图编程

部分习题参考答案

第 2 章

【2-1】 关联参考方向就是电流和电压方向一致,反之,则是非关联。

【2-2】 b。

【2-3】 (a)是电源,(b)是负载,(c)、(d)均为负载。

【2-4】 (1)$U_3 = -14V, U_4 = 9V, U_5 = -7V, I_5 = -1A, I_4 = 2A$;

(2)$U_{ad} = U_1 + (-U_5) = (-U_3) + U_7 = U_1 + U_2 + (-U_6)$。

【2-5】 (a)断开$+6V$,闭合 $0V$;(b)断开 $4.73V$,闭合 $6.78V$。

【2-6】 (a)$U = 25/3V$;(b)$I = 0.6A$;(c)$U = 7.2V, I = 1.4A$。

【2-7】 $1/5A, 1/6A, 1/8A$。

【2-8】 (1)戴维南定理 $U_0 = 110V, R_0 = 25\Omega, I_L = 1.47A$;(2)诺顿定理 $I_S = 4.4A$,
$R_0 = 25\Omega, I_L = 1.47A$。

【2-9】 (a)$R_i = 6\Omega$;(b)$R_i = 7.5\Omega$。

【2-10】 $u = 3V, i_1 = 2A$。

第 3 章

【3-1】 (1)相位差是 $75°$;(2)略;(3)i_1 超前,i_2 滞后。

【3-2】 不对。

【3-3】 $10A$。

【3-4】 略。

【3-5】 (1)$i = 0.64\sin(314t + \pi/6)A$;(2)$12kWh$。

【3-6】 (1)6.28Ω;(2)$i = 35\sqrt{2}\sin(314t - 60°)A$;(3)$7700Var$;(4)略;(5)略。

【3-7】 (1)637Ω;(2)$i = 0.35\sqrt{2}\sin(100\pi t + 90°)A$;(3)③$77Var$;(4)略。

【3-8】 (1)$0.37A$;(2)$293V$ 不等于 $220V$。

【3-9】 (a)$14.14A$;(b)$2A$;(c)$80V$;(d)$14.14V$。

【3-10】 (1)$f_o = 2.3 \times 10^5 Hz, Q = 433$;(2)$I_o = 1.5A, U_L = U_C = 6495V$。

【3-11】 $R = 100\Omega, L = 0.67H, C = 0.17\mu F, Q = 20var$。

【3-12】 $380V, 127V$。

【3-13】 $U_{线} = \sqrt{3}U_{相}$。

【3-14】　不一定,阻抗相等,不等于电阻和电抗也相等。

【3-15】　无影响,S闭合时电流为 0.18A,S 断开时电流为 0.16A。

【3-16】　星形(22+j22)A,视在功率为 31.11A,有功功率和无功功率均为 14520W;
三角形(38+j38)A,视在功率为 53.74A,有功功率和无功功率均为 43320W。

第 4 章

【4-1】　(1)小,大;(2)锗,硅,硅;(3)反向工作状态;(4)正向,反向;(5)50;
(6)980μA;(7)增大,增大,减小;(8)电流,电压,输入电阻高。

【4-2】　(b)。

【4-3】　闭合时,233Ω≤R≤700Ω。

【4-4】　串联 3 种电压,14V、1.4V、6.7V、8.7V;并联两种电压:6V、0.7V。

【4-5】　图 4-28(a)PNP 型锗管,①、②、③分别是 B、E、C 极;

图 4-28(b)NPN 型硅管,①、②、③分别是 C、E、B 极;

图 4-28(c)NPN 型锗管,①、②、③分别是 B、C、E 极;

图 4-28(d)PNP 型硅管,①、②、③分别是 C、E、B 极。

【4-6】　应该选第二个,I_{CEO} 是集电极与发射极之间的穿透电流,这个数值越小,三极
管性能越稳定。

【4-7】　图 4-29(a)PNP 管,发射结正偏,集电结反偏,有可能工作在放大区;

图 4-29(b)NPN 管,发射结正偏,集电结反偏,有可能工作在放大区;

图 4-29(c)PNP 管,发射结反偏,集电结零偏压,工作在截止区;

图 4-29(d)NPN 管,发射结正偏,集电结反偏,有可能工作在放大区;

图 4-29(e)PNP 管,发射结正偏,集电结反偏,有可能工作在放大区。

【4-8】　(1)C、E、B;(2)40;(3)PNP。

【4-9】　(a)P 沟道耗尽型 MOS,I_{DSS}=3mA,$U_{GS(off)}$=+3V;(b)N 沟道增强型 MOS,
$U_{GS(th)}$=+3V。

第 5 章

【5-1】　(1)√;(2)×;(3)×;(4)×;(5)×。

【5-2】　(1)直流,直流加交流,直流信号通路,交流信号通路,截止,饱和,电阻,受控电
流源;(2)输入电阻高,输出电阻低;输入级、输出级和隔离级;(3)效率高,非线性,微导通;
(4)窄,低;(5)80dB,10000。

【5-3】　(a)无,管型与电源不符;(b)无,R_B 应接在电容右边;(c)无,电容接法不对;

(d)无,输入端无耦合电容;(e)无,基极无偏置电阻;(f)有,工作在放大区。

【5-4】　10kΩ,1.11kΩ。

【5-5】　1.5kΩ,0.91V。

【5-6】　(1)图 4-50(a)截止失真;图 4-50(b)饱和失真;(2)略。

【5-7】　(1)U_{CC}=9V,R_E=1kΩ,U_{CEQ}=12V,R_{B1}=63kΩ,R_{B2}=27kΩ,R_L=2kΩ;
(2)截止失真,U_{opp}=4V。

【5-8】　-99,-60。

【5-9】 (1)略；(2)$\dot{A}_{u1}\approx-0.97,R_{o1}\approx 2\text{k}\Omega,\dot{A}_{u2}\approx 0.98,R_{o2}\approx 30\Omega,\beta\gg 1$ 时，二者大小趋近于相等，相位相反。

【5-10】 (1)$I_{DQ}=1\text{mA}$；(2)$R_{S1}=2\text{k}\Omega$；(3)$R_{S2max}=6\text{k}\Omega$；(4)$\dot{A}_u=-\dfrac{10000}{3000+R_{S2}}$；(5)$R_i=R_G+334R_{S2}$，$R_o=10\text{k}\Omega$。

【5-11】 $\dot{A}_u=12,u_o=12\text{mV}$。

【5-12】 (1)$R_2=19.2\text{k}\Omega$；(2)$u_o=-580\sin\omega t\text{ mV}$；(3)$R_i=8.3\text{k}\Omega,R_o=44\Omega$。

【5-13】 $\dot{A}_u=\dfrac{g_m[R_D//(r_{be2}+(1+\beta)R_E)]}{1+g_mR}\cdot\dfrac{\beta(R_C//R_L)}{r_{be2}+(1+\beta)R_E}$，$R_i=R_{G3}+R_{G1}//R_{G1}$，$R_o\approx R_C$。

【5-14】 (1)T_1 共发射极，T_2 共发射极，T_3 共集电极；(2)$I_{CQ1}=2\text{mA},I_{CQ2}=3\text{mA}$，$I_{CQ3}=4\text{mA},R_{B1}=31\text{k}\Omega$；(3)$\dot{A}_u=568$；(4)$R_i=1.2\text{k}\Omega,R_o=48\Omega$。

【5-15】 (1)$U_{CCmin}=18\text{V}$；(2)$I_{CM}=1.125\text{A},U_{(BR)CEO}=36\text{V}$；(3)$P_V=12.89\text{W}$；(4)$P_{CM}=2\text{W}$；(5)$U=12.7\text{V}$。

【5-16】 (1)$P_{omax}=10.125\text{W}$；(2)$P_{CM}=2.5\text{W},U_{(BR)CEO}=38\text{V},I_{CM}=1.125\text{A}$。

【5-17】 (1)$U_C=5\text{V}$，调整 R_1 或 R_3；(2)调整 R_2，使其增大；(3)烧毁三极管。

【5-18】 (1)$P_o=3.5\text{W}$；(2)$P_V=5\text{W}$；(3)$P_{T1}=P_{T2}=0.75\text{W}$。

【5-19】 (1)不产生；(2)不产生；(3)产生相位失真；(4)产生；(5)产生；(6)产生。

【5-20】 $r_{b'e}=1.3\text{k}\Omega,r_{bb'}=200\Omega,g_m=80\text{mS},C_{b'e}=63\text{pF}$。

【5-21】 $\dot{A}_{usm}=-36,f_H=0.72\text{MHz},f_L=40\text{Hz},G_{BW}=25.9\text{MHz}$。

第6章

【6-1】 (1)提供直流偏置和用作有源负载；(2)大，小，差模放大倍数与共模放大倍数，抑制温漂；(3)减小，减小，基本不变；(4)减小，增大，减小；(5)不变；(6)输入级，中间级，输出级，偏置电路，差动放大，减小零漂，互补射极跟随器，降低输出电阻，提高带负载能力；(7)同相输入端，反相输入端，前者的极性和输出端相同，后者的极性和输出端相反；(8)输出端为零时输入端的等效补偿电压，差；(9)$A_{od}\to\infty,R_{id}\to\infty,R_{od}\to 0,K_{CMR}\to\infty,I_{IB}\to 0$，$U_{IO}=0,I_{IO}=0,\Delta U_{IO}/\Delta T=0,\Delta I_{IO}/\Delta T=0$；(10)"虚断"和"虚短"，"虚断"；$u_+>u_-$ 时，$u_O=+U_{OM},u_+<u_-$ 时，$u_O=-U_{OM}$。

【6-2】 (1)$I_{C4}=0.365\text{mA}$；(2)$R_1\approx 3.3\text{k}\Omega$。

【6-3】 $A_i\approx 6$。

【6-4】 (1)$I_{CQ1}=1\text{mA},U_{CEQ1}=10\text{V}$；(2)$A_u=-11.3$；(3)$R_i=3.3\text{k}\Omega,R_o=6\text{k}\Omega$。

【6-5】 (1)$I_{CQ1}=I_{CQ2}=0.5\text{mA},U_{CEQ1}=U_{CEQ2}=9.7\text{V}$；$I_{CQ3}=1\text{mA},U_{CEQ3}=10.8\text{V}$；$I_{CQ4}=0.5\text{mA},U_{CEQ4}=0.7\text{V}$；(2)$U_{idmax}=0.112\text{V}$；(3)最大正向共模输入电压 $U_{icmax}=9.4\text{V}$，最大负向共模输入电压 $U_{icmax}=-10.5\text{V}$。

【6-6】 (1)$U_{oQ}=2.9\text{V}$；(2)$A_u=\dfrac{\beta(R_L//R_{C2})}{2[R_{B1}+r_{be1}+(1+\beta)R_{E1}]}$。

【6-7】 (1)$I_{CQ1}=I_{CQ2}\approx 0.37\text{mA},I_{CQ3}=1\text{mA},U_{CEQ1}=U_{CEQ2}=9\text{V},U_{CEQ3}=-9\text{V}$，

$R_{E2} \approx 5.27\text{k}\Omega$；$(2)U_o = -1.24\text{V}$。

【6-8】　(1)略；(2)D_1 的作用是为 T_6 管提供一个偏置电压，使静态时 T_6 管的发射极比基极高出一个门限电压；(3)3 端为同相输入端，2 端为反相输入端。

【6-9】　(1)略；(2)T_8、T_9 管组成镜像电流源，作为输入级的有源负载，从而提高电压增益；I_{o1} 为差动输入级的恒流源，内阻极大，可提高电路的共模抑制比；I_{o2} 为 T_{10} 管的射极有源负载，用以提高其输入电阻；I_{o3} 为 T_{12} 管的集电极有源负载，用以增大其电压增益和输出电流，提高驱动能力。

第 7 章

【7-1】　(1)a.串联负反馈；b.电压负反馈；c.电压串联负反馈；d.电压串联负反馈；e.电流并联负反馈；f.电压并联负反馈；(2)0.34V，0.19V，0.15V；(3)10，0.009；(4)909，900。

【7-2】　(a)交流电流并联负反馈；(b)交流电流串联负反馈；(c)交流电压串联负反馈；(d)交流电压并联负反馈。

【7-3】　(1)上负下正；(2)电压串联负反馈。

【7-4】　(a)本级反馈：R_{E1} 第一级交、直流电流串联负反馈；R'_{E2} 第二级交、直流电流串联负反馈，R'_{E2}、R''_{E2}、C_E 第二级交流电流串联负反馈；级间反馈：R_{f1}、R_{E1} 交、直流电压串联负反馈；R_{f2}、R''_{E2}、C_E 直流电流并联负反馈；(b)R_f、R_1 电压并联负反馈。

【7-5】　$(a)A_u = -\dfrac{R_3}{R_1}$；$(b)A_u = -\dfrac{R_2}{R_3}$。

【7-6】　电压串联负反馈 $F_u = 1 + \dfrac{R_1 R_E}{R_2(R_D + R_E)}$。

【7-7】　电压串联负反馈 $A_{uf} = \left(1 + \dfrac{R_7}{R_1}\right)\left(\dfrac{R_9}{R_8 + R_9}\right)\left(1 + \dfrac{R_5}{R_6}\right)$。

【7-8】　$(1)U_{CQ1} = 7\text{V}$，$U_{EQ1} = -0.7\text{V}$；$(2)u_{C1} = 6.576\text{V}$，$u_{C2} = 7.424\text{V}$；(3)$b_3$ 应与 c_1 相连；$(4)R_f = 9\text{k}\Omega$。

【7-9】　$(1)U_{C1} = U_{C2} = 5\text{V}$；(2)$c_1$ 接运放的反相端，c_2 接运放的同相端；$(3)A_{uf} = 10$；(4)c_1 接运放的同相端，c_2 接运放的反相端，R_f 接 b_1，$A_{uf} = -9$。

【7-10】　(1)能，$\varphi_m = 45°$；(2)略；(3)补偿前后的 BW 分别为 1MHz 和 0.1MHz。

第 8 章

【8-1】　$(a)u_o = 0.45\text{V}$；$(b)u_o = 0.9\text{V}$；$(c)u_o = -0.15\text{V}$；$(d)u_o = 0.15\text{V}$。

【8-2】　$(1)u_{o1} = -\dfrac{R_2}{R_1}u_i$，$u_o = -\dfrac{R_2}{R_1}\left(\dfrac{R_4}{R_3 + R_4}\right)u_i$；(2)略。

【8-3】　$(1)u_o = -\dfrac{R_2}{R_1}\left(\dfrac{R_6}{R_3 + R_6}\right)u_i$；(2)略。

【8-4】　略。

【8-5】　$A_u = -2500$。

【8-6】　$u_o = -84u_i + 500$。

【8-7】 (1)$u_o(t) = -\dfrac{1}{C}\displaystyle\int\left(\dfrac{u_{i1}(t)}{R_1} + \dfrac{u_{i2}(t)}{R_2}\right)\mathrm{d}t$；(2)略。

【8-8】 (1)每个节点由 3 个支路构成，每个支路的电阻为 $2R$；(2)$u_o = -\dfrac{U_{ref}R_f}{2^n \cdot 3R}\displaystyle\int\left(\sum_{i=0}^{n-1} d_i\, 2^i\right)$；(3)$0\mathrm{V} \leqslant u_o \leqslant 10\mathrm{V}$。

【8-9】 $u_{o1}(t) = -\dfrac{\mathrm{d}u_i(t)}{\mathrm{d}t}$，$u_o(t) = 2u_i(t)$。

【8-10】 (1)图 8-54(a)反相比例运算电路，图 8-54(b)乘法器；(2)图 8-54(a)$u_o = -R_4 I_{S2}\left(\dfrac{u_i}{R_1 I_{S1}}\right)^{R_3/R_2}$，图 8-54(b)$u_o = -RI_S(u_{i1} \cdot u_{i2})$。

【8-11】 (1)带通；(2)高通；(3)带阻；(4)低通。

【8-12】 (1)$A_1(s) = -\dfrac{sR_1C}{1+sR_1C}$，$A(s) = -\dfrac{1}{1+sR_1C}$；(2)分别为一阶高通滤波电路和一阶低通滤波电路。

【8-13】 (1)过零电压比较器；(2)单门限电压比较器；(3)迟滞电压比较器。

【8-14】 (1)A_1、A_4 虚地，A_2、A_3 虚短；(2)A_1 为反相加法器，A_2 为电压跟随器；A_3 为减法器，A_4 为积分器，A_5 为过零比较器；(3)$u_{o1} = -u_{i1} - 0.2u_{i2} - 5u_{i3}$，$u_{o2} = u_{i4}$，$u_{o3} = 2(u_{o2} - u_{o1})$，$u_{o4} = -U_C(0) - \dfrac{u_{o3}}{2}t$；(4)$u_{o4} = 1.2\mathrm{V}$，$u_{o5} = -15\mathrm{V}$。

【8-15】 (1)A_1 构成积分器，A_2 构成迟滞比较器；(2)20ms；(3)80ms；(4)略。

【8-16】 实际是个窗口比较器，当 $u_i > U_A$ 或 $u_i < U_B$ 时，输出为低电平；否则输出为高电平。

【8-17】 A_1 为积分器，A_2、A_3 组成窗口比较器。

$$u_{o1} = \begin{cases} -3t, & 0 \leqslant t \leqslant 1\mathrm{s} \\ 5t-8, & 1\mathrm{s} \leqslant t \leqslant 3\mathrm{s} \\ -3t+16, & 3\mathrm{s} \leqslant t \leqslant 4\mathrm{s} \end{cases} \qquad u_o = \begin{cases} 6\mathrm{V}, & 0 \leqslant t \leqslant 0.67\mathrm{s} \\ 0.3\mathrm{V}, & 0.67\mathrm{s} \leqslant t \leqslant 1.2\mathrm{s} \\ 6\mathrm{V}, & 1.2\mathrm{s} \leqslant t \leqslant 2.6\mathrm{s} \\ 0.3\mathrm{V}, & 2.6\mathrm{s} \leqslant t \leqslant 3.67\mathrm{s} \\ 6\mathrm{V}, & 3.67\mathrm{s} \leqslant t \leqslant 4\mathrm{s} \end{cases}$$

【8-18】 图 8-61(a)、(b)不可能，图 8-61(c)、(d)可能。

【8-19】 n 接 j，n 接 k；$f_0 = 9.7\mathrm{Hz}$。

【8-20】 (1)$f_0 = 97\mathrm{Hz}$；(2)可能不满足起振条件，可以增大 R_f；(3)不影响起振的条件下，减小 R_f，增强负反馈。

【8-21】 可能振荡，为串联型。

【8-22】 (1)$U_R = 0$，$U_S = 0$；(2)$U_S = 0$，U_R 为一合适电压，当 $U_R > 0$ 时，整个波形上移；(3)$U_R = 0$，U_S 为一合适电压，当 $U_S < 0$ 时，占空比减小。

第 9 章

【9-1】 (1)× × √；(2)√ ×；(3)× √。

【9-2】 (1)$U_2 \approx 16.67\mathrm{V}$；(2)略；(3)略。

【9-3】 $(1) u_{O1} > 0, u_{O2} < 0, U_{O1} = U_{O2} = 18V$；$(2)$全波整流；$(3) U_{O1} = U_{O2} = 18V$。

【9-4】 (1)上"－"下"＋"，$U_O = 15V$；(2)上"－"下"＋"。

【9-5】 $I_O = 10mA, U_O = (6 \sim 7)V$。

【9-6】 $0.01A \leqslant I_O \leqslant 1.5A$。

【9-7】 (1)—$(4), (2)$—$(6), (3)$—(8)—(11)—$(13), (5)$—(7)—$(9), (10)$—(12)。

参 考 文 献

[1] 邱关源,罗先觉.电路[M].6版.北京:高等教育出版社,2022.

[2] 童诗白,华成英.叶朝辉.模拟电子技术基础[M].6版.北京:高等教育出版社,2023.

[3] 康华光,张林,陈大钦.电子技术基础——模拟部分[M].7版.北京:高等教育出版社,2022.

[4] 冯军,谢嘉奎.电子线路——线性部分[M].6版.北京:高等教育出版社,2022.

[5] 杨凌,阎石,高晖.模拟电子线路[M].3版.北京:清华大学出版社,2025.

[6] 秦曾煌,姜三勇.电工学——电工技术[M].8版.北京:高等教育出版社,2023.

[7] 秦曾煌,姜三勇.电工学——电子技术[M].8版.北京:高等教育出版社,2024.

[8] 王成华,潘双来,江爱华.电路与模拟电子学[M].2版.北京:科学出版社,2007.

[9] 江小安,侯亚玲,宫丽,王珊珊.电路与模拟电子技术[M].北京:电子工业出版社,2015.

[10] 徐淑华.电工电子技术[M].5版.北京:电子工业出版社,2023.

[11] 高玉良.电路与模拟电子技术[M].4版.北京:高等教育出版社,2022.

[12] 殷瑞祥.电路与模拟电子技术[M].4版.北京:高等教育出版社,2022.

[13] 杨凌,董力,耿惊涛.电工电子技术[M].3版.北京:化学工业出版社,2015.